Allgemeine Genetik

Werner Gottschalk

4., überarbeitete und erweiterte Auflage

120 Abbildungen in 262 Einzeldarstellungen
13 Tabellen

1994
Georg Thieme Verlag
Stuttgart · New York

Prof. Dr. rer. nat. Werner
Gottschalk
Emeritierter Direktor des Instituts für Genetik
der Universität Bonn,
Kirschallee 1, D-53115 Bonn

Zeichnungen von W. Irmer
und Mitarbeitern, Bonn

Die Deutsche Bibliothek – CIP-Einheitsaufnahme
Gottschalk, Werner:
Allgemeine Genetik : 13 Tabellen / Werner Gottschalk.
[Zeichn. von W. Irmer und Mitarb.]. – 4., überarb. und erw.
Aufl. – Stuttgart ; New York : Thieme, 1994

1. Auflage 1978
1. japanische Auflage 1980
1. durchgesehener Nachdruck
1982
1. spanische Auflage 1984
2. Auflage 1984
3. Auflage 1989

© 1978, 1994
Georg Thieme Verlag
Rüdigerstraße 14
D-70469 Stuttgart
Printed in Germany

Satz: K+V Fotosatz GmbH,
Beerfelden
Druck: Druckhaus Götz,
Ludwigsburg

ISBN 3-13-508904-5
1 2 3 4 5 6

Vorwort

Die 4. Auflage des vorliegenden Lehrbuchs wurde gegenüber der 3. Auflage unter Beibehaltung der Grundkonzeption neu bearbeitet. Durch das Entgegenkommen des Verlags sowie durch die Eliminierung früherer Abbildungen wurde Raum für eine beträchtliche Erweiterung des behandelten Stoffes gewonnen. Der Schwerpunkt des Buches liegt jedoch nach wie vor auf verschiedenen Teilgebieten der klassischen Genetik höherer Pflanzen, wobei besonderer Wert auf die Diskussion der Mutationslehre gelegt wird. Die Fachgebiete der Molekulargenetik, der Gentechnologie sowie der Humangenetik und Humancytologie sind ausführlich in den Bänden R. KNIPPERS et al.: „Molekulare Genetik", R. W. OLD und S. B. PRIMROSE: „Gentechnologie" und W. LENZ: „Medizinische Genetik" des Thieme-Verlags behandelt.

Die auf dem Sektor der Molekulargenetik und Genphysiologie in den letzten Jahrzehnten erzielten Fortschritte nehmen innerhalb der modernen Genetik einen so breiten Raum ein, daß es schwierig ist, das Gesamtgebiet der Genetik in einem Lehrbuch normalen Umfangs darzustellen. Dies führt oftmals dazu, daß die Gesetzmäßigkeiten der klassischen Genetik nur im Rahmen des Notwendigsten behandelt werden. Beim Leser entsteht bei dieser Darstellungsweise der Eindruck, als würden nur auf den eben genannten Teilgebieten neue Erkenntnisse gewonnen, während die klassische Genetik als prinzipiell abgeschlossenes Arbeitsfeld anzusehen sei. Dies ist nicht der Fall. Auf jedem internationalen genetischen Kongreß nehmen die verschiedenen Disziplinen der klassischen Genetik einen breiten Raum ein. Außerdem wird hierbei übersehen, daß die Molekulargenetik in der Breite, in der sie jetzt existiert, auf den Erkenntnissen der klassischen Genetik aufbaut. Je intensiver molekulargenetische Probleme nicht nur an pro-, sondern an eukaryotischen Systemen bearbeitet werden, um so deutlicher tritt die enge Verflechtung der beiden Hauptdisziplinen der Genetik in Erscheinung.

Bonn, im Frühjahr 1994   WERNER GOTTSCHALK

Inhaltsverzeichnis

Einführung

Die Genetik hat sich zu einem umfangreichen Teilgebiet der Biologie entwickelt. Mit ihren Spezialdisziplinen ist sie so vielschichtig geworden, daß sie ohne gründliches Studium nicht mehr zu überblicken ist. Sie arbeitet eng mit anderen Disziplinen der Biologie und verwandten Wissenschaften zusammen, ohne die sie nicht mehr denkbar ist und die ihrerseits durch die Erkenntnisse der Genetik befruchtet werden. Hierher gehören:

– Die **Cytologie** und die **Karyologie**, die Lehre von der Zelle und vom Zellkern. Durch die Vereinigung cytologischer und genetischer Arbeitsmethoden ist die **Cytogenetik** entstanden. Sie ist in maßgeblicher Weise an der Aufklärung von Mutationen sowie an der Bearbeitung des Evolutionsgeschehens beteiligt.

– Die **Biochemie.** Mit Hilfe biochemischer Methoden werden die chemischen Grundlagen genetischer Vorgänge erfaßt. Aus der Verknüpfung der Arbeitsmethoden beider Disziplinen ist das Fachgebiet der **Molekulargenetik** entstanden.

– Die **Physiologie.** Die im Organismus ablaufenden Stoffwechselvorgänge werden durch Enzyme gesteuert. Sie entstehen als Proteine unter dem Einfluß von Genen. Für komplizierte Biosynthesen sind Gruppen aufeinander abgestimmter Gene notwendig. Das Arbeitsgebiet, das sich mit der Klärung dieser Fragen beschäftigt, ist die **Genphysiologie** oder **biochemische Genetik.**

– Die **Mikrobiologie.** Zahlreiche Fragestellungen der Molekulargenetik, der Struktur, Funktion und Wirkungsweise der Gene werden bevorzugt an Mikroorganismen bearbeitet. Hieraus ergibt sich eine enge Zusammenarbeit zwischen diesen beiden biologischen Disziplinen.

– Die **Pflanzen-** und **Tierzüchtung.** Diese angewandten Disziplinen basieren auf den Gesetzmäßigkeiten der Genetik als Grundlagenforschung und dienen praktischen Zielsetzungen. Der Vorteil der Pflanzenzüchtung liegt hierbei in der Möglichkeit, mit großen Individuenzahlen arbeiten zu können. Dadurch lassen sich Probleme lösen, die mit dem in der normalen genetischen Forschung üblichen personellen und räumlichen Aufwand nicht in Angriff genommen werden können.

– Die **Biometrie.**
Zahlreiche Fragestellungen der Genetik können nur unter Anwendung mathematischer Methoden bearbeitet werden. Biometrie und Statistik sind deshalb wichtige Hilfswissenschaften der Genetik geworden und sind vornehmlich für die Populationsgenetik von großer Bedeutung.

Für die Bearbeitung **humangenetischer** und **humancytologischer** Fragestellungen gelten die soeben abgeleiteten Gesichtspunkte in vollem Maße mit der Einschränkung, daß man mit dem Menschen nicht experimentieren kann. Für die Klärung genetischer Probleme bei der Species *Homo sapiens* sind daher besondere Methoden entwickelt worden. Außerdem werden vorbereitende oder ergänzende Untersuchungen an tierischen, seltener an pflanzlichen Objekten durchgeführt. Aus ihren Ergebnissen lassen sich oftmals Schlüsse ziehen, die innerhalb bestimmter Grenzen auf den Menschen übertragbar sind.

Die Gliederung des umfangreichen Stoffgebiets wird häufig in der Weise vorgenommen, daß man zwischen der **klassischen** und der **molekularen Genetik** unterscheidet. Für ein Lehrbuch ist diese Gliederung nicht zweckmäßig, weil viele Probleme der klassischen Genetik nur unter Einbeziehung molekulargenetischer Vorgänge verständlich werden. Wenn wir die Lage der Gene innerhalb der Zelle sowie gewisse prinzipielle Unterschiede in der Grundorganisation der Organismen berücksichtigen, so ergibt sich für das Gesamtgebiet der Genetik die in Abb. 1 gegebene Unterteilung in drei Hauptdisziplinen.

Bei Organismen mit einem klar definierten *Zellkern* ist das Vererbungsgeschehen an Gene gebunden, die entweder im Zellkern oder in Zellorganellen außerhalb des Kerns liegen. Wir unterscheiden deshalb zwischen *karyotischer* und *außerkaryotischer Vererbung.* Die **karyotische Vererbung** ist mit dem Verhalten der Chromosomen

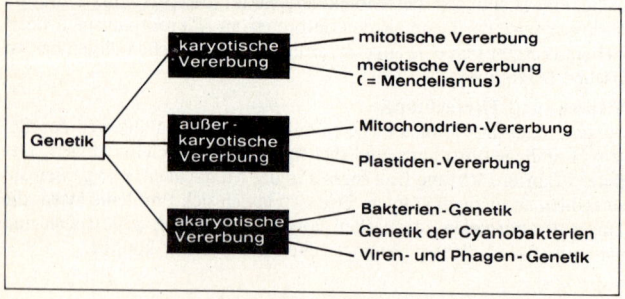

Abb. 1.   Die Grundgliederung der Genetik

während der Kernteilungen korreliert. Da die beiden Teilungen – die *Mitose* und die *Meiosis* – in genetischer Beziehung nicht gleichwertig sind, ergibt sich eine weitere Unterteilung in *mitotische* und *meiotische Vererbung*. Unter **mitotischer Vererbung** sind genetische Gesetzmäßigkeiten zu verstehen, die bei *vegetativer* Fortpflanzung auftreten, während die **meiotische Vererbung** an die *sexuelle* Fortpflanzung gebunden ist. Der Begriff „*Mendelismus*" umfaßt nur einen Teil der meiotischen Vererbung. Es gehören jedoch noch andere Disziplinen der klassischen Genetik in dieses Teilgebiet, etwa die Mutations- und Evolutionslehre. Die für die **außerkaryotische Vererbung** verantwortlichen genetischen Elemente liegen vornehmlich in den Mitochondrien, bei Pflanzen auch in den Plastiden. Hieraus ergibt sich eine Zweiteilung dieses Gebiets in **Mitochondrien-** und **Plastidenvererbung.** Bei Organismen, die keine klar definierten Zellkerne besitzen (Viren, Bakterien, Cyanobakterien), sprechen wir von **akaryotischer Vererbung.**

Die soeben abgeleitete Dreigliederung des Vererbungsgeschehens wird in einigen Teilen des vorliegenden Lehrbuchs verwendet, sie kann aus Zweckmäßigkeitsgründen jedoch nicht konsequent beibehalten werden.

1 Prokaryoten, Eukaryoten

Man kann die Organismen aufgrund prinzipieller Organisationsmerkmale in zwei große Gruppen unterteilen, in

– Prokaryoten (Prokaryonten) und Eukaryoten (Eukaryonten).

Bei den **Prokaryoten**, den *Bakterien* und *Cyanobakterien* (früher *Blaualgen* genannt), ist die Differenzierung eines typischen Zellkerns im Verlauf ihrer phylogenetischen Entwicklung unterblieben. Sie besitzen lediglich *Kernäquivalente*, **Nucleoide**, die häufig in Form eines einzigen chromosomenartigen Gebildes vorliegen. Es können folglich auch keine Kernteilungen im üblichen Sinne ablaufen. Trotzdem kommt eine geregelte Vererbung zustande. Mitochondrien und endoplasmatisches Retikulum sind nicht vorhanden.

Eine Sonderstellung nehmen die **Viren** ein, die nur unter Vorbehalt als lebende Organismen zu bezeichnen sind, weil sie sich nur in lebenden Zellen vermehren können. Sie sind also obligatorische Parasiten. Außerhalb der Zelle können sie zwar existieren, sind aber inaktiv. Auch in ihren Wirtszellen können sie als **Proviren** in inaktiver Form vorliegen. Da sie im Prinzip eine prokaryotische Struktur ihres genetischen Systems besitzen, werden sie im vorliegenden Buch bei den Prokaryoten behandelt.

Alle übrigen Organismen gehören zu den **Eukaryoten.** Sie besitzen *Zellkerne*, die von einer Doppelmembran umgeben sind und die sich in Verbindung mit Mitosen vermehren. Falls sie zur sexuellen Fortpflanzung befähigt sind, laufen in bestimmten Abschnitten ihrer ontogenetischen Entwicklung neben Mitosen auch Meiosen ab.

Prokaryoten

Der Hauptvorteil der Mikroorganismen gegenüber höheren Organismen liegt in der raschen Aufeinanderfolge ihrer Generationen. Dies gilt sowohl für *Bakterien* als auch für *Viren.* Da die Viren wesentlich einfacher organisiert sind, sollen sie vor den Bakterien behandelt werden.

Viren

Viren besitzen **Desoxyribonucleinsäure (DNA)** oder **Ribonuclein-säure (RNA)** als genetisch wirksame Substanz, die entweder als Doppel- oder als Einzelstrang vorliegt. Man kann die Nucleinsäure aus den Viren isolieren und hat in Infektionsversuchen beweisen können, daß sie für die Realisierung der genetisch bedingten Merkmale verantwortlich ist.

Von besonderer Bedeutung für die Bearbeitung molekulargenetischer Probleme sind bestimmte virulente **Bakteriophagen.** Hierbei handelt es sich um Viren, die Bakterien infizieren, sich in ihnen vermehren und sie zugrunde richten. Dieser Vorgang wird als *Lyse* bezeichnet. Die Phagen der *T-Serie* − Parasiten des Bakteriums *Escherichia coli* − und der *Lambda-Phage* sind besonders intensiv bearbeitete Objekte der genetischen Forschung.

Viele Phagen bestehen aus einem Kopfstück, in dem sich das genetische Material − die Nucleinsäure − in Form eines langen, vielfach aufgewundenen Fadens befindet. Der Kopf setzt sich in einem Schwanz mit Schwanzfibrillen und einer Basalplatte fort. Diese Teile sowie die Hülle des Kopfstückes bestehen aus Proteinen; sie gelangen bei der Infektion des Bakteriums nicht in das Zellinnere hinein.

Die Phagen setzen sich an der Bakterienwand fest und lösen die stabile Hülle der Bakterienzelle durch Ausscheidung eines Enzyms lokal auf. Durch die Öffnung dringt der Nucleinsäurefaden ein. Er ist das „Chromosom" des Phagen, das virale Genom, das bei vielen Arten ringförmig geschlossen ist und dessen Länge stark variieren kann. Unter dem Einfluß des Virus-Genoms werden vom infizierten Bakterium nicht nur die viralen Nucleinsäuren, sondern auch die Hüllproteine gebildet, so daß in der Wirtszelle zahlreiche neue Viren entstehen. Sie werden bei der Lyse des Bakteriums frei und können neue Wirtsorganismen infizieren. Diese Prozesse laufen so rasch ab, daß nach dem Eindringen eines *T 7-Phagen* in die Zelle von *Escherichia coli* innerhalb von 12 Min. 100−500 neue Viren gebildet werden. Die Bearbeitung einiger Phagen ist schon so weit gediehen, daß Genkarten von ihnen existieren. Weitere Einzelheiten sind in Kap. 3 gegeben (S. 69).

Viroide sind wesentlich kleiner und einfacher gebaut als Viren. Sie sind Einzelstränge aus RNA, die über weite Bereiche hinweg Basenpaarung zeigen. Eine Proteinhülle ist nicht vorhanden. Wie die Viren sind sie funktionsfähige genetische Systeme, die als noch wenig bekannte Erreger von Infektionskrankheiten auftreten (z. B. das *Spindelknollen-Viroid* der Kartoffel).

Bakterien

Viele Bakterien haben eine Generationszeit von etwa einer halben Stunde. Das bedeutet, daß bei reichlichem Nahrungsangebot aus jeder Zelle innerhalb von 5 Std. etwa 1000, innerhalb eines Tages etwa eine Billion Nachkommen entstehen. Das Bakterium *Escherichia coli (E. coli)* − ein Parasit im menschlichen Darm und eins der Hauptobjekte für die Bearbeitung molekulargenetischer Fragestellungen − hat unter optimalen Ernährungsbedingungen bei 37 °C eine Generationsdauer von 20−25 Min. Während dieser kurzen Zeit müssen nicht nur alle lebenswichtigen Substanzen, sondern auch alle Zellorganellen verdoppelt und in ausreichend exakter Weise auf die beiden Tochterindividuen verteilt werden. Die meisten Säugetierzellen teilen sich − falls sie überhaupt teilungsbereit sind − innerhalb von 25 Std. einmal; für die Zellen höherer Pflanzen sind noch längere Zeiten anzunehmen. Die Zelle von *E. coli* ist etwa 2 µm lang und hat einen Durchmesser von 1 µm. Damit ist sie 500mal kleiner als normale Zellen höherer Organismen. Sie ist haploid und hat ein großes ringförmig geschlossenes Doppelmolekül aus DNA. Es ist in genetischer Beziehung dem Chromosom der Eukaryoten gleichzusetzen, obwohl strukturell große Unterschiede bestehen. Dies ist zu berücksichtigen, wenn man den Begriff „Chromosom" auf die genetischen Strukturen von Prokaryoten und Viren anwendet. Daneben können in den Zellen kleine ringförmige **Plasmide** vorhanden sein, die für die Gentechnologie von großer Bedeutung sind (S. 392). Mitochondrien sind in der Bakterienzelle nicht vorhanden. Der haploide Zustand zahlreicher Mikroorganismen hat den Vorteil, daß das Problem der Homo- und Heterozygotie nicht existiert. Jedes Gen ist im Organismus nur in Einzahl vertreten. Wird es im Zuge eines Mutationsvorgangs verändert, so wird der mutierte Zustand sofort in Form einer Anomalie erkennbar. Die Mutanten können folglich leicht isoliert werden.

Die Zelle von *E. coli* enthält 3000−6000 verschiedene Molekülarten, von denen etwa die Hälfte Makromoleküle sind. Die vorhandene Menge an genetisch wirksamer Substanz reicht für die Codierung von 3000−4500 verschiedenen Proteinen aus. Etwa ein Fünftel bis ein Drittel aller Stoffwechselreaktionen des Bakteriums sind bekannt. Damit ist *E. coli* eins der am intensivsten bearbeiteten Objekte der biochemischen und genetischen Forschung. Die Gesamtzahl seiner Gene wird auf etwa 4000 geschätzt.

Bei Bakterien laufen Konjugationsvorgänge ab, die es gerechtfertigt erscheinen lassen, von „männlichen" und „weiblichen" Zellen zu sprechen und die zur Rekombination genetischen Materials führen. Einzelheiten über die genetische Organisation der Bakterienzelle werden in Kap. 3 gegeben (S. 71).

Cyanobakterien

Die zweite Gruppe der Prokaryoten − die *Cyanobakterien (Blaualgen)* − hat in der genetischen Forschung bisher nur eine untergeordnete Rolle gespielt. Ihre DNA befindet sich im **Chromidialapparat**, einem Kernäquivalent aus grana-, stab- oder fadenförmigen Elementen. Über Einzelheiten der Organisation ihres genetischen Systems sind wir bisher nur wenig unterrichtet.

An Bakterien und Viren werden vornehmlich folgende Probleme bearbeitet:

- Genstruktur und Genfunktion,
- Genregulation; Analyse von Genwirkketten,
- molekulare Grundlagen von Mutationsprozessen,
- Genkartierung,
- Gentransfer, Klonierung, Sequenzierung,
- Gentechnologie.

Eukaryoten

Bei den Eukaryoten lassen sich molekulargenetische Fragestellungen wesentlich schwieriger bearbeiten als bei den Prokaryoten. Sie können sowohl als *Einzeller (Protisten)* als auch als *Vielzeller* auftreten. Ihr genetisches und chromosomales System ist komplizierter. Durch die Vielzelligkeit sind darüber hinaus genetische Probleme zu bewältigen, die bei Protisten nicht auftreten. Aus der Verschiedenheit der beiden großen Gruppen ergeben sich verschiedenartige Fragestellungen, deren Bearbeitung mit einer breiten Palette unterschiedlicher Methoden vorgenommen wird. Viele dieser Teilgebiete gehören in das Fachgebiet der „klassischen" Genetik, worunter keinesfalls nur der Mendelismus zu verstehen ist. Wenn auch die entscheidenden Impulse der genetischen Forschung in den letzten Jahrzehnten aus dem Bereich der Molekulargenetik gekommen sind, so sind zahlreiche Teilgebiete der klassischen Genetik durchaus modern, weil sie sich mit Problemen beschäftigen, die bei Mikroorganismen nicht existieren. Dies gilt in besonderem Maße für die **Karyologie**, die Lehre vom Zellkern und seinen Organellen. Aus der Bearbeitung der Struktur und des Verhaltens der Chromosomen ist eine Fülle der verschiedenartigsten Befunde zusammengetragen worden, für die es bei den Prokaryoten keine Parallelen gibt. Molekulargenetische Untersuchungen werden nicht nur an Prokaryoten, sondern in zunehmendem Maße auch an Eukaryoten durchgeführt. Damit steigt die Notwendigkeit, die Gesetzmäßigkeiten der klassischen Genetik einzubeziehen.

Niedere Pflanzen als Objekte genetischer Forschung

Unter den niederen Pflanzen sind vornehmlich die *Pilze*, speziell die *Hefen* sowie *Neurospora* als günstige Forschungsobjekte der modernen Genetik zu nennen. Sie gehören zwar zu den Eukaryoten, sind im Hinblick auf ihre leichte Kultivierbarkeit jedoch mit den Prokaryoten vergleichbar. Das Genom der Hefe *Saccharomyces cerevisiae* mit $n = 16$ Chromosomen besitzt etwa 6000 Gene, es ist also nicht viel größer als das Bakterien-Genom. Bis 1990 waren in Verbindung mit Mutationen knapp 1500 Gene charakterisiert und 900 kartiert. Der Ascomycet *Neurospora* besitzt $n = 7$ Chromosomen. Sein Mycel ist zwar vielkernig, der Zustand der Einzelkerne ist jedoch haploid. Ein charakteristisches Stadium während seiner Ontogenese ist die Bildung eines *Paarkernmycels*, eines *Dikaryons* oder *Synkaryons*. In dieser Phase sind die männlichen und weiblichen Kerne konjugiert und teilen sich mitotisch synchron. Durch Verschmelzung von Hyphen mit genetisch unterschiedlichen Kernen entsteht ein *heterokaryotischer Zustand*. Als Laboratoriumsobjekt bestehen die Hauptvorteile von Neurospora im kurzen Generationszyklus (10–14 Tage) sowie in der Fähigkeit des Pilzes, auf chemisch definierten Kulturmedien zu wachsen. Außerdem sind Tetraden-Analysen möglich: Es können die 8 aus der Meiosis und einer nachfolgenden Mitose hervorgehenden Sporen getrennt aufgezogen und im Hinblick auf ihre genetische Konstitution analysiert werden. Zahlreiche Mutanten dieses Pilzes werden für genphysiologische Untersuchungen verwendet, vornehmlich für die Aufklärung der Genabhängigkeit von Biosynthesen. Etwa 100 Gene des Genoms von *Neurospora crassa* sind bereits sequenziert und geklont.

Einige *Moose* sind schon vor Jahrzehnten interessante Objekte der Mutations- und Evolutionsforschung gewesen. Ihr Vorteil gegenüber den Spermatophyten besteht im stärker ausgeprägten Generationswechsel, der mit einem Kernphasenwechsel verbunden ist. Das grüne Moospflänzchen ist der *haploide Gametophyt*. Mutationsvorgänge werden folglich sofort erkennbar, da kein heterozygoter Zustand möglich ist.

Höhere Pflanzen

Bei den höheren Pflanzen mit ihrer komplizierten Organisation stehen andere Probleme der genetischen Forschung im Vordergrund. Sie sind geeignete Objekte für das Studium der Auswirkungen von Mutationsvorgängen auf den Organismus. Hieraus haben sich Arbeitsgebiete mit praktischen Zielsetzungen entwickelt. Bevorzugte Objekte der Mutationszüchtung sind diploide bzw. allopolyploide einjährige Selbstbefruchter *(Gerste, Reis, Weizen, Erbse* und andere

Leguminosen). Für die Verbesserung vegetativ vermehrbarer Zier-pflanzen spielen Mutationen eine große Rolle. Die selbstfertile Cru-cifere *Arabidopsis thaliana* mit 2n = 10 Chromosomen ist ein gün-stiges Laboratoriumsobjekt für die Bearbeitung theoretischer Fra-gen der Mutationsforschung. Sie bringt bei optimalen Kulturbedin-gungen etwa 8 Generationen pro Jahr. Ihr Genom ist mit etwa 70 Millionen Nucleotidpaaren für eine höhere Pflanze ungewöhnlich klein, es ist nur etwa 7mal größer als das Hefe-Genom. Bis 1986 wa-ren bereits Mutationen in mehr als 200 Loci bekannt, von denen 75 auf den 5 Chromosomen kartiert waren. Besonders effektiv ist die Selektion von Mutanten, die bereits als Sämlinge erkannt werden können, da in einer Petrischale von 9 cm Durchmesser etwa 10 000 Pflänzchen erfaßt werden können. Die ebenfalls selbstfertile Tomate (*Lycopersicon esculentum,* 2n = 24) gehört im Hinblick auf Genlo-kalisationsstudien zu den am besten untersuchten Pflanzenarten. In Genbanken ist eine große Anzahl verschiedener Mutanten verfügbar. Die 12 Pachytänchromosomen sind identifizierbar, ein wesentlicher Vorteil für die Analyse von Chromosomenmutationen. Die Zellen können leicht kultiviert werden und regenerieren zu vollständigen Pflanzen. Damit sind Möglichkeiten der genetischen Manipulation und der somatischen Hybridisierung gegeben. Die beiden Arten ha-ben noch zahlreiche andere Vorteile für das Studium genetischer und cytogenetischer Fragestellungen.

An günstigen Objekten werden darüber hinaus folgende Proble-me bearbeitet:

– Die mutagene Wirkung von Strahlen und Chemikalien einschließlich zahlrei-cher Pharmazeutika und Schädlingsbekämpfungsmittel.
– Die genetische Kontrolle der Blüten- und Keimzellenbildung.
– Die genetische Kontrolle von Biosynthesen.
– Die Pleiotropie der Genwirkung.
– Die Lokalisation von Genen.
– Die Feinstruktur von Chromosomen, etwa mit Hilfe der Bandentechnik.
– Das Paarungsverhalten der Chromosomen in Art- und Gattungsbastarden zur Aufklärung der Verwandtschaftsverhältnisse der elterlichen Formen.
– Inkorporation fremder Gene.
– Produktion neuer Arten durch Protoplastenfusion.

Tierische Organismen als Objekte genetischer Forschung

Bei den Tieren nehmen die *Dipteren* (*Drosophila, Chironomus* u. a.) für die Bearbeitung bestimmter Fragestellungen der genetischen Grundlagenforschung nach wie vor eine Sonderstellung ein. Fragen

der Genlokalisation und der Auswirkung von Gen- und Chromosomenmutationen können wegen der idealen Verknüpfung genetischer
und cytologischer Arbeitsmethoden hier besser studiert werden als
bei allen anderen Objekten. Darüber hinaus werden Probleme der
Genphysiologie, aber auch der Regulierung der Genaktivität im Zusammenhang mit der Zelldifferenzierung an diesen Objekten bearbeitet. Ihr besonderer Vorteil liegt in der Anwesenheit von *Riesenchromosomen* in den Speicheldrüsenzellen der Larven. Außerdem
erhält man bei optimalen Ernährungsbedingungen etwa alle 2 Wochen eine neue Generation und kann eine große Anzahl von Individuen in Erlenmeyer-Kolben auf Fruchtagar mit Hefezusatz auf kleinem Raum aufziehen. Ein weiterer Vorteil besteht in der hohen
Fruchtbarkeit der Fliegen: Ein befruchtetes Weibchen bringt einige
hundert Nachkommen hervor.

Die Verwendung höher entwickelter Tierarten ist mit erheblichen
Unkosten verbunden. Bestimmte Nagetiere *(Ratten, Mäuse, Gold-
hamster)* sind − besonders wenn sie in Form genetisch reiner Labor-
stämme zur Verfügung stehen − wertvolle Objekte für die Durchführung von physiologischen, biochemischen, cytologischen, strah-
lenbiologischen und strahlengenetischen Untersuchungen. So spielen Mutanten der *Maus* eine wichtige Rolle bei der Ermittlung
der spontanen Mutationsrate von Säugetieren sowie beim Test gewisser
Substanzen auf mutationsauslösende Effekte. Alle 20 Chromosomen sind identifizierbar, über 600 Gene sind bereits lokalisiert worden. Die 1991 publizierte Karte des Maus-Genoms enthält mehr als
1300 Markierungsgene, die anhand morphologischer oder biochemischer Kriterien erfaßt worden oder durch DNA-Sequenzierungen
definiert sind.

2 Cytologische Grundlagen der Genetik

Vegetative und sexuelle Fortpflanzung; Haplonten, Diplonten, Generationswechsel

Jeder Vererbungsvorgang ist an einen Fortpflanzungsprozeß gebunden. Die beiden Fortpflanzungsweisen unterscheiden sich in genetischer Beziehung prinzipiell voneinander. Die **vegetative Fortpflanzung** erfolgt durch vegetative Einzelzellen oder Organe; typische Keimzellen kommen nicht zum Einsatz. Der Teilungsvorgang, der ihrer Bildung zugrunde liegt, ist die **Mitose.** Hierbei wird die genetisch realisierte Ausgangssituation reproduziert. Alle Tochterzellen einer Mutterzelle besitzen also das gleiche Erbgut. Dies gilt auch für die Nachkommen, die im Zuge vegetativer Fortpflanzungsvorgänge entstehen: Sie sind in genetischer Beziehung identisch und stimmen mit dem elterlichen Organismus überein. Man bezeichnet eine Gruppe von Nachkommen, die auf vegetativem Wege entstanden ist, als einen **Klon.** Häufig treten morphologische und physiologische Verschiedenheiten zwischen den Angehörigen eines Klons auf. In der Regel handelt es sich hierbei um nichterbliche **Modifikationen,** die bei den Nachkommen der betreffenden Individuen nicht wieder in Erscheinung treten. Selektionsmaßnahmen innerhalb von Klonen bleiben deshalb ohne Erfolg. In seltenen Fällen sind die Abweichungen auf spontane **Mutationsvorgänge** zurückzuführen. Unter dieser Voraussetzung sind sie erbkonstant.

Unter **Apomixis** versteht man ganz allgemein eine Fortpflanzung ohne Befruchtungsvorgang. Kommt sie in Verbindung mit vegetativen Zellen oder Organen außerhalb der Blütenregion zustande, so liegt vegetative Fortpflanzung im üblichen Sinne dieses Begriffs vor. Gelegentlich – vornehmlich bei *Gräsern* – werden Tochterpflänzchen auf vegetativem Wege in der Infloreszenzregion gebildet. Dieser Vorgang wird als unechte **Viviparie** bezeichnet. Apomixis kann jedoch auch unter Bildung von Samen zustande kommen. Die Sammelbezeichnung für derartige Vorgänge ist **Agamospermie.** Erfolgt die Samenbildung aus einer diploiden Zelle heraus, die eigentlich eine Sexualfunktion hat, diese Funktion jedoch nicht ausübt – etwa aus der Embryosack-Mutterzelle –, so liegt **Diplosporie** vor. Bei **Adventivembryonie** hingegen entsteht der Embryo aus somatischen Zellen der Samenanlage, bei **nucellarer Embryonie** aus diploiden Zellen des Nucellus.

In all diesen Fällen kann auch dann keine Spaltung im genetischen Sinne zustande kommen, wenn die betreffenden Mutterpflanzen heterozygot sind. Auch hier handelt es sich um rein vegetative Fortpflanzungsweisen, bei denen jeweils nur der bereits vorhandene genetische Zustand reproduziert wird.

Die **sexuelle Fortpflanzung** beruht auf der Verschmelzung von Keimzellen, von **Gameten**. Eines ihrer wesentlichsten Charakteristika besteht darin, daß zu einem bestimmten Zeitpunkt der ontogenetischen Entwicklung die **Meiosis** eingeschaltet wird. Er hängt davon ab, in welcher *Kernphase* der Organismus seine Ontogenese durchläuft. Ist er ein **Haplont**, so vollzieht sich die vegetative Entwicklung in der *Haplophase*. Jeder Kern besitzt nur ein Genom, er ist **haploid**. Da er sich bereits im reduzierten Zustand befindet, läuft die Gametenbildung nicht in Verbindung mit der Meiosis ab. Die Keimzellen entstehen vielmehr *mitotisch*. Ihre Verschmelzung zur Zygote, die **Karyogamie**, führt zum **diploiden** Zustand, der bei einem Haplonten die Ausnahmesituation darstellt. Die Zygote ist bei diesen Organismen nicht zur Weiterentwicklung befähigt. Ihr Kern durchläuft die Meiosis, die mit der Reduktion der Chromosomenzahl den haploiden Normalzustand wieder herbeiführt (Abb. 2.1).

Die **Diplonten** durchlaufen ihre Ontogenese in der *Diplophase*. Sie entwickeln sich aus der Zygote, die sowohl den väterlichen als auch den mütterlichen Chromosomensatz besitzt. Für die Gametenbildung ist die Herabsetzung der Chromosomenzahl auf die Hälfte notwendig, die durch die *Meiosis* erreicht wird. Konjugation und Meiosis zeigen also bei den soeben besprochenen Organismengruppen eine unterschiedliche zeitliche Relation zueinander:

- Bei den **Haplonten** folgt die Meiosis auf die Verschmelzung der Gameten in der Zygote und stellt den haploiden Normalzustand wieder her.
- Bei den **Diplonten** ist sie für die Gametenbildung notwendig, geht also der Verschmelzung voraus.

Die dritte Gruppe von Organismen ist durch einen **Generationswechsel** gekennzeichnet: Im Entwicklungsablauf folgen im typischen Falle eine haploide und eine diploide Generation in ununterbrochenem Wechsel aufeinander. Eine derartige Entwicklung wird als *heterophasischer* oder *antithetischer Generationswechsel* bezeichnet. Bei Pflanzen beginnt die Ontogenese − ausgehend von der haploiden Spore − zunächst wie bei einem Haplonten. Diese Generation ist für die Bildung der Geschlechtsorgane und der Gameten verantwortlich, sie ist der **Gametophyt**. Nach der Befruchtung setzt sich die Entwicklung aus der Zygote heraus wie bei einem Diplonten fort; es entsteht der **Sporophyt**. In Verbindung mit der Sporenbildung führt die Meiosis wieder zum haploiden Ausgangszustand. Gametenfusion und Meiosis, die bei Haplonten und Diplonten zeitlich gekoppelt sind, sind hier durch einen Teilablauf der ontogenetischen Entwicklung voneinander getrennt. Organismen mit Generationswechsel vereinigen in sich also die charakteristischen Verhaltensweisen der Haplonten und Diplonten. Der Unterschied zwischen den drei Organismengruppen wird aus Abb. 2.1 deutlich.

Bei den niederen Pflanzen ist der Generationswechsel weit verbreitet. Er tritt bei zahlreichen *Grünalgen,* bei allen *Braun-* und *Rotalgen* sowie bei den *Moosen* und *Farnen* auf. Selbst bei den *Blütenpflanzen* läßt er sich noch nachweisen. Im Zuge

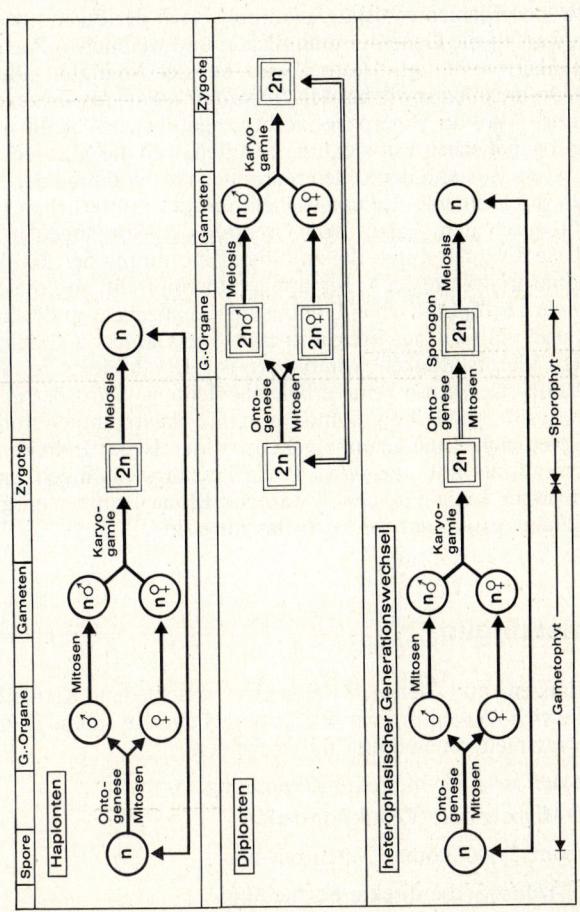

Abb. 2.1 Die Lebenszyklen von Haplonten, Diplonten und von Organismen mit heterophasischem Generationswechsel

der phylogenetischen Entwicklung des Pflanzenreichs ist mit zunehmender Höherentwicklung eine immer stärkere Reduktion des Gametophyten eingetreten. Bei den *Moosen* stellt die grüne Moospflanze den Gametophyten dar, während das rotbraune Stielchen mit der Mooskapsel der Sporophyt ist. Bei den *Farnen* tritt der Gametophyt in der Natur kaum in Erscheinung. Er ist ein kleines thalloses Gebilde, das *Prothallium,* während die Farnpflanze den Sporophyten darstellt. Bei den *Blütenpflanzen* schließlich ist der Gametophyt auf zwei wenigzellige Organe reduziert worden. Der weibliche Gametophyt ist der *Embryosack* mit 8 haploiden Zellen im typischen Falle. Der männliche Gametophyt ist der *Pollenschlauch* mit 3 haploiden Kernen bzw. Zellen. Bei *niederen Tieren* tritt der Generationswechsel in einer erheblich größeren Vielgestaltigkeit auf.

Karyogamie und Meiosis sorgen dafür, daß eine Durchmischung der genetischen Elemente zustande kommt. Nach der Fusion der Keimzellen werden die Gene des männlichen und weiblichen Partners im Zygotenkern vereinigt. Hierbei wird bei der Mehrzahl aller tierischen Organismen sowie bei den *fremdbefruchtenden* Pflanzenarten ein hohes Maß an Heterozygotie herbeigeführt. Es bleibt während der ontogenetischen Entwicklung erhalten, weil die Mitosen den heterozygoten Zustand der Zellen reproduzieren. Während der Meiosis werden die Elemente des väterlichen und des mütterlichen Erbguts sowohl durch den Ablauf von Crossing-over-Vorgängen in der 1. Prophase als auch durch die zufällige Einordnung der Bivalente in die Äquatorialplatte der 1. Metaphase durchmischt. Auf diese Weise entstehen bei diplontischen Organismen Keimzellen, in denen väterliches und mütterliches Erbgut in einer von Gamet zu Gamet wechselnden Vielgestaltigkeit kombiniert ist. Die Meiosis ist also im Gegensatz zur Mitose keine erbgleiche Teilung. *Selbstbefruchtende* Pflanzen sind hochgradig homozygot; ihre Nachkommen sind in der Regel erbgleich. Eine Gruppe genetisch identischer Individuen, die in Verbindung mit *sexuellen* Fortpflanzungsvorgängen entsteht, wird als **reine Linie** bezeichnet, während **Klone** Gruppen erbgleicher Individuen bei *vegetativer* Fortpflanzung sind.

Kernteilungen

Im Pflanzen- und Tierreich treten zwei verschiedene Kernteilungen auf, die sich sowohl in ihrer Funktion als auch in ihrem Stadienablauf prinzipiell voneinander unterscheiden:

— die *Mitose* oder indirekte Kernteilung,
— die *Meiosis* oder Reduktionsteilung.

Als dritter Typus kommt vereinzelt noch

— die *Amitose,* die direkte Kernteilung

vor, über die wir bisher nur unzureichend unterrichtet sind. Die prinzipiellen Unterschiede zwischen Mitose und Meiosis sind in Abb. 2.2 dargestellt und in Tab. 2.2 erläutert. Der Stadienablauf von Mitose und Meiosis kann durch zahlreiche Umweltfaktoren beeinflußt werden, wobei starke Störungen auftreten können. Als Beispiel ist auf S. 38 ff die Wirkung von Röntgenstrahlen behandelt.

Mitose

Der Körper eines vielzelligen Organismus setzt sich aus *Organen* zusammen. Sie bestehen aus differenzierten Zellen, die eine spezifische Funktion übernehmen und in ihrem Differenzierungsgrad dieser

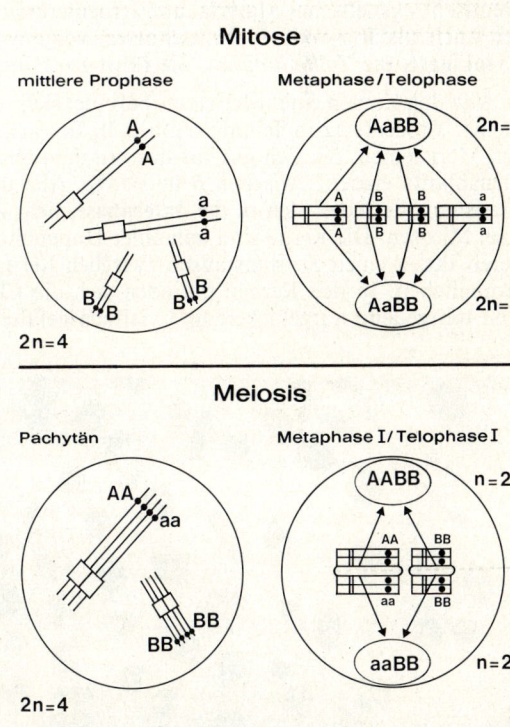

Abb. 2.2 Die prinzipiellen Unterschiede zwischen Mitose und Meiose. Ausgangssituation:
– diploide Chromosomenzahl 2n = 4
– Heterozygotie für das Genpaar *Aa*
– Homozygotie für das Genpaar *BB*

Funktion angepaßt sind. Ihre Kerne sind meist nicht mehr teilungsfähig oder zumindest nicht teilungsbereit. In jedem Organismus gibt es darüber hinaus jedoch Gewebe, deren Funktion ausschließlich in der Neuproduktion von Zellmaterial besteht; sie werden als **Meristeme** bezeichnet. Pflanzliche Meristeme sind die Sproß- und Wurzelvegetationskegel sowie die Kambien; als tierisches Meristem sei besonders das Knochenmark genannt. Sehr wichtige Meristeme bei allen höheren Pflanzen und Tieren sowie beim Menschen befinden sich in den Geschlechtsorganen und sind für die Bildung der *Meiocyten* verantwortlich, jener Zellen, die im Zuge der Gametenbildung in die Meiosis eintreten.

Der Teilungsvorgang, der zur Neubildung von Kernen führt, ist die **Mitose,** die **indirekte Kernteilung.** Während ihres Ablaufs wird identisches genetisches Material auf 2 Tochterkerne verteilt. An diesen auch als **Karyokinese** bezeichneten Vorgang schließt sich die **Cytokinese,** die *Zellteilung* an. Sie führt zu 2 Tochterzellen.

Von den Kernen eines Meristems befindet sich stets nur ein relativ kleiner Prozentsatz in Teilung (Abb. 2.3). Er variiert in Wurzelspitzen-Meristemen, die sich gut für das Studium des mitotischen Stadienablaufs eignen, zwischen 6 und 15%. Alle übrigen Kerne des Meristems befinden sich in der **Interphase,** dem Zustand zwischen zwei Mitosen. Die Kerne sind von einer Doppelmembran umgeben, deren Poren einen Stoffaustausch zwischen Kern und Cytoplasma ermöglichen. In den Kernen befinden sich die **Chromosomen.** Sie sind weitgehend aufgelockert und vielfach gefaltet, so daß sich im

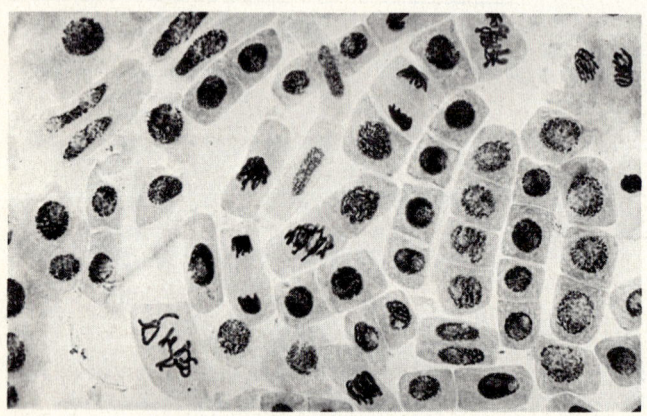

Abb. 2.**3** Wurzelspitzen-Meristem von *Vicia faba* mit Interphase-Kernen und verschiedenen Stadien der Mitose

Lichtmikroskop ein sehr unübersichtliches Bild ergibt. Die Kerne sind mit einem Gewirr chromosomaler Strukturen ausgefüllt, auf denen die **Chromomeren** in großer Anzahl sichtbar sind (Abb. 2.4). Dieses in der älteren Literatur als „Chromatingerüst" bezeichnete Gebilde ist kein Kontinuum, die Chromosomen behalten im Interphasekern vielmehr ihre Individualität bei. Sie sind im Bereich der Kernporen an die Kernmembran angeheftet, so daß ihre relative Lage zueinander innerhalb gewisser Grenzen gewahrt bleibt. In diesem Stadium laufen wichtige biochemische Vorgänge ab, vor allem die Replikation der DNA und damit die identische Verdoppelung der Gene. Die Auflockerung der Chromosomen ist die Voraussetzung für den hohen Grad biochemischer Aktivität.

Im Interphase-Kern sind ein oder mehrere *Kernkörperchen,* die **Nucleolen,** vorhanden. Sie sind als kugelförmige Bläschen erkennbar und werden an spezifischen Stellen bestimmter Chromosomen des Genoms gebildet. Diese als **Nucleolus-Organisatoren** bezeichneten Zonen liegen in einer nicht färbbaren sekundären Einschnürung der betreffenden Chromosomen (Abb. 2.4g). Hier befinden sich Gene, die für die Bildung der ribosomalen Nucleinsäure (rRNA) verantwortlich sind und die in Form Hunderter von Kopien in dichter Folge hintereinander liegen. Die Funktion der Nucleolen besteht darin, die für die Bildung der Ribosomen erforderliche RNA bereitzustellen (S. 364). Sie enthalten rRNA sowie deren Vorstufen, ferner Proteine und bestimmte Enzyme, etwa die RNA-Polymerasen. Der Zusammenbau der Ribosomen erfolgt in diesem Zellorganell. Die Nucleolen sind keine permanent vorhandenen Zellorganellen, sie werden vielmehr in bestimmten Stadien der Mitose und Meiosis aufgelöst und später neu gebildet.

Die nicht mehr teilungsfähigen oder teilungsbereiten Kerne ausdifferenzierter Zellen besitzen die aufgelockerte Struktur von Interphase-Kernen. Sie werden als **Arbeitskerne** bezeichnet und liegen in der G_o-Phase vor. Auch in ihnen nehmen die Chromosomen feste Positionen ein.

Die *Funktion der Mitose* besteht in der Neuproduktion von Kernen. Hierbei wird das chromosomale Material des Ausgangskerns so verteilt, daß 2 identische Tochterkerne entstehen. Hierfür müssen die Chromosomen aus ihrem aufgelockerten Interphase-Zustand in eine Transportform überführt werden. Dies wird durch eine starke Verdichtung erreicht, in deren Verlauf die DNA des Chromosoms 5000 − 10000fach verkürzt wird. Diese extreme Kondensation wird durch Schraubungen, Faltungen und Schleifenbildungen erzielt. Hierbei haben die Nicht-Histon-Proteine eine wichtige Funktion, durch deren Polymerisation ein axiales Chromosomenskelett entsteht. Genetische Analysen an *Hefen* deuten darauf hin, daß Mitose-Hemmer und -Aktivatoren existieren, die den Eintritt in die Mitose kontrollieren. Aus zahlreichen Hinweisen wird geschlossen, daß die Phosphorylierung des Histons 1 die Mitose einleitet und gleichzeitig für die Kondensierung der Chromosomen verantwortlich ist.

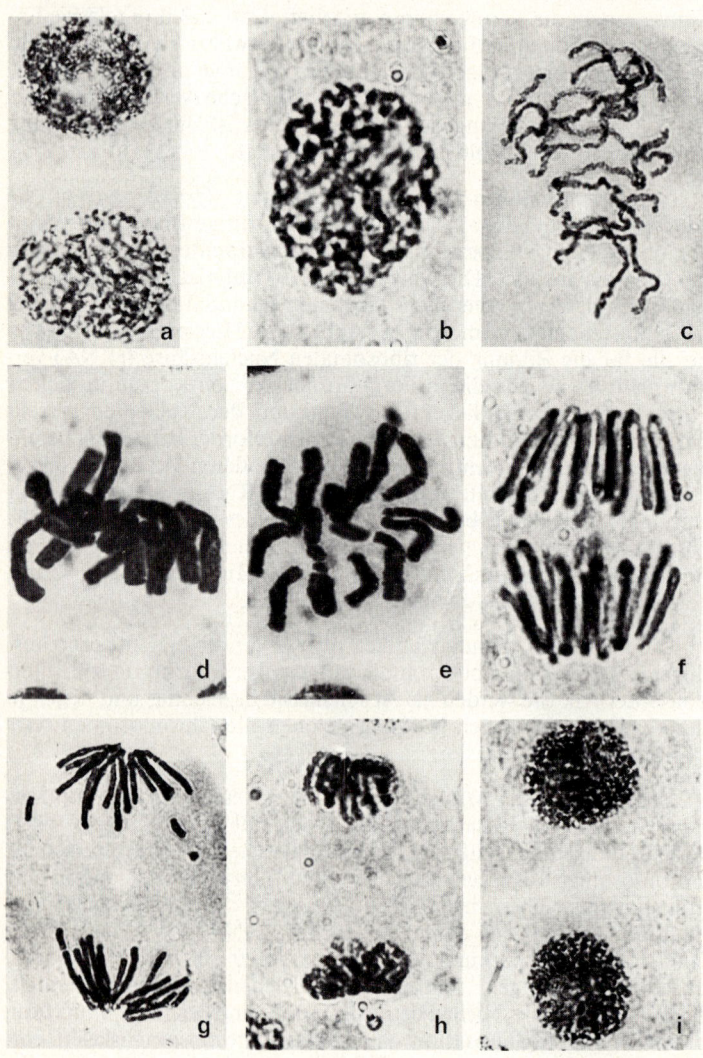

Der zeitliche Ablauf der Mitose wird in 4 Stadien unterteilt:

- Prophase,
- Metaphase,
- Anaphase,
- Telophase.

Sie sind in Abb. 2.4 dargestellt.

Prophase

In den frühesten Stadien des mitotischen Teilungsablaufs kommt eine immer stärker werdende Verdichtung der Chromosomen zustande. Sie führt dazu, daß man in der *mittleren Prophase* einzelne Chromosomen des Kerns im Lichtmikroskop schon über gewisse Strecken hinweg verfolgen kann. Außerdem wird deutlich erkennbar, daß jedes Chromosom aus zwei strukturell identischen Längselementen, den **Spalthälften** oder **Chromatiden**, besteht, die vom **Centromer** zusammengehalten werden (S. 78). Gegen Ende der Prophase – in der **Prometaphase** – ist der maximale Kontraktionsgrad erreicht. Der Übergang zur **Metaphase** ist durch drei Vorgänge charakterisiert:

- Die Kernmembran wird aufgelöst.
- Der Nucleolus löst sich auf; seine RNA tritt ins Cytoplasma über.
- Es wird ein **Spindelapparat** ausgebildet. Er besteht aus Tausenden von *Mikrotubuli,* faserigen Strukturen, von denen ein Teil mit den Centromeren der Chromatiden in Verbindung steht. Die Mikrotubuli bestehen aus polymerisierten Tubulin-Molekülen und haben sowohl statische als auch dynamische

◄────────────────────────────

Abb. 2.4 a–i   Der Stadienablauf der Mitose in Wurzelspitzen-Meristemen von *Vicia faba,* 2n = 12.

a   Oben aufgelockerter Interphasekern mit zahlreichen Chromomeren. Das helle Bläschen ist der Nucleolus. Unten früheste Prophase mit Beginn der Kondensation der Chromosomen.

b   Frühe Prophase.

c   Mittlere Prophase. Jedes Chromosom besteht aus 2 identischen Chromatiden. Die Identität ist an der Parallellagerung der Chromomeren erkennbar.

d   Metaphase. Äquatorialplatte in Seitenansicht.

e   Metaphase. Äquatorialplatte in Polansicht.

f   Mittlere Anaphase. Spalthälften wandern an die Spindelpole.

g   Späte Anaphase. Die Chromatiden sind fast an den Polen angekommen. Die nachhinkenden Chromosomenabschnitte der oberen Gruppe sind die Satelliten der beiden SAT-Chromosomen. Sie sind über die nichtfärbbare achromatische Zone mit dem Chromosomenkörper verbunden.

h   Übergangsstadium Telophase/Interphase. An den Polen sind 2 diploide Gruppen von Chromatiden vorhanden, die mit der Dekondensation beginnen.

i   Interphase. Die Chromatiden der Tochterkerne sind aufgelockert. In der Region der früheren Äquatorialebene wird die Zellwand gebildet

Funktionen. Die Spindel ist ein kompliziertes Zellorganell, dessen Struktur bei verschiedenen Objekten unterschiedlich sein kann. Man unterscheidet 5 verschiedene Gruppen von Mikrotubuli, von denen nur einige an der Polwanderung der Chromatiden beteiligt sind. In tierischen Zellen gehen die Spindelfasern von spezifischen Organellen, den **Centriolen**, aus. Sie sind in Pflanzenzellen nicht vorhanden.

Metaphase

Durch das Zusammenwirken bestimmter Elemente des Spindelapparats, der *Zugfasern,* mit den *Kinetochoren* und *Centromeren* (s. S. 78) kommt die Einordnung der Chromosomen in die Äquatorialplatte zwischen den beiden Spindelpolen zustande: Es ist die *Metaphase* erreicht. Hierbei bestehen keine Lagebeziehungen zwischen den homologen Chromosomen. Die Chromatiden eines jeden Chromosoms werden in der Centromerregion noch zusammengehalten. In übersichtlichen Präparaten sind die Centromere als nicht färbbare Lücken erkennbar.

Die mitotische Metaphase ist präparativ gut zugänglich und wird für die Bearbeitung evolutionistischer und mutationsgenetischer Fragestellungen verwendet. Bei günstigen Objekten läßt sich die Struktur aller Chromosomen des Satzes ermitteln; es werden *Karyotyp-Analysen* angefertigt (Abb. 3.12). Der Karyotyp einer Species ist ein artkonstantes Merkmal. Karyotyp-Analysen sind beim *Menschen* für das pränatale Erkennen chromosomaler Anomalien von großer Bedeutung.

Anaphase

Während des bisher beschriebenen Teils der Mitose war das *Chromosom* die Funktionseinheit, obwohl die Chromatiden als strukturell selbständige Gebilde bereits existieren. Während der *Anaphase* – dem kürzesten Stadium der Mitose – kommt eine Wanderung der *Chromatiden* an die Spindelpole zustande. Dadurch wird die Konstanz der Chromosomenzahl gewährleistet: die beiden Tochterkerne erhalten die gleiche Anzahl chromosomaler Einheiten wie der Ausgangskern.

Telophase

Mit dem Eintreffen der Chromatiden an den Spindelpolen sind die Bewegungsabläufe der Mitose beendet; es ist das Stadium der *Telophase* erreicht. Die Chromatiden lockern sich auf; die beiden Tochterkerne streben den Zustand von **Interphasekernen** an. Im Verlauf dieser Vorgänge umgeben sie sich mit einer Membran. Hierbei werden zunächst die Kernporen gebildet, anschließend entsteht die Membran aus spezifischen Vesikeln. Auch die *Nucleolen* werden neu gebildet. Die Mikrotubuli des Spindelapparats werden abgebaut; die Spindel verschwindet. Zwischen den beiden Tochterkernen wird der **Phragmoplast** erkennbar, ein Organell, das Stützfunktion hat und die beiden Kerne in einer optimalen Entfernung voneinander fixiert. Er besteht aus zahlreichen parallel gelagerten Mikrotubuli.

Die Mechanik der Chromosomenbewegung war noch bis vor wenigen Jahren ungeklärt. Sie wird an Komplexen aus Chromosomen und Mikrotubuli in vitro studiert. Die wichtigste Rolle spielen hierbei die Mikrotubuli der Spindel. Sie sind röhrenförmige Polymere der beiden Proteine α- und β-Tubulin. Sie liegen in ununterbrochener Folge hintereinander und bilden die Spindelfasern. Sie haben eine polare Struktur mit einem rasch wachsenden Plus- und einem langsamer wachsenden Minus-Ende und liegen in zwei verschiedenen Kategorien vor:

– Die *durchgehenden Mikrotubuli* stellen ein Gerüst zwischen den beiden Spindelpolen dar, das für eine gewisse Stabilität sorgt und in der Telophase – wie soeben erwähnt – als **Phragmoplast** in Erscheinung tritt. In tierischen Zellen gehen sie von den **Centrosomen** aus. Sie haben keine Verbindung mit den Chromatiden und sind nicht an der Anaphasenwanderung beteiligt.

– Im Gegensatz hierzu stellen die *Kinetochor-Mikrotubuli* eine Verbindung zwischen Spindelpolen und Chromatiden her. 15 – 35 solcher Tubuli setzen am Kinetochor an. Durch den Verlust von Tubulin in der Centromerregion kommt ihre Verkürzung und damit die Anaphasenbewegung zustande. Auch die Streckung der Spindel ist hieran beteiligt. Schon die Einordnung der Chromosomen in die Äquatorialebene während der Prometaphase beruht auf diesem Mechanismus. Einige Teilprozesse dieser Vorgänge sind noch ungeklärt.

Die Trennung der Chromosomen in ihre Spalthälften erfolgt in den Anfangsstadien autonom; erst später setzt die Zugwirkung der Spindel ein. Dies wird erkennbar, wenn wir die Spindelbildung durch Einwirkung von *Colchicin* – einem Alkaloid der Herbstzeitlose – unterbinden. Diese Substanz löst die Mikrotubuli auf und verhindert die Vereinigung der Spindelproteine zu Fasern. Dennoch kommt in der frühen Anaphase der *Colchicin-Mitose* ein Auseinanderweichen der Chromatiden zustande.

Mit der Telophase ist der mitotische Teilungszyklus zu Ende. Die Mutanten einiger Pilze haben sich als günstige Modellobjekte für das Studium der genetischen Kontrolle der Mitose erwiesen. So sind bei *Aspergillus nidulans* bereits 5 Tubulin-Gene bekannt, ferner je ein Gen für den Eintritt in die Mitose und für ihre Beendigung.

An die *Kernteilung,* die *Karyokinese,* schließt sich gewöhnlich die **Zellteilung,** die **Cytokinese,** an. In der Region der früheren Äquatorialebene entsteht die **Zellwand,** wobei von den *Dictyosomen* zahlreiche Vesikel mit Material für die Membranbildung geliefert werden. Die Vesikel verschmelzen miteinander und bilden die Zwischenwand. Im Anschluß hieran verschwindet der Phragmoplast als selbständiges Zellorganell. Nach Abschluß dieser Vorgänge sind zwei Tochterzellen vorhanden, die im Hinblick auf ihre Chromosomenzahl und ihren Gengehalt identisch sind. Die Mitose ist eine erbgleiche Teilung. Individuen, die sich mit Hilfe dieses Teilungsvorgangs vegetativ fortpflanzen, müssen folglich in ihrer genotypischen Konstitution identisch sein.

Die **Mitose menschlicher Zellen** läßt sich am einfachsten in Lymphocyten des peripheren Blutes studieren, die sich leicht kultivieren lassen. Der Mitose-Zyklus dauert 10 – 24 Std. Durch Zusatz von Colchicin kann die Spindelbildung verhindert werden. Auf diese Weise erhält man übersichtliche Metaphaseplatten, in denen nach Anwendung spezifischer Färbmethoden alle Chromosomen identifizierbar sind.

Tabelle 2.1   Die Dauer der einzelnen Stadien des Mitosezyklus bei verschiedenen Objekten (Werte in Stunden) (Angaben nach *Ames, I. H., J. Mitra:* Nucleus 9, 1966; *Bayliss, M. W.:* Exper. Cell Res. 92, 1975; *Sperling, K.:* BIUZ 10, 1980)

Objekt	Zellmaterial	G_1	S	G_2	Mi-tose	Ge-samt-dauer
Daucus carota	Wurzelspitzen	1,3	2,7	2,9	0,6	7.5
Crepis capillaris	Wurzelspitzen	2,5	3,5	3,0	0,5	9,5
Haplopappus gracilis	Wurzelspitzen	1,4	6,8	2,6	1,4	12,2
Vicia faba	Wurzelspitzen	5,0	7,5	5,0	2,0	19,5
Maus	Fibroblasten in vitro	10,0	6,5	3,0	1,0	20,5
Maus	Cornea-Epithel in vivo	87,0	11,0	3,5	0,5	102,0
Mensch	embryonale Fibroblasten	6,0	6,0	4,0	1,0	17,0
Mensch	He-La-Zellen	8,0	9,5	3,0	0,5	21,0

Die Dauer des mitotischen Stadienablaufs variiert bei der Mehrzahl der tierischen und pflanzlichen Organismen zwischen 0,5 und 3 Std.; einige Beispiele sind in Tab. 2.1 gegeben. Sie ist innerhalb bestimmter Grenzen temperaturabhängig; außerdem kann sie bei verschiedenen Formen der gleichen Art in Abhängigkeit von der genotypischen Konstitution variieren. Der gesamte **Zellzyklus** − die Periode zwischen zwei aufeinander folgenden Mitosen − umfaßt den mitotischen Stadienablauf und die sich anschließende Interphase. Er dauert bei höheren Organismen im allgemeinen 10−30 Std. Die Dauer der **Interphase** kann bei verschiedenen Objekten stark variieren. Sie ist außerdem vom Alter des Organismus, vom Hormonspiegel sowie von anderen inneren Bedingungen abhängig. Die Interphase wird in folgende 3 Abschnitte unterteilt (Abb. 2.5):

− die G_1-Phase (einige Stunden, in Ausnahmefällen mehrere Tage);
− die S-Phase (3−8 Std.);
− die G_2-Phase (2−5 Std.)

In der **G_1-Phase** („G" steht für gap = Lücke) werden Substanzen produziert, die für die anschließend ablaufende DNA-Synthese und deren Kontrolle erforderlich sind. Hierbei handelt es sich um Initiator- oder Induktor-Proteine, deren chemische Natur noch nicht bekannt ist. In den vielkernigen Plasmodien der *Schleimpilze* treten Tausende von Kernen gleichzeitig in die S-Phase ein; die auslösenden biochemischen Vorgänge laufen bei diesen Organismen also synchron ab. Während der **S-Phase** findet die Synthese der DNA statt. Bis zum Ende dieser Periode wird die Gesamtzahl der im Kern vorhandenen DNA-Moleküle identisch verdop-

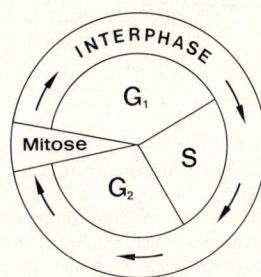

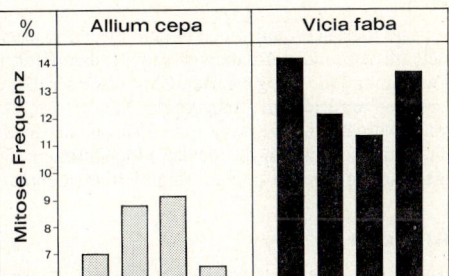

Abb. 2.5 Mitose-Zyklus und Mitose-Frequenz bei zwei verschiedenen Pflanzenarten. Jede Säule gibt den Wert für eine Generation an

pelt (Einzelheiten in Kap. 3). Darüber hinaus ist eine intensive Proteinsynthese nachweisbar, und es erfolgt die Bildung von Histonen, spezifischen Proteinen, die wichtige Bestandteile der Eukaryoten-Chromosomen sind. Die biochemischen Vorgänge, die während der sich anschließenden **G₂-Phase** ablaufen, sind noch wenig erforscht. Hier werden Substanzen bereitgestellt, die für die Einleitung der nächsten Mitose verantwortlich sind. Das Cytokinin gehört in diese Gruppe.

Der prozentuale Anteil von Zellen eines Meristems, deren Kerne die Mitose durchlaufen, wird als **Mitosefrequenz** bezeichnet. Sie variiert nicht nur unter dem Einfluß von Temperatur und Tageszeit, sondern sie kann bei verschiedenen Objekten unterschiedlich sein. Dies geht aus dem Vergleich der beiden Arten *Allium cepa* und *Vicia faba* hervor (Abb. 2.5). In vier aufeinanderfolgenden Jahren wurden nach Auswertung einer großen Anzahl von Wurzelspitzen-Meristemen bei *Allium* für die Mitosefrequenz Mittelwerte zwischen 6,5 und 9,1% erhalten. Die Vergleichswerte für *Vicia faba* variierten zwischen 11,2 und 14,3%. Die Meristeme des getesteten Ackerbohnenstammes sind also aktiver als diejenigen der Zwiebelsorte. Im Hinblick auf die **Stadienverteilung** hingegen sind zwischen den beiden Arten keine Unterschiede feststellbar. Wenn wir für die Mitose von *Vicia faba* – einem Standardobjekt für zahlreiche cytologische Untersuchungen – unter bestimmten Kulturbedingungen eine Gesamtdauer von 3 Std. annehmen, so ergeben sich für die einzelnen Stadien folgende Werte:

- Prophase: 95 Min.,
- Metaphase: 35 Min.,
- Anaphase: 23 Min.,
- Telophase: 27 Min.

In den Mitosen zahlreicher Pflanzenarten tritt das Phänomen der **somatischen Paarung** auf. Dieser Vorgang ist nicht mit der Konjugation der homologen Chromosomen in der 1. meiotischen Prophase gleichzusetzen. Es handelt sich vielmehr um eine sehr lockere Zuordnung von Chromosomen, die in der Äquatorialplatte der Metaphase erkennbar wird. Die „gepaarten" Chromosomen werden als Homologe interpretiert, obwohl der Beweis hierfür häufig nicht erbracht werden kann.

Die Riesenchromosomen in den Speicheldrüsen der *Dipterenlarven* befinden sich im Zustand permanenter somatischer Paarung (S. 80). Hier besteht kein Zweifel, daß die eng gepaarten Chromosomen Homologe sind. Es liegt also eine gewisse Parallele zum Pachytän der Meiosis vor, es kommt jedoch nicht zu Austauschvorgängen. Die somatische Paarung der Speicheldrüsen-Chromosomen ist die Voraussetzung für die idealen Möglichkeiten, die sich bei diesen Objekten für die Analyse chromosomaler Veränderungen ergeben.

Amitose

Die Mitose wird als „indirekte" Kernteilung bezeichnet, weil die Entstehung der Tochterkerne in Verbindung mit komplizierten Replikations- und Verteilungsvorgängen auf indirektem Wege erfolgt. Daneben gibt es die **direkte Kernteilung,** die **Amitose.** Sie ist bisher nur für wenige Organismengruppen zuverlässig nachgewiesen worden, etwa für bestimmte Protisten. Bei den *Ciliaten* ist sie weit verbreitet. Ihr wesentlichstes Charakteristikum besteht darin, daß die Chromosomen nicht als individuelle Zellorganellen in Erscheinung treten; auch die Spindelbildung unterbleibt. Das Ausgangsmaterial wird vielmehr in Verbindung mit einer einfachen Durchschnürung in zwei Portionen geteilt. Hierbei kommt offenbar eine ± geregelte Verteilung der Chromosomen auf die Tochterzellen zustande, deren Mechanik noch nicht geklärt ist.

Meiosis

Die Meiosis ist im Gegensatz zur Mitose keine erbgleiche Teilung. Ihre Funktion besteht bei den *Diplonten* in der Bildung der Vorstufen der Keimzellen. Bei den *Haplonten* wird die diploide Valenz der Zygote durch die Meiosis auf den haploiden Normalzustand herabreguliert. Ihr Stadienablauf ist wesentlich komplizierter als derjenige der Mitose (Abb. 2.**6**). Dies kommt schon in ihrer Dauer zum Ausdruck. Während eine Wurzelspitzen-Mitose bei der Mehrzahl aller Pflanzen kaum mehr als eine Stunde dauert, benötigt die Meiosis bei den gleichen Objekten 3–5 Tage. Sie besteht aus zwei aufeinanderfolgenden Teilungen, der *ersten* und der *zweiten meiotischen Teilung.* Die für die Meiosis typischen Vorgänge laufen in der ersten Teilung ab, während die zweite im Prinzip der Mitose entspricht. Es

ist nicht angebracht, den Begriff „Reduktionsteilung" für den Gesamtvorgang zu verwenden. Die Reduktion der Chromosomenzahl
ist nur einer der Effekte der Meiosis, in genetischer Beziehung der
am wenigsten bedeutsame. Viel wichtiger sind die Konsequenzen,
die sich aus der Umgestaltung der Chromosomen und Genome im
Zuge der Meiosis ergeben.

Wir wollen bei der Besprechung des meiotischen Stadienablaufs
von der Situation bei *diploiden Organismen* ausgehen. In der Keimbahn höherer Tiere und des Menschen sowie in den Pollensäcken der
höheren Pflanzen sorgen Mitosen zunächst für die Gesamtzahl derjenigen Zellen, die als **Meiocyten** später in die Meiosis eintreten. In
den Antheren liegt zwischen den letzten prämeiotischen Mitosen
und dem Beginn der Meiosis eine Periode von einigen Tagen, in denen keine mikroskopisch erkennbaren cytologischen Vorgänge ablaufen. Bei *Lilien* dauert die prämeiotische Replikation der DNA etwa 6mal länger als die S-Phase mitotischer Interphase-Kerne. Dann
treten die Zellen, die sich bisher ausschließlich mitotisch geteilt haben, in die Meiosis ein und durchlaufen damit einen prinzipiell andersartigen Teilungsvorgang. Über die biochemischen Vorgänge, die
zu dieser Umstimmung der Zellen führen, ist noch nichts bekannt.

Am Anfang der Meiosis steht ein diploider **Interphasekern.** Er
besitzt zwei einander entsprechende Chromosomensätze, zwei **Genome,** von denen eines ursprünglich aus der väterlichen, das andere aus
der mütterlichen Keimzelle stammt. Jedes Chromosom des väterlichen Genoms entspricht ein bestimmtes Chromosom im mütterlichen Genom. Diese Chromosomen werden als **Homologe** bezeichnet; sie stimmen in ihrer Längsstruktur völlig überein. Die Homologie erstreckt sich auch auf ihren Gengehalt, sie ist im Interphasekern
mikroskopisch nicht erkennbar. Die Chromosomen sind in diesem
Stadium an der Kernmembran angeheftet.

Prophase I

In der *ersten meiotischen Prophase* kommt eine Kondensation der
Chromosomen zustande, die in der Regel zu einem beträchtlich stärkeren Kontraktionsgrad als in der Mitose führt. Die wesentlichsten
Vorgänge der Meiosis laufen in diesem Abschnitt ab. Man hat ihn
deshalb in eine Serie aufeinanderfolgender Stadien unterteilt, für die
es in der Mitose keine Parallelen gibt. Hierbei unterscheidet man:

- Leptotän,
- Zygotän,
- Pachytän,
- Diplotän und
- Diakinese.

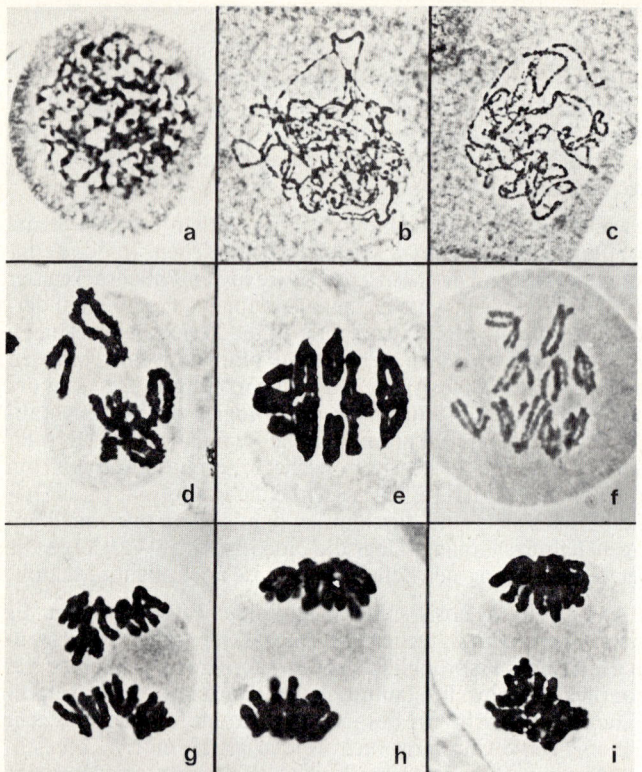

Abb. 2.6 Der Stadienablauf der Meiosis in den Pollenmutterzellen von *Paeonia delavayi*, 2n = 10 (Abb. **a** und **d–r**) bzw. *Pisum sativum*, 2n = 14 (Abb. **b** und **c**).

a Prämeiotischer Interphasekern.

b Übergangsstadium zwischen Zygotän und Pachytän. In der Mehrzahl aller Chromosomenregionen ist die Paarung der Homologen bereits vollzogen; einige sind noch ungepaart.

c Pachytän. Alle Chromosomen liegen in Form von Bivalenten vor. Ein wesentlich klareres Pachytän eines partiell heterochromatischen Objekts ist in Abb. 3.10 dargestellt.

d Übergangsstadium Diplotän-Diakinese. Die Chromosomen sind bereits kontrahiert. Die Homologen werden noch durch Chiasmen zusammengehalten.

e Metaphase I in Seitenansicht. Die Bivalente sind in die Äquatorialebene eingeordnet.

f Mittlere Anaphase I. Chromosomen wandern an die Spindelpole. Jedes Chromosom ist in seine Chromatiden unterteilt, die in der Centromerregion noch zusammenhalten werden.

g Späte Anaphase I. Chromosomen fast an den Spindelpolen angekommen; maximal kontrahiert.

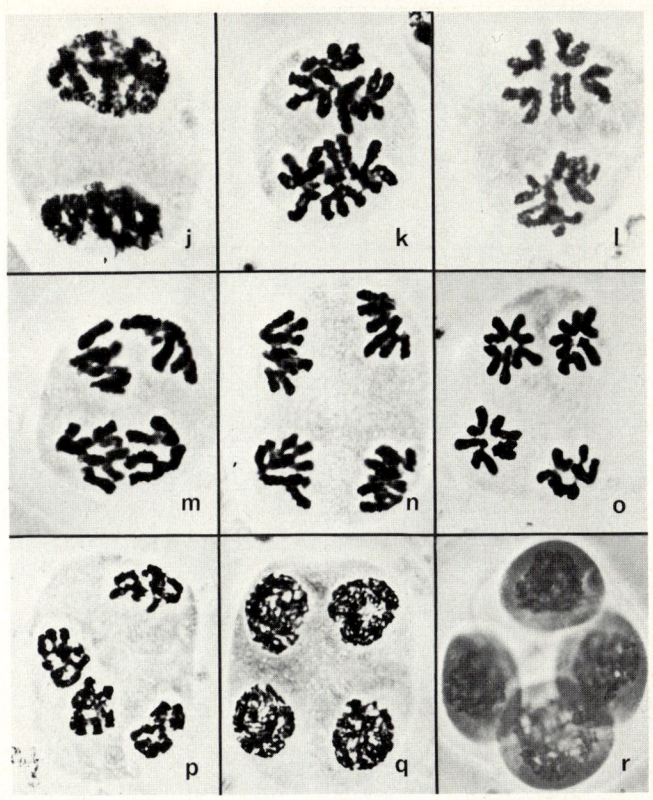

h Telophase I. Polwanderung beendet; es sind 2 haploide Chromosomengruppen vorhanden.
i Übergangsstadium Telophase I/Interkinese. Beginn der Dekondensation.
j Interkinese. Es sind 2 haploide Interphasekerne vorhanden.
k Späte Prophase II. In jedem der beiden Tochterkerne sind die Chromosomen wieder stark kondensiert.
l Metaphase II (oben Polansicht, unten Seitenansicht). Die Chromosomen
befinden sich in den beiden Äquatorialplatten.
m Mittlere Anaphase II. In jeder der beiden Spindeln wandern Chromatiden
an die Pole.
n Späte Anaphase II. Chromatiden nahezu an den Polen angekommen.
o Telophase II. Es sind 4 haploide Gruppen mit je 5 Chromatiden vorhanden.
p Übergangsstadium Telophase II/Interphase II. Die Auflockerung der Chromatiden beginnt.
q Interphase II. Es sind 4 aufgelockerte Tochterkerne vorhanden.
r Jedem Kern wird ein etwa gleich großer Anteil von Cytoplasma zugeordnet; es entstehen 4 Gonen aus der Pollenmutterzelle (Orginale von *Klein*)

Tabelle 2.2   Die Unterschiede zwischen Mitose und Meiosis

Kriterium	Mitose	Meiosis
Vorkommen	in undifferenzierten Zellen, Zellverbänden oder Geweben (Scheitelzellen, Meristemen)	– bei Diplonten: in den Geschlechtsorganen – bei Haplonten: in den Zygoten – bei Organismen mit Generationswechsel: in bestimmten Geweben des Sporophyten
Dauer	0,5–3 Std.	– bei vielen Pflanzen: 1–5 Tage – bei Säugetieren und beim Menschen: bis zu 6 Monaten
Funktion	– Neuproduktion von Kernen und Zellen – bei Haplonten und Organismen mit Generationswechsel: Bildung der Keimzellen	– bei Diplonten: Bildung der Keimzellen – bei Haplonten und Organismen mit Generationswechsel: Wiederherstellung der Haplophase
Stadienablauf – insgesamt – Prophase	– nur eine Teilung – keine Konjugation der Homologen – Chromatiden mikroskopisch gut sichtbar	– 2 aufeinanderfolgende Teilungen – Prophase I: – Konjugation der Homologen zu Bivalenten – Umbau der Chromosomen durch Crossing over – Chromatiden mikroskopisch im allgemeinen nicht sichtbar

Tabelle 2.2   Fortsetzung

Kriterium	Mitose	Meiosis
– Metaphase	– Einordnung von Chromosomen in die Äquatorial-ebene	– Metaphase I: – Einordnung von Bivalenten in die Äquatorial-ebene, – hierbei Umordnung der Genome
– Anaphase	– Wanderung von Chromatiden an die Spindelpole → Konstanz der Chromosomenzahl	– Anaphase I: – Wanderung von Chromosomen an die Spindel-pole → Reduktion der Chromosomenzahl auf die Hälfte
– Interphase	– Bildung zweier genetisch identischer Tochterkerne – reger Stoffwechsel – Teilung beendet	– Interkinese (= Interphase I): – bei Heterozygotie: Bildung zweier genetisch nicht identischer Tochterkerne – geringe Stoffwechselaktivität – Teilung läuft weiter – 2. meiotische Teilung: entspricht im Stadienablauf der Mitose
– Endergebnis	– 2 erbgleiche Tochterkerne; Chromosomenzahl iden-tisch mit derjenigen des Ausgangskerns	bei Heterozygotie 4 erbungleiche Tochterkerne mit reduzierter Chromosomenzahl

Leptotän

Aus dem Chromatinknäuel des Interphasekerns differenzieren sich optisch die *Chromosomen* als lange, dünne Fäden heraus. Obwohl sie bereits in ihre Chromatiden unterteilt sind, wird ihre Doppelnatur im Lichtmikroskop nicht erkennbar.

Zygotän

Der wichtigste Vorgang während der frühen Stadien der ersten meiotischen Prophase besteht in der äußerst exakten **Paarung der homologen Chromosomen.** Sie beginnt oftmals an den Chromosomenenden, die bei vielen Objekten an der Kernmembran angeheftet sind, und schreitet in Richtung auf das Centromer fort. Über die Mechanik der Paarung liegen noch keine gesicherten Befunde vor. Sie kommt mit größter Präzision nur zwischen homologen Chromosomenregionen – d. h. zwischen identischen oder einander entsprechenden Genen – zustande. Wird die Längsstruktur der Chromosomen durch Chromosomenmutationen verändert, so läuft die Paarung nur zwischen homologen Abschnitten ab. Als Folge dieser Gesetzmäßigkeit werden in den frühen meiotischen Stadien von Organismen, die heterozygot für Chromosomenmutationen sind, komplizierte Paarungsfiguren gebildet (S. 219). Inhomologe Paarung kommt gelegentlich in der Meiosis haploider Organismen oder bei Artbastarden zustande.

Pachytän

Wenn die Parallelkonjugation der homologen Chromosomen vollzogen ist, befindet sich der Kern im *Pachytän*, einem der wichtigsten Stadien der Meiose. Die Chromosomen liegen nicht mehr in Form von Einzelelementen, sondern von homologen Zweiergruppen, von **Bivalenten,** vor. Da jedes Chromosom aus 2 Chromatiden besteht, stellt das Bivalent eine Vierergruppe, eine *Tetrade* mit strukturell selbständigen Längseinheiten dar. Die Kondensation ist so weit fortgeschritten, daß die Pachytänbivalente bei günstigen Objekten analysierbar und identifizierbar sind (Abb. 3.**10**, 3.**14**). Mit Hilfe von *Pachytänanalysen* lassen sich evolutionistische Fragestellungen bearbeiten, außerdem lassen sich die Folgen von Chromosomenmutationen analysieren.

Im Pachytän kommt es zu Austauschvorgängen zwischen einander entsprechenden Abschnitten der Chromatiden. Sie führen zu einem der wichtigsten Effekte der Meiosis, zum **Umbau der Chromatiden** der beiden homologen Chromosomen. Als Folge nimmt eine *Neukombination der Gene* der elterlichen Genome zustande. Diese Vorgänge werden als **Crossing over** bezeichnet und im Zusammenhang mit dem Phänomen der *Koppelung* und des *Koppelungsbruchs* in Kap. 5 behandelt (S. 118). Die Überkreuzungsstellen zwischen den Chromatiden, die **Chiasmata,** sind bei günstigen Objekten im Diplotän mikroskopisch sichtbar.

Zwischen Beginn und Ende der Paarung – also vom Zygotän bis zum frühen Diplotän – ist im Elektronenmikroskop zwischen den gepaarten Homologen eine dreiteilige Struktur sichtbar, die als **synaptischer** oder **synaptonemaler Komplex** bezeichnet wird. Beiderseits eines Zentralelements verlaufen parallel 2 Lateralelemente. Er ist für die Bivalentenbildung erforderlich und hält die beiden Homologen in einem Abstand von etwa 0,10 µm. Die Initiation kann an vielen Stellen der Homologen gleichzeitig beginnen; im Pachytän besitzt jedes Bivalent über seine gesamte Länge hinweg einen kontinuierlichen Komplex. Homologenpaarung und Anwesenheit des synaptischen Komplexes sind Voraussetzungen für den Ablauf von Crossing-over-Vorgängen und damit für den Genaustausch zwischen den Homologen. Die engen Beziehungen zwischen diesen beiden Phänomenen gehen aus der Tatsache hervor, daß der synaptische Komplex bei denjenigen Organismen fehlt, bei denen keine Rekombinationsvorgänge ablaufen. Das gilt z. B. für *Drosophila-Männchen*. Im Zygotän und Pachytän sind im Bereich des synaptischen Komplexes sogenannte *„recombination nodules"* erkennbar. Es handelt sich um knotenförmige Gebilde der Chromatiden, die sich an das Zentralelement des Komplexes anheften. Sie sind ± zufällig über die Länge der Bivalente verteilt; ihre Anzahl ist mit der Zahl und Verteilung der Crossing-over-Punkte bzw. der Chiasmata korreliert. Ihre Funktion besteht möglicherweise darin, die für das Crossing over notwendigen molekularen Prozesse zu vermitteln oder durchzuführen. Recombination nodules wurden zuerst bei *Drosophila* gefunden und sind bei zahlreichen anderen Objekten nachgewiesen worden. Im frühen Pachytän menschlicher Spermatocyten sind etwa 75 Nodules je Kern vorhanden. Die engen Beziehungen zwischen Crossing over und Recombination nodules treten besonders deutlich beim *Seidenspinner* in Erscheinung. Bei den Weibchen ist weder Crossing over noch Chiasmatabildung feststellbar; es sind keine Recombination nodules vorhanden. Die Männchen hingegen zeigen normales Crossing-over-Verhalten und besitzen typische Nodules.

Diplotän

Die Homologen zeigen die Tendenz, sich wieder voneinander zu trennen, sie werden jedoch durch die Chiasmata zusammengehalten, die als Chromatinbrücken zwischen den Nichtschwester-Chromatiden aufzufassen sind (Abb. 5.**10**). Bei günstigen Objekten sind sie sichtbar. Ihre Anzahl variiert in Abhängigkeit von der Chromosomenlänge zwischen 1 und 8; die meisten Bivalente haben 2 – 3 Chiasmata. Die Kondensation der Chromosomen nimmt zu; der Kern wird übersichtlicher. Trotzdem ist das Diplotän nur bei wenigen Arten eindeutig analysierbar.

Diakinese

Die auf das Diplotän folgenden Stadien sind im wesentlichen durch zwei Vorgänge charakterisiert: Der Kontraktionsgrad der Chromosomen nimmt stark zu, außerdem rücken die Chiasmata bei der Mehrzahl aller Arten an die Chromosomenenden. Die Mechanik dieses Prozesses ist noch nicht geklärt. Ist es in beiden Armen zur Chiasmenbildung gekommen, so entstehen geschlossene Bivalente; falls nur ein Arm Chiasmata besitzt, so sind die Bivalente offen. Chiasmenausfall führt zur Bildung von Univalenten. Bei einigen Objekten treten als konstantes Artmerkmal **interstitielle Chiasmata** auf. Sie terminalisieren nicht, sondern verbleiben am Ort ihrer Entstehung. Beim Übergang von der späten Diakinese zur ersten Metaphase laufen im Prinzip die gleichen Vorgänge ab wie im entsprechenden Stadium der Mitose: Kernmembran und Nucleolen werden aufgelöst, und es wird eine Spindel gebildet, deren Elemente mit den Centromeren der Chromosomen in Verbindung treten. Damit ist die 1. meiotische Prophase abgeschlossen.

Metaphase I

Im Gegensatz zur Mitose werden in der ersten meiotischen Metaphase nicht Chromosomen, sondern *Bivalente* in die Metaphasenplatte eingeordnet. Vom späten Zygotän bis zur 1. Metaphase ist das Bivalent die Funktionseinheit. Dies ist bei der mikroskopischen Bearbeitung insofern vorteilhaft, als man mit der haploiden Anzahl chromosomaler Einheiten arbeiten kann. Die Chromosomen haben bei vielen Objekten eine nahezu würfelförmige Gestalt und lassen keine Strukturmerkmale mehr erkennen. Es ist daher in diesem Stadium nicht möglich, Karyotyp-Analysen anzufertigen. Die Orientierung der Homologen eines jeden Bivalents innerhalb der Spindel erfolgt zufallsgemäß. Dies führt zu einer weiteren Vermischung des väterlichen und mütterlichen Erbguts in den entstehenden Tochterkernen. Man bezeichnet diesen Effekt der Meiosis als **Umordnung der Genome;** er hat wichtige genetische Konsequenzen (S. 111).

Anaphase I

Jedes Bivalent trennt sich in seine beiden Homologen, die an entgegengesetzte Spindelpole wandern. Wanderungseinheit ist also nicht die Chromatide, sondern das *Chromosom,* wobei die beiden Chromatiden durch das gemeinsame Centromer zusammengehalten werden. Hierin liegt einer der gravierendsten Unterschiede zwischen Mitose und Meiosis. Als Konsequenz kommt die **Reduktion der Chromosomenzahl** auf die Hälfte zustande.

Telophase I

Die Wanderung der Chromosomen an die Spindelpole ist abgeschlossen. In der ursprünglich diploiden Zelle sind zwei haploide Chromosomengruppen vorhanden.

Interkinese

Die Chromosomen lockern sich auf. Kernhüllen und Nucleolen werden gebildet. Es entstehen also Interphase-Kerne, es erfolgt jedoch keine Replikation der DNA. Jeder der beiden haploiden Tochterkerne enthält zwar ein vollständiges Genom, die Genome sind bei heterozygoten Organismen in ihrer genetischen Zusammensetzung jedoch nicht identisch.

Auf die erste meiotische Teilung folgt ohne ein längeres Zwischenstadium die zweite Teilung. Sie verläuft nach den Gesetzmäßigkeiten der Mitose und reproduziert diejenige cytologische und genetische Situation, die am Ende der ersten Teilung realisiert war.

Prophase II

Die Chromosomen kondensieren sich erneut. In der späten Prophase werden Kernmembran und Nucleolen aufgelöst, und es werden Kernspindeln gebildet.

Metaphase II

Die Chromosomen werden in die Metaphaseplatten eingeordnet. In der Mikrosporogenese und der Spermatogenese führt jeder der beiden haploiden Kerne die Teilung unabhängig vom anderen Kern durch. In der Meiocyte sind folglich zwei Äquatorialplatten mit zwei Kernspindeln vorhanden.

Anaphase II

Aus den Metaphaseplatten wandern *Chromatiden* polwärts.

Telophase II

Die Chromatiden sind an den Polen angekommen. In der diploiden Mutterzelle sind nunmehr 4 haploide Chromosomengruppen vorhanden. Sie werden teils durch Elemente der Spindel, teils durch ein neues Zellorganell, den **Phragmoplasten,** in einer optimalen gegenseitigen Lage festgehalten.

Interphase II

Die 4 Chromosomengruppen wandeln sich zu 4 Interphasekernen um. Die Chromatiden dekondensieren sich, Kernmembranen und Nucleolen werden neu gebildet.

Damit ist der Stadienablauf der Meiosis beendet. Durch Einzug von Zellwänden wird das Cytoplasma der Mutterzelle den vier Kernen zu etwa gleichen Teilen zugeordnet. Auf diese Weise entstehen in der Hülle der Mutterzelle 4 selbständige haploide Zellen, die **Gonen.** Bei den Diplonten sind sie die Vorläufer der Keimzellen und entwickeln sich bei verschiedenen Organismengruppen in etwas unterschiedlicher Weise zu den Gameten weiter.

Mikro- und Makrosporogenese

Die Meiosis verläuft zwar in den männlichen und weiblichen Geschlechtsorganen nach prinzipiell gleichartigen Gesetzmäßigkeiten, es sind jedoch gewisse Unterschiede vorhanden, die sich vornehmlich auf die Anzahl der aus den Mutterzellen − den **Meiocyten** − entstehenden Gameten beziehen.

Betrachten wir zunächst die Situation bei den *Blütenpflanzen,* bei denen die *Mikrosporogenese* für die Bildung der männlichen, die *Makrosporogenese* für die Bildung der weiblichen Gameten verantwortlich ist (Abb. 2.7). Die **Mikrosporogenese** läuft in den *Antheren* ab. Hier befindet sich das **Archespor,** ein Urmeristem, das durch Mitosen zunächst auf eine Zellzahl heranwächst, die für jede Art innerhalb einer bestimmten Variationsbreite charakteristisch ist (in einer Tomaten-Anthere auf etwa 5000). Nach Ablauf der letzten prämeiotischen Mitosen tritt eine Pause in der Teilungsaktivität ein, deren Dauer bei verschiedenen Arten erheblich variieren kann. Die Archesporzellen, die sich bisher ausschließlich mitotisch geteilt haben, treten als **Pollenmutterzellen** nunmehr in die Meiosis ein und durchlaufen einen völlig andersartigen Teilungszyklus. Über die biochemischen Vorgänge, die diese Umstimmung herbeiführen, liegen noch keine gesicherten Befunde vor. Die Mikrosporogenese führt zur Bildung von 4 Gonen, aus denen sich nach Ablauf von 2 weiteren Mitosen die männlichen Gameten entwickeln. Die **Gone** einer diploiden Pflanze ist ein haploides, einzelliges Gebilde. Noch in der geschlossenen Anthere treten die Kerne der Gonen einige Tage nach Ab-

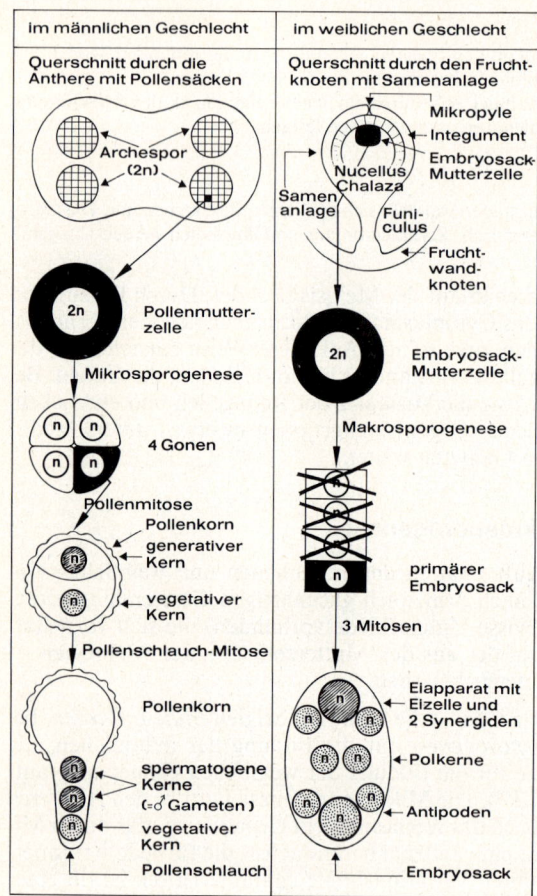

im männlichen Geschlecht	im weiblichen Geschlecht
Querschnitt durch die Anthere mit Pollensäcken	Querschnitt durch den Fruchtknoten mit Samenanlage

Archespor (2n)

Mikropyle
Integument
Embryosack-Mutterzelle
Nucellus
Chalaza
Samenanlage
Funiculus
Fruchtwandknoten

Pollenmutterzelle

Mikrosporogenese

Embryosack-Mutterzelle

Makrosporogenese

4 Gonen

Pollenmitose
Pollenkorn
generativer Kern
vegetativer Kern

primärer Embryosack

3 Mitosen

Pollenschlauch-Mitose

Pollenkorn

Eiapparat mit Eizelle und 2 Synergiden

Polkerne

spermatogene Kerne (=♂ Gameten)
vegetativer Kern
Pollenschlauch

Antipoden

Embryosack

Abb. 2.7
Die Keimzellenbildung bei höheren Pflanzen

schluß der Meiosis in die **Pollenmitose** ein. Hierdurch entstehen aus jeder Gone zwei haploide Zellen, die zwar erbgleich sind, sich im Hinblick auf ihre Funktion jedoch wesentlich voneinander unterscheiden. Sie werden als **vegetative** und **generative Zelle** bezeichnet und stellen gemeinsam das **Pollenkorn** dar. Es umgibt sich mit einer doppelten Membran, der *Intine* und *Exine,* und wird auf diese Weise zu einem relativ stabilen Gebilde der sexuellen Fortpflanzung. Wegen seiner Robustheit ermöglicht es die Raumüberbrückung vom männlichen zum weiblichen Geschlechtsorgan.

Die Pollen der Blütenpflanzen sind nicht die männlichen Gameten, sondern deren Vorläufer. Die Belegung der Narben mit Pollen wird als **Bestäubung** bezeichnet. Das Narbensekret enthält Substanzen, die die Pollen zur Keimung und zur Bildung von Pollenschläuchen im Griffelgewebe veranlassen. Dies ist eine Funktion der *vegetativen Zelle* des Pollenkorns. Ihr Kern befindet sich an der Spitze des Pollenschlauchs und ist für das weitere Wachstum des Schlauchs in Richtung auf die Eizelle verantwortlich. Hinter ihm befindet sich der *generative Kern*. Er durchläuft die **Pollenschlauch-Mitose**, die zur Bildung von zwei haploiden Tochterkernen führt. Sie werden als **spermatogene Kerne** bezeichnet und stellen die männlichen Gameten dar. Da sich alle 4 Gonen der Pollenmutterzelle zu Pollen weiterentwickeln und da jedes Pollenkorn 2 Gameten bildet, entstehen aus jeder Pollenmutterzelle 8 männliche Keimzellen.

Im *weiblichen Geschlecht* sieht die zahlenmäßige Bilanz wesentlich ungünstiger aus. Die **Makrosporogenese** läuft in den **Samenanlagen** ab. In der der Mikropyle benachbarten Region des Nucellus liegt die **Embryosack-Mutterzelle,** die einzige Zelle der Samenanlage, die die Meiosis durchläuft. Sie entspricht den Pollenmutterzellen der Antheren und ist diploid. Am Ende der Makrosporogenese sind zwar ebenfalls 4 haploide Gonen vorhanden, von ihnen gehen jedoch 3 zugrunde. Die vierte wird als **primärer Embryosack** bezeichnet und entwickelt sich weiter. In Verbindung mit 3 aufeinanderfolgenden Mitosen entsteht aus ihr der **Embryosack**, ein Organ aus 8 haploiden Zellen bzw. Kernen, die sich in charakteristischer Weise anordnen. Am mikropylaren Pol liegt der **Eiapparat**, der aus der **Eizelle** – dem weiblichen Gameten – und aus zwei **Synergiden** besteht. Am gegenüberliegenden Pol liegen die 3 **Antipoden.** Zwischen diesen Zellgruppen befinden sich die beiden haploiden **Polkerne**, die zum **sekundären Embryosackkern** verschmelzen. Im voll ausdifferenzierten Zustand besteht der Embryosack im typischen Falle folglich aus 6 haploiden und einem diploiden Kern, von denen nur die Eizelle und der diploide Embryosackkern bei der weiteren Entwicklung klar definierte Funktionen haben. Im Gegensatz zum männlichen Geschlecht entsteht im weiblichen Geschlecht aus jeder Mutterzelle also nur ein einziger Gamet. Da darüber hinaus auch die Gesamtzahl der Embryosack-Mutterzellen im Vergleich zu den Pollenmutterzellen sehr gering ist, liegt der zahlenmäßige Anteil weiblicher Gameten weit unter demjenigen der männlichen Gameten.

Bei den Angiospermen kommt eine **doppelte Befruchtung** zustande, an der beide männliche Gameten beteiligt sind. Einer der spermatogenen Kerne befruchtet die Eizelle; es entsteht die diploide **Zygote,** aus der sich der **Embryo** entwickelt. Der zweite spermatogene Kern befruchtet den sekundären Embryosackkern. Da letzterer bereits diploid ist, entsteht ein triploider Kern, der als **Endosperm-kern** bezeichnet wird. Er ist für die Bildung des **Endosperms** verant-wortlich, das während der Embryonalentwicklung als Nährgewebe dient.

Die Vorgänge, die zur Bildung der männlichen und weiblichen Gameten der Blütenpflanzen führen, sind in Abb. 2.7 schematisch dargestellt. Es sei noch hinzugefügt, daß wir die Summe aller männ-lichen Geschlechtsorgane der Pflanze als **Androeceum,** die Summe aller weiblichen Organe als **Gynaeceum** bezeichnen.

Bei den *höheren Tieren* laufen Mikro- und Makrosporogenese im Prinzip wie bei den Pflanzen ab, es sind lediglich einige zusätzliche Komplikationen zu beachten (Abb. 2.8). Die Vorgänge kommen in der **Keimbahn** zustande, einem *Urmeristem,* das sich aus den Ur-Keimzellen zusammensetzt. Hierbei ist zwischen Ur-Eizellen und Ur-Samenzellen zu unterscheiden. Beide Zelltypen vermehren sich zunächst mitotisch. In den *männlichen Geschlechtsorganen* entste-hen auf diese Weise die **Spermatocyten I. Ordnung.** Sie sind diploid und entsprechen den Pollenmutterzellen der Blütenpflanzen. In ih-nen läuft die Meiosis ab, die hier als **Spermatogenese** bezeichnet

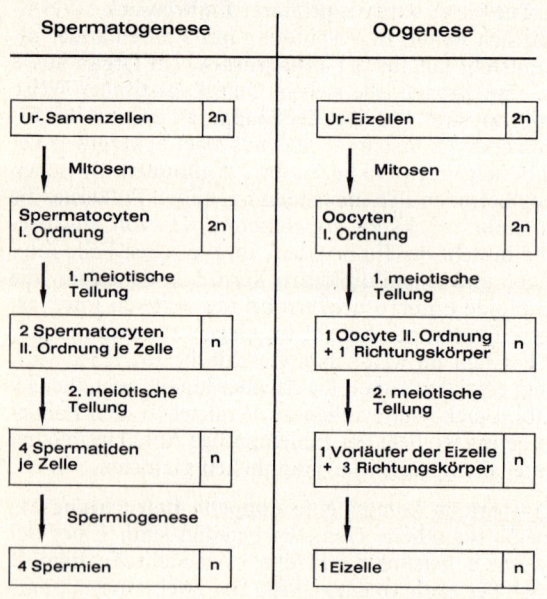

Abb. 2.**8**   Die Keimzellenbildung bei höheren Tieren

wird. Wenn diese Zellen die 1. meiotische Teilung durchlaufen haben und 2 haploide Tochterkerne besitzen, spricht man von **Spermatocyten II. Ordnung.** Am Ende der Meiosis sind 4 haploide **Spermatiden** vorhanden, aus denen sich in Verbindung mit spezifischen Differenzierungsvorgängen die **Spermien** – die männlichen Gameten – entwickeln. Sie bestehen aus einem Kopfstück, das dem Zellkern der Spermatide entspricht, dem Zwischenstück mit dem Cytozentrum und einem Schwanzfaden, der dem Spermium seine Bewegungsaktivität verleiht. Aus der Spermatocyte I. Ordnung entstehen also 4 funktionsfähige Spermien.

In den *weiblichen Geschlechtsorganen* führt die **Oogenese** zur Bildung der weiblichen Keimzellen, wobei ähnliche Reduktionserscheinungen zu beobachten sind, wie wir sie bei der pflanzlichen Makrosporogenese kennengelernt haben. Die **Oocyten I. Ordnung** treten in die Meiosis ein. Am Ende der 1. meiotischen Teilung sind jedoch nicht zwei gleichwertige haploide Tochterzellen vorhanden, es wird vielmehr eine von ihnen knospenartig abgeschnürt und eliminiert. Sie wird als **erster Richtungskörper** bezeichnet. Die andere haploide Zelle – die **Oocyte II. Ordnung** – durchläuft die 2. meiotische Teilung. Nach ihrem Abschluß wiederholt sich der gleiche Vorgang. Einer der beiden Tochterkerne wird als **zweiter Richtungskörper** abgeschnürt, und es bleibt nur einer der ursprünglich vorhandenen 4 Kerne zurück. Ihm steht die gesamte Cytoplasmamenge der Oocyte 1. Ordnung zur Verfügung. Auf diese Weise entsteht die **Eizelle** mit dem weiblichen Vorkern. Im Zuge der Oogenese wird aus jeder Mutterzeller also nur eine einzige weibliche Keimzelle gebildet. Die Befruchtung führt auch hier zur diploiden **Zygote,** aus der sich der *Embryo* entwickelt.

Der Ablauf der Spermatogenese und der Oogenese ist in Abb. 2.**8** schematisch dargestellt.

Beim *Menschen* bestehen zwischen Spermatogenese und Oogenese vornehmlich im zeitlichen Ablauf große Unterschiede. Die **Spermatogenese** läuft beim Mann vom Eintritt in die Pubertät bis ins Greisenalter ab, so daß eine kontinuierliche Spermienbildung zustande kommt. Über die Dauer des meiotischen Stadienablaufs finden sich in der Literatur Werte zwischen einem und zwei Monaten; fast ein Viertel hiervon entfällt auf das Pachytän. Die Paarung der beiden unterschiedlich großen Geschlechtschromosomen beginnt im Zygotän an den Enden der kurzen Arme und schreitet über das Centromer des Y-Chromosoms hinaus in den langen Arm fort. Etwa 50% der Gesamtlänge des Y-Chromosoms sind mit dem X-Chromosom gepaart: es entsteht das *Sex-Bivalent.*

Im Gegensatz zur Spermatogenese ist die menschliche **Oogenese** ein diskontinuierlicher Vorgang. Die mitotische Aktivität der Oogo-

nien wird beim heranwachsenden Mädchen im Mutterleib bereits im
6. Schwangerschaftsmonat eingestellt. Schon zu diesem Zeitpunkt
– also lange vor der Geburt – sind 400 000 – 500 000 Oogonien vorhanden, die als Oocyten in die Meiosis eintreten. Kurz vor der Geburt haben alle Oocyten das Stadium des Pachytäns und Diplotäns
erreicht. Dann wird die Oogenese für viele Jahre unterbrochen; es
wird ein Wartestadium eingeschoben, das als **Dictyotän** bezeichnet
wird. Bis zum Beginn der Pubertät degenerieren etwa 90% der ange-
legten Oocyten. Die restlichen 10% bleiben zwar erhalten, aber nur
wenige von ihnen werden für die Produktion von Eizellen verwendet. Mit dem Eintritt in die Geschlechtsreife werden in der ersten
Hälfte eines jeden Monatszyklus 10 – 50 Oocyten I. Ordnung hor-
monell angeregt, ihre Meiosis fortzusetzen. Auf das Dictyotän folgt
die Diakinese. Damit ist die 1. meiotische Prophase nach einer Gesamtdauer von mehr als 12 Jahren – bei vielen Oocyten aber um
Jahrzehnte später – abgeschlossen.

Auch im Hinblick auf die **Befruchtung** liegen beim Menschen un-
gewöhnliche Verhältnisse vor. Das Spermium befruchtet nicht die
Eizelle unmittelbar, es dringt vielmehr in die Oocyte II. Ordnung
ein, wenn sie das Stadium der 2. Metaphase durchläuft. Die Endstadien der Oogenese und die Bildung der Eizelle erfolgen in Anwesenheit des Spermakerns.

Die Karyogamie kommt in der Prometaphase der ersten Mitose
dieses zweikernigen Gebildes zustande. Im Anschluß hieran laufen
die Furchungsteilungen ab.

Wirkung von Mutagenen auf Mitose und Meiosis

Der Stadienablauf der Mitose und Meiosis ist ein relativ labiler Prozeß, der durch zahlreiche Umweltfaktoren beeinflußt werden kann.
Dies gilt auch für alle Mutagene, die nicht nur Mutationsvorgänge
induzieren, sondern auch schwere cytologische Störungen verursachen. Sie haben in Mutationsexperimenten sehr negative Folgen. Als
Beispiel sei die Wirkung der *Röntgenstrahlen* gewählt; andere Mutagene verursachen ähnliche Störungen.

Für die **Röntgenphatologie der Mitose** sind folgende Anomalien
charakteristisch:

– Verklebung der Chromosomen in der Prometaphase, Meta- und Anaphase.
  Sie führen zur amitotischen Teilung der Kerne, in deren Verlauf Chromatinbrücken zwischen den Tochterkernen erhalten bleiben.

– Starke Störungen in der Funktionsfähigkeit des Spindelapparates bis zum völligen Versagen dieses Zellorganells. Als Folge hiervon unterbleibt die Bildung
  lebensfähiger Tochterkerne.

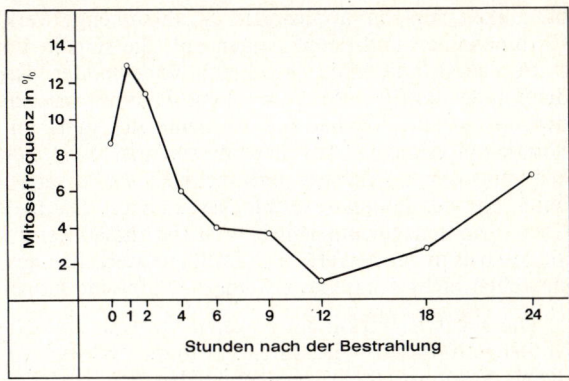

Abb. 2.9 Die Wirkung einer Röntgendosis von 150 r auf die Mitosefrequenz der meristematischen Zellen in Wurzelspitzen von *Vicia faba*

– Versagen des Phragmoplasten in der Telophase, das oftmals zur Bildung zweikerniger Zellen führt.
– Verlangsamung des Stadienablaufs der Mitose. Hierdurch kommen überalterte Stadien, vornehmlich überalterte Prophasen, zustande.

Der wichtigste Effekt der Röntgenstrahlen besteht jedoch in einer starken **Herabsetzung der Teilungsfrequenz** der meristematischen Zellen. Für einen bestimmten Stamm der *Ackerbohne (Vicia faba)* ist die Wirkung einer Röntgendosis von 150 r in Abb. 2.9 graphisch dargestellt. Die Mitosefrequenz der unbehandelten Wurzelspitzen-Meristeme lag bei 8,6%. Unmittelbar nach der Bestrahlung war zunächst eine Erhöhung der Teilungsrate bis auf 13% feststellbar; anschließend sank sie rasch ab. Der niedrigste Wert von etwa 1% wurde nach 12 Std. erreicht. Dann trat eine Erholung von der Strahlenwirkung ein, die zu einem langsamen Anstieg der Mitose-Frequenz führte. Die Empfindlichkeit pflanzlicher Meristeme gegenüber Röntgenstrahlen varriiert zwar von Art zu Art, der in Abb. 2.9 wiedergegebene Kurvenverlauf kann jedoch als typisch für viele Arten angesehen werden. Darüber hinaus besteht eine Korrelation zwischen der Höhe der applizierten Strahlendosis und der Mitosehäufigkeit. Bei geringen Strahlenmengen kommt nur eine Verlangsamung der Mitosen zustande, während höhere Dosen zum Stillstand der mitotischen Aktivität des Meristems führen. Auch in dieser Beziehung sind zwischen verschiedenen Objekten starke Unterschiede feststellbar.

Die **Meiosis** zeigt nach Röntgenbestrahlung ähnliche Störungen wie die Mitose. In der 1. Meta-, Ana- und Telophase treten in Abhängigkeit von der applizierten Strahlenmenge Verklebungen der Chromosomen und deren Folgen auf. Sie sind in Extremfällen so stark, daß sich die Homologen nicht voneinander lösen können. Da die Spindel häufig in Funktion bleibt, kommt trotzdem eine Polwanderung zustande, wobei alle Bivalente der Zelle an den gleichen Spindelpol gelangen. Auf diese Weise entsteht ein **Restitutionskern.** Während der Interkinese verschwinden die Ursachen der Verklebung, und der Telophasekern lockert sich auf. Da die Reduktion der Chromosomenzahl unterblieben ist, ist dieser Kern diploid. Läuft die Meiosis in den betreffenden Pollenmutterzellen normal weiter, so entstehen nicht 4 haploide, sondern 2 diploide Gonen je Zelle.

Die negative Wirkung mutagener Strahlen und Chemikalien auf Mitose und Meiosis wird durch bestimmte Substanzen herabgesetzt, die als **Antimutagene** bezeichnet werden. Schutzwirkungen sind u. a. nachgewiesen worden für Cystin, Cystein, Spermin, Kinetin sowie für Ascorbin- und Gibberellinsäure. Der Schutzeffekt wird nicht nur erzielt, wenn die Substanz nach, sondern auch wenn sie vor der Anwendung des Mutagens verabreicht wird.

Genetische Kontrolle der Meiosis

Die Meiosis wird von zahlreichen Genen kontrolliert. Ihre Wirkung kann in einem voll fertilen Organismus mit störungsfreier Meiosis nicht erkannt werden. Mutiert jedoch ein Gen aus diesem Kontrollsystem, so treten bestimmte Störungen im meiotischen Stadienablauf ein. Aus ihnen läßt sich erkennen, für welche Teilvorgänge der Meiosis das nichtmutierte Allel zuständig ist (Abb. 2.**10**). Das Kontrollsystem setzt sich aus 3 Hauptgruppen zusammen, den

- As-Genen,
- Ds-Genen,
- Ms-Genen.

Die *As-Gene* sind für die Kontrolle der Homologenpaarung im Zygotän verantwortlich. Im mutierten Zustand verhindern sie die Paarung, und die Homologen durchlaufen die erste meiotische Prophase in Form von *Univalenten*. Dieses Phänomen wird als **Asynapsis** bezeichnet. Als Folge hiervon kommen vielfältige Störungen des Stadienablaufs zustande. Die Bildung funktionsfähiger Keimzellen ist nicht möglich; die Mutanten sind in beiden Geschlechtern steril. *As-Gene* sind in den Genomen aller Blütenpflanzen in Form polygener Gruppen vorhanden.

Die *Ds-Gene* kontrollieren das Chiasmenverhalten der Bivalente nach erfolgter Homologenpaarung. Im mutierten Zustand verursachen sie **Desynapsis**, d. h. die Herabsetzung der Chiasmenfrequenz oder den völligen Chiasmenausfall. Als Folge hiervon lösen sich die Homologen nach der Paarung wieder voneinander und durchlaufen die späteren Stadien ebenfalls in Form von *Univalenten*. Nur gelegentlich bleiben einige Bivalente erhalten, wenn ein Chiasma zustande gekommen ist. Desynaptische Mutanten sind meist steril; nur selten zeigen sie geringe Fertilität. Die Anzahl von *Ds-Genen* im Genom ist außerordentlich hoch. Die Chiasmenbildung und damit das Crossing over sind also Prozesse, die von einem komplizierten polygenen System gesteuert werden.

Mutierte *as-* und *ds-Gene* beeinflussen Mikro- und Makrosporogenese in prinzipiell gleichartiger Weise. In beiden Fällen wird die Meiosis zu Ende geführt, und es werden Gameten gebildet. Sie sind jedoch wegen ihrer unausgeglichenen genomatischen Verhältnisse nicht funktionsfähig. Die *Ms-Gene* sind für den reibungslosen Gesamtablauf der *Mikrosporogenese* verantwortlich und haben keine Kontrollfunktion in der Makrosporogenese. Im mutierten Zustand sorgen sie dafür, daß der Stadienablauf der Mikrosporogenese zu einem bestimmten Zeitpunkt eingestellt wird. Die Gene dieser großen Gruppe unterscheiden sich voneinander im Zeitpunkt, zu dem sie wirksam werden (Abb. 2.10 untere Gruppe, Abb. 2.11). Nehmen wir

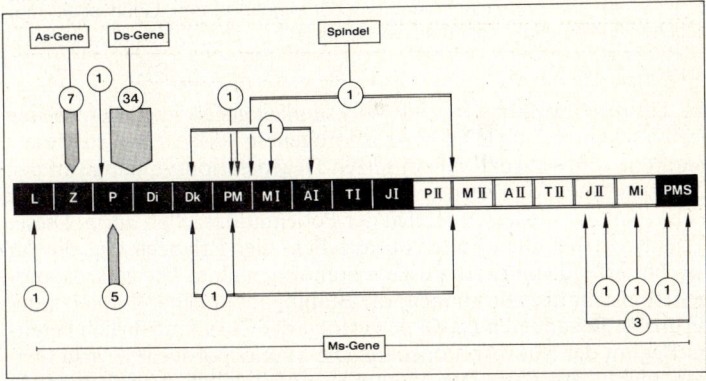

Abb. 2.10   Die genetische Kontrolle der Meiosis bei der *Erbse.* In der Mitte ist der meiotische Stadienablauf vom Leptotän (L) bis zur 2. Interphase (J II), der Gonenbildung (M) sowie den postmeiotischen Stadien bis zur Pollenbildung (PMS) dargestellt. Die Pfeile zeigen, in welchen Stadien bestimmte Gene oder Gengruppen wirksam werden. In den Kreisen ist die Anzahl der bereits identifizierten Gene vermerkt. Insgesamt sind 58 Gene des Genoms von *Pisum sativum* bekannt, die für bestimmte Kontrollfunktionen in der Meiosis verantwortlich sind

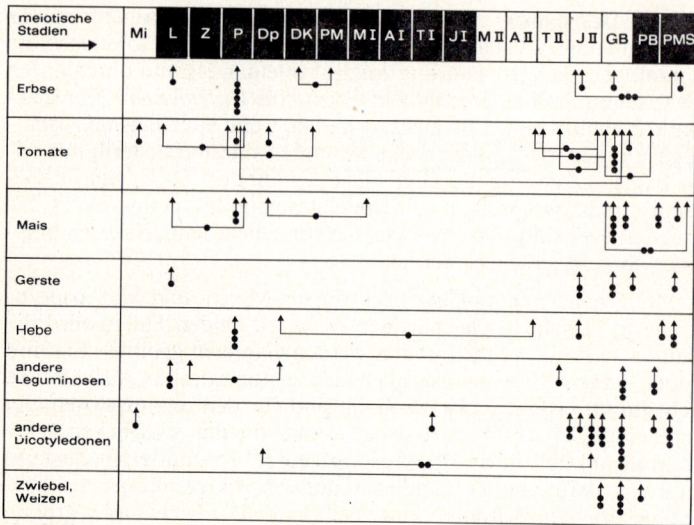

Abb. 2.11 Die Wirkung von 99 verschiedenen *ms*-Genen für männliche Sterilität bei 48 Pflanzenarten. Jeder Punkt stellt ein Gen dar. Die Pfeile zeigen, in welchem Stadium der Mikrosporogenese die betreffenden *ms*-Gene wirksam werden und zum Zusammenbruch der Meiosis führen. Oben ist der meiotische Stadienablauf schematisch dargestellt

an, ein *ms-Gen* entfaltet seine Wirksamkeit gegen Ende der zweiten meiotischen Teilung. Die Mikrosporogenese verläuft bis zu diesem Stadium völlig normal. Dann setzen Degenerationsvorgänge an den Chromosomen, den Kernen und schließlich am Cytoplasma ein, und es bleiben nur die leeren Hüllen der Pollenmutterzellen übrig. Dieser Effekt tritt bei allen Pollenmutterzellen aller Pflanzen ein, die für das betreffende mutierte *ms-Gen* homozygot sind. Die Mikrosporogenese bricht also zusammen; die Bildung männlicher Gameten unterbleibt. Bei anderen *ms-Genen* erfolgt der Zusammenbruch bereits zu Beginn der Mikrosporogenese. Die Makrosporogenese wird hiervon nicht betroffen. Die Mutanten sind folglich **männlich steril,** können in Kreuzungen jedoch als weibliche Partner verwendet werden.

Außer den eben genannten drei Hauptgruppen gibt es noch andere Gene, die zum Kontrollsystem der Meiosis gehören und die z. B. die Funktionsfähigkeit der Spindeln beeinflussen. Ein normaler meiotischer Stadienablauf und damit die Bildung funktionsfähiger Keimzellen kommt nur zustande, wenn alle Gene der eben genannten polygenen Systeme im nichtmutierten, d. h. zumeist im dominanten Zustand vorliegen. *As-* und *Ds*-Gene sind sowohl in pflanzlichen als auch in tierischen Genomen vorhanden, während die *Ms*-Gene nur bei höheren Pflanzen bekannt sind. Der Stadienablauf der *Mitose* wird ebenfalls genetisch gesteuert, es liegen jedoch nur wenige Befunde hierüber vor.

3 Genetisches Material

Das Vererbungsgeschehen ist an die **Gene** gebunden. Sie stellen Abschnitte von **Desoxyribonucleinsäure (DNA)**, bei bestimmten *Viren* von **Ribonucleinsäure (RNA)** dar. Der Nachweis, daß die DNA die Erbsubstanz ist, wurde erstmals von AVERY u. Mitarb. im Jahre 1944 erbracht. Das genetische Material der *Prokaryoten* liegt in Form eines nackten Riesenmoleküls von DNA vor. Die DNA der *Eukaryoten* befindet sich in den **Chromosomen**, die darüber hinaus noch bestimmte Proteine enthalten. Die meisten Eukaryoten besitzen mehrere oder viele Chromosomen, die zum *Chromosomensatz*, dem **Genom**, zusammengefaßt werden. Die *Prokaryoten* hingegen besitzen in der Regel nur ein einziges DNA-Doppelmolekül, das sowohl dem Chromosom als auch dem Genom der Eukaryoten entspricht. Zusätzlich können noch **Plasmide** vorhanden sein. Nicht jede Bakterienzelle ist haploid. In der exponentiellen Wachstumsphase kann die DNA-Replikation der Zellteilung vorauseilen, und es können bis zu 4 Chromosomen je Zelle vorhanden sein.

Die Zellen der *Eukaryoten* enthalten außerhalb des Zellkerns als semiautonome Systeme noch die genetischen Komponenten der *Chloroplasten* und *Mitochondrien*. Sie werden als **Plastom** und **Chondriom** bezeichnet. Die im *Mendelismus* festgelegten Verteilungsgesetzmäßigkeiten gelten – von wenigen Ausnahmen abgesehen – nur für chromosomale Gene. Man spricht in diesem Zusammenhang von *„kerngesteuerter Vererbung"*. Die *„außerkaryotische Vererbung"* ist anderen Gesetzen unterworfen.

Gen, Cistron

Der Genbegriff wurde im Jahre 1909 von JOHANNSEN geprägt. In der klassischen Genetik verstand man hierunter die kleinste Funktionseinheit des Genoms, die im genetischen Experiment als Verteilungs-, Rekombinations- und Mutationseinheit in Erscheinung tritt. Diese Vorstellung ist nach den Ergebnissen der Molekulargenetik revidiert worden. Heute versteht man unter einem **Gen** einen bestimmten DNA-Abschnitt, der für die Codierung eines spezifischen Polypeptids verantwortlich ist. Die Genstruktur wird auf den S. 50ff behandelt. Nicht nur zwischen verschiedenen Genen, sondern auch innerhalb des gleichen Gens können Rekombinationsvorgänge ablaufen; außerdem können Untereinheiten des Gens mutieren (s. u.). Anstelle des Genbegriffs wird häufig der Terminus **Cistron** verwendet, wobei das Gen als Funktionseinheit betrachtet wird. Die Begriffe Gen und Cistron werden in der Fachliteratur als Synonyme gebraucht.

Das **Cistron-Konzept** ist von BENZER gegen Ende der 50er Jahre am *Bakteriophagen T4* − einem Parasiten von *E. coli* − unter Verwendung des von LEWIS an *Drosophila* entwickelten **cis-trans-** oder **Komplementations-Tests** erarbeitet worden. Benzer hat seine Untersuchungen an den rII-Mutanten des *Phagen T4* durchgeführt und hat diejenige genetische Funktionseinheit, die mit dem cis-trans-Test erfaßt wird, als **Cistron** bezeichnet. Mit Hilfe dieses Tests ist es möglich, benachbarte Cistrons gegeneinander abzugrenzen. Die Begriffe „cis" und „trans" beziehen sich auf die gegenseitige Lage mutierter Loci. Liegen sie im gleichen Chromosom einer homologen Zweiergruppe, so spricht man von der *cis-Konfiguration*, sind sie hingegen auf die beiden Homologen verteilt, so besteht *trans-Konfiguration*. Wollen wir die Frage klären, ob zwei Mutationsvorgänge innerhalb des gleichen oder in verschiedenen Cistrons abgelaufen sind, so ergeben sich unter Berücksichtigung der cis- und trans-Konfigurationen 4 verschiedene Möglichkeiten. Sie sind in Abb. 3.1 dargestellt, wobei wir davon ausgehen, daß die Funktion der beiden Cistrons A und B in der Bildung von zwei verschiedenen Polypeptiden α und β bestehen.

1. Möglichkeit:

Die beiden Mutationen a und a' befinden sich in cis-Position innerhalb des gleichen Cistrons A (Abb. 3.1, 1).

Als Folge der zwei Mutationen wird vom betroffenen Cistron ein doppelt defektes Polypeptid gebildet. Das allele Cistron auf dem homologen Chromosom ist jedoch intakt und bildet sein normales Polypeptid α. Da das Nachbar-Cistron B vom Mutationsvorgang nicht betroffen ist, bildet es sein normales Polypeptid β. Es entsteht folglich ein phänotypisch normaler Organismus.

2. Möglichkeit:

Die beiden Mutationen befinden sich in cis-Position in den beiden Nachbar-Cistrons A und B (Abb. 3.1, 2).

Die beiden mutierten Cistrons bilden zwei fehlerhafte Polypeptide. Da jedoch noch die nichtmutierten allelen Cistrons vorhanden sind, werden die normalen Polypeptide α und β produziert, die zum normalen Phänotypus führen.

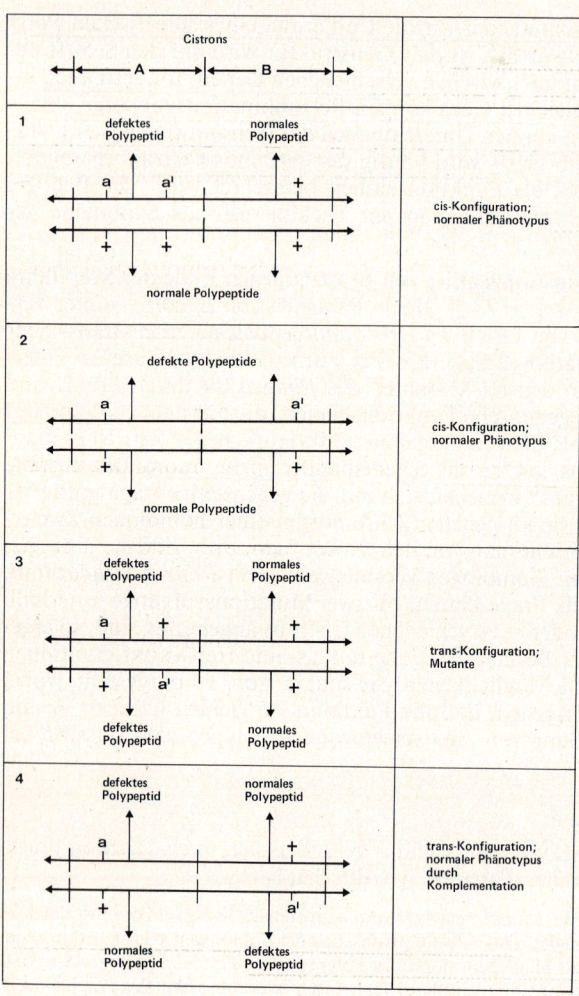

Abb. 3.1   Der cis-trans-Test (Erläuterung im Text)

3. Möglichkeit:

Die beiden Mutationen befinden sich in trans-Position innerhalb des gleichen Cistrons A (Abb. 3.1, 3).

Da die beiden Allele des Cistrons A mutiert sind, entsteht ein fehlerhaftes Polypeptid; das Cistron A fällt somit funktionell aus. Cistron B hingegen ist nicht betroffen und bildet sein normales Polypeptid β. Es entsteht folglich eine Mutante.

4. Möglichkeit:

Die beiden Mutationen befinden sich in trans-Position in den beiden Nachbar-Cistrons A und B (Abb. 3.1, 4).

Von jedem der beiden Cistrons fällt eins wegen der Bildung fehlerhafter Polypeptide funktionell aus. Die beiden übrigen Cistrons sind jedoch nicht betroffen und bilden die normalen Polypeptide α und β und führen damit zum normalen Phänotypus. Sie ergänzen sich gewissermaßen. Dieses Phänomen wird als *Komplementation* bezeichnet.

Normale Phänotypen kommen also stets bei cis-Anordnung zustande (Fälle 1, 2). Dies gilt auch für die trans-Anordnung unter der Voraussetzung, daß die beiden Mutationen in verschiedenen Cistrons liegen (Fall 4). Eine Mutante tritt nur dann auf, wenn die beiden Mutationen in trans-Anordnung innerhalb des gleichen Cistrons liegen (Fall 3).

Mit Hilfe des cis-trans-Tests gelang es Benzer, zwei benachbarte Cistrons des *Coli-Phagen T4* gegeneinander abzugrenzen. Im Bereich dieser beiden Gene, die gemeinsam als rII-Region bezeichnet werden, sind bisher mehr als 2000 Mutationen erfaßt worden. Durch Anwendung komplizierter Methoden war es möglich, die beiden Cistrons rIIA und rIIB im Hinblick auf die vorhandenen mutablen Untereinheiten zu kartieren (Abb. 3.2). Sie werden als Sites bezeichnet. Ihre Selbständigkeit wird daran erkennbar, daß sie unabhängig voneinander mutieren können. Die beiden Cistrons setzen sich aus etwa 1330 Sites zusammen. Die bisher erfaßten Mutationen beziehen sich in der Mehrzahl aller Fälle auf Veränderungen im Bereich von jeweils einem einzigen Site. In Ausnahmefällen können nach dem Prinzip von Deletionen auch größere Partien des Cistrons mit mehreren Sites verlorengehen; auch Rückmutationen zum Ausgangszustand sind möglich. Die Mutationshäufigkeit der Sites ist unterschiedlich. Während für die Mehrzahl etwa gleiche spontane Mutationsraten feststellbar sind, zeigen einige wenige Sites eine außerordentlich hohe Mutationsneigung. Sie werden als „hot spots" bezeichnet. Das Auftreten von hot spots bedeutet nicht, daß die betreffende Region des Cistrons generell eine erhöhte Mutationsneigung hat. Das Muster der hot spots ist vielmehr bei Berücksichtigung spontaner und induzierter Mutationsvorgänge unterschiedlich. Die Gliederung der rII-Region mit den Mutationsraten der Sites und den hot spots ist in Abb. 3.2 wiedergegeben. Bisher sind mehr als 300 Sites kartiert worden.

Das Gen ist für die Realisierung eines bestimmten **Merkmals** am Organismus verantwortlich. Hierbei dürfen wir seine Selbständigkeit nicht überbewerten. Es ist bei der Realisierung seines Merkmals viel-

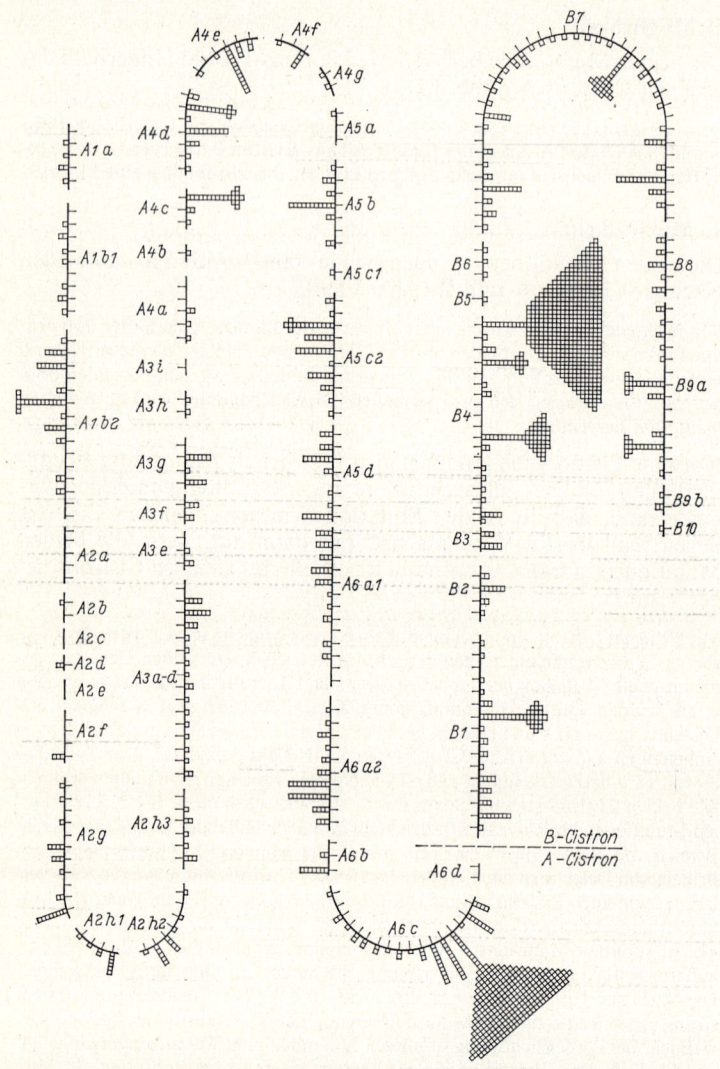

Abb. 3.2 Die rII-Region des *Bakteriophagen T4* mit den beiden benachbarten Cistrons rIIA und rIIB. Die Felder geben spontan aufgetretene Mutationen in den Sites, den Untereinheiten des Cistrons, an. Jedes Quadrat entspricht einem Mutationsvorgang. Einige Sites – die „hot spots" – sind durch eine besonders hohe Mutationsrate gekennzeichnet (aus *S. Benzer:* Proc. Nat. Acad. Sci. U. S. 47 [1961] 410)

mehr auf das Cytoplasma als Reaktionsbasis angewiesen. Daneben spielen auch die übrigen Gene des Genoms, zumindest die Nachbargene des gleichen Chromosoms, eine im einzelnen bisher kaum geklärte Rolle. Es ist jedoch sicher, daß das „genotypische Milieu" von gewissem Einfluß auf die Merkmalsgestaltung ist. Die Wirkungsspezifität des Gens kann nur dann gewährleistet bleiben, wenn es sehr stabil ist, wenn es in seiner Struktur unverändert von Generation zu Generation weitergegeben wird. Wir müssen dem Gen also ein hohes Maß von **Stabilität,** von Konstanz im evolutionistischen Sinne, zuerkennen. Offenbar haben sich im Verlauf der Evolution sehr wirksame Repair-Mechanismen herausdifferenziert, die wesentlich zur Stabilität der Gene beitragen. Es sind jedoch zahlreiche Fälle bekannt, in denen dieses Postulat durchbrochen wird, in denen die Genstruktur spontan oder auf experimentellem Wege verändert wird. Diese Vorgänge werden als **Genmutationen** bezeichnet. Das Gen geht im Rahmen dieser Prozesse von einem stabilen Ausgangszustand in einen neuen, wiederum stabilen Zustand über. Er führt zur Ausprägung eines neuen Merkmals, das anstelle des ursprünglichen von Generation zu Generation weitergegeben wird. Die **Mutabilität** ist eine der Grundeigentümlichkeiten eines jeden Gens. Sie beweist, daß vom Gen mehrere funktionsfähige Strukturen möglich sind, die im Zuge evolutionistischer Entwicklungsabläufe aus einer bestimmten Ausgangsstruktur hervorgegangen sind. Von der Mehrzahl aller Gene sind nur zwei Varianten bekannt. Es wird später jedoch gezeigt werden, daß die Anzahl der Variationsmöglichkeiten des gleichen Gens sehr hoch sein kann (multiple Allelie, S. 143 ff).

Bei den *Eukaryoten* sind die Gene in linearer Aufeinanderfolge in den **Chromosomen** lokalisiert. Als Genorte werden die **Chromomeren** diskutiert, kleine stark färbbare kugelförmige Gebilde auf den Chromosomen, über deren Struktur noch Unklarheiten bestehen (s. u.). Jedes Chromosom einer bestimmten Art besitzt eine bestimmte Anzahl spezifischer Gene, deren Reihenfolge konstant ist. Die Lagekonstanz der Gene ist eine der fundamentalen Grundlagen der Genetik, wenn wir von den „springenden Genen" absehen (S. 66). Jedes Gen wird folglich stets mit den gleichen Nachbargenen vergesellschaftet auftreten. Hieraus ergeben sich bestimmte Konsequenzen für die Weitergabe ganzer Merkmalsgruppen bei Vererbungsvorgängen. Durch Lokalisationsstudien ist es gelungen, bei günstigen Versuchsobjekten zahlreiche Gene bestimmten Chromosomenabschnitten zuzuordnen und **Genkarten** aufzustellen, die laufend vervollständigt werden. Alle Gene, die auf dem gleichen Chromosom liegen, müssen die Bewegungen dieses Chromosoms im Verlauf der Teilung zwangsläufig gemeinsam durchführen; sie sind miteinander gekoppelt. Die **Koppelung** kann jedoch durchbrochen werden. Während der Meiosis laufen Vorgänge ab, die zu einer Trennung der auf dem gleichen Chromosom liegenden Gene führen können und **Koppelungsbrüche** verursachen. Auch nach Ablauf von Chromosomenmutationen werden Koppelungsgruppen auseinandergerissen und neu gebildet. Die Gene sind also voneinander trennbar, ohne ihre spezifische Wirksamkeit einzubüßen. Sie können sogar aus der Gemeinschaft aller übrigen Gene des Genoms herausgelöst und in einen artfremden Organismus eingebaut werden. Kommen sie später wieder in einen Organismus ihrer eigenen Art zurück, so entfalten sie ihre volle Wirkung (Transduktion, S. 64). Aber selbst im fremden Organismus sind sie unter bestimmten Voraussetzungen in der Lage, ihre spezifischen Produkte zu produzieren. Einzelheiten hierfür finden sich in Kap. 13.

In funktioneller Beziehung unterscheidet man zwischen *Struktur-* und *Regulator-Genen.* Ihre Arbeitsweise sowie ihre gegenseitigen Beziehungen werden im Kapitel „Regulation der Genaktivität" behandelt.

Chemische Struktur des Gens

Die Wirkungsspezifität eines Gens ist von seinem chemischen Aufbau abhängig. Die Genstruktur ist im Prinzip geklärt, auch die Synthese von Genen ist bereits gelungen. Als Objekte für derartige Untersuchungen wurden anfangs ausschließlich *Prokaryoten,* vornehmlich das *Bakterium E. coli* sowie bestimmte *Viren,* verwendet. Analoge Untersuchungen wurden später auch an *Eukaryoten* sowie an *zellfreien Systemen* durchgeführt.

Gene bestehen aus **Nucleinsäuren**, aus linearen, unverzweigten Makromolekülen, die aus einer großen Anzahl von Bausteinen, den **Nucleotiden**, zusammengesetzt sind. Die Struktur dieser Nucleotide ist überraschend einfach. Sie bestehen aus:

– einem Phosphatrest,
– einem Zuckermolekül und
– einer organischen Base.

Diese drei Bestandteile sind in charakteristischer Weise miteinander verkettet. Phosphatrest und der esterartig mit ihm verbundene Zucker bilden die Achse des Kettenmoleküls, die somit aus der Aufeinanderfolge alternierender Phosphat- und Zuckermoleküle besteht. Die organische Base hängt als Seitenkette am Zuckermolekül

---

[1] Die molekulargenetischen Gesetzmäßigkeiten der Vererbungslehre sind im Band „Molekulare Genetik" von R. KNIPPERS (Thieme Verlag 1990) ausführlich dargelegt.

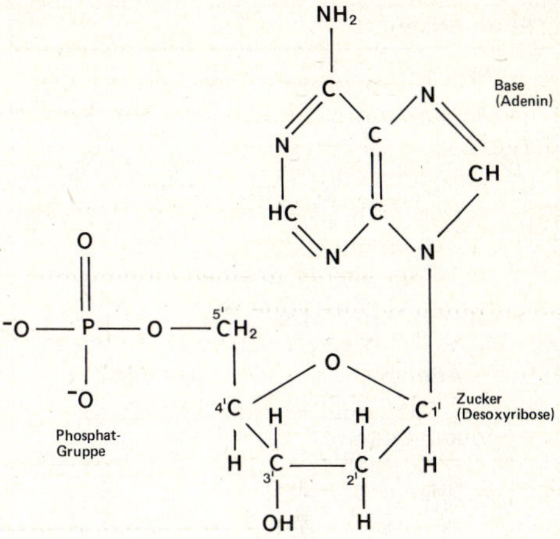

Abb. 3.3
Beispiel für den
Aufbau eines
Nucleotids

(Abb. 3.3). Der in der Nucleinsäure enthaltene Zucker ist eine Pentose mit 5 C-Atomen, die in zwei Modifikationen auftritt. Als **Desoxyribose** ist sie Bestandteil der **Desoxyribonucleinsäure** (DNA), als **Ribose** ist sie am Aufbau der **Ribonucleinsäuren** (RNAs) beteiligt. Gene bestehen aus DNA; nur bei einigen Viren liegt die genetisch wirksame Substanz in Form von RNA vor. Die 5 C-Atome des Zuckers werden mit 1′ bis 5′ bezeichnet. Der Phosphatrest sitzt am C-Atom 5 eines Zuckers und stellt die Verbindung zum C-Atom 3 des nächsten Zuckers her. Dadurch erhält jedes Nucleinsäure-Molekül eine definierte Richtung, es hat ein freies 3′- und ein freies 5′-Ende, an denen sich keine Nachbar-Nucleotide befinden.

Am Aufbau der DNA sind nur 4 verschiedene organische Basen beteiligt. Es sind dies zwei Derivate des **Purins,** nämlich **Adenin** und **Guanin,** sowie zwei **Pyrimidinderivate,** das **Cytosin** und **Thymin** (Abb. 3.4). Für den Aufbau der Gene werden also nur 4 verschiedene Nucleotide verwendet, deren Spezifität in ihren organischen Basen liegt. Diese einfache Struktur gilt für das Gen generell, unabhängig davon, für welches Merkmal es zuständig ist und in welchem Organismus es sich befindet. Aus dieser Tatsache erhebt sich die Frage, wie es möglich ist, mit Hilfe einer so einfach zusammengesetzten Substanz eine unbegrenzte Wirkungsmannigfaltigkeit zu erzielen. Um dies zu verstehen, müssen wir den Bereich des Nucleotids verlassen und uns dem Kettenmolekül der Nucleinsäure zuwenden. Der entscheidende Faktor besteht nicht in der Verschiedenheit der organischen Basen, sondern in der Möglichkeit, ihre *Reihenfolge innerhalb des DNA-Moleküls* zu variieren. Verschiedene Gene besitzen

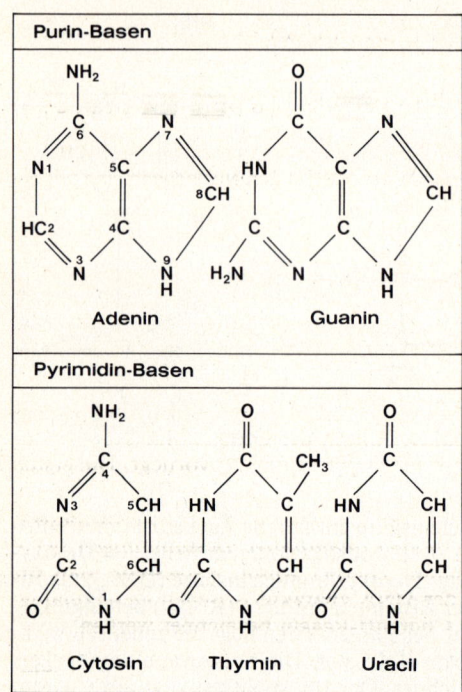

Abb. 3.4   Die Struktur der 4 organischen Basen der DNA sowie des Uracils der RNAs

eine *unterschiedliche Nucleotidsequenz.* Wir können diese Situation mit dem Morsesystem vergleichen. Es arbeitet mit zwei Zeichen – Punkt und Strich –, aus denen sich ein leistungsfähiger Code aufbauen läßt. Die DNA arbeitet mit vier Zeichen, den vier organischen Basen. Trotz ihrer scheinbar einfachen Struktur ist sie damit zu einem wesentlich komplizierteren Code befähigt als das Morsesystem. Durch die unterschiedliche Anordnung der 4 Nucleotide innerhalb des Makromoleküls ist eine unbegrenzte Verschiedenartigkeit der Struktur der DNA möglich. Sie ist die eigentliche Ursache für die Wirkungsspezifität der Gene und gestattet es, den Zellen Informationen von unbegrenzter Mannigfaltigkeit zu übermitteln. Verschiedene Gene des gleichen Genoms werden sich unter Umständen nur in einer geringfügigen Änderung der Reihenfolge einiger weniger Nucleotide voneinander unterscheiden (Abb. 3.5). Diese Sequenzunterschiede führen dazu, daß unterschiedliche Informationen an das Cytoplasma weitergegeben werden, die zu unterschiedlichen Reaktionen der Zelle und damit zur Ausprägung verschiedenartiger Merkmale führen.

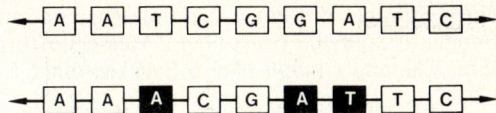

Abb. 3.5   Teil der Nucleotidsequenz zweier DNA-Moleküle mit Unterschieden in der Anordnung der organischen Basen. Von den Nucleotiden sind nur die Basen berücksichtigt. Es bedeuten:
A = Adenin,
T = Thymin,
C = Cytosin,
G = Guanin.
Die strukturellen Unterschiede zwischen verschiedenen Genen beruhen auf derartigen Sequenzunterschieden

Ein wesentliches Charakteristikum der Genstruktur besteht darin, daß die DNA in Form eines *Doppelmoleküls* vorliegt. Die ersten Hinweise hierauf wurden gegen Ende der vierziger Jahre erhalten, als man bei verschiedenen Organismengruppen mit Hilfe papierchromatographischer Methoden quantitative Bestimmungen der 4 organischen Basen vornahm. Hierbei wurde festgestellt, daß die Basenzusammensetzung der DNA charakteristischen Gesetzmäßigkeiten unterliegt, die als *Chargaff-Regeln* bezeichnet werden.

– Die Anzahl der Purinbasen ist gleich der Anzahl der Pyrimidinbasen: $A + G = C + T$.
– Das Molverhältnis von Guanin zu Cytosin einerseits sowie dasjenige von Adenin und Thymin andererseits ist jeweils gleich:
   $G : C = 1 : 1$
   $A : T = 1 : 1$.

Bei zahlreichen Organismen liegt $(A + T)$ gegenüber $(G + C)$ im Überschuß vor. Dies ist jedoch keine allgemeingültige Gesetzmäßigkeit.

Im Jahre 1953 wurde das **„Watson-Crick-Modell"** der Genstruktur veröffentlicht, das in zahlreichen Einzelheiten inzwischen empirisch belegt werden konnte und die Grundlage für die Entwicklung der Molekulargenetik darstellt. Hiernach ist jedes Gen als **Doppelhelix** aufzufassen, die einen Durchmesser von 2,2 nm hat. Die Entfernung zwischen den Basen benachbarter Nucleotide beträgt 0,34 nm. Die beiden parallel laufenden DNA-Stränge sind schraubenartig um eine gedachte Längsachse gewunden. Jeweils 10 Nucleotidpaare bilden eine Windung der Doppelhelix, die somit 3,4 nm lang ist. Das Chromosom von *E. coli* hat $3 \cdot 10^5$ Windungen.

Die Anordnung der einander gegenüberliegenden Basen des Doppelmoleküls erfolgt stets in der Weise, daß eine Purinbase des einen Stranges mit einer Pyrimidinbase des anderen Stranges verbunden ist. *Adenin* paart über 2 Wasserstoffbrücken stets mit *Thymin*, während *Guanin* über 3 Brücken mit *Cytosin* paart.

Die beiden Nucleinsäuren weisen folglich eine **Komplementärstruktur** auf. Ganz gleich, wie die Nucleotidsequenz der einer Kette aussehen mag, zu jeder gegebenen Kette kann grundsätzlich nur eine einzige, spezifisch zusammengesetzte Partnerkette gehören (Abb. 3.6). Ihre Nucleotidsequenz ist ein Analogon der Sequenz der ersten Kette. Die beiden Stränge haben eine gegenläufige Polarität; sie verlaufen *antiparallel:* Neben dem 3′-Ende des einen Stranges liegt das 5′-Ende des anderen. Die Doppelhelix läßt sich mit einer Wendeltreppe vergleichen. Die beiden Handläufe entsprechen dem Gerüst der beiden DNA-Moleküle mit der Aufeinanderfolge von Phosphatrest und Desoxyribose, während die Treppenstufen den komplementären Basenpaaren Adenin-Thymin bzw. Guanin-Cytosin

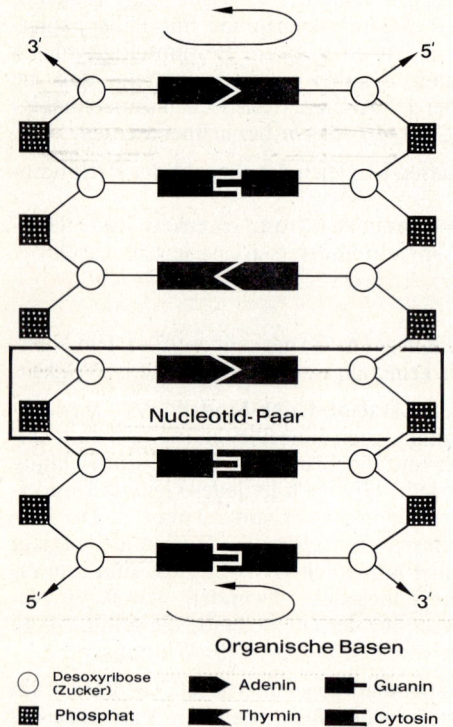

Abb. 3.6 Die Komplementärstruktur zweier DNA-Moleküle im Sinne des Watson-Crick-Modells

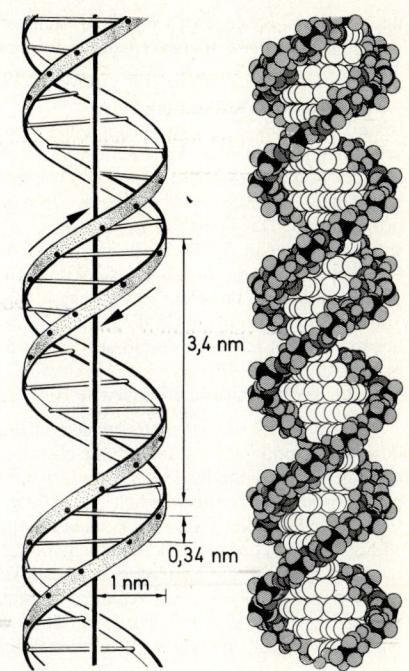

Abb. 3.7 Räumliches Modell eines Stücks der DNA-Doppelhelix aus zwei komplementären DNA-Strängen (nach *M. Feughelman:* Nature 175, 1955)

entsprechen. Beide Komplementärstränge gemeinsam ergeben die Doppelhelix. Ein räumliches Modell ist in Abb. 3.7 wiedergegeben. Das Gen ist ein bestimmter Abschnitt der Helix. Die Gesamtzahl der Nucleotidpaare, aus denen sich Gene normaler Größe zusammensetzen, liegt in der Größenordnung von 450–900. Es gibt jedoch auch Gene mit Tausenden, in Einzelfällen mit einigen Millionen von Nucleotidpaaren. Zwischen den Genen können – je nach Objekt und Gen – Nucleotidsequenzen liegen, die offenbar keine definierte genetische Funktion haben. Da sich die 4 verschiedenen Nucleotide der DNA nur in ihren organischen Basen unterscheiden, werden häufig die Termini *Basenpaare* und *Basensequenz* anstelle von Nucleotidsequenz verwendet.

Das Problem der DNA-Struktur ist noch nicht endgültig geklärt. Seit 1976 werden einige neue Modelle diskutiert, von denen vornehmlich das *Side-by-side-Modell* (SBS-Modell) zu nennen ist. Es geht von der Vorstellung aus, daß die beiden DNA-Stränge nicht umeinander gewunden sind, sondern daß sie ohne Windungen Seite an Seite liegen. Die Windungsrichtung innerhalb der Stränge wechselt nach jeweils 5 Basenpaaren von links nach rechts; eine Windung der Doppelhelix wird erst nach etwa 100 Basenpaaren notwendig.

Der komplexe Aufbau von DNA-Molekülen ist durch De- und Renaturierungsversuche direkt analysierbar. Bei schrittweiser Temperaturerhöhung schmilzt die DNA (Denaturierung). Dabei werden die Wasserstoffbrücken zwischen den Basenpaaren der Doppelhelix gespalten. Die Stabilität der Helix wird von der Stapelenergie bestimmt, die zwischen den GC-Paaren am höchsten ist. Deshalb ist der Schmelzpunkt eines DNA-Moleküls seinem GC-Gehalt direkt proportional. Das Schmelzen, d.h. der Übergang des Doppelstrangs in Einzelstränge, erfolgt innerhalb eines mehr oder weniger breiten Temperaturbereichs. Der Wendepunkt der Schmelzkurve wird als Tm-Wert bezeichnet. Bei dieser Temperatur liegt die Hälfte der untersuchten DNA einzelsträngig vor. Je höher der Tm-Wert ist, desto mehr GC-Paare mit 3 Wasserstoffbrücken enthält die DNA, um so höher ist auch ihre Stabilität. Die auf diesem Wege ermittelte Basenzusammensetzung der DNA verschiedener Organismen ist sowohl für taxonomische als auch für evolutionistische Vergleiche von Interesse.

Die Synthese eines genau definierten Gens wurde erstmals von KHORANA durch die kombinierte Anwendung chemischer und enzymatischer Methoden durchgeführt. Es handelt sich um ein Gen der *Hefe*, das für die Synthese der Alanin-Transfer-RNA verantwortlich ist. Es besteht aus 77 Nucleotidpaaren, erwies sich in der lebenden Zelle jedoch nicht als funktionsfähig. Im Jahre 1973 wurde vom gleichen Wissenschaftler ein Gen von *E. coli* mit 126 Nucleotidpaaren synthetisiert, das für die Bildung der Tyrosin-Transfer-RNA zuständig ist. Die Sequenz seiner Nucleotide ist bekannt und unterscheidet sich nicht von derjenigen des „natürlichen" Gens. Es wurde mit Hilfe von Bakteriophagen in das Bakterium eingeschleust und war voll funktionsfähig.

Die zunächst vertretene Vorstellung, daß die Gene der Pro- und Eukaryoten die gleiche Struktur besitzen, wurde in der zweiten Hälfte der 70er Jahre aufgegeben. Befunde, die mit Hilfe neu entwickelter Methoden an Amphibien, Vögeln und Säugetieren erhalten wurden, erbrachten den überraschenden Beweis, daß das Eukaryoten-Gen wesentlich komplizierter gestaltet ist.

Das **Prokaryoten-Gen** ist eine Funktionseinheit, in der die gesamte vorhandene Information bei der Proteinbiosynthese eingesetzt wird. JEFFREY u. FLAVELL (1977) konnten nachweisen, daß dies beim Globin-Gen des Kaninchens nicht der Fall ist. Inzwischen liegen Befunde an Eukaryoten vor, die gewisse Verallgemeinerungen zulassen. Bei der Mehrzahl der **Eukaryoten-Gene** haben nur bestimmte Abschnitte der Nucleotidsequenz genetische Funktionen. Die zur Proteinsynthese notwendige Information liegt innerhalb des Gens gewissermaßen in mehreren Portionen, in gestückelter Form vor. Man spricht deshalb von **Mosaik-Genen**. Sie sind dadurch charakterisiert, daß für die spätere Translation nur bestimmte Abschnitte des Gens, die **Exons**, verwendet werden. Zwischen ihnen befinden sich **Introns**, Nucleotidsequenzen, die keine genetische Information tragen. Die Transkription läuft also im Bereich des gesamten Gens ab, und es entsteht die sogenannte *Vorläufer-mRNA* als primäres Transkriptionsprodukt. Sie wird jedoch noch im Zellkern zerlegt und so umgebaut, daß sie letztlich nur noch aus den Exons besteht. Dieser Vorgang wird als *Splicing* bezeichnet. Die um die Introns verkürzte Form der mRNA gelangt an die Ribosomen und wird für die Translation verwendet. Die *Exons* sind also die informativen Abschnitte des Gens, während die *Introns* für die Genfunktion − die Synthese seines spezifischen Polypeptids − offenbar bedeutungslos sind. Vereinzelt sind jedoch auch kodierende Introns bekannt geworden, die gewissermaßen Gene innerhalb von Genen darstellen. Sie sind hochgradig repetitiv, meist mit GT-AC-Sequenzen.

Die soeben abgeleitete Struktur des Eukaryoten-Gens läßt sich elektronenmikroskopisch erfassen, wenn man die Methode der *DNA-Hybridisierung* anwendet. Sie läuft nach folgendem Prinzip ab: Mit Hilfe der *reversen Transkriptase* ist es möglich, die im Cytoplasma vorhandene mRNA bestimmter Gene im Reagenzglas in komplementäre DNA umzuschreiben. Sie wird mit der Vorläufer-mRNA hybridisiert, die man aus dem Zellkern isolieren kann. Im Hybridstrang kann nur dort Paarung zustande kommen, wo komplementäre Basen vorhanden sind, also im Bereich der Exons. Die Introns bleiben ungepaart und sind als Schleifen sichtbar.

Ein instruktives Beispiel für ein Mosaik-Gen ist das *Ovalbumin-Gen des Hühner-Genoms,* dessen Nucleotidsequenz bekannt ist. Das Ovalbumin ist die wichtigste Proteinkomponente des Eiklars. Es besteht aus einer Kette von 386 Aminosäuren. Das Gen besitzt etwa 7700 Nucleotidpaare, seine reife mRNA hat jedoch nur 1872 Nucleotide. Hybridisierungsexperimente haben gezeigt, daß das Gen 8 Exons und 7 Introns besitzt.

Die meisten Gene der Wirbeltiere und der höheren Pflanzen sind Mosaik-Gene, während sie bei eukaryotischen Protisten kaum auftreten. Die Länge der Introns variiert zwischen 30 und mehr als 10 000 Nucleotiden; auch ihre Anzahl je Gen variiert innerhalb weiter Grenzen. Weitere Beispiele für Mosaik-Gene sind:

− Die tRNA-Gene der *Hefe.*

− Die rRNA-Gene von *Drosophila.*

− Die Wachstumshormon- sowie die Antikörper-Gene des *Menschen.*

− Die Globin-Gene der *Maus.* Jedes von ihnen besitzt 2 Introns. Während die Längen der Introns bei den verschiedenen Globin-Genen etwa gleich sind, sind ihre Nucleotidsequenzen als Folge abgelaufener Punktmutationen sehr unterschiedlich.

− Die Kollagen-Gene der *Wirbeltiere* sind besonders kompliziert gebaut. Sie enthalten etwa 100 Introns, die höchste bisher bekannte Anzahl.

− Das Gen für das Dystrophin unseres Genoms hat etwa 2 Millionen Nucleotidpaare und mehr als 60 Exons. Dystrophin ist ein Protein des Cytoskeletts der Muskelzellen. Im mutierten Zustand verursacht das Gen die Muskeldystrophie.

Aus diesen Befunden kann jedoch nicht geschlossen werden, daß alle Eukaryoten-Gene Mosaik-Gene sind. So besitzen kleine Gene i. allg. keine Introns. Dies gilt auch für die Histon- und Interferon-Gene. Introns sind vereinzelt auch bei *Prokaryoten* gefunden worden, etwa bei den Genen für die rRNA von *Archaebakterien*. Auch einige mitochondriale Gene haben Introns. Die Konsequenzen der Mosaikstruktur für die Proteinbiosynthese sind in Kap. 11 behandelt (S. 362).

Die meisten Gene der Eukaryoten werden von DNA-Sequenzen unterschiedlicher Länge flankiert, die nicht translatiert werden und deren Funktion noch unbekannt ist. Nur knapp 3% der DNA des *menschlichen Genoms* werden für die Umsetzung in Proteine verwendet. Das Einzel-Gen unseres Genoms stellt nur etwa den millionsten Teil der zellulären DNA dar. Im Gegensatz hierzu ist das besonders intensiv studierte Genom der *Bäckerhefe* wesentlich kompakter gestaltet; es enthält nur wenig „Schrott-DNA".

Außer den „normalen" Genen gibt es noch **Pseudo-Gene.** Ihre DNA-Sequenzen sind mit denen normaler Gene verwandt, sie können jedoch nicht ordnungsgemäß translatiert werden, sind folglich inaktiv. Sie sind offenbar während der Evolution in Verbindung mit Punktmutationen und kleinen Deletionen aus normalen Genen entstanden. Als Beispiel sei eine DNA-Sequenz des *Maus-Genoms* genannt. Sie ähnelt derjenigen eines Globin-Gens, besitzt jedoch keine Introns und wird nicht translatiert.

Die Aufklärung der DNA-Struktur wird seit Mitte der 70er-Jahre mit Hilfe der **Sequenzierung,** d. h. der Analyse der Nucleotid-Sequenz, durchgeführt. Voraussetzung hierfür ist der Einsatz von *Restriktions-Endonucleasen,* die das DNA-Molekül in Stücke von einigen hundert bis einigen tausend Basenpaaren zerlegen. Die Fragmente werden gelelektrophoretisch getrennt und weiter analysiert. In Heidelberg und Los Alamos existieren Datenbanken, in denen alle bekannten Sequenzen erfaßt werden. Der Stand dieser Arbeitsrichtung geht aus Tab. 3.1 hervor. Die Genome vieler *Viren* sind völlig sequenziert worden. Vom Bakterium *E. coli* wurden bis Mitte 1992 etwa 75%, vom Hefepilz *Saccharomyces cerevisiae* 27% des Genoms sequenziert. Erstmals ist bei der Hefe ein ganzes Chromosom sequenziert worden: Das Chromosom III besitzt 315357 Nucleotidpaare und enthält knapp 200 Gene. An der Aufklärung haben 35 Laboratorien 3 Jahre lang gearbeitet. Damit ist die Bäckerhefe im Hinblick auf ihre DNA der am besten charakterisierte Eukaryot. Sein Genom wird bis zur Jahrtausendwende völlig sequenziert sein. Bei den anderen Modellobjekten liegen die Werte jedoch sehr niedrig, sie variieren zwischen 0,3 und 1,8% der Genome. Dies gilt selbst für *Drosophila.* Von zahlreichen Mitochondrien, Plasmiden und von einigen Plastiden-Genomen sind die DNA-Sequenzen bekannt.

Seit einigen Jahren wird am sogenannten **Genomprojekt** gearbeitet, dessen Ziel die *Sequenzierung der gesamten DNA des menschlichen Genoms* mit etwa 3 Milliarden Basenpaaren ist. Bis 1992 waren erst 0,6% sequenziert. Mit den z. Z. verfügbaren Methoden wird dieses Vorhaben in etwa 15 Jahren abgeschlossen sein; die Kosten werden mit 3 Milliarden US-$ veranschlagt (= 1 $ je Nucleotidpaar). Das Projekt ist von großem Interesse für die Grundlagenforschung, darüber hinaus hat es unmittelbare Bedeutung für die Medizin. Ein mutiertes Gen kann das für einen bestimmten Stoffwechselvorgang not-

Tabelle 3.1   Stand der DNA-Sequenzierung bei einigen Modellobjekten (nach Biotechnology 10, 1992)

Organismus	Genomgröße in Megabasen*	Anzahl der in Genbibliotheken verfügbaren Basenpaare	Prozentsatz des sequenzierten Anteils vom Genom
E. coli	4,8	$3,4 \cdot 10^6$	76,0%
Saccharomyces cerevisiae	14,4	$4,0 \cdot 10^6$	27,0%
Caenorhabditis elegans	100,0	$1,1 \cdot 10^6$	1,1%
Drosophila melanogaster	165,0	$3,0 \cdot 10^6$	1,8%
Mus musculus	3000,0	$8,2 \cdot 10^6$	0,3%
Homo sapiens	3000,0	$1,8 \cdot 10^7$	0,6%
Arabidopsis thaliana	100,0	$6,0 \cdot 10^5$	0,6%

* 1 Megabase = 1 Million Basenpaare

wendige Protein nicht herstellen; die Folge ist eine Erbkrankheit. Ihre negativen Auswirkungen können beseitigt werden, wenn dem Patienten das fehlende Protein zugeführt wird, wenn es etwa vom nichtmutierten Normal-Gen nach Transferierung in *E. coli* produziert wird (s. S. 393). Dies ist bisher nur mit wenigen Genen gelungen. Voraussetzung hierfür ist ihre Isolierung, Klonierung und Sequenzierung. Darüber hinaus sind Bestrebungen im Gange, die DNA isolierter oder vom Aussterben betroffener Völkerstämme zu analysieren, etwa der Pygmäen und Buschmänner in Afrika und bestimmter Indianerstämme in Südamerika. Auf diese Weise könnte man einen Einblick in die Verschiedenartigkeit der Genome der Species *Homo sapiens* erhalten.

Replikation der DNA

Anhand des Watson-Crick-Modells läßt sich einer der grundsätzlichsten Vorgänge der Biologie ableiten: die Replikation der Gene, ihre identische Verdoppelung. Sie ist in der Aufeinanderfolge von Kernteilungen notwendig, weil jede Tochterzelle die gleiche Gen-Ausstattung besitzt wie ihre Mutterzelle. In meristematischen Zellen läuft sie während der *Interphase* ab. Sie kann erst erfolgen, nachdem die Doppelhelix des DNA-Moleküls an der *Replikationsgabel* in ihre beiden Einzelstränge zerlegt worden ist. Hierbei werden die Wasserstoffbrücken zwischen den komplementären Nucleotiden gelöst, und es entstehen an jedem der beiden Einzelstränge freie Reaktionsorte, an die neue Nucleotide aus dem Zellstoffwechsel angelagert werden können. Für diese Vorgänge, die unter Mitwirkung des Enzyms *DNA-Polymerase* ablaufen, gelten die spezifischen Gesetzmäßigkeiten, die wir für die DNA-Doppelhelix bereits abgeleitet haben: Es sind nur ganz bestimmte Nucleotidpaarungen möglich. An ein frei werdendes Nucleotid mit der Base Adenin kann nur ein komplementäres Nucleotid mit der Base Thymin angelagert werden. Das Entsprechende gilt für Bindungen zwischen Guanin- und Cytosin-Nucleotiden. Auf diese Weise entstehen aus der ursprünglich vorhandenen Doppelhelix zwei identische DNA-Doppelmoleküle, die dem mütterlichen Doppelmolekül gleichen (Abb. 3.8).

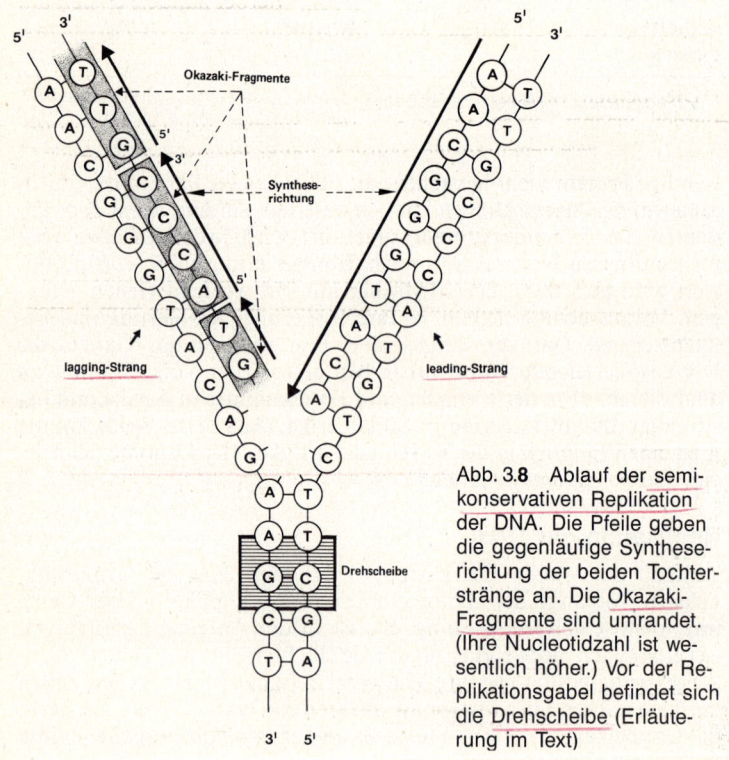

Abb. 3.8 Ablauf der semikonservativen Replikation der DNA. Die Pfeile geben die gegenläufige Syntheserichtung der beiden Tochterstränge an. Die Okazaki-Fragmente sind umrandet. (Ihre Nucleotidzahl ist wesentlich höher.) Vor der Replikationsgabel befindet sich die Drehscheibe (Erläuterung im Text)

Die Replikation ist ein komplizierter, rasch ablaufender Vorgang. Bei *E. coli* sind etwa 20 Enzyme hieran beteiligt, deren wichtigste die *DNA-Polymerasen* sind. Beim Öffnen der Doppelhelix – also bei der Bildung der Replikationsgabel – rotieren die beiden DNA-Stränge umeinander. Hierbei treten hohe Umdrehungsgeschwindigkeiten auf, die bei Bakterien in der Größenordnung von 6000 Umdrehungen je Minute liegen. Am Entwindungsvorgang spielen ATP-verbrauchende Enzyme eine wichtige Rolle. Hier sind vornehmlich die *Nicking-closing-Enzyme* zu nennen, zu denen die *Topoisomerasen* gehören. *E. coli* besitzt darüber hinaus 4 weitere ATP-verbrauchende Enzyme, die *Helicasen*. Die beiden Enzymgruppen haben die Funktion einer Art Drehscheibe, die vor der Replikationsgabel liegt und für die lokale Entwindung der Doppelhelix sorgt.

Für die Verknüpfung der Nucleotide zu neuen Ketten ist die DNA-Polymerase III verantwortlich. Sie kann nur wirksam werden, wenn ein *Primer* mit einem freien 3′-OH-Ende vorhanden ist, an den die ersten Nucleotide angelagert werden. Hierbei handelt es sich um ein kurzes RNA-Stück, das unter Mitwirkung der DNA-Polymerase I anschließend wieder entfernt wird.

Die beiden Stränge werden nahezu gleichzeitig synthetisiert. Hierbei wächst einer in 5′-3′-, der andere in 3′-5′-Richtung (Abb. **3.8**). Diese gegenläufige Synthese hängt mit der antiparallelen Struktur der elterlichen Stränge zusammen. Am sogenannten „*leading-Strang*" verläuft die Synthese kontinuierlich, am „*lagging-Strang*" hingegen diskontinuierlich. Hier werden zunächst kurze DNA-Segmente gebildet, die als **Okazaki-Fragmente** bezeichnet werden. Sie sind bei Prokaryoten 1000–2000, bei Eukaryoten nur 40–290 Nucleotide lang und werden durch eine *Ligase* zum Kettenmolekül verknüpft. Für den Beginn der Synthese neuer Okazaki-Fragmente ist die *Primase* verantwortlich.

Im ringförmigen Chromosom von *E. coli* beginnt die Replikation an einer spezifischen Stelle – dem „*origin*" – unter Mitwirkung einer RNA-Polymerase. Sie schreitet in beiden Richtungen fort, bis sich die Replikationsgabeln in der gegenüberliegenden Region des Chromosoms treffen. Pro Sekunde werden etwa 500 Nucleotide je Einzelstrang gebildet. Für die Replikation des gesamten Doppelmoleküls sind unabhängig von den Ernährungsbedingungen bei 37 °C etwa 40 Min. notwendig. Auch *Viren* und *Mitochondrien* haben nur einen „origin". Bei bestimmten *Phagen* (etwa P2) verläuft die Replikation nur in einer Richtung.

Im *Eukaryoten-Chromosom* läuft die Replikation während der S-Phase im Interphase-Kern ab. Infolge der geringen Dimensionen des Kerns muß die DNA in stark kondensierter Form repliziert werden. Ihre Geschwindigkeit ist wesentlich geringer als bei Prokaryoten. Sie beginnt jedoch gleichzeitig an mehreren oder vielen Stellen und setzt sich nach beiden Seiten fort: Es sind *Replikationseinheiten*, sogenannte **Replikons**, vorhanden. Bei der DNA von *Säugetierzellen* sind die Initiationspunkte etwa $10-100$ µm voneinander entfernt; mehr als 1000 Replikons sind erforderlich, um das gesamte Genom zu replizieren. Die Initiation ist offenbar an die Bereitstellung eines spezifischen Nucleotids gebunden; sie ist in den verschiedenen Replikons zeitlich nicht synchronisiert. An jeder Replikationsgabel verläuft die Synthese in $5'$-$3'$-Richtung, wobei $40-50$ Nucleotide pro Sekunde repliziert werden. Die Synthese der Histone läuft ebenfalls zu Beginn der S-Phase an.

Der Ablauf der Replikation ist mit Hilfe radioaktiver Isotope geklärt worden. Unter Verwendung des schweren Isotops ^{15}N als Stickstoffquelle wurde die DNA von *E. coli* markiert. Anschließend wurden die Zellen in ein Medium mit normalem ^{14}N überführt. Die Analyse der DNA vor und nach dem Wechsel zeigte, daß einer der beiden Stränge der Doppelhelix aus ^{15}N-, der andere aus ^{14}N-Nucleotiden bestand. In der nächsten Zellgeneration traten darüber hinaus Doppelhelices auf, die ausschließlich aus ^{14}N-Nucleotiden zusammengesetzt waren. Hieraus folgt, daß jeder der beiden Stränge der Ausgangshelix als Matrize für die Synthese des Komplementärstrangs verwendet worden ist. Das ursprüngliche Doppelmolekül wird also je zur Hälfte in seine beiden Tochtermoleküle einbezogen. Diese Form der Replikation wird als *semikonservativ* bezeichnet. Sie wurde von MESELSON und STAHL (1957) für *E. coli* bewiesen und ist in der Folgezeit bei anderen Pro- sowie bei einigen Eukaryoten bestätigt worden.

Transformation, Transduktion

Bei den Prokaryoten kommen genetische Austauschvorgänge mit Hilfe anderer Mechanismen zustande als bei den Eukaryoten. Bei den *Bakterien* sind für den Gen-Transfer zwischen verschiedenen Individuen folgende Mechanismen bekannt:

- *Transformation:* DNA gelangt aus Spenderzellen ins Medium und wird von Empfängerzellen aufgenommen.
- *Transduktion:* Abschnitte der Bakterien-DNA einer Spenderzelle werden von Bakteriophagen in die Empfängerzelle transportiert.
- *Transfektion:* Ganze Genome von Viren oder Phagen werden in geeignet vorbehandelte Empfängerzellen übertragen.
- *Konjugation:* Spender- und Empfängerzellen treten über Sex-Pili unmittelbar miteinander in Kontakt, wobei DNA-Abschnitte übergeleitet werden können.

Die eben genannten Transfer-Möglichkeiten sind in Verbindung mit der raschen Generationsfolge, der großen Individuenzahl der Populationen und der relativ hohen Mutationsrate (1 mutiertes Bakterium auf 100000 bis 1 Million Individuen) gute Voraussetzungen für die Entstehung neuer Genotypen. Es kommen Gen-

Kombinationen zustande, die sich als besonders vorteilhaft für das Überleben unter bestimmten Umweltbedingungen und damit für die evolutionistische Weiterentwicklung erweisen.

Der Begriff „*Rekombination*" ist bei den Prokaryoten in etwas anderem Sinne zu verstehen als bei Eukaryoten. Bei den *haploiden Prokaryoten* wird Rekombination dadurch erreicht, daß Gene einer Empfängerzelle durch die entsprechenden Gene einer Spenderzelle ersetzt werden. Die genetische Konstitution des Rezipienten wird dadurch verändert, wobei der haploide Zustand der Zelle erhalten bleibt. Bei *diplontischen Eukaryoten* hingegen kommt die Rekombination in der Meiosis zustande, und zwar sowohl im Pachytän durch den Umbau der Chromosomen als auch in der 1. Meta- und Anaphase durch die Umordnung der Genome. Diese beiden Vorgänge sorgen dafür, daß am Ende der Meiosis Kerne vorhanden sind, in denen das väterliche und mütterliche Erbgut weitgehend nach Zufallsgesetzen vermischt vorliegt.

Transformations- und Transduktionsversuche sind für den Nachweis, daß die DNA die genetisch wirksame Substanz ist, von großer Bedeutung gewesen.

Transformationsversuche werden an *Bakterien durchgeführt, wobei man zwischen Spender-* (Donoren) und *Empfängerzellen* (Rezipienten) unterscheidet. Ihr Prinzip besteht darin, daß man die DNA eines genetisch intakten Stammes extrahiert und sie über das Nährmedium einer biochemischen Mangelmutante zuführt. Hierbei werden Fragmente aus etwa 20 000 Nucleotidpaaren verwendet. Befindet sich im transformierten Fragment dasjenige Gen, das im Rezipienten mutiert ist, so wird der Stoffwechsel der Mutante normalisiert. Dieser Rekombinationsvorgang führt nicht zum diploiden Zustand der aufgenommenen Gene, sie werden vielmehr gegen die ursprünglich vorhandenen Allele ausgetauscht, so daß die haploide Valenz erhalten bleibt. Die Transformationsfrequenz ist außerordentlich niedrig. Unter 100 000 bis 1 Million Bakterien wird nur ein einziges transformiert. Durch Behandlung mit Ca-Ionen kann die Ausbeute gesteigert werden.

Die ersten Transformationsversuche wurden zu Beginn der 40er Jahre von AVERY, McLEOD und McCARTY an *Pneumokokken* durchgeführt, zu denen die Erreger der Lungenentzündung gehören. Die Wildstämme dieser Bakterien besitzen eine dicke Polysaccharidkapsel, die unter dem Einfluß eines bestimmten Gens gebildet wird. Sie werden als S-Stämme bezeichnet. Aus ihnen gehen durch Mutation R-Stämme hervor, denen die Fähigkeit zur Kapselbildung fehlt. Die aus den S-Stämmen isolierte DNA wird im Transformationsversuch von einem geringen Anteil der Bakterien der R-Stämme aufgenommen. Sie sind anschließend in der Lage, die Kapsel auszubilden und geben diese Fähigkeit an ihre Nachkommen weiter. Der genetische Defekt der R-Stämme ist auf diese Weise beseitigt worden. Damit ist der Nachweis erbracht, daß die DNA für den betreffenden Vererbungsvorgang verantwortlich ist. Später ist für Transformationsversuche vornehmlich *Bacillus subtilis* als experimentell steuerbarer Organismus verwendet worden.

Die gleiche Methode kann auch bei *Viren* angewendet werden. Man kann deren Nucleinsäure isolieren und sie neuen Wirtszellen zuführen. In der Wirtszelle werden daraufhin Viruspartikel gebildet, die denjenigen entsprechen, aus denen die DNA bzw. RNA stammt. Dieser Vorgang wird als **Transfektion** bezeichnet und ist ebenfalls ein Beweis dafür, daß die Virus-Nucleinsäure in der Lage ist, artspezifische Partikel zu replizieren, daß sie folglich für die Realisierung der spezifischen Eigenarten dieser Partikel verantwortlich ist.

Die **Transduktion** ist ein wesentlich komplizierterer Vorgang, an dem *Bakterien und Viren* beteiligt sind. Ihr Prinzip besteht darin, daß bestimmte Phagen in der Lage sind, Abschnitte des Bakterien-Chromosoms von einer Spenderzelle auf eine Empfängerzelle der gleichen Art zu übertragen. Für das Verständnis dieser Vorgänge ist es notwendig, das Verhalten der Phagen nach der Infektion der Wirtsbakterien zu verfolgen. Für den Transduktionsversuch verwendet man *temperente Phagen.* Im Gegensatz zu virulenten Phagen leben sie als nichtinfektiöse *Prophagen* im Bakterium und werden bei jeder Zellteilung an die Tochterindividuen weitergegeben. Nach Einwirkung bestimmter Außenfaktoren, etwa von UV-Strahlen, werden sie virulent und treten in eine rasche Vermehrungsphase ein. Als Folge einer unkorrekten Exzision der Prophagen oder durch Verpackungsfehler können DNA-Partikel des Wirtsbakteriums gemeinsam mit der Phagen-DNA in die Proteinhüllen verpackt werden. Anschließend erfolgt die Lyse des Bakteriums. Kommt es nach der Lyse zu einer Neuinfektion, so kann der Phage dem Empfängerbakterium Gene zuführen, die aus dem abgestorbenen Wirtsbakterium stammen, so daß auch auf diesem Wege eine Rekombination möglich ist. Der Rezipient besitzt also 3 verschiedene Komponenten genetischer Substanz:

- seine eigene DNA,
- die DNA des Phagen
- und eine geringe DNA-Menge des lysierten Spenderbakteriums, die vom Phagen eingebracht worden ist.

Die Transduktionshäufigkeit ist mit $10^{-5} - 10^{-7}$ sehr gering.

Man unterscheidet zwischen *allgemeiner* und *spezieller Transduktion.* Bei der **allgemeinen Transduktion** kann jedes beliebige Teilstück des Bakterien-Chromosoms vom Phagen transduziert werden. Bei der **speziellen Transduktion** hingegen ist der Phage jeweils nur in der Lage, eine ganz bestimmte Region des Bakterien-Chromosoms mit spezifischen Genen zu übertragen. Die Versuchsanordnung wird so gewählt, daß man als Donor einen genetisch intakten Bakterienstamm mit voller physiologischer Leistungsfähigkeit, als Rezipient eine biochemische Mangelmutante nimmt. Als Folge der Transduktion kann der Mutante durch den Phagen das nichtmutierte Allel des Donors zugeführt werden. Damit wird der Stoffwechsel der Mutante normalisiert. Wir haben hier im Prinzip also die gleiche Situation wie bei der Transformation. Es handelt sich jedoch nicht um eine direkte Übertragung genetischer Substanz von einem Bakterium zum anderen, sondern um eine indirekte Übertragung unter Einschaltung eines Bakteriophagen.

Die ersten Transduktionsversuche wurden zu Beginn der 50er Jahre von ZINDER und LEDERBERG zunächst an *Salmonella,* später auch an *E. coli* durchgeführt. Die Transduktion wird zur Kartierung von Genen auf den prokaryotischen Chromosomen verwendet.

Bakterien-Konjugation

Bei Bakterien gibt es keine Sexualvorgänge unter Verwendung von Gameten; dennoch laufen Prozesse ab, die zu einer *Übertragung von Genen* führen. Den ersten Beweis für genetische Rekombinationsvorgänge bei *Bakterien* lieferten LEDERBERG u. TATUM bereits im Jahre 1946. Nach Kreuzung zweier auxotropher Mutantenstämme von *E. coli*, die nicht in der Lage waren, bestimmte Aminosäuren zu synthetisieren, trat unter etwa 10^7 ausgeplatteten Elternzellen eine prototrophe Kolonie mit voller genphysiologischer Leistungsfähigkeit auf. Sie war auf eine genetische Rekombination zurückzuführen.

Voraussetzung für die Kreuzung von Bakterienzellen ist der unmittelbare Kontakt der Partner. Der Gentransfer läuft grundsätzlich nur in einer Richtung ab, von einer Donor- in eine Rezipienten-Zelle. Donor-Zellen enthalten einen sogenannten *Fertilitätsfaktor (F-Faktor)*, ein DNA-Molekül mit einem Molekulargewicht von etwa $4 \cdot 10^7$, das sich als *Plasmid* außerhalb des Hauptchromosoms im Cytoplasma befindet (vgl. S. 71). Es wird zeitweise in das Chromosom integriert.

Bei *E. coli* gibt es 3 verschiedene Fertilitätstypen:

- F^--*Zellen:* Sie sind nur Rezipienten, können also nur genetisches Material empfangen.
- F^+-*Zellen:* Sie enthalten im Cytoplasma mehrere ringförmige F-Faktoren, die sich autonom replizieren. Bei Kontakt von F^+- und F^--Zellen wird häufig einer der F-Faktoren übertragen. Hierbei wirken die F^+-Zellen als Donoren.
- *Hfr-Zellen:* Sie besitzen einen ins Hauptchromosom integrierten F-Faktor, der sich synchron mit dem Chromosom repliziert. Die Hfr-Zellen sind Donoren und übertragen ihr Chromosom auf F^--Zellen (Hfr = High frequency of recombination).

verliert der Donor den Faktor, oder wurde er vorher repliziert?

F$^+$- und Hfr-Zellen besitzen fädige Anhänge, die den F$^-$-Zellen fehlen. Sie werden als *Sex-Pili* bezeichnet und sind für den Kontakt zwischen den konjugierenden Partnern verantwortlich. Bei der Kreuzung von Hfr- und F$^-$-Zellen wird ein lineares Duplikat des Hfr-Chromosoms in die F$^-$-Zelle hinübergeschoben, wobei noch nicht sicher ist, ob der Transfer durch einen Pilus verläuft. Der Transfer des ganzen Chromosoms dauert etwa 2 Std., wird jedoch meist früher abgebrochen. In Abhängigkeit von der Dauer des Kontakts erhält die Empfängerzelle unterschiedlich lange Fragmente des Spender-Chromosoms. Die entsprechenden DNA-Stücke des Rezipienten gehen verloren; es handelt sich also nicht um reziproke Rekombinationsprozesse. Bei *E. coli* setzt sich der F-Faktor aus etwa 94 500 Nucleotidpaaren zusammen und ist im Hinblick auf seinen Genbestand bereits kartiert. Neun seiner Gene sind für die Bildung der Sex-Pili verantwortlich, die den Kontakt zwischen den konjugierenden Partnern einleiten.

Da der F-Faktor an verschiedenen Stellen des Hfr-Chromosoms eingebaut werden kann, transferieren verschiedene Hfr-Stämme ihre Gene in unterschiedlicher Reihenfolge. Die Art des Einbaus entscheidet darüber, wo sich das Hauptchromosom öffnet und welche Gene zuerst transferiert werden. Der F-Faktor selbst oder ein Teil von ihm wandert stets zuletzt in die Empfängerzelle. Mit Hilfe derartiger Experimente sowie in Verbindung mit Transduktionen wurden bis 1976 mehr als 650 Gene des Chromosoms von *E. coli* lokalisiert.

Transposition; springende Gene

Wir sind bisher von der Vorstellung ausgegangen, daß die Gene ihren festen Platz im Chromosom haben, daß sie folglich in Verbindung mit Koppelungsstudien lokalisiert und kartiert werden können. In den 40er Jahren ist jedoch von BARBARA MCCLINTOCK am *Mais* das Phänomen der **Transposition** entdeckt worden. Bestimmte DNA-Abschnitte können ihre Lage innerhalb des Genoms wechseln. Sie werden deshalb als *transponierbare genetische Elemente*, als **Transposons** oder **springende Gene** bezeichnet. In den 60er Jahren wurden sie bei *Bakterien* gefunden. Später sind sie auch beim *Mais* und bei *Drosophila* biochemisch analysiert worden. Bei Eukaryoten kann ihre Verlagerung innerhalb des gleichen Chromosoms oder zwischen verschiedenen Chromosomen erfolgen. Sie werden aus der DNA herausgeschnitten und an anderer Stelle des Genoms wieder eingebaut, wobei als Enzyme die *Transposase* und die *Revolvase* wirksam werden. Auslösende Faktoren sind Genmutationen oder chromosomale Umlagerungen.

Bei *E. coli* bestehen die Transposons aus 3 charakteristisch strukturierten DNA-Segmenten:

- einem Mittelsegment mit normalen Genen,
- 2 seitlichen Segmenten, die zwar im Hinblick auf die Anzahl ihrer Nucleotidpaare übereinstimmen, deren Nucleotidsequenz aber spiegelbildlich gegenläufig ist *(inverted repeats)*. Ihre Größe kann bei verschiedenen Transposons stark variieren. Das Transposon Tn 3 z. B. besteht aus etwa 5000 Nucleotidpaaren und enthält 3 Gene. Zwei hiervon codieren für die beiden obengenannten Enzyme, das dritte ist ein Resistenzgen.

Das Phänomen der Transposition ist bei Bakterien weit verbreitet. Man schätzt, daß etwa 1% der DNA von *E. coli* aus transponierbaren genetischen Elementen besteht. Sie sind offenbar bei allen Organismen vorhanden und sind vereinzelt auch beim *Menschen* gefunden worden. Bei *Drosophila* waren bis 1992 etwa 1300 gut charakterisierte Transpositionsvorgänge bekannt. Die Transpositionsrate ist gering. Die Verlagerung erfolgt i. allg. zufallsgemäß. Es gibt jedoch Transposons, die bevorzugt in bestimmte Regionen des Genoms eingelagert werden, die die Rolle von Hot spots übernehmen. Wir können also davon ausgehen, daß jedes Genom von springenden Genen durchsetzt ist. Sie sind jedoch größtenteils defekt und damit unwirksam. Bestimmte eukaryotische Transposons zeigen insofern gewisse Ähnlichkeit mit den *Retroviren*, als sie die Enzyme reverse Transkriptase und Endonucleasen codieren. Sie werden deshalb als *Retrotransposons* bezeichnet.

Als charakteristische Bestandteile vieler Transposons sind die **Insertions-Elemente (IS-Elemente)** zu nennen. Es handelt sich hierbei um DNA-Abschnitte mit Längen bis zu 2000 Nucleotidpaaren. Drei IS-Elemente von *E. coli* sind im Hinblick auf ihre Nucleotidsequenz bereits analysiert worden; die Zahl ihrer Basenpaare liegt zwischen 768 und 1425. Sie sind nicht nur im Hauptchromosom, sondern auch bei einigen Plasmiden gefunden worden und kommen auch bei Viren vor. Wenn sie sich in ein Gen einlagern, können sie dessen Funktion ausschalten. Dies wird durch *Terminatoren* der IS-Elemente erreicht, die auf die RNA-Polymerase einwirken und die Ablesung der hinter der betreffenden DNA-Stelle gelegenen Gene verhindern. Andererseits können sie aber auch *Promotoren* tragen, die die Ablesung bestimmter Gene erst ermöglichen. Eine weitere Funktion besteht darin, Chromosomen-Aberrationen auszulösen. Im Gegensatz zu den Transposons bilden IS-Elemente keine eigenen Genprodukte, können in dieser Beziehung also nicht mit Genen gleichgestellt werden. Die Integration von IS-Elementen setzt keine Homologie der Nucleotidsequenzen von IS-Elementen und Integrationsstelle voraus. Zum Unterschied von normalen Rekombinationen werden diese Vorgänge deshalb als *„illegitime" Rekombinationsprozesse* bezeichnet.

Der 1963 entdeckte *E.-coli-Phage Mu* verhält sich wie ein Transposon. Wenn man einen biochemisch intakten *E.-coli*-Stamm mit *Mu* infiziert, so treten in einer Häufigkeit von $1-3\%$ auxotrophe Mutanten auf, die nicht in der Lage sind, bestimmte Biosynthesen durchzuführen. Die Blockierung dieser Synthesen ist auf die mutagene Wirkung des Phagen zurückzuführen (deshalb die Bezeichnung *Mu*). Die unterschiedlichen Mutationsvorgänge kommen dadurch zustande, daß der Phage nach Art eines Transposons an beliebigen Stellen des Bakterien-Chromosoms integriert werden und in den Wirtszellen deshalb viele Mutationen auslösen kann. Er kann sogar an verschiedenen Stellen des gleichen Gens eingebaut werden. Der *Mu*-Phage besitzt 38 000 Nucleotidpaare; einige seiner Gene sind lokalisiert.

Der *Ds-Locus* von *Zea mays* (Dissoziations-Locus), das erste Transposon, das entdeckt wurde, hat eine ähnliche Struktur wie *Tn3*. Bei Anwesenheit des *Ac-Locus* (Aktivator-Locus) kommen in *Ds* Chromosomenbrüche zustande. Das *Ac-Element* hat 2 Gene und insgesamt etwa 4500 Nucleotidpaare. Das *Ds-Element* hat fast die gleiche Struktur; es fehlen jedoch 194 Nucleotide, die möglicherweise im Zug eines Mutationsvorgangs verloren gegangen sind. Beide Elemente springen, wobei *Ds* nur in Anwesenheit von *Ac* transponierbar ist. Ähnlich verhalten sich die *Spm-Elemente* von *Zea*, die in der Lage sind, andere Gene völlig oder teilweise zu inaktivieren. Sie übernehmen also Suppressor-Funktion, haben andererseits jedoch auch eine Mutator-Wirkung. Ihr Wirkungsmechanismus wurde an Genen für die Pigmentsynthese der Mais-Samen studiert. Die unterschiedlichen Färbungen und Sprenkelungen bestimmter Mais-Sorten kommen durch intakte und defekte *Spm*-Elemente zustande.

Chromosom

Zwischen den Chromosomen von Pro- und Eukaryoten bestehen starke strukturelle Unterschiede. Das Chromosom der *Bakterien* und *Viren* besteht vorwiegend aus nackter DNA (bzw. RNA bei einigen Viren), während die DNA des *Eukaryoten-Chromosoms* mit spezifischen Proteinen verknüpft ist. Wegen dieser Unterschiede kann der Begriff „Chromosom" bei Bakterien und Viren nur mit gewissen Vorbehalten verwendet werden, er ist in der genetischen Fachliteratur jedoch allgemein üblich. Ein weiterer Unterschied bezieht sich auf die Zusammensetzung der Nucleotidsequenzen. Das *Prokaryoten-Chromosom* setzt sich aus *Einzelkopie-Sequenzen* zusammen, während im *Eukaryoten-Chromosom* vorwiegend *repetitive Sequenzen* vorhanden sind (Näheres hierzu S. 75).

Chromosom der Viren und Bakterien

Prokaryoten besitzen im Gegensatz zu Eukaryoten in der Regel nur ein einziges Chromosom, das keinem klar abgegrenzten Zellkompartiment zugeordnet werden kann. Mitotische und meiotische Vorgänge sind nicht bekannt. Ihr genetisches Material liegt in Form doppel- oder einzelsträngiger DNA- oder RNA-Moleküle vor. Mit Hilfe des Elektronenmikroskops ist es möglich, Einblicke in die Struktur der DNA-Moleküle zu erhalten. Die Organisation der RNA-Viren wird in Verbindung mit der Denaturierung der RNA bearbeitet. Aus derartigen Untersuchungen geht hervor, daß das Prokaryoten-Chromosom entweder linear oder ringförmig geschlossen ist, wobei superhelikale Strukturen auftreten können.

Viren-Chromosom

Die Längen und Molekulargewichte der Chromosomen sind schon bei den **Viren** sehr unterschiedlich. Wesentlich einfacher sind die **Viroide** gebaut. Sie bestehen nur aus einer geringen Menge von Erbmaterial und besitzen keine Proteinhülle. Das *Spindelknollen-Viroid* der Kartoffel ist das einfachste bisher bekannte genetische System. Es ist ein haarnadelartig gefalteter geschlossener RNA-Einzelstrang aus etwa 360 Nucleotiden, der über weite Strecken hinweg Basenpaarung zeigt.

Die genetische Substanz der *Viren* ist teils RNA, teils DNA, wobei die RNA-Viren i. allg. einfacher strukturiert sind als die DNA-Viren.

Beispiele für RNA-Viren:

R 17 setzt sich aus etwa 3300 Nucleotiden zusammen, die insgesamt nur 4 Gene darstellen. Das Hüllprotein dieses Virus besteht aus 129 Aminosäuren, deren Sequenz bekannt ist. Ähnliche Verhältnisse liegen beim *Polio-* oder *Influenza-Virus* vor sowie bei den Viren, die die *Maul-* und *Klauenseuche* verursachen. Die in unserem Magen-Darm-Trakt sowie in den Atmungsorganen auftretenden *Reo-Viren* bestehen zu 85% aus Protein und zu 15% aus RNA. Sie enthalten 10 Segmente aus doppelsträngiger RNA, die als 10 Gene aufzufassen sind.

– Die gesamte genetische Information des *Tabakmosaik-Virus* (TMV) liegt in Form einsträngiger RNA mit 46500 Nucleotiden vor. Von den 35 Genen sind etwa 20 für die Produktion der Proteinhülle notwendig.

Beispiele für DNA-Viren:

– Der in *E. coli* parasitierende *Phage MS2* hat nur etwa 3000 Nucleotidpaare. Sie stellen 3 Cistrons für folgende Proteine dar:
  – ein Hüllprotein mit 129 Aminosäuren,
  – ein Reifungsprotein,
  – eine RNA-Replikase.

- Andere kleine *DNA-Phagen* haben ein ringförmiges Chromosom, das sich aus 5500–6000 Nucleotiden zusammensetzt. Damit können sie 6–8 Polypeptide mit einer durchschnittlichen Kettenlänge von 200–300 Aminosäuren codieren.

- Das *Hepatitis-B-Virus* hat einen geschlossenen DNA-Ring aus knapp 3200 Nucleotiden bekannter Sequenz. Er ist nur teilweise doppelsträngig; ein Strang ist um 20–50% kürzer als der andere. Es besitzt 4 Gene, die sich teilweise überlagern, so daß das gleiche DNA-Segment doppelt verwendet wird. Es ist das kleinste tierische Virus, das bisher bekannt ist.

- Das *Simian-Virus 40* (SV 40, ein Affenvirus) besitzt 5243 Basenpaare und hat 6 Gene; die Nucleotidsequenz ist bekannt. Nach der Infektion entstehen in der Wirtszelle mehrere 100000 Kopien des viralen Genoms.

- Die DNA des *Phagen ΦX 174* liegt in Form eines 1,7 µm langen einzelsträngigen Rings aus 5386 Nucleotiden bekannter Sequenz vor und hat 11 Gene. Nach der Infektion wird der Ring in der Wirtszelle zum Doppelstrang.

- Das *Pocken-Virus* hat einen DNA-Doppelstrang helikaler Struktur.

- Das zu den *Herpes-Viren* gehörende *Epstein-Barr-Virus* besitzt einen DNA-Doppelstrang. Als Erreger des Pfeifferschen Drüsenfiebers ist es eins der häufigsten Viren, das den Menschen befällt.

- Die *Papilloma-Viren*, die an der Entstehung des Gebärmutterhalskrebses beteiligt sein können, sind kleine DNA-Viren mit etwa 7900 Nucleotidpaaren. Für 10 Viren dieser Gruppe ist die gesamte Nucleotidsequenz bekannt.

Diesen sehr kleinen Viren stehen einige *Phagen* mit wesentlich größerem Gengehalt gegenüber. Als Beispiele seien genannt:

- Die DNA des *λ-Phagen* ist ein Doppelstrang, der in kurze einsträngige Enden ausläuft. Sie besitzen komplementäre Basensequenzen und sind deshalb in der Lage, das DNA-Molekül zu einer geschlossenen Schleife mit 48502 Nucleotidpaaren zu verbinden. Das Molekulargewicht der DNA beträgt 32 Millionen. Der Phage hat etwa 50 Gene; hiervon sind etwa 20 für die Produktion der Proteine von Kopfstück und Schwanz erforderlich.

- Die Phagen der T-Serie parasitieren in *E. coli* und sind besonders eingehend bearbeitet worden. Sie besitzen doppelsträngige DNA. Der *T7-Phage* hat ein lineares fadenförmiges Chromosom von 12 µm Länge mit 39936 Nucleotidpaaren bekannter Sequenz. Der Phage besitzt etwa 50 Gene. Das lineare Chromosom des *T4-Phagen* ist 61 µm lang. Es setzt sich aus 166000 Nucleotidpaaren zusammen, die für etwa 150 Proteine codieren. Mehr als 100 Gene seines Genoms sind bekannt. Allein zum Aufbau des Capsids werden mehr als 30 verschiedene Polypeptide verwendet. Das Molekulargewicht seiner DNA liegt bei etwa 120 Millionen. Die Menge seiner genetischen Information liegt in der Größenordnung von 5% des Vergleichswerts von *E. coli*. Damit ist T4 eins der kompliziertesten aller bisher bekannten Viren.

Ein ungewöhnliches genetisches Verhalten zeigen die *Retroviren*, die bei *Vögeln* und *Säugetieren* verschiedene Tumortypen induzieren können. Sie sind einsträngige RNA-Viren. Ihre RNA wird in der Wirtszelle zu doppelsträngiger DNA umgeschrieben, die in die Wirts-DNA integriert wird. Dieser Zustand wird als *Provirus* bezeichnet. Er stellt die Matrize für die Synthese viraler mRNA dar, die für die Bildung neuer Viren notwendig ist. Für die Umschreibung der viralen mRNA

in DNA ist eine spezifische Polymerase, die *reverse Transkriptase*, verantwort-
lich. Sie liegt in der Hülle des Virus und wird von einem seiner Gene produziert.
Das *Rous-Sarkom-Virus* (RSV), das in *Hühnern* Sarkome induziert, ist etwa 9300
Basen lang und enthält 4 Gene, die von nichtcodierenden Sequenzen flankiert
werden. Zwei dieser Gene codieren für virale Strukturproteine (*gag*, *env*), das
Gen *pol* codiert für die reverse Transkriptase. Das vierte Gen (*src*) gehört zu den
Onkogenen, deren Proteine normale Wirtszellen zu Krebszellen transformieren
können (Einzelheiten über Onkogene S. 201). Auch die *AIDS-Viren* HIV-1 und
HIV-2 gehören in diese Gruppe. Sie haben sehr ähnliche Nucleotidsequenzen.
Das HIV-1-Genom besteht aus 9749 Nucleotiden; bisher sind 9 seiner Gene be-
kannt. Im Gegensatz zu anderen Retroviren besitzen die AIDS-Viren kein Onko-
gen. Einige Regulatorgene sorgen dafür, daß die Viren jahrelang als Proviren in
menschlichen Zellen ruhen oder sich unterschiedlich schnell vermehren können.
HIV-1 ist auch beim Schimpansen und Gibbon, HIV-2 auch beim Pavian, den
Makaken und den grünen Meerkatzen vorhanden; es wird dort *SIV-Virus* genannt. HIV und SIV stimmen in etwa 50% ihrer Nucleotidsequenzen überein.
HIV-2 ist bisher nur in Afrika aufgetreten.

Bakterien-Chromosom

Das Chromosom des Bakteriums *E. coli* ist ein geschlossener Ring
aus einer DNA-Doppelhelix, der locker an der Zellmembran befe-
stigt ist. Er ist dicht gefaltet und ist im entfalteten Zustand etwa
1,4 mm lang; dies entspricht dem Tausendfachen des Zelldurchmes-
sers. Die Anzahl der Nucleotidpaare wird mit 4 736 000 angegeben.
Bis 1992 waren 76% der DNA des Genoms sequenziert. Es ist damit
zu rechnen, daß in wenigen Jahren die gesamte Nucleotidsequenz
von *E. coli* bekannt sein wird. Das Molekulargewicht liegt bei
$2 \cdot 10^9$. Damit besteht etwa ein Fünftel des Bakteriums aus DNA.
Die Gesamtzahl der Gene wird auf etwa 4000 geschätzt; hiervon sind
1100 charakterisiert und lokalisiert. Zwischen den Genen befinden
sich kurze DNA-Sequenzen, deren Funktion noch nicht bekannt ist.
Während man früher annahm, das Bakterien-Chromosom bestehe
nur aus DNA, hat man kürzlich auch histonartige Proteine gefunden. Sie zeigen jedoch keine volle Übereinstimmung mit den 4 Histonen der eukaryotischen Chromosomen.

Zusätzliche genetische Elemente der Bakterien sind die **Plasmide**,
auf die wegen ihrer vielfältigen Bedeutung für Probleme der Grundlagenforschung und des Gentransfers etwas näher eingegangen werden soll. Sie sind besonders intensiv bei *E. coli* bearbeitet worden.
Es sind zirkuläre DNA-Doppelmoleküle unterschiedlicher Zahl und
Größe, die außerhalb des Hauptchromosoms in der Zelle vorliegen.
Obwohl ihr Anteil nur bei 1 – 3% des Genoms liegt, verleihen sie
dem Bakterium wichtige Eigenschaften. Dies gilt in besonderem
Maße für die Resistenz gegenüber Antibiotika und anderen toxischen Substanzen. Bei Konjugationsvorgängen zwischen Bakterien
können sie übertragen werden und bringen den Austausch von Gen-

material zustande. Darüber hinaus werden sie zum Transport fremder Gene bei deren Einlagerung in die Bakterienzelle verwendet.

Plasmide können als subzelluläre Organismen aufgefaßt werden, die in einer Art Symbiose in der Bakterienzelle leben. Sie vermehren sich autonom, wobei sie in der Lage sind, die Anzahl ihrer Kopien selbst zu steuern. Bei der Zellteilung werden sie an die Tochterzellen weitergegeben; außerhalb der Bakterienzelle können sie normalerweise nicht existieren. Sie sind ringförmig geschlossene Doppelhelices, die außer den erwähnten Resistenzgenen noch andere Gene besitzen. Von einigen Plasmiden existieren bereits Genkarten; auch die Anzahl der Nucleotidpaare ist in einigen Fällen bekannt.

So setzt sich das *Staphylokokken-Plasmid pI258* aus etwa 28 000 Basenpaaren zusammen. Es besitzt Resistenzgene gegen Erythromycin, Penicillin und gegen einige toxische Metallsalze und hat 8 Schnittstellen für Restriktionsenzyme. Mit Hilfe dieser Enzyme werden Plasmide geöffnet, wobei bestimmte Enzyme der Gruppe stets an der gleichen Stelle angreifen. Sie sind beim Gentransfer vom Eu- zum Prokaryoten von großer Bedeutung (S. 390). Ein bestimmtes Plasmid von *Streptomyces coelicolor* ist wesentlich größer. Es enthält rund 300 000 Basenpaare, das sind etwa 300 Gene. Die Anzahl der Plasmide je Zelle variiert zwischen 1 und mehr als 100. Hierbei handelt es sich um Gruppen genetisch verschiedener Plasmide, die in unterschiedlicher Zahl von Kopien im Bakterium vorliegen. Je größer ein Plasmid ist, um so geringer ist die Zahl seiner Kopien in der Zelle.

Ein Plasmid mit spezifischer Funktion ist der F-Faktor, der als charakteristischer Bestandteil „männlicher" Spenderzellen bei der Konjugation der Bakterien eine wesentliche Rolle spielt (S. 65).

Bakterien der Gattung *Rhizobium* sind wegen ihrer Symbiose mit Leguminosen-Wurzeln von großer praktischer Bedeutung, weil sie in der Lage sind, Luftstickstoff zu assimilieren. Hierfür sind die sogenannten *nif-Gene* verantwortlich. Diese Bakterien besitzen darüber hinaus *nod-Gene* (Nodulations-Gene), die die Bildung der Wurzelknöllchen auslösen. Sie liegen gemeinsam mit den *nif-Genen* auf einem großen Plasmid. Normalerweise sind sie inaktiv. Ihre Aktivierung erfolgt durch eine noch unbekannte Substanz, die von den Leguminosen-Wurzeln ausgeschieden wird. Mutationen in jedem der 4 *nod-Gene* haben den Verlust der Knöllchenbildung zur Folge.

Plasmide treten nicht nur bei Bakterien, sondern auch bei einfachen Eukaryoten auf, etwa bei *Hefen* und *Schleimpilzen*. Bei der *Bäckerhefe* liegen sie in Form von 30−200 Kopien je Zellkern vor. Das einzelne Plasmid besteht aus 6318 Basenpaaren bekannter Sequenz. Es handelt sich um kleine doppelsträngige DNA-Ringe, die mit Histonen Nucleosomen-artige Strukturen bilden. Sie haben große Ähnlichkeit mit den bakteriellen Plasmiden. Bisher sind 4 Gene sowie ein Replikationsstartpunkt gefunden worden. Bei *Neurospora* können in den Mitochondrien Plasmide auftreten, die in ihrer Nucleotidsequenz gewisse Homologien zur mitochondrialen DNA zeigen.

Der Unterschied in der genetischen Organisationshöhe zwischen *Viren* und *Bakterien* wird daran erkennbar, daß das Genom vieler

Bakterien etwa 1000fach größer ist als das kleiner Viren (4000 – 5000 kb gegenüber 5 kb). Die DNA-Menge der kompliziertesten Viren (etwa vom Phagen T4) liegt in der Größenordnung von nur 5% des Vergleichswerts der Bakterienzelle. Die Genome der *Säugetiere* sind nochmals knapp 1000mal größer. Das *menschliche Genom* setzt sich aus etwa 3 Milliarden Nucleotidpaaren zusammen (= 3000 Megabasen). Im entfalteten Zustand würde die DNA eines Spermiums eine Gesamtlänge von etwa einem Meter aufweisen.

Eukaryoten-Chromosom

Im Gegensatz zu den Prokaryoten besitzen die Eukaryoten einen Zellkern, der von einer Hülle umgeben ist. Ihr Genom setzt sich aus mehreren oder vielen *Chromosomen* zusammen. Im Hinblick auf ihre Größe zeigen die Eukaryoten-Chromosomen eine außerordentlich breite Variabilität. Die Grenzwerte mitotischer Metaphase-Chromosomen liegen bei etwa 0,1 und 25 µm. Errechnet man hieraus die Volumina, so ergibt sich für diese beiden Extreme ein Verhältnis von 1 : 66000.

Die Chromosomen bestehen aus **Chromatin.** Es setzt sich aus hochmolekularer DNA zusammen, die mit etwa der doppelten Menge Protein verbunden ist. Die wichtigsten Proteine des Chromatins sind kleine *basische Histone* mit Molekulargewichten zwischen 11000 und 21000. Bisher sind 5 verschiedene Histone bekannt, die bei allen Eukaryoten gleich sind. Es sind dies die lysinreichen Histone H1, H2A, H2B und die argininreichen Histone H3 und H4. Ihre Synthese läuft in den Interphase-Kernen während der S-Phase ab, wobei etwa 20000 Moleküle je Minute gebildet werden. Darüber hinaus sind im Chromosom *saure Nichthiston-Proteine* vorhanden, die ein heterogenes Gemisch von DNA- und RNA-Polymerasen, Nucleasen, Proteasen und anderen Proteinen darstellen. In geringen Mengen sind schließlich noch RNA, Lipide, Polysaccharide sowie Metallionen vertreten, deren Funktion noch nicht geklärt ist.

Der Chromatinfaden hat die periodische Struktur einer Perlenkette und besteht aus aufeinanderfolgenden Untereinheiten, den **Nucleosomen.** Hierbei handelt es sich um kugelförmige Partikel mit einem Durchmesser von etwa 10 nm. Jedes Partikel ist ein Octamer aus 8 Histon-Molekülen (je 2 H2A-, H2B-, H3-, H4-Histonen), das an seiner Außenseite von der DNA-Doppelhelix umwunden wird (Abb. 3.9). Der mit dem Octamer verbundene Teil des DNA-Moleküls umfaßt in etwa 1,8 Windungen 146 Nucleotidpaare. Der Rumpfteil des Nucleosoms, also die „Perle" wird als *Core-Partikel* bezeichnet. Hierauf folgt bis zum nächsten Nucleosom die *Linker-* oder *Spacer-DNA*, ein nackter DNA-Bereich von 164 – 166 Nucleo-

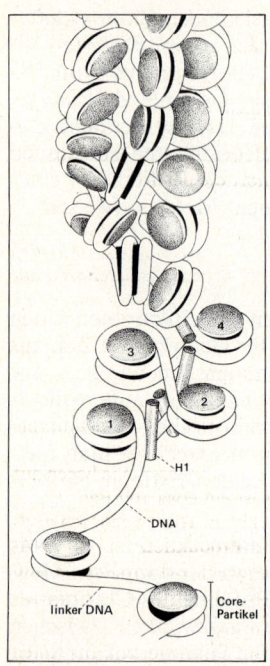

Abb. 3.9 Die Nucleosomen-Struktur des Chromosoms. Aus der lockeren Anordnung der Nucleosomen (unterer Teil der Abb.) entstehen bei steigender Salzkonzentration in Verbindung mit dem Histon 1 dicht gepackte Solenoide (oberer Teil). Jedes Solenoid enthält etwa 6 Nucleosomen je Windung (nach *Kornberg* u. *Klug:* Spectrum Wiss. 4/1981)

tidpaaren. Das Histon H 1 sitzt nicht im Octamer, sondern vor derjenigen Stelle des Nucleosoms, an der die DNA ein- und austritt. Die Nucleosomen werden zu höheren spiraligen Einheiten, den *Solenoiden*, verpackt. Die Nucleosomen verschiedener Organismen scheinen prinzipiell gleichartig strukturiert zu sein. Sie sind nicht nur bei höheren, sondern auch bei niederen Eukaryoten wie *Neurospora, Aspergillus* sowie bei *Hefen* gefunden worden.

Der Chromatinfaden setzt sich also aus langen Sequenzen von Nucleosomen zusammen. Die Replikation erfolgt ± gleichzeitig an vielen Abschnitten der DNA. Für Säugetier-Chromosomen ist in Abständen von jeweils 100 µm ein Startpunkt anzunehmen. Von ihm aus läuft die Replikation semikonservativ nach beiden Richtungen ab. Das Eukaryoten-Chromosom besteht also aus **Replikons**, aus aufeinanderfolgenden Replikationseinheiten, während das Bakterien-Chromosom eine einzige Replikationseinheit, ein Replikon darstellt.

Im Gegensatz zu den Prokaryoten setzt sich die Eukaryoten-DNA größtenteils aus **repetitiven Sequenzen** zusammen. Es handelt sich hierbei um Wiederholungen kurzer Nucleotidsequenzen, die in Form von 2 verschiedenen Gruppen auftreten:

- *Als hochrepetitive Sequenzen*
  In ihnen ist die gleiche Nucleotidfolge 30000 bis mehr als 1 Million Male vertreten. Ihr Anteil am Genom variiert zwischen verschiedenen Arten; er liegt in der Größenordnung von 10%. Ihre Funktion ist noch nicht bekannt; sie werden nicht transkribiert. Zu dieser Gruppe gehört die bei allen Eukaryoten vorhandene *Satelliten-DNA*, in der sich kurze Sequenzen in der oben genannten Häufigkeit wiederholen. Sie tritt bevorzugt in den heterochromatischen Segmenten beiderseits der Centromere auf. Darüber hinaus sind häufig *Palindrome* vorhanden. Hierbei handelt es sich um komplementäre Sequenzen mit einer gewissen Symmetrie: Sie sind gleich, wenn sie in einem DNA-Strang von links nach rechts, im anderen Strang von rechts nach links gelesen werden.

- *Als mittelrepetitive Sequenzen*
  Die Anzahl der Kopien ist wesentlich geringer. Jede Kopie besteht aus einigen hundert bis zu 6000 Nucleotid-Paaren, die an vielen Stellen des Genoms liegen. Als Beispiel sei die *Alu-Familie* des *menschlichen Genoms* genannt, die etwa 3–6% der chromosomalen DNA umfaßt und in mehr als 300000 Kopien vertreten ist. Jede Kopie besteht aus etwa 300 Basenpaaren. Sie liegen auf allen Chromosomen des Genoms. Bei der *Maus* ist ein etwa 100 Basenpaare langer DNA-Abschnitt fast eine Million Male vertreten. Hierzu gehören auch Gruppen bestimmter Struktur-Gene, die für die Produktion großer RNA-Mengen benötigt werden (rRNA-, tRNA-, Histon-Gene). Bei *Drosophila* sind Gene bekannt, die fast vollständig aus Blöcken repetitiver Sequenzen aufgebaut sind.

Die repetitiven Sequenzen sind bevorzugt an Tieren untersucht worden. Ihr Anteil am Genom ist bei einigen Pflanzen, z. B. bei bestimmten *Gramineen* und *Nicotiana-Arten*, wesentlich höher. Über ihre Funktion ist noch wenig bekannt. Ihr Hauptanteil wird als wertlos für den Organismus angesehen, sie werden aber auch mit der Genregulation und der Genexpression in Verbindung gebracht. Ein Teil dieser Sequenzen wird transkribiert; dies gilt z. B. für die *Alu-Familie.*

Den repetitiven Sequenzen stehen die *Einzelkopie-Sequenzen* gegenüber, die im Genom nur ein einziges Mal vertreten sind. Von ihnen wird die Mehrzahl der Proteine der Zellen synthetisiert.

Das **Chromatin** tritt in zwei verschiedenen Kondensationsformen auf, die unterschiedlich färbbar sind. Das wenig gefaltete **Euchromatin** ist mit Kernfarbstoffen nur schwach färbbar. Die euchromatischen Chromosomenregionen stellen den genetisch aktiven Teil der Interphase-Kerne dar und enthalten die Mehrzahl der bisher bekannten Gene. Das stärker gefaltete **Heterochromatin** ist besser färbbar und gilt als genetisch inaktiv; seine DNA ist nicht transkriptionsbereit. Es wird nach Abschluß der Kernteilung nicht entfaltet, liegt in der Interphase und der frühen Prophase der nachfolgenden Teilung vielmehr in kompakter Form vor.

In funktioneller Beziehung unterscheidet man zwischen *konstitutivem* und *fakultativem Heterochromatin.* Das **konstitutive Hete-**

rochromatin befindet sich an jeweils gleichen Orten der homologen Chromosomen und ist somit ein konstantes Strukturmerkmal des betreffenden Chromosoms. Es codiert nicht für die RNA-Synthese und ist in struktureller Beziehung durch das Vorhandensein der oben erwähnten hochrepetitiven Nucleotidsequenzen gekennzeichnet. Häufig befindet es sich in der Centromerregion der Chromosomen und besitzt offenbar keine Struktur-Gene. Auch im langen Arm des menschlichen Y-Chromosoms ist diese Modifikation vorhanden. Das **fakultative Heterochromatin** hingegen ist kein konstantes Strukturmerkmal. Es handelt sich vielmehr um kondensierte, genetisch inaktive euchromatische Abschnitte, die wieder aktiviert werden können. Ihre Lage kann nicht nur in verschiedenen Zelltypen, sondern auch in verschiedenen Entwicklungsstadien des gleichen Zelltyps variieren. So kann eines der homologen Chromosomen eines Bivalents im heterochromatischen, das zweite im euchromatischen Zustand vorliegen. Dies gilt z. B. für die beiden *X-Chromosomen weiblicher Säugetiere*. Nur eines ist in allen somatischen Zellen genetisch aktiv, während das zweite als stark kondensiertes *Barr-Körperchen* in inaktiver Form vorliegt. Die Inaktivierung umfaßt jedoch nicht das ganze Chromosom, es bleiben vielmehr bestimmte Teile genetisch aktiv.

Hochdifferenzierte Zellen besitzen i. allg. mehr Heterochromatin als schwächer differenzierte. Wenn euchromatische Segmente in Verbindung mit chromosomalen Strukturveränderungen mit dem Heterochromatin in Kontakt kommen, können sie heterochromatisiert werden. Die in diesen Segmenten liegenden Gene werden in ihrer Aktivität beeinflußt und können bestimmte Variationen ihrer Expressivität zeigen. Dieses Phänomen wird als **Positionseffekt** bezeichnet. Die abweichende Merkmalsausprägung verschwindet, wenn die betreffende Chromosomenregion rückverlagert wird.

Bei manchen Objekten treten die beiden Modifikationen des Chromatins in den *Pachytänchromosomen* mikroskopisch deutlich in Erscheinung; sie besitzen **partiell heterochromatische Chromosomen**. Ihre heterochromatischen Segmente liegen häufig beiderseits des Centromers (Abb. 3.10). Sie sind aus mikroskopisch gut erkennbaren kugelförmigen Strukturelementen, den **Heterochromomeren**, zusammengesetzt, deren Lage und Anzahl für alle Individuen des gleichen Chromosomentyps einer Art konstant sind. Sie werden gemeinsam mit anderen Kriterien für die Identifizierung der Pachytänchromosomen verwendet. Die heterochromatischen Segmente dieser Chromosomen sind in den Interphase-Kernen stark spiralisiert und gut färbbar. Sie werden als **Chromozentren** mikroskopisch erkennbar. Da bei vielen partiell heterochromatischen Objekten jedes Chromosom nur ein einziges heterochromatisches Segment be-

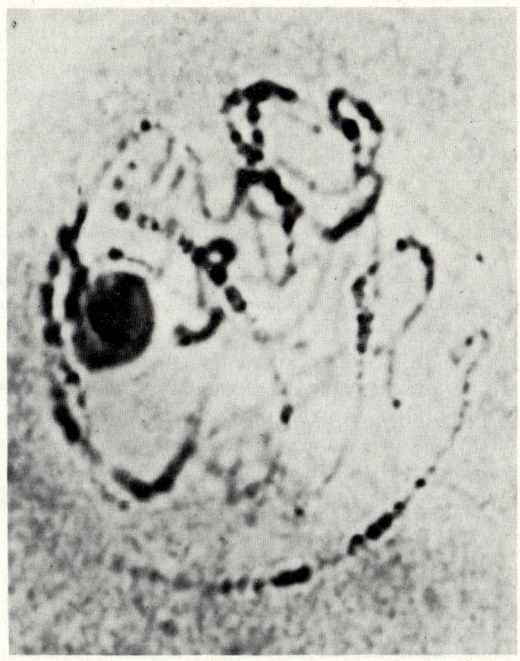

Abb. 3.**10**   Partiell heterochromatische Chromosomen im Pachytän der *Toma-te (Lycopersicon esculentum)*. In den Bivalenten sind die stark färbbaren, median gelegenen heterochromatischen Zonen gut von den schwach färbbaren euchromatischen Regionen unterscheidbar

sitzt, entspricht die Anzahl der Chromozentren der Chromosomenzahl der betreffenden Kerne. Bei *Drosophila* und vielen anderen Objekten verschmelzen einige oder alle heterochromatischen Segmente zu einem Chromozentrum.

Die Chromosomen machen im Verlauf der Kernteilung einen Gestaltswechsel durch. In den Arbeitskernen ausdifferenzierter Zellen sowie in den Interphase-Kernen der Meristeme liegen sie in Form langer, fadenförmiger Gebilde vor, die sich mit bestimmten Farbstoffen (Feulgen, Karmin, Orcein) anfärben lassen. In dichter Folge sind die **Chromomeren** als kugelförmige Gebilde sichtbar. Jedes Chromosom besitzt ein spezifisches Chromomerenmuster, das für seine Identifizierung verwendet werden kann. Die Natur der Chromomeren ist noch nicht endgültig geklärt. Es handelt sich offenbar nicht um kugelförmige Organellen des Chromosoms, sondern um

Regionen, in denen die DNA stark spiralisiert ist. Beim Dipter *Chironomus* haben sie ein Molekulargewicht von etwa $30 \cdot 10^6$ und liegen damit im Größenbereich eines ganzen Phagen-Chromosoms. Die Chromomeren werden als diejenigen Orte des Chromosoms angesehen, in denen sich die Gene befinden.

In den Chromosomen von *Säugetieren*, auch in unseren Chromosomen, sind als spezifische Regionen die *„fragile sites"* vorhanden. Sie sind labiler als andere Chromosomenregionen und zeigen in Zellkulturen häufig Lücken, Brüche und Austauschvorgänge zwischen Schwesterchromatiden. Als konstante Strukturelemente werden sie weitergegeben. Offenbar haben sie in der Chromosomenevolution eine Rolle gespielt, denn mehr als die Hälfte aller Brüche, die während der Primatenentwicklung abgelaufen sind, liegen innerhalb oder in der Nähe der „fragile sites".

Jedes Chromosom besitzt ein **Centromer**. Es ermöglicht gemeinsam mit dem **Kinetochor** die Bewegungsabläufe der Chromosomen bzw. Chromatiden während der Kernteilungen und ist als nichtfärbbare Lücke mikroskopisch gut erkennbar. Seine Lage ist konstant und bestimmt die Symmetrie. Damit wird sie zu einem wichtigen Erkennungsmerkmal für die Identifizierung der Chromosomen. Hierbei unterscheidet man:

- Metazentrische Chromosomen: Centromer etwa in der Mitte gelegen; Chromosom symmetrisch.
- Submetazentrische Chromosomen; Centromer gegen das Chromosomenende verschoben; Chromosom asymmetrisch.
- Akrozentrische Chromosomen: Centromer fast am Chromosomenende gelegen; Chromosom extrem asymmetrisch.
- Telozentrische Chromosomen: Centromer endständig.

Bei einigen Gattungen des Pflanzenreichs (etwa bei *Luzula*, aber auch bei bestimmten *Protisten* und einigen *Pilzen*) liegen **diffuse Centromere** vor. Die für die Polwanderung notwendige Verbindung zwischen Chromosomen und Spindelfasern kommt in diesen Fällen über die gesamte Länge des Chromosoms zustande.

Die Centromere bestehen aus hochrepetitiver Satelliten-DNA sowie aus spezifischen Proteinen. Bei der *Bäckerhefe* (*Saccharomyces cerevisiae*) sind sie biochemisch analysiert worden. Die **CEN-DNA** besteht aus knapp 1000 Nucleotidpaaren und setzt sich aus 3 Elementen zusammen. Das zentrale Element besitzt $80-90$ Basenpaare und ist ATP-reich. Es wird von den anderen beiden Elementen flankiert. Die Centromerregion verschiedener Chromosomen zeigt im Hinblick auf die CEN-DNA zwar keine volle Übereinstimmung, aber eine große Ähnlichkeit.

Centromer und Kinetochor sind gemeinsam für die Verknüpfung der Spindelelemente mit den Chromosomen bzw. den Chromatiden verantwortlich. Sie sind besonders intensiv bei Säugetieren bearbeitet worden. Während das Centromer ein integraler Bestandteil des Chromosoms ist, liegt das Kinetochor in Form von 3 parallelen Platten an der äußeren Oberfläche des Centromers. Seine Proteine sind in komplexer Weise mit der CEN-DNA verbunden. 15–35 Mikrotubuli der Spindel heften sich an das Kinetochor an.

Als drittes für die Anaphasenwanderung notwendiges Organell sind die **Centrosomen** zu nennen. Sie sind bei Tieren und niederen Pflanzen vorhanden, treten jedoch nicht in den Zellen höherer Pflanzen auf. In der frühen Interphase ist zunächst nur ein Centrosom vorhanden. Es teilt sich vor Beginn der nächsten Mitose. Die beiden Tochter-Centrosomen rücken auseinander; damit wird die Polarität der Zelle festgelegt. Sie produzieren laufend Mikrotubuli, von denen viele später für die Bildung der Spindelfasern verwendet werden. Biochemische Analysen an der Grünalge *Chlamydomonas* zeigen, daß die Centrosomen neben Kern, Mitochondrien und Plastiden als viertes Zellorganell mit eigenständiger DNA aufzufassen sind.

Am Ende der Chromosomenarme liegen die **Telomere**. Sie sind wichtige Strukturen der Chromosomenarchitektur, die den Abbau der DNA und das Verschmelzen von Chromosomenenden oder Bruchstellen verhindern. Sie haben eine Affinität zu bestimmten Regionen der Kernmembran und sind für das Anheften der Chromosomen an die Membran im sogenannten *Bukettstadium* des Leptotäns in der Meiosis verantwortlich. Offenbar sind diese Vorgänge für die Einleitung der Homologenpaarung notwendig. Darüber hinaus sind sie an der Replikation der Chromosomenenden beteiligt. Menschliche Telomere sind bereits kloniert und sequenziert worden. Der Anteil der Telomer-DNA an der gesamten DNA-Menge unseres Genoms beträgt 0,03%. Sie besitzen keine Gene und enthalten die Sequenz TTAGGG in Hunderten oder einigen Tausenden von Kopien. Ihre Struktur ist bei Amphibien, Reptilien, Vögeln und Säugetieren prinzipiell gleich.

Innere Gliederung des Chromosoms

Während der Interphase läuft die Replikation der DNA ab (S. 59), und es entstehen aus dem Ausgangschromosom zwei strukturell und genetisch identische Tochterchromosomen. Sie werden über weite Bereiche hinweg, vornehmlich in der Centromerregion, zusammengehalten und als **Chromatiden** bezeichnet. Sie sind die Funktionseinheiten in der mitotischen und der 2. meiotischen Anaphase sowie für das Crossing over im Pachytän (S. 118). Jede Chromatide enthält ein kontinuierlich durchgehendes DNA-Doppelmolekül, das mit chromosomalen Proteinen verbunden ist. Der Durchmesser der Helix beträgt 2 nm. Nach der Assoziation mit den Histonen kommt eine komplizierte superhelikale Struktur mit einem äußeren Durchmesser von etwa 11 nm zustande, der das in Abb. 3.9 dargestellte Nucleosomen-Modell zugrunde liegt.

Chromosomen abweichender Struktur

In Organen mit hoher physiologischer Aktivität können Chromosomen mit stark abweichender Struktur auftreten. Dies gilt in besonderem Maße für die **Riesenchromosomen,** die vornehmlich in den *Speicheldrüsenzellen* der *Dipterenlarven,* aber auch in anderen Organen (Darm, Exkretionsorganen) vorkommen. Sie erreichen Längen von 2000 bis 4000 μm. Ihr Durchmesser variiert bei *Drosophila* zwischen 4 und 8, bei *Chironomus* zwischen 10 und 20 μm. Damit sind sie etwa 200mal größer als normale Dipteren-Chromosomen. Ihre außergewöhnliche Größe kommt durch zwei Vorgänge zustande. Die Zellen der Speicheldrüsen teilen sich nicht mehr; ihre aufgelockerten Chromosomen befinden sich im Stadium der Interphase. Darüber hinaus erfolgt eine Vervielfachung der Chromatinfäden. Sie werden jedoch nicht auf Tochterkerne verteilt, sondern bleiben im gleichen Kern; ein Vorgang, der als **Endomitose** bezeichnet wird. Von jedem Ausgangschromosom werden 1000–2000 Kopien gebildet. Hierfür sind bei *Drosophila* 9–10, bei *Chironomus* etwa 13 Replikationszyklen erforderlich. Die strukturell identischen Kopien trennen sich nicht voneinander, sondern bleiben bündelartig gepaart. Dieses Phänomen wird als **Polytänie** bezeichnet. Jedes Riesenchromosom stellt also ein dekondensiertes, polytänes Interphase-Chromosom dar. Im Elektronenmikroskop wird seine submikroskopische Struktur aus Tausenden von Fibrillen erkennbar, die aus parallel gelagerten Subfibrillen zusammengesetzt sind. Möglicherweise handelt es sich hierbei um neu synthetisierte DNA-Doppelhelices.

Von der Polytänie sind nur die euchromatischen Segmente betroffen; sie umfassen etwa zwei Drittel des Genoms. Die in der Centromerregion und im Y-Chromosom gelegenen heterochromatischen Zonen zeigen dieses Phänomen nicht. Die Kerne der Speicheldrüsenzellen der Dipterenlarven sind zwar diploid, die Riesenchromosomen weisen jedoch einen hohen „inneren" Polyploidiegrad auf, der bei verschiedenen Dipteren-Arten unterschiedlich ist (Abb. 3.**11** und 12.**3**).

Lichtmikroskopisch ist eine Längsstrukturierung der Riesenchromosomen in *Banden* und *Interbanden* sichtbar. Die *Banden* kommen durch die exakte Paarung der einander entsprechenden, gut färbbaren *Chromomeren* zustande, in denen die DNA dichter gefaltet ist als in den Interbanden. Die Bandenmuster sind artspezifische Merkmale und werden für die Identifizierung der Chromosomen verwendet. Für *Drosophila* werden je Chromomer im Mittel etwa 50000 Nucleotidpaare angenommen bei einer Variationsbreite zwischen 7000 und 140000 Paaren. Darüber hinaus sind Histone vorhanden. Die Zwischenscheiben sind ebenfalls DNA-Histon-Komplexe, ihr DNA-Gehalt liegt aber nur bei etwa 15% desjenigen der Banden.

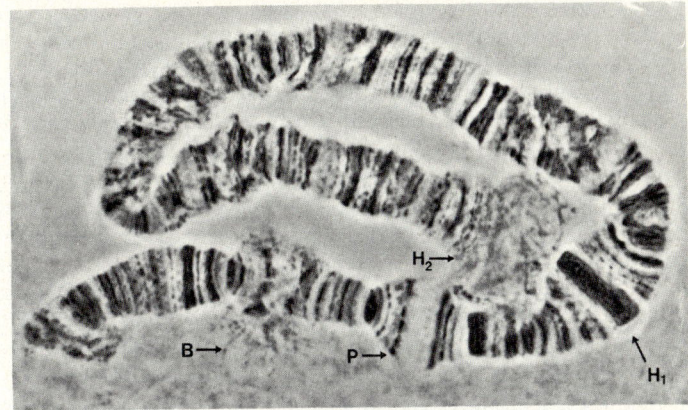

Abb. 3.**11** Riesenchromosom aus der Speicheldrüse der Chironomide *Acricotopus lucidus* mit besonders deutlicher Bandenstruktur.
B = Balbiani-Ring,
P = Puff,
H_1 = kompaktes Heterochromatin der Centromerregion,
H_2 = schwammiges Heterochromatin der Telomerzone.
(3000fache Vergrößerung; Phasenkontrastaufnahme von *Mechelke*)

Der mikroskopisch erkennbare Verlust einer bestimmten Bande ist stets mit dem Verlust eines bestimmten Gens korreliert. Hieraus hat der amerikanische Genetiker BRIDGES bereits 1935 geschlossen, daß die Banden die Genorte sind. Das „*Ein-Gen-eine-Bande*"-Konzept ist eine der Grundlagen der Dipteren-Cytogenetik. Inzwischen sind für einige Banden mehrere Gene nachgewiesen worden; auch im Bereich der Interbanden können Gene auftreten. In jedem Chromomer ist DNA für 20–40 Gene vorhanden. Die 4 polytänen Chromosomen des Genoms von *Drosophila melanogaster* sind etwa 2000 µm lang und besitzen reichlich 5100 Einzelbanden. Hieraus ergibt sich auf der Basis des Ein-Gen-eine-Bande-Konzepts eine Gesamtzahl von etwa 5000 Genen, ein überraschend niedriger Wert, wenn wir ihn mit *E. coli* vergleichen (etwa 4000 Gene).

Das *Drosophila*-Genom besteht aus 165000 Kilobasen DNA. Auf der Basis der bekannten Letalmutanten werden etwa 5000, auf der Basis von Transkriptionseinheiten etwa 15000 Gene angenommen. Die meisten hiervon liegen im Euchromatin. Etwa 3800 Gene sind durch Rekombinationsstudien bereits lokalisiert worden. Tausende mutierter Gene wurden isoliert und können geklont werden. Bis 1991 sind 1600 Kilobasen DNA sequenziert worden. Die vollständige Sequenzierung des Genoms wird angestrebt, erst dann kann die wirkliche Genzahl angegeben werden. Mehr als 400 der bisher analysierten *Drosophila*-Gene zeigen in ihrer Nucleotidsequenz hochgradige Ähnlichkeiten mit entsprechenden menschlichen Genen. Ihre Gesamtzahl wird beträchtlich höher sein.

Im Bereich der Banden werden *Puffs* gebildet, die mit der Aktivierung der betreffenden Gene im Zusammenhang stehen (Kap. 12).

Neben normalen Genen sind bei *Drosophila* **Komplexloci** vorhanden. Hierbei handelt es sich um funktionell verwandte Cistrons, die dicht benachbart in der gleichen Chromosomenregion liegen. Jedes von ihnen ist für die Codierung eines Polypeptids verantwortlich. Diese Komplexloci aus mehreren Cistrons können sich über mehrere Banden erstrecken. Sie sind wahrscheinlich durch Duplikations- und Multiplikationsvorgänge eines ursprünglich einfachen Cistrons während der Evolution entstanden und haben sich durch Mutationsvorgänge sekundär verändert.

Die Riesenchromosomen sind wegen ihrer strukturellen Gliederung nicht nur in ihrer Gesamtheit, sondern auch in einzelnen Abschnitten so zuverlässig identifizierbar, daß eine Kartierung der Banden und damit der Gene vorgenommen werden kann. Die Analyse wird durch eine cytologische Eigenart der Dipteren erleichtert. Sie besteht im Phänomen der **somatischen Paarung:** die homologen Chromosomen einer jeden Zweiergruppe sind permanent gepaart. Sie bilden ein *Bivalent,* in dem die einander entsprechenden Banden exakt auf gleicher Höhe liegen. Störungen im Bandenmuster, die als Folge chromosomaler Umbauten auftreten, können mikroskopisch gut erkannt und entsprechenden Veränderungen in der Reihenfolge der Gene zugeordnet werden.

Auch die **Lampenbürsten-Chromosomen** weichen in charakteristischer Weise von normalen Chromosomen ab. Sie treten in den Oocyten vieler Wirbeltiere auf und können im Diplotän von *Amphibien, Reptilien* und *Vögeln* gut beobachtet werden; sie treten auch beim *Menschen* auf. Während der Prophase, die bei diesen Objekten mehrere Monate dauert, strecken sich die Bivalente und können Grenzwerte von 1 mm Länge erreichen. Ihren Namen verdanken sie der Anwesenheit zahlreicher schleifenförmiger Ausbuchtungen, die als symmetrische Gebilde unterschiedlicher Form und Größe von den Chromosomen ausgehen. Die Schleifenmuster können für die Identifizierung der Bivalente herangezogen werden. Die Anzahl der Schleifen ist außerordentlich hoch; sie liegt in der Größenordnung von 5000. Sie bestehen aus einer Achse, die die DNA-Doppelhelix darstellt. Von ihr gehen Fasern aus, die aus RNA und Protein bestehen. Längs der Schleifen sind in dichter Folge die Moleküle der RNA-Polymerase nachweisbar, jenes Enzyms, das für die Transkription bei der Synthese der Messenger-RNA aus der DNA verantwortlich ist. Aus diesen Befunden wird geschlossen, daß die in den Schleifen liegenden Gene während des Lampenbürsten-Stadiums aktiv sind. Es liegt also eine gewisse Parallele zur Puffbildung in den Riesenchromosomen der Dipteren vor (S. 383). Die Frage, ob sich in jeder Schleife nur ein einziges Gen befindet, ist noch nicht geklärt. Die spezifische Struktur der Lampenbürsten-Chromosomen bleibt auf das Diplotän beschränkt. Gegen Ende der extrem verlängerten ersten meiotischen Prophase werden die Struktureigentümlichkeiten aufgegeben und die Chromosomen kehren zu ihrer normalen Struktur mit den üblichen Größenabmessungen zurück.

Bei vielen Arten sind *überzählige Chromosomen* unbekannter Funktion vorhanden, die als **B-Chromosomen** bezeichnet werden. Ihre Anzahl kann innerhalb der Art stark variieren. Sie haben keinen erkennbaren Einfluß auf den Organismus.

Synthetische Chromosomen

Seit 1982 versucht man, kleine Chromosomen synthetisch herzustellen. Das bevorzugte Objekt hierfür ist die *Bäckerhefe (Saccharomyces cerevisiae)* mit n = 16 Chromosomen.

Für die Funktionsfähigkeit von Chromosomen in Mitose und Meiosis sind nur 3 Strukturelemente notwendig:

– Das *Centromer* mit der CEN-DNA.

– Ein *Replikations-Origin,* also eine DNA-Sequenz, die als Startpunkt für die Replikation dient.

– Zwei *Telomere,* also 2 Chromosomenenden mit repetitiven DNA-Sequenzen, die nicht nur die Replikation dieser Bereiche gewährleisten, sondern sie auch vor abbauenden Enzymen schützen.

Die DNA dieser 3 Strukturelemente ist aus der Bäckerhefe isoliert und kloniert worden. Damit bestand die Möglichkeit, Mini-Chromosomen herzustellen, die in lebende Hefezellen eingeschleust wurden. Ihre Funktionsfähigkeit ist von der Länge abhängig. Synthetische Chromosomen aus 50000–100000 Basenpaaren zeigten ein mitotisches und meiotisches Verhalten, das weitgehend demjenigen natürlicher Chromosomen entspricht. (Die kleinsten Chromosomen des Hefe-Genoms besitzen etwa 150000 Nucleotid-Paare.) Sehr kurze Mini-Chromosomen aus nur 10000–20000 Basenpaaren hingegen erwiesen sich als sehr instabil und zeigten fehlerhafte Anaphase-Verteilungen.

Synthetische Chromosomen sind für die cytogenetische Grundlagenforschung von erheblichem Interesse. Mit ihrer Hilfe können bestimmte Probleme des mitotischen und meiotischen Verhaltens besser studiert werden als mit natürlichen Chromosomen. Außerdem werden sie als Vektoren für die Klonierung isolierter menschlicher DNA-Fragmente verwendet. Es werden sogenannte *YAC-Bibliotheken* (yeast artificial chromosomes) hergestellt, mit deren Hilfe die physikalischen Chromosomenkarten ergänzt werden.

Genom

Der Begriff „Genom" wird sowohl im cytologischen als auch im genetischen Sinne verwendet. In *cytologischer Beziehung* verstehen wir unter dem Genom die Summe aller Chromosomen des einfachen Satzes, also etwa die Chromosomengarnitur der Keimzelle diploider Organismen. Innerhalb des Genoms ist jedes Chromosom ein Individuum, das sich in seinem Gengehalt von allen übrigen Chromosomen des Satzes unterscheidet. Die Individualität kommt häufig in Strukturunterschieden zum Ausdruck, die sich bei günstigen Objekten lichtmikroskopisch erfassen lassen und die Identifizierung einiger oder aller Chromosomen des Genoms ermöglichen. Diese Methode − die **Karyotyp-Analyse** − spielt bei der Bearbeitung der verwandtschaftlichen Beziehungen verschiedener Arten oder Gattungen eine große Rolle. Sie wird vornehmlich an *mitotischen Metaphase-Chromosomen* durchgeführt (Abb. 3.12). Infolge ihrer starken Kondensation sind die für die Identifizierung notwendigen Strukturmerkmale häufig nicht zu erkennen. Man verwendet deshalb bestimmte *Bänderungstechniken*, die für jedes Chromosom ein spezifisches *Bandenmuster* ergeben. Hierbei wird entweder eine differentielle Proteinextraktion in Verbindung mit Giemsa-Färbung oder eine Färbung mit Fluorochromen durchgeführt. Auf diese Weise können z. B. heterochromatische Zonen zuverlässig erkannt werden. Wesentlich exakter kann die Analyse der Chromosomenstruktur im *Pachytän* − einem frühen Stadium der Meiosis − vorgenommen werden. In den letzten Jahrzehnten sind vornehmlich von Arten mit partiell heterochromatischen Chromosomen Pachytänanalysen erarbeitet worden, die gute Einblicke in die strukturelle Differenzierung ganzer Genome geben (Abb. 3.14). Das Pachytän ist jedoch mit den z. Z. verfügbaren Methoden nur bei wenigen Arten der Bearbeitung zugänglich.

Mit Hilfe der Bänderungstechniken sind an den 23 Chromosomen des *menschlichen Genoms* in der späten Prophase mehr als 1300 Banden darstellbar. Selbst in der Metaphase ist die Bandenstruktur so deutlich, daß alle Chromosomen zuverlässig identifiziert werden können (Abb. 3.12, 3.13). Die exakte Chromosomenzahl der Species *Homo sapiens* von 2n = 46 ist erst seit 1956 bekannt; vorher wurden 48 Chromosomen angenommen. Von vielen Chromosomen unseres Genoms sind darüber hinaus Abweichungen von der Norm, sogenannte **chromosomale Polymorphismen**, bekannt. Hierbei handelt es sich um strukturelle Abweichungen innerhalb bestimmter Segmente, für die jedoch im Gegensatz zu den Chromosomenmutationen keine genetische Bedeutung nachweisbar ist. Sie treten besonders häufig in den heterochromatischen Regionen der Centromer-

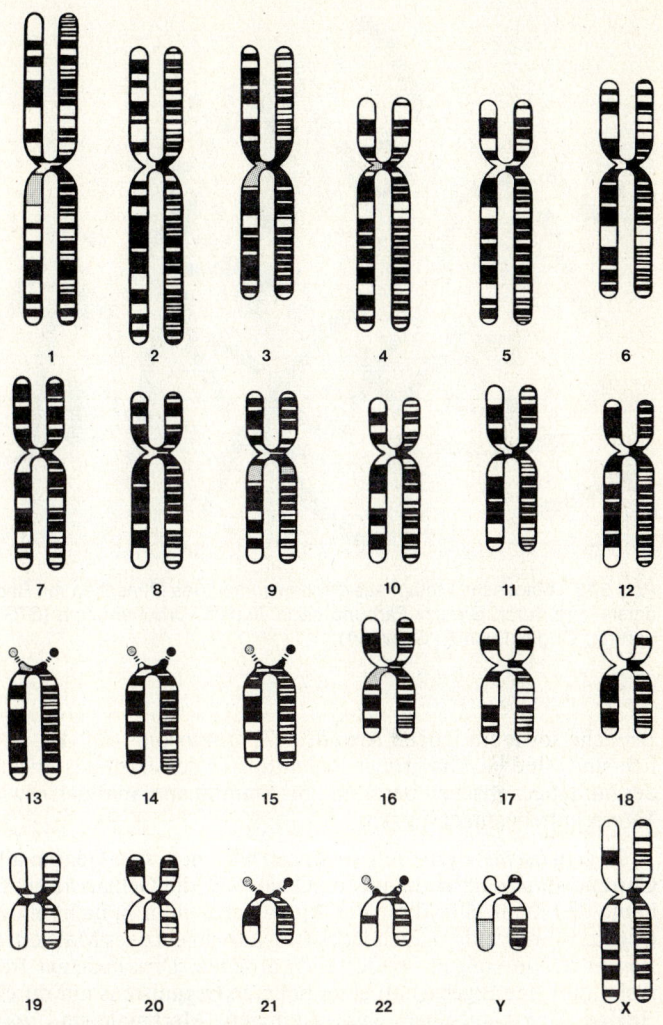

Abb. 3.**12** Karyogramm des Chromosomensatzes des Menschen in der mitotischen Metaphase entsprechend der Pariser Nomenklatur von 1971. Durch
Anwendung der Bandentechnik werden die strukturellen Unterschiede der
Chromosomen deutlicher, und es ist möglich, Chromosomen gleicher Grö-
ßenklasse zuverlässig voneinander zu unterscheiden. In jedem Chromosom
zeigt die linke Chromatide das Bandenmuster der Metaphase, während in der
rechten Chromatide das Muster in der späten Prophase wiedergegeben ist
(nach *Yunis* u. *Sanchez*)

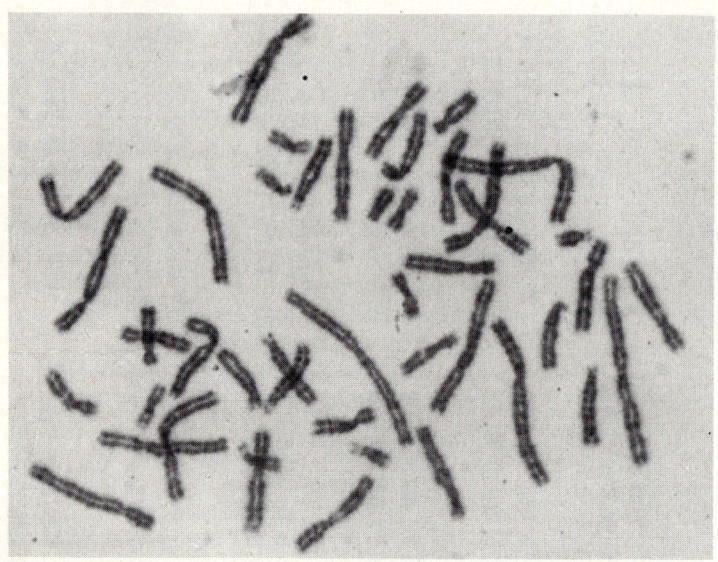

Abb. 3.13 Mitotische Metaphase-Chromosomen des Menschen mit Banden-darstellung durch Giemsa-Färbung nach Trypsin-Vorbehandlung (GTG-Bän-derung; Original von *R. Schubert*)

Bereiche sowie im langen Arm des Y-Chromosoms auf. Da sie erb-lich sind, sind sie von großer Bedeutung in der Zwillingsforschung, der humangenetischen Beratung, bei Stammbaumanalysen sowie bei Vaterschaftsbegutachtungen.

In *genetischer Beziehung* verstehen wir unter dem Genom alle im Chromosomensatz vorhandenen Gene, z. B. die Genausstattung der haploiden Keimzellen diploider Arten. Im Genom ist nicht nur jedes Chromosom, sondern auch jedes Gen nur ein einziges Mal vertreten, wenn wir von einigen Sonderfällen absehen. Dies bedeutet freilich nicht, daß jede Eigenschaft eines höheren Organismus nur durch ein einziges Gen kontrolliert wird. Zahlreiche Merkmale sind *polygen* gesteuert. Mehrere oder viele Gene, die häufig zufallsgemäß über das Genom verteilt sind und keine Funktionseinheit darstellen, sind für die Ausprägung des gleichen Merkmals verantwortlich, wobei je-des Gen der Gruppe unabhängig von allen übrigen Genen zur Wir-kung kommt. Die Bereitstellung einer normalen Chlorophyllausstat-tung der höheren Pflanzen z. B. wird von zahlreichen Genen des Ge-noms kontrolliert. Mutiert ein einziges Gen dieser großen Gruppe,

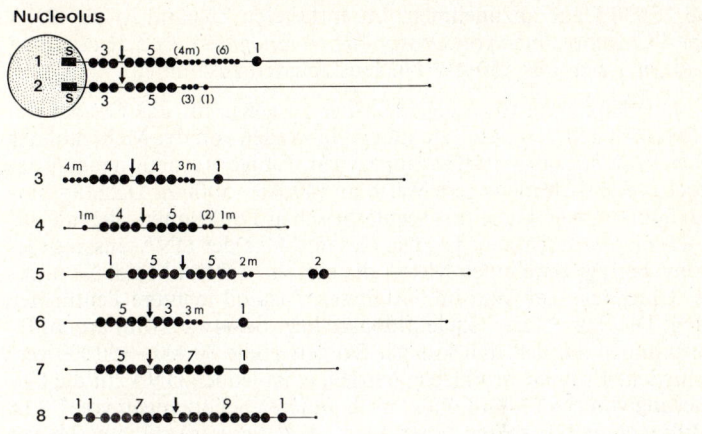

Abb. 3.14 Die Feinstruktur von 13 der 24 Pachytänchromosomen des Genoms der Solanacee *Scopolia carniolica*. Alle Chromosomen sind partiell heterochromatisch. Sie besitzen beiderseits des Centromers Elemente konstitutiven Heterochromatins, deren Zahl und Lage konstant ist, die folglich zur Identifizierung der Chromosomen verwendet werden können. Ihre Anzahl ist über den heterochromatischen Segmenten angegeben; der Pfeil zeigt die Lage des Centromers. Die Chromosomen 1 und 2 bilden gemeinsam den Nucleolus

so kommt ein Chlorophylldefekt zustande. Weitere Beispiele hierfür werden in Kapitel 5 gegeben.

Die **Anzahl der im Genom vorhandenen Gene** ist bei einigen kleinen *Viren* genau, bei größeren annähernd bekannt. Sie liegt meist unterhalb von 50; Beispiele sind auf den S. 69–71 gegeben. Das *Bakterium E. coli* besitzt etwa 4000 Gene. Für *Drosophila* wird allgemein angenommen, daß jede Bande der Riesenchromosomen ein Gen enthält. Damit wäre mit einer Gesamtzahl von reichlich 5000 Genen zu rechnen, ein niedriger Wert, wenn wir ihn mit *E. coli* vergleichen. Bei Berücksichtigung der Transkriptionseinheiten sind etwa 15 000 Gene anzunehmen. Im entfalteten Zustand ist die DNA der 4 Chromosomen von *Drosophila melanogaster* etwa 56 mm lang und setzt sich aus $150 \cdot 10^6$ Nucleotidpaaren zusammen.

Die Schätzung für *Säugetier-Genome* sowie für das Genom des *Menschen* gehen weit auseinander; sie werden von der Mehrzahl der Genetiker mit etwa 100 000 angegeben. Einige Autoren nehmen jedoch wesentlich niedrigere Werte an (40 000 − 50 000). Darüber hinaus gibt es viele Gene mit regulatorischen Funktionen, deren Zahl noch nicht abschätzbar ist. Die Gesamtlänge der DNA unseres Genoms beträgt etwa einen Meter; die einzelnen DNA-Moleküle unserer Chromosomen sind im entfalteten Zustand mehrere Zentimeter lang. Die Anzahl der Nucleotidpaare liegt bei etwa 3 Milliarden. Es wird angenommen, daß in einer Säugetierzelle 30 000 − 150 000 verschiedene Proteine produziert werden, es ist jedoch DNA für die Codierung von etwa 3 Millionen, nach anderen Schätzungen von 7 − 11 Millionen Polypeptiden vorhanden. Aus dieser gewaltigen Menge wird nur ein sehr geringer Anteil genutzt, der in der Größenordnung von 1 − 3 % liegen dürfte, während der überwiegende Teil der vorhandenen DNA keine definierte genetische Funktion hat.

Für andere Organismen werden im Hinblick auf die Gesamtzahl der Nucleotidpaare ihrer Genome folgende Zahlen genannt:

− *Säugetiere, Vögel:*	2 − 3 Milliarden
− *Drosophila:*	165 Millionen
− *Arabidopsis:*	100 Millionen
− *Bäckerhefe:*	14,4 Millionen
− *andere Pilze:*	10 − 20 Millionen
− *Escherichia coli:*	4 800 000 ± 100 000
− *Mehrzahl der Viren:*	1300 − 20 000
− *Lambda-Phage:*	48 502

In Kulturen von *Säugetierzellen* ist häufig das Phänomen der **Gen-Amplifikation,** der Vervielfachung von Genen zu beobachten: Von bestimmten Genen des Genoms entstehen mehrere oder viele Kopien. Sie wurden in vitro für *Mäuse-* und *Hamsterzellen* nach Zugabe des toxischen Pharmakons Methotrexat nachgewiesen. Die Zellen werden gegen dieses in der menschlichen Krebsbekämpfung eingesetzte Präparat resistent. In den resistenten Mäusezellen liegt das betreffende Gen in Form einer Gruppe von etwa 400 Kopien vor. In Verbindung mit Chromosomenmutationen können Teile dieser Gruppe aus dem ursprünglich vorhandenen Cluster über das Genom verteilt werden. Außerdem können Einzel-Gene des Clusters durch Mutationen verändert werden; auf diese Weise entstehen sogenannte *Multigen-Familien.* Es wäre denkbar, daß ähnliche Vorgänge während der Evolution abgelaufen sind und zu einer Erhöhung der Genzahl je Genom geführt haben. Besonders extreme Fälle von Amplifikationen liegen bei den rRNA-Genen vor (S. 366).

Die **Anzahl der pro Zelle vorhandenen Genome** hängt primär von der **Valenz**, der **Genomstufe** des betreffenden Organismus ab. Hierbei unterscheiden wir zwischen

- Haplonten,
- Diplonten,
- Arten mit Generationswechsel und
- polyploiden Arten.

Die ersten drei Gruppen sind in Kapitel 2 behandelt worden; Einzelheiten über Polyploide finden sich in Kapitel 6. I. allg. stimmt die Chromosomenzahl bei allen Organismen der gleichen Art überein; sie wird vielfach als artkonstantes Merkmal gewertet. Bei zahlreichen höheren Pflanzen ist jedoch das Phänomen der **intraspezifischen Polyploidie** beobachtet worden: Es treten Rassen oder Einzelpflanzen mit unterschiedlichen Chromosomenzahlen auf. Darüber hinaus sind konstant auftretende Unterschiede der Chromosomenzahl innerhalb des gleichen Organismus bekannt. So sind bestimmte Gewebe diploider Arten polyploid, wobei die Erhöhung der Genomstufe häufig mit der Funktion des betreffenden Organs in Beziehung steht. Die Tapetenzellen in den Antheren diploider Blütenpflanzen erreichen oftmals Valenzen bis zu 32n. Auch zahlreiche Drüsenzellen pflanzlicher Arten sind polyploid. Bei Tieren tritt Polyploidie häufig in der Leber auf.

Die Genome der *Eukaryoten* liegen in einer stark aufgegliederten Form vor. Bei den *Bakterien* und *Viren* hingegen können wir das Genom gleichsetzen mit dem Chromosom.

4 Einfluß der Umwelt auf die Genwirkung

Ehe wir uns mit den Gesetzmäßigkeiten der Genetik beschäftigen, müssen wir die Beziehungen zwischen der Genwirkung und dem Einfluß von Umweltfaktoren bei der Merkmalsausprägung diskutieren. Die Ergebnisse, die auf diesem Sektor vorliegen, lassen sich nur bedingt verallgemeinern; sie gelten jeweils nur für bestimmte Gene. Es gibt genetisch gesteuerte Merkmale, die ohne Variationsbreite stets in der gleichen Form realisiert werden. Andere Merkmale treten in einer mehr oder weniger ausgeprägten Variationsbreite auf, die durch das Zusammenwirken der betreffenden Gene mit bestimmten Umweltfaktoren zustandekommt. Da jedes Gen auf die Umwelt spezifisch reagiert, ist es beim heutigen Stand unseres Wissens nicht gerechtfertigt, den Einfluß von Genotypus und Umwelt bei der Merkmalsgestaltung pauschal anzugeben. Man kann nicht sagen: 60% der Merkmalsausprägung einer Art sind von seiner Umwelt und nur 40% von seinem Erbgut abhängig. Derartige Aussagen könnten nur nach Berücksichtigung der Reaktion einer sehr großen Anzahl verschiedener Gene auf eine möglichst große Anzahl verschiedener Umweltfaktoren gemacht werden. Diese Befunde liegen in der notwendigen Breite nicht vor. Gesicherte Aussagen sind nur für Einzelgene möglich, und es ist verblüffend, welch gravierenden Einfluß bestimmte Umweltfaktoren haben können.

Die Wirkung der Umwelt wird vornehmlich bei der Ausprägung *quantitativer Merkmale* erkennbar. Wir müssen in diesem Zusammenhang unterscheiden zwischen

– dem *Genotypus*, dem *Erbbild* eines Organismus,
– und seinem *Phänotypus*, dem *Erscheinungsbild*.

Der **Genotypus** ist ein sehr stabiles Element, das – wenn wir von Mutationsvorgängen absehen – unverändert von Generation zu Generation weitergegeben wird. Alle Individuen eines *Klons* oder einer *reinen Linie* stimmen in ihrem Genotypus überein, trotzdem können sie im Hinblick auf bestimmte Merkmale deutliche Unterschiede zeigen. Sie variieren in ihrem **Phänotypus**. Er kommt durch das Zusammenwirken der stabilen Elemente des Genotypus mit den labilen

Umweltfaktoren zustande. Die eben erwähnten Unterschiede können – da in genetischer Beziehung Identität vorliegt – nur umweltbedingt sein, sie können folglich nicht vererbt werden. Man bezeichnet diese Veränderungen als **Modifikationen.**

Die Beziehungen zwischen dem Einfluß von Genen und Umweltfaktoren bei der Realisierung eines Merkmals können nur dann getestet werden, wenn von einer bestimmten Art mehrere erbgleiche Individuen verfügbar sind. Nur wenn man genetisch identische Individuen unterschiedlichen Umweltfaktoren aussetzt, kann man die Wirkung dieser Faktoren auf das Erbgut erkennen. Bei Arten, die sich vegetativ vermehren lassen, oder bei selbstbefruchtenden Pflanzen ist es nicht schwierig, diese Voraussetzungen zu schaffen; man arbeitet mit *Klonen* oder *reinen Linien*. Bei fremdbefruchteten Pflanzen und bei Tieren hingegen ist diese Voraussetzung nur in Ausnahmefällen gegeben. Beim *Menschen* spielt hierbei die Forschung an *eineiigen Zwillingen* eine große Rolle. Sie sind genetisch identisch. Unterschiede in der Ausprägung bestimmter Merkmale müssen folglich umweltbedingt sein. Ein besonders günstiges Objekt für Experimente auf diesem Gebiet sind bestimmte *Gürteltiere,* die auf dem Wege der *Polyembryonie* im Uterus bis zu 12 identische Embryonen entwickeln.

Modifikationen sind weit verbreitet und treten in zwei verschiedenen Formen auf. Man unterscheidet zwischen *fluktuierender* und *alternativer Modifikabilität.*

Fluktuierende Modifikabilität

Quantitative Merkmale – etwa bestimmte Ertragseigenschaften unserer Kulturpflanzen – treten stets in einer gewissen *Variationsbreite* auf. Sie werden zwar primär von Genen gesteuert, werden jedoch von mehreren Umweltfaktoren (Temperatur, Wasserversorgung, Luftfeuchtigkeit, Lichtmenge, Düngung, Mikroklima) so beeinflußt, daß eine Überlagerung der Genwirkung zustandekommt. Die Einzeldaten, die wir bei der Auswertung des betreffenden Merkmals erhalten, gruppieren sich in charakteristischer Weise um einen Mittelwert. Hierbei ist die Häufigkeit der Abweicher um so geringer, je stärker sie vom Mittelwert abweichen. Oftmals folgt das Merkmal einer Gaußschen Normalverteilung, die sich graphisch durch eine Glockenkurve darstellen läßt.

Beispiele hierfür sind in Abb. 4.1 für das Merkmal „Anzahl der Samenanlagen im Fruchtknoten" bei drei verschiedenen Genotypen der Erbse gegeben. Beim ersten Genotypus – einer frühblühenden Mutante – variiert die Anzahl der Samenanlagen zwischen 6 und 9; der Mittelwert liegt bei 7,21. Der zweite Genotypus – ebenfalls eine Mutante – zeigt für das gleiche Merkmal eine Variationsbreite zwischen 9 und 11 bei einem Mittelwert von 9,64. Die Variabilität ist *innerhalb* einer jeden Mutante *umweltbedingt* und damit nicht erblich. Würde man Pflanzen mit einem hohen Anteil von Hülsen selektieren, bei denen die Anzahl der Samenanlagen hoch ist, so würde man in den Folgegenerationen auf diesem

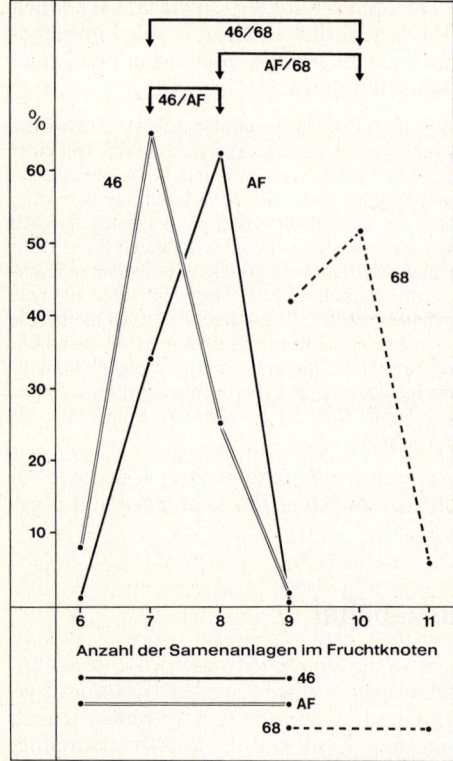

Abb. 4.**1** Die modifikatorisch und genetisch bedingte Variationsbreite eines Merkmals (Anzahl der Samenanlagen im Fruchtknoten) bei verschiedenen Genotypen der *Erbse*. Die Variationsbreite innerhalb eines jeden Genotypus ist modifikatorisch bedingt; sie ist durch die waagerechten Striche im unteren Teil der Abb. angegeben. Die Unterschiede zwischen den Mittelwerten der drei Genotypen sind genetisch bedingt (oberer Teil)

Wege keine Ertragssteigerung erzielen. Die *Differenz zwischen den Mittelwerten* der beiden Genotypen (in unserem Beispiel 7,21 und 9,64) hingegen ist statistisch hochgradig signifikant; sie ist *genetisch* bedingt. Der zweite Genotypus leistet aufgrund dieser Eigenschaft mehr als der erste und gibt das Merkmal „erhöhte Anzahl von Samenanlagen je Fruchtknoten" konstant von Generation zu Generation weiter.

Alternative Modifikabilität

Die *fluktuierende Modifikabilität* ist durch fließende Übergänge zwischen den Grenzwerten für ein bestimmtes Merkmal gekennzeichnet, die in Form einer charakteristischen Häufigkeitsverteilung in Erscheinung treten. Bei der *alternativen Modifikabilität* tritt das Merkmal in Form von zwei verschiedenen Modifikationen auf, die nicht durch Zwischenstufen miteinander verbunden sind. Ein seit langem bekanntes Beispiel hierfür ist die Temperaturmodifikabilität der Blütenfarbe der chinesischen Primel *Primula sinensis.*

Normalerweise sind verschiedene Blütenfarben der gleichen Pflanzenart entweder auf verschiedene Gene oder auf verschiedene Zustände des gleichen Gens, auf verschiedene Allele, zurückzuführen. Dies ist bei der chinesischen Primel nicht der Fall. Hier werden die beiden Blütenfarben rot und weiß vom gleichen Allel hervorgebracht. Ein Umweltfaktor − die Temperatur − entscheidet, welche der beiden Möglichkeiten realisiert wird. Zieht man die Pflanzen in einem kalten Gewächshaus bei Temperaturen um 15 °C auf, so blühen sie rot. In einem Warmhaus mit Temperaturen über 30 °C hingegen werden keine Blütenfarbstoffe gebildet; sie blühen weiß. Wenn man die Pflanzen 50 Generationen lang unter einigermaßen gleichen Temperaturbedingungen kultiviert, so werden sie stets die gleiche Blütenfarbe zeigen. Dadurch wird eine spezifische Genwirkung vorgetäuscht. Kultiviert man sie in der 51. Generation unter andersartigen Temperaturbedingungen, so tritt die zweite Blütenfarbe in Erscheinung. Wir müssen uns fragen, was hier eigentlich vererbt wird. Es werden sicherlich nicht die Einzelmerkmale „rote" oder „weiße Blütenfarbe" vererbt. Ein bestimmtes Gen ist vielmehr dafür zuständig, innerhalb eines bestimmten Temperaturbereichs einen Blütenfarbstoff zu bilden, während die Bildung des Farbstoffs innerhalb eines anderen Temperaturbereichs unterbleibt. Für beide Möglichkeiten ist das gleiche Allel verantwortlich. Ein Außenfaktor − die Temperatur − entscheidet, wie der Organismus im Hinblick auf das Merkmal endgültig aussieht.

Der Temperaturreiz wird von der Primel im Verlauf der Blütenbildung während einer sehr kurzen sensiblen Periode im frühen Knospenstadium registriert. Durch Umstellen der Pflanzen aus dem Kalthaus ins Warmhaus ist es möglich, rote und weiße Blüten an der gleichen Pflanze zu erzeugen. Dies zeigt besonders deutlich, daß die Unterschiede zwischen den beiden Blütenfarben nicht genetisch, sondern umweltbedingt sind. Analoge Fälle sind auch bei anderen Blütenpflanzen bekannt.

Im *Tierreich* werden Flügelzeichnungen bestimmter *Schmetterlingsarten* durch die Temperatur beeinflußt. Als sensible Periode ist ein Zeitraum von wenigen Stunden während der Puppenruhe wirksam. Setzt man Puppen des *Tagpfauenauges* während dieses Stadiums Temperaturen von − 10 °C aus, so unterbleibt die Ausdifferenzierung des charakteristischen Auges auf dem Flügel des späteren Falters. Die Schwarzfärbung des Fells an den Körperenden des *Russenkaninchens* (Schnauzen- und Schwanzspitze, Endpartien der Pfoten und Löffel) sind auf die in diesen Regionen herrschenden herabgesetzten Körpertemperaturen zurückzuführen. Beim Krebs *Artemia*

salina ist die Gliederzahl des Abdomens vom Salzgehalt des Kultur-
wassers abhängig.

In Einzelfällen können sich Umweltfaktoren wesentlich drastischer
auf die Wirkung bestimmter Gene auswirken. Bei der *Ackerbohne
(Vicia faba)* ist ein Gen bekannt, das die Ausdifferenzierung der Vegetationskegel zu Blüten beeinflußt und Sterilität zur Folge hat. Die Abweichungen werden nur realisiert, wenn ein bestimmter Schwellenwert
unterschritten wird; er liegt bei $6-8\,°C$. Kultiviert man die Mutante
im Warmhaus, so bringt sie normalgestaltete Blüten zur Ausbildung
und ist voll fertil. Hier entscheidet die Temperatur also, ob funktionsfähige Geschlechtsorgane ausdifferenziert werden oder nicht, d. h. ob
der Organismus fortpflanzungsfähig ist oder nicht.

Unter Umständen kann sogar die Lebensfähigkeit des Organismus von Genen abhängen, die auf die Wirkung von Außenfaktoren
reagieren. Eine bestimmte *Erbsen-Mutante* ist bei Gewächshausauf-
zucht völlig normal und voll fertil. Im Freiland zeigt sie einen starken Chlorophylldefekt und stirbt nach Ausbildung von wenigen
Blättern ab, weil sie nicht zur Photosynthese befähigt ist. Es handelt
sich um eine *Letalmutante:* das mutierte Gen ist für den frühzeitigen
Tod des Organismus verantwortlich. Es kann in diesem spezifischen
Falle jedoch nur in Verbindung mit einer relativ niedrigen Temperatur wirksam werden. Der Schwellenwert liegt bei $17\,°C$. Oberhalb
von $17\,°C$ wird die normale Chlorophyllmenge gebildet; das Gen
tritt in seiner Wirkung nicht in Erscheinung. Unterhalb dieser Temperatur ist Chlorophyllbildung nicht möglich; das Gen gibt sich als
Letalfaktor zu erkennen. Dies ist ein besonders anschauliches Beispiel für das Zusammenwirken eines Gens mit einem Umweltfaktor
und für die Konsequenzen, die sich hieraus ergeben können. Bei anderen Chlorophyllmutanten verschiedener Kulturpflanzen werden
ähnliche Effekte von der Lichtintensität als Umweltfaktor erzielt.
Hohe Insolation führt zum Chlorophylldefekt und damit zur Letal-
wirkung des betreffenden Gens; bei niedrigen Lichtmengen tritt die
Wirkung des Gens nicht in Erscheinung.

Das Charakteristikum aller Modifikationen besteht also darin,
daß eine bestimmte *Variationsbreite*, eine *Reaktionsnorm* für ein
Merkmal vererbt wird. Innerhalb dieser Norm entscheiden bestimmte Außenfaktoren, in welcher Form das Merkmal endgültig in Erscheinung tritt.

Dauermodifikationen, Phänokopien

Gelegentlich werden durch bestimmte Umweltbedingungen Veränderungen induziert, die über mehrere oder viele Generationen hinweg

konstant in Erscheinung treten. Die auf diese Weise entstandenen „Merkmale" verschwinden jedoch aus bisher noch nicht bekannten Gründen wieder. Es werden also Mutationsvorgänge vorgetäuscht, die sich später als eine spezifische Form von Modifikationen ohne Veränderungen von Genen erweisen. Diese Vorgänge werden als **Dauermodifikationen** bezeichnet. Die ihnen zugrundeliegenden Prozesse sind noch nicht geklärt. Da die abweichenden Merkmale nicht über die väterlichen, sondern über die mütterlichen Keimzellen weitergegeben werden, handelt es sich offenbar um umweltbedingte Veränderungen cytoplasmatischer Bestandteile. Die relative Konstanz des Phänomens könnte darauf zurückzuführen sein, daß die betreffenden Plasmastrukturen einige Generationen lang in der abgeänderten Form repliziert werden.

Schließlich können durch umweltbedingte Einwirkungen Merkmale entstehen, für deren Ausprägung normalerweise Gene verantwortlich sind. Die betreffenden Außenfaktoren kopieren also die Wirkung bestimmter Gene; das Phänomen wird deshalb als **Phänokopie** bezeichnet. Die Abweichungen gegenüber dem ursprünglichen Zustand sind nicht erblich. Es handelt sich folglich nicht um Mutationen, sondern um eine spezifische Form von Modifikationen. Als Beispiel beim *Menschen* sei die Thalidomid-Embryopathie angeführt. Sie war exogen durch die Einnahme von Contergan in der sensiblen Phase der Schwangerschaft bedingt. Die gleichen Veränderungen treten beim autosomal dominanten Holt-Oram-Syndrom auf.

5 Gesetzmäßigkeiten der klassischen Genetik

Die Gesetzmäßigkeiten des **Mendelismus** seien an *Diplonten* abgeleitet. Sie besitzen in jeder ihrer Körperzellen zwei *Genome;* von jedem Chromosom sind zwei *Homologe* vorhanden. Damit ist auch jedes Gen zweimal vertreten. Diese einander entsprechenden Gene werden als **Allele** oder **Allelomorphe** bezeichnet. Sie sind für das gleiche Merkmal zuständig und liegen an einander entsprechenden Stellen der homologen Chromosomen. Dies gilt für alle Individuen der betreffenden Art. Sind die beiden Allele *identisch,* so ist der Organismus im Hinblick auf das betreffende Genpaar *reinerbig,* **homozygot.** Sind sie *nicht identisch,* so liegt *Mischerbigkeit,* **Heterozygotie,** vor. Homozygote Individuen geben das vom betreffenden Genpaar kontrollierte Merkmal konstant von Generation zu Generation weiter; sie züchten rein. Im Gegensatz hierzu *spalten* heterozygote Individuen in ihren Nachkommen, züchten also nicht rein. Das Prinzip der Allelität sowie von Homo- und Heterozygotie ist in Abb. 5.1 schematisch dargestellt.

Für die Klärung der Weitergabe von Genen von Generation zu Generation ist das *Kreuzungsexperiment,* die **Bastardierung,** notwendig. Sind die beiden Partner genetisch verschieden voneinander, so entsteht ein **Bastard,** eine **Hybride.** Die Bastardierung bereitet zwischen verschiedenen Sorten der gleichen Art im allgemeinen keine Schwierigkeiten. Artkreuzungen gelingen wesentlich seltener; von Gattungskreuzungen sind bisher nur wenige Fälle bekannt. Bei der Ausgangskreuzung für ein genetisches Experiment sollte man *homozygote Eltern* verwenden. Diese Voraussetzung ist bei selbstbefruchtenden Pflanzen leicht zu erfüllen, während sie bei fremdbefruchtenden Pflanzen und bei Tieren schwieriger zu realisieren ist. Durch **Inzucht,** d.h. durch erzwungene Selbstung fremdbefruchtender Pflanzen bzw. durch Geschwisterpaarung bei Tieren wird der Grad der Heterozygotie des Ausgangsmaterials immer mehr abgeschwächt. Es wird ein immer größeres Maß an Homozygotie für eine immer größere Anzahl von Genpaaren erreicht. Erst dann sollte mit dem Kreuzungsexperiment begonnen werden. Die Ausgangsgeneration einer Kreuzung wird als **Parentalgeneration** (P-Generation) bezeichnet, die Nachkommen gehören zu den **Filialgenerationen,** wobei man zwischen F_1, F_2 usw. unterscheidet.

Für das Kreuzungsexperiment ist bei zwittrigen Pflanzen die **Kastration** notwendig, die Entfernung der männlichen Geschlechtsorgane aus der Zwitterblüte. Hierdurch wird eine ungewollte Selbstbestäubung mit blüteneigenen Pollen ver-

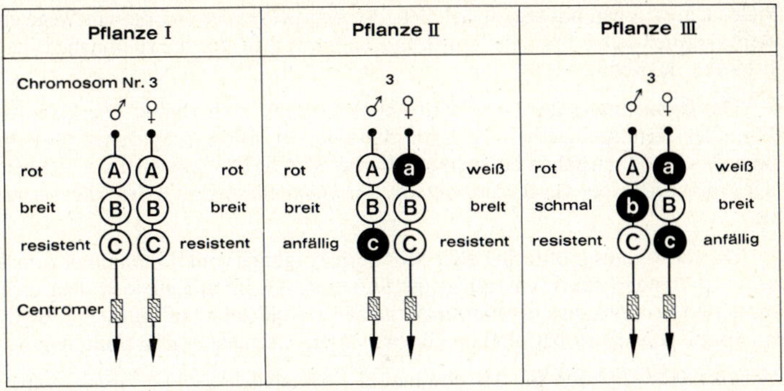

Abb. 5.1 Homo- und Heterozygotie für 3 Merkmalspaare einer diploiden Pflanze.

- Genpaar *Aa*; Blütenfarbe: A = rot
                                  a = weiß
- Genpaar *Bb*; Blattform: B = breit
                                  b = schmal
- Genpaar *Cc*; Anfälligkeit C = resistent
  gegenüber einer c = anfällig
  Krankheit:

Die drei Genpaare liegen am äußeren Ende zweier Homologer des Chromosoms Nr. 3.

- Stamm I   ist homozygot für alle 3 Genpaare.
- Stamm II   ist homozygot für breite Blätter, aber heterozygot für die Blütenfarbe und die Krankheitsanfälligkeit.
- Stamm III ist heterozygot für alle 3 Genpaare

mieden, und für die spätere Befruchtung werden nur männliche Keimzellen des gewünschten Genotypus verwendet. Für den Erfolg ist darüber hinaus noch die **Isolation** notwendig. Die kastrierte Blüte wird nach der Kastration und nach der Bestäubung durch Pergamintüten oder Stoffbeutel gegenüber unkontrollierbaren Fremdbestäubungen geschützt. Dieser Schutz wird erst entfernt, wenn die im Kreuzungsexperiment gewünschte Befruchtung eingetreten ist. Das Entsprechende gilt für einhäusige Arten, bei denen sich männliche und weibliche Blüten auf der gleichen Pflanze befinden. Die männlichen Blüten oder Infloreszenzen müssen entfernt werden.

Arten, die sich sowohl sexuell als auch vegetativ fortpflanzen lassen, sind für schwierige Kreuzungsexperimente besonders gut geeignet. Bei Art- oder Gattungskreuzungen kommen häufig nach Tausenden von Bestäubungen nur eine einzige oder einige wenige Befruchtungen zustande. Ist der Bastard steril – eine weit verbreitete Erscheinung bei diesem Material – so ist häufig alle Mühe umsonst, wenn er nur auf *sexuellem* Wege vermehrbar ist. Mit seinem Tod geht die seltene Bastardkombination verloren, ehe die für die Klärung bestimmter Fragestellungen notwendigen Untersuchungen durchgeführt worden sind. Läßt er sich hingegen *vegetativ* fortpflanzen, so ist es möglich, die Bastardkombination über viele Generationen hinweg zu erhalten. An dem Klon, der auf diesem Wege entsteht, können selbst Fragestellungen bearbeitet werden, für die zahlreiche Einzelpflanzen notwendig sind.

Die **Bezeichnung der Gene** wird unterschiedlich gehandhabt. Die klassische Form der Terminologie besteht darin, daß man die Allele des gleichen Gens mit dem gleichen Buchstaben bezeichnet. Hierbei wird bei Anwesenheit von 2 Allelen der *große* Buchstabe für das *dominante,* der *kleine* für das *rezessive* Allel verwendet.

Da der weitaus größte Teil aller Mutationsvorgänge vom dominanten zum rezessiven Zustand führt, entspricht die Situation AA im allgemeinen dem nichtmutierten Wildtyp, also der Normalform. Bei diploiden Organismen sind folglich im Hinblick auf das betreffende Genpaar drei verschiedene Zustände möglich:

- AA: Homozygotie für das dominante Normalallel;
- aa: Homozygotie für das mutierte rezessive Allel;
- Aa: Heterozygotie im Bastard.

Liegt eine *Serie multipler Allele* vor, so läßt sich diese Regelung sinngemäß anwenden, indem man die Buchstaben A und a für das Anfangs- und Endglied der Serie verwendet. Die übrigen Glieder werden in Übereinstimmung mit ihrem Dominanzverhalten als a_1, a_2 usw. bezeichnet. Diese Regelung wird auch heute noch vielfach verwendet und leistet bei der Ableitung allgemeiner genetischer Gesetzmäßigkeiten wegen ihrer Klarheit gute Dienste.

Eine wesentlich detailliertere Form der Nomenklatur besteht darin, daß man das mutierte Allel eines Genpaars mit der Abkürzung für die Wirkung des betreffenden Allels bezeichnet. Handelt es sich zum Beispiel um die bei *Drosophila* bekannte Flügelanomalie *„vestigial"*, so wird für das rezessive Allel die Abkürzung *„vg"* verwendet. Das zugehörige dominante Allel, dessen Wirkungsbereich ja erst erkennbar wird, wenn das mutierte Allel mit seiner Defektwirkung bekannt ist, wird als vg^+ bezeichnet. Bei dieser Schreibweise verwendet man für die 3 verschiedenen Möglichkeiten des diploiden Organismus folgende Bezeichnungen:

- vg^+/vg^+: der nichtmutierte, homozygot dominante Normalzustand, also der Wildtyp;
- vg/vg: die homozygot rezessive Mutante;
- vg^+/vg: der heterozygote Bastard.

Diese Schreibweise läßt sich insofern vereinfachen, als man das nichtmutierte Wildallel nur durch das Plus-Zeichen angibt, ohne das spezifische Symbol für das mutierte Allel hinzuzufügen. Für das *vestigal*-Merkmal von *Drosophila melanogaster* kann man also schreiben:

- $+/+$ (Wildtyp);
- $vg/+$ (Bastard);
- vg/vg (Mutante).

Mendelsche Gesetze

Das Schwergewicht der genetischen Forschung und Lehre hat sich in den letzten Jahrzehnten von der klassischen Genetik auf die Molekulargenetik und die Genphysiologie verschoben. Für das Verständnis zahlreicher moderner genetischer und cytogenetischer Vorgänge auf den Gebieten der Mutations- und Evolutionsforschung, der Genphysiologie, aber auch der angewandten Genetik in der Pflanzen- und Tierzüchtung ist die Beherrschung der von GREGOR MENDEL in der Mitte des vergangenen Jahrhunderts erkannten Gesetzmäßigkeiten jedoch unerläßlich. Sie sind von CORRENS, TSCHERMAK und DE VRIES um die Jahrhundertwende bestätigt worden und umfassen vier Regeln, von denen sich drei als weithin gültige Gesetzmäßigkeiten erwiesen haben:

- die Dominanzregel (F_1-Generation),
- das 1. Mendelsche Gesetz (Uniformität, F_1-Generation),
- das 2. Mendelsche Gesetz (Spaltung, F_2-Generation),
- das 3. Mendelsche Gesetz (freie Kombination, F_2-Generation).

Dieses Grundgerüst genetischer Gesetzmäßigkeiten ist in den nachfolgenden Jahrzehnten um zahlreiche Phänomene ergänzt worden, die zum Gesamtgebiet der klassischen Genetik gehören. Hier sind zu nennen:

- Koppelung und Koppelungsbruch,
- geschlechtsgebundene Vererbung,
- multiple Allelie,
- Pleiotropie, Polygenie, Polymerie,
- Epistasie, Hypostasie, Kryptomerie,
- Expressivität, Penetranz,
- Zusammenwirken mutierter Gene,
- Wechselwirkungen zwischen Genen und Umweltfaktoren u.a.

Dominanzregel; alternative und intermediäre Erbgänge

Die Dominanzregel bezieht sich auf die *F_1-Generation*. Sie geht von homozygoten Elternlinien aus, die verschiedene Allele des gleichen Genpaars tragen. Kreuzt man sie miteinander, so tritt bei den Bastarden häufig nur eins der elterlichen Allele phänotypisch in Erscheinung. Das zweite wird nicht erkennbar. In derartigen Fällen liegt ein **alternativer Erbgang** vor. Das Allel, das sich durchsetzt, wird als **dominant** bezeichnet; das zweite ist **rezessiv**. Als Beispiel hierfür sei die Vererbung der Samenfarbe der *Erbse* aus MENDELs Versuchen angeführt:

– gelbsamig × grünsamig → gelbsamig in der F_1-Generation
(AA)   (aa)   (Aa)

In diesem Beispiel dominiert das Allel für Gelbsamigkeit über dasjenige für Grünsamigkeit.

Die Dominanzregel hat sich als nicht allgemeingültig erwiesen.
Schon CORRENS, einer der Wiederentdecker der Mendelschen Gesetze, hat das Phänomen der **intermediären Vererbung** erkannt. In
diesem Falle wird zwischen den Allelen des gleichen Genpaars ein
Kompromiß geschlossen: sie sind gemeinsam für die Gestaltung des
Merkmals verantwortlich. Das klassische Beispiel hierfür ist die Vererbung der Blütenfarbe bei *Mirabilis jalapa.* Aus der Kreuzung
homozygot rot- und weißblühender Rassen entstehen Bastarde mit
rosafarbenen Blüten:

– rot × weiß → rosa in F_1

Wir können in diesen Fällen also nicht von Dominanz und Rezessivität sprechen, weil die Wirkung *beider Allele* im Bastard in Erscheinung tritt. Diese Situation wird auch als **unvollständige Dominanz** bezeichnet, vornehmlich in jenen Fällen, in denen eins der beiden Allele einen stärkeren phänotypischen Effekt hat als das andere.
Das Phänomen der **Kodominanz** schließlich ist nicht eindeutig gegenüber der unvollständigen Dominanz abgrenzbar. Im engeren Sinne wird dieser Begriff verwendet, wenn jedes der beiden Allele ein
definiertes Genprodukt bildet, das im Bastard nachweisbar ist. Ein
anschauliches Beispiel hierfür sind die Blutgruppen A und B des
Menschen, die von Allelen kontrolliert werden. Sie sind für die Bildung zweier Proteine, der Antigene A und B, verantwortlich. Keines
dieser beiden Allele ist dominant über das andere; heterozygote Organismen der Blutgruppe AB bilden die beiden Proteine A und B in
gleichen Mengen.

Die eben abgeleiteten Befunde zeigen, daß wir im Prinzip zwei
verschiedene Erbmodi zu unterscheiden haben (Abb. 5.2). Bei *alternativen Erbgängen* ist eine ausgeprägte Dominanz eines der beiden
Allele feststellbar. *Unvollständig dominante* oder *intermediäre Erbgänge* hingegen führen bei der Realisierung des Merkmals zu Zwi-
schenzuständen. Darüber hinaus ist es möglich, daß der heterozygote Zustand in der Ausprägungsstärke des Merkmals über den homozygot-dominanten Zustand hinausgeht. In diesen Fällen spricht man
von **Überdominanz.** Der Erbmodus ist für jedes Genpaar festgelegt.

Es ist nicht möglich, Werte über das gegenseitige Zahlenverhältnis der drei
Modi anzugeben, weil selbst bei genetisch intensiv bearbeiteten Objekten erst ein
relativ kleiner Anteil der Gene des Genoms bekannt ist. Unvollständige Dominanz mit starker Betonung der Effekte eines der beiden Allele scheint eher die Regel als die Ausnahme zu sein. Intermediäre Erbgänge treten im Pflanzenreich bei

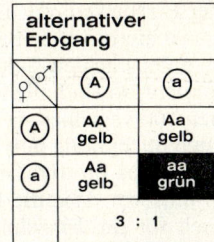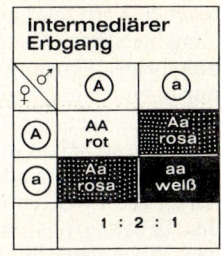

Abb. 5.2 Punnettsches Quadrat; zwei Beispiele für das 2. Mendelsche Gesetz.
Links: Alternativer Erbgang. *Pisum sativum* gelbsamig×grünsamig.
Rechts: Intermediärer Erbgang. *Mirabilis jalapa* rotblühend×weißblühend

der Weitergabe zahlreicher Blütenfarben auf. Die Vererbung der Internodienlänge ist an eine große Anzahl verschiedener Genpaare gebunden. Sie zeigen teils intermediäre, teils alternative Erbgänge, wobei sowohl lang über kurz als auch kurz über lang dominieren kann.

1. Mendelsches Gesetz: Gesetz von der Uniformität unter Einschluß der Reziprozität

Die Aussagen des 1. Mendelschen Gesetzes beziehen sich ebenfalls auf die F_1-Generation. Kreuzt man zwei reine Linien miteinander, die sich in bestimmten Allelen unterscheiden, so zeigen alle Bastarde den *gleichen Phänotypus:* die F_1-Generation ist *uniform.* Von besonderer Wichtigkeit hierbei ist die Tatsache, daß diese Aussage auch für *reziproke Kreuzungen* gilt. Es spielt also keine Rolle, ob das dominante Allel vom väterlichen oder vom mütterlichen Partner bezogen wird; *reziproke Bastarde sind gleich.* Übertragen wir diese Gesetzmäßigkeit wieder auf die Vererbung der Samenfarbe bei der *Erbse,* so erhalten wir folgende Befunde:

- ♀ gelbsamig ×♂ grünsamig → gelbsamige F_1
  (AA) (aa) (Aa)
- ♀ grünsamig ×♂ gelbsamig → gelbsamige F_1
  (aa) (AA) (Aa)

Die Uniformität der Bastarde gilt sowohl in phänotypischer als auch in genotypischer Beziehung. Sie ist darauf zurückzuführen, daß jeder der beiden homozygoten Eltern jeweils nur eine einzige Sorte von Keimzellen zu bilden vermag, entweder Gameten mit dem dominanten oder mit dem rezessiven Allel des Genpaars. In der Zygote kann also stets nur die gleiche Genkombination Aa, Bb, Cc usw. zustande kommen, unabhängig davon, ob das Gen A aus dem spermatogenen Kern oder aus der Eizelle stammt. Die Anzahl der am Erbgang beteiligten Genpaare ist hierbei ohne Bedeutung. Liegt ein **monohybrider Erbgang** vor, unterscheiden sich die beiden Eltern also nur in einem *einzigen Genpaar*, so sind alle F_1-Bastarde heterozygot für dieses Genpaar. Gehen 100 verschiedene Genpaare in die Kreuzung ein, so haben wir einen hochgradig **polyhybriden Erbgang**, und alle F_1-Bastarde sind heterozygot für 100 Genpaare. In beiden Fällen ist die F_1-Generation uniform. Wie die Bastarde im polyhybriden Erbgang phänotypisch für die Einzelmerkmale aussehen, das hängt vom Erbmodus der beteiligten Allele ab (alternativ oder intermediär, Abb. 5.2).

Aus der Tatsache, daß reziproke Kreuzungen zum gleichen Ergebnis führen, ergeben sich wichtige Konsequenzen. Sie besagt zunächst, daß männliche und weibliche Gameten für die Weitergabe von Erbanlagen prinzipiell gleichwertig sind. Hieraus sind in der Frühzeit der genetischen Forschung die ersten Schlüsse auf die Lage der Gene innerhalb der Zelle gezogen worden. Die beiden Keimzellensorten sind sowohl bei Pflanzen als auch bei Tieren sehr unterschiedlich gestaltet. Im Rahmen der sexuellen Fortpflanzung übernehmen die *männlichen Gameten* die Funktion der Raumüberbrückung und suchen die weiblichen Keimzellen aktiv auf. Ihre Organisation ist folglich auf Beweglichkeit zugeschnitten, die auf Kosten der Größe und Einlagerung von Reservesubstanzen geht. Der *weibliche Gamet* hingegen ist wesentlich größer, bewegungsunfähig und reich an Reservestoffen. Von seiten des männlichen Partners wird nur der Zellkern zur Zygotenbildung verwendet, während der weibliche Partner mit dem Ei eine vollständige Zelle mit allen Organellen liefert. Wenn es aber gleichgültig ist, ob ein bestimmtes Merkmal über die männliche oder die weibliche Keimzelle in die Zygote eingebracht wird, so kann das betreffende Gen nur im Zellkern liegen.

Die Gleichartigkeit reziproker Bastarde ist bei der Durchführung komplizierter Bastardierungen häufig von praktischer Bedeutung. Zahlreiche Kreuzungen gelingen nur in einer bestimmten Richtung, nicht aber in der reziproken. Für die genetische Konstitution des Bastards ist dies ohne Bedeutung. Man kann wertvolle Allele – etwa bestimmte Resistenzgene aus den Genomen von Wildformen unserer Kulturpflanzen – auch dann verwenden, wenn nur eine bestimmte Kreuzungsrichtung möglich ist, etwa wenn die Wildart nur als mütterlicher Partner geeignet ist.

Die Erkenntnis, die Gene seien im Zellkern lokalisiert, wurde nach der Wiederentdeckung der Mendelschen Gesetze zunächst überbewertet. Es wurde das **Kernmonopol der Vererbung** postuliert, die Vorstellung, daß sich das gesamte Vererbungsgeschehen im Zellkern abspiele. Dies ist nicht der Fall. Im Jahre 1909 hat CORRENS für die *Plastiden* selbständige genetische Elemente nachgewiesen. Zu Beginn der zwanziger Jahre ist von FRITZ V. WETTSTEIN gezeigt worden, daß auch das *Cytoplasma* über Gene verfügt. Für Erbanlagen, die außerhalb des Zellkerns liegen, ist das 1. Mendelsche Gesetz nicht gültig. Es gilt nur für die „kerngesteuerte Vererbung". Aber auch hier müssen wir Einschränkungen machen: So ist es nicht anwendbar auf diejenigen Gene, die auf den Geschlechtschromosomen liegen (S. 138). Von diesen Ausnahmen abgesehen ist das Gesetz von der Uniformität jedoch uneingeschränkt gültig.

2. Mendelsches Gesetz: Gesetz von der Spaltung

Das 2. Mendelsche Gesetz bezieht sich auf die Nachkommen von F_1-Bastarden, also auf die *F_2-Generation*. Es gilt nur für **monohybride Mendel-Fälle**, für Erbgänge, die auf Heterozygotie in einem einzigen Genpaar beruhen. Ausgangspunkt für die Kreuzung sind zwei identische **monohybride Bastarde,** die für das gleiche Genpaar heterozygot sind. Kreuzt man sie miteinander, so sind ihre Nachkommen nicht uniform, es kommt vielmehr eine **Spaltung** in zwei bzw. drei Individuengruppen mit unterschiedlichen Merkmalen zustande. Hierbei treten stets die beiden Merkmale der Parentalgeneration wieder auf, auch das rezessive. Die verschiedenen Phänotypen sind in bestimmten Häufigkeiten zu erwarten, und zwar in folgenden Spaltungsverhältnissen:

- Bei *alternativen* Erbgängen: 3 : 1.
  Das dominante Merkmal tritt bei 75%, das rezessive bei 25% aller F_2-Individuen auf.
- Bei *intermediären* Erbgängen: 1 : 2 : 1.
  Die beiden elterlichen Merkmale treten in je 25% aller F_2-Individuen auf; das Bastardmerkmal ist in 50% aller Organismen vertreten.

Die gleichen Ergebnisse erhält man, wenn man den monohybriden Bastard einer Pflanzenart selbstbefruchtet. Beispiele sind in Abb. 5.2 gegeben.

Ein klar überschaubares Beispiel beim *Menschen* bezieht sich auf den Erbgang der cystischen Pankreas-Fibrose (Mukoviszidose), für die ein autosomal rezessives Gen verantwortlich ist. Es verursacht Krankheitserscheinungen an Lunge, Pankreas und Darm und führt bei Kindern oft zur Lungenentzündung. Die Krankheit tritt mit 1 : 2000 Geburten sehr häufig auf; entsprechend hoch ist der Anteil von Heterozygoten in der Bevölkerung (etwa 5%). Die Wahrscheinlichkeit, daß zwei gleichartig heterozygote Partner zusammenkommen, ist deshalb relativ groß. Ein Viertel ihrer Kinder leidet an der Fibrose.

Die Ursachen für die soeben abgeleiteten Spaltungen liegen im meiotischen Verhalten der monohybriden Bastarde (Abb. 5.3). Die beiden Allele werden in der 1. Anaphase voneinander getrennt und

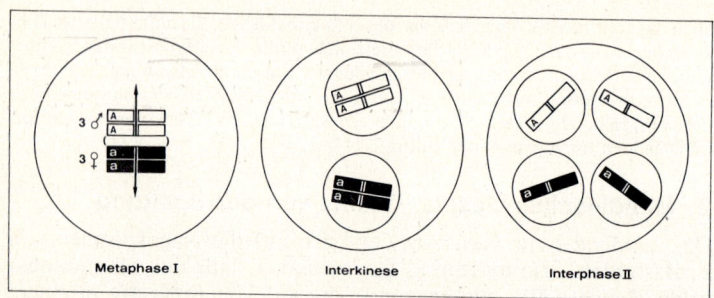

Abb. 5.3 Gonenbildung bei einem monohybriden Bastard.

Links: Die cytogenetische Situation in der 1. meiotischen Metaphase. Die beiden Allele liegen an gleichen Orten homologer Chromosomen, im vorliegenden Beispiel des Chromosoms Nr. 3 der beiden Genome. Jedes Chromosom besteht aus 2 Chromatiden.

Mitte: Am Ende der 1. meiotischen Teilung besitzt einer der beiden Tochterkerne das Chromosom mit dem dominanten, der andere dasjenige mit dem rezessiven Allel.

Rechts: Am Ende der Meiosis sind je 2 Gonen mit dem dominanten und dem rezessiven Allel vorhanden

gelangen in verschiedene Tochterkerne. Am Ende der Meiosis sind folglich Gonen mit dem dominanten und dem rezessiven Allel *in gleicher Häufigkeit* zu erwarten. Da sie die Vorläufer der Keimzellen darstellen, gilt diese Gesetzmäßigkeit auch für die Gameten: *Monohybride Bastarde bilden zwei verschiedene Keimzellensorten im gleichen Zahlenverhältnis.*

Ausgehend von diesen Überlegungen können wir die in der F_2 zu erwartenden Spaltungen im **Punnettschen Quadrat** ableiten (Abb. 5.2). Wir setzen die beiden Keimzellensorten ein; aus ihrer Kombination ergeben sich nicht nur die verschiedenen Phänotypen und Genotypen der F_2-Generation, sondern auch ihre Häufigkeiten. Im Hinblick auf die Genotypen erhalten wir grundsätzlich das Zahlenverhältnis von 1 : 2 : 1. Es tritt bei *intermediären Erbgängen* auch phänotypisch in Erscheinung, weil die drei Genotypen voneinander unterscheidbar sind. Bei *alternativen Erbgängen* hingegen sind die Organismen der Konstitutionen AA und Aa phänotypisch gleich; wir erhalten folglich eine 3 : 1-Spaltung.

Die genotypische Konstitution der phänotypisch gleichartigen Klassen *AA* und *Aa* kann durch eine Testkreuzung, und zwar durch die **Rückkreuzung**, ermittelt werden. Hierbei wird der zu testende Organismus mit dem *rezessiven Elter aa* rückgekreuzt. War er so homozygot *AA*, so kann er nur Keimzellen mit dem dominanten Allel *A* bilden. Die Rückkreuzungsgeneration – die R_1 – ist folglich im Hinblick auf das dominante Merkmal uniform. War er hingegen ein Bastard *Aa*, so bildet er zwei verschiedene Gametensorten in gleicher Häu-

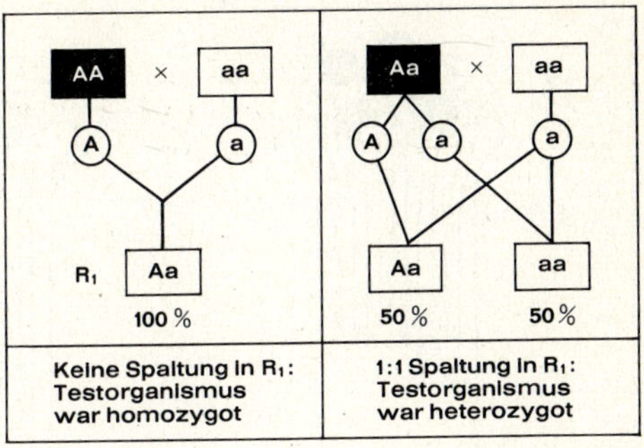

Abb. 5.4 Die Rück-
kreuzung als Test auf
Homo- bzw. Hetero-
zygotie bei einem
monohybriden
Erbgang

figkeit. Die Rückkreuzung führt folglich zu einer Spaltung von 1 : 1.
50% aller Individuen der R_1 zeigen das dominante, 50% das rezessive Merkmal (Abb. 5.4).

Der im rechten Teil von Abb. 5.4 abgeleitete Erbgang liegt dem erblichen Veits-
tanz, der Chorea Huntington, zugrunde. Es handelt sich hierbei um eine autosomal *dominante* Erbkrankheit des Menschen, die erst zwischen dem 20. und 50.
Lebensjahr erkennbar wird. Die Betroffenen sind heterozygot für das mutierte
Gen; Homozygotie hat wahrscheinlich Letalität zur Folge. Aus der Ehe eines
Kranken mit einem gesunden Partner sind statistisch je zur Hälfte erblich gesun-
de *(aa)* und erbkranke Kinder *(Aa)* zu erwarten. Bisher ist noch kein Test verfügbar, mit dessen Hilfe sich diese beiden Gruppen innerhalb der Familie unterscheiden lassen.

Die eben genannten Spaltungen sind statistische Erwartungswerte. Die im Experiment auftretenden Befunde können unter Umständen stark von den theoretischen Werten abweichen. Dies gilt vornehmlich in denjenigen Fällen, in denen die
F_2-Generation nur wenige Individuen umfaßt. Je umfangreicher die F_2 ist, um so
mehr nähern sich die gefundenen Werte den Erwartungswerten.

Das 2. Mendelsche Gesetz ist unbegrenzt gültig, falls folgende drei
Voraussetzungen erfüllt sind:

1. Die beiden Gametensorten der monohybriden Bastarde müssen
   in beiden Geschlechtern in gleicher Häufigkeit gebildet werden.
   Diese Voraussetzung ist nahezu immer erfüllt, weil der meiotische
   Stadienablauf mit großer Präzision erfolgt.

2. Die Befruchtungswahrscheinlichkeit für die beiden Gametensorten muß in beiden Geschlechtern gleich sein. Dies ist nicht immer
   der Fall. Bei der Selbstung pflanzlicher Bastarde kann es vorkommen, daß die Pollenschläuche mit dem dominanten Allel im Mittel rascher wachsen als diejenigen mit dem rezessiven Allel. Hierdurch kommt eine Abweichung von der 3 : 1-Spaltung im Sinne
   eines Rezessivendefizits zustande. Dieses Phänomen wird als *Pol-
   lenschlauch-Konkurrenz* oder **Zertation** bezeichnet (Abb. 5.5a

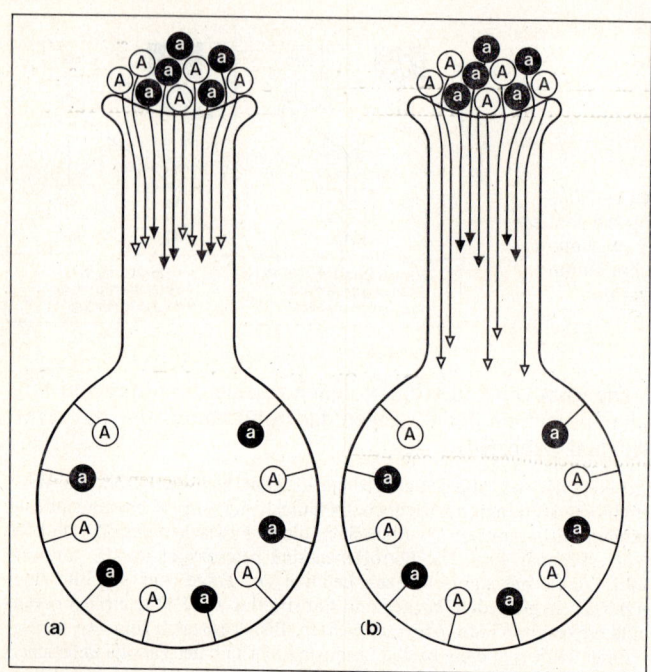

Abb. 5.**5a** und **b** Zertation.

a Selbstbefruchtung einer Blüte des Bastards *Aa*. Durch die Meiosis sind die beiden Gametensorten *A* und *a* in beiden Geschlechtern in gleicher Häufigkeit gebildet worden. Bei etwa gleicher Entwicklungsgeschwindigkeit der beiden Pollenschlauchsorten haben alle vorhandenen Gameten gleiche Befruchtungschancen. Dies führt zu einer 3:1-Spaltung in der Nachkommenschaft.

b Die gleiche Ausgangssituation wie bei **a**, die Pollenschläuche mit dem dominanten Allel haben jedoch im Mittel eine größere Wachstumsgeschwindigkeit als diejenigen mit dem rezessiven Allel. Dadurch kommen Befruchtungen vom Typus

A ♀ × *A* ♂ und
a ♀ × *A* ♂

häufiger zustande als solche vom Typus

A ♀ × *a* ♂ und
a ♀ × *a* ♂.

Als Folge tritt in der Nachkommenschaft ein Rezessivdefizit auf und **b).** Bei tierischen Bastarden zwischen Wildformen und Mutanten sind die Spermien mit dem mutierten Allel häufig weniger vital als die nichtmutierten, werden folglich geringere Befruchtungschancen haben. Ähnliche Verhältnisse sind auch für den Menschen anzunehmen.

3. Die Entwicklungschancen der drei verschiedenartigen Zygotenkombinationen der F_2-Generation *(AA, Aa, aa)* müssen zumindest in den frühesten Stadien der Ontogenese etwa gleich sein. Auch dies ist nicht immer der Fall. Bei *Letalmutanten* z. B. kann es vorkommen, daß die homozygot rezessiven Organismen *(aa)* so frühzeitig absterben, daß sie bei der Auswertung der Spaltung nicht quantitativ erfaßt werden können. Auch in diesem Falle wird eine Abweichung von der 3:1-Spaltung im Sinne eines Rezessivendefizits eintreten. Diese Situation wird als **Zygotenausfall** bezeichnet.

Signifikante Abweichungen von den Erwartungswerten der 3:1-Spaltung treten in Mutationsversuchen, in denen vorwiegend mit rezessiv mutierten Genen gearbeitet wird, sehr häufig auf. Hierbei können Grenzwerte erreicht werden, die bereits im Bereich einer 15:1-Spaltung liegen. Sie täuschen das Vorhandensein von 2 Genen für das abweichende Merkmal vor, obwohl nur ein einziges Gen für seine Realisierung verantwortlich ist. Im Einzelfall ist es sehr schwierig, die Ursachen dieser Abweichungen festzustellen. Sie dürften in der Mehrzahl aller Fälle auf Zertationsvorgänge zurückzuführen sein.

Das 2. Mendelsche Gesetz hat wichtige Konsequenzen für *Selbstbefruchter.* Wenn wir zwei homozygote Eltern mit Unterschieden in einem einzigen Genpaar kreuzen, so entsteht eine uniforme F_1-Generation; sie besteht zu 100% aus Bastarden. Bei ihrer Selbstung spalten nach dem 2. Mendelschen Gesetz zu 50% homozygote Individuen heraus; der Anteil der Bastarde in der F_2-Generation ist folglich auf 50% abgesunken. Hiervon spalten in der F_3 nach Selbstung wiederum 50% Homozygote heraus, so daß im gesamten Bestand nur noch 25% aller Individuen Bastardnatur haben. Bei Selbstbefruchtern nimmt also der Anteil an Heterozygoten von Generation zu Generation rasch ab. In der F_7 sind nur noch 1,6% aller Individuen heterozygot. Nach etwa 10 Generationen sind die Heterozygoten praktisch eliminiert; der Bestand setzt sich nur noch aus Homozygoten vom Typus der beiden Ausgangsrassen zusammen. Von dieser Gesetzmäßigkeit macht man auch bei *Fremdbefruchtern* Gebrauch, die in genetischer Beziehung hochgradige Bastarde sind. Für bestimmte Zwecke benötigt man weitgehend homozygotes Material. Man erreicht dies durch **Inzucht,** durch erzwungene Selbstbefruchtung oder durch Geschwisterkreuzung. Bei pflanzlichen Fremdbefruchtern liegen schon nach 4–6 Inzuchtgenerationen zahlreiche Gene im homozygoten Zustand vor. Um vollständige Homozygotie zu erzielen, wäre eine wesentlich größere Anzahl von Inzuchtgenerationen notwendig. Die Durchführung dieser Versuche ist mit großen Schwierigkeiten verbunden, weil die physiologische Leistungsfähigkeit und die Fertilität der Organismen mit zunehmender Inzucht stark absinken. Für die Erzeugung des **Heterosiseffekts,** der für züchterische Zwecke von Bedeutung ist, sind derartige Maßnahmen erforderlich (S. 166).

3. Mendelsches Gesetz:
Gesetz von der freien Kombination

Das 3. Mendelsche Gesetz bezieht sich ebenfalls auf die F_2-Generation; es gilt jedoch nur unter folgenden Voraussetzungen:

- Es müssen mindestens zwei Genpaare beteiligt sein, es muß also zumindest ein **dihybrider Erbgang** vorliegen.
- Die beiden Genpaare müssen *auf verschiedenen Chromosomenpaaren liegen;* sie dürfen nicht gekoppelt sein. Bei sehr lockerer Koppelung ist ein ähnliches Verhalten zu erwarten, das jedoch vorerst unberücksichtigt bleiben soll (S. 122).

Wir wollen das Prinzip der freien Kombination der Erbanlagen zunächst am einfachsten Fall, am dihybriden Erbgang, ableiten. Anschließend werden polyhybride Erbgänge behandelt.

Dihybride Erbgänge

Als Beispiel für die Ableitung dieses Erbmodus seien zwei *Erbsenrassen* aus Mendels Kreuzungen als homozygote Elternlinien verwendet, die sich in ihren beiden Merkmalspaaren voneinander unterscheiden.

- erste Rasse: – lange Internodien
                 – rote Blütenfarbe
- zweite Rasse: – kurze Internodien
                 – weiße Blütenfarbe

Der dihybride Bastard erweist sich als langstengelig und rotblühend. Es dominiert folglich lang *(A)* über kurz *(a)* und rot *(B)* über weiß *(b)*. Damit sind die Dominanzverhältnisse geklärt, und wir können die Erbformeln schreiben (Abb. 5.6). Die Aussagen des 3. Mendelschen Gesetzes gelten für die F_2-Familien, die aus der Kreuzung dieser beiden identischen dihybriden Bastarde bzw. aus der Selbstung eines Bastards der genotypischen Konstitution *AaBb* entstehen. Hierbei zeigt sich, daß die 4 Merkmale nicht in der Form zusammenbleiben müssen, in der sie in den elterlichen Rassen vereinigt waren und in die Kreuzung eingegangen sind. Sie sind vielmehr frei miteinander kombinierbar, sie werden unabhängig voneinander ver-

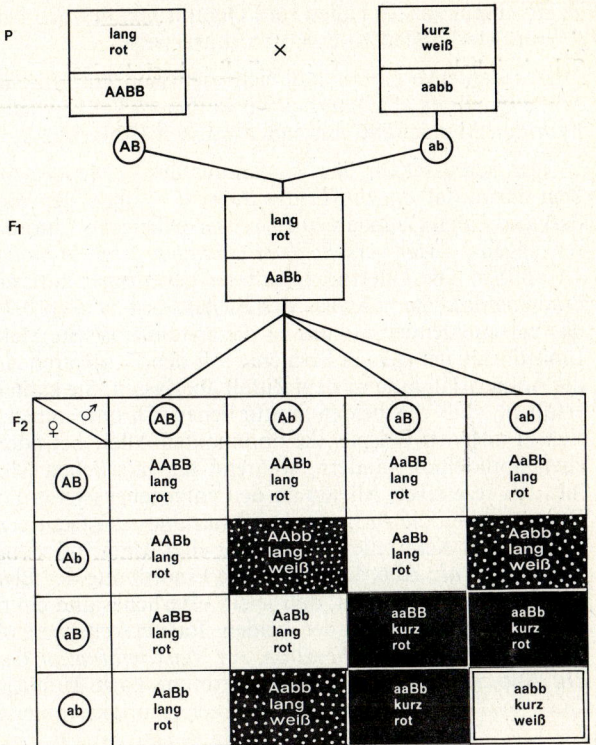

Abb. 5.6 Dihybrider Erbgang bei freier Kombination der Genpaare
A = lange Internodien, B = rote Blütenfarbe,
a = kurze Internodien, b = weiße Blütenfarbe

erbt. Es kann also jede theoretisch mögliche Kombination realisiert werden. Wir können in der F_2-Generation folglich außer den **elterlichen Kombinationen** lang/rot und kurz/weiß auch die beiden **Umkombinationen** lang/weiß und kurz/rot erwarten. Die zweite Aussage des 3. Mendelschen Gesetzes bezieht sich auf die *Häufigkeit,* in der die 4 Phänotypen auftreten. Das Spaltungsverhältnis beträgt $9:3:3:1$:

– In 9 von 16 Fällen sind Organismen mit den beiden dominanten Merkmalen zu erwarten (in unserem Beispiel lang/rot).
– In je 3 von 16 Fällen sind die beiden Umkombinationen zu erwarten (lang/weiß; kurz/rot).

– In einem von 16 Fällen sind Organismen mit den beiden rezessiven Merkmalen zu erwarten (kurz/weiß).

Dieses Zahlenverhältnis läßt sich wiederum mit Hilfe des Punnettschen Quadrats ableiten, das wir in diesem Falle jedoch auf den dihybriden Mendel-Fall anwenden müssen (Abb. 5.6).

Der Schlüssel für das Verständnis des 3. Mendelschen Gesetzes liegt darin, daß *ein dihybrider Bastard – unter der Voraussetzung, daß die beiden Genpaare auf zwei verschiedenen Chromosomenpaaren liegen – vier verschiedene Gametensorten in gleicher Häufigkeit bildet.* Die Übertragung dieser genetischen Situation auf den Stadienablauf der Meiosis des Bastards ist in Abb. 5.7 dargestellt; das entscheidende Stadium ist die erste meiotische Metaphase. Die Einordnung der beiden Bivalente mit den Genpaaren *Aa* und *Bb* in die Äquatorialplatte ist dem Zufall überlassen. Sie kann in der Weise erfolgen, daß die beiden mütterlichen Chromosomen, auf denen sich in unserem Beispiel die dominanten Allele befinden, zum gleichen Spindelpol wandern, während die väterlichen Chromosomen mit den rezessiven Allelen an den entgegengesetzten Pol gelangen. Damit werden die *Ausgangskombinationen* der Gene erzielt, die bereits bei der Keimzellenbildung der elterlichen Individuen realisiert waren (*AB, ab;* Abb. 5.7 links). Die Einordnung der Bivalente kann jedoch auch so erfolgen, daß je ein väterliches und ein mütterliches Chromosom in jedem der beiden Tochterkerne vereinigt werden. Dies führt zur *Umkombination,* zur *Neukombination* der Gene (*Ab, aB;* Abb. 5.7 rechts). Da die Einordnung nach Zufallsgesetzen abläuft, sind die beiden Modi in gleicher Häufigkeit zu erwarten. Dies

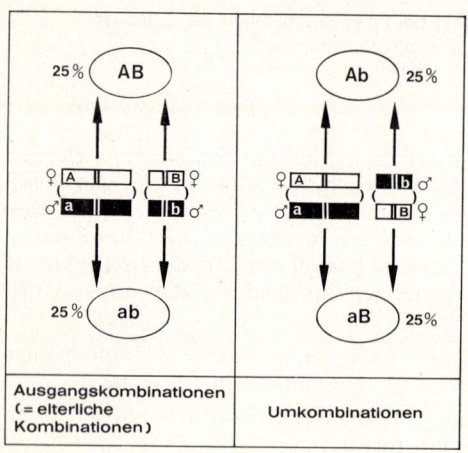

Abb. 5.7 Die Umordnung der Genome in der ersten meiotischen Metaphase des dihybriden Bastards *AaBb* bei freier Kombination der Allele beider Genpaare (Erläuterung im Text)

bedeutet, daß der dihybride Bastard die vier verschiedenen Keimzellensorten *AB, Ab, aB, ab* in gleicher Häufigkeit bildet. Wenn wir sie in das Punnettsche Quadrat einordnen und die in der F_2 denkbaren Kombinationsmöglichkeiten eintragen, so erhalten wir das Spaltungsverhältnis 9 : 3 : 3 : 1 (Abb. 5.6).

Die soeben abgeleitete cytogenetische Gesetzmäßigkeit bezeichnet man als **Umordnung der Genome.** Sie sorgt dafür, daß die von den beiden Eltern der Parentalgeneration in die Kreuzung eingebrachten Gene durchmischt werden. Die in den Keimzellen der Bastarde vorhandenen Genome setzen sich also aus ursprünglich väterlichen und mütterlichen Chromosomen und damit aus Genen beider Eltern zusammen.

Das 3. Mendelsche Gesetz ist für die Bildung neuer Rassen von großer Bedeutung. In unsere Ausgangskreuzung sind *zwei* Rassen eingegangen, während in der F_2-Generation *vier* Rassen vorhanden sind. Aus dem Punnettschen Quadrat ersehen wir, daß jede der beiden Neukombinationen in 3 von 16 Fällen zu erwarten ist. Hiervon sind zwei heterozygot, während eine im Hinblick auf die umkombinierten Gene homozygot ist *(AAbb* bzw. *aaBB).* Derartige Organismen werden als **Rekombinanten** bezeichnet. Sie geben die neue Merkmalskombination an ihre Nachkommen weiter, sind somit Ausgangsformen für *neue Rassen.* In den Nachkommenschaften der heterozygot umkombinierten Organismen *(Aabb, aaBb)* spalten die neuen Merkmalskombinationen in einer Häufigkeit von 25 % homozygot heraus. Das 3. Mendelsche Gesetz zeigt, daß die genetische Konstitution eines Organismus kein unteilbares Ganzes ist. Sie besteht vielmehr aus selbständigen, voneinander trennbaren und verschieden miteinander kombinierbaren Einzelelementen. Zahlreiche neue Rassen, die in der Pflanzen- und Tierzüchtung auf der Basis der Kombination von Genmaterial entstehen, beruhen auf den eben abgeleiteten Gesetzmäßigkeiten.

Für die 9 : 3 : 3 : 1-Spaltung gilt dasselbe wie für die 3 : 1-Spaltung; sie hat nur unter Berücksichtigung statistischer Gesichtspunkte Gültigkeit. Außerdem ist sie eine *phänotypische Spaltung* und gilt nur unter der Voraussetzung, daß beide Genpaare nach dem Prinzip alternativer Erbgänge weitergegeben werden. Aus dem Punnettschen Quadrat wird deutlich, daß in der F_2 zwar nur 4 Phänotypen, aber 9 verschiedene Genotypen vorhanden sind. Falls für beide Genpaare *intermediäre Erbgänge* vorliegen, sind demnach 9 phänotypisch verschiedene Klassen zu erwarten. Sie treten im Verhältnis von 4 : 2 : 2 : 2 : 2 : 1 : 1 : 1 : 1 auf, wobei 4 von 16 Individuen heterozygot für beide Genpaare sind. Gilt für ein Genpaar ein dominanter, für das andere ein intermediärer Erbgang, so werden in der F_2-Generation Werte auftreten, die zwischen rein alternativen und rein intermediären Erbmodi liegen.

Polyhybride Erbgänge

Die $9:3:3:1$-Spaltung gilt nur für den dihybriden Mendel-Fall. Sind am Erbgang mehr als 2 nicht gekoppelte Genpaare beteiligt, so steigt die Anzahl der verschiedenen Phäno- und Genotypen in den spaltenden Generationen rasch an. Ein trihybrider Erbgang ist im Experiment noch gut zu überblicken. Tetra- und pentahybride Erbgänge sind zwar wesentlich unübersichtlicher, sie sind bei Kulturpflanzen jedoch vereinzelt analysiert worden. Ist die Zahl der beteiligten Gene noch höher, so ist eine Vielzahl neuer Rekombinationstypen zu erwarten. Die Spaltungen komplizierter polyhybrider Erbgänge lassen sich zwar ohne Schwierigkeiten errechnen; die Durchführung derartiger Experimente ist jedoch nur in Ausnahmefällen möglich, weil die Aufzucht außerordentlich hoher Individuenzahlen in der F_2- und F_3-Generation erforderlich ist.

Für einen **trihybriden Erbgang** sei eine *Erbsenkreuzung* gewählt, die wir nicht nur für die Ableitung komplizierter Spaltungen, sondern auch für die Diskussion von Problemen der Mutations- und Evolutionslehre verwenden können. Die beteiligten Gene sind für Anomalien in der Blattgestalt und im Sproßaufbau verantwortlich und können in spaltenden Familien gut erkannt werden. Für die Kreuzungen wurden folgende Genpaare verwendet, deren Lage durch Lokalisationsstudien geklärt ist:

- *Af*: normale Fiedern, Chromosom Nr. 1;
- *af*: verzweigte Ranken anstelle der Fiedern *(afila-Mutante);*
- *Tl*: normale Ranken, Chromosom Nr. 7;
- *tl^w*: Fiedern anstelle der Ranken *(acacia-Mutante);*
- *Fa*: normales Sproßende, Chromosom Nr. 4;
- *fa*: Stengel am oberen Ende bandartig verbreitert *(fasciata-Mutante).*

Die Wirkung der Gene ist in den Abb. 6.7 und 7.5 dargestellt. Die Kreuzung wurde in der Weise vorgenommen, daß nach Bastardierung von *afila×acacia* zunächst die Rekombinante *afila/acacia* selektiert wurde. Sie wurde mit der *fasciata-Mutante* gekreuzt. Es wurde also zunächst ein dihybrider, später ein trihybrider Vererbungsmodus studiert. Das Kreuzungsschema mit den beiden Punnettschen Quadraten ist in den Abb. 5.8 und 5.9 wiedergegeben.

Obwohl in der Kreuzung *afila×acacia* ein dihybrider Erbgang vorliegt, weicht sie von dem in Abb. 5.6 abgeleiteten Schema ab. Da diese Abweichung charakteristisch für Kreuzungen zwischen Mutanten ist, sei etwas näher auf sie eingegangen. Die elterlichen Mutanten besitzen neben dem mutierten rezessiven Gen auch das Gen des zweiten Kreuzungspartners, aber im nichtmutierten dominanten Zu-

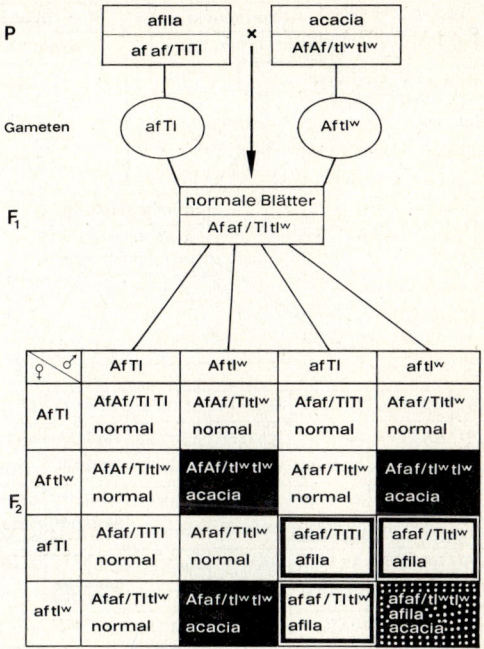

Abb. 5.8 Dihybrider Erbgang bei Kreuzung zweier Blattmutanten der *Erbse*, deren Gene auf verschiedenen Chromosomen des Genoms liegen

stand. Hieraus ergeben sich für die Elternlinien die in Abb. 5.8 eingezeichneten Erbformeln. In den dihybriden F_1-Bastarden wird die Wirkung der mutierten rezessiven Gene nicht erkennbar, weil die dominanten Allele vorhanden sind. Die Pflanzen besitzen folglich die normalen Blätter nichtmutierter Erbsen, stimmen in diesem Merkmal also mit keinem der beiden Eltern überein. In der F_2-Generation erhalten wir die erwartete 9:3:3:1-Spaltung, aber auch hier treten charakteristische Abweichungen von dem in Abb. 5.6 abgeleiteten dihybriden Erbgang auf. Eine der beiden Umkombinationen ist homozygot für die rezessiven Allele *af af/tl^w tl^w*. Die Kreuzung wurde ausschließlich durchgeführt, um diese Rekombinante als Partner für weitere Kreuzungen zu erhalten. Die zweite Rekombinante ist homozygot für die dominanten Allele *Af Af/Tl Tl*. Sie besitzten folglich normale Blätter, die bei den Ausgangslinien nicht vorhanden sind, und gibt dieses Merkmal konstant weiter.

Wenn wir die Rekombinante *afila/acacia* mit der *fasciata-Mutante* kreuzen, so führen wir ein drittes Gen in die Kreuzung ein, erhalten folglich einen *trihybriden Erbgang* (Abb. 5.9). Da das *fascia-*

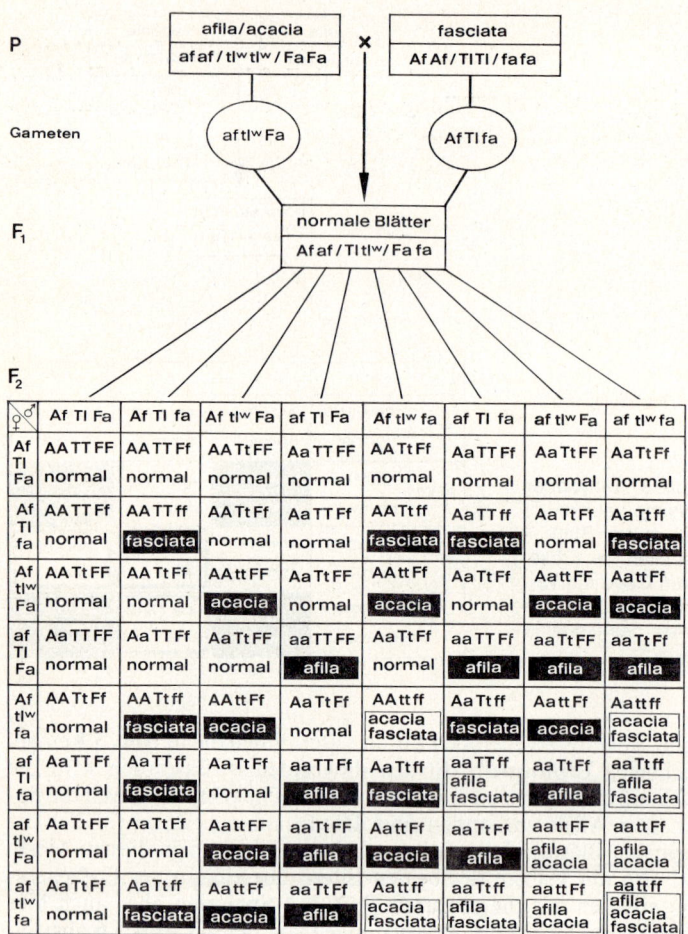

Abb. 5.9 Trihybrider Erbgang bei Kreuzung von 2 Blattmutanten und einer Stengelmutante der *Erbse*. Die 3 mutierten Gene liegen auf 3 verschiedenen Chromosomen des Genoms. Aus Gründen der Übersichtlichkeit sind im Punnettschen Quadrat nur die Anfangsbuchstaben der Gensymbole verwendet worden.

af = afila-Mutante (Abb. 7.**4**),
tl^w = *acacia*-Mutante (Abb. 7.**5**),
fa = *fasciata*-Mutante (Abb. 6.**7**)

ta-Gen ebenfalls rezessiv ist, wird keins der drei mutierten Gene im trihybriden Bastard *Af af/Tl tl^w/Fa fa* erkennbar. In der Meiosis werden die fraglichen 3 Bivalente nach Zufallsgesetzen in die Äquatorialplatte der ersten Teilung eingeordnet. *Es werden folglich 8 verschiedene Gametensorten im gleichen Zahlenverhältnis gebildet,* deren Genformeln im Punnettschen Quadrat der Abb. 5.9 eingetragen sind. Bei freier Kombination der Allele der 3 Genpaare erhalten wir in der F_2-Generation auf der Basis von 64 Individuen folgende Spaltung:

- 27 normal,
- 9 afila,
- 9 acacia,
- 9 fasciata,
- 3 afila/acacia,
- 3 afila/fasciata,
- 3 acacia/fasciata,
- 1 afila/acacia/fasciata.

Es treten also zunächst alle drei Mutanten wieder auf. Außerdem sind drei Rekombinationstypen vorhanden, die für jeweils zwei rezessiv-mutierte Gene homozygot sind. In einem von 64 Fällen sind Pflanzen zu erwarten, die für alle drei Genpaare homozygot dominant sind. In der gleichen Häufigkeit ist der dreifach homozygot rezessive Rekombinationstypus *afila/acacia/fasciata* zu erwarten.

Die für den trihybriden Erbgang charakteristische Spaltung von 27 : 9 : 9 : 9 : 3 : 3 : 3 : 1 ist wiederum eine phänotypische Spaltung. Sie besagt, daß 8 phänotypisch verschiedene Gruppen von Organismen auftreten. Jede dieser Gruppen ist in geringer Häufigkeit homozygot vorhanden, ist folglich Ausgangspunkt einer neuen reinen Linie, einer *neuen Rasse*. Das Prinzip der Rassenbildung, das uns im Zusammenhang mit der freien Kombination von Erbanlagen bereits beim dihybriden Mendel-Fall begegnet ist, tritt in trihybriden Erbgängen also wesentlich deutlicher in Erscheinung: Die Anzahl der neu entstandenen Rassen ist beträchtlich größer. Mit jedem Genpaar, das zusätzlich in den Erbgang eingeführt wird, steigt die Anzahl der Rekombinationsmöglichkeiten und damit die Anzahl neuer Rassen an. Die freie Kombination der Gene ist folglich einer der wichtigsten Mechanismen für die Rassenbildung.

Das für den trihybriden Erbgang gültige Punnettsche Quadrat enthält 27 verschiedene Genotypen. Hiervon sind nur 8 homozygot. Sie finden sich im Quadrat in der *Homozygoten-Diagonale* (von links oben nach rechts unten). Alle übrigen Genotypen sind für ein, zwei oder drei Genpaare heterozygot, zeigen in ihren Nachkommenschaften folglich unterschiedliche Spaltungen. Hierbei treten in bestimmten Häufigkeiten wieder homozygote Organismen auf. Der zahlenmäßig größte Anteil der F_2-Generation entfällt auf die Gruppe der phänotypisch normalen Pflanzen. Der Phänotypus „normale Blätter, normaler Stengel" kommt im vorliegenden Fall zustande, wenn von jedem der drei Genpaare mindestens ein Allel in dominanter Form vorliegt. Er setzt sich aus 8 verschiedenen Genotypen zusammen, die in unterschiedlicher Häufigkeit zu erwarten sind (aus Gründen der Übersichtlichkeit sind von den 3 Genpaaren nur die Anfangsbuchstaben verwendet):

1. *AATTFF*	(eine		bleibt konstant.
2. *AATTFf*	(zwei		spaltet 3 : 1 für *fasciata*.
3. *AATtFF*	(zwei		spaltet 3 : 1 für *acacia*.
4. *AaTTFF*	(zwei		spaltet 3 : 1 für *afila*.
5. *AATtFf*	(vier		spaltet 9 : 3 : 3 : 1 für *acacia*
		von 64 Möglichkeiten):	und *fasciata*.
6. *Aa TTFf*	(vier		spaltet 9 : 3 : 3 : 1 für *afila*
			und fasciata.
7. *Aa Tt FF*	(vier		spaltet 9 : 3 : 3 : 1 für *afila*
			und *acacia*.
8. *Aa Tt Ff*	(acht		spaltet 27 : 9 : 9 : 9 : 3 : 3 : 3 : 1
			für *afila, acacia* und *fasciata*.

Bei intermediären Erbgängen, bei denen die unterschiedlichen Genotypen phänotypisch erkennbar werden, ist eine noch größere Vielfalt verschiedener Formen zu erwarten.

Je höher die Anzahl der am Erbgang beteiligten Gene ist, um so größer ist nicht nur die Zahl neuer Rassen, die in den Nachkommenschaften zu erwarten sind, sondern um so unübersichtlicher werden auch die Spaltungen. Die Anzahl der verschiedenen Geno- und Phänotypen hängt von der Anzahl der verschiedenen Gametensorten ab, die die betreffenden Bastarde zu bilden vermögen. Tab. 5.1 zeigt, daß schon bei wenigen Genen eine außerordentlich große Vielfalt erreicht wird. In der Tabelle sind die Spaltungen summarisch zusammengefaßt worden, um sie räumlich unterbringen zu können. Hierbei ist nur die Häufigkeit jener Individuen angegeben, die für alle beteiligten Gene homozygot sind. Ein *pentahybrider Bastard* z. B. bildet bei freier Kombination 32 verschiedene Keimzellensorten im gleichen Zahlenverhältnis. Organismen, die die Allele dieser 5 Genpaare in homozygot rezessiver Form besitzen, sind in einer Häufigkeit von 1023 : 1 zu erwarten. Um diese Genotypen zu selektieren, ist die Aufzucht einer großen Individuenzahl in der F_2 oder in späteren Generationen erforderlich. Ein *dekahybrider Bastard* bildet 1024 verschiedene Gameten. Organismen, die für alle 10 Genpaare homozygot rezessiv sind, werden unter mehr als einer Million Nachkommen nur ein einziges Mal auftreten. Dies gilt für andere Genkombinationen in gleicher Weise. Beim Menschen mit seinen 23 Chromosomen im Genom sind für eine Vielzahl nicht gekoppelter

Tabelle 5.**1** Die Abhängigkeit der Spaltungen von der Anzahl der am Erbgang beteiligten Genpaare. In der rechten Rubrik ist in Form einer summarischen Spaltung nur die Häufigkeit jener Individuen angegeben, die für alle beteiligten Genpaare homozygot rezessiv sind

Anzahl der heterozygoten Genpaare	Erbgang	Erbformel des Bastards	Anzahl der Gametensorten bei freier Kombination	summarische Spaltung in der F_2-Generation
1	monohybrid	Aa	$2\ (=2^1)$	3 : 1
2	dihybrid	AaBb	$4\ (=2^2)$	15 : 1
3	trihybrid	AaBbCc	$8\ (=2^3)$	63 : 1
4	tetrahybrid	AaBbCcDd	$16\ (=2^4)$	255 : 1
5	pentahybrid	AaBbCcDdEe	$32\ (=2^5)$	1 023 : 1
6	hexahybrid	AaBbCcDdEeFf	$64\ (=2^6)$	4095 : 1
7	heptahybrid	AaBbCcDdEeFfGg	$128\ (=2^7)$	16383 : 1
8	oktohybrid	AaBbCcDdEeFfGgHh	$256\ (=2^8)$	65535 : 1
9	nonahybrid	AaBbCcDdEeFfGgHhIi	$512\ (=2^9)$	262143 : 1
10	dekahybrid	AaBbCcDdEeFfGgHhIiKk	$1024\ (=2^{10})$	1 048575 : 1
n			2^n	$4^n - 1 : 1$

Gene folglich außerordentlich komplizierte Erbgänge zu erwarten. Die Anzahl der verschiedenartigen Gametensorten ist schon bei Berücksichtigung des Prinzips der freien Kombinationen so ungeheuer groß, daß vom gleichen Organismus kaum zwei identische Gameten gebildet werden können. Diese genetische Vielfalt wird durch andere Vorgänge, die im folgenden Abschnitt behandelt werden, noch erheblich vergrößert.

Koppelung und Koppelungsbruch; intrachromosomale Rekombination

Wir sind bei der Besprechung des 3. Mendelschen Gesetzes von der Voraussetzung ausgegangen, daß die Gene, deren Erbgang wir studieren, auf verschiedenen Chromosomen liegen. Zahlreiche Gene eines jeden Genoms befinden sich jedoch im *gleichen* Chromosom: es liegt das Phänomen der **Faktorenkoppelung** vor. Sie bedeutet jedoch nicht, daß die betreffenden Gene bei der Fortpflanzung stets in der Weise vereinigt bleiben, in der sie in den Genomen der elterlichen Organismen kombiniert waren. Es kann vielmehr auch hier zu Umkombinationen kommen, die in ihrem genetischen Effekt den Vorgängen bei freier Kombination entsprechen. Sie treten jedoch in charakteristisch abweichenden Zahlenverhältnissen auf. Man bezeichnet diese Vorgänge als **Koppelungsbrüche.** Ihnen liegt das **Crossing over** zugrunde, das zu einem *reziproken Austausch von Chromosomenabschnitten,* einem *Stückaustausch,* führt. Er wird mikroskopisch in Form einer Überkreuzungsstelle zwischen den benachbarten Chromatiden der gepaarten Homologen im Diplotän erkennbar (Abb. 5.10). Diese Gebilde werden als **Chiasmata** bezeichnet. Sie sind nicht die Ursache, sondern die Folge von Crossing-over-Vorgängen. Die Koppelung ist also kein starres Prinzip, sie kann vielmehr durchbrochen werden. Dieser Vorgang wird als **Rekombination** bezeichnet. Hierbei kommen Umgruppierungen zwischen den auf den Homologen liegenden Genen zustande, die zur Bildung von **Rekombinanten** führen. Hierunter sind Organismen zu verstehen, bei denen die Allele der fraglichen Genpaare anders verteilt sind als bei den Ausgangsformen. Im Gegensatz zur freien Kombination, die dem 3. Mendelschen Gesetz zugrunde liegt, müssen wir hier von **intrachromosomaler Rekombination** sprechen.

Wir wollen bei der Besprechung des meiotischen Crossing over von *doppelter Heterozygotie* ausgehen, wobei die beiden Genpaare *Aa* und *Bb* auf dem *gleichen Chromosomenpaar* liegen. Das Crossing over läuft im *Pachytän* ab, jenem meiotischen Stadium, in dem die homologen Chromosomen eng gepaart sind und die Bivalente in

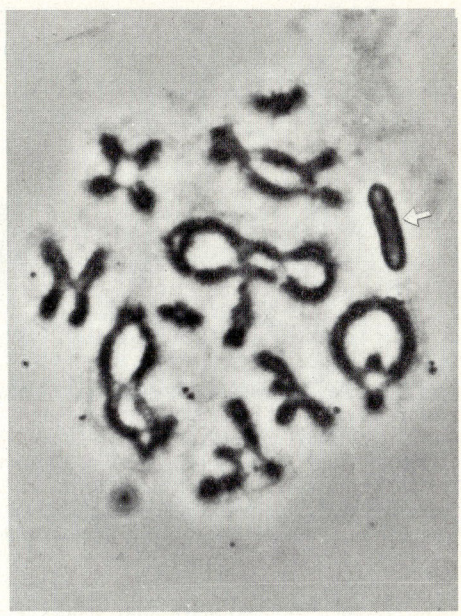

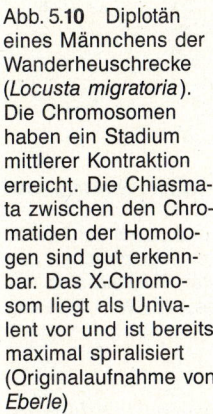

Abb. 5.**10** Diplotän eines Männchens der Wanderheuschrecke (*Locusta migratoria*). Die Chromosomen haben ein Stadium mittlerer Kontraktion erreicht. Die Chiasmata zwischen den Chromatiden der Homologen sind gut erkennbar. Das X-Chromosom liegt als Univalent vor und ist bereits maximal spiralisiert (Originalaufnahme von *Eberle*)

Form von Tetraden aus 4 Chromatiden vorliegen. *Funktionseinheiten sind hierbei die Chromatiden.* Die beiden Chromatiden des *gleichen* Chromosoms werden als *Schwester-Chromatiden,* diejenigen zweier *verschiedener* Chromosomen des Bivalents als *Nicht-Schwester-Chromatiden* bezeichnet. Schwester-Chromatiden sind genetisch identisch, während die Nicht-Schwester-Chromatiden im vorliegenden Beispiel genetisch verschieden sind.

Es wird allgemein angenommen, daß das Crossing over zwischen Nicht-Schwester-Chromatiden abläuft. Austauschvorgänge zwischen *Schwester-Chromatiden* sind nach Anwendung bestimmter Färbetechniken an *mitotischen Chromosomen* vielfach nachgewiesen worden; sie sind die Folge von **somatischem Crossing over.** Sie sind an den entstandenen **Harlekin-Chromosomen,** die sich stückweise aus Segmenten der Chromatiden des *gleichen Chromosoms* zusammensetzen, mikroskopisch erkennbar und werden in Mutagenitätstests als Indiz für den Ablauf von Chromosomenmutationen verwendet. Ob und inwieweit Schwester-Chromatid-Austausch in der Meiosis in Verbindung mit Crossing-over-Vorgängen zustande kommt, ist noch nicht geklärt. Wir gehen in den folgenden Beispielen vom *Stückaustausch zwischen Nicht-Schwester-Chromatiden* aus.

Im einfachsten Fall kommt ein einziges Crossing over im Pachytän-Bivalent zustande. Liegt es *zwischen den beiden Genpaaren*, so führt

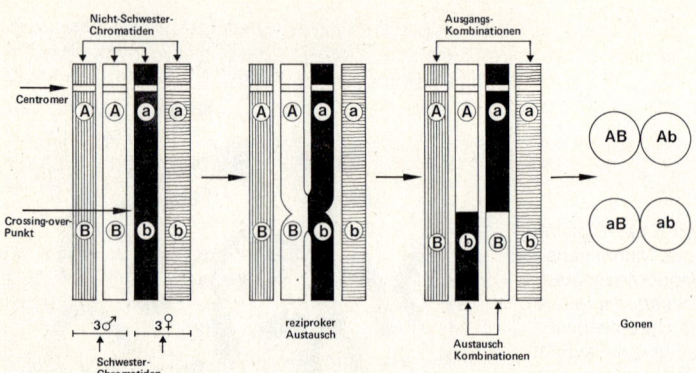

Abb. 5.11 Die genetischen Konsequenzen eines einfachen Crossing over zwischen zwei Nicht-Schwester-Chromatiden
Ausgangssituation: Heterozygotie für die Genpaare Aa und Bb auf den beiden Homologen des Chromosoms Nr. 3. Das Crossing over liegt zwischen den beiden Genpaaren. Die beiden Homologen des Pachytän-Bivalents sind aus zeichnerischen Gründen in aufgeklappter Form dargestellt. Vom Crossing over sind nur zwei der vier Chromatiden betroffen

es zu neuen Genkombinationen: Neben den *Ausgangskombinationen* werden als Folge des Crossing over *Austauschkombinationen* gebildet. Das Prinzip eines einfachen Segmentaustauschs und seine genetischen Konsequenzen sind in Abb. 5.11 dargestellt.

Bei *doppeltem* oder *multiplem Austausch* können alle vier, drei oder nur zwei Chromatiden des Bivalents beteiligt sein. In verschiedenen Pachytänkernen können in bezug auf die Anzahl der Austauschvorgänge sowie auf die Lage der Crossing-over-Punkte unterschiedliche Verhältnisse vorliegen. Dies gilt nicht nur für die beiden oben genannten Genpaare, sondern für alle Genpaare der Meiocyten. Intra- und interchromosomale Rekombinationen führen also – vor allem bei Heterozygotie in mehreren oder vielen Genpaaren – in den Zellen der gleichen Geschlechtsorgane zu sehr unterschiedlichen Ergebnissen. Sie sorgen dafür, daß die Anteile des väterlichen und mütterlichen Genoms durchmischt werden und daß Keimzellen unterschiedlichster genetischer Konstitution entstehen.

Der molekulare Mechanismus des Crossing over ist noch nicht geklärt. Nach der *Bruchhypothese* kommen an einander entsprechenden Stellen der Chromatiden Brüche zustande, an die sich reziproke Restitutionsvorgänge anschließen. Nach WATSON handelt es sich hierbei um Bruch und Wiedervereinigung von intakten DNA-Doppelhelices unter Mitwirkung bestimmter Enzyme, der Nucleasen. Die Lage des Crossing over ist im allgemeinen nicht festgelegt; es erfolgt zufällig auf der ganzen Länge des Chromosoms. Die Anzahl derartiger Vorgänge hängt von der Chromosomenlänge ab und variiert zwischen 1 und 8. Ist nur ein einziges Crossing over vorhanden, so entsteht in der Diakinese und der 1. Metaphase ein stabförmiges, offenes Bivalent. Häufig wird jedoch in jedem Schenkel der gepaarten Homologen mindestens ein Crossing over ablaufen, so daß ringförmig geschlossene Bivalente entstehen.

Jahrzehntelang war *Drosophila* ein bevorzugtes Objekt für das Studium von Crossing-over-Vorgängen. Eine Besonderheit der Dipteren besteht darin, daß nur die Weibchen normales Chiasma-Verhalten zeigen, während diese Prozesse bei den Männchen nicht stattfinden.

Im Hinblick auf die gegenseitigen Lagebeziehungen der Allele zweier gekoppelter heterozygoter Genpaare sind 2 verschiedene Möglichkeiten zu unterscheiden:

− Die *Koppelungsphase:*
  Die beiden dominanten Allele liegen auf einem, die rezessiven Allele auf dem anderen Homologen des betreffenden Bivalents (Abb. 5.**12**).

− Die *Repulsionsphase:*
  Jedes der beiden Homologen besitzt je ein dominantes und ein rezessives Allel der beiden Genpaare.

Wir sind in den Schemazeichnungen von der Koppelungsphase ausgegangen.

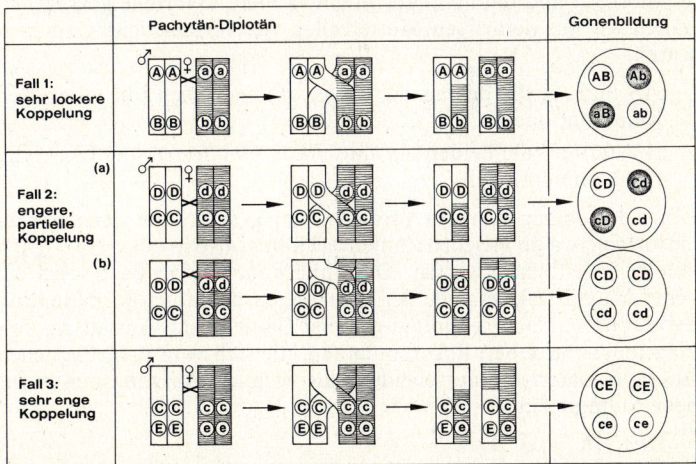

Abb. 5.**12**   Die Abhängigkeit der Konsequenzen eines Crossing over von der gegenseitigen Lage zweier Genpaare auf dem Chromosomenpaar

Die genetischen Konsequenzen, die mit dem Ablauf von Crossing-over-Vorgängen verbunden sind, seien an einigen Beispielen abgeleitet (Abb. 5.12). Um den Koppelungsbruch zeichnerisch besser darstellen zu können, ist der Viererstrang des Pachytän-Bivalents in den Schemazeichnungen aufgeklappt und in eine Ebene verlegt worden. Außerdem sind nur Austauschvorgänge zwischen zwei der vier Chromatiden berücksichtigt.

Die Häufigkeit von Koppelungsbrüchen zwischen 2 Genpaaren hängt von ihrer gegenseitigen Entfernung auf dem Chromosomenpaar ab. Prinzipiell sind hierbei drei verschiedene Möglichkeiten zu unterscheiden, wobei wir zunächst von der Annahme ausgehen wollen, daß im Bivalent nur ein einziges Crossing over zustande kommt.

Fall 1: Sehr lockere Koppelung

Wenn die beiden Genpaare sehr weit voneinander entfernt liegen, so werden sie praktisch durch jedes Crossing over voneinander getrennt, weil es stets zwischen ihnen liegen wird. Hierdurch werden zwei der vier Chromatiden umgebaut (Abb. 5.12 oben). Sie setzen sich nunmehr aus ursprünglich väterlichen und mütterlichen Segmenten zusammen, während die restlichen beiden Chromatiden unverändert, also rein väterlich und rein mütterlich bleiben. Das Crossing over hat zur Folge, daß die umgebauten Chromatiden neue Genkombinationen aufweisen: *Ab* bzw. *aB* anstelle von *AB* und *ab*. Da jede der vier Chromatiden am Ende der Meiosis in einen anderen Tochterkern und damit später in eine andere Keimzelle gelangt, erhalten wir aus derartigen Mutterzellen vier verschiedene Gametensorten:

- *AB* und *ab,* die beiden *Ausgangskombinationen* (die elterlichen Kombinationen);
- *Ab* und *aB,* die beiden *Austauschkombinationen* (die Um- oder Neukombinationen).

Unter den eben genannten Voraussetzungen sind diese vier Keimzellensorten etwa im gleichen Zahlenverhältnis, also in einer Häufigkeit von 1:1:1:1, zu erwarten. Obwohl Koppelung vorliegt, wird ein genetischer Effekt erzielt, der demjenigen der freien Kombination nahe kommt. Nach Vereinigung zweier Gameten mit Austauschkombinationen entstehen Rekombinanten, die sich vom ursprünglichen Ausgangsmaterial unterscheiden, die folglich Ausgangspunkt für neue Stämme sind:

- $Ab \times Ab \rightarrow A\ A\ b\ b$
- $aB \times aB \rightarrow a\ a\ B\ B$

(Ausgangsstämme: *AABB* und *aabb*)

Fall 2: *Partielle Koppelung*

Liegen die beiden Genpaare etwas näher beieinander, so ist die relative Lage des Crossing over für den genetischen Effekt ausschlaggebend. Kommt es *zwischen* den beiden Genpaaren zustande, so haben wir im Prinzip die gleiche Situation wie im Fall 1. Aus der Meiocyte entstehen folglich *vier* verschiedene Gametensorten (Fall 2a):

- die beiden *Ausgangskombinationen CD* und *cd*
- und die beiden *Austauschkombinationen Cd* und *cD.*

Es sind folglich auch hier in den Nachkommenschaften Rekombinanten zu erwarten.

Liegt das Crossing over hingegen *außerhalb* der beiden Genpaare, so werden sie nicht voneinander getrennt. Aus der Mutterzelle entstehen nur *zwei* Gametensorten, nämlich ausschließlich die *Ausgangskombinationen CD* und *cd.* Die Austauschkombinationen entfallen (Fall 2b). Da die Lage des Crossing over nicht festgelegt ist, werden in den Sporocyten beide Möglichkeiten realisiert. Das Crossing over wird dabei um so häufiger zwischen zwei Genpaaren liegen, je weiter sie voneinander entfernt sind. Die betreffenden Gene sind folglich weder streng gekoppelt noch kommt regelmäßig Austausch zwischen ihnen zustande: es liegt **partielle Koppelung** vor. Der Organismus bildet im Hinblick auf die beiden heterozygoten Genpaare zwar vier verschiedene Keimzellen-Sorten, sie treten im Gegensatz zur freien Kombination jedoch nicht in gleicher Häufigkeit auf. *Die beiden Ausgangskombinationen sind zahlenmäßig gleich; dasselbe gilt für die beiden Austauschkombinationen. Die Häufigkeit der Ausgangskombinationen ist jedoch höher als diejenige der Austauschkombinationen.* Ein Zahlenbeispiel mag diese komplizierte Situation verdeutlichen.

- Bildungshäufigkeit der Gameten mit den beiden Ausgangskombinationen
  - *CD*: 40%,
  - *cd* : 40%.
- Bildungshäufigkeit der Gameten mit den beiden Austauschkombinationen
  - *Cd* : 10%,
  - *cD* : 10%.

Man kann diese Gesetzmäßigkeit durch die Formel $x : y : y : x$ ($x > y$) ausdrücken, wobei unter „x" die Ausgangskombinationen, unter „y" die Austauschkombinationen zu verstehen sind. Das obengenannte Zahlenverhältnis ist keine Regel, sondern nur eine von vielen Möglichkeiten. Für andere Genpaare könnten sich Verhältnisse von $45 : 5 : 5 : 45$ oder $49 : 1 : 1 : 49$ ergeben. Je größer der Unterschied zwischen x und y ist, um so geringer war die Austauschhäufigkeit zwischen den betreffenden Genpaaren, um so enger sind sie gekoppelt.

Das Zustandekommen der für die partielle Koppelung charakteristischen Bildungshäufigkeit der Gametensorten nach dem Schema x:y:y:x (x>y) ist in Abb. 5.13 dargestellt. Wir gehen hierbei von einem bestimmten Bivalent aus, für das wir die Konsequenzen von Crossing-over-Vorgängen in 12 Sporocyten, etwa in 12 Pollenmutterzellen der gleichen Anthere, ableiten wollen. Für die Genpaare *Cc/Dd* und *Cc/Ff* ist jeweils doppelte Heterozygotie angenommen. Außerdem sind die Crossing-over-Punkte eingezeichnet, die sowohl in ihrer Anzahl als auch in ihrer Lage von Zelle zu Zelle variieren. Damit nehmen wir eine Ausgangssituation an, die bei heterozygoten Individuen für zahlreiche Genpaare realisiert ist. Um das Prinzip darzustellen, ist die Lage des Centromers nicht berücksichtigt.

Die beiden Genpaare *Cc/Dd* (oberer Teil der Schemazeichnung) sind relativ locker gekoppelt. Bei den 12 berücksichtigten Pollenmutterzellen liegt in 8 Fällen ein Crossing over zwischen ihnen. Jede dieser 8 Zellen bildet folglich *vier* verschiedene Gonen- und damit Gametensorten im gleichen Zahlenverhältnis. Bei den übrigen 4 Pollenmutterzellen sind im betreffenden Bivalent zwar ebenfalls Chiasmata zustande gekommen, sie liegen jedoch nicht zwischen den im Versuch getesteten Genpaaren *Cc/Dd*. Diese 4 Zellen bilden im Hinblick auf die beiden Genpaare folglich nur 2 verschiedene Gonensorten. Hieraus ergibt sich für die 48 Gonen, die aus den 12 Pollenmutterzellen entstehen, folgende Situation:

– 32 Gonen besitzen die Ausgangskombinationen *CD* und *cd*, sind also nicht durch Crossing-over-Vorgänge beeinflußt worden.

– 16 Gonen besitzen als Folge von Crossing-over-Prozessen die Austauschkombinationen *Cd* und *cD*.

Da die Häufigkeit der Klassen innerhalb der beiden Gruppen gleich ist, ergibt sich im vorliegenden Beispiel für die vier verschiedenen Gonensorten ein Zahlenverhältnis von $16:8:8:16$ ($= x:y:y:x; x>y$).

Die beiden Genpaare *Cc/Ff* (unterer Teil der Abb. 5.13) liegen dichter beieinander, sie sind enger gekoppelt. Bei gleicher Lage und Häufigkeit der Chiasmata im Bivalent liegt nur in zwei der 12 Pollenmutterzellen ein Crossing over zwischen ihnen. Hieraus ergibt sich, daß von den 48 Gonen im Hinblick auf diese beiden Genpaare nur vier umkombiniert worden sind. Wir erhalten folglich ein Zahlenverhältnis von $22:2:2:22$ ($= x:y:y:x; x>y$).

Im ersten Beispiel ist der Unterschied zwischen x und y mit $16:8$ relativ klein. Die Zahl der Umkombinationen ist also sehr hoch; das ist aber nur möglich, wenn die beiden Genpaare *Cc/Dd* relativ weit voneinander entfernt liegen. Im zweiten Beispiel hingegen ist der Unterschied zwischen x und y mit $22:2$ wesentlich größer. Es sind nur wenige Umkombinationen zustande gekommen; die beiden Genpaare *Cc/Ff* müssen wesentlich enger beieinander liegen als *Cc/Dd*. Die Häufigkeit der Umkombinationen ist also ein Maß für die ge-

---

Abb. 5.**13**   Die Häufigkeit der Bildung von Gonen mit Austauschkombinationen in Abhängigkeit von der gegenseitigen Lage zweier gekoppelter Genpaare auf dem gleichen Chromosomenpaar. Das gleiche Bivalent ist jeweils in 12 Sporocyten berücksichtigt.

Oben: Die etwas weiter voneinander entfernten, lockerer gekoppelten Genpaare *CcDd* sind in 16 der 48 Gonen durch Crossing over voneinander getrennt worden.

Unten: Bei den enger gekoppelten Genpaaren *CcFf* sind von den 48 Gonen nur 4 durch Crossing over umkombiniert worden

genseitige Entfernung zweier Gene auf dem gleichen Chromosom und damit für den Grad der Koppelung. Aus der Schemazeichnung wird darüber hinaus deutlich, daß die Anzahl der Crossing-over-Vorgänge je Bivalent für die genetischen Konsequenzen nicht der entscheidende Faktor ist. Entscheidend ist vielmehr ihre relative Lage im Hinblick auf die Lage der zu testenden Genpaare.

Fall 3: Sehr enge Koppelung

Wenn zwei Genpaare (in unserem Beispiel *Cc* und *Ee*) sehr dicht beieinander liegen, so ist die Wahrscheinlichkeit sehr gering, daß ein Crossing over zwischen ihnen zustande kommt. Sie werden deshalb nur selten voneinander getrennt. Zwischen Nachbargenen treten Koppelungsbrüche in außerordentlich geringer Häufigkeit auf; man spricht in derartigen Fällen von **absoluter Koppelung**. Aus den betreffenden Sporocyten gehen folglich nur *zwei* Gametensorten hervor: die beiden Ausgangskombinationen *CE* bzw. *ce*. Das bedeutet, daß die Merkmale, die von den Genen *C/E* bzw. *c/e* gesteuert werden, stets gemeinsam weitergegeben werden und kaum voneinander getrennt werden können. Es hat den Anschein, als würden sie nicht von zwei Genen, sondern von einem einzigen Gen kontrolliert, das eine pleiotrope Wirkung entfaltet (S. 149). Tatsächlich ist es im genetischen Experiment außerordentlich schwierig, die Phänomene „Pleiotropie von Einzelgenen" und „äußerst enge Koppelung mehrerer Gene" gegeneinander abzugrenzen.

Die Situation ist wesentlich komplizierter, wenn in langen Chromosomen bei lockerer Koppelung *mehrere Chiasmata* zwischen 2 heterozygoten Genpaaren liegen. Der einfachste Fall dieser Kategorie

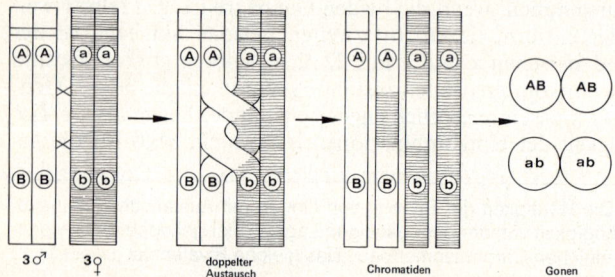

3♂   3♀   doppelter   Chromatiden   Gonen
                Austausch

Abb. 5.14 Der Ablauf von 2 Crossing-over-Vorgängen zwischen 2 locker gekoppelten heterozygoten Genpaaren. Der durch das erste Crossing over verursachte Koppelungsbruch wird durch das zweite wieder aufgehoben. Aus der Sporocyte entstehen folglich nur 2 verschiedene Gametensorten, die den elterlichen Kombinationen entsprechen

– der Ablauf von 2 Crossing-over-Vorgängen – ist in Abb. 5.14 dargestellt. Durch das erste Crossing over kommt zwar ein Segmentaustausch zustande, sein Effekt wird jedoch durch das zweite Crossing over wieder aufgehoben. Es werden folglich nicht vier, sondern nur zwei verschiedene Gametensorten gebildet, nämlich nur die Ausgangskombinationen.

In den soeben abgeleiteten Gesetzmäßigkeiten kommt ein weiterer Effekt der Meiosis zum Ausdruck: der **Umbau der Chromosomen** bzw. der **Chromatiden.** Es gelangen ganze Gruppen von väterlichen Genen auf das mütterliche Chromosom und umgekehrt, denn die Crossing-over-Vorgänge laufen streng reziprok ab. Die Meiosis hat folglich 3 verschiedene Effekte:

– Die Umordnung der Genome in der 1. Metaphase. Ihre genetische Konsequenz ist die freie Kombination der nicht gekoppelten Gene.
– Den Umbau der Chromosomen im Pachytän durch das Crossing over. Als genetische Konsequenzen treten Koppelungsbrüche auf. Diese beiden Effekte führen zu einer völligen Durchmischung des elterlichen Erbgutes bei der Keimzellenbildung von Bastarden.
– Die Reduktion der Chromosomenzahl in der 1. Anaphase. Sie ist ein cytologisches Regulativ, das bei sexueller Fortpflanzung in der Aufeinanderfolge der Generationen notwendig ist. In genetischer Beziehung führt sie – falls Präreduktion vorliegt – zur Trennung heterozygoter Genpaare von Bastarden in ihre Allele. Bei Postreduktion erfolgt diese Trennung in der 2. Anaphase (S. 137).

Mit dem Begriff „Reduktionsteilung" wird nur einer dieser 3 Effekte angesprochen. Will man den Gesamtvorgang mit seinen genetischen und cytologischen Konsequenzen charakterisieren, so sollte man die Bezeichnung „Meiosis" verwenden.

Es sei erwähnt, daß Crossing-over-Vorgänge nicht immer streng reziprok ablaufen. Bei *Drosophila,* aber auch bei *Pilzen* sind darüber hinaus *nichtreziproke Austauschvorgänge* bekannt. Hierdurch kann eine Chromatide Genmaterial der Nachbarchromatide erhalten. Dieses Phänomen wird als **Genkonversion** bezeichnet. Wenn diese Vorgänge nicht mit einem Selektionsnachteil verbunden sind, können Gene entstehen, die geringfügig von ihren Ausgangs-Genen abweichen. Die Entstehung von Gen-Familien während der Evolution könnte ihren Ursprung in solchen Vorgängen haben.

Schließlich gibt es nicht nur meiotische, sondern auch **mitotische Rekombination**, die bei *Drososophila* und bei zahlreichen *Pilzen* nachgewiesen worden ist. Sie ist sehr selten und beruht auf **mitoti-**

schem Crossing over, das zwischen den Chromatiden homologer Chromosomen abläuft. Dies ist nur möglich, wenn zwischen ihnen paarungsähnliche Vorgänge zustandekommen. Auch **mitotische Genkonversion** ist bekannt.

Rückkreuzungsmethode; Genlokalisation

Die genetische Konstitution von Keimzellen und die Häufigkeit der verschiedenen Gametensorten kann man nicht unmittelbar erkennen, man muß sie vielmehr indirekt sichtbar machen. Dies ist nur auf genetischem Wege möglich, etwa mit Hilfe der **Rückkreuzungsmethode.** Wir haben diese Methode auf monohybrider Ebene bereits bei der Besprechung des 2. Mendelschen Gesetzes kennengelernt (S. 104). Im vorliegenden Falle müssen wir sie auf *dihybrider Ebene* anwenden. Um die Keimzellensituation eines dihybriden Bastards der Konstitution *Aa/Bb* zu erkennen, müssen wir ihn mit dem *doppelt rezessiven Elter aa/bb* rückkreuzen. Bei dieser Kreuzung ist uns lediglich die Situation des rezessiven Partners bekannt; er kann nur *eine* Sorte von Gameten, nämlich solche der Konstitution *ab,* bilden. Mit seiner Hilfe wollen wir die Lage der beiden Gene *A* und *B* innerhalb des Genoms testen. In Abb. 5.**15** sind verschiedene Möglichkeiten von Ergebnissen zusammengestellt, die bei einem derartigen Test erhalten werden können.

Theoretisch können wir von der Annahme ausgehen, daß der dihybride Bastard *Aa/Bb* vier verschiedene Gametensorten bildet. Es muß lediglich festgestellt werden, in welcher Häufigkeit sie entstehen; hieraus können Schlüsse auf die Lage der beiden Gene innerhalb des Genoms gezogen werden. Der Vorteil der Rückkreuzungsmethode besteht darin, daß wir in der Rückkreuzungsgeneration — der R_1 — vier Individuenklassen erhalten, die sich phänotypisch voneinander unterscheiden. Sie sind auf die Kombination der Keimzellen des doppelt rezessiven Elters *aa/bb* mit denjenigen des dihybriden Bastards *Aa/Bb* zurückzuführen, sind infolgedessen ein Maß für die genetische Konstitution der Gameten des Bastards. Aus der Häufigkeit dieser 4 Klassen, die wir in der R_1 unmittelbar auszählen können, ergibt sich darüber hinaus die Häufigkeit, in der die 4 Gametensorten im dihybriden Bastard gebildet worden sind.

Treten sie in etwa gleicher Häufigkeit auf, so kombinieren die beiden Gene *A* und *B* frei, liegen also auf verschiedenen Chromosomen des Genoms. Dies läßt sich jedoch nicht ohne Einschränkungen behaupten. Es besteht darüber hinaus noch die Möglichkeit, daß sie gekoppelt sind, jedoch in einer so lockeren Form, daß sie praktisch durch jedes Crossing over voneinander getrennt werden. Sie werden in diesem Falle sehr weit voneinander entfernt liegen, etwa an entge-

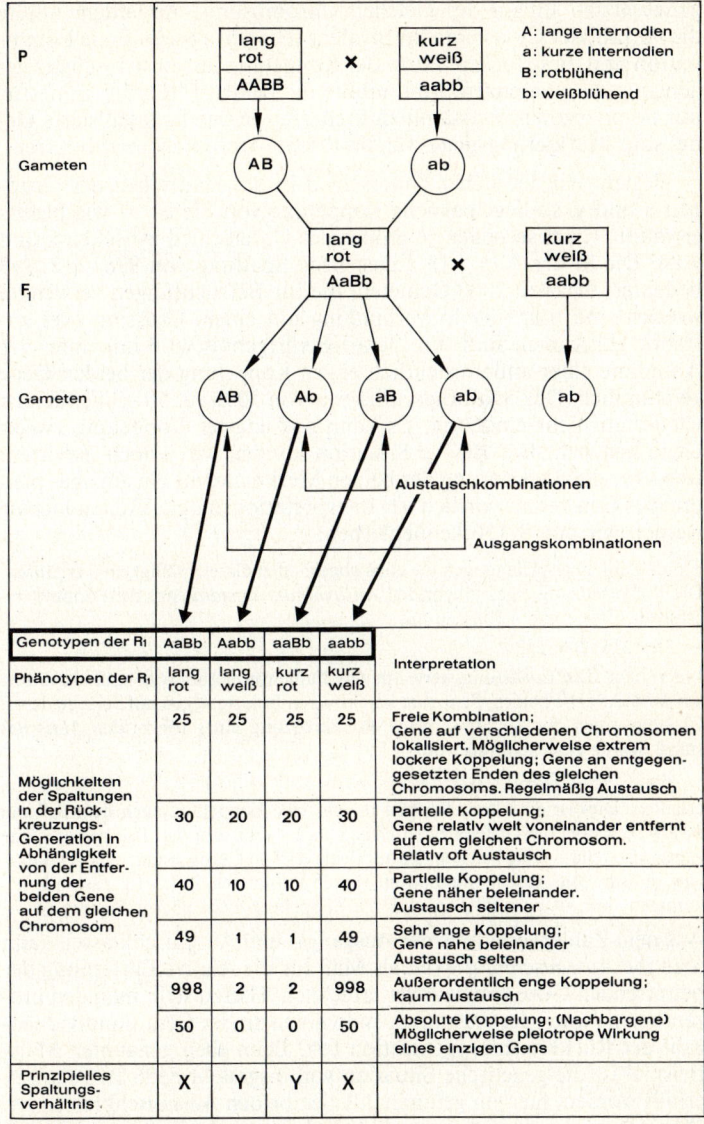

Abb. 5.15 Die Anwendung der Rückkreuzungsmethode für die Lokalisation zweier Gene innerhalb des Genoms (Erläuterung im Text)

gengesetzten Enden des gleichen Chromosoms. Außerdem müßte die Anzahl der Chiasmata im Bivalent sehr gering sein. Freie Kombination und diese lockere Form der Koppelung lassen sich schwer gegeneinander abgrenzen. Man müßte die beiden Elternlinien hierfür mit homozygoten Teststämmen kreuzen, die bereits lokalisierte Gene, sog. **Markierungsgene,** für bestimmte Chromosomen besitzen.

Besteht ein deutlicher Unterschied in der Häufigkeit der Gruppen x und y, so liegt partielle Koppelung vor. Sie ist − wie bereits erwähnt − um so enger, je größer der Unterschied zwischen x und y ist. Die in der Abb. 5.15 angegebene Spaltung von $998:2:2:998$ bedeutet, daß von 2000 Gameten, die für Befruchtungen verwendet worden sind, nur vier in Verbindung mit einem Crossing over zustande gekommen sind. Ein derartiges Ergebnis wird nur unter der Annahme einer außerordentlich engen Koppelung der beiden Gene verständlich. Das Spaltungsverhältnis von $50:0:0:50$ schließlich ist wiederum nicht eindeutig. Es kann auf engster Koppelung zweier Gene beruhen. Die gleiche Situation können wir jedoch erwarten, wenn für die Realisierung der beiden Merkmale nur ein einziges pleiotropes Gen verantwortlich ist. Interpretationsmöglichkeiten hierfür werden wir auf S. 150 kennenlernen.

Einige Zahlenbeispiele mögen die eben abgeleiteten Gesetzmäßigkeiten ergänzen. Die Rückkreuzung eines dihybriden *Antirrhinum-Bastards* mit dem doppelt rezessiven Elter ergab 4 Klassen mit

− $216:216:206:212$

Individuen. Die Erwartungswerte für das Zahlenverhältnis von $1:1:1:1$ liegen bei $4\times212,5$. Die beiden Genpaare kombinieren frei, sie liegen auf verschiedenen Chromosomen des Genoms. Nach Rückkreuzung eines dihybriden *Mais-Bastards* wurde eine Spaltung von

− $4032:149:152:4053$

erhalten. Dies ist ein klares Beispiel für partielle Koppelung nach dem Schema $x:y:y:x$, wobei die Differenz zwischen x und y sehr groß ist. Die beiden Gene liegen also relativ nahe beieinander auf dem gleichen Chromosom. Aus der Tatsache, daß die Austauschkombinationen noch immer relativ häufig zustande gekommen sind, ist zu schließen, daß die Koppelung nicht übermäßig eng ist.

Aus dem Zahlenverhältnis der Ausgangs- und Austauschklassen kann man die *Austauschhäufigkeit* als Maß für die relative Entfernung der betreffenden Gene voneinander errechnen. Hierzu stellt man den prozentualen Anteil der Austausch-Individuen an der Gesamtindividuenzahl der Rückkreuzungsgeneration fest. Beim eben genannten Mais-Beispiel ist die genetische Situation von insgesamt 8386 R_1-Pflanzen erfaßt worden, hiervon gehören 301 den beiden Austauschklassen an. Dies entspricht einer Austauschhäufigkeit von 3,6%.

Die Rekombinationshäufigkeit zwischen verschiedenen Genen des gleichen Chromosoms ist verschieden, während für zwei bestimmte Genpaare ein ganz bestimmter Wert erhalten wird, der immer wieder in Erscheinung tritt. Er ist von der gegenseitigen Entfernung der beiden Gene abhängig. Als Meßeinheit für derartige Berechnungen wird die *„Morgan-Einheit"* oder das *„Centi-Morgan"* verwendet. 1 Centi-Morgan entspricht einer Austauschfrequenz von 1%. Sie liegt dann vor, wenn bei der Bildung von 100 Gameten ein einziger Austausch zustande kommt. Molekulargenetisch entspricht 1 Centi-Morgan etwa $1 \cdot 10^6$ Basenpaaren.

Wenn wir den Erbgang von mehr als 2 gekoppelten Genen studieren, so sind wesentlich kompliziertere Austauschvorgänge zu erwarten. Sie sind in Abb. 5.16 für drei partiell gekoppelte Gene darge-

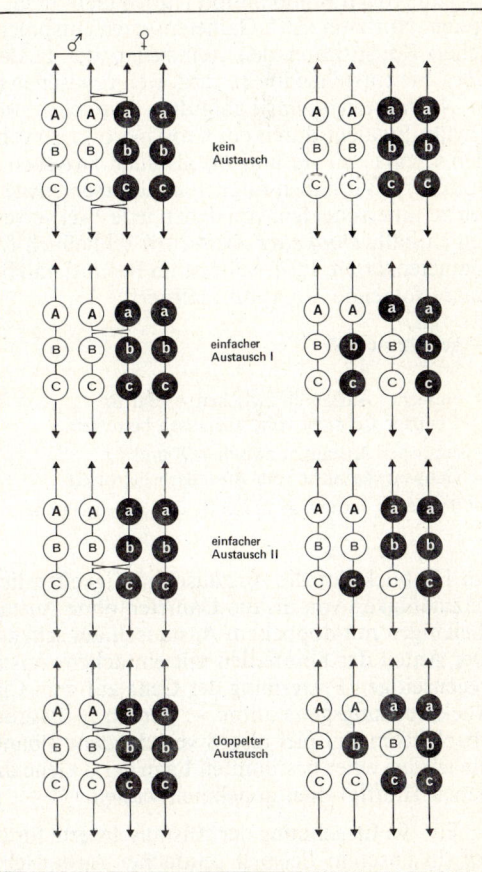

Abb. 5.16
Die genetische Konstitution der Keimzellen eines trihybriden Bastards bei partieller Koppelung der drei Gene.

Links:
Pachytän des Bastards mit Lage des Crossing-over-Punktes;
rechts:
Keimzellentypen bei Berücksichtigung der Austauschvorgänge

stellt, wobei wir annehmen wollen, daß die dominanten Allele vom mütterlichen, die rezessiven vom väterlichen Elter in die Kreuzung eingebracht werden. Es liegt also folgende Ausgangssituation vor:

– ♀ $AA/BB/CC$ × ♂ $aa/bb/cc$ → $Aa/Bb/Cc$.

Darüber hinaus wollen wir annehmen, daß alle Austauschvorgänge zwischen den gleichen Chromatiden ablaufen.

Die Analyse wird in der gleichen Weise vorgenommen wie bei 2 gekoppelten Genen: Man kreuzt den trihybriden Bastard $Aa/Bb/Cc$ mit dem dreifach homozygot rezessiven Elter $aa/bb/cc$. Bei relativ lockerer Koppelung der 3 Gene kann man prinzipiell erwarten, daß der Bastard 8 verschiedene Keimzellensorten bildet, die im Gegensatz zur freien Kombination jedoch nicht in gleicher Häufigkeit auftreten. Nur zwei der 8 Gametensorten entsprechen in ihrer genotypischen Konstitution den Keimzellen der beiden Eltern *(ABC* und *abc)*. Sie entstehen im Bastard, wenn zwischen den 3 Genpaaren *keine Austauschvorgänge* ablaufen. *Einfacher Austausch* kann im Pachytän-Bivalent durch ein Crossing over sowohl irgendwo zwischen den Genpaaren *Aa* und *Bb* als auch zwischen *Bb* und *Cc* zustande kommen. Wir haben folglich zwei verschiedene Gruppen von Gameten zu unterscheiden, von denen jede zwei verschiedene Gametensorten enthält. *Doppelter Austausch* schließlich führt zu zwei weiteren Gametensorten. Insgesamt ist im Bastard im Hinblick auf die 3 Genpaare folgende Situation realisiert:

– kein Austausch:	$A\ B\ C$
	$a\ b\ c$
– einfacher Austausch zwischen A und B; Genpaar Cc nicht vom Austausch betroffen:	$A\ b\ c$
	$a\ B\ C$
– einfacher Austausch zwischen B und C; Genpaar Aa nicht vom Austausch betroffen:	$A\ B\ c$
	$a\ b\ C$
– doppelter Austausch zwischen den 3 Genpaaren:	$A\ b\ C$
	$a\ B\ c$

Im Hinblick auf die Austauschhäufigkeiten liegt insofern eine Gesetzmäßigkeit vor, als die Gameten ohne Austausch am häufigsten, diejenigen mit doppeltem Austausch am seltensten gebildet werden. Der Anteil der Keimzellen mit einfachem Austausch hängt von der gegenseitigen Entfernung der Gene auf dem Chromosom ab. In der Rückkreuzungsgeneration – der R_1 – würden wir beim soeben abgeleiteten Beispiel also 8 verschiedene Phänotypen erhalten, für die wir bei einer bestimmten Lage der 3 Gene die in Tab. 5.2 angegebenen Häufigkeiten annehmen wollen.

Für die Errechnung der Austauschwerte für die Genpaare Aa und Bb (in unserem Beispiel „einfacher Austausch I") müssen wir die

Tabelle 5.2 Phänotypen der Rückkreuzungsgeneration bei Versuchen mit 3 partiell gekoppelten Genen

genotypische Konstitution der R_1-Pflanzen	Anzahl der Individuen	Austauschhäufigkeit der gekoppelten Gene
kein Austausch:		
– Aa/Bb/Cc	428	–
– aa/bb/cc	442	–
einfacher Austausch I:		
– Aa/bb/cc	102	15,83%
– aa/Bb/Cc	109	
einfacher Austausch II:		
– Aa/Bb/Cc	186	26,26%
– aa/bb/Cc	178	
doppelter Austausch:		
– Aa/bb/Cc	12	bereits bei den einfachen
– aa/Bb/cc	9	Austauschvorgängen berücksichtigt
Gesamtzahl der R_1-Individuen:	1466	

Zahlen 102 und 109 addieren. Wenn wir sie auf die Gesamtzahl der R_1-Individuen beziehen, würden wir eine Austauschhäufigkeit von 14,39% erhalten. Dieser Wert ist zu niedrig, weil die Trennung der beiden Genpaare Aa und Bb durch Crossing-over-Vorgänge ja auch beim doppelten Austausch zustande gekommen ist. Wir müssen also die Individuen der letztgenannten Gruppe (12+9) mit berücksichtigen und erhalten eine Gesamtzahl von 232 R_1-Individuen. Dies entspricht einer Austauschhäufigkeit von 15,83%. In der gleichen Weise verfahren wir beim Genpaar Bb und Cc (einfacher Austausch II), wobei wir wiederum den doppelten Austausch berücksichtigen. Hier ergibt sich in unserem Zahlenbeispiel eine Austauschhäufigkeit von 26,26%.

Der doppelte Austausch ist für die Ermittlung exakter Austauschwerte von großer Bedeutung. Dies zeigt sich, wenn wir die Werte für die beiden Genpaare Aa und Cc errechnen wollen unter der Annahme, daß das Genpaar Bb noch nicht bekannt ist. In unserem Zahlenbeispiel gehen insgesamt 575 R_1-Pflanzen auf Gameten der F_1-Pflanzen zurück, die nach Ablauf von Crossing-over-Vorgängen zwischen Aa und Cc entstanden sind. Dies entspricht einer Austauschhäufigkeit von 39,22%. Berücksichtigen wir jedoch das Genpaar Bb, so erhalten wir durch Addition der beiden Austauschwerte für Aa/Bb und Bb/Cc einen Wert von 15,83 + 26,26 = 42,09%. Hieraus folgt, daß die direkte Bestimmung der Austauschwerte von Genen, die sehr locker gekoppelt sind und weit voneinander entfernt liegen, mit erheblichen Fehlerquellen behaftet ist. Die auf diesem

Wege erhaltenen Werte für die Abstände der beiden Gene sind stets zu niedrig. Exaktere Werte erhält man durch Addition einer möglichst großen Anzahl der Austauschprozente von Genen, die zwischen den weit entfernten Loci liegen. Koppelungsstudien haben darüber hinaus gezeigt, daß durch ein Crossing over der Ablauf weiterer Crossing-over-Vorgänge in seiner unmittelbaren Nähe verhindert oder zumindest stark eingeschränkt wird. Gene, die in der Nähe des Crossing-over-Punktes liegen, sind also vor einem zweiten Austausch geschützt. Dieses Phänomen wird als **Interferenz** bezeichnet. Sie äußert sich darin, daß die Anzahl der Rekombinanten geringer ist als aufgrund der Entfernung der betreffenden Genpaare zu erwarten wäre. Die Interferenz ist um so höher, je näher die Gene beieinanderliegen. Die Ursachen dieser Gesetzmäßigkeit sind noch nicht bekannt. Aus bestimmten Befunden kann darüber hinaus geschlossen werden, daß die Crossing-over-Häufigkeit nicht über das ganze Chromosom hinweg gleich ist. Sie ist in den centromernahen Bereichen geringer.

Mit Hilfe der soeben abgeleiteten Methode läßt sich nicht nur die relative Entfernung der gekoppelten Gene ermitteln, sondern auch ihre Reihenfolge. Dies ist jedoch nur möglich, wenn mindestens 3 Genpaare zur Verfügung stehen. Theoretisch können sie z. B. in folgender Reihenfolge vorliegen:

- $A-B-C$
- $A-C-B$
- $C-A-B$

Die wirklich realisierte Situation ergibt sich aus dem Vergleich der Austauschwerte:

- Im ersten Fall ist die Austauschhäufigkeit zwischen den Genpaaren Aa und Cc größer als diejenige zwischen Aa/Bb sowie Bb/Cc. Aus diesem Ergebnis muß geschlossen werden, daß B zwischen A und C liegt.
- Im zweiten Fall ist die Austauschhäufigkeit zwischen den Genpaaren Aa und Bb größer als diejenige zwischen Aa/Cc sowie Bb/Cc. Gen C liegt folglich zwischen A und B.
- Im dritten Fall ist die Austauschhäufigkeit zwischen den Genpaaren Bb und Cc größer als diejenige zwischen Aa/Cc sowie Aa/Bb. Gen A liegt also zwischen B und C.

Mit Hilfe von Koppelungsstudien werden bei günstigen Objekten **Gen-** oder **Chromosomenkarten** hergestellt, auf denen die relative Lage von Genen mit ihren Austauschwerten angegeben ist. Diese Untersuchungen setzen das Vorhandensein zahlreicher Mutanten voraus, denn nur, wenn außer den Wildallelen auch die mutierten Allele verfügbar sind, läßt sich eine Kartierung der Gene vornehmen. Bei der Vervollkommnung bereits existierender Genkarten verwendet man **Markierungsgene.** Hierbei handelt es sich um Erbanlagen mit gut erkennbarer Wirkung auf den Organismus, deren Lage auf einem bestimmten Chromosom des Genoms bereits bekannt ist. Bei genetisch intensiv bearbeiteten Objekten sind für jedes Chromosom einige Markierungsgene bekannt. Sie stellen das Gerüst für den Einbau neuer Gene dar, die spontan oder in Mutationsversuchen auftreten. Für *Drosophila* liegt schon seit Jahrzehnten eine umfangreiche Genkarte vor. Die beste Genkarte der *Blütenpflanzen* ist an der *Tomate* erarbeitet worden. Die 12 Chromosomen ihres Genoms sind partiell heterochromatisch und können im Pachytän identifiziert werden. Bis 1978 waren 198 Gene lokalisiert; weitere 83 Gene waren bestimmten Chromosomen zugeordnet, während ihre exakte Lokalisation noch aussteht. Umfangreiche Kartierungen sind außerdem beim *Mais,* der *Gerste* und der *Erbse* vorgenommen worden. In den letzten Jahren ist es gelungen, Genkarten von einigen *Mikroorganismen* aufzustellen, die laufend vervollständigt werden. Vom *Haushuhn* waren bis 1980 bereits mehr als 250 Loci beschrieben. Auch von der *Hausmaus* liegt eine umfangreiche Genkarte vor. Bis 1988 waren etwa 950, bei der *Ratte* mehr als 100 Gene lokalisiert.

Für das Genom der Species *Homo sapiens* werden etwa 100 000 Gene angenommen, das entspricht 2–3% der DNA des Genoms. 30% sind hochrepetitive Sequenzen, etwa 67% sind nicht-codierende Sequenzen noch unbekannter Funktion. Von etwa 1500 unserer Gene ist nach Klonierung und Sequenzierung die Struktur bekannt. Über weitere 2000 Gene liegen gewisse Informationen vor. Sie beziehen sich auf die Merkmale, für die sie verantwortlich sind, und auf die Krankheiten, die sie im mutierten Zustand hervorrufen. Bis Mitte 1992 waren 2372 Gene unseres Genoms lokalisiert, von denen 611 bestimmten Krankheiten zugeordnet sind. Hinzu kommen 11 173 molekulare Marker, also nicht-codierende DNA-Sequenzen, die mit Hilfe gentechnologischer Methoden lokalisiert wurden. 225 der lokalisierten Gene liegen auf dem X-Chromosom; hiervon sind 111 mit bestimmten Krankheiten korreliert. Wegen der Besonderheiten der geschlechtsgebundenen Erbgänge sind Gene auf dem X-Chromosom leichter zu erfassen als autosomale Gene (S. 138). Für das als sehr genarm interpretierte Y-Chromosom sind bisher 4 Gene bekannt; eines hiervon ist für die Determinierung der Hoden verantwortlich.

Eine elegante Methode der Lokalisierung bestimmter Gruppen menschlicher Gene beruht auf *Zellhybridisierungs-Experimenten.* Mit Hilfe von Sendai-Viren gelingt es in Zellkulturen relativ leicht, menschliche Fibroplasten mit Zellen bestimmter Mäuselinien zu hybridisieren. Diese **somatische Hybridisierung** führt zum allotetraploiden Zustand, im vorliegenden Fall also zur Summierung von 46 menschlichen und 40 Maus-Chromosomen. Um die Hybridzellen sicher genug analysieren zu können, sind einige Millionen Zellen erforderlich, die erst nach 20–25 Teilungszyklen verfügbar sind. Hierbei bleibt die Chromosomenzahl nicht konstant, es werden vielmehr Chromosomen eliminiert, und zwar ausschließlich menschliche Chromosomen. Von der Eliminierung sind nicht spezifische Chromosomen unseres Genoms betroffen, es handelt sich vielmehr um Zufallsereignisse. Auf diese Weise entstehen Sätze unterschiedlicher Hybrid-Klone, in denen zusätzlich zum vollständigen Maus-Genom 1–10 menschliche Chromosomen vorhanden sind.

Das Prinzip der Genlokalisation mit Hilfe dieser Methode sei am Gen für das Enzym Thymidin-Kinase *(TK-Gen)* abgeleitet. Nachdem man Mauszellen, die dieses Enzym nicht produzieren können, mit menschlichen Zellen hybridisiert hatte, die das TK-Gen besitzen, erhielt man zunächst Fusionsprodukte mit der erwarteten Chromosomenzahl von 2n = 4x = 86. Im Verlauf von wenigen Zellgenerationen waren jedoch alle menschlichen Chromosomen mit Ausnahme von Nr. 17 eliminiert worden, die Zellen waren aber noch immer in der Lage, Thymidin-Kinase zu bilden. Das hierfür verantwortliche TK-Gen muß folglich auf Chromosom 17 unseres Genoms liegen. In Verbindung mit einer reziproken Translokation konnte darüber hinaus festgestellt werden, daß es im langen Arm dieses Chromosoms liegt. Bis 1974 sind mit Hilfe der eben beschriebenen Methode bereits 29 Gene unseres Genoms insgesamt 16 verschiedenen Autosomen zugeordnet worden. Die Methode wird auch zur Kartierung des *Maus-Genoms* verwendet. Nach Fusion somatischer Zellen der Maus mit denjenigen des *chinesischen Hamsters* werden bei der Vermehrung der Hybridzellen die Maus-Chromosomen in unterschiedlichem Grade eliminiert.

Häufig liegen Gene, die für verwandte Synthesen zuständig sind, als Cluster dicht beieinander in der gleichen Chromosomenregion. Ein gutes Beispiel hierfür sind die *Globin-Gene des Menschen.* Unser Hämoglobin ist ein Protein, das aus 2 α- und 2 β-Peptidketten zusammengesetzt ist. Die β-Globine bestehen ihrerseits aus 5 Polypeptiden, die während der Embryonalentwicklung nacheinander produziert und zum Hämoglobin-Molekül zusammengesetzt werden. Die hierfür notwendigen Gene liegen als Cluster im Chromosom Nr. 11 unseres Genoms, während die Gene für die α-Ketten ebenfalls als Cluster im Chromosom 16 liegen. Ihre Struktur ist bekannt. Das β-Globin-Gen-Cluster besitzt außer den 5 Struktur-Genen noch 2 *Pseudo-Gene.* Jedes der Globin-Gene hat 2 Introns mit etwa 120 Nucleotidpaaren. Nur 5% der DNA-Sequenz des ganzen Clusters werden für Codierungszwecke verwendet. Es sei noch erwähnt, daß das β-Globin-Gen-Cluster beim *Menschen, Gorilla* und *Gibbon* im Hinblick auf Anzahl und Sequenz der Nucleotidpaare fast gleichartig strukturiert ist. Extreme Beispiele von Clusterbildung liegen für die Gene der rRNA vor (S. 366).

Neben den genetischen Chromosomenkarten, die auf Koppelungsstudien beruhen, gibt es die *physikalischen Karten.* Sie werden mit Hilfe gentechnologischer Methoden erstellt, wobei die Restriktions-Fragment-Längen-Polymorphismen (RFLPs) eine große Rolle spielen. Auf diesen Karten sind die Entfernungen zwischen bestimmten Markern in der Anzahl von Nucleotidpaaren angegeben.

Prä- und Postreduktion

Wir sind bei der Besprechung cytogenetischer Gesetzmäßigkeiten bisher davon ausgegangen, daß die homologen Chromosomen eines Bivalents in der *ersten* meiotischen Anaphase voneinander getrennt werden. Bei Heterozygotie werden folglich auch die Allele eines bestimmten Genpaars in diesem Stadium getrennt, und in jedem der beiden Tochterkerne ist entweder das dominante oder das rezessive Allel vorhanden. Diese Gesetzmäßigkeit gilt jedoch nicht in der Ausschließlichkeit, in der sie bisher vertreten worden ist. Es ist vielmehr möglich, daß jeder der beiden Tochterkerne noch beide Allele besitzt und daß ihre Trennung erst in der *zweiten* meiotischen Teilung erfolgt. Für den Zeitpunkt ihrer Trennung − der eigentlichen Spaltung also − ist die relative Lage des Gens und des Crossing-over-Punkts zum Centromer ausschlaggebend. Sie entscheidet, ob die Trennung der Allele in der ersten oder zweiten Anaphase erfolgt, ob *Prä-* oder *Postreduktion* zustande kommt.

Für die Prüfung dieser Frage ist eine **Tetraden-Analyse** notwendig. Man braucht hierfür Gene, die in den Endstadien der Meiosis erkennbar werden. Besonders geeignet hierfür ist der haploide Pilz *Neurospora,* ein Ascomycet, bei dem nach Beendigung der Meiosis in jedem der vier Tochterkerne noch eine Mitose abläuft. Sie führt zur Bildung von acht Sporen, die im schlauchförmigen Ascus linear hintereinander liegen. Der Zeitpunkt der Spaltung der beiden Allele wird aus der Reihenfolge der Sporen innerhalb des Ascus erkennbar. Für die Diskussion dieses Problems wollen wir vom Bastard $+/m$ ausgehen, der nach Kreuzung eines normalen Pilzes mit einer Mutante entstanden ist, wobei sich die Wirkung des mutierten Gens auf die Färbung der Sporen erstreckt. Im Hinblick auf die Reihenfolge der acht Ascosporen sind bei dieser Ausgangssituation prinzipiell zwei verschiedene Möglichkeiten zu erwarten (Abb. 5.17).

a) Es liegen vier normale und vier mutierte Sporen hintereinander.

b) Es liegen jeweils Zweiergruppen normaler und mutierter Sporen hintereinander.

Im Fall a) müssen wir schließen, daß am Ende der ersten meiotischen Teilung in jedem der beiden Tochterkerne auf den Spalthälften eines jeden Chromosoms jeweils das gleiche Allel vorhanden war. Sie waren identisch und besaßen entweder das Wildallel $+$ oder das mutierte Allel *m*. Die beiden Tochterkerne hingegen waren genetisch verschieden. Dies ist nur möglich, wenn die beiden Allele in der ersten Anaphase voneinander getrennt worden sind. Diese Situation wird als **Präreduktion** bezeichnet.

Der Fall b) hingegen kann nur in Verbindung mit dem Umbau zweier Spalthälften zustande kommen. Jeder der Tochterkerne muß noch beide Allele besessen haben. Ihre Trennung ist erst in Anaphase II erfolgt und hat nach Abschluß der Meiosis zur Reihenfolge $+m+m$ geführt. Hieraus ist im reifen Ascus die Reihenfolge $++mm++mm$ entstanden. In diesem Fall liegt **Postreduktion** vor. Sie ist auf ein Crossing over im Pachytän des Bastards zurückzuführen, das zwischen dem Genpaar $+/m$ und dem Centromer zustande gekommen ist.

Dieses Beispiel zeigt, daß das Verhalten zweier Allele nicht unbedingt dem Verhalten der homologen Chromosomen während der Meiosis entsprechen muß. Die Reduktion der Chromosomenzahl kommt in der ersten Anaphase zustande; die beiden Tochterkerne sind haploid. Die Trennung der Allele kann jedoch entweder in Anaphase I oder in Anaphase II erfolgen. Centromernahe Genpaare werden in der Regel nach dem Prinzip der *Präreduktion* getrennt, weil zwischen ihnen und dem Centromer nur selten ein Crossing over zustande kommt. Bei Centromer-fernen Genpaaren hingegen

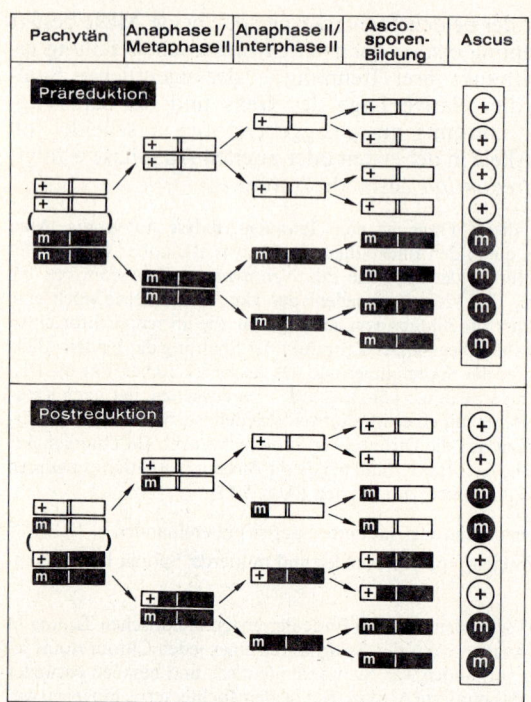

Abb. 5.17 Prä- und Postreduktion zweier Allele in der Meiosis eines *Neurospora*-Bastards (s. Text)

liegt meist *Postreduktion* vor. Dieses zunächst bei Pilzen erkannte Verhalten ist auch bei anderen Organismen weit verbreitet.

Geschlechtsgebundene Vererbung

Wir haben bei der Besprechung des 1. Mendelschen Gesetzes betont, daß reziproke Bastarde phänotypisch und genotypisch gleich sind. Diese Gesetzmäßigkeit gilt bei höheren Organismen nur mit gewissen Einschränkungen. Wir müssen hierbei zwischen bestimmten Chromosomen der Genome unterscheiden:

– den **Geschlechtschromosomen** oder **Gonosomen,** die bei der Geschlechtsbestimmung eine Rolle spielen (Einzelheiten in Kapitel 8),

– und allen übrigen Chromosomen, die als **Autosomen** bezeichnet werden.

Das 1. Mendelsche Gesetz gilt uneingeschränkt für alle autosomalen Gene. Gene, die auf den Geschlechtschromosomen liegen, weichen in zwei Punkten vom ersten und zweiten Mendelschen Gesetz ab:

- Die F_1-Generation ist nicht uniform;
- reziproke Kreuzungen führen zu unterschiedlichen Ergebnissen.

Dieses Phänomen wird als **geschlechtsgebundene** oder **geschlechtsgekoppelte Vererbung** bezeichnet und soll an einigen Beispielen abgeleitet werden. Wir wollen hierbei von der Situation ausgehen, die bei *Drosophila* und beim *Menschen* vorliegt, von der **männlichen Heterogametie:**

- Der *weibliche Organismus* besitzt außer den beiden Autosomensätzen zwei *gleichartige Geschlechtschromosomen,* die beiden *X-Chromosomen.* Er kann folglich ausschließlich Eizellen mit dem X-Chromosom bilden; er ist **homogametisch.** Das X-Chromosom ist im Hinblick auf seinen Gengehalt ein völlig normales Chromosom und unterscheidet sich nicht von den Autosomen. Die beiden X-Chromosomen sind 2 normale Homologe.
- Der *männliche Organismus* besitzt außer den Autosomensätzen zwei *verschiedene Geschlechtschromosomen,* das *X-* und das *Y-Chromosom.* Er bildet deshalb 2 verschiedene Sorten von Spermien in gleicher Häufigkeit: X- und Y-Spermien; er ist **heterogametisch.** Das Y-Chromosom ist weitgehend inaktiv und enthält nur wenige Gene. Die XY-Konfiguration ist also nicht mit Homo- oder Heterozygotie von Genpaaren verbunden, weil von nahezu allen Genen nur ein einziges Allel vorhanden ist. Männer sind für geschlechtsgekoppelte Gene **hemizygot.** Der Begriff der Homologie kann auf diese beiden Chromosomen nicht im üblichen Sinne angewendet werden (Näheres S. 322ff).

Um die Besonderheiten der geschlechtsgekoppelten Vererbung darzulegen, müssen wir zwei Erbgänge miteinander vergleichen, bei denen das dominante Allel eines Genpaars einmal vom *mütterlichen,* das andere Mal vom *väterlichen Partner* in die Kreuzung eingebracht wird. Außerdem muß die Geschlechtsbestimmung hierbei mitberücksichtigt werden.

Fall 1: Dominantes Allel wird von der Mutter in die Kreuzung eingebracht (Abb. 5.**18**; linker Teil)

Alle Eizellen des mütterlichen Partners besitzen das X-Chromosom und damit das dominante Allel *A.* Der väterliche Partner bildet zur Hälfte Spermien mit dem X-Chromosom, auf dem sich das rezessive Allel *a* befindet. Die restlichen Spermien besitzen das Y-Chromosom, auf dem das Gen *a* nicht vorhanden ist. In der F_1-Generation sind folglich zwei verschiedene Individuengruppen zu erwarten:

- 50% aller F_1-Individuen haben im Hinblick auf ihre Geschlechtschromosomen die Konstitution XX, sind also Weibchen. Da eins ihrer X-Chromosomen von der Mutter, das andere vom Vater stammt, sind sie heterozygot *Aa*.
- 50% aller F_1-Individuen sind Männchen der chromosomalen Konstitution XY. Vom Genpaar *Aa* ist nur das dominante Allel *A* vertreten.

Dieser Erbgang zeigt zwei Charakteristika:

- Das dominante Gen, das von der *Mutter* in den Erbgang eingebracht worden ist, tritt in der F_1-Generation bei den *Söhnen* auf.
- Die F_1-Generation ist in phänotypischer Beziehung zwar uniform, in genotypischer Beziehung sind jedoch zwei verschiedene Gruppen von Individuen in gleicher Häufigkeit vorhanden. Die *Töchter* sind Bastarde. Bei den *Söhnen* hingegen können wir nicht von einer Bastardnatur sprechen, weil im Hinblick auf das Chromosomenpaar XY in genetischer Beziehung kein diploider Zustand vorliegt. Es ist nur ein Allel vorhanden, die Organismen sind hemizygot.

Kreuzen wir die beiden F_1-Individuen miteinander, so kommt in der F_2-Generation für das Geschlechtsverhältnis ♂ : ♀ die erwartete 1 : 1-Spaltung zustande. Für das Genpaar *Aa* ist phänotypisch eine 3 : 1-Spaltung zu erwarten. Sie stimmt in genotypischer Beziehung jedoch nicht mit den Verhältnissen bei normalen monohybrid-autosomalen Erbgängen überein. Die beiden *weiblichen* Enkel besitzen das dominante Allel, und zwar einmal im homozygoten, einmal im heterozygoten Zustand. Von den beiden *männlichen* Enkeln besitzt einer das dominante, der andere das rezessive Allel.

Fall 2: Reziproke Kreuzung: Dominantes Allel wird vom Vater in die Kreuzung eingebracht (Abb. 5.18; rechter Teil)

In der F_1-Generation erhalten wir wieder eine Spaltung von 1 : 1 für ♂ und ♀ Nachkommen. Darüber hinaus kommt jedoch auch für das Genpaar *Aa* eine 1 : 1-Spaltung zustande:

- 50% aller F_1-Individuen (die Töchter) sind Bastarde *Aa*, zeigen phänotypisch also das dominante Merkmal.
- 50% aller F_1-Individuen (die Söhne) besitzen nur das rezessive Allel *a*.

Dieser Erbgang weicht in charakteristischer Weise vom Fall 1 ab:

- Das rezessive Allel der *Mutter* findet sich in den *Söhnen,* das dominante Allel des *Vaters* in den *Töchtern* wieder. Dieser Modus wird als „Vererbung übers Kreuz" bezeichnet.

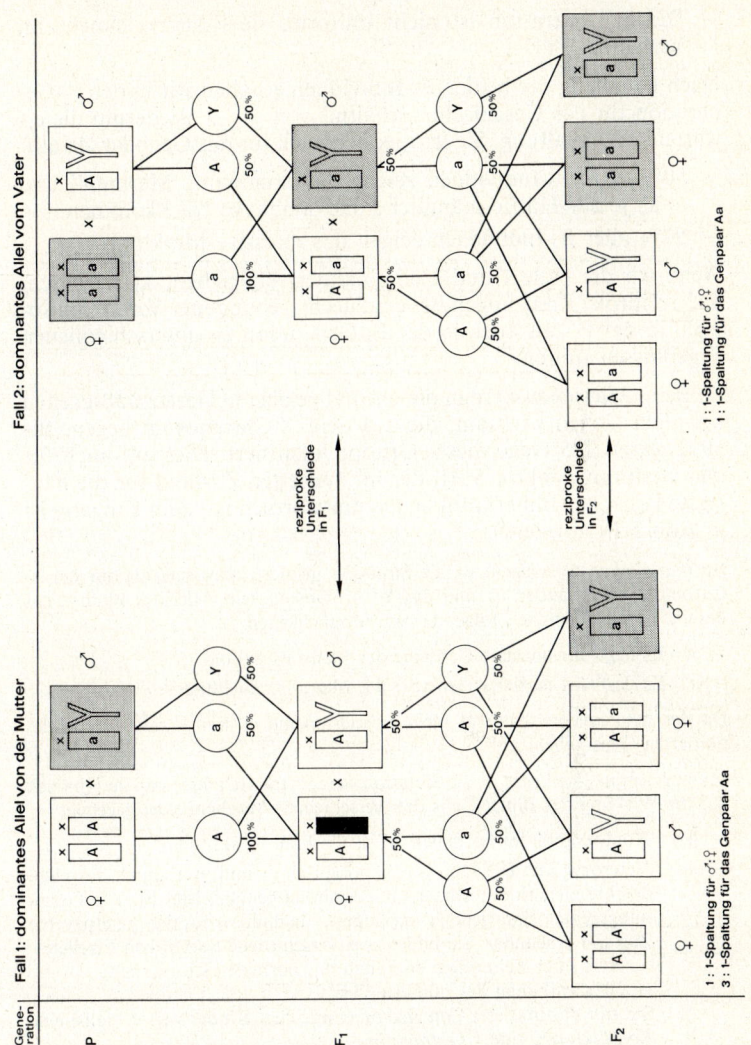

Abb. 5.**18** Reziproke Unterschiede bei geschlechtsgebundener Vererbung (Erläuterung im Text)

- Die F_1-Generation ist nicht uniform, sie spaltet vielmehr im Verhältnis 1 : 1.

Nach Kreuzung der beiden F_1-Individuen erhalten wir in der F_2-Generation für das Geschlechtsverhältnis von ♂ : ♀ wiederum die erwartete 1 : 1-Spaltung. Sie tritt jedoch auch für das Genpaar *Aa* auf:

- 50% aller F_2-Individuen zeigen das dominante Merkmal, und zwar je zur Hälfte männliche und weibliche Nachkommen.
- 50% aller F_2-Individuen zeigen das rezessive Merkmal.

Wenn wir die Fälle 1 und 2 miteinander vergleichen, so zeigt sich, daß reziproke Kreuzungen bei geschlechtsgebundener Vererbung sowohl in der F_1- als auch in der F_2-Generation zu unterschiedlichen Ergebnissen führen.

Beim *Menschen* werden die eben abgeleiteten Gesetzmäßigkeiten bei allen Genen wirksam, die auf dem X-Chromosom liegen. Bis 1992 waren 225 Gene dieser Gruppe lokalisiert. Dies gilt auch für den Gerinnungsfaktor VIII, der im mutierten Zustand für die häufigste Form der Bluterkrankheit verantwortlich ist. Sein Erbgang ist in Abb. 5.19 abgeleitet.

Im *männlichen Geschlecht* ist die Situation insofern drastisch, als nur ein X-Chromosom vorhanden ist und das Y-Chromosom kein Allel des Bluter-Gens besitzt. Es gibt demnach folgende zwei Möglichkeiten:

- *A* : Es liegt das normale Gen vor; der Mann ist gesund.
- *a* : Es liegt das mutierte Gen vor; der Mann ist ein Bluter.

Da der heterozygote Zustand nicht existiert, kann es nur kranke Träger des mutierten Gens geben.

Im *weiblichen Geschlecht* ist die Situation weniger tragisch; hier sind im Hinblick auf die Wirkung des Bluter-Gens drei verschiedene Möglichkeiten gegeben:

- *AA* : Homozygotie im normalen Allel; die Frau ist gesund.
- *Aa* : Heterozygotie: Die Frau ist phänotypisch gesund, weil durch das nicht defekte Gen eine normale Blutgerinnung gewährleistet ist. Die Gerinnungszeiten sind jedoch verlängert, dadurch wird der heterozygote Zustand erkennbar. Sie bildet zwei verschiedene Sorten von Eizellen:
    - 50% ihrer Keimzellen enthalten das normale Gen.
    - 50% enthalten das mutierte Gen.
  Sie gibt das mutierte Gen also an einige ihrer Kinder weiter; sie ist eine *Konduktorin,* eine *Überträgerin.*
- *aa* : Homozygotie für das Bluter-Gen. Es kann seine letale oder subletale Wirkung entfalten; das Mädchen ist eine Bluterin. Derartige Fälle treten äußerst selten auf.

In der Ehe einer Konduktorin mit einem erblich gesunden Mann sind Kinder mit 4 verschiedenen Genotypen in gleicher Häufigkeit zu erwarten:

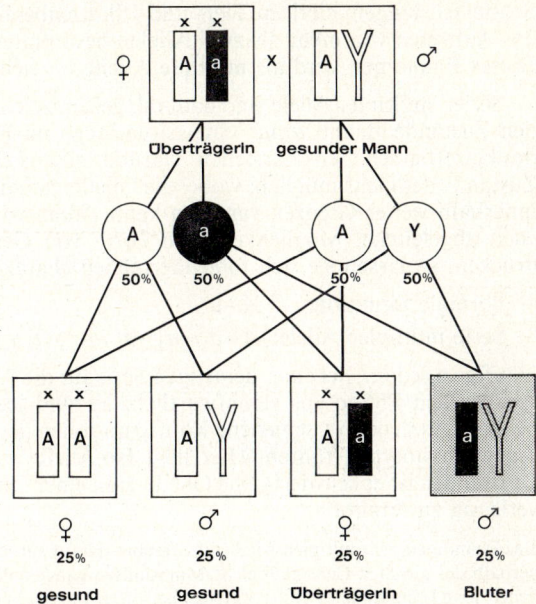

Abb. 5.19   Die Weitergabe des Bluter-Gens in der Ehe einer Überträgerin mit einem erbgesunden Mann

- Die Hälfte aller *Töchter* hat die Konstitution *AA*. Sie besitzen das Bluter-Gen nicht.
- Die zweite Hälfte aller *Töchter* ist − wie die Mutter − heterozygot *Aa*. Sie sind Konduktorinnen.
- Die Hälfte aller *Söhne* besitzt das normale Allel *A;* sie sind gesund.
- Die zweite Hälfte aller *Söhne* besitzt das mutierte Allel *a*. Sie sind Bluter.

Die Bluterkrankheit ist also in 25% aller Nachkommen einer solchen Ehe zu erwarten, und zwar ausschließlich bei einem Teil der Söhne. Auch hier tritt die für geschlechtsgekoppelte Erbgänge charakteristische Vererbung übers Kreuz in Erscheinung: Das Bluter-Gen der *Mutter* entfaltet beim *Sohn* seine letale oder subletale Wirkung.

Multiple Allelie

Wir haben bisher stets von Genpaaren gesprochen, sind also von der Annahme ausgegangen, daß es von jedem Gen nur zwei Allele gibt.

Schon seit langem sind im Tier- und Pflanzenbereich Beispiele für das Auftreten von mehr als zwei Allelen bestimmter Gene bekannt. Dieses Phänomen wird als **multiple Allelie** bezeichnet.

Serien multipler Allele sind dadurch gekennzeichnet, daß die beiden Zustände A und a nur Grenzsituationen im Funktionsbereich des betreffenden Gens darstellen. Darüber hinaus sind noch andere Zustände des Gens möglich, wobei die Gliederzahl derartiger Reihen innerhalb weiter Grenzen variieren kann. Wenn wir die beiden soeben abgeleiteten Möglichkeiten in Form von Gensymbolen ausdrücken, so lassen sie sich folgendermaßen charakterisieren:

– normale Situation: $A - a$
– Serie multipler Allele: $A - a_1 - a_2 - a_3 - a_4 - \ldots a$

Häufig ist jedes Allel einer derartigen Serie für die Ausprägung eines spezifischen Phänotyps verantwortlich. Es sind jedoch auch Fälle bekannt, in denen verschiedene Konfigurationen des Gens zu identischen Phänotypen führen. Hier liegt **Iso-Allelie** vor. Unter diesen Umständen ist es schwierig, die Gliederzahl einer multiplen Serie zuverlässig zu ermitteln.

Das Phänomen der multiplen Allelie ist offenbar darauf zurückzuführen, daß innerhalb des gleichen Gens zahlreiche Mutationsvorgänge ablaufen können, von denen jeweils ein anderes Nucleotidpaar betroffen ist. Auf diese Weise kommen unterschiedliche Genprodukte zustande, die zu unterschiedlichen Phänotypen führen. Bei günstigen Objekten hat man diese Hypothese prüfen können. So hat man bei *Drosophila* zeigen können, daß multiple Allele durch Mutationsvorgänge in verschiedenen Sites des gleichen Cistrons entstehen und daß zwischen ihnen Crossing-over-Vorgänge ablaufen. Ihre funktionelle Selbständigkeit wurde mit Hilfe des cis-trans-Tests (S. 45) nachgewiesen. Für die Analyse der Feinstruktur des *white-* und *lozenge-Locus* von *Drosophila* war die Auswertung einiger Millionen von Fliegen notwendig. Vom *menschlichen* Enzym Glucose-6-Phosphat-Dehydrogenase sind mehr als 80 Varianten bekannt. Sie werden alle von einem bestimmten Gen unseres X-Chromosoms determiniert und sind offenbar Produkte verschiedener Allele dieses Gens.

Aus methodischen Gründen wird es nur in Ausnahmefällen möglich sein, derartige Analysen vorzunehmen. Obwohl wir uns darüber klar sind, daß verschiedene Allele einer multiplen Serie unterschiedliche Bereiche des gleichen Gens darstellen, folglich prinzipiell durch Crossing over voneinander getrennt werden können, ist der Nachweis hierfür schwer zu erbringen. Infolge der überaus engen Kopplung der Sites sind Austauschvorgänge äußerst selten zu erwarten. Wir wollen bei der Diskussion des Phänomens deshalb weiterhin von der klassischen Annahme ausgehen, daß *multiple Allele an einander entsprechenden Orten homologer Chromosomen liegen*. Da jeder diploide Organismus von jedem Chromosom nur 2 Homologe besitzt, können in seinem Erbgut jeweils nur 2 Allele einer multiplen

Serie vorhanden sein. Diese Gesetzmäßigkeit gilt unabhängig davon, ob sich die Serie aus 3 oder aus 150 Gliedern zusammensetzt, und zwar sowohl für den homozygoten als auch den heterozygoten Zustand:

- homozygot: $AA - a_1a_1 - a_{17}a_{17} - \ldots aa$
- heterozygot: $Aa_3 - a_2a_7 - a_{10}a_{21} \ldots Aa$

Bei Heterozygotie sind folglich monohybride Erbgänge zu erwarten.

Das Verhalten multipler Allele sei am Beispiel einer dreigliedrigen Serie aus dem Genom der *Erbse* erläutert, die für die Blattgestaltung verantwortlich ist (Abb. 5.20). Nach Kreuzung der drei Genotypen wurden folgende Ergebnisse erhalten:

- *Normalform × acacia* → 75% normal : 25% acacia in F_2;
- *Normalform × petiolule* → 75% *normal : 25% petiolule* in F_2.

Die beiden mutierten Gene verhalten sich also gegenüber dem Ausgangs-Gen rezessiv und zeigen monohybride Erbgänge. In beiden Fällen haben die F_1-Bastarde normale Blätter. Von besonderem Interesse ist die Kreuzung

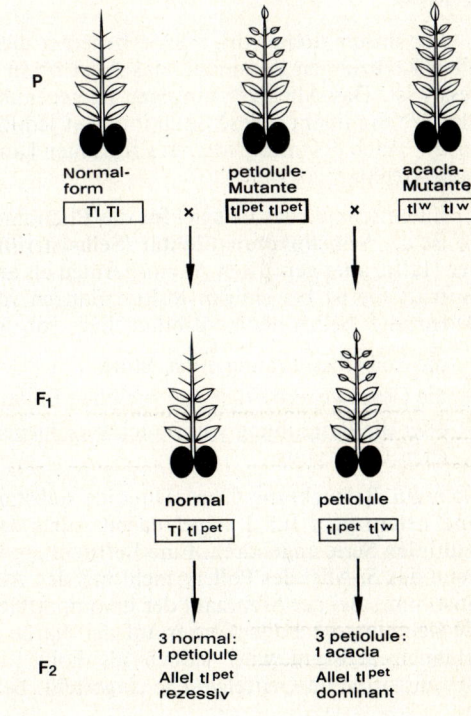

Abb. 5.**20**
Das genetische Verhalten der multiplen Serie *Tl-tl*pet*-tl*w der Erbse

– *petiolule × acacia* → *75% petiolule: 25% acacia* in F_2.

Die F_1-Bastarde aus dieser Kreuzung haben keine normalen Blätter, sondern die Blätter der *petiolule-Mutante*. In der F_2 kommt eine Monohybriden-Spaltung mit Dominanz von *petiolule* über *acacia* zustande. Hieraus folgt, daß es sich bei allen drei Genen um den gleichen Chromosomenlocus handelt; sie stellen eine Serie von multiplen Allelen dar. Außerdem zeigt die *petiolule-Mutante* in Kreuzungen mit verschiedenen Partnern ein unterschiedliches genetisches Verhalten:

– gegenüber der *Normalform* ist sie *rezessiv*.
– gegenüber der *acacia-Mutante* ist sie *dominant*.

Aufgrund dieses Verhaltens lassen sich die 3 Glieder in eine **Dominanzreihe** einordnen, die mit ihren Gensymbolen wie folgt aussieht:

– *Normalform (Tl) – petiolule (tl^{pet}) – acacia (tl^w).*

Das Charakteristikum vieler multipler Serien besteht in derartigen Dominanzreihen, die durch Testkreuzungen zwischen allen Gliedern der Serie ermittelt werden können. In solchen Fällen ist jeder Genotyp gegenüber allen Genotypen, die *rechts* von ihm stehen, *dominant;* gegenüber allen Genotypen, die *links* von ihm stehen, ist er *rezessiv*.

Für unsere dreigliedrige Serie bedeutet dies, daß das Allel *Tl* in allen Kreuzungen dominant, das Allel tl^w in allen Kreuzungen rezessiv ist. Das Allel tl^{pet} hingegen ist gegenüber *Tl* rezessiv, gegenüber tl^w dominant. Diese Situation liegt jedoch nicht bei allen Serien vor. Auch bei intermediären Erbgängen kann sie nicht in Erscheinung treten.

Ein anschauliches Beispiel für das Phänomen der multiplen Allelie ist die **Selbstinkompatibilität (Selbststerilität),** die bei mehr als der Hälfte aller geprüften Angiospermen als artkonstantes Merkmal auftritt. Sie ist bei einigen Kulturpflanzen von großer praktischer Bedeutung. Selbstinkompatibilität liegt vor, wenn

– die Selbstbestäubung einer Blüte,
– die Geschwisterbestäubung zwischen Blüten der gleichen Pflanze
– oder die Bestäubung von Blüten verschiedener Pflanzen des gleichen Genotypus

nicht zur Befruchtung führt. Diploide selbstinkompatible Pflanzen sind heterozygot für 2 verschiedene Allele des *Si*-Locus, die einer multiplen Serie angehören. Eine Befruchtung ist nur dann möglich, wenn das *Si*-Allel des Pollens nicht mit den Allelen im Griffel übereinstimmt. Bei der Mehrzahl der inkompatiblen Arten kommt zwar die Keimung der Pollenkörner auf der Narbe zustande, das Pollenschlauchwachstum wird jedoch als Folge der Anwesenheit von Hemmstoffen im Griffelgewebe eingestellt. Bei einer zweiten Grup-

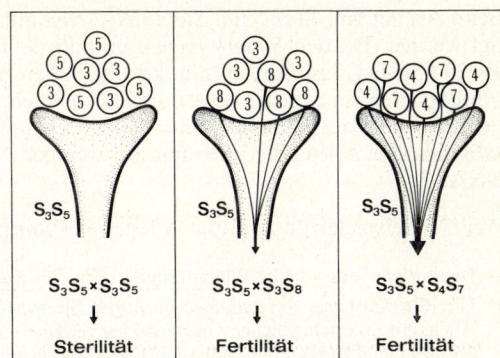

Abb. 5.21
Die Wirkung von
Inkompatibilitäts-
Allelen bei selbst-
inkompatiblen
Pflanzen

$S_3S_5 \times S_3S_5$
↓
Sterilität

$S_3S_5 \times S_3S_8$
↓
Fertilität

$S_3S_5 \times S_4S_7$
↓
Fertilität

pe unterbleibt bereits die Pollenkeimung, oder die Schläuche sind nicht in der Lage, die Cutinschicht der Narbenpapillen zu durchdringen. Pollen mit anderen Si-Allelen keimen, und es kommt Befruchtung zustande. Selbstinkompatible Pflanzen sind also obligatorische Fremdbefruchter. Bei der Befruchtung ihrer Blüten können wir die in Abb. 5.21 dargestellten drei Möglichkeiten unterscheiden, wobei wir annehmen wollen, daß die Mutterpflanze für die Sterilitätsallele si_3si_5 heterozygot ist.

1. Möglichkeit: Es kommt ausschließlich Selbstbestäubung zustande

   $si_3si_5 \times si_3si_5$

   Da die Pflanze heterozygot ist, bildet sie je zur Hälfte Pollen mit den Sterilitätsallelen si_3 und si_5. Beide Allele sind jedoch im Griffelgewebe vorhanden. Die beiden Pollensorten können folglich nicht für Befruchtungsvorgänge verwendet werden; es erfolgt kein Samenansatz.

2. Möglichkeit: Es kommt Fremdbefruchtung mit einem Partner zustande, der mit der Mutterpflanze in einem Sterilitätsallel übereinstimmt

   $si_3si_5 \times si_3si_8$

   Das Pollengemisch des väterlichen Partners setzt sich aus Pollen mit den Allelen si_3 und si_8 zusammen. Die si_3 Pollen können nicht keimen, wohl aber die si_8 Pollen, denn das Allel si_8 ist im Griffelgewebe nicht vorhanden. Es werden folglich Samen gebildet.

3. Möglichkeit: Es kommt Fremdbefruchtung mit einem Partner zustande, der in beiden Sterilitätsallelen nicht mit der Mutterpflanze übereinstimmt

   $si_3si_5 \times si_4si_7$

   In diesem Falle keimen beide Pollensorten des väterlichen Partners, und es ist guter Samenansatz zu erwarten.

Serien von Si-Allelen sind nachgewiesen worden bei *Hyazinthen, Petunien, Geranien, Orchideen,* beim *Roggen, Tabak, Kaffee, Ölbaum.*

Beim Anbau von *Kern-* und *Steinobst-Arten* müssen sie berücksichtigt werden. Bei den *Sauerkirschen* umfaßt die multiple Serie mehr als 20 Glieder. Besonders umfangreiche Serien multipler Imkompatibilitätsallele sind beim *Löwenmäulchen* (mehr als 40 Allele) und beim *Rotklee* mit mehr als 200 Allelen bekannt. Die Unterschiede zwischen den Allelen beruhen nur auf wenigen Nucleotidpaaren der DNA.

Weitere Beispiele für multiple Allelie im *Pflanzenreich* sind:

- Die *pallida*-Serie für die Blütenfärbung beim *Löwenmäulchen* (9 Allele).
- Die Blütenfärbung von *Ipomoea purpurea.* Sie wird von 7 Serien multipler Allele mit unterschiedlichen Gliederzahlen gesteuert. Zur Zeit sind bei dieser Species mehr als 60 reine Linien mit klar unterscheidbaren Blütenfarben bekannt. Da neben alternativen in hohem Maße intermediäre Erbgänge vorliegen, treten keine klaren Dominanzreihen in Erscheinung.

Aus dem *Tierreich* seien folgende Beispiele genannt:

- Der *Albino-Locus* für die Fellfärbung des *Kaninchens* (6 Allele). Neben dem in allen Kreuzungen dominanten Allel für volle Ausfärbung und dem allseits rezessiven Allel für Albinismus sind 3 Allele für unterschiedliche Chinchilla-Färbungen vorhanden. Ein weiteres Allel tritt beim Russenkaninchen in Erscheinung, bei dem die Pigmentbildung nur unterhalb einer bestimmten Gewebetemperatur zustande kommt, die in verschiedenen Organen der Tiere unterschiedlich ist. Diese Eigenart wird als *Akromelanismus* (Spitzenfärbung) bezeichnet.
- Die Fellfärbung der *Maus* (5 Allele).
- Die Federfarben bei *Enten* (3 Allele).
- Die graduelle Reduktion der Flügelform bei *Drosophila* (5 Allele).
- Der *white-Locus* von *Drosophila.* Von diesem X-chromosomalen Gen sind 16 Allele bekannt, die für eine abgestufte Serie der Augenfarben von rot bis weiß verantwortlich sind. Bis 1973 waren 7 Sites bekannt, um die sich die Allele gruppieren.
- Der ebenfalls X-chromosomale *lozenge-Locus* von *Drosophila* besitzt mindestens 4 Sites, an denen Gruppen von Allelen sitzen. Sie sind für unterschiedliche Augenformen und Pigmentierungsgrade verantwortlich.

Auch beim *Menschen* sind seit langem Serien multipler Allele bekannt. Hierher gehören:

- Die Sichelzellanämie.
- Die Rot-Grün-Blindheit. Zwei verschiedene Formen dieser Krankheit sind geschlechtsgebunden; in beiden Fällen werden Serien multipler Allele wirksam.
- Die Blutgruppen. Zur Zeit sind etwa 15 Haupt-Blutgruppen bekannt; den meisten liegt das Prinzip der multiplen Allelie zugrunde. Das AB0-Blutgruppen-System besteht aus den 4 Allelen A_1, A_2, B und 0 eines auf Chromosom Nr. 9 unseres Genoms liegenden Gens; darüber hinaus sind noch einige seltene Allele dieses Gens bekannt.

– Das HLA-System. Es handelt sich hierbei um ein Histokompatibilitäts-System, das u. a. die Verträglichkeit von Gewebe- oder Organtransplantaten kontrolliert und darüber hinaus noch für die Abwehr von Infektionen durch Krankheitserreger verantwortlich ist. Dieses komplexe System besteht aus einigen dicht benachbarten Genen, wobei jeder Gen-Locus multiple Allele aufweist. Es ist damit eins der umfangreichsten Systeme multipler Allele, die bisher bekannt sind. Die Gene liegen auf dem kurzen Arm des Chromosoms Nr. 6.

– Die Rhesus-Faktoren. Die genetischen Grundlagen dieses Systems sind noch nicht endgültig geklärt. Die Befunde werden teils im Sinne von multipler Allelie, teils als Effekt von 3 sehr eng gekoppelten Genen interpretiert.

Pleiotropie der Genwirkung

Wir sind bisher von der Vorstellung ausgegangen, daß ein Gen für die Realisierung eines einzigen Merkmals verantwortlich ist. Daneben gibt es noch zwei andere Möglichkeiten:

– die **Pleiotropie** oder **Polyphänie**: Ein Gen ist für die Realisierung mehrerer Merkmale verantwortlich;

– die **Polygenie**: Mehrere Gene sind für die Realisierung des gleichen Merkmals zuständig.

Beim Studium zahlreicher Lehrbücher gewinnt man den Eindruck, als sei der Zustand „ein Gen/ein Merkmal" der Normalzustand und als stellten die Pleiotropie und die Polygenie Ausnahmefälle dar. Dies ist nicht der Fall. Bei pflanzlichen Mutanten finden sich nur wenige Fälle, in denen sich für das mutierte Allel ein einziger Effekt nachweisen läßt. Außerdem können wir vom Differenzmuster zweier Allele eines Genpaares nur den sichtbaren Teil der Pleiotropie erkennen, während sich ein Restmuster der Bearbeitung entzieht. Je spezifischer die Methoden sind, mit denen wir ein Genpaar analysieren, um so breiter wird das Spektrum derjenigen Eigenschaften, die von ihm kontrolliert werden, um so deutlicher wird die Breite der pleiotropen Genwirkung erkennbar.

Die seit langem bekannte *laciniata-Mutante* der *Erbse* unterscheidet sich in mehr als 20 Merkmalen von der Ausgangsform. Jede Pflanze dieses Mutationstypus zeigt mit großer Präzision den ganzen Komplex abweichender Merkmale. Nicht ein Einzelmerkmal, sondern dieser Komplex wird nach den Gesetzmäßigkeiten monomerer Erbgänge weitergegeben; er spaltet in Kreuzungen mit der Normalform 3 : 1.

Für den *Menschen* sei das *Marfan-Syndrom* genannt, das auf ein dominantes pleiotropes Gen zurückzuführen ist. Es schließt folgende Anomalien ein:

- Verlängerung aller Skelettelemente einschließlich des Schädels;
- mangelhafte Entwicklung der Muskulatur und des Fettgewebes;
- Augenanomalien mit Kurzsichtigkeit;
- Veränderung bestimmter Blutgefäße.

Diese Beispiele zeigen, daß sich ein pleiotropes Wirkungsmuster nicht immer aus Phänen zusammensetzt, zwischen denen ein innerer Zusammenhang besteht, wenn sich hierfür auch häufig eine gemeinsame biochemische Basis ergibt. Die Ursachen der Pleiotropie bestehen teilweise darin, daß durch den genetischen Block eine Substanz nicht gebildet werden kann, die für mehrere Stoffwechselwege notwendig ist. In anderen Fällen kommt unter dem Einfluß der mutierten Gene die Anhäufung von Stoffwechselprodukten zustande, die sich hemmend auf die Enzyme anderer Biosynthesen auswirken.

Das Problem der Pleiotropie ist noch weit von seiner Klärung entfernt. Den zahlreichen Befunden, die auf diesem Sektor vorliegen, können theoretisch drei verschiedenartige Ursachen zugrunde liegen (Abb. 5.22):

1. Der Komplex kann auf der Wirkung eines einzigen Gens beruhen.
2. Es sind mehrere Nachbargene mutiert; der Komplex setzt sich aus den Einzeleffekten dieser Gene zusammen. Seine Geschlossenheit wird nur vorgetäuscht, weil die mutierten Gene so eng gekoppelt sind, daß sie nicht durch Crossing over voneinander getrennt werden können (Abb. 5.23).
3. Es ist ein kleines Chromosomenstück mit mehreren Genen verloren gegangen. Es liegt also keine Genmutation, sondern eine Chromosomenmutation, eine Deletion, vor. Der Ausfall der Gene führt bei Homozygotie zum Komplex abweichender Merkmale.

Expressivität und Penetranz

Normalerweise zeigen Gene stabile Manifestationsverhältnisse, so daß die Identifizierung ihrer Träger keine Schwierigkeiten bereitet. Zahlreiche Gene sind jedoch durch labile Manifestationsverhältnisse gekennzeichnet. Sie realisieren das Merkmal, für das sie verantwortlich sind, in unterschiedlichen Intensitätsstufen. Die Labilität kann so weit gehen, daß die Genwirkung nicht in Erscheinung tritt. Es liegen in derartigen Fällen nicht etwa Rückmutationen vor. Die betreffenden Organismen bleiben vielmehr in ihrer genotypischen Konstitution konstant; das Gen ist jedoch unter bestimmten Umständen nicht in der Lage, sich zu manifestieren. Wir müssen hierbei zwei Phänomene unterscheiden:

- die Expressivität und
- die Penetranz.

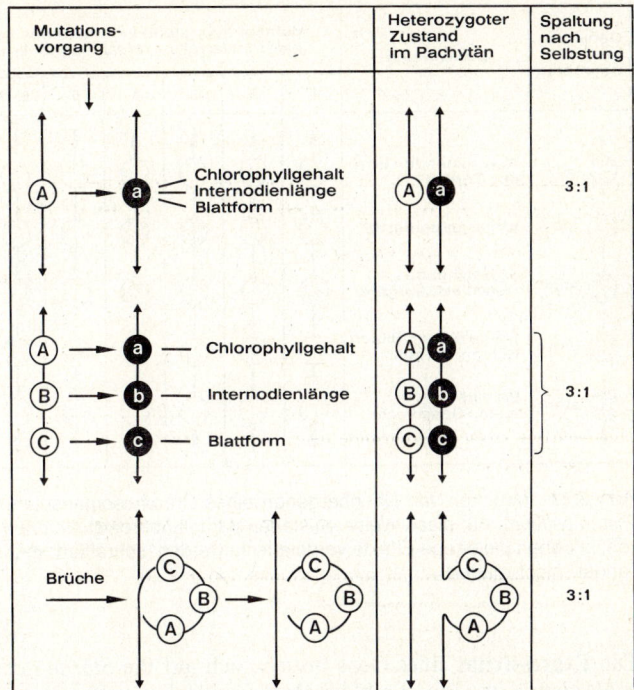

| Mutations-vorgang | Heterozygoter Zustand im Pachytän | Spaltung nach Selbstung |

Abb. 5.**22** Theoretisch mögliche Ursachen für das Auftreten "pleiotroper" Effekte.

Oben: Ein einziges Gen mutiert vom dominanten zum rezessiven Zustand. Das rezessive Allel beeinflußt 3 verschiedene Merkmale. In der Nachkommenschaft des monohybriden Bastards treten die abweichenden Merkmale als geschlossener Block im Verhältnis von 3:1 auf. In diesem Fall liegt echte Pleiotropie vor.

Mitte: Die 3 Merkmale werden von 3 sehr eng gekoppelten oder benachbarten Genen kontrolliert. Falls alle drei mutieren, entsteht ein trihybrider Bastard. Er zeigt das gleiche Spaltungsverhalten wie ein monohybrider Bastard, weil die 3 Genpaare wegen ihrer engen Koppelung nicht durch Crossing-over-Vorgänge getrennt werden.

Unten: Es gehen 3 Nachbargene durch einen Chromosomenstückverlust – eine Deletion – verloren. Im Pachytän des deletions-heterozygoten Organismus werden Lage und Ausdehnung der verlorengegangenen Region an einer Schleifenbildung des nichtgeschädigten Homologen erkennbar. Auch in diesem Fall kann in der Nachkommenschaft eine 3:1-Spaltung auftreten

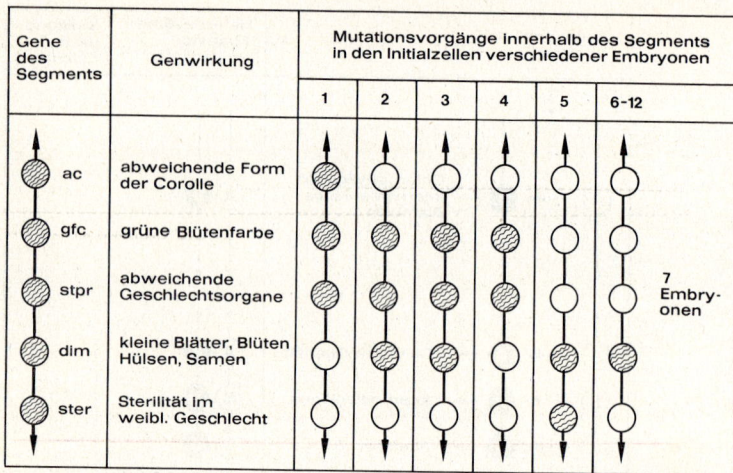

Abb. 5.23 Mutieren von Nachbargenen eines Chromosomensegments von *Pisum sativum*. Auf diese Weise entstehen partiell übereinstimmende Mutanten, in denen pleiotrope Effekte vorgetäuscht werden (schraffiert: mutiert; umrandet: nicht mutiert)

Die **Expressivität** eines Gens bezieht sich auf die *Stärke der Merkmalsausprägung* innerhalb des Organismus. Unter **Penetranz** hingegen wird die *Manifestationshäufigkeit* des vom Gen kontrollierten Merkmals innerhalb einer reinen Linie oder eines Klons verstanden. Beide Phänomene werden bevorzugt an Mutanten bearbeitet, wobei instabile Penetranz wesentlich seltener ist als variable Expressivität.

Expressivität der Genwirkung

Die Ausprägung eines Merkmals kann *innerhalb des gleichen Organismus* stark variieren. Es ist durchaus möglich, daß Einzelorgane die Wirkung des Gens überhaupt nicht erkennen lassen. Sie tritt jedoch in anderen Organen des Organismus so deutlich in Erscheinung, daß er zuverlässig als Mutante klassifiziert werden kann. Das betreffende Gen zeigt also volle Penetranz, aber variable Expressivität. Im Gegensatz zur Penetranz wird die Expressivität an Einzelindividuen ausgewertet.

Geringfügige Schwankungen in der Ausprägung eines Merkmals sind außerordentlich häufig. Nehmen wir als Beispiel die bei Zierpflanzen verbreitete *Blütenfüllung*. Sie kommt dadurch zustande, daß die Anzahl der Blütenblätter vermehrt wird oder daß die Staub-

und Fruchtblätter in Form blütenblattartiger Organe ausgebildet werden. Für diese Effekte ist in der Regel ein rezessives Gen verantwortlich, das den Differenzierungsablauf der Vegetationskegel stört. Es werden Blüten der unterschiedlichsten Struktur gebildet, wobei die Variationsbreite vom Normalzustand bis zu starker Füllung gehen kann. Dies ist ein charakteristisches Beispiel für das Auftreten unterschiedlicher Expressivitätsstufen des gleichen Gens. Sie führen zu einer abgestuften Serie verschiedenartiger Merkmalsausprägungen. Die schwachen Expressivitätsstufen lassen die Genwirkung nur schwach erkennen; bei den starken Expressivitätsstufen hingegen tritt sie sehr deutlich in Erscheinung. Betrachten wir den Organismus als Ganzes, so ist er klar als Mutante identifizierbar; es sind lediglich graduelle Unterschiede in der Ausprägungsstärke des Merkmals vorhanden.

Die Expressivität eines Gens kann sowohl von Umweltfaktoren als auch vom „genotypischen Milieu", also von der Anwesenheit spezifischer anderer Gene im Genom, abhängen. Außerdem kann sie Beziehungen zum Ablauf der ontogenetischen Entwicklung zeigen. Ein Beispiel hierfür ist in Abb. 5.24 dargestellt. Die Expressivität des betreffenden Gens, das ebenfalls für die Ausdifferenzierung von

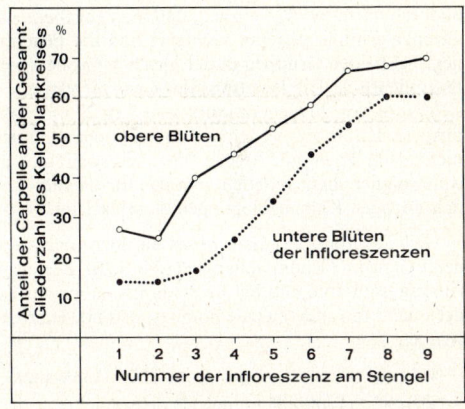

Abb. 5.24 Die Abhängigkeit der Gestaltung des Kelchblattkreises der *calyx-carpellaris*-Mutante von *Pisum sativum* von der Stellung der Blüte innerhalb der Infloreszenz und der Stellung der Infloreszenz am Stengel. Das Gen ist für die Ausbildung von Fruchtblättern im Kelchblattkreis verantwortlich. Der prozentuale Anteil der Carpelle an der Gesamtgliederzahl des Kelchblattkreises ist um so höher, je später die Infloreszenz ausgebildet wird. Außerdem wirkt sich das Gen in den Spitzenblüten der Infloreszenzen stärker aus als in den Basalblüten

Vegetationskegeln zu Blüten verantwortlich ist, tritt um so stärker in Erscheinung, je später die Vegetationskegel angelegt werden. Die Manifestationsstärke des Gens nimmt also mit fortschreitender Ontogenese zu.

Penetranz

Für die Auswertung der *Penetranz* hingegen sind möglichst viele Individuen des gleichen Genotypus notwendig. Sie wird als prozentualer Wert ausgedrückt. Eine Penetranz von 40% bedeutet, daß nur 40% aller Individuen, die für ein bestimmtes Gen homozygot sind, die Wirkung des Gens erkennen lassen. Die übrigen 60% besitzen zwar das Gen ebenfalls, das von ihm kontrollierte Merkmal tritt jedoch nicht in Erscheinung. Diese Organismen entsprechen phänotypisch dem nichtmutierten Wildtyp, der Normalform; ihre Mutantennatur kann nur auf indirektem Wege nachgewiesen werden.

Die Penetranz mutierter Gene kann sowohl von Umwelt- als auch von genetischen Faktoren beeinflußt werden. Als Beispiel sei eine *Erbsen-Mutante* gewählt, an der sich beide Prinzipien ableiten lassen. Das Gen *bif* verursacht den Übergang vom monopodialen Sproßaufbau zur Dichotomie; der Stengel ist in der oberen Sproßregion gegabelt. Das Merkmal wird nicht konstant weitergegeben. Es treten vielmehr in jeder Nachkommenschaft neben gegabelten auch ungegabelte Pflanzen auf. Es wird eine Art „Spaltung" erkennbar, die jedoch keine Mendel-Spaltung ist. Das mutierte Gen zeigt vielmehr instabile Penetranzverhältnisse. Dies kann dadurch nachgewiesen werden, daß man gegabelte und ungegabelte Pflanzen der gleichen Familie getrennt vermehrt und die Penetranz des Gens auswertet. Sie liegt bei beiden Gruppen in der gleichen Größenordnung; sie sind folglich genetisch identisch. Die Penetranz des Gens *bif* variierte in Deutschland bei Berücksichtigung von 20 Generationen zwischen 22 und 84% in verschiedenen Vegetationsperioden. In tropischen und subtropischen Ländern manifestiert sich das Gen nicht; seine Penetranz beträgt 0% und erweist sich damit als klimaabhängig. Es wäre folglich nicht möglich gewesen, die züchterisch interessante Mutante unter den dortigen Klimabedingungen zu selektieren.

Die Penetranz des Gens *bif* ist darüber hinaus auch von der Anwesenheit anderer Gene im Genom abhängig (Abb. 5.**25**). Dies zeigt sich, wenn man sie bei der Ausgangsmutante und bei Rekombinanten auswertet, die nicht nur für *bif*, sondern auch für andere Gene homozygot sind. Hierbei wurden folgende Gene verwendet:

- Gen *bif* (Stengelgabelung; instabile Penetranz),
- Gen *efr* (Frühreife; stabile Penetranz),
- Gen *ion* (erhöhte Anzahl von Samenanlagen im Fruchtknoten; stabile Penetranz),
- Gen *sg* (Kleinsamigkeit; stabile Penetranz).

Bei der Ausgangsmutante variierte die Penetranz von *bif* in 5 Generationen $(M_{11} - M_{15})$ zwischen 57 und 65%. Bei Anwesenheit des Gens *efr* sank sie in den gleichen Vegetationsperioden auf 18 – 40% ab. Das Gen *ion* verursacht eine weitere Herabsetzung, aber nur in Gegenwart von *efr*. Dies zeigt sich aus dem Ver-

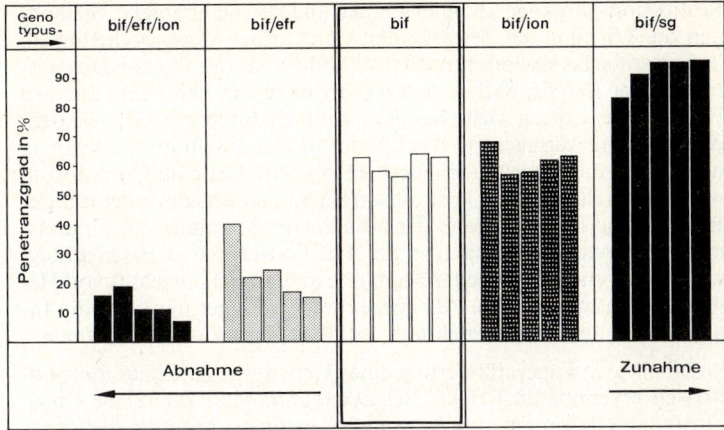

Abb. 5.25 Die Abhängigkeit des Penetranzgrads eines mutierten Gens von der Anwesenheit anderer Gene im Genom, dargestellt an Mutanten und Rekombinanten von *Pisum sativum.*
Die Penetranzverhältnisse des Gens *bif* wurden in der Ausgangsmutante und in 4 verschiedenen Rekombinanten in 5 Generationen ausgewertet. Jede Säule gibt den Penetranzgrad des Gens *bif* für eine Generation an (Erläuterung im Text)

gleich der Genkombinationen *bif/efr/ion* und *bif/ion* in der Abb. 5.25. Im Gegensatz hierzu kommt unter dem Einfluß des Gens *sg* eine Stabilisierung der Penetranz von *bif* zustande. Ähnliche Fälle sind für *Drosophila* bekannt.

Positionseffekt

Wir sind bei der Besprechung der Genwirkung davon ausgegangen, daß das Gen für die Verwirklichung eines bestimmten Merkmals verantwortlich ist. Seine Wirkung kann sowohl durch Umweltfaktoren als auch durch andere Gene modifiziert werden; hierdurch kommen Expressivitäts- und Penetranzunterschiede zustande. Darüber hinaus kann die Wirkung eines Gens von seiner Lage innerhalb der Koppelungsgruppe, d. h. von seinen *Nachbargenen,* abhängen. Dieses Phänomen wird als **Lagewirkung** oder **Positionseffekt** bezeichnet. Er wird dann erkennbar, wenn das Gen aus seiner normalen Nachbarschaft herausgelöst und in eine Gruppe anderer Gene eingelagert wird. Dies kann experimentell in Verbindung mit einer Chromosomenmutation − der Verlagerung eines Chromosomenabschnitts von einem Chromosom auf ein anderes − herbeigeführt werden. Das an der Bruchstelle gelegene Gen hat nach Ablauf der

Restitutionsvorgänge an einer Flanke andere Nachbargene. Sie können die Wirkung des betreffenden Gens in der Weise beeinflussen, daß spezifische Veränderungen im Phänotypus des Organismus auftreten. Der Beweis, daß es sich hierbei nicht um den unabhängigen Effekt eines dritten Gens handelt, kann dadurch erbracht werden, daß man die Verlagerung des Chromosomenabschnitts rückgängig macht und die ursprüngliche Reihenfolge der Gene im Chromosom wiederherstellt. Lag ein Positionseffekt vor, so verschwindet mit der Rückverlagerung des Gens die zusätzliche Anomalie am Organismus. Besonders deutlich tritt der Positionseffekt in Erscheinung, wenn Gene euchromatischer Segmente in die Nachbarschaft von Heterochromatin gelangen. Als Folge dieser Verlagerung kann die Inaktivierung eines oder mehrerer Wildtyp-Gene zustandekommen.

Nicht jede Lageveränderung eines Gens führt zu einem morphologisch erkennbaren Effekt. Bei *Drosophila* sind zahlreiche Chromosomenmutationen, vorwiegend Inversionen, bekannt, die nicht mit morphologisch erkennbaren Abweichungen verbunden sind. Tritt ein Positionseffekt auf, so bezieht er sich in der Regel auf die Ausprägungsstärke des betreffenden Gens. Er äußert sich bei heterozygoten Fliegen häufig in der Weise, daß das gegenseitige Stärkeverhältnis zwischen dem dominanten und rezessiven Allel unter dem Einfluß der neuen Nachbargene modifiziert wird. In der Regel tritt hierbei die Wirkung des dominanten Allels in abgeschwächter Form oder gar nicht in Erscheinung.

Polygenie

Polygenie liegt vor, wenn das gleiche Merkmal unter dem Einfluß verschiedener Gene des Genoms realisiert wird. Sie können entweder unabhängig voneinander zur Wirkung kommen oder bestimmte Formen des Zusammenwirkens zeigen. Wir müssen deshalb zwei verschiedene Möglichkeiten unterscheiden:

– isophäne Polygenie und
– anisophäne Polygenie.

Isophäne Polygenie

Ein Genom besteht nicht nur aus Genen, die verschiedene Merkmale im Organismus kontrollieren. Es sind zahlreiche Fälle bekannt, daß unter dem Einfluß verschiedener Gene der gleiche Effekt am Organismus hervorgerufen wird. Es sind also Gruppen von Genen vorhanden, die in ihrer Wirkung übereinstimmen und die offenbar zufallsgemäß über das Genom verteilt sind. Eine Zusammenarbeit zwischen ihnen kommt nicht zustande, sie realisieren ihr Phän vielmehr unabhängig von den übrigen Genen des polygenen Systems. Unter diesen Voraussetzungen entstehen nach Ablauf von Mutationsvorgängen gleichartige Mutanten, die jedoch für verschiedene Gene homozygot sind. Dieses Phänomen wird als **isophäne Polygenie** bezeichnet.

Der Nachweis für die Anwesenheit eines solchen Systems ist leicht zu erbringen. Treten übereinstimmende Mutanten auf, die auf verschiedene Embryonen zurückgehen, so kreuzt man sie miteinander, um die zwischen ihnen bestehenden genetischen Beziehungen zu testen. Entsprechen die F_1-Bastarde den beiden elterlichen Mutanten, so liegt Identität oder Allelität vor. Entsprechen sie jedoch dem Wildtypus, so sind die übereinstimmenden Effekte auf zwei verschiedene Gene zurückzuführen. Bei freier Kombination ist in der F_2-Generation nicht die übliche 9:3:3:1-Spaltung zu erwarten. Es tritt vielmehr die summarische Spaltung von „9 normal:7 mutiert" auf, weil sich die letzten drei der vier Gruppen des dihybriden Erbgangs in diesem Spezialfall nicht voneinander unterscheiden lassen (Abb. 5.26). Sind die Gene gekoppelt, so ist – entsprechend dem Grad ihrer Koppelung – eine Abweichung von der 9:7-Spaltung zu erwarten.

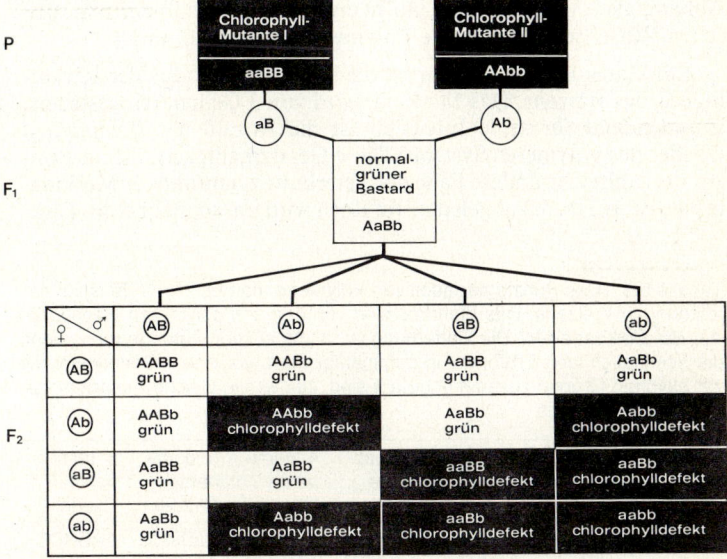

Abb. 5.**26**   Der Erbgang zweier polygen gesteuerter Merkmale bei isophäner Polygenie. Annahme: Es sind zwei morphologisch übereinstimmende Chlorophyllmutanten vorhanden, deren Chlorophylldefekt auf der Wirkung verschiedener rezessiver, nicht gekoppelter Gene des Genoms beruht. In der F_2 sind alle Pflanzen, in denen von beiden Genpaaren mindestens ein Allel dominant vorliegt, grün. Der Chlorophylldefekt tritt nur in denjenigen Pflanzen auf, die für ein oder für beide Genpaare homozygot rezessiv sind. Dadurch kommt eine summarische Spaltung von „9 grün:7 chlorophylldefekt" zustande

Dieses Phänomen ist weit verbreitet. Besonders eindrucksvolle Beispiele für isophäne Polygenie sind für die *Gerste* bekannt. Vom leicht erkennbaren *erectoides-Typus* sind allein in Svalöf (Schweden) 700 unabhängig voneinander entstandene Mutanten selektiert worden. Sie gehören einem polygenen System von mindestens 30 verschiedenen Genen an. Noch umfangreicher ist die Gruppe der wachslosen *eceriferum*-Mutanten. Nach Kreuzung von 1580 Mutanten dieser Kategorie wurden 79 verschiedene Loci gefunden.

Anisophäne Polygenie

Das Charakteristikum der anisophänen Polygenie besteht darin, daß verschiedene Gene des Genoms bei der Realisierung des gleichen Merkmals zusammenwirken. Hier können wir nicht von einer Selbständigkeit der Gene des Systems sprechen. Sie sind vielmehr *gemeinsam* für die Kontrolle eines bestimmten Vorgangs verantwortlich und zeigen im Hinblick auf das Zusammenwirken eine gewisse Abhängigkeit voneinander. Häufig ergänzen sie sich in einer spezifischen Weise, so daß **additive Polymerie** zustandekommt.

Ein klares Beispiel hierfür ist der Vererbungsmodus der Rotkörnigkeit des *Weizens*. Das Merkmal wird von 3 Genpaaren gesteuert. Entscheidend für seine Intensität ist die Anzahl der *dominanten* Glieder des polymeren Systems. Diese Gesetzmäßigkeit, die im Prinzip für zahlreiche andere Fälle der Vererbung quantitativer Merkmale gilt, ist in Tab. 5.3 abgeleitet. Im Korn wird um so mehr roter Farb-

Tabelle 5.3 Das Prinzip der additiven Polymerie, dargestellt am Beispiel des rotkörnigen Weizens. Das Merkmal wird von den drei polymeren Genpaaren *Aa, Bb, Cc* kontrolliert. Die Rotfärbung ist um so ausgeprägter, je mehr Gene der sechsgliedrigen Erbformel in dominanter Form vorliegen. Genotypen, die zur gleichen Gruppe zusammengefaßt sind, zeigen die gleiche Ausprägungsstärke des Merkmals

6 rezessive Glieder	1 dominantes Glied	2 dominante Glieder	3 dominante Glieder	4 dominante Glieder	5 dominante Glieder	6 dominante Glieder
aabbcc	Aabbcc	AaBbcc	AaBbCc	AaBbCC	AaBBCC	AABBCC
	aaBbcc	AabbCc	AabbCC	AaBBCc	AABbCC	
	aabbCc	aaBbCc	AaBBcc	AABbCc	AABBCc	
		AAbbcc	AABbcc	AAbbCC		
		aaBBcc	AAbbCc	AABBcc		
		aabbCC	aaBbCC	aaBBCC		
			aaBBCc			

weiß-körnig	Zunahme der Intensität der Rotfärbung
	⟶

stoff gebildet, je größer die Anzahl dominanter Gene in der sechsgliedrigen Erbformel ist. Pflanzen, die in der Tabelle zu einer Gruppe vereinigt sind, besitzen die gleiche Anzahl dominanter Gene. Sie
bilden in der Karyopse gleiche Mengen roten Farbstoffs, obwohl sie
unterschiedliche Erbformeln aufweisen. Liegen alle 6 Glieder des
Systems in dominanter Form vor, so ist im Hinblick auf die Farb-
stoffproduktion das Leistungsmaximum erreicht. Mit jedem rezessiven Gen des Systems wird die Farbstoffmenge herabgesetzt. Setzt
sich die Erbformel ausschließlich aus rezessiven Gliedern zusammen, so ist die Farbstoffbildung nicht möglich; es entsteht der weiß-
körnige Weizen. Es liegt also kein monohybrider, sondern ein *trihybrider Erbgang* vor. Unter der Voraussetzung, daß die drei polymeren Gene nicht gekoppelt sind, sind die weißkörnigen Pflanzen in
der F_2-Generation in einer Häufigkeit von nur 63 : 1 zu erwarten.
Innerhalb der großen Gruppe der rotkörnigen Pflanzen treten im
Hinblick auf die Intensität der Färbung graduelle Unterschiede auf,
die auf Unterschiede in der Anzahl der dominanten Glieder des polymeren Systems zurückzuführen sind.

Die Kartoffelkäferresistenz der *tuberaren Solanum-Arten* wird nach dem gleichen
Prinzip gesteuert. Die Gesamtzahl der zum polymeren System gehörenden Genpaare wird auf 10 geschätzt. Volle Resistenz ist zu erwarten, wenn alle 20 Glieder
dieses polygenen Systems in dominanter Form vorliegen. Dieses Ziel ist außerordentlich schwer zu erreichen, da die Resistenzgene aus Wildarten in die Kulturkartoffel eingebaut werden müssen.

Polygenie liegt häufig der *Vererbung quantitativer Merkmale* zugrunde. Da jedes Gen einer solchen Gruppe eine mehr oder weniger breite
Streuung verursacht, ist der Nachweis der exakten Anzahl der beteiligten Gene oftmals schwierig. Die Analyse erfolgt mit Hilfe statistischer Methoden. Beim *Menschen* ist die Hautfarbe ein quantitatives
Merkmal, an dessen Ausprägung 3–6 Genpaare beteiligt sind.

Als anschauliches Beispiel für die Kombinationsmöglichkeiten, die
sich bei einem polygen gesteuerten Merkmal ergeben, sei die Fellfärbung des *Kaninchens* genannt. Hierbei werden 4 Genpaare und eine
Serie multipler Allele sowie einige andere Gene wirksam. Schon gegen Ende der 50er Jahre waren in Europa und Amerika mehr als 270
Rassen mit unterschiedlichen Fellfärbungen bekannt.

Andere Formen des Zusammenwirkens
von Genen: Haupt- und Nebengene,
Komplementärgene, Epistasie, Hypostasie

Häufig läuft das Zusammenwirken von Genen bei der Merkmalsgestaltung in der Weise ab, daß wir den Einfluß von *Haupt- und Ne-*

bengenen zu unterscheiden haben. In einem solchen System ist das **Hauptgen** für die Realisierung des Merkmals an sich verantwortlich, während die Stärke seiner Ausprägung – seine Expressivität – vom Einfluß der **Nebengene**, der **Modifikatoren**, abhängt. Sie können sowohl additive als auch antagonistische Effekte verursachen, können die Wirkung des Hauptgens also verstärken oder abschwächen. Auf diese Weise entstehen graduell abgestufte Merkmalsausprägungen, die an die Verhältnisse bei Serien multipler Allele erinnern. Bei den Modifikatoren handelt es sich jedoch um nichtallele Gene. Durch ein derartiges System werden häufig nichterbliche Modifikationen vorgetäuscht, obwohl die graduellen Unterschiede zwischen den verschiedenen Formen auf Genunterschieden beruhen. Die Wirkung der Modifikatorgene darf also nicht mit der Wirkung von Außenfaktoren verwechselt werden, die zu Modifikationen führen.

Eine spezifische Form des Zusammenwirkens von Genen wird erkennbar, wenn ein Merkmal von **Komplementärgenen** kontrolliert wird. Die Besonderheit ihres Zusammenwirkens besteht darin, daß jedes dieser nichtallelen, unabhängig mendelnden Gene allein ohne einen phänotypisch erkennbaren Effekt am Organismus bleibt. Die Merkmalsausprägung kann erst dann erfolgen, wenn alle Gene des komplementären Systems im Organismus vorhanden sind und gemeinsam zur Wirkung kommen.

Als Beispiel hierfür sei das Auftreten violettfarbiger Hülsen bei der *Erbse* genannt. Nach Kreuzung zweier Sippen mit normalgrünen Hülsen traten in der F_1 violette Hülsen auf; in der F_2 wurde die modifizierte Dihybridenspaltung von „9 violett : 7 grün" gefunden. Dieses Verhalten wird unter der Annahme zweier dominanter Komplementärgene verständlich (Abb. 5.27). In jeder der beiden Elternlinien ist nur eines der beiden Gene vorhanden, das allein nicht wirksam werden kann. Als Folge hiervon sind die Pflanzen nicht in der Lage, den violetten Farbstoff zu bilden; ihre Hülsen sind grün. Im dihybriden F_1-Bastard liegen beide Komplementärgene im heterozygoten Zustand vor, können also ihre Wirkung entfalten: der Bastard bildet violette Hülsen. In der F_2-Generation tritt das Merkmal „violette Hülsen" in allen Pflanzen auf, in denen die beiden Komplementärgene in homozygot dominanter oder in heterozygoter Form vorliegen. Dies gilt für folgende Genotypen:

– *DD/EE*
– *DD/Ee*
– *Dd/EE*
– *Dd/Ee.*

Alle anderen Genotypen besitzen entweder nur eins der beiden Komplementärgene im dominanten Zustand oder sie liegen – wie bei der doppelt rezessiven Form *dd/ee* – beide im rezessiven Zustand vor. Hieraus ergibt sich die Spaltung von „9 violett : 7 grün".

Die soeben abgeleitete 9 : 7-Spaltung ist nicht mit der in Abb. 5.26 dargestellten 9 : 7-Spaltung identisch. Es sind vielmehr folgende Unterschiede vorhanden:

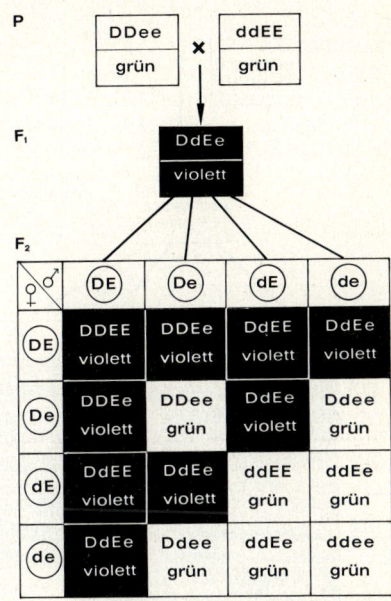

Abb. 5.**27** Der Erbgang zweier Komplementärgene für die Ausbildung violetter Hülsen bei der *Erbse* (nach *Kappert*)

– Beim dihybriden Erbgang zweier *Komplementärgene* kommt das abweichende Merkmal (im vorliegenden Falle die violette Hülsenfarbe) nur dann zustande, wenn von jedem der beiden Genpaare mindestens ein Allel in *dominanter* Form vorliegt. Dies ist in 9 von 16 Pflanzen der Fall. Die beiden Gene wirken bei der Gestaltung des Merkmals zusammen.

– Bei *isophäner Polygenie* kommt das abweichende Merkmal (in unserem Beispiel der Chlorophylldefekt) schon zustande, wenn eins der beiden Genpaare in *homozygot rezessiver* Form vorliegt. Dies ist bei 6 von 16 Pflanzen der Fall. Eine weitere Pflanze ist für beide Genpaare homozygot rezessiv und ist ebenfalls chlorophylldefekt, deshalb die summarische Spaltung von 9 normal : 7 mutiert. Die beiden Gene wirken bei der Gestaltung des Merkmals nicht zusammen. Wenn sie gemeinsam für den Chlorophylldefekt verantwortlich wären, könnte er nur bei den doppelt Rezessiven *aabb* in Erscheinung treten, und es wäre eine Spaltung von 15 normal : 1 mutiert zu erwarten.

Bei alternativen Erbgängen wird die Wirkung des rezessiven Allels unter dem Einfluß des dominanten Allels unterdrückt. Analoge Erscheinungen können auch beim *Zusammenwirken nichtalleler Gene* auftreten; es liegen **Epistasie** und **Hypostasie** vor. Das **epistatische Gen** hindert ein zweites Gen des Genoms daran, seine Wirkung zu entfalten. Unter der Voraussetzung, daß dominante Epistasie vorliegt, kann das zweite Gen, das **hypostatische,** nur wirksam werden, wenn das epistatische Gen im homozygot-rezessiven Zustand vor-

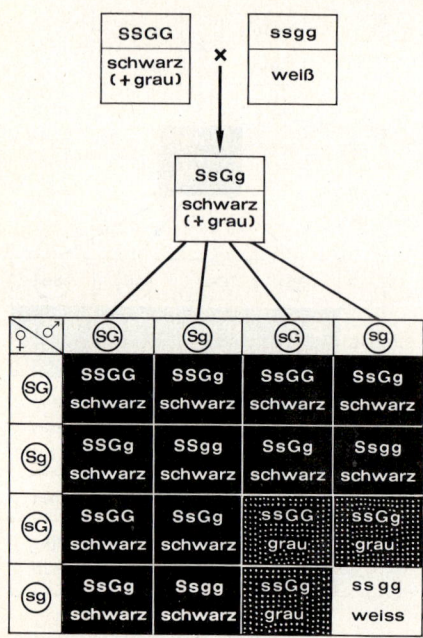

Abb. 5.**28** Das Zusammenwirken des epistatischen Gens *S* und des hypostatischen Gens *G* für die Spelzenfärbung des *Hafers*

liegt. Diese Form des Zusammenwirkens zweier Gene führt ebenfalls zu abweichenden Spaltungen.

Eines der klassischen Beispiele hierfür ist die Vererbung der Spelzenfärbung beim *Hafer*. Aus der Kreuzung schwarz- und weißspelziger Formen entstehen schwarzspelzige Bastarde. In der F_2 tritt jedoch nicht die Monohybridenspaltung von „3 schwarz : 1 weiß", sondern eine Spaltung von „12 schwarz : 3 grau : 1 weiß" auf. Es ist leicht erkennbar, daß es sich hierbei um eine modifizierte Dihybridenspaltung handelt, die in Abb. 5.**28** abgeleitet ist. Hierbei müssen wir von der Voraussetzung ausgehen, daß sich die beiden Elternrassen hinsichtlich der Spelzenfarbe nicht nur in einem, sondern in zwei Genpaaren unterscheiden:

- S → Schwarzspelzigkeit,
- s → weiße Spelzen,
- G → Grauspelzigkeit,
- g → weiße Spelzen.

Der für die Kreuzung verwendete doppelt dominante Elter besitzt nicht nur das Gen *S* für Schwarzspelzigkeit, sondern auch das Gen *G* für Grauspelzigkeit. Es wird als hypostatisches Gen trotz Dominanz jedoch nicht erkennbar, weil seine Wirkung unter dem Einfluß des epistatischen Gens *S* nicht in Erscheinung tritt. Dies gilt auch für den dihybriden Bastard. Die Spelzen dieser Pflanzen sind gewissermaßen doppelt gefärbt, nämlich schwarz und grau, wobei das Grau vom Schwarz überdeckt wird und sich der Beobachtung entzieht. Die Wirkung des hypostatischen Gens G kann sich nur bei denjenigen Genotypen manifestieren, bei denen das epistatische Gen S in homozygot rezessiver Form vorliegt. Dies gilt für die Genotypen ss/GG und ss/Gg. Sind die beiden zusammenwirkenden Gene homozygot rezessiv vorhanden, so unterbleibt die Bildung von Farbstoff in den Spelzen. Alle übrigen Pflanzen der F_2-Generation enthalten das dominante epistatische Gen S im homo- oder heterozygoten Zustand, besitzen folglich schwarze Spelzen. Hieraus resultiert die Spaltung von 12 schwarz : 3 grau : 1 weiß.

Anwendung genetischer Gesetzmäßigkeiten in der Pflanzenzüchtung[1]

Die **Kombinationszüchtung** ist eine der wichtigsten Methoden der Pflanzenzüchtung, mit deren Hilfe alljährlich zahlreiche neue Zuchtstämme oder Sorten entwickelt werden. Ihr Prinzip besteht darin, Gene für erwünschte Eigenschaften, die auf verschiedenen Linien verteilt sind, zu vereinigen und Stämme zu entwickeln, in denen die betreffenden Gene im homozygoten Zustand kombiniert vorhanden sind. Als Schema kann folgendes Beispiel dienen:

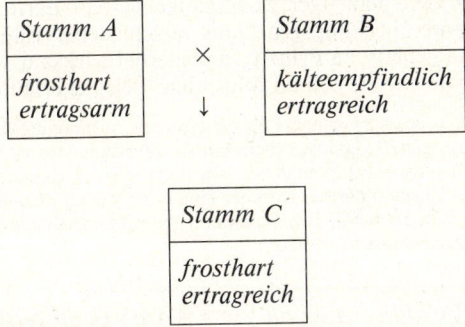

Die Kombination bestimmter Merkmale geschieht auf der Basis des 3. Mendelschen Gesetzes bzw. in Verbindung mit Koppelungsbrüchen. Der Aufwand, der hierfür notwendig ist, hängt von der Anzahl der am Erbgang beteiligten Gene ab. Bei freier Kombination von *zwei* Genpaaren ist ein bestimmter homozygoter Rekombina-

---

[1] Die genetischen Grundlagen der Pflanzen- und Tierzüchtung sind im Band „Züchtungsgenetik" von F. LEIBENGUTH in der vorliegenden Taschenbuchreihe dargelegt.

tionstypus in einer Häufigkeit von 15:1 zu erwarten. Sollen *drei* nicht gekoppelte Genpaare aus verschiedenen Zuchtstämmen zu einem neuen Stamm vereinigt werden, so liegt der theoretische Wert für die Häufigkeit der erwünschten Rekombination bei 63:1. Je größer die Anzahl der Gene ist, um so seltener treten die angestrebten Rekombinanten auf, um so umfangreicher müssen folglich die Spaltungsgenerationen sein, in denen man die Selektion durchführt. Eine weitere Erschwerung der Zuchtgänge kommt dann zustande, wenn die betreffenden Gene gekoppelt sind, wobei ihre Neukombination um so schwieriger zu bewerkstelligen ist, je enger der Grad der Koppelung ist.

Die Selektion der erwünschten Rekombinanten bereitet bei *qualitativen Merkmalen* keine Schwierigkeiten, weil sie leicht erkennbar sind. Häufig wird jedoch die Vereinigung *quantitativer Eigenschaften* angestrebt. Sie ist wesentlich schwieriger zu erreichen, weil wegen der graduellen Übergänge in den spaltenden Familien keine exakten Klasseneinteilungen vorgenommen werden können. Außerdem sind quantitative Merkmale häufig polygen bedingt und ihre Erbgänge schwer zu überblicken. In derartigen Fällen nimmt der erwünschte Effekt oftmals mit der Anzahl von *dominanten Genen* zu, die aus der polymeren Gengruppe im gleichen Organismus vereinigt werden. Das Ziel derartiger Zuchtgänge besteht darin, möglichst viele dominante „Leistungsgene" aus verschiedenen Eltern zu kombinieren. Das genetische Prinzip, das hierbei wirksam wird, ist die **additive Polymerie.** Sie soll an folgendem Beispiel erläutert werden.

Nehmen wir an, es seien 8 Genpaare für die optimale Ausprägung einer bestimmten Leistungseigenschaft verantwortlich. Für die Züchtung mögen 2 homozygote Linien zur Verfügung stehen, von denen jede drei dieser 8 Genpaare im homozygot dominanten Zustand besitzt. Darüber hinaus wollen wir annehmen, daß die beiden Linien in einem dieser 3 dominanten Genpaare übereinstimmen. Es liegt also folgende Ausgangssituation vor:

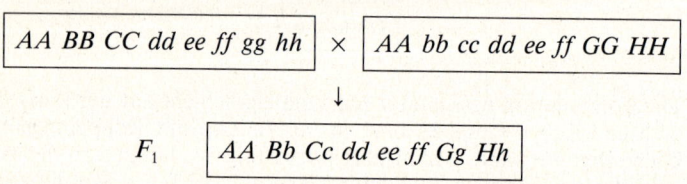

Der Bastard besitzt:

– eins der 8 beteiligten Genpaare im homozygot-dominanten Zustand,
– drei der 8 beteiligten Genpaare im homozygot-rezessiven Zustand,
– vier der 8 beteiligten Genpaare im heterozygoten Zustand.

In der F_2-Generation sind durch Umkombinationen in geringer Häufigkeit Individuen der Konstitution

> *AA BB CC dd ee ff GG HH*

zu erwarten. Sie besitzen fünf der 8 beteiligten Genpaare im homozygot-dominanten Zustand, werden die beiden Elternformen also im Hinblick auf das betreffende Leistungsmerkmal übertreffen. Dieses Überschreiten der genetisch bedingten Variationsbreite der Ausgangsformen aufgrund einer „verbesserten" genetischen Konstitution wird als **Transgression** bezeichnet.

Wenn sich 2 Ausgangslinien im Hinblick auf die dominanten Genpaare einer additiven Gruppe völlig ergänzen, besteht die Aussicht, alle dominanten Gene der Gruppe im gleichen Organismus zu vereinigen. Damit ist das genetisch höchstmögliche Leistungsmaximum für die betreffende Eigenschaft erreicht, und es ist keine weitere Verbesserung mehr möglich:

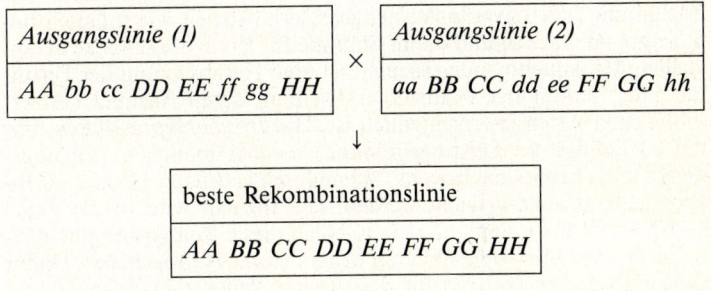

Die Idealkombination wird in den Nachkommenschaften der oktohybriden Bastarde wegen der großen Anzahl der am Erbgang beteiligten Gene nur außerordentlich selten auftreten.

Seit einigen Jahrzehnten verwendet man in steigendem Maße Genmaterial aus **Wildarten,** um die Leistungsfähigkeit der Kulturpflanzen zu verbessern. Hierbei sind besonders *Resistenzgene* von Bedeutung, die den Kulturformen fehlen. Sie müssen in Verbindung mit schwierigen Artkreuzungen in die Genome der Kulturpflanzen eingebaut werden. Der Bastard besitzt zwar das erwünschte Gen im heterozygoten Zustand; er enthält jedoch Hunderte von negativen Genen der Wildart. Sie müssen durch fortgesetzte Rückkreuzungen mit der Kulturform unter Einschaltung schärfster Selektionsmaßnahmen eliminiert werden. Das Verfahren ist folglich sehr langwierig, hat aber bei der Übertragung von Genen für Kartoffelkäfer- und Phytophthora-Resistenz von *Wildkartoffeln* auf *Solanum tuberosum* sowie in anderen Fällen Erfolg gehabt.

Fremdbefruchter sind in genetischer Beziehung durch eine hochgradige Heterozygotie gekennzeichnet, während Selbstbefruchter weitgehend homozygot sind. Einige der wichtigsten Kulturpflanzen unserer Erde sind Fremdbefruchter *(Mais, Roggen, Hirse, Sonnenblume,* zahlreiche *Leguminosen).* Bei ihnen ist die Ausnützung des **Heterosiseffekts** von großer züchterischer Bedeutung. Die **Heterosiszüchtung**, die beim *Mais* schon vor Jahrzehnten zu einer hohen Perfektion entwickelt worden ist, besteht aus zwei Teilvorgängen:

− der Inzucht
− und der Kreuzung einer großen Anzahl verschiedener Inzuchtlinien.

Unter **Inzucht** versteht man Bastardierungen zwischen genetisch sehr nahe verwandten Formen von Fremdbefruchtern. Bei allogamen Pflanzen werden einige Generationen lang Selbstbefruchtungen herbeigeführt. Der Zweck dieser Maßnahme besteht darin, das hochgradig heterozygote Ausgangsmaterial soweit wie möglich homozygot zu machen und damit Stämme für Kreuzungszwecke herzustellen. Mit zunehmender Inzucht ist eine Herabsetzung der Fertilität und Vitalität der Pflanzen feststellbar, deren Ausmaß bei verschiedenen Arten unterschiedlich ist. Die *Inzuchtdepressionen* führen schließlich zu Leistungsminima, die bei manchen Leistungsmerkmalen bereits nach sechs, bei anderen erst nach 10 oder 20 Inzuchtgenerationen erreicht werden. Die Inzucht wird in der Regel 4 − 6 Generationen lang betrieben. Nach dieser Zeit ist für eine relativ große Anzahl von Genpaaren bereits Homozygotie erzielt. Damit sind die Voraussetzungen für den zweiten Teil des Zuchtganges geschaffen: die *Bastardierungen.* Sie sollen zum **Heterosiseffekt** führen. Hierunter versteht man eine hohe Leistungsfähigkeit von Bastarden spezifischer genotypischer Konstitutionen, die nicht nur weit über derjenigen der Inzuchtlinien, sondern auch über derjenigen des Ausgangsmaterials liegt. Sie wirkt sich sowohl in vegetativen als auch in generativen Merkmalen aus. Die Heterosis ist an die hochgradige Heterozygotie der F_1-Bastarde gebunden und klingt in den Folgegenerationen rasch wieder ab. Sie muß durch Kreuzungen alljährlich erneut realisiert werden.

Der Heterosiseffekt wird nicht nur beim *Mais, Roggen* und der *Sonnenblume,* sondern bei zahlreichen anderen allogamen Kulturpflanzen wirtschaftlich genutzt. Hierzu gehören *Zuckerrüben, Zwiebeln, Gurken, Blumenkohl,* bestimmte *Zierpflanzen,* aber auch *Bäume* wie *Fichten, Kiefern, Lärchen, Pappeln* u. a. Vereinzelt spielt die Heterosiszüchtung auch bei *autogamen Arten* eine Rolle, etwa beim *Weizen* oder der *Tomate.* Beim *Mais* ist der Kornertrag durch die Heterosiszüchtung innerhalb von 50 Jahren um das Dreifache gestiegen. In der *Tierzüchtung* wird die Heterosis bei *Rindern, Schweinen* und *Hühnern* genutzt.

Die genetische Vielfalt, die innerhalb kurzer Zeit aus einem relativ engen Ausgangsmaterial entsteht, kann immens sein. Als Beispiel seien die *Garten-Gladiolen* genannt, von denen z. Zt. etwa 30000 Sorten existieren. Sie besitzen alle die gleiche Chromosomenzahl von $2n = 4x = 60$ und gehen auf nur 8 Ausgangsarten zurück. Von der Gattung *Gladiolus* sind etwa 180 Arten mit Chromosomenzahlen zwischen 30 und 180 bekannt. Sie sind leicht miteinander kreuzbar, auch wenn die Partner unterschiedliche Chromosomenzahlen besitzen. Damit ergibt sich die Möglichkeit, in naher Zukunft eine große Anzahl neuer Gartenformen zu züchten.

Eine moderne Form der Pflanzenproduktion *auf vegetativem Wege* ist die **Protoplasten-** bzw. **Zell-** und **Gewebekultur.** Aus isolierten, noch teilungsfähigen Einzelzellen oder Zellgruppen entstehen *Kalli,* aus denen sich über Embryoide Embryonen und schließlich ganze Pflanzen entwickeln. Auf diese Weise können aus wenigen Ausgangspflanzen innerhalb kurzer Zeit Klone mit zahlreichen Individuen produziert werden. Diese Methode hat bereits bei mehr als 100 Arten zum Erfolg geführt und ist für die Pflanzenzüchtung von praktischer Bedeutung, z. B. für die Massenvermehrung bestimmter *Orchideen.* Sie kommt darüber hinaus in folgenden Fällen zur Anwendung:

– Zur Vermehrung steriler Art- oder Gattungsbastarde aus Arten mit ausschließlich sexueller Fortpflanzung. Die Herstellung derartiger Hybriden ist oftmals sehr schwierig; mit ihrem Tod wäre die betreffende Genkombination verloren. Sie bleibt auf diese Weise erhalten und kann in Verbindung mit dem Heterosiseffekt von Bedeutung sein.
– Zur Produktion allopolyploider Pflanzen in Verbindung mit somatischer Hybridisierung (S. 248).
– Zur Produktion haploider Pflanzen aus Gonen oder Pollen (Androgenese; S. 241).

Auch die Herstellung spezifischer Bastarde, die unter normalen Bedingungen nicht entstehen, weil sich die Embryonen nicht weiterentwickeln, ist in diesem Zusammenhang zu nennen. In derartigen Fällen werden die isolierten Embryonen in Kultur genommen und entwickeln sich zu vollwertigen Pflanzen.

Die besondere Bedeutung von Zellkulturen liegt darin, daß sie gentechnologischen Verfahren besser zugänglich sind als ganze Pflanzen. So ist es bereits gelungen, fremde Gene, z. B. bestimmte Resistenzgene, mit Hilfe von Vektoren in Protoplasten einzuschleusen, die sich in den späteren Pflanzen exprimieren. In Einzelfällen ist die Selektion auf Resistenz bereits in den Zellkulturen, also in vitro, möglich.

Die Nachkommen von Einzelzell-Kulturen stellen definitionsgemäß *Klone* dar, sollten deshalb erbgleich sein. Häufig treten jedoch Varianten auf, die ihre abweichenden Merkmale konstant weitergeben. Dieses Phänomen wird als **somaklonale Variation** bezeichnet. Ihre Ursachen sind noch nicht endgültig geklärt. Zumindest ein Teil dieser Abweichungen ist auf den Ablauf von *Mutationen* zurückzuführen, ohne daß Mutagene verwendet wurden. Als Auslöser werden Komponenten der Kulturmedien angenommen. Außerdem dürften bereits existierende genetische Unterschiede in den somatischen Ausgangszellen eine Rolle spielen. Die entstandenen Varianten sind zum Teil mit bereits bekannten Mutanten identisch. Sie stellen bei Kulturpflanzen ein Potential dar, das zur Selektion brauchbarer Genotypen herangezogen wird. Der Wert der somaklonalen Variation für die Verbesserung der Kulturpflanzen ist jedoch noch umstritten.

6 Veränderung des genetischen Materials

Bei der Behandlung des Mendelismus haben wir die Gene als *stabile* Elemente des Genoms angesehen, die unverändert weitergegeben werden. Die Mutationslehre beschäftigt sich zwar prinzipiell mit den gleichen Problemen, geht jedoch von der Tatsache aus, daß die Gene nicht unbegrenzt stabil, sondern daß sie *veränderlich* sind. **Mutationen** sind Veränderungen im Bereich der erblichen Veranlagung eines Organismus. Sie können sowohl qualitative als auch quantitative Effekte zur Folge haben. Organismen, die Träger einer genetisch bedingten Abweichung sind, werden als **Mutanten** bezeichnet. Man sollte diese beiden Begriffe nicht gleichsetzen. Die *Mutation* ist ein *Vorgang,* die *Mutante* ein *Organismus.*

Das Mutationsgeschehen in seiner Gesamtheit läßt sich nach verschiedenen Gesichtspunkten gliedern. Im Hinblick auf die *Art der mutativen Abweichung* vom Ausgangszustand unterscheidet man:

- **Genmutationen.** Ein bestimmtes Gen des Genoms wird so verändert, daß es gegenüber seinem Ausgangszustand eine abweichende Wirkung am Organismus hervorruft. Es handelt sich hierbei also um einen *qualitativen* Effekt.
- **Chromsomenmutationen.** Es wird die Chromosomenstruktur und damit die Reihenfolge der Gene innerhalb des Chromosoms verändert. Bei der Mehrzahl der Mutationstypen dieser Gruppe können wir weder von qualitativen noch von quantitativen Effekten sprechen. Es handelt sich vielmehr um eine neue Verteilungsanordnung bestimmter Gengruppen. In einigen Fällen sind Chromosomenmutationen jedoch mit dem Verlust oder der Verdoppelung von Gengruppen verbunden. Unter diesen Voraussetzungen sind für die betreffenden Gene *quantitative* Veränderungen eingetreten.
- **Genom-Mutationen.** Es wird entweder die Gesamtzahl der Genome und damit der Gene verändert, oder es wird die Ausgangssituation um einzelne Chromosomen erhöht bzw. vermindert. In beiden Fällen liegt eine *quantitative* Veränderung der Genausstattung des Organismus vor.

Dieses Einteilungsprinzip hat sich für die Diskussion der Gesetzmäßigkeiten der Mutationslehre als sehr zweckmäßig erwiesen. Daneben gibt es noch andere Klassifizierungmöglichkeiten.

- Nach dem *Ort innerhalb der Zelle* unterscheidet man:
  - Mutationen im Zellkern,
  - Mutationen in außerkaryotischen genetischen Systemen.

- Nach dem *Ort innerhalb des Organismus* unterscheidet man:
  - somatische Mutationen (Mutationsvorgänge in somatischen Zellen),
  - generative Mutationen (Mutationsvorgänge in der Keimbahn oder in den Gameten).
- Nach der *Entstehung* schließlich unterscheidet man zwischen
  - spontanen Mutationen,
  - experimentell induzierten Mutationen.

Wir werden uns im wesentlichen an das erstgenannte Einteilungsprinzip halten. Gen-, Chromosomen- und Genom-Mutationen kommen in der Natur spontan zustande und sind für die Artbildung und damit für die Evolution von entscheidender Bedeutung. Darüber hinaus lassen sie sich in großer Zahl experimentell auslösen. Auf diese Weise hat man von günstigen Versuchsobjekten zahlreiche Mutanten erhalten. Sie sind nicht nur für die Bearbeitung genetischer Fragestellungen notwendig, sondern sie werden auch für das Studium von Problemen verwendet, die von allgemein biologischem Interesse sind.

Genmutationen

Gen- oder **Punktmutationen** kommen zustande, wenn in der Basensequenz der DNA eine Änderung eintritt, etwa wenn ein Nucleotidpaar der Zusammensetzung Adenin-Thymin durch ein solches der Zusammensetzung Cytosin-Guanin ersetzt wird. Sie führen zur Entstehung von *Allelen* der betroffenen Ausgangsgene. Im Kreuzungsexperiment lassen sich Genmutationen nicht vom **Verlust kleinster Chromosomenregionen** unterscheiden; beide Gruppen geben *monohybride Erbgänge*. Der Begriff **„monofaktoriell spaltende Mutationen"** trägt dieser Situation Rechnung. Hierunter sind sowohl Genmutationen als auch Stückverluste kleinsten Ausmaßes zu verstehen. Der Eingriff in die DNA muß nicht unbedingt zur Mutation führen, weil er häufig repariert wird. Erst wenn die Reparatur ausbleibt oder fehlerhaft erfolgt, kann eine veränderte Nucleotidsequenz innerhalb des Gens zustande kommen, die zur Fixierung der Mutation führt. Außerdem ist mit der Veränderung der Basensequenz innerhalb des Gens nicht zwangsläufig eine Mutation verbunden. Es können Proteinmoleküle entstehen, die in der Lage sind, ihre Funktion auszuüben. In derartigen Fällen spricht man von **stillen Mutationen.**

Die Wirkung mutierter Gene kann durch andere, nichtallele Gene kompensiert oder völlig unterdrückt werden. Sie werden als **Suppressoren** bezeichnet und stellen in phänotypischer Beziehung einen Zustand am Organismus her, der dem nichtmutierten Wildzustand entspricht, ohne daß das mutierte Gen aus dem genetischen System entfernt worden ist. Häufig beschränkt sich die Wirkung der Suppressoren auf diesen Effekt. Sie können darüber hinaus jedoch noch eine zusätzliche Funktion im Sinne der Realisierung eines spezifischen Merkmals haben.

Nachweis von Genmutationen

Veränderungen am Organismus können *modifikatorischer* oder *mutativer Natur* sein. Die Abgrenzung dieser beiden Phänomene ist in der Regel sehr einfach, besonders bei pflanzlichen Selbstbefruchtern. Für die Prüfung sind zwei Arbeitsgänge erforderlich:

- Es muß festgestellt werden, ob die Abweichungen in den Folgegenerationen konstant auftreten.
- Es müssen die genetischen Grundlagen des abweichenden Merkmals geklärt werden.

Tritt die Abweichung in den Nachkommen nicht wieder auf, so waren die Anomalien der Mutterpflanzen *modifikatorisch* bedingt. Bleiben sie konstant, so liegt eine *Mutation* vor. Aus den F_2-Spaltungen nach Kreuzung der Mutante mit dem Wildtyp sind Rückschlüsse auf die Anzahl der mutierten Gene möglich. Bei der Beurteilung abweichender Spaltungen ist Vorsicht geboten, weil sich monohybride Erbgänge häufig nicht in Form klarer 3 : 1-Spaltungen manifestieren. Bei spontan aufgetretenen Mutanten ist die Bastardierung wegen der Sterilität oder Letalität oftmals nicht möglich. Falls in derartigen Fällen keine heterozygot mutierten Organismen vorhanden sind, kann das mutierte Gen nicht weiterbearbeitet werden; es geht mit dem Tod der Mutante verloren. Bei experimentell induzierten Mutationen bestehen diese Schwierigkeiten nicht.

Für die Prüfung der Mutagenität chemischer Substanzen, etwa bestimmter Arzneimittel, Schädlingsbekämpfungsmittel und anderer Stoffe des täglichen Bedarfs, sind Schnellmethoden entwickelt worden, die schon nach wenigen Tagen zuverlässige Aussagen ermöglichen. Am häufigsten wird der **Ames-Test** verwendet. Er arbeitet mit auxotrophen Mutanten des Bakteriums *Salmonella typhimurium,* die auf Mangelmedien nicht wachsen. Als Indikatoren für den Ablauf von Mutationen werden **Rückmutationen** oder **Reversionen** ausgewertet, die den betroffenen Bakterien normales Wachstum ermöglichen. Aus der Anzahl der Revertanten kann die Mutationsrate ermittelt werden. Mit Hilfe dieses Tests sind bisher in mehr als 2000 Laboratorien etwa 2600 verschiedene Substanzen auf etwaige Mutagenität getestet worden.

Gliederung der Genmutationen

Die Gliederung der **Genmutationen** wird zweckmäßigerweise nach dem Umfang der Veränderungen vorgenommen, die vom mutierten Gen am Organismus verursacht werden. Hierbei unterscheidet man drei Gruppen:

- Kleinmutationen,
- Großmutationen,
- progressive oder konstruktive Mutationen. [1]

Kleinmutationen (Mikromutationen)

Die Veränderungen der betreffenden Mutanten sind zwar erblich, liegen aber im Bereich von Modifikationen und werden von ihnen überlagert. Die Mutanten können in Populationen bzw. in spaltenden Familien wegen der Geringfügigkeit ihrer Abweichungen nicht zuverlässig erkannt werden. Ihr Nachweis ist schwierig; er erfordert generationenlange Auswertungen mit Hilfe statistischer Methoden. Die Wirkung einer typischen Kleinmutation ist in Abb. 4.1 dargestellt. Der Vorteil zahlreicher Mikromutationen besteht darin, daß sie die Lebenstüchtigkeit ihrer Träger nicht beeinträchtigen. Sie haben keinen negativen Selektionswert. Infolgedessen werden sie nicht im Verlauf weniger Generationen eliminiert, bleiben vielmehr in der Population erhalten und erhöhen die Anzahl ihrer Genotypen. Sie werden deshalb auch als **neutrale Mutationen** bezeichnet. Ohne Zweifel ist ihre Anzahl sowohl in der Natur als auch in Mutationsexperimenten relativ groß. Sie entgehen jedoch größtenteils der Beobachtung, weil ihr Nachweis umständlich ist.

Großmutationen (Makromutationen)

Bei dieser Gruppe tritt die Wirkung des mutierten Gens in jedem homozygoten Organismus in Form einer klar erkennbaren Abweichung in Erscheinung. Hierher gehören alle Mutationen, die zur *Ausprägung von Rassenunterschieden* führen. Mutanten dieser Gruppe werden in der Tier- und Pflanzenzüchtung, vornehmlich der Zierpflanzenzüchtung, verwendet. Unter dem Einfluß gerichteter Selektionsmaßnahmen durch den Menschen wird die Vielgestaltigkeit des Mutationsgeschehens erkennbar. Anschauliche Beispiele hierfür sind die zahlreichen Varietäten des *Kohls,* die *Hunderassen* sowie die Spielarten der *Wellensittiche, Tauben* und *Hühner.*

Zur Gruppe der Großmutationen gehört auch eine große Anzahl verschiedener *Defektmutationen,* die zur Abweichung von Bauplänen oder zu Monstrositäten führen. Auch die **Letalmutationen** sind dieser Kategorie zuzuordnen. Sie nehmen insofern eine Sonderstellung ein, als ihre Anwesenheit den Tod des Organismus in einem frühen ontogenetischen Entwicklungsstadium herbeiführt. Er stirbt vor

---

[1] Dieses Einteilungsprinzip ist subjektiv und kann nicht in jedem Einzelfall konsequent vorgenommen werden. Es ist auch in der Fachliteratur nicht einheitlich angewendet worden, ist zur Zeit jedoch gebräuchlich.

Eintritt in seine generative Phase. Untersuchungen an *Drosophila* haben gezeigt, daß unter dem Sammelbegriff „Letalfaktoren" sowohl Genmutationen als auch kleine Stückverluste zu verstehen sind. Sie können als strukturelle Änderungen an den Riesenchromosomen unmittelbar erkannt werden und haben entweder das Ausmaß einer einzigen Bande oder einer kleinen Gruppe benachbarter Banden. Der Letaleffekt ist in diesen Fällen offenbar auf den Verlust der in den Banden lokalisierten Gene zurückzuführen. In genphysiologischer Beziehung beruht die Letalität entweder darauf, daß lebensnotwendige Enzyme wegen des Ausfalls von Genen nicht produziert werden oder daß von mutierten Allelen Enzyme gebildet werden, die die Funktion der „normalen" Enzyme nicht übernehmen können. Auf diese Weise kommen Blockierungen von Biosynthesen zustande. Bei *Pflanzen* gehören zahlreiche *Chlorophyllmutanten* mit zu geringen Mengen assimilatorischer Farbstoffe in diese Kategorie. Sie sind nach der Keimung nicht in der Lage, auf eine autotrophe Lebensweise umzuschalten. Analoge Situationen liegen bei Letalmutanten vor, die zwar normale Chlorophyllmengen besitzen, bei denen jedoch eine andere lebenswichtige Biosynthese nicht zu Ende geführt werden kann.

Bei *Säugetieren* — etwa bei *Rindern* und *Schafen* — sind Letalfaktoren bekannt, die bereits während der Embryonalentwicklung zum Tode führen. In einigen Fällen sind Gene mutiert, die für die Kontrolle grundsätzlicher Vorgänge bei der Realisierung des Bauplans des Organismus verantwortlich sind. Unter ihrem Einfluß wird die Organisation des Körpers so verändert, daß sich unter Umständen die Artzugehörigkeit kaum noch erkennen läßt. Ist ein männliches Tier heterozygot für den Letalfaktor, so ist er in 50% seiner Spermien vorhanden. Man kann dieses Tier für Kreuzungen verwenden und erhält in den Folgegenerationen in bestimmten Häufigkeiten männliche und weibliche Individuen, die für den Letalfaktor heterozygot sind. Aus ihrer Bastardierung spalten die Letalmutanten in Übereinstimmung mit dem 2. Mendelschen Gesetz in einer Häufigkeit von 25% wieder heraus. Sie sind auf diese Weise für eingehende Untersuchungen verfügbar. Auch beim *Menschen* sind Letalmutationen bekannt, die während der Embryonalentwicklung zum Tod führen. Es ist anzunehmen, daß ein Teil der Fehl- und Totgeburten auf der Wirkung von Letalfaktoren beruht, ohne daß dies im Einzelfall nachweisbar ist.

Zu den Makromutationen gehören auch die **homöotischen Mutationen**. Mutationsvorgänge in *homöotischen Genen* (S. 282) führen zur Bildung von Organen in Körperregionen, in denen sie normalerweise nicht auftreten. Dies gilt etwa für die Entstehung eines beinartigen Organs anstelle einer Antenne in der Kopfregion der *aristape-*

dia-Mutante von Drosophila. Die nichtmutierten Allele haben über-geordnete Funktionen und sind für die Wahrung des Grundbau-plans des Organismus verantwortlich (vgl. auch „hopeful monsters", S. 282).

Progressive oder konstruktive Mutationen

Durch Mutationsschritte dieser Kategorie wird der Organismus in so drastischer Weise verändert, daß die Artzugehörigkeit der Mutante unter Umständen kaum erkennbar ist. Es können dabei neue Merk-male auftreten, die für andere Arten oder Gattungen charakteri-stisch sind. Es kann also durch einen einzigen Mutationsschritt im Hinblick auf ein bestimmtes Merkmal die Art- oder Gattungsgrenze überschritten werden. Im Prinzip handelt es sich hierbei um Makro-mutationen, die wegen ihrer Bedeutung für die Evolutionsforschung eine gewisse Sonderstellung einnehmen (Kapitel 7).

Rückmutationen

Die Fähigkeit zur Mutation ist eine der fundamentalen Eigenschaf-ten eines jeden Gens. Der Mutationsvorgang läuft in der Mehrzahl aller Fälle vom dominanten zum rezessiven Zustand ab. Das mutier-te Gen ist in der Lage, zum nichtmutierten Ausgangszustand zurück-zukehren. Diese Vorgänge werden als **Rückmutationen** oder **Rever-sionen** bezeichnet. Mit der Reversion verschwindet die vom mutier-ten Gen verursachte Abweichung, und es entstehen Zellen oder gan-ze Organismen, die im betreffenden Merkmal der Wildform entspre-chen. Diese Vorgänge sind i. allg. sehr selten. Bei bestimmten Genen kann die Rückmutationsrate jedoch so hoch sein, daß die Mutante während ihrer Ontogenese zu einem Mosaik aus mutierten und rück-mutierten Gewebeanteilen wird.

Bei *Mikroorganismen,* bei denen man mit außerordentlich hohen Individuenzahlen arbeiten kann, wird die Rückmutationsrate heran-gezogen, um die Wirksamkeit verschiedener Mutagene zu testen (Ames-Test, S. 171). Bei *höheren Organismen* hingegen stößt die In-duktion von Rückmutationsvorgängen aus methodischen Gründen auf erhebliche Schwierigkeiten. Spontane Reversionen lassen sich re-lativ leicht in *somatischen Zellen* erfassen, wenn mit der genetischen Normalisierung ein optisch erkennbarer Effekt verbunden ist. Führt der Reversionsvorgang $a \rightarrow A$ in der Vakuole einer pflanzlichen Mu-tante zur Bildung von Anthocyan, so läßt sich die Rückmutationsra-te durch Auszählen einer großen Anzahl von Zellen leicht ermitteln.

Das Problem der Rückmutationen ist von erheblicher theoretischer Bedeutung. Von vielen Genetikern wird der Standpunkt vertreten, daß die Mehrzahl aller Mu-tationsvorgänge nicht zu Genmutationen im engeren Sinne, sondern zu Chromosomenstückverlusten kleinsten Ausmaßes führt. Die Prüfung dieser Arbeitshypothese ist sehr schwierig, weil sich die eben genannten Phänomene im Experiment kaum voneinander trennen lassen. Mit Hilfe von Rückmutationen wäre es möglich, diese Frage in Einzelfällen zu klären. Gelingt die Reversion, so war die betreffende „Hinmutation" nicht mit einem Stückverlust verbunden; sie war eine Genmutation. Derartige Fälle sind trotz der methodischen Schwierigkeiten bei höheren Pflanzen vereinzelt bekannt geworden. Außerdem zeigen die Beispiele der *instabilen Gene*, die über Rückmutationen zum nichtmutierten Ausgangszustand zurückkehren, daß auch in diesen Fällen Genmutationen und keine Stückverluste vorliegen (s. u.).

Instabile Gene

Wir sind bisher von der Vorstellung ausgegangen, daß mutierte Gene prinzipiell die gleiche Stabilität besitzen wie ihre nichtmutierten Ausgangsallele. Als Folge hiervon tritt das veränderte Merkmal in den Nachkommen der Mutanten konstant in Erscheinung. Dies ist das Normalverhalten. Daneben existieren in geringer Zahl jedoch Gene, die nur im nichtmutierten Zustand stabil sind. Ihre mutierten Allele sind instabil und haben die Tendenz, zum stabilen Zustand zurückzumutieren (Abb. 6.1). Die Rückmutation kann in verschiedenen Regionen des Organismus in unterschiedlicher Häufigkeit erfolgen; oftmals wird der stabile Endzustand erst im Verlauf mehrerer Generationen erreicht. Instabile Gene sind bisher vorwiegend bei *höheren Pflanzen,* nur ganz vereinzelt bei *Drosophila* aufgefunden worden. Man unterscheidet hierbei zwei verschiedene Gruppen:

− labile Gene,
− mutable Gene.

Ihr Verhalten während der Ontogenese sei an einigen Beispielen erläutert.

Labile Gene

Das Charakteristikum **labiler Gene** besteht darin, daß sie über eine mehr oder weniger große Anzahl instabiler Zwischenstufen *kontinuierlich* zum stabilen Zustand rückmutieren. Die Zwischenzustände stellen möglicherweise multiple Allele dar, deren Wirkung am Organismus phänotypisch in Erscheinung tritt: Man kann den bereits erreichten Grad der Rückmutation an spezifischen Merkmalsunterschieden erkennen. Als Beispiel hierfür sei die *laciniata-Mutante* der Species *Malva parviflora* genannt. Das *laciniata*-Gen ist für die Ausbildung stark geschlitzter Blätter verantwortlich. Wegen der hohen Mutationsneigung des rezessiven Gens werden die typischen *laciniata*-Blätter jedoch nur in der Basalregion des Sprosses gebildet. Je später sie ausdifferenziert werden, um so weniger deutlich tritt der Effekt des Gens in Erscheinung. In der Spitzenregion dieser „Mu-

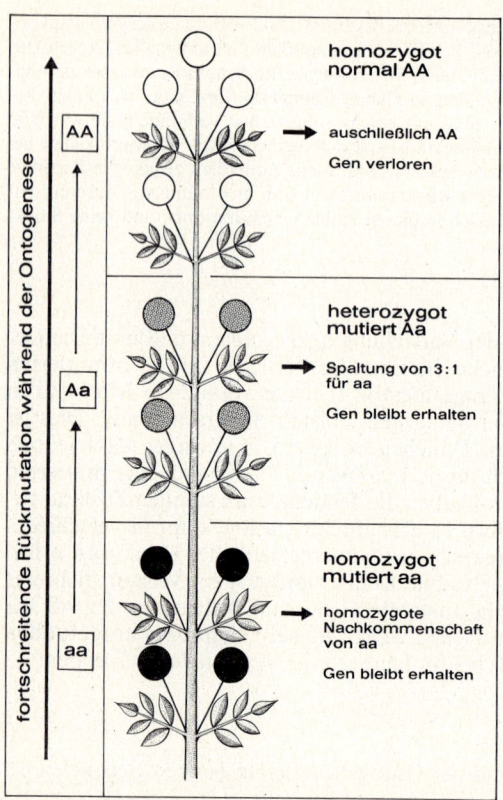

**homozygot
normal AA**

→ ausschließlich AA

Gen verloren

**heterozygot
mutiert Aa**

→ Spaltung von 3 : 1
für aa

Gen bleibt erhalten

**homozygot
mutiert aa**

→ homozygote
Nachkommenschaft
von aa

Gen bleibt erhalten

AA

Aa

aa

fortschreitende Rückmutation während der Ontogenese

Abb. 6.1
Das Verhalten
eines instabilen
Gens während
der Ontogenese

tanten" ist die Blattgestalt nahezu normal. Erntet man Samen aus den morphologisch unterschiedlichen Regionen, so wird deutlich, daß es sich um verschiedene Zustände des gleichen Gens handelt. Nur Samen aus der Region der geschlitzten Blätter bringen Sämlinge mit Schlitzblättern hervor. Aus Samen, die in der „normalen" Region entstanden sind, entwickeln sich Pflanzen mit nahezu ganzrandigen Blättern. In diesem Spezialfall ist der stabile Zustand des Gens offenbar nicht der dominante Ausgangszustand, sondern ein stabiles mutiertes Allel.

Bei der Mutante *albovariabilis* des *Hirtentäschelkrauts (Capsella bursa pastoris)* liegt im Prinzip die gleiche Situation vor, die Rückmutationsschritte lassen sich hier jedoch besser erfassen. Das rezessive Gen bringt eine weißgrüne Scheckung zustande, die mosaikartig über die Pflanzen verteilt ist. Die Rückmutationsvorgänge laufen unabhängig voneinander in den Einzelzellen des Organismus ab. Nach Selbstung der Pflanzen erhält man zum überwiegenden Teil weißbunte Sämlinge; nur ganz vereinzelt treten rein grüne oder rein weiße auf. Auch an diesem Material läßt sich leicht nachweisen, daß die Scheckung auf der Labilität des mutierten Gens beruht. Eine Auslese nach Grün − dem stabilen Zustand des betreffenden Gens − führt zu völlig grünen Pflanzen, die auch in ihren Nachkommenschaften das Merkmal "Weißbuntheit" nicht mehr zeigen. Eine Auslese nach Weiß hingegen bleibt nur solange erfolgreich, solange sie konsequent beibehalten wird. Nur wenn man immer wieder den labilen Zustand des Gens vermehrt, kann die Labilität in den Nachkommenschaften in Erscheinung treten. Überläßt man die aus dieser Selektion erhaltenen Pflanzen sich selbst, so streben sie rasch über die labilen weißbunten Zwischenzustände den stabilen grünen Endzustand an.

Gene mit ähnlichem Verhalten sind bei *Primula, Antirrhinum, Oenothera* und *Pisum* bekannt. In genetischer Beziehung sind die betreffenden Organismen als **Chimären** aus genetisch unterschiedlichen Zellen, Zellgruppen oder ganzen Organen anzusehen. Da sich ihr genetischer Zustand während der Ontogenese in gerichteter Weise verändert, werden sie in der Fachliteratur gelegentlich als „fließende Chimären" bezeichnet.

Mutable Gene

Die **mutablen Gene** sind ebenfalls instabil, ihre Rückmutation erfolgt jedoch *diskontinuierlich* in Form eines einzigen Mutationsschritts. Auch auf diesem Sektor liegen besonders an *Blütenpflanzen* klar überschaubare Befunde vor. Eines der klarsten Beispiele hierfür ist das Verhalten der Mutante *pallida recurrens* des *Löwenmäulchens (Antirrhinum majus)*. Sie besitzt das mutable Gen *pal*^{rec}; die Pflanzen haben grüne Blätter und elfenbeinfarbige Blüten. Während der Ontogenese mutiert das Gen *pal*^{rec} in einzelnen meristematischen Zellen zum dominanten Allel *Pal* zurück, das für die Ausbildung von Anthocyan im Zellsaft verantwortlich ist. Dadurch entstehen an den primär grünen Pflanzen rote Bezirke unterschiedlicher Größe in Abhängigkeit von der Lage der betreffenden Zellen und dem Zeitpunkt der Rückmutation während der Ontogenese. Unter Umständen können ganze Seitensprosse anthocyanhaltig sein. Die gleichen Vorgänge laufen in den Blütenblättern ab und führen zu roten Flecken, Streifen oder ganzen Blüten. Die Rückmutationsvorgänge können auch während der Keimzellenbildung oder in den fertigen Gameten erfolgen. Unter diesen Voraussetzungen treten in den Nachkommenschaften der geselbsteten grünen *pal*^{rec}/*pal*^{rec}-Pflanzen rote Pflanzen der genotypischen Konstitution *Pal/Pal* oder *Pal/pal*^{rec} auf. Die Individuen der Mutante *pallida recurrens* sind also ebenfalls *Chimären*, die sich in ihren diploiden Geweben aus drei verschiedenen Komponenten zusammensetzen:

− *pal*^{rec}/*pal*^{rec},   − *Pal/pal*^{rec},   − *Pal/Pal.*

Spontane Mutationen

Spontane Mutationsvorgänge sind keine seltenen Ereignisse; es ist jedoch schwierig, häufig unmöglich, sie im Einzelfall nachzuweisen. Sie können in jeder Zelle eines vielzelligen Organismus ablaufen. Da die Mehrzahl aller Zellen dem *Soma* angehört, ist der weitaus größte Teil aller Mutationsprozesse den **somatischen Mutationen** zuzuordnen. In der Regel handelt es sich hierbei um Mutationsschritte vom dominanten zum rezessiven Zustand des Ausgangsgens. Da in der diploiden Zelle nur eines der beiden Allele vom Mutationsvorgang betroffen wird, entziehen sie sich der Beobachtung. Handelt es sich jedoch um eine der seltenen *Dominant-Mutationen,* so wird sie am Organismus erkennbar. Klare Beispiele bei Pflanzen sind bestimmte Chlorophylldefekte. Bei Arten, die sich ausschließlich *sexuell* fortpflanzen, gehen die mutierten Gene mit dem Tod der betreffenden Organismen verloren, da sie nicht in die Keimzellen eingelagert werden. Bei *vegetativ* vermehrbaren Arten hingegen bleibt der mutierte Charakter in den Nachkommen erhalten. Als Beispiel sei die *Navelorange* genannt.

Von größerer Bedeutung sind Mutationsvorgänge in *Keimzellen* oder in der *Keimbahn;* sie werden als **generative Mutationen** bezeichnet. In derartigen Fällen kann das mutierte Gen über die Gameten an die Folgegenerationen weitergegeben werden, und es bleibt in der Population erhalten. Bei Rezessivität wird die Wirkung des Gens erst erkennbar, wenn es im homozygoten Zustand vorliegt. Erst dann können wir von **Mutanten** sprechen. Der Weg vom mutierten Gen zur Mutante ist langwierig und wird auf S. 183 ff abgeleitet.

Über die Ursachen der spontanen Mutabilität besteht noch keine endgültige Klarheit. Der Ausdruck „spontan" ist insofern irreführend, als natürlich auch in diesen Fällen − wie bei den experimentell induzierten Mutationen − ein auslösendes Prinzip wirksam werden muß. Hierbei dürften die kosmische Strahlung, aber auch mutagene Substanzen im Boden (Aluminiumverbindungen) sowie bestimmte Abbauprodukte des Zellstoffwechsels eine Rolle spielen. Auch einige Insektizide, Herbizide und Fungizide haben sich als mutagen erwiesen. Schließlich können spontane Mutationen auch ohne äußere Einwirkungen als Folge von Replikationsfehlern der DNA zustande kommen.

Die *spontane Mutationsrate* kann bei verschiedenen Genen des gleichen Genoms stark variieren. Gene normaler Stabilität mutieren in 250000 bis 1 Million Gameten einmal. Bei *Pflanzen* sind Gene mit einer außerordentlich hohen spontanen Mutationsrate bekannt. Das rezessive Gen *v* des Genoms von *Pisum sativum* bewirkt Weichschaligkeit, weil die innere Pergamentschicht der Hülse nicht ausgebildet wird. Es mutiert in einer Häufigkeit von 0,2 − 1,0% in sein dominantes Allel *V*. Unter 1000 Keimzellen sind also 2 − 10 mutiert. Ein bestimmtes Farbgen des Samens von *Zea mays* hat eine Mutationshäufigkeit von 1 : 2000. Nachstehend sind die Mutationsraten einiger anderer Gene angegeben.

Zea mays:
- *wx* (waxy):   keine spontane Mutation erfaßt;
- *sh*: (shrunken):   1,2 Mutationen auf 1 Million Gameten;
- *su* (sugary):   2,4 Mutationen auf 1 Million Gameten.

Drosophila melanogaster:
- *y* (yellow):   29 Mutationen auf 1 Million Gameten;
- *w* (white):   29 Mutationen auf 1 Million Gameten;
- *ct* (cut):   150 Mutationen auf 1 Million Gameten.

Escherichia coli:
- *leu* (Leucin):   0,07 Mutationen auf 1 Milliarde Individuen;
- *try* (Tryptophan): 5,61 Mutationen auf 1 Milliarde Individuen.

Wenn wir die Mutationsrate nicht auf die Anzahl mutierter Gameten, sondern auf die *Anzahl mutierter Organismen* innerhalb bestimmter Populationen beziehen, so ergeben sich überraschend hohe Werte. Bei *Drosophila melanogaster* sind russische Populationen auf ihren Anteil an mutierten Fliegen untersucht worden. Die Werte lagen zwischen 8,5 und 25,2%. Letale oder subletale Mutationen sind hierbei nicht berücksichtigt; die Untersuchungen wurden ausschließlich an erwachsenen Tieren vorgenommen. Ein großer Teil der Mutanten war homozygot für das gleiche mutierte Gen *trident,* das für die Bildung von 3 dunklen Punkten auf der Oberseite des Thorax verantwortlich ist. Ohne Berücksichtigung dieses Gens variierte die Häufigkeit von Mutanten in der Population zwischen 0,4 und 4,2%. Ähnliche Ergebnisse wurden in Amerika an *Drosophila repleta* erhalten. Für *Drosophila melanogaster* wird allgemein angenommen, daß 1–10% aller Tiere mindestens ein mutiertes Gen besitzen. In Neuengland und Florida sind Stämme bekannt, bei denen 48 bzw. 66% aller Fliegen allein im Chromosom Nr. II Letal- oder Semiletalfaktoren besaßen. Die meisten Fliegen der Species *Drosophila pseudoobscura* sind heterozygot für ein oder mehrere Letalfaktoren. Die gleiche Situation dürfte im Prinzip auch beim *Menschen* realisiert sein. Da die betreffenden Personen für die rezessiv mutierten Gene heterozygot sind, wird ihre Wirkung nicht erkennbar, weil in jeder Zelle noch das nichtmutierte dominante Allel vorhanden ist. Erst bei Homozygotie tritt der Effekt des mutierten Gens in Form einer Anomalie in Erscheinung. In Tab. **6.1** (S. 194) ist die Häufigkeit einiger Erbkrankheiten angegeben.

Die spontane Mutabilität tritt besonders deutlich in der Pflanzen- und Tierzüchtung zutage. Der größte Teil der Variabiliät unserer *Tulpen, Hyazinthen* und zahlreicher anderer Zierpflanzen ist auf spontan mutierte Gene zurückzuführen, die erst im Verlauf der letzten 300 Jahre durch eine bewußte Selektion des Menschen herausgefiltert worden sind. Das gleiche gilt für die Vielfalt unserer *Tauben*. Zur Zeit sind etwa 150 verschiedene Taubenrassen bekannt, die in Verbindung mit spontanen Mutationen im Verlauf einer sehr kurzen Zeitspanne gezüchtet worden sind.

Bei einigen *Bakterien* sowie bei der *Hefe* sind **Mutator-Mutanten** bekannt. Ihre Mutationsraten liegen um ein Mehrfaches über den normalen Raten. Sie sind offenbar auf den Ausfall von Reparaturmechanismen zurückzuführen.

Experimentell induzierte Mutationen

Für die Bearbeitung zahlreicher Fragestellungen der allgemeinen Genetik, Cytogenetik, Cytologie, Physiologie und Evolutionsforschung ist eine große Anzahl verschiedener Mutanten erforderlich. Aus methodischen Gründen sind spontane Mutationen hierfür nur bedingt geeignet. Es war deshalb notwendig, den Mutationsvorgang experimentell in den Griff zu bekommen. Im Jahre 1927 hat der Amerikaner MULLER die ersten Genmutationen bei *Drosophila* experimentell ausgelöst, und zwar mit Hilfe von Röntgenstrahlen. Etwa zur gleichen Zeit hat STADLER *Gersten-Mutationen* induziert. Mutagene Chemikalien sind erstmals im Jahre 1941 von OEHLKERS an *Oenotheren* und von AUERBACH an *Drosophila* eingesetzt worden. Bei günstigen Versuchsobjekten kann man Mutationen in großer Zahl induzieren, es ist jedoch bei höheren Organismen noch nicht möglich, bestimmte Gene gezielt zu verändern: Man kann keine *gerichteten Mutationen* auslösen. Bei *Bakterien* hingegen ist es gelungen, spezifische Nucleotid-Paare eines Gens gezielt zu verändern und damit eine analoge Veränderung der Eigenschaften des zugehörigen Proteins zu erreichen.

Mit Hilfe wirkungsvoller Mutagene hat man bei *Drosophila* Tausende von Mutanten erhalten. Das gleiche gilt für geeignete botanische Objekte. Bei *höheren Pflanzen* sind vornehmlich selbstbefruchtende, einjährige diploide oder allopolyploide Kulturformen zu nennen. Umfangreiche Mutantensortimente sind bei verschiedenen *Getreidearten (Gerste, Weizen, Reis, Hirse)* sowie bei *Leguminosen (Erbse, Ackerbohne, Soja, Erdnuß, Steinklee, Lupinen)* entwickelt worden. Auch von der *Tomate* existieren große Kollektionen. Bei diesen Kulturpflanzen sind Mutanten selektiert worden, die wegen ihrer guten Ertrags- oder Resistenzeigenschaften in der Züchtung Verwendung finden. Als Laborpflanze hat die Crucifere *Arabidopsis thaliana* in der Mutationsforschung große Bedeutung erlangt. Unter günstigen Kulturbedingungen kann man von dieser Species jährlich bis zu 8 Generationen erhalten. Bei den *Bakterien* und *Viren (E. coli, Phage T4)* sind Mutanten das unerläßliche Material für die Bearbeitung genphysiologischer Fragestellungen, der Klärung der Genstruktur und des genetischen Codes. Unter den *Pilzen* nehmen die *Hefen* sowie *Neurospora* eine entsprechende Stellung ein.

Der Anteil mutierter Gene an der Gesamtzahl der Gene bestimmter Genome kann nicht zuverlässig abgeschätzt werden. Er dürfte bei mutationsgenetisch intensiv bearbeiteten Pflanzenarten in der Größenordnung von 5–10%, bei *Drosophila* wesentlich höher liegen. Je größer die Sortimente sind, um so schwieriger ist es, sie durch neue Mutationstypen zu erweitern. Es entstehen hierbei bevorzugt Mutanten, die bereits existieren. Hieraus kann geschlossen werden, daß zahlreiche Gene der Genome vieler Arten mit den zur Zeit verfügbaren Mutagenen nicht verändert werden können. Dies ist einer der Gründe dafür, daß laufend nach neuen Mutagenen gesucht wird, obwohl einige Chemikalien bereits sehr hohe Mutationsausbeuten ergeben.

Mutagene

Für die experimentelle Auslösung von Genmutationen werden sowohl physikalische als auch chemische Agenzien verwendet, wobei bestimmten Chemikalien wegen ihrer leichten Anwendbarkeit und der außerordentlich hohen Effektivität vielfach der Vorzug gegeben wird. Mit der Mehrzahl aller Mutagene werden sowohl Gen- als auch Chromosomenmutationen induziert, während die Auslösung von Genom-Mutationen auf anderen Prinzipien beruht.

Unter den **physikalischen Mutagenen** sind *Neutronen, Gamma-* und *Röntgenstrahlen* zu nennen. Da im Atomreaktor Gammastrahlen sowie thermische und schnelle Neutronen erzeugt werden, lassen sich in diesen Anlagen nach Anwendung geeigneter Filter leicht Mutationen in großer Anzahl induzieren. Daneben werden Gamma-Felder oder Gamma-Gewächshäuser verwendet, in denen das Versuchsmaterial einer Dauerbestrahlung über längere Perioden der Ontogenese ausgesetzt werden kann. Auch *UV-Strahlen* sind mutagen. Wegen ihrer Langwelligkeit haben sie jedoch kein Durchdringungsvermögen, können deshalb bei höheren Organismen nicht oder nur für besondere Fragestellungen eingesetzt werden. Bei *Bakterien* verursachen sie hohe Mutationsraten.

Es sei darauf hingewiesen, daß Röntgen- und Gammastrahlen nicht nur negative, sondern auch positive Wirkungen haben können. So verursachen niedrige Strahlenmengen bei bestimmten Kulturpflanzen, etwa bei *Kartoffeln,* eine Anregung des Wachstums sowie Ertragssteigerungen. Sie werden in einigen Ländern routinemäßig eingesetzt.

Mutagene Chemikalien werden wirksam, wenn man die Samen in Lösungen geeigneter Konzentrationen quellen läßt. Da diese Substanzen neben ihren mutagenen Eigenschaften sehr nachteilige Wirkungen auf die Entwicklungspotenzen der Embryonen haben, müssen sie nach der Behandlung wieder ausgewaschen werden. Als außerordentlich stark mutagen haben sich einige alkylierende Substanzen erwiesen. Dies gilt vornehmlich für das Äthylmethansulfonat (EMS), das Äthylenimin (EI), das Diäthylsulfat (DES) sowie für das Natriumacid (NaN_3), das in seiner Wirksamkeit von keinem anderen Mutagen erreicht wird. Zur Zeit sind etwa 600 verschiedene Substanzen bekannt, mit denen Mutationen ausgelöst werden können. Hierzu gehören auch Substanzen aus dem Bereich unseres täglichen Lebens, etwa bestimmte Konservierungs- und Schädlingsbekämpfungsmittel, einige technische Substanzen, Inhaltsstoffe bestimmter Medikamente, Drogen und Genußmittel. Sie führen zu Genmutationen, zu chromosomalen Schädigungen und zur Herabsetzung der Mitosefrequenz in den Meristemen. Auch krebsauslösende Substanzen haben sich als mutagen erwiesen. Kondensate aus Zigarettenrauch können nicht nur normale Zellen zu Krebszellen transformieren, sondern sie können auch Brüche auf der DNA verursachen. Für das Coffein wurde eine synergistische Wirkung auf Substanzen nachgewiesen, die die Chromosomenstruktur schädigen. Unter dem Einfluß von Coffein wird die Reparatur chromosomaler Schäden verhindert. Sie werden in die nachfolgende S-Phase mitgenommen und führen zu Fragmentationen in der nächsten Mitose und zum Zelltod. Substanzen mit derartigen Effekten werden als **Co-Mutagene** bezeichnet.

Eine gewisse **antimutagene Wirksamkeit** ist nachgewiesen worden für

- einige Inhaltsstoffe von Kohl-, Zwiebel- und Auberginensäften,
- Säfte verschiedener Citrusfrüchte,
- einige Flavonoide, die in vielen Nahrungsmitteln enthalten sind,
- Knoblauch,
- Chlorophyllin, Carotin, Linolensäure,
- Extrakte aus grünem und schwarzem Tee,
- Inhaltsstoffe von Potamogeton- und Polygonum-Arten.

Diese Substanzen setzen die Mutagenität bestimmter Agenzien signifikant herab oder unterdrücken sie weitgehend. Es liegen jedoch keine Befunde darüber vor, ob sie auf breiter Basis antimutagen wirken.

Die *Mutantenausbeute* ist nach Anwendung bestimmter Chemikalien wesentlich höher als nach Bestrahlung. Sie kann durch die kombinierte Wirkung verschiedener Mutagene gesteigert werden. Mit Hilfe der z. Zt. verfügbaren Strahlen und Chemikalien ist es bei günstigen Objekten möglich, innerhalb von wenigen Generationen umfangreiche Sortimente mit Tausenden von Mutanten aufzubauen. Der Wirkungsmechanismus der gebräuchlichsten Mutagene ist auf den S. 260 ff behandelt.

Das Mutationsgeschehen kann durch spezifische Gene beeinflußt werden. Die **Mutatorgene** verursachen die Erhöhung der Mutationsrate anderer Gene des Genoms. Sie sind vereinzelt sowohl in pro- als auch in eukaryotischen Systemen nachgewiesen worden; der Mechanismus ihrer Wirkungsweise ist jedoch nur in wenigen Fällen bekannt. Bei *Bakterien* kann ihre Wirkung darin bestehen, daß ein Adenin/Thymin-Paar der DNA in ein Cytosin/Guanin-Paar verwandelt wird. Dies könnte auf der Bildung mutagener Basenanaloga beruhen, die zu Fehlern bei der Replikation der DNA führen.

Bei bestimmten weißblühenden Sorten des *Alpenveilchens* mutiert das rezessive Grundgen *w* für weiße Blütenfarbe häufig in sein dominantes Allel *W* für purpurfarbene Blüten. Diese Dominant-Mutationen treten nur in den Nachkommenschaften bestimmter Mutterpflanzen auf, während sie in anderen Linien niemals zu beobachten sind. Schon dieses Verhalten deutet darauf hin, daß der Mutationsvorgang von der genotypischen Konstitution der Linien abhängt. Aus umfangreichen Kreuzungsbefunden kann geschlossen werden, daß ein rezessives Mutatorgen für die Dominant-Mutation *w* → *W* verantwortlich ist.

Als **Promutagene** werden Substanzen bezeichnet, die bei Tieren oder Pflanzen in inaktiver Form vorhanden und damit unwirksam sind. Sie können durch eine enzymatische Transformation in Mutagene umgewandelt werden. Falls derartige Prozesse in Nutzpflanzen ablaufen, können die entstandenen Mutagene über die Nahrungskette in den Menschen gelangen und dort wirksam werden.

Mutationsauslösung bei höheren Pflanzen

Bei höheren Pflanzen kann man Genmutationen durch die Behandlung von Samen oder Pollen induzieren. Da die Samenbehandlung in der Durchführung wesentlich einfacher ist, wird sie der Pollenbehandlung vorgezogen. Wenn wir den Samen eine genügend hohe Strahlenmenge verabreichen, so induzieren wir in zahlreichen Zellen Mutationen. Es handelt sich hierbei jedoch überwiegend um **somatische Mutationen.** Ihr Ablauf entzieht sich weitgehend der Beobachtung. Wir sind an **generativen Mutationen** interessiert. Hierunter sind Mutationsvorgänge in den *Initialzellen des embryonalen Sproß-vegetationskegels, der Plumula,* zu verstehen, aus denen sich das Sproßsystem der Pflanze entwickelt.

Der Weg vom mutierten Gen zur Mutante hängt von der histogenetischen Konstitution des Versuchsobjekts ab. Nur bei wenigen Arten des Pflanzenreichs entwickelt sich das Sproßsystem aus einer einzigen Initiale des Vegetationskegels. Läuft in ihr eine Rezessivmutation ab, so erhalten wir den heterozygot mutierten Zustand *Aa*. Da das gesamte Sproßsystem aus dieser Zelle hervorgeht, besitzen alle diploiden Zellen der betreffenden Pflanze die gleiche genotypische Konstitution *Aa;* sie ist ein *monohybrider Bastard.* Man bezeichnet derartige Organismen in Analogie zu den F_1-Pflanzen als **M_1-Pflanzen.** Die aus den behandelten Samen heranwachsende Generation ist die **M_1-Generation,** wobei das Symbol „M" für „Mutation" steht. Nicht selten sind in der Initialzelle mehrere Gene mutiert; in diesen Fällen erstreckt sich die Heterozygotie der M_1-Pflanze auf mehrere Genpaare. Die mutierten Gene können ihre Wirkung wegen ihrer Rezessivität zunächst nicht entfalten; die M_1-Pflanzen entsprechen phänotypisch folglich dem nichtmutierten Wildtyp. Ihre *Selbstung* ist in genetischer Beziehung gleichbedeutend mit der Kreuzung identischer monohybrider Bastarde. In der Nachkommenschaft der M_1-Pflanzen – den Familien der **M_2-Generation** – erhalten wir im Idealfall in Übereinstimmung mit dem zweiten Mendelschen Gesetz 3 : 1-Spaltungen. 25% aller Individuen der spaltenden Familien sind homozygot für die mutierten Gene. Sie sind **Mutanten** und weichen in einem bestimmten Merkmal

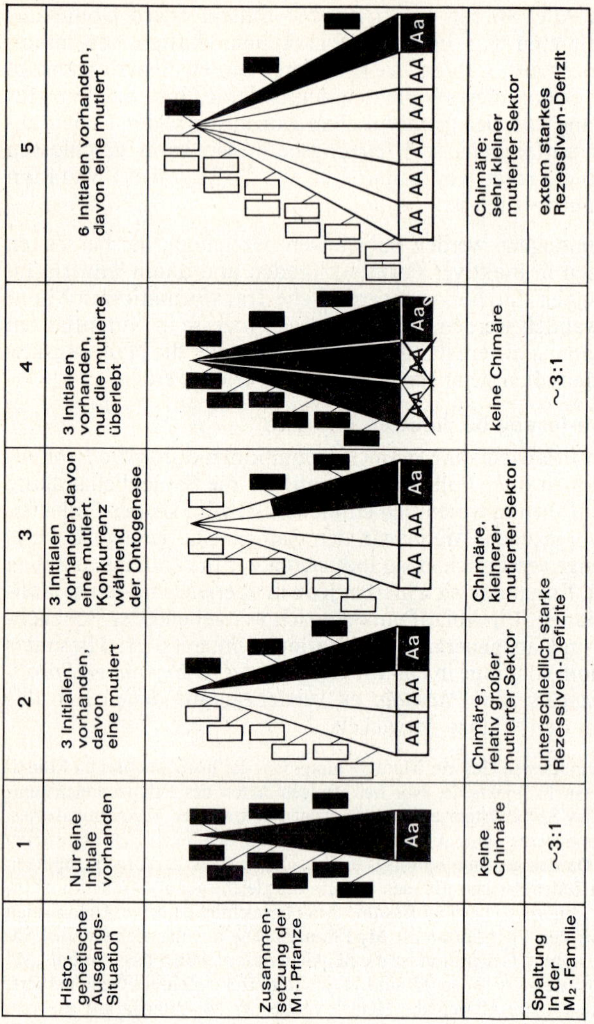

Abb. 6.2 Die Abhängigkeit der Spaltungsverhältnisse rezessiver Mutanten in der M₂-Generation von der genetischen Konstitution der M₁-Pflanzen

vom nicht mutierten Ausgangszustand ab. Das mutierte Gen ist für die Realisierung dieses Merkmals verantwortlich (Abb. 6.2, Fall 1). Ist die Mutante fertil, so kann sie durch Selbstung unmittelbar vermehrt werden: Es entsteht ein mutierter Stamm, der wegen der Homozygotie im mutierten Gen eine reine Linie darstellt.

Bei der Mehrzahl aller Pflanzenarten entwickelt sich der Sproß aus mehreren Initialzellen der Plumula. Außerdem sind häufig mehrere Vegetationskegel am Aufbau des Sproßsystems beteiligt. Unter diesen Voraussetzungen erhalten wir in der M_1-Pflanze eine völlig andere Situation (Abb. 6.2, Fälle 2−5). Infolge der hohen Stabilität der Gene läuft der Mutationsvorgang von A nach a höchstens in einer der vorhandenen Initialen ab. Sie ist heterozygot Aa, während die übrigen Initialen im Hinblick auf das Gen A nichtmutiert − also AA − sind. Unter der Annahme, daß sich alle drei Initialen in etwa gleicher Weise am Aufbau des Sproßsystems beteiligen, entsteht ein genetisch uneinheitlicher Organismus (Abb. 6.2, Fälle 2, 3). Die beiden nicht mutierten Initialen bilden Gewebe und Organe, die genetisch normal sind. Nur die aus der heterozygot mutierten Initiale hervorgehenden Pflanzenregionen besitzen das mutierte Gen in heterozygoten Zustand. Die M_1-Pflanze ist folglich kein monohybrider Bastard im üblichen Sinne dieser Bezeichnung, sie ist eine **Chimäre** und setzt sich aus Organen der Konstitution AA und Aa zusammen. Infolge der Rezessivität des mutierten Gens wird der heterozygot mutierte Sektor nicht erkennbar: die Pflanze ist phänotypisch normal. Nach ihrer Selbstung erhalten wir zwar ebenfalls Mutanten, sie treten jedoch nicht in einer Häufigkeit von 25%, sondern in geringeren Mengen auf. Ihre Häufigkeit hängt von der Größe des mutierten Sektors der M_1-Pflanze ab, da nur aus dem Saatgut dieser Region eine Spaltung zu erwarten ist.

Die Abweichung von der 3:1-Spaltung läßt sich nicht berechnen, weil man nicht von einer exakten Grundlage ausgehen kann. Zunächst ist die Anzahl der Initialen des Vegetationskegels für die Mehrzahl aller Arten noch nicht bekannt. Außerdem kommt es während der Ontogenese der M_1-Pflanzen zwischen den nichtmutierten und den heterozygot mutierten Zellen oftmals zu Konkurrenzerscheinungen, in deren Verlauf sich der Anteil des heterozygot mutierten Gewebes verschiebt. Dieses Phänomen wird als **diplontische Selektion** bezeichnet. Je kleiner der mutierte Sektor der M_1-Pflanze ist, um so stärker weicht die Spaltung der M_2-Familie im Sinne eines Rezessiven-Defizits von der 3:1-Spaltung ab (Abb. 6.2; Fälle 2, 3).

Aus den eben abgeleiteten Gesetzmäßigkeiten geht hervor, daß die M_2-Spaltungen in hohem Maße von der Anzahl der überlebenden Initialen im enbryonalen Vegetationskegel der behandelten Samen abhängig sind:

− Je größer die Anzahl der Initialen in der Plumula ist,
− um so kleiner ist der mutierte Sektor der M_1-Pflanze;
− um so geringer ist der Anteil der Mutanten in der dazugehörigen M_2-Familie.

Diese Gesetzmäßigkeit erfährt häufig Verschiebungen, weil ein Teil der vorhandenen Initialen unter dem Einfluß des mutagenen Agens zugrunde geht. Bei einer Species mit drei Initialen je Vegetationskegel kommt es bei der Durchführung von Mutationsversuchen häufig vor, daß zwei Initialen absterben und sich das Sproßsystem aus der dritten entwickelt. Ist sie mutiert, so entsteht trotz der komplizierten Ausgangssituation keine Chimäre, sondern ein monohybrider Bastard (Abb. 6.2, Fall 4). Entscheidend für die M_2-Spaltungen ist also nicht die für die betreffende Art charakteristische Gesamtzahl der Initialzellen, sondern die Zahl der überlebenden Initialen. Besonders ungünstig ist die Situation bei denjenigen Arten, die in der Plumula ein *Initialfeld* mit einer größeren Gruppe von Initialen besitzen. In diesen Fällen ist der mutierte Sektor der M_1-Pflanze sehr klein. Es sind folglich besonders starke Abweichungen von der 3 : 1-Spaltung in Form beträchtlicher Rezessiven-Defizite zu erwarten (Abb. 6.2, Fall 5).

Die Chimärennatur der M_1-Pflanzen hat ernsthafte Konsequenzen für die Durchführung von Mutationsexperimenten mit dem Ziel, umfangreiche Mutantensortimente aufzubauen. Bei derartigen Versuchen summieren sich drei negative Faktoren.

1. Mit zunehmender Strahlenmenge bzw. Konzentration eines mutagenen Chemikaliums steigt zwar die Mutationsrate an, es sinkt jedoch die Überlebensrate der behandelten Embryonen ab. Außerdem sinkt die Samenproduktion der überlebenden M_1-Pflanzen (Abb. 6.3). In kleinen M_2-Familien kann sich eine 3 : 1-Spaltung oftmals nicht manifestieren.

2. Infolge der Chimärennatur der M_1-Pflanzen ist in zahlreichen M_2-Familien nicht mit einer 3 : 1-Spaltung, sondern mit ungünstigeren Spaltungsverhältnissen zu rechnen. Selbst wenn die M_2-Familien größer sind, wird das mutierte Gen häufig nicht erkennbar.

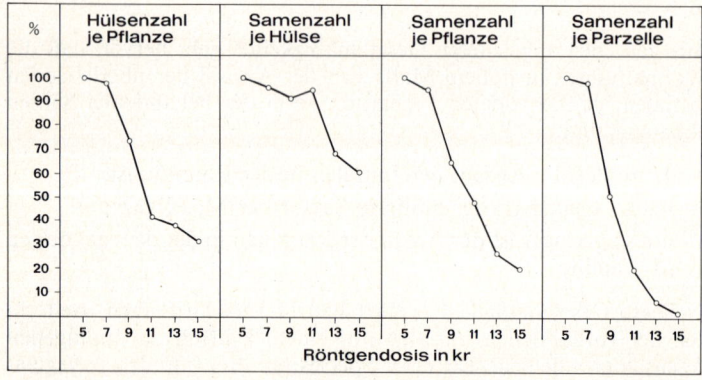

Abb. 6.3   Die Beziehungen zwischen Strahlenmenge und verschiedenen Ertragskomponenten bei Bestrahlung lufttrockener Erbsensamen. Alle Werte sind auf die Vergleichswerte der mit 5000 r bestrahlten Samen = 100% bezogen (Erläuterung im Text)

3. Das für zahlreiche mutierte Gene charakteristische Rezessiven-Defizit, das nicht mit der Chimärennatur der M_1-Pflanzen im Zusammenhang steht, sondern in allen Generationen auftritt, wirkt sich negativ auf die Spaltungen der M_2-Familien aus. Es setzt die Häufigkeit der Mutanten noch weiter herab.

Dies hat zur Folge, daß in zahlreichen M_2-Familien zwar mutierte Gene vorhanden sind, aber erst im heterozygoten und noch nicht im homozygoten Zustand. Es liegen etwa Spaltungen vom Typ

– 8 AA : 2 Aa : O aa

vor. Das mutierte Gen kann wegen seiner Rezessivität nicht erkannt werden. Häufig wird eine Selektion auf Mutanten ausschließlich in der M_2-Generation vorgenommen, und alle Familien, in denen keine Mutanten herausspalten, werden eliminiert. Hierdurch werden zahlreiche mutierte Gene verworfen, die entweder gar nicht oder nur unter größten Anstrengungen wieder beschafft werden können.

Für die Mutantenausbeute sind nicht nur genetische, sondern auch cytologische und physiologische Gesichtspunkte von Bedeutung. Sie sollen in Verbindung mit der Röntgenwirkung auf ruhende Samen abgeleitet werden. Die Mutationsrate steigt mit steigender Röntgendosis an. Je stärker wir bestrahlen, um so stärker sind jedoch die physiologischen Belastungen der Zelle. Dies führt dazu, daß meristematische Kerne ihre Teilungsfähigkeit verlieren und daß viele Zellen des Embryos absterben. Zusätzliche Schwierigkeiten kommen dadurch zustande, daß chromosomale Schädigungen induziert worden sind, die die Teilungsgeschwindigkeit der Zellen in den Meristemen der heranwachsenden Pflanzen herabsetzen. Mit zunehmender Strahlenmenge ist daher ein immer größer werdender Prozentsatz der bestrahlten Embryonen gar nicht oder nicht voll entwicklungsfähig. Bei strahlengenetischen Versuchen ist infolgedessen die **Überlebensrate** ein wichtiger Wert. Hierunter versteht man denjenigen Prozentsatz bestrahlter Samen, aus denen entwicklungsfähige Pflanzen hervorgehen. Wie Abb. 6.4 zeigt, sinkt die Überlebensrate mit zunehmender Strahlenmenge rasch ab. Hierbei sind zwei Werte von Bedeutung. Diejenige Strahlenmenge, die zu einem Verlust von 50% des behandelten Saatguts führt, wird als **mittlere Letaldosis** – als LD_{50} – bezeichnet. Dieser strahlenbiologische Wert ist für die allgemeine Strahlenempfindlichkeit des betreffenden Genotypus charakteristisch. In verschiedenen Stadien der Ontogenese erhält man unterschiedliche Werte für die LD_{50} als Maß für die Strahlenempfindlichkeit in Abhängigkeit vom ontogenetischen Alter oder vom physiologischen Zustand spezifischer Organe. Die LD_{50} variiert bei verschiedenen Arten des Tier- und Pflanzenreichs innerhalb weiter Grenzen.

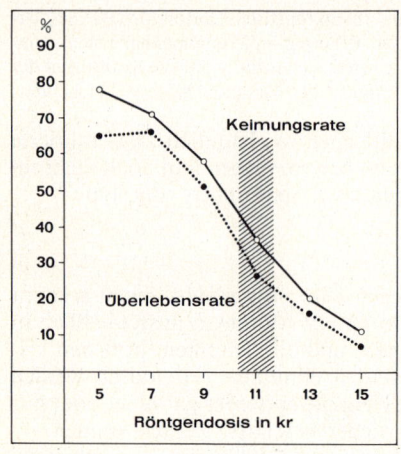

Abb. 6.4   Die Beziehungen zwischen Strahlenmenge und Keimungs- bzw. Überlebensrate bei Bestrahlung luftrockener Erbsensamen. Alle Werte sind auf die Vergleichswerte des unbestrahlten Kontrollsaatguts = 100% bezogen

Außer der Überlebensrate ist auch die *Vitalität* der M_1-Pflanzen, vor allem ihre *Samenproduktion,* von Bedeutung. Eine hohe Mutationsrate in den Initialen des embryonalen Vegetationskegels kann nicht zu einer hohen Mutantenausbeute in der M_2-Generation führen, wenn die M_1-Pflanzen infolge starker Strahlenschäden nur wenige oder gar keine Samen bilden. Auch in dieser Beziehung ist eine deutliche Dosisproportionalität feststellbar (Abb. 6.3). Es kommt folglich eine Summierung der beiden Negativa zustande, die zu einer starken Herabsetzung der Samenzahl je Pflanze führt. Dieses Verhalten zwingt den Strahlengenetiker zu einem Kompromiß:

- Er muß die Strahlendosis möglichst hoch wählen, um eine hohe Mutationsrate zu gewährleisten.
- Die Strahlenmenge muß andererseits niedrig genug sein, um einer relativ großen Anzahl bestrahlter Embryonen die Entwicklungsfähigkeit zu ermöglichen.

Nach statistischen Gesichtspunkten ist der Erfolg um so größer, je geringer die Überlebenswerte sind. Für die praktische Durchführung von Mutationsversuchen haben sich jedoch Überlebensraten in der Größenordnung von 20–30% als optimal erwiesen. Hierbei ist die Mutationsrate relativ hoch. Die Überlebensraten sind jedoch ebenfalls hoch genug, um eine umfangreiche M_2-Generation aufziehen zu können, in der man die Mutanten selektiert (Abb. 6.4).

Die eben abgeleiteten Gesichtspunkte gelten auch für *mutagene Chemikalien.* Hier spielt die Konzentration der Substanz sowie ihre Einwirkungsdauer eine entscheidende Rolle. Einige der wirkungsvollsten mutagenen Chemikalien – vornehmlich das *Äthylmethan-sulfonat* – haben eine starke Herabsetzung der Fertilität der M_1-Pflanzen zur Folge, deren Ursachen noch nicht geklärt sind.

Mutationsauslösung bei Tieren

Das in der Mutationsforschung bevorzugte tierische Objekt ist nach wie vor die *Drosophila*. Hier behandelt man geschlechtsreife Männchen mit Mutagenen in der Absicht, Mutationsvorgänge in den Spermien zu induzieren. Die behandelten Männchen werden unbehandelten Weibchen zugesetzt, wobei die Pärchen jeweils einzeln in Kulturgefäßen gehalten werden müssen. Kommt ein mutiertes Spermium *a* zur Befruchtung, so entsteht eine Zygote, die im Hinblick auf das mutierte Gen heterozygot *Aa* ist. Aus der Zygote entwickelt sich der Organismus; nehmen wir an, es sei ein Männchen. Damit sind wir auf dem Weg vom mutierten Gen zur Mutante einen beträchtlichen Schritt weiter. Das Gen befindet sich nunmehr in jeder diploiden Zelle dieses Männchens, auch in seiner Keimbahn, kann seine Wirkung infolge der Rezessivität jedoch nicht entfalten. Da das Männchen ein monohybrider Bastard ist, sind 50% seiner Spermien Träger des mutierten Gens, das aufgrund dieser Häufigkeit sicherlich an die Nachkommen weitergegeben wird. Die mutierten Spermien werden zunächst wieder Eizellen befruchten, die das betreffende Gen im nichtmutierten Zustand besitzen. Es kommt also die Rückkreuzung eines monohybriden Bastards mit dem homozygot dominanten Elter zustande (Abb. 6.5). Sie führt wieder zum heterozygot mutierten Zustand *Aa*. Es ist jedoch anzunehmen, daß im Kulturgefäß nach Ablauf einiger Generationen Männchen und Weibchen auftreten, die für *das gleiche mutierte Gen heterozygot* sind. Nach ihrer Vereinigung tritt das Gen *a* in einem Teil der Nachkommen *homozygot* auf. Damit ist die Mutante *aa* entstanden, die sich in irgendeinem Merkmal von der Ausgangsform *AA* unterscheidet. Sie kann für den Aufbau eines mutierten Stammes verwendet werden, der für vielfältige Untersuchungen zur Verfügung steht.

Es muß also eine Reihe von Voraussetzungen erfüllt sein, wenn aus dem mutierten Gen ein mutierter Stamm werden soll:

– Das mutierte Spermium muß gegenüber den nichtmutierten Spermien des gleichen Männchens konkurrenzfähig sein, um überhaupt eine Chance zur Befruchtung zu haben.

– Es muß zur Befruchtung kommen.

– In der Population müssen männliche und weibliche Organismen entstehen, die für das gleiche mutierte Gen heterozygot sind. Erst dann kann bei einem Teil ihrer Nachkommen der homozygot mutierte Zustand erreicht werden.

Die Wahrscheinlichkeit, daß diese Voraussetzungen realisiert werden, ist größer als man annehmen möchte. Mit Hilfe dieser Methode

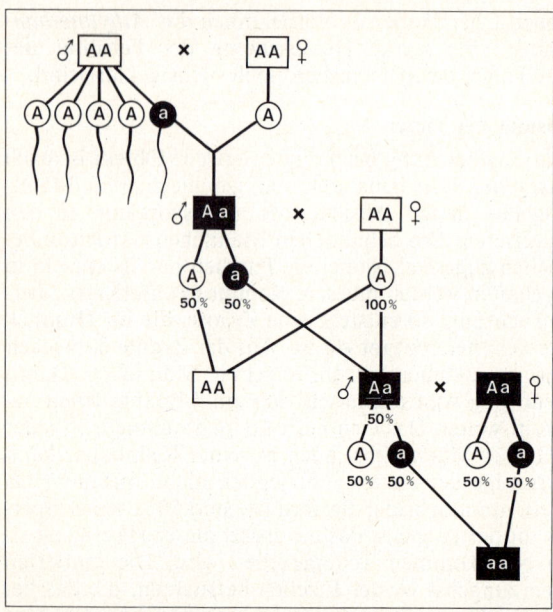

Abb. 6.**5** Die Auslösung von Genmutationen bei *Drosophila* durch Bestrahlung geschlechtsreifer Männchen

hat der amerikanische Genetiker MULLER in den zwanziger Jahren nach Anwendung von Röntgenstrahlen erstmals Mutationsvorgänge bei *Drosophila* ausgelöst. Seitdem hat man auf diesem Wege Tausende von Mutanten erhalten. Bei der *Maus* ergeben mutagene Chemikalien wesentlich höhere Mutationsraten als Röntgenstrahlen.

Genmutationen beim Menschen

Die Species *Homo sapiens* ist den Gesetzmäßigkeiten der Mutationslehre in gleicher Weise unterworfen wie alle Arten des Tier- und Pflanzenreichs. Zur Zeit sind etwa 4000 mutierte Gene bekannt. Über die Höhe der spontanen Mutationsrate werden von verschiedenen Autoren unterschiedliche Schätzwerte angegeben. 1–2% aller Kinder, nach anderen Angaben etwa 4%, werden mit mutierten Genen geboren. Sie verursachen häufig Stoffwechselstörungen oder geistige Behinderungen. Der Anteil dominant vererbter Syndrome ist relativ hoch. Bei 0,6% aller Neugeborenen sind chromosomale Anomalien feststellbar. Kurz nach der Befruchtung liegt ihr Anteil bei knapp 30%; sie sind die häufigste Ursache spontaner Aborte.

Die große Gruppe der Genmutationen können wir in 5 verchiedene Kategorien unterteilen. Die Unterschiede beziehen sich auf die Erbgänge der mutierten Gene sowie auf die Lage innerhalb des Genoms. Es gibt:

- Autosomal dominante Fälle.
- Autosomal rezessive Fälle.
- X-chromosomal dominante Fälle.
  Hier liegt geschlechtsgebundene Vererbung vor. Ein auf dem X-Chromosom liegendes dominantes Gen ist für die Anomalien verantwortlich.
- X-chromosomal rezessive Fälle.
- Polygene Fälle: Für die Krankheit sind mehrere Gene verantwortlich.

Zahlreiche genetisch bedingte Stoffwechselkrankheiten beruhen auf funktionsuntüchtigen oder fehlenden Enzymen. Bei vielen Erbkrankheiten ist die genetische Basis noch nicht geklärt.

In anderen Fällen sind verschiedene Gene für das gleiche Krankheitsbild verantwortlich; es liegt **Heterogenie** vor. Dies gilt für die *Taubstummheit,* die in etwa 50% aller Fälle genetisch bedingt ist und in einer Häufigkeit von etwa 1 : 4000 auftritt. Etwa drei Viertel der erblichen Fälle sind autosomal rezessiv bedingt; andere Formen werden autosomal dominant oder X-chromosomal rezessiv vererbt. Die genetischen Grundlagen der verschiedenen *Blutgerinnungsstörungen* sind besonders kompliziert. Bisher sind 10 Gene bekannt, unter deren Einfluß es zu Störungen der Blutgerinnung kommt. Hiervon sind acht rezessiv, darunter zwei geschlechtsgebunden. Die restlichen beiden Gene sind dominant.

Meist beruht die Bluterkrankheit auf einem fehlerhaften Gen für den Gerinnungsfaktor VIII, der in der Leber gebildet wird. Das Gen liegt auf dem X-Chromosom, ist 186 000 Basenpaare lang und enthält 26 Exons. Der Anteil der Introns ist so hoch, daß etwa 95% der gesamten DNA-Menge des Gens funktionslos sind. Nach Untersuchung von 2000 Probanden mit Defekten in diesem Gen hat man 7 verschiedene Mutationen innerhalb des Gens gefunden. In 4 Fällen handelt es sich um einen einfachen Basenaustausch. Drei dieser 4 Mutationen führen zu einer Verstümmelung des Gerinnungsfaktors VIII und damit zu schwerer Hämophylie. Der vierte hat den Einbau einer falschen Aminosäure zur Folge und bedingt eine milde Form der Bluterkrankheit. Die restlichen 3 Mutationen sind mit Verlusten von einigen 1000 Nucleotidpaaren verbunden und führen ebenfalls zu schwerer Hämophylie. Bei etwa 80% aller Bluter ist dieses Gen für den Defekt verantwortlich. Daneben sind noch 30 weitere Gerinnungsfaktoren bekannt.

Die Lebenstüchtigkeit erbkranker Menschen ist häufig eingeschränkt; es gibt in dieser Beziehung jedoch zahlreiche Ausnahmen. *Sechsfingerigkeit, Rot-Grün-Blindheit, Albinismus* sind Erbkrankheiten, die ihre Träger relativ wenig beeinträchtigen. In anderen Fällen ist zwar die Fortpflanzungsfähigkeit der mutierten Personen nicht beeinträchtigt, ihre Lebenstauglichkeit ist jedoch herabgesetzt. Dies gilt für ein in Indonesien aufgetretenes Gen, unter dessen Einfluß die Ausdifferenzierung des Augapfels unterbleibt. In Brasilien ist seit Jahrzehnten ein Gen bekannt, das die Ausbildung von Händen und Füßen unterbindet. Einige Gene verursachen in mutierter Form **Atavismen**, also Rückschläge zu phylogenetisch früheren Zuständen. Dies gilt für die dichte Körperbehaarung mit Ausnahme des Gesichts. Unter dem Einfluß anderer Gene dieser Gruppe kommt die Ausbildung eines regelrechten Fells unter Einschluß des ganzen Kopfes zustande. In Tab. 6.1 (S. 194–196) sind einige Erbkrankheiten aufgeführt.

Die Häufigkeit der Erbkrankheiten variiert innerhalb weiter Grenzen. Für *Epilepsien, Gicht, Zuckerkrankheit* sind Häufigkeiten von 1–5% ermittelt worden. Die *Lippen-Kiefer-Gaumen-Spalte,* deren Krankheitsbild sehr variabel ist, wird in Deutschland in einer Häufigkeit von 1 : 600 bis 1 : 700 angetroffen. Andere Erbkrankheiten sind außerordentlich selten und treten in Häufigkeiten von 1 : 100000 bis zu 1 : 1000000 auf. In einigen Fällen lassen sich hierfür keine allgemeingültigen Angaben machen. Es zeigt sich vielmehr, daß eins der beiden Geschlechter häufiger von der Krankheit betroffen wird als das andere. Dies gilt für die sehr häufige *kongenitale Hüftgelenksluxation.* Bei anderen Genen werden verschiedene Bevölkerungsgruppen der Erde in unterschiedlichem Grade betroffen. Ein Standardbeispiel hierfür ist die genetisch bedingte *Schwerhörigkeit,* die bei der weißen Bevölkerung besonders häufig anzutreffen ist (1 : 330). Bei Negern tritt die gleiche Krankheit in einer Häufigkeit von nur 1 : 3300 auf, bei den Orientalen liegt ihr Anteil mit 1 : 33000 noch wesentlich niedriger. Von der *Sichelzellanämie,* einer Anomalie im Blutfarbstoff Hämoglobin, werden fast ausschließlich Farbige betroffen. Sie tritt in einer Häufigkeit von 1 : 400 auf.

Der Nachweis der genetischen Grundlagen einer Abweichung ist beim Menschen wesentlich schwieriger als bei Tieren und Pflanzen, weil sich keine gezielten Kreuzungsexperimente durchführen lassen. Die Humangenetik hat deshalb in Verbindung mit Stammbaum-Analysen spezifische Methoden entwickelt, um den Erbgang mutierter Gene zu analysieren.

Die bisher bekannten Mutationen sind auf spontane Veränderungen der betreffenden Gene zurückzuführen. Durch den Einsatz bestimmter Strahlen und radioaktiver Isotope in der modernen Technik und Medizin besteht potentiell die Gefahr, daß Mutationsvorgänge beim Menschen unbeabsichtigt induziert werden. Dies gilt vor allem bei der Anwendung von Röntgenstrahlen in der medizinischen Strahlentherapie. Von der Bestrahlung werden ja nicht nur jene Organe betroffen, denen sie primär gilt. Die Keimdrüsen erhalten vielmehr eine bestimmte Streustrahlung. Sie ist aus strahlenmedizinischer Sicht zwar außerordentlich niedrig, in strahlengenetischer Beziehung können wir sie jedoch nicht als völlig unbedenklich bezeichnen. Dies hängt damit zusammen, daß es für die Auslösung von Genmutationen keinen Schwellenwert gibt. Es besteht zwar eine deutliche Korrelation zwischen Strahlenmenge und Mutationshäufigkeit, es ist jedoch prinzipiell möglich, daß bereits sehr geringe Strahlenmengen zur Auslösung von Mutationen führen. Falls es sich hierbei um *somatische Mutationen* handelt, kann das Karzinom-Risiko erhöht sein. Kommen die Mutationen jedoch in der *Keimbahn* oder in den *Keimzellen* zustande, so besteht die Möglichkeit, daß die mutierten Gene an die Nachkommen weitergegeben werden. Eine Anreicherung des menschlichen Genoms mit mutierten Genen würde jedoch eine Verschlechterung unseres Erbguts bedeuten, denn es besteht kein Zweifel, daß mutierte Gene nicht nur bei Pflanzen und Tieren, sondern auch beim Menschen überwiegend negative Folgen haben. Jeder Mensch ist für eine im einzelnen nicht bestimmbare Anzahl mutierter Gene heterozygot. Ihre Wirkung wird wegen der Rezessivität nicht erkennbar. Dies gilt auch für Letalfaktoren. Sie werden jedoch über einen Teil der Keimzellen an die Nachkommen weitergegeben. Offenbar sind wir darüber hinaus Träger neutraler Mutationen ohne erkennbare Folgen.

Schon geringe Strahlenmengen können nicht nur Gen-, sondern auch Chromosomenmutationen auslösen. In England und Amerika sind Untersuchungen an Arbeitern vorgenommen worden, die beim Bau von Atomschiffen eingesetzt waren. Sie zeigten eine erhöhte Anzahl chromosomaler Anomalien, die auf die langjährige Einwirkung geringer Strahlenmengen zurückgeführt werden. Bei höheren Dosen steigt die Mutationsrate rasch an, bei menschlichen Lymphocyten auf etwa 10% nach Bestrahlung mit 100 Rem[1]. Die Dosis, die erforderlich ist, um die menschliche Mutationsrate zu verdoppeln, wird mit 20–250 Rem angegeben.

Außerordentlich hohe genetische Schäden sind nach dem Abwurf von *Atombomben* zu erwarten. Wenn wir uns Vorstellungen über die Erhöhung der Mutationsrate als Folge der zunehmenden Strahlenbelastung machen wollen, so brauchen wir als Basis zunächst Kontrollwerte über die spontane Mutationsrate beim Menschen. Dieses Problem ist aus methodischen Gründen noch nicht befriedigend geklärt worden. Da man mit dem Menschen nicht experimentieren kann, sind wir darauf angewiesen, die an tierischen Versuchsobjekten erhaltenen Befunde auf den Menschen zu übertragen. Hier liegt eine Fehlerquelle, deren Ausmaß sich nicht exakt abschätzen läßt.

Im Tierreich nimmt die Strahlenresistenz mit zunehmender Organisationshöhe rasch ab. Der Mensch ist besonders strahlenempfindlich. Bei Ganzkörperbestrahlung wird die LD_{50} bereits nach Appli-

---

[1] 1 Rem ist diejenige Menge einer beliebigen Strahlung, die in ihrer biologischen Wirkung einem Rad Gammastrahlung entspricht. 1 Rad ist die von der lebenden Materie absorbierte Strahlendosis, während durch die früher verwendete Bezeichnung r die Ionisation von 1 kg Luft angegeben wird. 1 r = 0,93 rad.

Tabelle 6.1   Beispiele für genetisch bedingte Anomalien beim Menschen (aus *Wendt, G. G., U. Theile*: Genetische Beratung für die Praxis. Fischer, Stuttgart 1975 – dort Einzelheiten und weitere Beispiele)

Bezeichnung	Hauptmerkmale	Erbgang	Häufigkeit
– Otosklerose	– Schwerhörigkeit	autosomal dominant	Weiße: 1: 330 Neger: 1: 3300 Orientalen: 1:33000
– bestimmte Formen der Poly-daktylie	– überzählige Finger	autosomal dominant	Europäer: 1: 2000 Neger: etwa 10mal häufiger
– Neurofibromatose	– Pigmentflecken der Haut; Haut-Tumoren; Mißbildung innerer Organe; Veränderungen im Zentralnervensystem	autosomal dominant	1:2000 bis 1:3000 Geburten
– Achondroplasie	– Zwergwuchs; relativ großer Kopf, kurze Extremitäten; Beckendeformierung; geistig normal	autosomal dominant	1:10000 bis (2–3):100000 Geburten
– Akrozephalosyndaktylie	– mittlere Stirnregion vorgewölbt; Hirn-schädel vergrößert; Finger und Zehen unterschiedlich stark verwachsen; geistig zurückgeblieben	autosomal dominant	(1–2):100000 Geburten
– Marfan-Syndrom	– lange, schmale Glieder; Trichterbrust sowie weitere Anomalien, die auf ein breites Pleiotropiespektrum des do-minanten Gens zurückzuführen sind	autosomal dominant	(1–2):100000 Geburten

Tabelle 6.1 Fortsetzung

Bezeichnung	Hauptmerkmale	Erbgang	Häufigkeit
– Spalthände, Spaltfüße	– Deformationen an Händen und/oder Füßen; sonst gesund	autosomal dominant	1:110000 bis 1:150000 Geburten
– Mukoviszidose	– Funktionsstörungen der exokrinen Drüsen mit pathologischen Veränderungen von Lunge, Darm, Bauchspeicheldrüse; häufigste rezessive Stoffwechsel-Krankheit	autosomal rezessiv	1:2000 bis 1:3000, 4–5 % der europäischen Bevölkerung heterozygot
– adrenogenitale Syndrome	– Störungen der Steroid-Synthese der Nebennierenrinde	autosomal rezessiv	1:5000 Geburten
– Phenylketonurie	– Schwachsinn; es fehlt die Phenylalanin-Hydroxylase	autosomal rezessiv	1:10000 Geburten
– bestimmte Formen von Albinismus	– Epidermis pigmentarm; weiße oder gelbe Haare; rote Iris; es fehlt das Enzym Tyrosinase	autosomal rezessiv	(1–2):20000 Geburten
– Galaktosämien	– Anämie, Leberschädigung, Schwachsinn; häufig letal; es fehlt die Galaktose-1Phosphat-Uridyltransferase bzw. die Galaktokinase	autosomal rezessiv	1:40000 Lebendgeborene

Tabelle 6.1 Fortsetzung

Bezeichnung	Hauptmerkmale	Erbgang	Häufigkeit
– Leuzinose	– Urin nach Ahorn-Sirup riechend; letal nach der Geburt	autosomal rezessiv	1 : 300 000 Geburten
– Alkaptonurie	– schwarze Verfärbung des Urins beim Stehen an der Luft; degenerative Veränderungen der Gelenke und Wirbelsäule	autosomal rezessiv	(3–5) : 1 000 000 Geburten
– Hämophilie A, Faktor VIII	– Bluterkrankheit	X-chromosomal rezessiv	(1–2) : 5000 Lebendgeborene
– Hämophilie B, Faktor IX	– Bluterkrankheit	X-chromosomal rezessiv	1 : 25 000 Geburten
– kongenitale Hüftgelenksluxation	– veränderte Ausbildung des Hüftgelenks mit Einschränkung seiner Funktion	polygen/multifaktoriell	0,05 % aller Knaben 0,3 % aller Mädchen
– bestimmte Formen der Zuckerkrankheit	– Unfähigkeit, Insulin zu produzieren	multifaktoriell mit starker Abhängigkeit von Außenfaktoren	2–5 %
– Gicht	– Gelenkschmerzen; Ablagerung von Harnsäurekristallen im Gewebe	multifaktoriell	1,5–2 %
– Epilepsien	– Krampfanfälle; sehr unterschiedliche Krankheitsbilder	meist multifaktoriell	Deutschland: 0,4–1 %
– manisch-depressive Psychosen	– affektive Verhaltensstörungen bei normaler Intelligenz	multifaktoriell	Deutschland: 1 : 125 bis 1 : 200

kation von $400-450$ rad erreicht. Dieser Wert, der nach den Erfahrungen von Hiroshima und Nagasaki ermittelt wurde, gilt jedoch nur bei optimaler ärztlicher Betreuung der Überlebenden. Sie ist unter den Bedingungen eines Atomkriegs nicht gewährleistet. Die LD_{50} ist demnach wesentlich niedriger anzusetzen; sie dürfte in der Größenordnung von $200-220$ rad liegen. Dies ist ein außerordentlich niedriger Wert. Bestimmte Organe unseres Körpers vertragen wesentlich höhere Dosen. Andererseits sind einige Organe besonders strahlenempfindlich. Dies gilt für das Auge, das Knochenmark als blutbildendes Organ und für die gesamte Keimbahn einschließlich der Keimzellen.

Schon diese wenigen Beispiele zeigen, wie schwierig es ist, die an Versuchstieren erhaltenen Befunde auf den Menschen zu übertragen. Hierbei ist zu berücksichtigen, daß sich unsere Erfahrungen im wesentlichen auf nur zwei tierische Objekte erstrecken, auf *Drosophila* und die *Maus*. Die Maus stellt als Säugetier zur Zeit das günstigste Versuchsobjekt für die Bearbeitung dieser Fragestellung dar. Die Versuche müssen aus statistischen Gründen mit einer außerordentlich großen Individuenzahl − mit $1-3$ Millionen Mäusen − durchgeführt werden, wobei nur eine sehr kleine Anzahl von Genen des Genoms für die Erarbeitung der spontanen Mutationsrate geeignet ist. Die Werte, die man hierbei erhalten hat, stimmen größenordnungsmäßig mit den Befunden überein, die für Gene aus pflanzlichen Genomen seit längerer Zeit bekannt sind. Spontane Mutationsvorgänge spezifischer Gene − etwa eines Gens für eine bestimmte Blutkrankheit − sind in einer Million Keimzellen $6-8$mal zu erwarten. Das entspricht einer spontanen Mutationshäufigkeit von $1:125000$ bis $1:165000$.

Eine Atombombe kann als eine Art Reaktor betrachtet werden, der große Energiebeträge in kürzester Zeit auf relativ kleinem Raum freisetzt. In den radioaktiven Wolken über dem Explosionszentrum von Hiroshima wurden in 10000 m Höhe Dosen von 20000 r pro Minute gemessen. Die Wirksamkeit dieser Dosis wird deutlich, wenn wir sie auf die LD_{50} des Menschen von $200-220$ rad beziehen. Strahlenmengen von $600-700$ rad führen in allen Fällen zum Tod.

Unter den bei der Explosion freiwerdenden Strahlenarten sind vornehmlich die Gammastrahlen zu nennen, die in der experimentellen Mutationsforschung seit Jahrzehnten für die Auslösung von Gen- und Chromosomenmutationen verwendet werden. Nehmen wir an, eine solche Strahlung wird in einer bestimmten Region der Erde bei der Bevölkerung wirksam. Welche genetischen Konsequenzen haben wir zu erwarten? Der Mensch besitzt als diploider Organismus von jedem Gen zwei Allele. Obwohl die Zusammensetzung unseres Erbguts nur zu einem sehr kleinen Teil bekannt ist, haben wir allen Grund anzunehmen, daß die überwiegende Mehrzahl unserer Genpaare im homozygot dominanten Zustand vorliegt. Dies ist eine sehr günstige Ausgangssituation für das genetische Überleben in einem Atomkrieg. Infolge der hohen Stabilität unserer Gene wird höchstens eines der beiden dominanten Allele des Genpaars vom Mutationsvorgang betroffen. Wir erhalten folglich den heterozygot mutierten Zustand. Wenn wir die strahlengenetischen Konsequenzen des Einsatzes von Mutagenen auf den Menschen verstehen wollen, müssen wir auch hier den Weg vom mutierten Gen zum mutierten Organismus verfolgen. Von entscheidender Bedeutung ist hierbei wiederum die *Lage der mutierten Zelle* innerhalb des Organismus. Die Mutation kann in jeder Zelle unseres Körpers erfolgen. Die Vielzahl **somatischer Mutationen,** die in einer derartigen Situation zu erwarten ist – das Auftreten mutierter Gene in Parenchym-, Epidermis-, Muskel- und Drüsenzellen sowie in den Zellen anderer Organe –, bleibt für das Erbgut der Species *Homo sapiens* in ihrer Gesamtheit ohne Folgen. Die mutierten Gene dieser Gruppe haben keine Möglichkeit, auf die Nachkommen der Betroffenen übertragen und damit in späteren Generationen wirksam zu werden. In dem Augenblick, in dem ihre Träger sterben, verschwinden sie, stellen folglich keine Gefahr für unser Erbgut dar.

Eine wesentlich ungünstigere Situation liegt bei **generativen Mutationen** vor. Nur unter der Voraussetzung, daß die Mutationen in der Keimbahn oder in den Keimzellen induziert werden, besteht die Möglichkeit, die mutierten Gene an die Nachkommen weiterzugeben. Diese potentielle Gefahr kann nur bei Personen wirksam werden, die noch im fortpflanzungsfähigen Alter stehen bzw. es noch nicht erreicht haben. Diejenigen Menschen, die aufgrund ihres Alters keine Gameten mehr produzieren oder deren Keimzellen nicht für die Fortpflanzung verwendet werden, können keine mutierten Gene weitergeben. Sollten sie in Personen dieser Gruppe vorhanden sein, so verschwinden sie ebenfalls mit dem Tod der Betroffenen und sind damit endgültig unwirksam.

Anders ist die Situation bei jüngeren Menschen. Ein junger Mann besitzt einige Milliarden funktionsfähiger Spermien. Die Wahrscheinlichkeit, daß die Bestrahlung bei einem Teil der Spermien zu Veränderungen an der DNA führt, ist daher relativ groß. Ein im einzelnen nicht abschätzbarer Anteil dieser Schädigungen wird durch Repair-Mechanismen unwirksam gemacht. Viele Schäden werden jedoch zu Genmutationen führen. Das mutierte Gen hat nur dann eine Chance, in späteren Generationen wirksam zu werden, wenn das mutierte Spermium zur Befruchtung kommt. Wesentlich ungünstiger liegen die Verhältnisse, wenn der Mutationsvorgang in der Keimbahn eines Embryos zustande kommt. Er besitzt noch keine Keimzellen, sondern nur eine bestimmte Anzahl von Mutterzellen, aus denen sich später die Keimzellen entwickeln. Sitzt das mutierte Gen in einer derartigen Mutterzelle, so ist ein relativ hoher Anteil der späteren Keimzellen mutiert. Die Wahrscheinlichkeit, daß einer der mutierten Gameten zur Befruchtung kommt, ist nunmehr recht hoch. Die Wirkung ist um so nachteiliger, je früher der Mutationsvorgang während der Ontogenese erfolgt. Die ungünstigste Situation ist dann gegeben, wenn er in der Zygote abläuft.

Falls die eben abgeleiteten Voraussetzungen erfüllt sind, entsteht eine heterozygot mutierte Zygote der Konstitution *Aa*. Bei der großen Anzahl verschiedener Gene unseres Genoms ist es unwahrscheinlich, daß in den beiden zur Befruchtung verwendeten Keimzellen das gleiche Gen mutiert ist. Die Situation ist jedoch insofern sehr ernst, als sich der gesamte Organismus aus der mutierten Zygote entwickelt. Der weitere Gang verläuft prinzipiell in der gleichen Weise wie bei *Drosophila* (S. 190). Im Falle einer Rezessivmutation ist der Betroffene – nehmen wir an, es sei ein Mann – physisch gesund, weil in allen diploiden Zellen seines Körpers neben dem mutierten Gen noch das nichtmutierte Allel vorhanden ist. In genetischer Beziehung ist er ein **Überträger**, denn 50% seiner Spermien besitzen das mutierte Gen. Damit sind alle Voraussetzungen gegeben, daß es sich manifestieren kann, daß es in einer Serie von Befruchtungsvorgängen an die Folgegeneration weitergegeben wird. Es könnte nur durch einen Zufall zum Verschwinden gebracht werden, etwa wenn der Mann nicht zur Fortpflanzung kommt oder vorher stirbt. Eine große Gefahr besteht hierbei darin, daß diese Überträger physisch gesund sind; sie wissen nicht, daß sie Träger mutierter Gene sind.

Wir haben auf dem Weg vom mutierten Gen zur Mutante nunmehr eine sehr ernste Situation erreicht. War das mutierte Gen anfangs nur in einem einzigen von einigen Milliarden Spermien vorhanden, so liegt es jetzt in 50% aller Spermien vor. Es ist zu erwarten, daß die Eizellen des Partners im Hinblick auf das Gen *A* nicht mutiert sind. Eine derartige Verbindung entspricht genetisch der Rückkreuzung eines monohybriden Bastards mit dem homozygot dominanten Elter (Abb. **6.5**). 50% der Kinder dieser Ehe sind genetisch gesund, während bei den restlichen 50% die gleiche Situation wie beim Vater realisiert ist: Sie besitzen das mutierte Gen heterozygot und geben es zu 50% an ihre Nachkommen weiter, sind also Überträger. In der Nachkommenschaft einer derartigen Ehe treten weder Kinder noch Enkel auf, die das mutierte Gen homozygot enthalten, bei denen es also effektiv wirksam werden kann. Je mehr Menschen aber heterozygot für das gleiche mutierte Gen sind, um so größer ist die Wahrscheinlichkeit, daß es zu einer Verbindung zwischen ihnen kommt. Jeder von ihnen besitzt das mutierte Gen *a* in der Hälfte seiner Keimzellen. Damit kann die letzte Voraussetzung auf dem Weg vom mutierten Gen zum mutierten Organismus erfüllt werden: In einem Teil der Nachkommen wird der homozygot mutierte Zustand *aa* realisiert; es entsteht eine Mutante.

Wir haben bisher diejenige Situation abgeleitet, die am häufigsten zu erwarten ist: den Ablauf rezessiver Mutationsvorgänge in autosomalen Genen bei Homozygotie dominanter Allele als Ausgangssituation. Daneben existieren jedoch noch 3 andere Möglichkeiten:

- Ein bestimmter Anteil unserer Genpaare liegt als Folge spontaner Mutationsvorgänge bereits im *heterozygot mutierten Zustand* vor. Wird in einem solchen Genpaar eine Rezessiv-Mutation induziert, so ist sofort der homozygot mutierte Zustand realisiert. Geschieht dies in den frühesten Stadien der Embryonalentwicklung, so kann das mutierte Gen wirksam werden; es entsteht eine Mutante (*Bb → bb*).

- Bei Männern haben alle Gene, die auf dem X-Chromosom liegen, keine Allele auf dem Y-Chromosom. Mutiert eins dieser Gene, so wird es wirksam, weil die kompensierende Wirkung des nichtmutierten Allels entfällt (Hemizygotie).

- Es gibt autosomal dominante Neumutationen, die bereits im heterozygoten Status zur Erkrankung des Trägers führen. Homozygotie für das mutierte Gen ist in diesen Fällen nicht erforderlich.

Es besteht kein Zweifel, daß in Hiroshima und Nagasaki nicht nur somatische, sondern auch generative Mutationen in großer Zahl ausgelöst worden sind. Ebensowenig kann daran gezweifelt werden, daß zahlreiche Überlebende der beiden Explosionen mutierte Gene in einer nicht abschätzbaren Menge besitzen. Bei der außerordentlich großen Anzahl verschiedener Gene, aus denen sich unser Genom zusammensetzt, ist die Wahrscheinlichkeit, daß der homozygot mutierte Zustand eintritt, vor allem für die Gruppe der rezessiven Mutationen autosomaler Gene noch sehr gering. In Japan sind bis vor wenigen Jahren 78 000 Kinder von Überlebenden der beiden Explosionen untersucht worden; eine Zunahme genetischer Anomalien ist hierbei nicht festgestellt worden. Laufende Untersuchungen der Atombombenopfer haben jedoch eine starke dosisabhängige Zunahme der Häufigkeit von Leukämiefällen ergeben. Es besteht kein Zweifel, daß ein verstärkter, weltweiter Einsatz starker Mutagene zu einer erheblichen Verschlechterung des Erbguts führen würde. In Nagasaki ist die Mutationsrate von Pflanzen, die in der Nähe des Explosionszentrums überlebt hatten, mit derjenigen verglichen worden, die 30 km entfernt wuchsen. Sie war um das 3–6fache höher.

Über *somatische Mutationen beim Menschen* liegen nur wenige gesicherte Befunde vor; ihre Bedeutung sollte jedoch nicht unterschätzt werden. Von vielen Humangenetikern wird der Standpunkt vertreten, der Alterungsprozeß könne mit einer Anreicherung somatischer Mutationen im Körper korreliert sein. Das Auftreten blauer Segmente in der Iris brauner Augen ist auf somatische Mutationen zurückzuführen. Dies gilt auch für die Hautkrankheit *Xeroderma pigmentosum.* Die bisher bekannten 8 Typen dieser Krankheit werden durch Mutationen in verschiedenen Genen hervorgerufen, die auf verschiedenen Chromosomen liegen.

In den Genomen zahlreicher *Wirbeltiere* treten spezifische Gene auf, die unter bestimmten Umständen in der Lage sind, in gesunden Zellen Krebswachstum zu induzieren. Sie werden als **Proto-** oder **zelluläre Onkogene** (*c-onc-Gene*) bezeichnet und sind normale Bestandteile des Genoms. Sie sind offenbar an der Steuerung von Zellwachstum und Differenzierung beteiligt und sind damit lebenswichtig. Für das menschliche Genom sind bisher mehr als 50 Gene dieser Gruppe bekannt. Sie sind zufallsmäßig über das Genom verteilt und nicht zu Clustern vereinigt. Proto-Onkogene sind auch bei *Drosophila*, bei einem *Fadenwurm* sowie bei *Hefen* gefunden worden. Von besonderer Bedeutung ist ihre Anwesenheit in *Retroviren.*

Werden Proto-Onkogene aktiviert, so sind sie in der Lage, normale Zellen zu Tumorzellen zu transformieren. Die Wachstumskontrolle der Zelle wird aufgehoben, und es entsteht eine Krebszelle, aus der Millionen maligner Zellen hervorgehen: Das Proto-Onkogen ist zum **Onkogen** geworden. Die Aktivierung kann auf dreierlei Weise erfolgen:

– Durch eine *Punktmutation.* Dies ist die wichtigste Form der Aktivierung, die nur in somatischen Zellen abläuft. Es handelt sich also um *somatische Mutationen,* die nicht an die Nachkommen weitergegeben werden.

– Durch Verlagerung des Proto-Onkogens in die Nachbarschaft eines Promotors, etwa in Verbindung mit einer *Translokation.* Ein Beispiel hierfür ist das *c-myc-Onkogen* unseres Genoms, das nach Translokation von Chromosom 8 zu 14 zur Auslösung des Burkitt-Lymphoms führt.

– Durch *Amplifikation.* In einigen Fällen sind Proto-Onkogene in mehreren oder vielen (3 – 60) Kopien vorhanden. Durch die Überproduktion ihres Proteins kann Krebs ausgelöst werden.

Onkogene sind in verschiedenen menschlichen Tumoren nachweisbar, wobei manche Tumorzellen zwei verschiedene Onkogene besitzen. Einige ihrer Genprodukte sind bekannt. Wenn man DNA aus menschlichen Tumorzellen isoliert und sie in gesundes Mausgewebe transferiert, so entsteht Krebs. Das Onkogen aus dem menschlichen *Blasenkarzinom* sowie das entsprechende Proto-Onkogen aus normalem Gewebe sind isoliert, kloniert und sequenziert worden. Die beiden Gene sind etwa 6000 Blasenpaare lang und stimmen strukturell weitgehend überein. Der Unterschied bezieht sich auf ein einziges Nucleotidpaar: Anstelle eines Guanins besitzt das Onkogen ein Thymin. Als Folge dieser Punktmutation wird im Genprodukt ein bestimmtes Glycin des Proteins durch Valin ersetzt. Die meisten Onkogene gehören der Familie der *ras-Gene* an, die in der DNA verschiedener Tumorzellen nachweisbar sind.

Die soeben besprochenen Proto-Onkogene der *Wirbeltiere (c-onc-Gene)* zeigen in ihrer Nucleotidsequenz große Ähnlichkeit mit entsprechenden Genen der *Retroviren (v-onc-Gene)*. Dies gilt auch für die menschlichen Proto-Onkogene. Die Retroviren sind exogene RNA-Vieren, die als Proviren in die Genome von Wirbeltieren eingebaut werden können und dort überleben (Einzelheiten S. 70). Sie sind für zahlreiche Wirbeltiere bekannt und können in Form von Hunderten oder Tausenden von Kopien in normalen Zellen auftreten, ohne sie zu schädigen. Offenbar sind sie in dieser Form genetisch inaktiv. Es besteht jedoch die Möglichkeit, daß sie ein Proto-Onkogen der Wirtszelle aktivieren, wenn sie in seiner Nähe in die DNA integriert werden. Es wird damit zum Onkogen und löst Krebs aus. Bisher sind etwa 20 retrovirale *v-onc-Gene* bekannt, deren Nucleotidsequenzen weitgehend mit denen der entsprechenden *c-onc-Gene* der Wirbeltiere übereinstimmen. Dies gilt jedoch nur für die codierenden Sequenzen. (Während die *c-onc-Gene* Introns besitzen, sind die *v-onc-Gene* intronfrei.) Die geringfügigen Unterschiede sind auf Punktmutationen zurückzuführen. Beim *Menschen* sind bisher 2 Retroviren gefunden worden (HTLV-I und -II). Sie stimmen in ihrer Nucleotidsequenz weitgehend überein und sind auch bei *Menschenaffen* sowie bei einigen anderen Affenarten bekannt.

Gegenspieler der Onkogene sind die **Anti-Onkogene** oder **Tumor-Suppressorgene.** Sie drosseln das Zellwachstum und unterdrücken damit die Entstehung von Tumoren. Ihre Inaktivierung oder ihr Verlust führt zu unkontrollierten Zellteilungen und ist einer der krebsauslösenden Faktoren. Für das menschliche Genom sind bisher vier Gene dieser Kategorie bekannt, von denen drei lokalisiert werden konnten. Eins ist bereits kloniert worden und steht zum Transfer zur Verfügung. Es ist das sehr große *Rb*-Gen mit mehr als 200 000 Nucleotidpaaren. Im Gegensatz zu den Proto-Onkogenen können die Anti-Onkogene auch in generativen Zellen mutieren und damit an die Nachkommen weitergegeben werden. Auf diese Weise entstehen Organismen mit erhöhtem Krebsrisiko.

Die Krebsentstehung ist ein mehrstufiger Prozeß; die Aktivierung eines einzigen Proto-Onkogens reicht hierfür nicht aus. Es sind vielmehr mehrere Genmutationen notwendig, darunter auch in Proto-Onkogenen. Außerdem kann, wie soeben dargelegt, die Inaktivierung oder der Verlust von Tumor-Suppressorgenen hierbei eine Rolle spielen.

Selektionswert von Mutanten

Mutationen führen zur Erhöhung des Genotypenreichtums innerhalb einer Art. Induziert man sie experimentell, so erhält man bei günstigen Versuchsobjekten wegen der beträchtlichen Erhöhung der Mutationsrate eine große Anzahl neuer erbkonstanter Formen innerhalb einer relativ kurzen Zeit. Analoge Vorgänge laufen in der Natur spontan ab, benötigen jedoch wegen der geringen Mutationsrate wesentlich längere Zeiträume, um die gleiche genotypische Vielfalt zu erzielen. Die Mutanten werden den Selektionsfaktoren der natürlichen Auslese angeboten. Sie wählen diejenigen Genotypen aus, die den bereits existierenden Formen der betreffenden Art überlegen oder zumindest ebenbürtig sind. Alle unterlegenen Formen werden eliminiert. Der Grad der Konkurrenzfähigkeit der Mutante gegenüber den bereits existierenden Genotypen wird als ihr **Selektionswert** bezeichnet. Er ist ein komplexes Phänomen, das sich aus zahlreichen Einzelkomponenten zusammensetzt. Von besonderer Bedeutung hierbei sind alle Kriterien, die die *Vitalität* und die *Fertilität* der Mutante beeinflussen. Auch die Anpassung an veränderte ökologische Verhältnisse sowie das Verhalten unter bestimmten Konkurrenzbedingungen mit anderen Genotypen der gleichen Art oder anderen Arten des gleichen Lebensraums sind hierbei von Bedeutung.

Aus der Summe dieser Einzelkomponenten ergibt sich der Selektionswert als Maß für die *relative Lebenstauglichkeit* der Mutante im Vergleich zu derjenigen der Stammform. Zahlreiche Beispiele zeigen, daß Mutanten andere ökologische Anpassungsoptima haben können als ihre Stammformen. Es ist durchaus möglich, daß eine in Mitteleuropa erhaltene Mutante wegen ihrer herabgesetzten Samenproduktion wertlos ist, während sie in bestimmten Trockengebieten anderer Erdteile der Ausgangsform überlegen ist. Man sollte deshalb versuchen, sie unter möglichst verschiedenartigen Umweltbedingungen zu testen, um die Variationsbreite ihrer Lebenseignung zu erfassen.

Selektionswert unter für die Ausgangsform optimalen Bedingungen

Die Beurteilung des Selektionswerts setzt umfangreiche Untersuchungen voraus, die an zahlreichen Mutationstypen über mehrere Generationen hinweg durchgeführt werden müssen. Als Beispiel hierfür seien die Verhältnisse bei 800 strahleninduzierten Mutationen der *Erbse* genannt. Etwa 25% aller mutierten Gene erwiesen sich als Letalfaktoren. Weitere 25% bewirkten volle Sterilität, deren Ursachen bei den verschiedenen Mutanten dieser Gruppe sehr unterschiedlich sind. Bei etwa 20% aller Mutanten war die Samenproduktion so gering, daß ihre unmittelbare Vermehrung über Samen nicht gewährleistet ist. Sie werden durch Spaltungen über heterozygot mutierte Individuen vermehrt. Nur 247 der 800 Mutanten – das ist ein Anteil von knapp 30% – sind so fertil, daß ihre Vermehrung durch

Samen keine Schwierigkeiten bereitet. Von diesen Mutanten wurden reine Linien aufgezogen, die für Fertilitätsbestimmungen zur Verfügung standen. Ihre Leistungsfähigkeit ist in Abb. **6.6** mit derjenigen der Ausgangsform verglichen. Aus der Graphik geht hervor, daß nur ein sehr kleiner Teil der Mutanten mit der Stammform vergleichbar oder ihr überlegen ist. Er liegt in der Größenordnung von einem Prozent aller experimentell erhaltenen Mutanten. Ähnliche Ergebnisse sind an der *Gerste* sowie bei *Drosophila* erhalten worden. Diese Befunde können verallgemeinert werden. Mutanten − gleichgültig, ob sie durch spontane oder experimentell induzierte Vorgänge entstanden sind − haben zum überwiegenden Teil einen *negativen Selektionswert*. Sie sind im allgemeinen nicht in der Lage, sich unter natürlichen Konkurrenzbedingungen zu behaupten oder durchzusetzen, werden vielmehr im Verlauf weniger Generationen aus den Populationen eliminiert. Dies gilt fraglos auch für Mutanten beim Menschen. Da die stammesgeschichtliche Entwicklung jedoch zu einem wesentlichen Teil auf dem Ablauf von Genmutationen beruht, muß ein geringer Anteil aller Mutanten einen positiven Selektionswert aufweisen. Wir werden in Kapitel 7 näher auf diese Fragen eingehen.

In Einzelfällen zeigen Mutanten eine erstaunlich hohe Leistungsfähigkeit. Eine besonders vitale, experimentell erzeugte Mutante von *Arabidopsis thaliana* wurde mit der Ausgangsform in einem Zahlenverhältnis von 1 : 1 gemischt; die Population wurde 10 Generationen sich selbst überlassen. Im Verlauf dieses Zeitraums hat sich das Ausgangsverhältnis von 50 : 50 in der Weise verschoben, daß 99,7 % aller Pflanzen der Population Mutanten waren. Der Selektionswert dieses Genotyps ist so positiv, daß er in der Lage war, die Stammform innerhalb eines außerordentlich kurzen Zeitraums aus dem Lebensraum zu verdrängen.

Abhängigkeit des Selektionswerts von Umweltbedingungen

Bei *Drosophila* ist schon frühzeitig festgestellt worden, daß bestimmte Umweltfaktoren für die Vitalität von Mutanten von entscheidender Bedeutung sein können, daß aus ihrem Verhalten in der „normalen" Umwelt folglich keine zuverlässigen Schlüsse auf ihren Selektionswert gezogen werden können. So reagiert die *yw-Mutante (yellow wing)* gegenüber der **Temperatur** anders als die Wildform. Bei hohen Dauertemperaturen von 36 °C schlüpfen nach einer Einwirkungszeit von 24 Std. zwar bei beiden Genotypen noch Larven, der Vorgang läuft bei der Mutante jedoch wesentlich rascher ab als beim Wildstamm. Nach 48 Std. ist die Wildform nicht mehr entwicklungsfähig, während bei der Mutante noch immer Larven schlüpfen. Sie zeigt also eine Resistenz gegenüber hohen Temperaturen, die der Wildform fehlt und die unter extremen Lebensbedingungen zu einem Selektionsvorteil führen könnte. Das hochpleiotrope Gen *sw (short wing)* spricht in besonders charakteristischer Weise

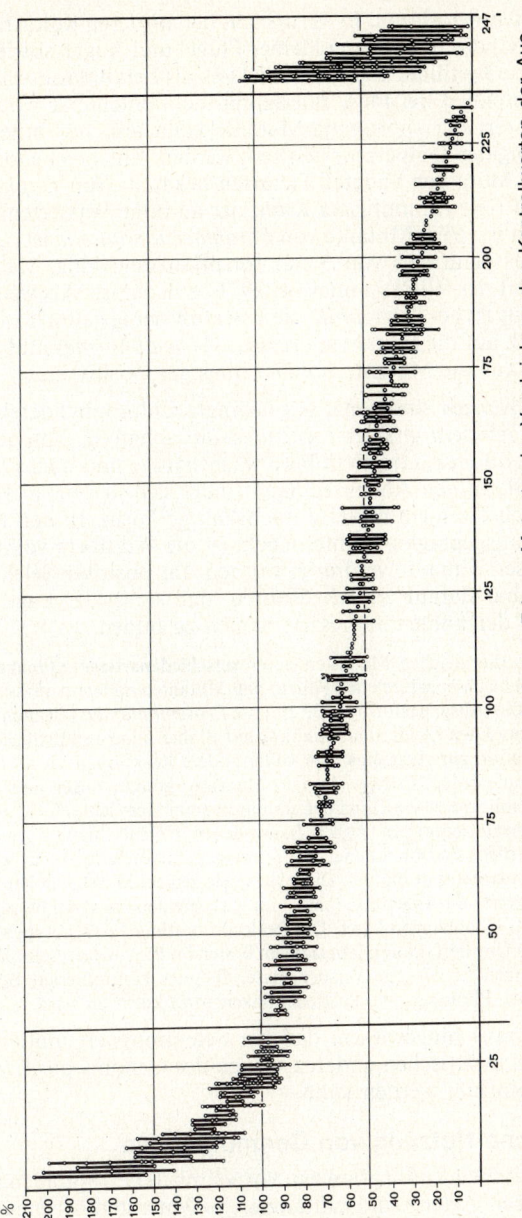

Abb. 6.**6** Die Samenproduktion von 247 röntgeninduzierten *Erbsen-Mutanten* im Vergleich zu den Kontrollwerten der Ausgangsform = 100%. Jeder Kreis gibt den Mittelwert für das Merkmal „Samenzahl je Pflanze" für eine Generation an. Die in verschiedenen Generationen erhaltenen Mittelwerte der gleichen Mutante sind durch senkrechte Linien miteinander verbunden. Der Graphik liegen Ertragsbestimmungen an 68000 Pflanzen zugrunde

auf die Temperatur an. Es verursacht bei mittleren Kulturtemperaturen (23 °C) die Ausbildung kleiner Flügel und Augen sowie eine herabgesetzte Fertilität. Bei 31 °C wirkt es als Letalfaktor, während seine Anwesenheit bei 14 °C überhaupt nicht erkennbar wird. Der Selektionswert der short-wing-Mutante kann also nur unter Berücksichtigung der Temperatur beurteilt werden. Entsprechende Befunde sind für Mutanten anderer Tierarten bekannt. Von *Daphnia longispina* existiert ein mutierter Klon, der an hohe Wassertemperaturen angepaßt ist. Eine Mutante von *Paramaecium aurelia* ist noch bis zu Wassertemperaturen von 34 °C fortpflanzungsfähig, während der Grenzwert des Wildstammes bei 29 °C erreicht ist. Als weiterer Umweltfaktor ist bei *Drosophila* die **Übervölkerung** getestet worden. Sie wirkt sich auf die Mutanten *eversea, Venae abnormes* und *miniature* negativ, auf die Mutante *bobbed* hingegen positiv aus.

Bei *Pflanzen* sind genetisch bedingte Chlorophylldefekte häufig von der *Temperatur* oder *Lichtintensität* abhängig. Von der Species *Ricinus communis* treten in Peru wachshaltige und wachslose Genotypen auf. In den Andenregionen findet sich in 2600 m Höhe ausschließlich die nichtmutierte wachshaltige Form. In den Niederungen mit ausgeprägten Winternebeln ist die Wildform völlig von der wachslosen Mutante verdrängt worden. Ihr positiver Selektionswert ist offenbar darauf zurückzuführen, daß sie in der Lage ist, auch während der kühlen Jahreszeit Samen zu bilden.

Zieht man die gleichen Mutanten unter **verschiedenartigen Klimabedingungen** auf, so zeigt sich in zahlreichen Fällen, daß Mutanten andere Anpassungsoptima haben als ihre Ausgangsformen. Bestimmte *Erbsenmutanten* zeigen in tropischen und subtropischen Ländern im Hinblick auf Blühtermine und Ertragseigenschaften in Relation zur Ausgangsform völlig andere Reaktionen als im gemäßigten Klima Mitteleuropas. Ertragsschwache Mutanten können wegen ihrer Trockenresistenz im subtropischen Klima von unmittelbarem Wert sein. Hochleistungsfähige verbänderte Genotypen (Abb. 6.7), aus denen in Deutschland Zuchtsorten entwickelt wurden, sind für Länder mit Kurztagsklima ohne Interesse, weil sie dort nicht oder extrem spät blühen. Diese Beispiele zeigen, in welch hohem Maße der Selektionswert von Außenfaktoren – im vorliegenden Falle von bestimmten Klimafaktoren – abhängen kann. Die Reaktion bestimmter Genotypen auf unterschiedliche Umweltfaktoren läßt sich am besten im **Phytotron** testen. Dies ist eine Klimakammer, in der das Versuchsmaterial unter kontrollierten Bedingungen (Temperatur, Photoperiode, Luftfeuchtigkeit u. a.) kultiviert wird.

Es sei darauf hingewiesen, daß der Selektionswert mutierter Gene auch von spezifischen anderen Genen des Genoms positiv oder negativ beeinflußt werden kann.

Praktische Nutzung von Genmutationen

Bei zahlreichen Kulturpflanzen, vornehmlich bei diploiden und allopolyploiden Arten, sind umfangreiche Mutantensortimente aufge-

Abb. 6.7 Oberer Teil einer stark ver- bänderten *Erbsen- mutante* mit erhöh- ter Hülsenzahl je Pflanze

baut worden. Durch die Vereinigung der Arbeitsmethoden der Pflanzenzüchtung und der experimentellen Mutationsforschung entstand die **Mutationszüchtung.**

Ursprünglich ging man hierbei von der Vorstellung aus, das Leistungsniveau guter Sorten durch Mutationsvorgänge zu erhöhen, ohne die zeitraubenden und kostspieligen Methoden der Kombinationszüchtung anwenden zu müssen. Dieses Konzept erwies sich als zu einfach, weil in der Mutationszüchtung Schwierigkeiten zu überwinden sind, die bei der Kombinationszüchtung nicht existieren. Die beiden wesentlichsten Nachteile der Anwendung von Mutanten in der Pflanzenzüchtung sind:

– Der negative Selektionswert der Mutanten. Wenn die Mutante ein züchterisch brauchbares Merkmal besitzt, das der Ausgangsform fehlt, so ist sie häufig in der Samenproduktion oder der Vitalität der Stammform unterlegen.

– Die pleiotrope Wirkung der mutierten Gene. Häufig ist das züchterisch brauchbare Merkmal ein Teil des pleiotropen Spektrums, das in der Mehrzahl aller Fälle darüber hinaus noch Merkmale besitzt, die den züchterischen Wert der Mutante herabsetzen.

Heute betrachtet man die Mutationszüchtung weniger als selbständige Zuchtmethode, zieht sie vielmehr zur Ergänzung der herkömmlichen Methoden, besonders der Kombinationszüchtung, heran. Durch die Wahl geeigneter Mutagene kann man eine große Anzahl von Mutanten erzeugen. Man kann keine gezielten Mutationsvorgänge auslösen, die im Hinblick auf die Realisierung bestimmter Zuchtziele erwünscht sind; man kann also nicht spezifische Gene des Genoms zum Mutieren veranlassen. Nach den bisherigen Erfahrungen an *Getreidearten* und *Leguminosen* liegt der Anteil züchterisch brauchbarer Mutanten in der Größenordnung von 0,5 bis 1% der in den Versuchen selektierten Genotypen. Hieraus folgt, daß die Mutationszüchtung nur dann mit Aussicht auf Erfolg betrieben werden kann, wenn sie auf breiter Basis vorgenommen wird.

Da bei höheren Pflanzen etwa 99% aller Mutationsvorgänge vom dominanten zum rezessiven Zustand ablaufen, wird die Wirkung der mutierten Gene in der M_1-Generation nicht erkennbar. Nach Selbstung werden die M_1-Pflanzen getrennt abgeerntet, und die M_2-Generation wird in Form von Einzelpflanzen-Nachkommenschaften aufgezogen. In den spaltenden M_2-Familien setzt die Selektion auf erwünschte Mutanten ein. Sie sind bei Rezessivität der mutierten Gene bereits homozygot und können zu reinen Linien vermehrt werden. Es ist infolgedessen möglich, bereits in der M_3- und M_4-Generation Leistungsprüfungen in geringem Umfang durchzuführen. Mutanten von züchterischem Interesse können entweder unmittelbar zu Zuchtsorten weiterentwickelt oder zur Verbesserung bereits existierender Sorten in die Kombinationszüchtung einbezogen werden.

In der *Zierpflanzenzüchtung* führt die Auslösung von Mutationen häufig wesentlich rascher zum Erfolg, weil eine andere genetische Ausgangssituation vorliegt. Zahlreiche vegetativ vermehrbare Zierformen sind hochgradig heterozygot. Nach Anwendung von Mutagenen mutieren die dominanten Allele heterozygoter Genpaare relativ oft, so daß bereits in der M_1-Generation Homozygotie für rezessive Gene zustande kommt. Die Selektion auf brauchbare Genotypen kann bei diesem Material also bereits in der M_1-Generation erfolgen. Auf diese Weise sind innerhalb von wenigen Jahren neue Varietäten mit veränderten Blütenfarben, Blütenformen, Blütengrößen, Wuchstypen sowie mit anderen Merkmalen entstanden, die für die gärtnerische Pflanzenzüchtung von Interesse sind. Außerdem können in der Zierpflanzenzüchtung auch **somatische Mutationen** genutzt werden, die zum Beispiel zur Entstehung neuer Blütenfarben führen. Erfolge auf diesem Sektor sind bei *Rosen, Nelken, Dahlien, Chrysanthemen, Usambara-Veilchen* sowie bei bestimmten *Liliaceen, Iridaceen* und anderen Zierformen erhalten worden.

Bis 1992 sind mehr als 1600 Zuchtsorten mit Hilfe experimentell induzierter Mutationen entwickelt worden. Hiervon entfallen etwa 1000 auf sexuell, der Rest auf vegetativ vermehrbare Arten. Bevorzugte Objekte sind neben *Zierpflanzen* vor allem die *autogamen Getreidearten* und *Leguminosen.* Als Mutagene wurden vorwiegend Röntgen- und Gammastrahlen, in geringerem Maße auch Chemikalien verwendet.

Besonders aussichtsreich ist der Einsatz dieser Methoden bei *Wildarten,* die in den Status von Kulturformen überführt werden sollen, oder bei Kulturformen, die bisher nur in geringem Maße züchterisch bearbeitet worden sind. Hier kann die genotypische Variabilität durch die Induktion von Mutationen innerhalb weniger Jahre so stark erhöht werden, daß zahlreiche neue Gene oder Genkombinationen für züchterische Zwecke verfügbar sind.

Als Beispiel für züchterisch brauchbare Genotypen seien die *verbänderten Mutanten der Erbse* genannt. Die Verbänderung − die bandartige Verbreiterung des Stengels in der oberen Sproßregion − führt zu einer starken Erhöhung der Blüten-, Hülsen- und Samenzahl je Pflanze (Abb. 6.7). Als weiterer züchterischer Vorteil ist eine beträchtliche Komprimierung der Blühperiode und damit desjenigen Abschnitts der Ontogenese zu nennen, in dem Blütenschädlinge angreifen können. Da die obersten Internodien der Pflanzen extrem verkürzt sind, kommt in der Spitzenregion nicht nur eine Anhäufung von Blüten, sondern auch von Blättern und Ranken zustande, die die Standfestigkeit bei feldmäßigem Anbau erhöht. In allen Kreuzungen zwischen verbänderten und unverbänderten Formen kommt ein starker Heterosiseffekt zustande, der sich sowohl auf vegetative als auch auf generative Merkmale erstreckt. Diesen positiven Eigenschaften stehen einige Negativa entgegen (erhöhte Stengellänge, Spätreife, Kleinsamigkeit).

Einige der verbänderten Erbsenmutanten besitzen mehr als 20 Gene, die während der Bestrahlung im gleichen Embryo ± gleichzeitig mutiert sind. Sie gehören einem komplizierten System hypo- und epistatischer Faktoren an. Diese sehr selten realisierte Situation ist in züchterischer Beziehung von Vorteil. Kreuzt man die Mutanten mit unverbänderten Genotypen oder Zuchtstämmen, so erhält man wegen der hohen Anzahl der am Erbgang beteiligten Gene außerordentlich komplizierte Spaltungen. Aus dem gleichen Grund tritt eine große Anzahl verschiedener Rekombinanten auf, in denen die Stengelverbänderung in der unterschiedlichsten Weise mit anderen züchterisch brauchbaren Merkmalen kombiniert ist. Auf diesem Wege gelingt es, die Nachteile der Mutanten zu eliminieren und Stämme zu entwickeln, in denen verschiedene Formen der Verbänderung mit anderen günstigen Merkmalen kombiniert sind.

Als Beispiel für den Einfluß mutierter Gene auf die Produktion züchterisch nutzbarer Inhaltsstoffe sei die Bildung der *Sameneiweiße bei Erbsenmutanten* genannt. Wegen ihres hohen Proteingehalts sind zahlreiche Leguminosen von großer Bedeutung für die menschliche und tierische Ernährung. Die Wirkung mutierter Gene auf die Eiweißproduktion ist schwierig zu bearbeiten, weil die Merkmale

− „Proteingehalt des Samenmehls" und
− „Proteinproduktion je Pflanze bzw. je Flächeneinheit"

in hohem Maße von Umweltfaktoren abhängig sind. Sie überlagern die Genwirkungen. Als Folge hiervon werden nicht nur an verschiedenen Standorten, sondern auch in aufeinanderfolgenden Generationen des gleichen Standorts stark variierende Werte für diese Merkmale erhalten. Eine zuverlässige Beurteilung der Leistungsfähigkeit verschiedener Genotypen ist deshalb nur nach Auswertung mehrerer Generationen möglich. Bei *Getreidearten* und *Leguminosen* wurde nachgewiesen, daß der Proteingehalt des Samenmehls unter dem Einfluß mutierter Gene sowohl erhöht als auch herabgesetzt werden kann. Darüber hinaus kann auch die Proteinqualität verändert werden. So verursachen mutierte Gene beim *Mais* und bei der *Gerste* eine Erhöhung des Lysinanteils auf Kosten anderer Aminosäuren. Auf diese Weise wird eine Verbesserung der Proteinqualität erzielt.

Vegetativ vermehrbare Arten zeigen gegenüber den sexuell vermehrbaren eine erheblich geringere genetische Variabilität. Ihr Genotypenreichtum kann durch den Einsatz experimenteller Methoden erhöht werden. Dies ist bei vielen Zierpflanzen (*Chrysanthemen, Nelken, Dahlien, Tulpen, Gladiolen, Hyacinthen, Azaleen, Rhododendren, verschiedenen Gesneriaceen*) aber auch bei *Obstarten, Kartoffeln, Süßkartoffeln, Zuckerrohr* und anderen Kulturpflanzen von praktischer Bedeutung. Behandelt werden Knollen, Zwiebeln, Rhizome, Stecklinge oder abgetrennte Blätter. Besonders erfolgversprechend sind diese Methoden in jenen Fällen, in denen die Spitzenvegetationskegel der entstehenden Adventivpflänzchen aus einer einzigen Zelle bestehen. War sie mutiert, so entstehen genetisch einheitliche Mutanten, die zu einheitlichen Klonen vermehrt werden können. Sind die Pflanzen hingegen aus mehreren Zellen entstanden, so entstehen *Chimären* aus mutierten und nichtmutierten Anteilen.

In vielen Ländern werden **Genbanken** von verschiedenen Kulturpflanzen unterhalten. Hierbei handelt es sich um Sortimente, in denen eine möglichst große Anzahl der existierenden Genotypen angebaut und ihr Saatgut so gelagert wird, daß es lange Zeit keimfähig bleibt und jederzeit für wissenschaftliche und praktische Zwecke verfügbar ist. In diese Genbanken werden nicht nur mutierte Gene eingebracht, es wird vielmehr auch Genmaterial aus Wildarten unserer Kulturformen sowie aus primitiven Landsorten vermehrt. Sie enthalten oftmals Gene, die durch einseitige Züchtungsmaßnahmen verlorengegangen sind, auf die man später jedoch bei der Realisierung neuer Zuchtziele zurückgreifen möchte. Der Aufwand, der hierbei betrieben werden muß, mag daraus erkennbar werden, daß allein vom *Brotweizen* etwa 20 000 Sorten existieren. Zur Zeit werden auf der Erde etwa 100 Genbanken mit Saatgut von rund 3 Millionen Genotypen unterhalten (etwa 150 verschiedene Kulturpflanzen werden kommerziell genutzt). Eine große internationale Genbank wird in einer norwegischen Kohlenmine auf Spitzbergen eingerichtet. Dort können Samen ohne großen technischen Aufwand bei Dauerfrost gelagert werden.

Die mit der Unterhaltung der Genbanken verbundenen hohen Kosten könnten reduziert werden, wenn es gelänge, die Methode der **Kryokonservierung** auf breiter Basis anzuwenden. Hierbei verwendet kann keine Samen, sondern Zellen aus meristematischen Geweben, die in flüssigem Stickstoff aufbewahrt werden. Nach den bisher vorliegenden Befunden ist anzunehmen, daß sie unter diesen Bedingungen fast unbegrenzt haltbar sind. Auch nach langen Lagerungszeiten entwickeln sich aus ihnen intakte Pflanzen. Das Verfahren entspricht der Einrichtung von *Embryonen-Banken* für Haus- und Wildtiere (S. 401).

Chromosomenmutationen

Genmutationen sind letztlich auf Störungen der Nucleotidsequenz der DNA zurückzuführen und entziehen sich damit der mikroskopischen Analyse. Für ihren Nachweis sind zeitraubende genetische Arbeitsmethoden notwendig. Der Nachweis von *Chromosomen*- und

Genom-Mutationen hingegen wird mikroskopisch geführt. Unter **Chromosomenmutationen** verstehen wir Veränderungen der mikroskopisch erkennbaren Struktur der Chromosomen. Im Prinzip sind hierbei drei Gruppen von Veränderungen zu unterscheiden:

- Der *Verlust* von Chromosomenregionen. Er führt zu *Defizienzen* bzw. *Deletionen.*
- Die *Verdoppelung* von Chromosomenregionen. Sie führt zu *Duplikationen.*
- Der *Umbau* von Chromosomen. Er führt zu *Translokationen* und *Inversionen.*

Damit haben wir zugleich die vier wichtigsten Typen der Chromosomenmutationen kennengelernt. Sie lassen sich darüber hinaus noch durch die Zahl der Chromosomen voneinander unterscheiden, die an der mutativen Veränderung beteiligt sind. *Defizienzen* und *Inversionen* laufen im Bereich von *Einzelchromosomen* ab. Für die Entstehung von *Duplikationen* und *Translokationen hingegen* sind jeweils *zwei Chromosomen* notwendig. Darüber hinaus gibt es wesentlich komplizertere Umbauten, an denen mehr als zwei Chromosomen beteiligt sind. Ihre Analyse ist mit erheblichen Schwierigkeiten verbunden und kann nur bei cytologisch günstigen Objekten durchgeführt werden.

Chromosomenmutationen sind grundsätzlich mit dem Ablauf von **Brüchen** verbunden. Sie kommen häufig an den Berührungsstellen der weitgehend aufgelockerten Interphase-Chromosomen zustande. Auf diese Weise entstehen räumlich benachbarte Bruchflächen, die eine starke Restitutionsneigung zeigen. Vereinigen sich Bruchflächen verschiedener Chromosomen oder verschiedener Regionen des gleichen Chromosoms miteinander, so führen die Restitutionsvorgänge zum Umbau des Chromosoms. Beispiele hierfür sind in den Abb. 6.8 – 6.13 gegeben. Da die Brüche sowohl auf chromosomaler als auch auf chromatidaler Ebene zustande kommen können, haben wir zwischen **chromosomalen** und **chromatidalen Umbauten** zu unterscheiden.

Die Begriffe der *Homo-* und *Heterozygotie,* die uns von Genmutationen geläufig sind, können auch für Chromosomenmutationen verwendet werden. Organismen sind nach Ablauf einer Chromosomenmutation für diese Anomalie zunächst *heterozygot,* weil in den Kernen noch die unveränderten Homologen vorhanden sind. In ihren Nachkommenschaften treten in bestimmten Häufigkeiten Individuen auf, die im Hinblick auf die strukturell veränderten Chromosomen *homozygot* sind. Für die Analyse dieser Vorgänge sind die *Riesenchromosomen strukturell heterozygoter Dipteren* besonders

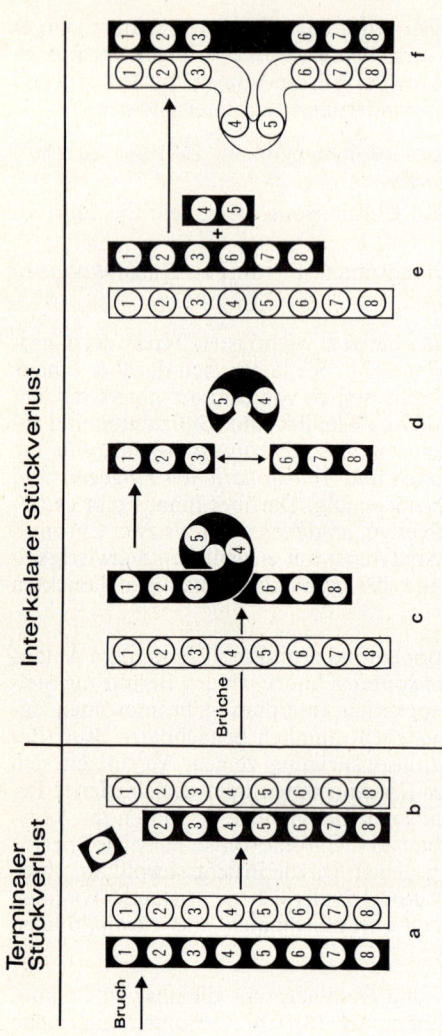

Abb. 6.8　Die Entstehung chromosomaler Defizienzen und ihre Analyse in einem diploiden Organismus. Ausgangssituation: Es sind zwei homologe Chromosomen mit den Regionen 1 bis 8 vorhanden (Erläuterung im Text)

gut geeignet. Bei *Drosophila* sind in Verbindung mit chromosomalen Aberrationen etwa 18 000 Bruchstellen lokalisiert worden. Bei den wenigen Pflanzenarten, bei denen Pachytänanalysen möglich sind, können Chromosomenmutationen ebenfalls gut analysiert werden. In mitotischen Metaphasen hingegen sind sie wesentlich schwerer zu erkennen.

Defizienzen, Deletionen

Stückverluste können sowohl an den Enden als auch in mittleren Regionen des Chromosoms auftreten. Man spricht deshalb von **terminalen** und **interkalaren Stückverlusten.** Ursprünglich wurden für diese beiden Vorgänge unterschiedliche Bezeichnungen verwendet. Man unterschied zwischen

- *Defizienzen* (terminalen Stückverlusten) und
- *Deletionen* (interkalaren Stückverlusten).

Heute faßt man beide Gruppen häufig unter dem Sammelbegriff „*Defizienzen"* zusammen.

Für den **terminalen Stückverlust** ist nur ein einziger chromosomaler oder chromatidaler Bruch erforderlich. Er ist die einfachste Chromosomenmutation, die es gibt. Mit dem abgesprengten Chromosomenstück gehen die auf ihm liegenden Gene verloren (Abb. 6.8a und b). Für die Entstehung eines **interkalaren Stückverlusts** hingegen sind zwei Brüche notwendig. Sie führen zu vier Bruchflächen, die die Tendenz zeigen, sich innerhalb von wenigen Minuten wieder zu vereinigen und damit den Zusammenhang des Chromosoms bzw. der Chromatide wiederherzustellen (Abb. 6.8c-e). Diese Vereinigung, die **Restitution,** kann auf zweierlei Weise erfolgen:

- Die Bruchflächen verheilen so miteinander, daß die ursprünglich vorhandene Chromosomenstruktur wieder hergestellt wird. Da die Brüche nicht unmittelbar beobachtet, sondern erst an ihren Folgen erkannt werden können, entzieht sich diese Form der Restitution der Beobachtung. Es sind zwar Brüche abgelaufen, sie führen jedoch nicht zur Deletion.
- Die Bruchflächen verheilen in der in Abb. 6.8d dargestellten Weise. Diese Form der Restitution ist mit dem Ausschluß eines kleinen Chromosomenstückes verbunden: es entsteht eine Deletion (Abb. 6.8e).

Die Möglichkeit, eine Defizienz mikroskopisch nachzuweisen, hängt im wesentlichen von der Größe des abgesprengten Stückes ab. Ist es sehr klein, so entzieht sie sich der Beobachtung. Der Verlust größerer Chromosomenregionen ist mikroskopisch relativ leicht erkennbar. Man kann solche Analysen an den gut zugänglichen *mitotischen Metaphase-Chromosomen* durchführen, die – unter der Voraussetzung, daß die Bandentechnik anwendbar ist (Abb. 3.12) – ein brauchbares Material hierfür darstellen. Wesentlich exakter läßt sich die Größe und Lage des verlorengegangenen Chromosomenstückes im *meiotischen Pachytän* nachweisen (Abb. 6.8 f). Von den beiden homologen Chromosomen der diploiden Zelle ist nur eins von der Deletion betroffen; das zweite ist normal. Da sich während des Zygotäns nur homologe Regionen paaren, muß die Deletion zu einer Paarungsunregelmäßigkeit führen. Das deletierte Chromosom ist um das verlorengegangene Stück kürzer als das ungeschädigte Homologe. Es kommt im Pachytän folglich zu einer *Schleifenbildung*. Die Schleife gehört zum nichtdeletierten Chromosom und zeigt an, wie groß der Stückausfall des deletierten Homologen ist und wo er sich innerhalb des Chromosoms befindet. Terminale Stückverluste sind in Pachytän-Bivalenten wesentlich schwieriger zu erfassen, weil die charakteristische Schleifenbildung fehlt.

Deletionen von der Ausdehnung eines einzigen Gens oder einiger weniger Gene machen sich nicht in Form von Konjugationsstörungen bemerkbar, sind folglich mit Hilfe cytologischer Methoden im allgemeinen nicht nachweisbar. Bei den *Riesenchromosomen der Dipteren* sind jedoch selbst Paarungsunregelmäßigkeiten im Bereich einzelner Banden, u. U. also einzelner Gene, erfaßbar. Dies wird durch die *somatische Paarung* der homologen Chromosomen möglich (S. 82, Abb. 3.11). Da nur homologe Regionen paaren, werden selbst geringfügige Anomalien im Forschungsmikroskop erkennbar, die sich bei jedem anderen Objekt der Beobachtung entziehen würden. Aus diesem Grund sind *Drosophila, Chironomus* und andere Dipteren auch auf diesem Sektor seit langem bevorzugte Studienobjekte.

In Einzelfällen läßt sich eine Defizienz auch genetisch nachweisen. Hierfür ist Heterozygotie für ein Genpaar notwendig, das in der defizienten Chromosomenregion liegt. Wenn das dominante Allel mit dem abgesprengten Chromosomenstück verlorengegangen ist, wird am Organismus die Wirkung des noch vorhandenen rezessiven Allels erkennbar. Dieses Phänomen wird als **Pseudodominanz** bezeichnet.

Bei *Drosophila* hat man festgestellt, daß schon der Verlust von 2–3 Banden in der Regel zum Tod des Organismus führt. Dies gilt unter der Voraussetzung, daß Homozygotie für die Defizienz vorliegt, daß also die beiden homologen Chromosomen den gleichen Stückverlust aufweisen. Entscheidend hierbei ist nicht nur die Anzahl der verlorengegangenen Gene, sondern auch ihre Funktion. Schon der Ausfall eines einzigen Gens kann zur Letalität führen, wenn es sich um ein lebenswichtiges Gen handelt. Andererseits kann der Verlust mehrerer Gene ohne ernsthafte Folgen vertragen werden.

Kleinste Defizienzen lassen sich kaum von Genmutationen unterscheiden. Dies gilt nicht nur für den Effekt, sondern auch für das

Verhalten im Kreuzungsexperiment, denn in beiden Fällen treten bei Heterozygotie monomere Erbgänge auf. In diesem Bereich gehen also — was die Analysierbarkeit, nicht den Entstehungsmechanismus anbelangt — Gen- und Chromosomenmutationen gleitend ineinander über. Man spricht deshalb von **„monohybrid spaltenden Mutationen"** und versteht hierunter sowohl „echte" Genmutationen als auch kleinste Defizienzen. Zahlreiche Letalmutationen bei Pflanzen und Tieren sind eher auf Defizienzen als auf Genmutationen zurückzuführen.

Inversionen

Inversionen spielen sich ebenfalls innerhalb eines einzigen Chromosoms ab. Auch hierfür sind zwei Brüche sowie Rekombinationsvorgänge notwendig. Wie Abb. 6.9 zeigt, kommen Deletionen und Inversionen auf der Basis prinzipiell gleichartiger Vorgänge zustande. Es ist eine Frage des Zufalls, welcher der beiden Mutationstypen entsteht. Eine Inversion besteht darin, daß ein interkalares Chromosomenstück in Verbindung mit zwei Brüchen aus dem Chromosom herausgebrochen und um 180° gedreht wieder in das gleiche Chromosom eingebaut wird. Hierbei bleibt im Idealfall der gesamte Genbestand erhalten; lediglich die *Reihenfolge der Gene* innerhalb des betroffenen Chromosoms wird verändert.

Inversionen führen sowohl im heterozygoten als auch im homozygoten Zustand oftmals zur Letalität. Die Ursachen hierfür können u. a. darin liegen, daß an den Bruchstellen kleine Deletionen mit dem Ausfall einiger Gene zustande gekommen sind. Es gibt jedoch inversions-heterozygote Organismen, die sich völlig normal entwickeln. Im Zuge der Verdoppelung der Chromosomen während der Mitosen in den Meristemen wird das invertierte Chromosom ebenso identisch reproduziert wie sein ungeschädigtes Homologes. Erst in der Meiosis sind Konjugationsstörungen zu erwarten, weil die beiden Homologen in der Reihenfolge ihrer Allele nicht voll übereinstimmen. Da auch hier grundsätzlich nur homologe Regionen paaren, muß zwangsläufig eine *Schleifenbildung* erfolgen, an der jedoch beide Chromosomen beteiligt sind (Abb. 6.9d). Diese Schleifen sind nicht nur an den Pachytän-Bivalenten cytologisch günstiger Objekte, sondern auch an den Riesenchromosomen der *Dipteren* gut erkennbar. Sie ermöglichen die exakte Analyse des ganzen Vorgangs:

- die Bestimmung der Länge des invertierten Chromosomenstückes,
- die Bestimmung seiner Lage innerhalb des Chromosoms
- sowie die Lokalisation der beiden für die Inversion notwendigen Bruchstellen.

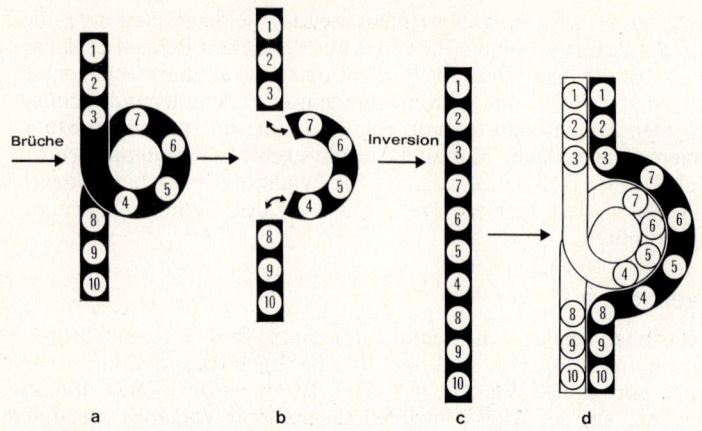

Brüche   Inversion

a   b   c   d

Abb. 6.9 Die Entstehung einer Inversion und ihr Verhalten in der Meiosis.
a Ausgangssituation mit Lage der beiden Bruchstellen.
b Möglichkeiten der Restitution.
c Das umgebaute Chromosom mit der invertierten Region 7–6–5–4.
d Pachytän eines inversions-heterozygoten Organismus mit der für Inversionen charakteristischen Schleifenbildung im Bivalent.
– Weiß: das normale Chromosom
– Schwarz: das invertierte Chromosom

Obwohl im Pachytän-Bivalent im Bereich der Inversion homologe Regionen gepaart sind, unterbleiben Crossing-over-Vorgänge oder treten nur selten auf. Die Ursachen hierfür sind noch nicht geklärt. Die Schleifenbildung kommt nur dann zustande, wenn das invertierte Stück eine bestimmte Mindestgröße überschreitet. Bei sehr kleinen Inversionen unterbleibt sie häufig, und die Segmente bleiben ungepaart.

Durch den Ablauf von Chiasmata innerhalb der invertierten Region kann die Struktur der Chromatiden sekundär verändert werden. Eine der wichtigsten Anomalien hierbei besteht darin, daß Spalthälften mit zwei Centromeren und solche ohne Centromer entstehen. Hieraus ergeben sich in den späteren meiotischen Stadien Unregelmäßigkeiten. Die *azentrischen Chromatiden* sind nicht zu geregelten Bewegungen befähigt. Sie werden entweder zufällig in einen der Tochterkerne einbezogen oder bleiben außerhalb der Äquatorialplatten liegen und bilden *Mikronuclei*. Bei *bizentrischen Chromatiden* können die beiden Centromere gegensinnig funktionieren. Dies führt dazu, daß ein Schenkel der Spalthälfte an den oberen, der zweite an den unteren Spindelpol wandert. Auf diese Weise kommen in der zweiten Ana- und Telophase charakteristische *Brückenbildungen* zustande, die mikroskopisch leicht erkennbar sind. Durch derartige Anomalien entstehen Keimzellen mit unausgeglichenen Chromosomensätzen; sie sind für die Herabsetzung der Fertilität inversionsheterozygoter Organismen verantwortlich. *Inversions-homozygote Individuen* zeigen einen ungestörten meiotischen Stadienablauf.

Inversionen treten spontan relativ häufig auf. So sind in Populationen von 12 *Drosophila*-Arten bisher mehr als 350 Inversionen gefunden worden.

Duplikationen

Im Gegensatz zu Defizienzen und Inversionen sind für die Entstehung einer Duplikation *zwei* Chromosomen notwendig. Bei ihrem Umbau wird eine bestimmte Region verdoppelt. Dies ist nur möglich, wenn sich der Vorgang zwischen *homologen* Chromosomen abspielt (Abb. 6.10). Nach Ablauf von 2 Brüchen und Restitutionsvorgängen entstehen Chromosomen, die in ihrer Struktur nicht mehr voll übereinstimmen. Die Verdoppelung einer bestimmten Region im duplizierten Chromosom muß automatisch den Verlust dieser Region im zweiten Homologen zur Folge haben. Der Ablauf einer Duplikation ist also stets mit dem Ablauf einer Defizienz verbunden (Abb. 6.10 b).

Laufen die beiden Vorgänge in den frühesten Stadien der Ontogenese – etwa in der Initialzelle des Sproßvegetationskegels einer Pflanze – ab, so wird während der nachfolgenden Mitosen sowohl das duplizierte als auch das defiziente Homologe reproduziert. In der Meiosis paaren diese beiden Chromosomen. Ihre Strukturunterschiede werden wiederum in Form einer *Schleife* erkennbar, die hier jedoch vom *duplizierten Homologen* gebildet wird. Sie gibt die Lage und das Ausmaß der Duplikation an (Abb. 6.10 c). Die beiden Homologen werden in der 1. Anaphase voneinander getrennt und gelangen in verschiedene Keimzellen. Gameten mit dem *defizienten* Chromosom sind in der Regel nicht befruchtungsfähig. Gameten mit dem *duplizierten* Chromosom sind häufig funktionsfähig. Aus der Zygote entsteht ein *duplikations-heterozygoter Organismus,* der neben dem duplizierten Chromosom ein Homologes normaler Struktur besitzt. Er zeigt in der Meiosis ebenfalls Schleifenbildung; die Paarungsfigur ist jedoch nicht mit der in Abb. 6.10 c dargestellten Konfiguration identisch. Die Schleife ist vielmehr kleiner, weil als Konjugationspartner des duplizierten Chromosoms nicht das defiziente, sondern ein normales Homologes in Erscheinung tritt (Abb. 6.10 d). *Duplikations-homozygote Organismen* zeigen einen normalen Stadienablauf.

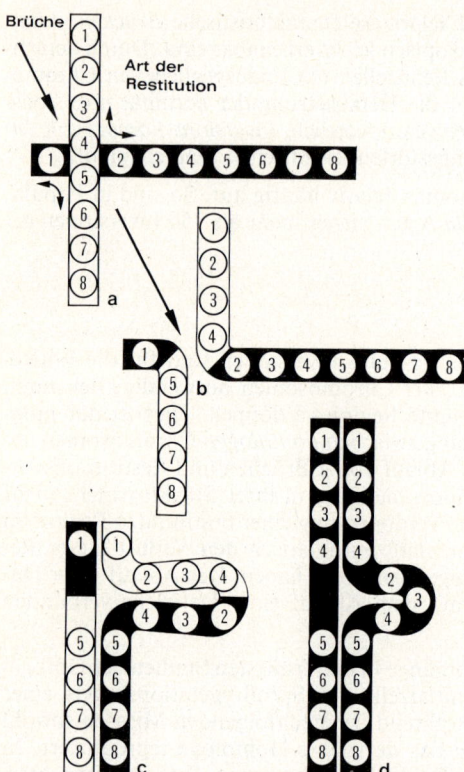

Abb. 6.10 Die Entstehung einer Duplikation und ihre Folgen in der Meiosis.
a Ausgangssituation. Es sind zwei homologe Chromosomen mit den Segmenten 1–8 vorhanden. An der Berührungsstelle kommen zwei Brüche zustande; die Restitution erfolgt in der durch die Pfeile angegebenen Weise.
b Durch die Restitution entsteht ein defizientes und ein dupliziertes Chromosom. Die Duplikation umfaßt die Segmente 2, 3, 4.
c Im Pachytän paaren die beiden strukturell nicht mehr voll übereinstimmenden Homologen mit einer charakteristischen Schleifenbildung. Links das defiziente, rechts das duplizierte Homologe.
d Pachytän eines duplikations-heterozygoten Organismus. Links das normale, rechts das duplizierte Homologe

    Zahlreiche Duplikationen sind im homozygoten Zustand letal. Andere beeinträchtigen die Vitalität und Fertilität ihrer Träger nur unwesentlich oder gar nicht; sie können sich in Einzelfällen sogar positiv auf den Selektionswert der Mutante auswirken. Eins der bekanntesten Beispiele für den Effekt einer Duplikation ist das *Bar*-Auge von *Drosophila*. Die Verdoppelung eines Segments des X-Chromosoms wirkt sich in diesem Spezialfall wie eine Genmutation aus. Das runde Auge der Fliege wird in stark verschmälerter Form ausdifferenziert, weil die Anzahl der Ommatidien reduziert ist. Die *Bar-Duplikation* hat eine Ausdehnung von 7 Banden. Diese 7 Banden des X-Chromosoms sind bei homozygoten *Bar-Weibchen* doppelt hintereinander vorhanden. In Verbindung mit asymmetrischen Paarungen im Pachytän sowie mit Crossing-over-Vorgängen innerhalb der *Bar*-Region können Spalthälften entstehen, die das duplizierte Segment in dreifacher Aufeinanderfolge besitzen. Der *Bar*-Effekt wird auf diese Weise erheblich verstärkt: es entstehen *„Ultra-Bar-Weibchen"* mit extrem verschmälerten Augen.

Translokationen

Translokationen zählen zu den häufigsten Chromosomenmutationen. Sie laufen in der Regel *reziprok zwischen nichthomologen Chromosomen* ab und führen zu zwei umgebauten Chromosomen. Die Konsequenzen einer reziproken Translokation sind in Abb. 6.11 abgeleitet. Wir gehen von der Annahme aus, daß sich zwei nichthomologe Interphase-Chromosomen in der Centromerregion berühren und daß an der Berührungsstelle zwei Brüche zustande kommen.

Für die Ableitung dieser Vorgänge wollen wir die Schenkel des einen Chromosoms mit den Nummern (1) und (2), diejenigen der anderen mit den Nummern (3) und (4) bezeichnen. Wenn die 4 Bruchflächen in der im oberen Teil der Abb. 6.11 angegebenen Weise restituieren, so kommen *zwei translozierte Chromosomen* mit den Schenkeln (1)−(3) und (2)−(4) zustande. Es werden also Chromosomenregionen zusammengefügt, die vorher zu verschiedenen Chromosomen gehört haben. Daneben sind im Kern noch die beiden nichttranslozierten Homologen (1)−(2) und (3)−(4) vorhanden. Diese Vorgänge laufen häufig ohne Verlust von Genmaterial ab. Kommen sie in den Initialen des embryonalen Sproßvegetationskegels zustande, so entwickelt sich eine *translokations-heterozygote Pflanze*. Sie unterscheidet sich morphologisch in der Regel nicht von chromosomal normalen Pflanzen, obwohl sie in allen Zellen zwei translozierte Chromosomen besitzt. Erst in der Meiosis treten Komplikationen auf. Die von der reziproken Translokation betroffenen Chromosomen und ihre Homologen sind „halbhomolog". Sie sind nur über bestimmte Abschnitte hinweg homolog und vereinigen sich im Zygotän und Pachytän nicht zu Zweiergruppen − zu Bivalenten −, sondern zu einer Vierergruppe, einer *Kreuzkonjugation*. Nach Ablauf von Chiasmata in den 4 Schenkeln der Paarungsfigur und deren Terminalisation entstehen in der 1. meiotischen Metaphase charakteristische *Viererringe*. Sie sind mikroskopisch gut erkennbar und ermöglichen die Identifizierung translokations-heterozygoter Organismen (Abb. 6.**12**).

Für die Verteilung der halbhomologen Chromosomen aus dem Ring gibt es vier Möglichkeiten, die unterschiedliche Folgen für die gene-

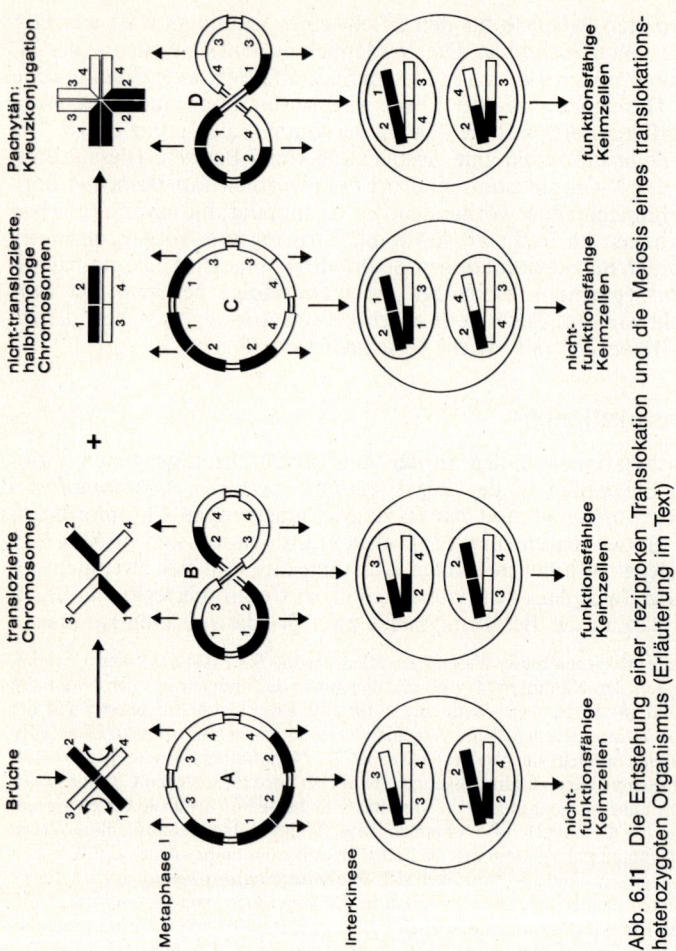

Abb. 6.11 Die Entstehung einer reziproken Translokation und die Meiosis eines translokationsheterozygoten Organismus (Erläuterung im Text)

tische Konstitution und die Funktionsfähigkeit der entstehenden Keimzellen haben.

Fall A:
Es wandern jeweils zwei benachbarte Chromosomen des Rings an den *gleichen* Spindelpol.

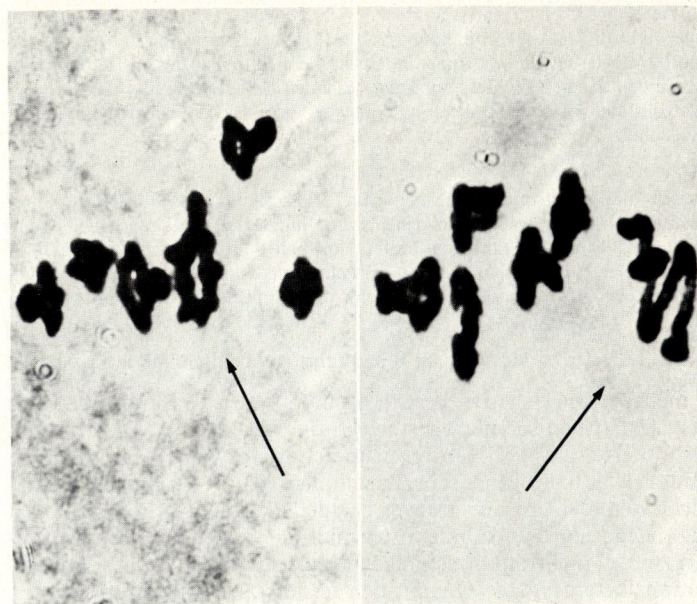

Abb. 6.12 Röntgeninduzierte reziproke Translokationen bei der *Erbse*. In der 1. meiotischen Metaphase translokations-heterozygoter Pflanzen ist neben 5 Bivalenten ein Ring aus 4 Chromosomen vorhanden (Pfeile). Seine ringförmige Einordnung in die Äquatorialebene (linke Zelle) führt zur Bildung nicht-funktionsfähiger Keimzellen, während nach zickzackförmiger Einordnung (rechte Zelle) funktionsfähige Gameten entstehen. In der rechten Pollenmutterzelle ist anstelle des Rings eine Viererkette gebildet worden. Sie geht auf Chiasmataausfall in einem der 4 Schenkel der Paarungsfigur im Pachytän zurück (Originale von *D. Müller*)

Dieses Verhalten wird bereits an der Form des Viererrings in der Metaphase erkennbar. Er ist als wirklicher Ring in die Äquatorialebene eingeordnet, so daß zwei Nachbarchromosomen in Richtung auf den einen, die übrigen beiden in Richtung auf den anderen Pol zeigen (Abb. 6.12). In dieser Weise erfolgt auch die Anaphasenwanderung. Als Konsequenz hiervon sind die beiden Tochterkerne der Interkinese in genetischer Beziehung nicht balanciert. Jeder von ihnen besitzt eine Chromosomenregion mit zahlreichen Genen doppelt, während ihm eine andere Region fehlt. Die Gameten, die auf diese beiden Zellen zurückgehen, sind nicht funktionsfähig.

Fall B:
Benachbarte Chromosomen des Rings wandern an *entgegengesetzte* Spindelpole.

Auch dieses Verhalten ist mikroskopisch erkennbar: Der Ring liegt in Form einer Acht in der Äquatorialplatte (Abb. 6.12). In diesem Falle gelangen die beiden translozierten Chromosomen in einen, die nichttranslozierten Halbhomologen in den anderen Tochterkern. Damit erhalten beide Interkinese-Kerne jeweils ein vollständiges Genom. Die aus ihnen hervorgehenden Gameten sind funktionsfähig.

Fall C:
Diese Situation entspricht im Prinzip dem Fall A: Jeweils zwei benachbarte Chromosomen des Rings wandern an den *gleichen* Spindelpol. Der Unterschied gegenüber A besteht in der Kombination translozierter und nichttranslozierter Chromosomen in den Interphase-Kernen. Einzelheiten können der Abb. 6.11 entnommen werden. Aus diesen Zellen gehen nichtfunktionsfähige Gameten hervor.

Fall D:
Dieses Verhalten ist identisch mit B und führt zu funktionsfähigen Keimzellen.

Im allgemeinen ist der Verteilungsmodus der Chromosomen aus dem Ring genetisch nicht festgelegt; die vier Modi A, B, C, D sind also in etwa gleicher Häufigkeit in den Meiocyten zu erwarten. Im Hinblick auf die genetische Zusammensetzung der Gameten sind nicht vier, sondern nur drei verschiedene Klassen zu erwarten, weil die Kategorien B und D identisch sind. Von diesen drei Klassen führen zwei zu nichtfunktionsfähigen Keimzellen. Die Fertilität translokations-heterozygoter Organismen ist also stark herabgesetzt. Sie wird häufig durch zusätzliche meiotische Anomalien negativ beeinflußt. So erfolgt die Verteilung aus dem Ring nicht selten in der Weise, daß einer der Interkinese-Kerne drei Chromosomen, der andere nur ein einziges Chromosom erhält. Die aus diesen Kernen entstehenden Keimzellen sind ebenfalls nicht befruchtungsfähig. Weitere Komplikationen bestehen darin, daß nicht in allen vier Schenkeln der Kreuzkonjugation im Pachytän Chiasmata gebildet werden. Bleibt ein Arm ohne Chiasma, so entsteht kein Ring, sondern eine *Viererkette*. Beim Ausfall von zwei Chiasmata können eine Dreierkette und ein Univalent gebildet werden, die zu Verteilungsstörungen führen können.

In Mutationsversuchen kommen in der gleichen Initialzelle gelegentlich mehr als zwei translozierte Chromosomen zustande. Dies hat zur Folge, daß in der Meiosis entweder *mehrere Viererringe* oder *Ringe höherer Gliederzahlen* entstehen. Unter Umständen können alle im Kern vorhandenen Chromosomen zu einem einzigen Ring vereinigt sein. Durch Chiasmata-Ausfall in einem oder einigen Schenkeln der betreffenden Pachytänkonfigurationen können auch in diesen Fällen anstelle der Ringe *Ketten* entsprechender Gliederzahlen auftreten. Der Ablauf von reziproken Translokationen, an denen drei nichthomologe Chromosomen beteiligt sind, ist in Abb 6.13 dargestellt. Er führt in der 1. meiotischen Metaphase zu

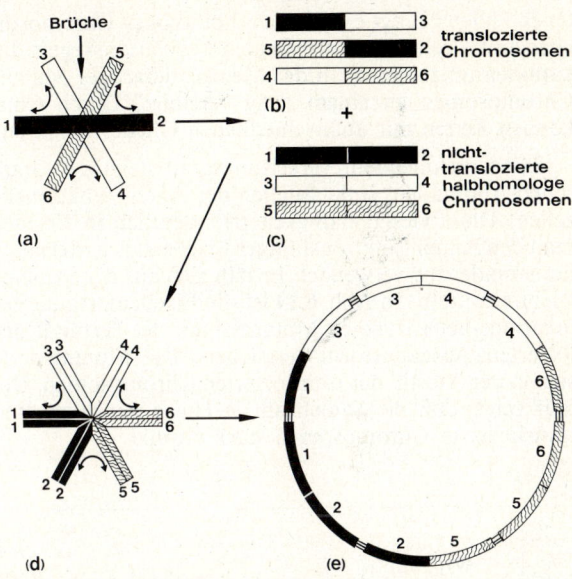

Abb. 6.13 Die Entstehung eines Sechserrings durch reziproke Translokationen zwischen drei nichthomologen Chromosomen.

a　　　　 Ausgangssituation: Drei nichthomologe Interphase-Chromosomen berühren sich. In der Berührungszone kommen drei Brüche mit 6 Bruchflächen zustande. Die Restitution erfolgt in der durch Pfeile angegebenen Weise.

b und **c** Hierdurch entstehen 3 translozierte Chromosomen. Daneben sind im diploiden Kern noch die 3 unveränderten Homologen vorhanden.

d　　　　 Pachytän des translokations-heterozygoten Organismus: Durch die Konjugation der translozierten und nichttranslozierten Halbhomologen kommt eine sechsstrahlige Paarungsfigur zustande.

e　　　　 Metaphase I: Nach Ablauf von Chiasmata in jedem Schenkel entsteht ein sechsgliedriger Ring in der Diakinese und 1. Metaphase

einem Ring aus 6 halbhomologen Chromosomen. Für die Verteilung aus diesem Ring gelten im Prinzip die gleichen Gesetzmäßigkeiten wie beim Viererring. Wandern benachbarte Chromosomen an *entgegengesetzte* Spindelpole, so sind auch hier Tochterkerne und damit Keimzellen zu erwarten, die vollständige Genome besitzen und voll funktionsfähig sind. Andere Verteilungsmodi führen zu nicht balancierten Kernen.

Je größer die Anzahl der Translokationen ist, um so komplizierter ist die Meiosis der translokations-heterozygoten Organismen. In seltenen Fällen gelingt es, alle nichthomologen Chromosomen der gleichen Initialzelle des embryonalen Vegetationskegels durch Translokationen umzubauen. In der Meiosis derartiger Mutanten sind alle Chromosomen zu einem Ring vereinigt. Durch Chiasmenausfall können Ketten mit unterschiedlichen Gliederzahlen entstehen.

Mit zunehmendem Verkettungsgrad steigt der Grad der meiotischen Anomalien, sinkt folglich der Anteil funktionsfähiger Keimzellen. Diese Gesetzmäßigkeit tritt deutlich in Erscheinung, wenn man den Anteil funktionsfähiger Eizellen als Kriterium für die Fertilitätsminderung verwendet. Er läßt sich aus der Samenzahl je Hülse leicht ermitteln. In Abb. 6.14 ist die Eizellenfertilität von drei translokations-heterozygoten Mutanten mit der Fertilität der nichttranslozierten Ausgangsform verglichen. Die Mutanten unterscheiden sich in der Anzahl der translozierten Chromosomen. Der Kurvenverlauf zeigt, daß die Samenzahl je Hülse mit zunehmender Anzahl translozierter Chromosomen stark absinkt.

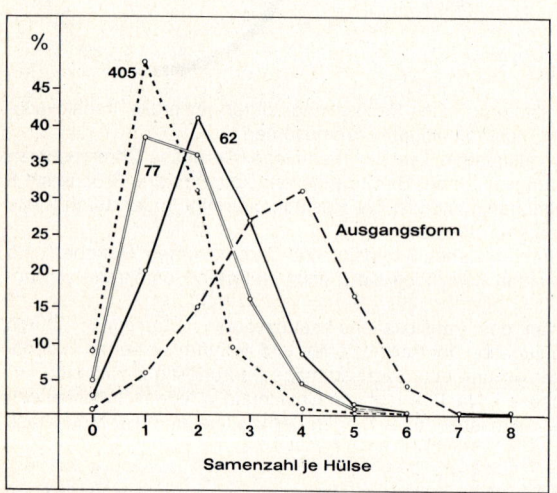

Abb. 6.14   Die Beziehungen zwischen der Eizellenfertilität und der Anzahl translozierter Chromosomen bei translokations-heterozygoten *Erbsen:*
– Ausgangsform: keine translozierten Chromosomen;
– Mutante 62:   2 translozierte Chromosomen;
– Mutante 77:   3 translozierte Chromosomen;
– Mutante 405:   7 translozierte Chromosomen.
Je größer die Anzahl der translozierten Chromosomen ist, um so geringer ist die Samenproduktion innerhalb der Hülse als Maß für die Anzahl funktionsfähiger Eizellen

Bei *translokations-homozygoten Organismen* sind keine meiotischen Störungen zu erwarten. Im diploiden Kern sind von jedem der umgebauten Chromosomen zwei strukturell identische Homologe vorhanden; es kann in den frühen Stadien der 1. meiotischen Teilung folglich normale Bivalentenbildung zustande kommen. Damit entfallen die für translokations-heterozygote Individuen charakteristischen meiotischen Anomalien. Bei *Pflanzen* zeigt diese Kategorie häufig normale Vitalität und Fertilität, während die Translokations-Homozygotie bei *Drosophila* oftmals letale Folgen hat.

Chromosomenmutationen beim Menschen

Alle Typen der soeben abgeleiteten Chromosomenmutationen sind nicht nur bei Pflanzen und Tieren, sondern auch beim *Menschen* bekannt, wobei *Duplikationen* und *Inversionen* bisher nur selten aufgefunden wurden. Es sind jedoch **Deletionen** aller Autosomen − sowohl im langen als auch im kurzen Arm − bekannt, die jeweils ein charakteristisches Fehlbildungsmuster verursachen. In allen Fällen liegt die Deletion nur auf einem der beiden homologen Chromosomen vor; die betreffenden Probanden sind also *deletions-heterozygot*. Obwohl die betreffenden Gene in einfacher Dosis noch vorhanden sind, kommen schwere Störungen am Organismus zustande. Es liegt also eine prinzipiell andere Situation als bei Genmutationen vor. Selbst wenn Heterozygotie für einen rezessiven Letalfaktor realisiert ist, gewährleistet das nichtmutierte Allel − also die einfache Gendosis − die volle Lebenstüchtigkeit des Organismus. Dies ist bei Deletionen nicht der Fall.

Besonders eingehend untersucht ist das *Katzenschrei-Syndrom*. Die Angaben über seine Häufigkeit unter Neugeborenen variieren zwischen 1 : 25 000 und 1 : 100 000, wobei die Anomalie bei Mädchen etwas häufiger auftritt als bei Knaben (7 : 5). Es handelt sich hierbei um einen Stückverlust im kurzen Arm des Chromosoms 5, der zu einer breiten Palette von Anomalien führt. Die Säuglinge wimmern wie junge Katzen. Die Anomalien des *Wolf-Syndroms* sind auf eine Deletion im kurzen Arm des Chromosoms 4, diejenigen des *De-Grouchy-Syndroms II* auf einen Stückausfall im langen Arm von Chromosom 18 zurückzuführen. Patienten mit dem *De-Grouchy-Syndrom I* fehlt der kurze Arm des Chromosoms 18.

Balancierte **reziproke Translokationen** werden sich beim Menschen − in Analogie zu den Befunden an zahlreichen Pflanzen und an Drosophila − in der Regel nicht negativ auf die Ontogenese auswirken, da mit der Translokation kein Verlust von Genmaterial verbunden ist. Ausnahmen sind Translokationen, die das Band q 24 des Chromosoms 12 betreffen. Da die Reihenfolge bestimmter Gengruppen gestört ist, könnten sich *Positionseffekte* ergeben. Sie sind beim Menschen − möglicherweise aus methodischen Gründen −

noch nicht sicher nachgewiesen worden. In der Meiosis sind die in Abb. 6.11 abgeleiteten Unregelmäßigkeiten zu erwarten, die zu einer Herabsetzung der Fertilität führen. In spezifischen Fällen können Translokationen mit der Entstehung von Krebs korreliert sein. Wenn ein Proto-Onkogen in die Nähe eines Promotors verlagert wird, kann es zum Onkogen aktiviert und damit karzinogen wirksam werden. Dies ist beim *Burkitt-Lymphom* der Fall. Translokationen zwischen dem X-Chromosom und einem beliebigen Autosom führen bei Männern zum Stillstand der Meiosis und haben den Ausfall der Spermienbildung zur Folge. Bei Frauen haben sie weniger schwerwiegende Effekte.

Ein spezieller Translokationstypus ist die **Robertsonsche Translokation.** Sie kommt i. a. zwischen 2 *nichthomologen akrocentrischen Chromosomen* zustande, die wegen der nahezu endständigen Lage ihrer Centromere extrem asymmetrisch sind. Am häufigsten sind die Chromosomen 13 und 14 unseres Genoms hiervon betroffen. Wenn sie in der in Abb. 6.**15** dargestellten Weise abläuft, kommt eine Fusion der beiden langen Arme unter Einbeziehung eines Centromers zustande, und es entsteht ein *metacentrisches Chromosom.* Dieser Vorgang wird als **centrische Fusion** bezeichnet. Die beiden kurzen Arme können sich zu einem kleinen Fragment vereinigen, das in der Regel verlorengeht. Die Probanden besitzen folglich nur 45 Chromosomen.

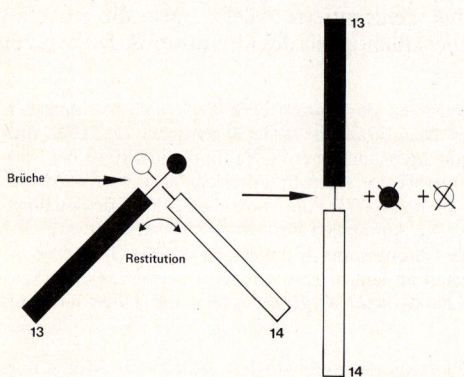

Abb. 6.**15** Der Ablauf einer Robertsonschen Translokation zwischen den akrocentrischen Chromosomen Nr. 13 und 14 des menschlichen Genoms. Die beiden Brüche kommen in der Centromerregion zustande; die Bruchflächen restituieren in der durch den Pfeil angegebenen Weise. Hierdurch entsteht ein metacentrisches Chromosom. Die beiden kurzen Arme gehen während der nächsten Teilung verloren. Die Chromosomenzahl wird dadurch von 2 n = 46 auf 45 herabgesetzt

Centrische Fusionen können auch zwischen *homologen Chromosomen* zustande kommen. Träger einer derartigen Anomalie können keine chromosomal gesunden Kinder bekommen, da die fusionierten Homologen nur gemeinsam in die Keimzellen gelangen können.

Robertsonsche Translokationen spielen in der Evolution eine wichtige Rolle; sie sind häufig für geringfügige Unterschiede in der Chromosomenzahl verwandter Taxa verantwortlich. Dies gilt auch für die *Primaten*. Während alle *Menschenaffen* 2n = 48 Chromosomen besitzen, hat der *Mensch* nur 46. Der Unterschied beruht auf der centrischen Fusion zweier Chromosomen, als deren Ergebnis das Chromosom 2 unseres Genoms entstanden ist.

Genom-Mutationen

Die Gruppe der Genom-Mutationen ist sehr heterogen. Man versteht hierunter Vorgänge, die zu *Veränderungen der Chromosomenzahl* des Organismus führen. Sie können sich sowohl auf ganze Chromosomensätze als auch auf Einzelchromosomen beziehen. Die *Erhöhung der Chromosomenzahl* bezeichnet man ganz allgemein als **Polyploidie.** Kommt eine Vermehrung der Anzahl der Ausgangsgenome um *vollständige Chromosomensätze* zustande, so spricht man von **Euploidie.** Wird der Ausgangszustand um *Einzelchromosomen* oder *Chromosomengruppen* vermehrt, so liegt **Aneuploidie** vor. Diese beiden Hauptgruppen lassen sich − wie die nachstehende Aufstellung zeigt − weiter unterteilen, wobei wir den diploiden Zustand als Ausgangssituation annehmen wollen.

− **Euploidie**
  −*Orthoploidie:* geradzahlige Vervielfachung der Anzahl der Ausgangsgenome, also Tetraploidie, Hexaploidie, Oktoploidie, Dekaploidie und noch höhere Genomstufen. Die Anzahl der Genome wird mit dem Buchstaben n angegeben. Formen der eben genannten Serie haben folglich die Genomformeln von 2n, 4n, 6n, 8n, 10n.

  − *Anorthoploidie:* ungeradzahlige Vermehrung der Anzahl der Ausgangsgenome; also 3n, 5n, 7n, 9n.

− **Aneuploidie.** Ausgehend von der *euploiden* Zahl können im Organismus Einzelchromosomen fehlen oder überzählig vorhanden sein. Man kann folglich unterscheiden zwischen

  − *Hypoploidie:* $4n-1$, $4n-2$, $4n-3$.

  − *Hyperploidie:* $4n+1$, $4n+2$, $4n+3$.

Das Entsprechende gilt für andere Valenzen. Geht man von der *diploiden* Genomstufe aus, so sind theoretisch hypo- und hyperdiploide Organismen zu erwarten. Die *Hypodiploiden* sind infolge des Ausfalls eines Chromosoms mit zahlreichen Genen im allgemeinen nicht lebensfähig. Fehlt ein einziges Chromosom, so liegt *Monosomie* vor. Fehlen die beiden Homologen eines Bivalents, so spricht man von *Nullisomie*. Bei den *Hyperdiploiden* sind ebenfalls zwei Untergruppen zu nennen:

- *Trisomie.* Zusätzlich zu den beiden Chromosomensätzen des Normalzustands von 2n ist ein Chromosom überzählig vorhanden. Trisome Mutanten werden deshalb auch 2n + 1-Formen genannt. Sind 2 verschiedene Chromosomen des Genoms überzählig, so spricht man von *doppelt trisomen Individuen.* Sie haben die Genomformel 2n + 1 + 1.

- *Tetrasomie.* Ein bestimmtes Chromosom des Genoms ist zweimal überzählig vorhanden (2n + 2-Formen).

Nicht nur die Vermehrung, sondern auch die *Verminderung* der Anzahl der Chromosomensätze stellt eine Genom-Mutation dar. Dies gilt für die **Haploidie**, den Übergang vom diploiden Normalzustand zur haploiden Valenz.

Nach der *Entstehungsweise* polyploider Organismen unterscheidet man zwischen

- Autopolyploidie,
- Allopolyploidie.

Autopolyploide Formen entwickeln sich aus einer einzigen diploiden Art, entstehen also durch Verdoppelung oder Vervielfachung des *gleichen Genoms.* Ihre Genomformeln sind folglich

- AAAA
- AAAAAA
- AAAAAAAA

für autotetra-, autohexa- und auto-oktoploide Formen.[1] Für die Entstehung **allopolyploider Organismen** ist außer der Polyploidisierung noch eine *Art- oder Gattungsbastardierung* notwendig. Sie entwickeln sich aus ± sterilen diploiden Art- oder Gattungsbastarden; an ihrer Entstehung sind also *verschiedene Genome* beteiligt. Eine allotetraploide Form kann durch die Genomformel

- AABB

charakterisiert werden.

Diese beiden Gruppen gehen im Grenzbereich gleitend ineinander über und können nicht in allen Fällen zuverlässig voneinander unterschieden werden. Beim heutigen Stand der Bearbeitung dieser

---

[1] Dem internationalen Brauch folgend werden bei Polyploiden für die Bezeichnung der Genome große Buchstaben verwendet. Sie stellen in diesem Kapitel also keine Gensymbole dar.

heterogenen Gruppe ist eine weitere Aufgliederung notwendig. Innerhalb der Autopolyploiden nehmen die „intervarietal polyploids" eine Sonderstellung ein. Sie kommen durch Bastardierung weit voneinander entfernt stehender *Sippen der gleichen Art* mit anschließender Polyploidisierung zustande und sind in der Natur weit verbreitet. Sie leiten zu den **Segment-Allopolyploiden** über. Bei dieser Gruppe stimmen die im polyploiden Organismus vereinigten Genome im großen Ganzen noch überein; sie unterscheiden sich jedoch in bestimmten Chromosomensegmenten voneinander. Als Folge dieser partiellen Inhomologie kommt bei den diploiden Ausgangsbastarden eine Herabsetzung der Fertilität oder sogar Sterilität zustande. Die typisch **allopolyploiden Organismen** setzen sich aus Genomen zusammen, die kaum noch Homologiebeziehungen erkennen lassen, deren diploide Bastarde wegen des Ausfalls der Paarung der homologen Chromosomen folglich steril sind. Mit dem Übergang zur tetraploiden Valenz wird die Fertilität vollständig oder teilweise wieder hergestellt. Organismen höherer Polyploidiestufen sind oftmals **Auto-Allopolyploide** unterschiedlicher Zusammensetzung. Wenn wir die an ihrer Entstehung beteiligten Genome als A, B, C, D bezeichnen, so können auf oktoploider Ebene etwa folgende genomatischen Konstitutionen realisiert sein:

- AA AA AA AA
- AA AA BB BB
- AA BB BB BB
- AA AA BB CC
- AA BB CC DD

Die erste Form ist auto-oktoploid; alle übrigen sind Allo-Oktoploide unterschiedlicher Konstitution. Die Vielfalt ist wesentlich größer als angegeben, wenn wir die Segment-Allopolyploiden mit berücksichtigen. Außerdem steigt sie mit zunehmendem Polyploidiegrad an.

Methoden zur Erzeugung polyploider Pflanzen

Die Erzeugung polyploider Individuen hat bisher nur bei Pflanzen zum Erfolg geführt. In geringer Häufigkeit entstehen sie in der Natur spontan und können durch geeignete Methoden selektiert werden. Bei den *Gramineen* treten in einer Häufigkeit von 0,01 – 1 % in Verbindung mit **Polyembryonie** *Zwillings-* oder *Drillingsembryonen* auf, die sich aus dem gleichen Samenkorn entwickeln. Ein geringer Anteil von ihnen ist haploid und triploid, während tetraploide und aneuploide Pflanzen auf diesem Wege seltener auftreten. Wesentlich häufiger führt die Vereinigung **unreduzierter Keimzellen** zur Bildung triploider oder tetraploider Organismen. Durch **Ausfall der Spindelbildung** schließlich kann der Polyploidisierungsvorgang unmittelbar nach der Zygotenbildung während der ersten Mitosen in den frühesten Stadien der Embryonalentwicklung ablaufen, so daß der heranwachsende Organismus polyploid ist.

Unter den *experimentellen Methoden* hat sich die Anwendung von **Colchicin** tausendfach bewährt. Das Colchicin − ein Alkaloid der Herbstzeitlose *Colchicum autumnale* − ist ein Spindelgift. Es verbindet sich mit dem Tubulin, dem Spindelprotein, und sorgt dafür, daß sich die Mikrotubuli nicht zur funktionsfähigen Spindel zusammensetzen können. In geeigneter Konzentration und bei richtiger Einwirkungsdauer unterbindet es die Spindelbildung während eines einzigen mitotischen Teilungsablaufs. Die Trennung der Chromosomen in ihre Chromatiden wird nicht beeinträchtigt, es unterbleibt lediglich ihr Transport zu den Spindelpolen. Sie werden nicht auf 2 Tochterkerne verteilt, sondern in einem **Restitutionskern** vereinigt, der die doppelte Chromosomenzahl des Ausgangskerns besitzt (Abb. 6.16). Dieser Mechanismus wird als **Colchicin-Mitose (C-Mitose)** bezeichnet. Die nachfolgenden Mitosen laufen normal ab, so daß der polyploide Zustand des Kerns repliziert wird. Wenn dieser Vorgang in der Initialzelle des embryonalen Vegetationskegels oder im Spitzenvegetationskegel einer jungen Pflanze induziert wird, entstehen polyploide Sproßsysteme. Als Analogon zur C-Mitose gibt es die **Colchicin-Meiosis (C-Meiosis).**

→

Abb. 6.16 Der Ablauf von Polyploidisierungsvorgängen durch den Ausfall der Spindel in der Mitose und Meiosis.

Mitose
Oben: Normalverlauf. Die Chromosomen sind in die Äquatorialplatte eingeordnet worden; Spalthälften wandern an die Spindelpole. Die Chromosomenzahl der beiden Tochterkerne ist diploid und entspricht derjenigen der Mutterzelle.
Unten: Durch Spindelausfall unterbleibt die Einordnung der Chromosomen in die Äquatorialebene, sie trennen sich jedoch in ihre Spalthälften. Eine Wanderung der Spalthälften an die Spindelpole kann nicht erfolgen; nach Abschluß der Teilung ist ein einziger tetraploider Restitutionskern vorhanden.

Meiosis
Oben: Normalverlauf. In der Äquatorialebene befinden sich Bivalente; Wanderungseinheiten an die Spindelpole sind die Chromosomen; es entstehen 2 haploide Tochterkerne.
Unten: Die Einordnung der Bivalente in die Äquatorialebene unterbleibt, die homologen Chromosomen eines jeden Bivalents trennen sich jedoch voneinander. Sie werden in einen gemeinsamen Tochterkern einbezogen, dadurch unterbleibt die Reduktion der Chromosomenzahl

Mitose

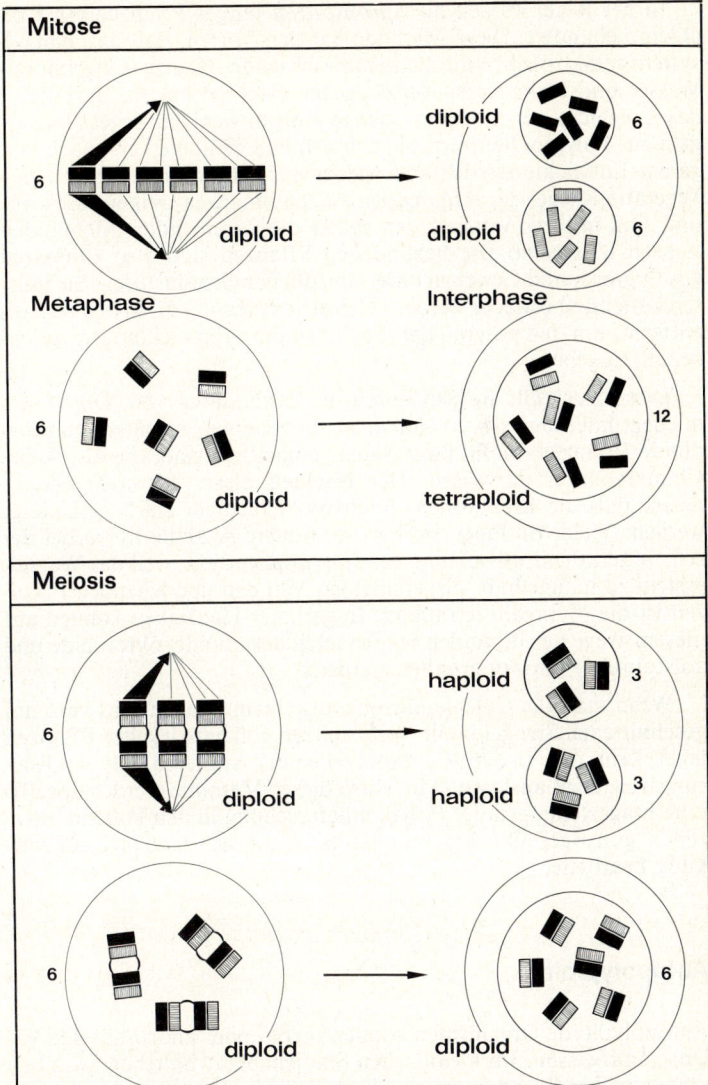

Metaphase · diploid

Interphase · diploid 6 · diploid 6

diploid · tetraploid 12

Meiosis

diploid · haploid 3 · haploid 3

diploid · diploid 6

In der Regel werden die *Sproßspitzen* junger Pflanzen mit Colchicin behandelt. Diese Methode hat den Vorteil, daß das Wurzelsystem intakt bleibt und die heranwachsende Pflanze weiterhin mit Wasser und Nährstoffen versorgt. Ihr Nachteil besteht darin, daß das Colchicin nur in einem oder in einigen wenigen Vegetationskegeln zur Polyploidie führt. Sie nehmen ihre Teilungen erst nach längerem Entwicklungsstillstand wieder auf. Die diploid gebliebenen Vegetationskegel der schlafenden Augen hingegen treiben rasch aus und sind in ihrer Vitalität den später durchtreibenden polyploiden Achsen überlegen. Die behandelten Pflanzen sind also **Chimären** aus Organen und Geweben unterschiedlicher Genomstufen. Sie müssen laufend überwacht werden. Hierbei werden die diploiden Achsen entfernt, um den polyploiden Regionen gute Entwicklungsmöglichkeiten zu geben.

Diese Nachteile werden durch die Behandlung von *Samen* vermieden. Läßt man sie auf *Colchicin-Agar* keimen, so entstehen polyploide Pflanzen, die in ihrer Valenz einheitlich sind, die also keine Chimärennatur aufweisen. Der Nachteil dieser Methode besteht darin, daß die Embryonen durch das Colchicin stark geschädigt werden. Viele von ihnen sterben ab; weitere Ausfälle treten bei der sehr zögernden Entwicklung der Jungpflanzen ein, weil das Wurzelsystem zu mangelhaft ausgebildet ist. Von den überlebenden Pflanzen ist die Mehrzahl tetraploid. In geringer Häufigkeit können auf diesem Wege aus diploiden Samen auch hexaploide, oktoploide und aneuploide Pflanzen erhalten werden.

Wenn man die Colchicinlösung aus einem Reagenzglas vom angeschnittenen Stengel in die Sproßspitzen voll entwickelter Pflanzen leitet, kann man in den Archesporzellen der Antheren Polyploidisierungsvorgänge auslösen. Mit Hilfe dieser Methode werden spezifische Fragestellungen der Polyploidieforschung in den Pollenmutterzellen günstiger Objekte unmittelbar nach der Colchicin-Einwirkung bearbeitet.

Autopolyploidie

Autopolyploide Organismen können ortho- oder anorthoploide Valenzen aufweisen. Im meiotischen Stadienablauf bestehen zwischen diesen beiden Gruppen extreme Unterschiede. *Orthoploide* zeigen in der Anzahl ihrer Genome ein gewisses Maß an Ausgewogenheit, das – zumindest auf tetraploider Ebene – relativ gute Fertilitätsverhältnisse ermöglicht. Die *Anorthoploiden* sind in dieser Beziehung nicht balanciert; sie sind steril.

Eigenschaften autotetraploider Pflanzen und ihre Identifzierung

Experimentell hergestellte autotetraploide Pflanzen besitzen in der Regel vergrößerte Organe, werden deshalb als *„Gigas-Formen"* bezeichnet. Im Hinblick auf ihre Grün- und Trockenmassenproduktion lassen sich keine allgemeingültigen Befunde anführen, es liegen vielmehr bei verschiedenen Arten unterschiedliche Verhältnisse vor. Das gleiche gilt für zahlreiche andere Merkmale, so daß die Autotetraploiden durchaus nicht jene einheitliche Gruppe repräsentieren, für die sie häufig gehalten werden. Ihre Assimilationsintensität, Atmung und Transpiration sind bei vielen Arten herabgesetzt. Bei selbstinkompatiblen Arten ist der Übergang von der diploiden zur tetraploiden Valenz oft mit Selbstfertilität verbunden.

Ein wichtiges Merkmal nahezu aller autopolyploiden Pflanzen ist die **Zunahme der Zellgröße** und des **Zellvolumens** mit steigender

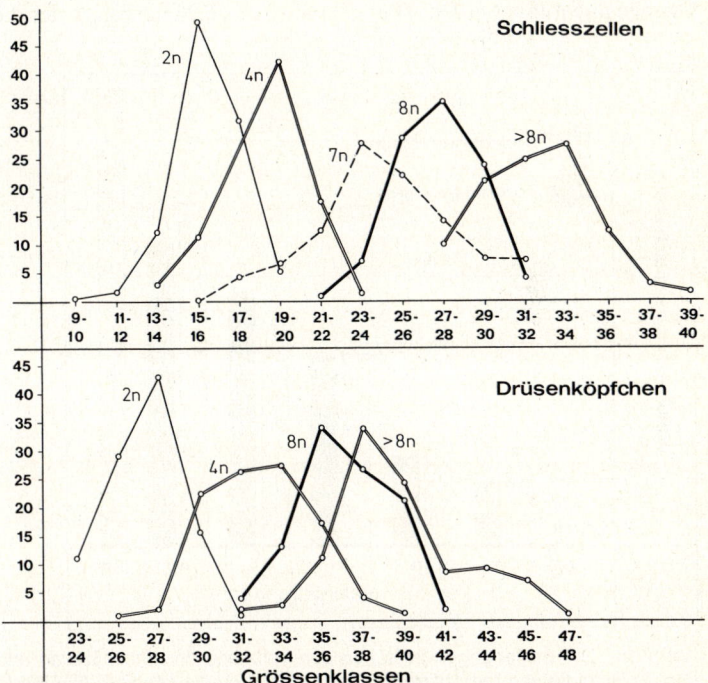

Abb. 6.17 Die Beziehungen zwischen Zellgröße und Polyploidiegrad bei den Schließzellen und den Köpfchen der Stengeldrüsen autopolyploider *Tomaten*

Valenz. Dies läßt sich besonders gut an den *Schließzellen der Spalt-öffnungen* sowie an den *Pollen* zeigen, so daß dieses Kriterium für die Identifizierung polyploider Pflanzen herangezogen wird. Diese Gesetzmäßigkeit gilt nicht nur für den Vergleich von 2n und 4n, sondern auch für höhere Valenzen (Abb. 6.17 und 6.18). Mit der Vergrößerung der Schließzellen ist eine Herabsetzung der Spaltöffnungsdichte je Blattfläche verbunden.

In *morphologischer Beziehung* fallen die autotetraploiden Gigas-Pflanzen durch ihre vergrößerten, dunkler gefärbten Blätter sowie durch die größeren Blüten auf (Abb. 6.19). Die Zunahme der Blütengröße ist ein so auffallendes Charakteristikum, daß man in der gärtnerischen Pflanzenzüchtung hiervon Gebrauch macht. Viele unserer großblütigen Zierformen sind natürliche oder experimentell hergestellte Polyploide. Bei zahlreichen Autotetraploiden ist nicht nur die Blütenzahl, sondern auch die Anzahl der Früchte und Samen herabgesetzt. Die **Reduktion der Fertilität** gegenüber den diploiden Vergleichswerten kann als nahezu allgemeingültiges Merkmal dieser Gruppe angeführt werden. Dies geht aus Abb. 6.20 hervor, in der die

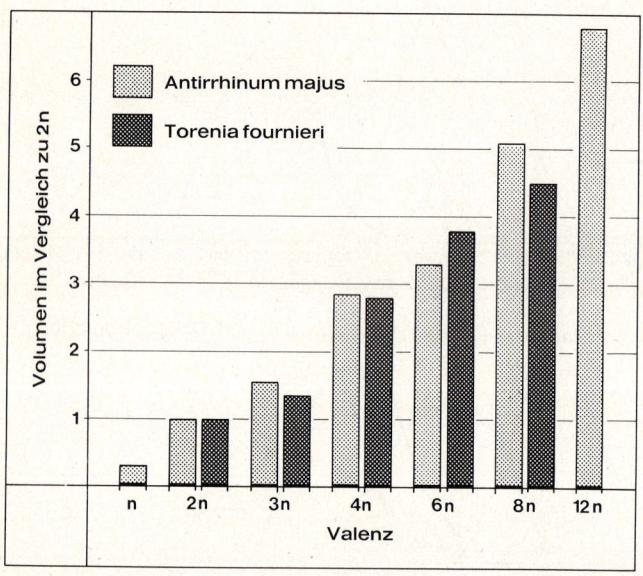

Abb. 6.18 Die Beziehungen zwischen den Volumina der Schließzellen und dem Polyploidiegrad bei *Antirrhinum majus* und *Torenia fournieri*. Alle Werte sind auf die Mittelwerte der diploiden Ausgangsformen bezogen (aus *Straub, J.:* Biol. Zbl. 60 [599] 1940)

Abb. 6.19 Blüten einer diploiden (links) und einer autotetraploiden *Tomatenpflanze* (rechts)

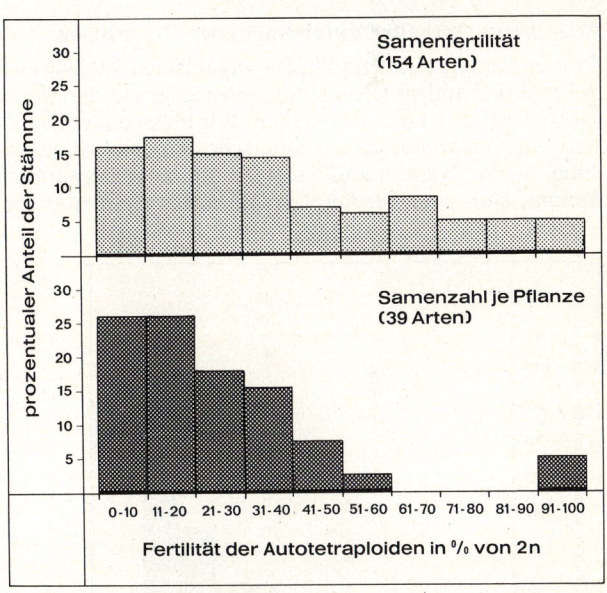

Abb. 6.20   Oben: Die Samenfertilität von 154 autotetraploiden Stämmen verschiedener diploider Pflanzenarten.

Unten: Die Samenzahl je Pflanze bei 39 verschiedenen autotetraploiden Stämmen.

Alle Werte sind auf die Kontrollwerte der diploiden Ausgangsformen bezogen

Samenproduktion autotetraploider Pflanzen einer großen Anzahl diploider Arten graphisch dargestellt ist. Die tetraploiden Samen sind jedoch größer als die diploiden, so daß der Nachteil der herabgesetzten Samenproduktion bei tetraploiden Zuchtstämmen zumindest teilweise ausgeglichen wird. Die Pollenfertilität ist ebenfalls herabgesetzt (Abb. 6.21).

Für die Vorselektion polyploider Pflanzen werden entweder die Größen von Pollen bzw. Schließzellen oder die Anzahl der Chloroplasten in den Schließzellen ermittelt. Sie sind bei 4n wesentlich höher als bei 2n. Eine der zuverlässigsten Schnellmethoden besteht in der Auswertung der Anzahl der *Keimporen der Pollenkörner.* Bei der Mehrzahl aller dicotylen Arten haben die Pollen diploider Individuen 2 – 3, diejenigen tetraploider Pflanzen 3 – 8 Keimporen. Für monocotyle Arten ist diese Methode ungeeignet. Die endgültige Entscheidung wird durch die Bestimmung der Chromosomenzahl getroffen.

Meiotisches Verhalten autotetraploider Organismen

In den Kernen autotetraploider Organismen ist jedes Chromosom viermal vorhanden. Die 4 Homologen zeigen in der Meiosis ein charakteristisches Paarungsverhalten. Wir müssen hierbei zwischen *Primär-* und *Sekundärpaarung* unterscheiden. Die normale **Primärpaarung,** die im Zygotän und Pachytän diploider Organismen zustande kommt, läuft auch bei Autotetraploiden ab, und zwar grundsätzlich

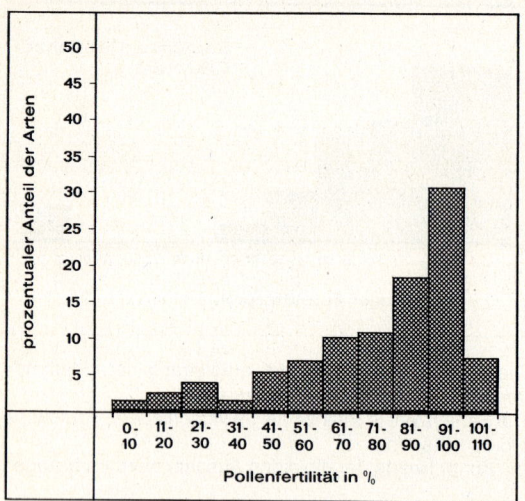

Abb. 6.21 Die Pollenfertilität experimentell hergestellter autotetraploider Pflanzen von 135 verschiedenen Arten, bezogen auf die Vergleichswerte der diploiden Stammformen

nur zwischen zwei der vier Homologen. Daneben kommt zwischen den *homologen Bivalenten* noch eine sehr lockere Form der Paarung, die **Sekundärpaarung,** zustande. Sie führt nicht zu einer echten Verbindung zwischen den 4 Homologen; sie liegen in der 1. Metaphase vielmehr in Form von 2 Bivalenten vor. Die Paarung der 4 Homologen kann jedoch auch in der Weise erfolgen, daß sie im Pa-

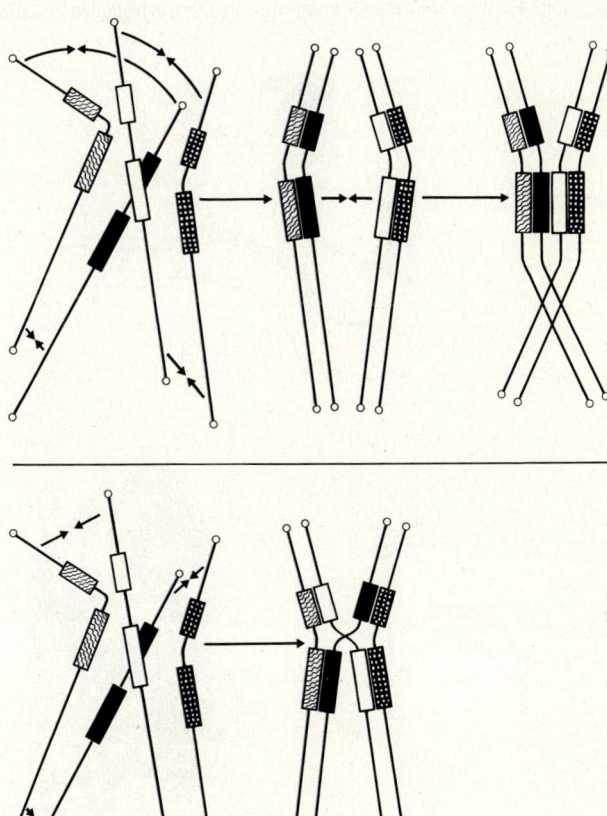

Abb. 6.**22**   Paarungsmöglichkeiten der 4. homologen Chromosomen im Pachytän eines autotetraploiden Organismus. Der obere Paarungsmodus führt zur Sekundärpaarung homologer Bivalente, der untere zu einer Partnerwechselfigur

chytän zu einer kreuzförmigen **Partnerwechselfigur** vereinigt werden. Dies ist möglich, weil sich die Schenkel aller 4 Homologen im Zuge der Paarung gegenseitig vertreten können. Wenn in den 4 Schenkeln Chiasmata ablaufen und terminalisieren, so kommt in der Diakinese und 1. Metaphase ein Viererring, ein **Quadrivalent**, zustande (Abb. 6.22 und 6.23).

In der Regel treten in den frühen Stadien der ersten meiotischen Teilung nur einige der im Kern vorhandenen Viergruppen zu Quadrivalenten zusammen, so daß

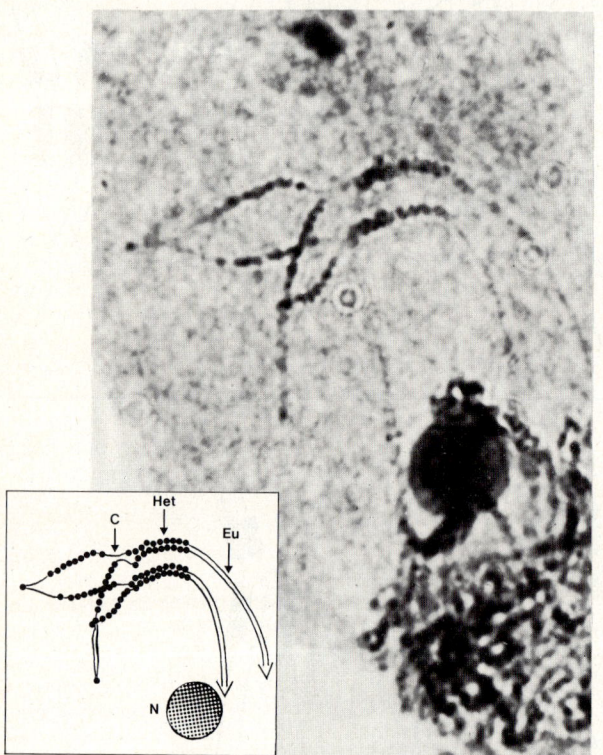

Abb. 6.**23**   Die Entstehung einer Partnerwechselfigur im Zygotän der Meiosis einer autotetraploiden *Tomate*. Die 4 Homologen des längsten Chromosoms des Genoms liegen im Quetschpräparat frei. In den rechten Schenkeln ist die Primärpaarung vollzogen. In den linken Schenkeln läuft sie gerade ab, und zwar in einer Weise, daß nicht zwei getrennte Bivalente entstehen, sondern eine kreuzförmige Paarungsfigur aus allen 4 Homologen (C = Centromer, Het = Heterochromatin, Eu = Euchromatin, N = Nucleolus)

wir in der Metaphase Bivalente und Quadrivalente in wechselnder Anzahl vorfinden. Die Verteilung der Chromosomen aus den Quadrivalenten erfolgt nicht immer geregelt; es kann in der 1. Anaphase vielmehr zu Fehlverteilungen vom Typus 1 + 3 anstelle von 2 + 2 kommen. Außerdem können durch Chiasmata-Ausfall in der Partnerwechselfigur anstelle des Rings Viererketten oder Ketten niedrigerer Gliederzahlen entstehen, aus denen die Anaphasenverteilung ebenfalls unregelmäßig erfolgen kann. Diese Anomalien führen zu genomatisch unausgeglichenen Keimzellen; ein Teil von ihnen ist nicht funktionsfähig. Der reduzierte Samenansatz der autotetraploiden Pflanzen ist teilweise auf diese Anomalien zurückzuführen. Bei zahlreichen Autotetraploiden hat man jedoch keine Korrelation zwischen dem Grad der meiotischen Anomalien und ihren Fertilitätsverhältnissen feststellen können. Es wird deshalb angenommen, daß das meiotische Verhalten autotetraploider Pflanzen für ihre Fertilität von untergeordneter Bedeutung ist, daß hierbei vielmehr genetische Faktoren eine wesentliche Rolle spielen. Die meiotischen Anomalien sind jedoch für die Entstehung *aneuploider Nachkommen* verantwortlich (S. 251). Da diese Pflanzen eine stark herabgesetzte Samenproduktion aufweisen, wirkt sich das cytologische Verhalten der Autopolyploiden indirekt doch auf ihre Fertilität aus.

Experimentell erzeugte hochpolyploide Pflanzen

Bei der Mehrzahl aller pflanzlichen Arten ist mit der Valenz von 4n das Leistungsoptimum nicht nur erreicht, sondern bereits überschritten. Höhere Polyploidiestufen treten in Colchicinversuchen nur selten auf. Oftmals gehen die hochpolyploiden Pflanzen frühzeitig zugrunde.

Wenn sie überleben, so zeigen sie gewisse Eigenschaften der tetraploiden Pflanzen in verstärktem Maße. Die Zellgrößen nehmen bis zur Valenz von 8 und 12n zu (Abb. 6.**17** und 6.**18**). Der für die Autotetraploiden charakteristische Gigas-Wuchs tritt jedoch bei Pflanzen höherer Genomstufen meistens nicht in Erscheinung. Die Organe sind kleiner, ihre Blütenzahl ist gering; häufig kommt überhaupt keine oder eine sehr verspätete Blütenbildung zustande. Die Fertilität auto-oktoploider Pflanzen ist extrem niedrig; viele Individuen dieser Kategorie sind völlig steril. Diese Aussagen sind jedoch nicht allgemeingültig. Es gibt vielmehr Arten, die gegenüber hohen Valenzen ein gewisses Maß an Toleranz zeigen. So unterscheiden sich oktoploide Pflanzen von *Antirrhinum majus, Torenia fournieri, Bryophyllum daigremontianum* und *Brassica oleracea* in ihrer Vitalität nicht wesentlich von den tetraploiden Vergleichsformen.

Valenzen über 8n sind bisher nur in wenigen Fällen erreicht worden. Der höchste Polyploidiegrad wurde mit 16n bei *Tomaten* erzielt. In der Natur liegen bei zahlreichen Arten wesentlich höhere Valenzen vor. Über ihren Entstehungsmechanismus sind wir noch nicht informiert (Einzelheiten s. Kapitel 7).

Anorthoploide Formen

Die bisher besprochenen Gesetzmäßigkeiten beziehen sich auf *orthoploide* Formen. Da die Zahl der Chromosomensätze in ihnen ausgewogen ist, kommt zumindest auf tetraploider Ebene ein annähernd geregelter meiotischer Stadienablauf zustande. Bei *anorthoploiden* Pflanzen hingegen − also bei den Valenzen 3n, 5n, 7n − ist dies nicht der Fall. Von dieser Gruppe sind die **Autotriploiden** eingehend untersucht. Sie entstehen in der Regel durch Bastardierungen zwischen diploiden und tetraploiden Individuen, gelegentlich auch durch die Befruchtung einer unreduzierten diploiden Eizelle durch einen normal reduzierten haploiden männlichen Gameten. Sie können sehr vital sein und sind den tetraploiden Formen der gleichen diploiden Art in ihrer physiologischen Leistungsfähigkeit häufig überlegen.

Die Meiosis verläuft bei autotriploiden Pflanzen nicht nach dem Prinzip der genomatischen, sondern der zahlenmäßigen Reduktion der Chromosomen. Im Pachytän können sich die 3 Homologen eines jeden Chromosomentypus zu einem *Trivalent* vereinigen, das in der 1. Metaphase als Dreierring oder -kette vorliegt. Daneben sind Bi- und Univalente vorhanden. Eine geregelte Anaphasenverteilung ist nur aus den Bivalenten heraus möglich. Die Anwesenheit zahlreicher Uni- und Trivalente führt zu starken meiotischen Störungen. Die Chromosomenzahlen in den Keimzellen variieren zwischen n und 2n. Dies hat zur Folge, daß triploide Individuen in der Regel in beiden Geschlechtern steril sind. Bei Arten mit *vegetativer Fortpflanzung* wirkt sich die Sterilität nicht nachteilig aus. Im Obstbau sowie in der gärtnerischen Pflanzenzüchtung werden zahlreiche autotriploide Stämme verwendet. *Triploide Zuckerrüben* sind den diploiden und tetraploiden in der Zuckerproduktion überlegen. Sie entstehen bei gleichzeitigem Anbau diploider und tetraploider Pflanzen durch spontane Bastardierungen.

Autopenta- und -heptaploide Formen sind selten. Pentaploide Pflanzen kommen nach Kreuzungen vom Typus 6n×4n oder 8n×2n zustande. Häufiger entstehen sie in Verbindung mit unreduzierten Gameten, etwa aus der Befruchtung der unreduzierten Eizelle einer tetraploiden Pflanze durch den haploiden spermatogenen Kern einer diploiden Pflanze der gleichen Art. Sie haben eine stark gestörte Meiosis und sind steril. Das gleiche gilt für anorthoploide Formen höherer Valenzen.

Zur Gruppe der Anorthoploiden gehören schließlich auch die **Haploiden.** Wir verstehen hierunter nicht *Haplonten,* die ihre Ontogenese in der haploiden Kernphase durchlaufen und bei denen sich dieser Zustand während der Phylogenie als Normalzustand herausdifferenziert hat. Es handelt sich vielmehr um *haploide Individuen diploider Arten.* Sie entstehen häufig durch die **parthenogenetische**

Entwicklung unbefruchteter Eizellen. Bei zahlreichen pflanzlichen Arten kann man diesen Vorgang experimentell auslösen, indem man artfremden Pollen auf die Narbe bringt. Es kommt hierbei nicht zur Befruchtung; durch die Wuchsstoffzufuhr kann jedoch die Entwicklung der Eizelle angeregt werden. Bei *Kartoffeln* funktioniert diese Methode so gut, daß man durch Bestäubung der Narben mit dem Pollen bestimmter *Wildkartoffel-Arten* − etwa *Solanum phureja* − in kurzer Zeit Tausende von haploiden Pflanzen erzeugen kann. Sie werden colchiciniert und zur Herstellung homozygoter Zuchtstämme verwendet. In diesem Spezialfall handelt es sich jedoch nicht um echte Haploide. Die Kulturkartoffel *Solanum tuberosum* ist eine autotetraploide Species. Aus unbefruchteten Eizellen entwickeln sich folglich diploide Organismen. Gegenüber dem Normalzustand ist ihre Chromosomenzahl auf die Hälfte reduziert. Man bezeichnet die „Haploiden" tetraploider Pflanzen als **polyhaploid;** sie besitzen die diploide Chromosomenzahl, sind folglich *dihaploid.*

Haploide Pflanzen können in großer Zahl über *Gewebekulturen* aus Antherenmaterial gewonnen werden, das die Meiosis bereits durchlaufen hat, etwa aus *Gonen.* Dieser Vorgang wird als **Androgenese** bezeichnet und ist bei zahlreichen Pflanzenarten gelungen. Er könnte in der experimentellen Mutationsforschung bedeutsam werden. Bei *diploiden* Organismen führen Rezessiv-Mutationen zunächst zum heterozygot-mutierten Zustand Aa, sind folglich nicht erkennbar. Bei *haploiden* Organismen gibt es keine Heterozygotie; die Wirkung der mutierten Gene tritt sofort in Erscheinung. Die Mutanten müssen mit Hilfe von Colchicin zum diploiden Normalzustand aufreguliert werden.

Haploide Individuen diploider Arten sind zierlicher und im allgemeinen weniger vital als ihre diploiden Ausgangsformen. Ihre ontogenetische Entwicklung ist gewährleistet, weil sie auf der Basis von Mitosen abläuft. Hierbei ist es gleichgültig, ob der haploide, diploide oder polyploide Ausgangszustand meristematischer Zellen reproduziert wird. Die Schwierigkeiten beginnen bei der Fortpflanzung. Diplonten sind in genetischer Beziehung so geprägt, daß sie ihre Gameten in Verbindung mit der Meiosis bilden. Dies gilt auch für haploide Individuen diploider Arten ohne Rücksicht darauf, daß in ihren Kernen bereits der reduzierte haploide Zustand realisiert ist. Die Meiosis führt also eine weitere, völlig ungeregelte Reduktion der Chromosomenzahl herbei. Da in den Pollen- und Embryosack-Mutterzellen jeder Chromosomentypus nur einmal vertreten ist, kann keine Bivalentenbildung erfolgen. Damit entfällt eine wesentliche Voraussetzung für den ungestörten meiotischen Stadienablauf. Die Univalente werden nach Zufallsgesetzen auf die Tochterkerne verteilt oder bilden Kleinkerne. Es entstehen folglich Gameten mit stark variierenden *hypohaploiden Chromosomenzahlen,* die nicht befruchtungsfähig sind. Haploide Organismen diploider Arten sind daher in beiden Geschlechtern steril. Diese Schwierigkeiten treten nur bei *sexueller* Fortpflanzung auf. Ist eine *vegetative* Fortpflanzung möglich, so läßt sich der haploide Zustand über viele Generationen hinweg aufrechterhalten. In Ausnahmefällen zeigen Haploide eine außergewöhnlich gute Vitalität. Dies gilt für bestimmte Zierformen von *Thuja* und *Pelargonium,* die in der gärtnerischen Pflanzenzüchtung genutzt werden.

Während die Polyploidie im Pflanzenreich weit verbreitet ist, tritt sie im Tierreich wesentlich seltener auf. Sie läßt sich bei Tieren nicht experimentell induzieren, da das bei Pflanzen leicht verwendbare Colchicin bei Tieren letal wirkt.

Bei einigen Tierarten *(Rüsselkäfern, Schmetterlingen)* tritt Polyploidie in Verbindung mit *Parthenogenese* auf. Bei manchen Arten dieser Gruppe sind Rassen unterschiedlicher Genomstufen vorhanden. Hierbei bestehen gewisse Beziehungen zwischen der Anzahl der Genome und der Fortpflanzungsweise. So sind die diploiden Rassen häufig bisexuell und pflanzen sich sexuell fort, während bei den polyploiden Rassen Parthogenese vorherrscht.

Ein besonders interessanter Fall parthenogenetischer Entwicklung ist bei einigen *Insektengruppen,* vereinzelt auch bei *Spinnen* und *Rädertierchen* realisiert, weil die Genomstufe mit der Geschlechtsbestimmung korreliert ist. Bei den betreffenden Arten entwickeln sich die *Weibchen* aus *befruchteten,* die *Männchen* aus *unbefruchteten* Eiern. Das Phänomen wird als **Haplodiploidie** bezeichnet. Unter den Insekten sind 6 Gruppen haplodiploider Arten bekannt, die zu den *Hymenopteren, Homopteren, Thysanopteren* und *Coleopteren* gehören. Ihr bekanntester Vertreter ist die *Honigbiene.* Die Fortpflanzung erfolgt sexuell durch Begattung der Königin. Die Spermien werden jedoch nicht unmittelbar zur Befruchtung verwendet, sie werden vielmehr zunächst im Receptaculum seminis aufbewahrt. Bei der Eiablage kann die Königin die Eier willkürlich befruchten oder unbefruchtet ablegen. Aus den *befruchteten Eiern* entstehen diploide weibliche Tiere, die Arbeiterinnen. Der Unterschied zwischen Arbeiterin und Königin ist nicht genetisch, sondern modifikatorisch bedingt; es handelt sich um eine Ernährungsmodifikation. Aus *unbefruchteten Eiern* entwickeln sich die männlichen Drohnen. Man sollte erwarten, daß sie haploid sind; die Haploidie beschränkt sich jedoch im wesentlichen auf die Kerne der Keimbahn. In den Kernen der übrigen Gewebe laufen während der Ontogenese Polyploidisierungsvorgänge ab. Sie haben zur Folge, daß die meisten somatischen Gewebe der Drohnen etwa die gleiche Chromosomenzahl besitzen wie die somatischen Gewebe der weiblichen Tiere. Diese Gesetzmäßigkeit ist zwar bei den haplodiploiden Arten weit verbreitet, sie tritt jedoch nicht überall in gleicher Form auf. Es hat vielmehr bei jeder Art dieser Gruppe jedes der beiden Geschlechter sein spezifisches genomatisches Muster.

Von besonderem Interesse ist die *Spermienbildung* der haploiden Männchen haplodiploider Arten. Theoretisch ist sie auf zweierlei Weise möglich:

- sie könnte mitotisch erfolgen;
- sie könnte in Verbindung mit einer modifizierten Meiosis erfolgen, die in ihrem Wesen der Mitose entspricht.

Bei der obengenannten Gruppe ist der zweite Weg beschritten worden: Es läuft eine modifizierte Spermatogenese ab, die nicht zu einer weiteren Reduktion der ohnehin schon reduzierten Chromosomenzahl führt. Sie ist nicht bei allen haplodiploiden Arten gleich, zeigt jedoch einige gemeinsame Züge, die als Charakteristikum dieser „Meiosis" gelten können. Zunächst entfällt die Bivalentenbildung während der 1. Prophase, die ja nicht zu erwarten ist, weil keine Zweiergruppen homologer Chromosomen vorhanden sind. Auch die übliche Bildung einer Äquatorialplatte in der Metaphase ist nicht zu beobachten. Bei der Mehrzahl der Arten dieser Gruppe läuft vielmehr eine abortive 1. meiotische Teilung ab, an derem Ende eine kernlose cytoplasmatische Knospe eliminiert wird. Anschließend erfolgt die 2. Teilung, die der Mitose entspricht und zur Bildung von 2 Spermatiden führt. Sie entwickeln sich zu 2 Spermien weiter. Bei den *Bienen* ist die Spermatogenese insofern noch stärker modifiziert, als während der 2. meiotischen Teilung eine inäquale Aufteilung des cytoplasmatischen Inhalts innerhalb der Spermatocyte zustande kommt. Sie sorgt dafür, daß sich aus der Mutterzelle nur ein einziges Spermium entwickelt.

Diese Vorgänge sind von großem theoretischem Interesse, wenn wir sie aus evolutionistischer Sicht heraus betrachten. Bei den haploiden Männchen haplodiploider Metazoen und den haploiden Individuen diploider Pflanzenarten liegt zwar im Prinzip die gleiche negative Ausgangssituation vor, sie wird jedoch in ganz unterschiedlicher Weise bewältigt. In beiden Fällen handelt es sich um haploide Organismen diplontischer Arten; sie unterscheiden sich jedoch im Mechanismus ihrer Keimzellenbildung. Bei den *haploiden Pflanzen diploider Arten* läuft sie in Verbindung mit einer „normalen" Meiosis ab, die unter diesen Voraussetzungen nicht in der Lage ist, funktionsfähige Keimzellen zu liefern. Bei den *haploiden Tieren* hingegen werden die Spermien durch eine modifizierte Meiosis gebildet, die in ihrem Ergebnis der Mitose gleichkommt. Damit wird ein Vorgang in den Entwicklungsablauf eingeschoben, der bei den haplontischen Organismen die Bildung funktionsfähiger Gameten garantiert. Sie verwenden hierfür die Mitose. Bei den haplodiploiden Arten wird sie durch eine „mitotische Meiosis" ersetzt, die zum gleichen Ergebnis führt. Durch diesen Trick ist die parthenogenetische Entwicklung der Männchen dieser Arten konkurrenzfähig geworden und konnte sich als Sonderform der sexuellen Fortpflanzung phylogenetisch manifestieren.

Allopolyploidie

Autopolyploide Organismen besitzen das *gleiche Genom* in erhöhter Anzahl, sind also entweder auf eine einzige diploide Ausgangsform oder auf einen Rassen- bzw. Sippenbastard zurückzuführen. Bei der Entstehung *allopolyploider* Organismen ist der Polyploidisierungsvorgang mit einer *Art- oder Gattungsbastardierung* korreliert. Es werden also *verschiedene Genome* miteinander vereinigt. Es ist hierbei ohne Belang, ob die Polyploidisierung vor oder nach der Bastardierung erfolgt. Man kann also zunächst den diploiden Bastard herstellen und ihn mit Hilfe von Colchicin oder einer anderen Methode auf eine höhere Valenz anheben (A und B sind in diesem Zusammenhang keine Gen-, sondern Genombezeichnungen):

$$AA \times BB \rightarrow AB \xrightarrow{+ Colchicin} \boxed{AA\ BB}$$

Das gleiche cytologische Ergebnis erreicht man, wenn man von den beiden Ausgangsarten zunächst autotetraploide Formen herstellt und sie miteinander kreuzt:

$$AA \xrightarrow{+ Colchicin} AA\ AA$$

$$BB \xrightarrow{+ Colchicin} BB\ BB$$

$$AA\ AA \times BB\ BB \rightarrow \boxed{AA\ BB}$$

Einige Gattungen des Pflanzenreichs eignen sich besonders gut für die Herstellung allopolyploider Formen, weil die Artkreuzungen relativ leicht gelingen. Dies gilt für die Genera *Nicotiana, Gossypium, Solanum* sowie für einige *Cruciferen,* bei denen sogar Gattungskreuzungen möglich sind. Besonders günstige Verhältnisse liegen in dieser Beziehung bei den *Gramineen* vor. In der Gattung *Triticum* zum Beispiel sind 3 verschiedene Genomstufen vertreten; es gibt diploide, tetraploide und hexaploide Weizenarten. Darüber hinaus ist der *Weizen* mit *Roggen* und *Quecke* kreuzbar. Unter Verwendung dieses Ausgangsmaterials läßt sich eine große Anzahl allopolyploider Formen der unterschiedlichsten genomatischen Konstitution herstellen, wobei Valenzen von 4 – 12n erreicht werden. Von der Gattung *Triticum* sind bisher mehr als 40, von der Gattung *Nicotiana* etwa 60 verschiedene allopolyploide Formen hergestellt worden, deren Chromosomenzahlen zwischen 36 und 144 variieren.

Allopolyploide Formen aus Artbastarden

Die Eigenschaften allopolyploider Pflanzen hängen sowohl von der genetischen Konstitution der Ausgangsarten als auch von ihrem Verwandtschaftsgrad ab. Typische Allopolyploide, deren Stammformen nicht eng miteinander verwandt sind, nehmen in morphologischer Beziehung häufig eine Intermediärstellung ein. Die Genome der diploiden Art- oder Gattungsbastarde, aus denen sie hervorgegangen sind, zeigen ein so geringes Maß an Homologie, daß die einander entsprechenden Chromosomen in der Meiosis nicht oder kaum paaren. Sie werden als **homöolog** bezeichnet. Infolge des hohen Univalentenanteils ist die Meiosis so gestört, daß die entstehenden Gameten nicht funktionsfähig sind; die diploiden Bastarde sind steril. Der Übergang von der diploiden zur tetraploiden Valenz hat zur Folge, daß jedes Genom im Kern zweimal vorhanden ist. Es kommt folglich ein ungestörter Stadienablauf der Meiosis mit normaler Bivalentenbildung zustande; die allotetraploiden Formen sind fertil. Im typischen Falle zeigen sie im Hinblick auf ihre Merkmale keine Spaltungen, geben ihren Bastardcharakter vielmehr konstant an ihre Nachkommen weiter. Sie sind *konstante Bastarde* und verhalten sich in cytologischer und genetischer Beziehung wie diploide Organismen. Man bezeichnet sie deshalb auch als **amphidiploide Bastarde.** Gegenüber ihren diploiden Ausgangsarten sind sie häufig durch eine Kreuzungsbarriere isoliert. Damit sind alle Voraussetzungen erfüllt, die für selbständige Arten charakteristisch sind. Zahlreiche amphidiploide Bastarde sind tatsächlich als Vertreter neuer Arten, unter Umständen sogar als Angehörige neuer synthetischer Gattungen, aufzufassen.

Häufig wird unter „Allopolyploidie" generell die soeben abgeleitete Situation verstanden. Wir sollten uns jedoch klar darüber sein, daß dies nur ein Grenzfall ist. Je enger die diploiden Ausgangsarten miteinander verwandt sind, um so größer ist die Homologie der im diploiden Bastard vereinigten Genome. Es kann folglich zur Bivalentenbildung kommen, deren Häufigkeit vom Verwandtschaftsgrad abhängt. Allotetraploide Pflanzen, die sich aus derartigen Bastarden entwickeln, bilden in der Meiosis einige Quadrivalente. Die auf den betreffenden Chromosomen liegenden Gene zeigen nicht disome, sondern *tetrasome Erbgänge.* Für sie gelten folglich die Gesetzmäßigkeiten der Autotetraploidie. Diese Situation liegt bei amphiploiden Bastarden aus der Kulturtomate *Lycopersicon esculentum* und ihrer wildwachsenden Stammform *Lycopersicon pimpinellifolium* vor. Als Beispiel für das andere Extrem sei der amphidiploide Bastard 4n *Galeopsis pubescens/speciosa* genannt. Kreuzungen zwischen den beiden diploiden Arten gelingen zwar leicht, die Bastarde sind jedoch nahezu steril. Nach Selbstung erhielt MÜNTZING zunächst eine triploide Pflanze, aus der nach Rückkreuzung mit *Galeopsis pubescens* eine allotetraploide Form hervorging. Ihre Meiosis war normal, der Samenansatz gut. Rückkreuzungen mit den beiden diploiden Elternarten blieben ohne Erfolg. Die Tetraploide erwies sich als identisch mit der natürlichen tetraploiden Species *Galeopsis tetrahit.* Dieses Beispiel ist insofern von großer Bedeutung, als es damit erstmals gelungen war, eine natürliche tetraploide Art aus ihren diploiden Elternarten zu synthetisieren. Es wurde also ein Artbildungsvorgang nachvollzogen, der sich in prinzipiell gleicher Weise während der Evolution unzählige Male abgespielt hat. Zwischen den soeben abgeleiteten Grenzfällen gibt es alle theoretisch möglichen Intermediärzustände. Das Phänomen der Allopolyploidie tritt uns folglich in einer Serie graduell abgestufter Formen entgegen.

In der Frühzeit der Evolutionsforschung sind unter den Augen der Genetiker mehrere amphidiploide Bastarde als neue Arten spontan entstanden oder experimentell hergestellt worden. Hierher gehören:

- *Primula kewensis* (aus *Primula verticillata×floribunda*),
- *Aesculus carnea* (aus *Aesculens hippocastanum×pavia*),
- *Nicotiana digluta* (aus *Nicotiana glutinosa×tabacum*),
- *Spartina townsendii* (aus *Spartina alterniflora×maritima*),
- *Digitalis mertonensis* (aus *Digitalis purpurea×ambigua*),
- *Rosa wilsoni* (aus *Rosa pimpinellifolia×tomentosa*).

Allohexaploide Pflanzen entstehen nach Kreuzung diploider mit tetraploiden Arten und anschließender Polyploidisierung der triploiden Bastarde. Ihre genomatische Konstitution und ihr meiotisches Verhalten hängen von der Konstitution des tetraploiden Elters und seinem Verwandtschaftsgrad mit dem diploiden Elter ab. Wir können hierbei im Prinzip drei verschiedene Gruppen unterscheiden, die durch folgende Genomformeln charakterisiert werden können:

- AA AA A_1A_1
- AA AA BB
- AA BB CC

Im ersten Falle sind die Genome der an der Bildung der hexaploiden Form beteiligten Arten noch weitgehend homolog. Das Genom A_1 hat sich − etwa in Verbindung mit Chromosomenmutationen − etwas von den übrigen Genomen differenziert. Pflanzen dieser Konstitution zeigen ein deutlich autohexaploides Verhalten. Im zweiten Fall liegt *Auto-Allo-Hexaploidie* vor, weil 4 der 6 Genome übereinstimmen. Diese Situation ist zum Beispiel bei der synthetischen Species „*Brassica napocampestris*" realisiert, die aus *Brassica napus* (AACC) und *Brassica campestris* (AA) hergestellt wurde. In der Meiosis treten neben Bivalenten auch Quadrivalente auf. Die dritte Gruppe schließlich ist als „rein" allohexaploid zu bezeichnen, weil drei nichthomologe Genome im gleichen Organismus vereinigt sind. Ein klares Beispiel hierfür ist der amphiploide Bastard aus der Kreuzung

Brassica carinata (BBCC)×*Brassica campestris* (AA),

der nach Colchicinbehandlung des sterilen triploiden Artbastards ABC entstanden ist. In seiner Meiosis treten ausschließlich Bivalente auf.

Bei allo-oktoploiden Formen ist die Vielgestaltigkeit der genomatischen Zusammensetzung größer. Die Mehrzahl dieser Pflanzen ist *auto-allo-oktoploid,* wobei das gleiche Genom vier- oder sechsmal vorhanden sein kann. In seltenen Fällen gelingt es, 4 verschiedene Chromosomensätze im gleichen Organismus zu vereinigen. Ein anschauliches Beispiel hierfür ist die Kreuzung von *Nicotiana tabacum*

× *Nicotiana rustica.* Beide Arten sind allotetraploid und setzen sich aus unterschiedlichen Genomen zusammen:

- *Nicotiana tabacum* ist ein amphidiploider Bastard aus
  - *Nicotiana sylvestris* und
  - *Nicotiana tomentosiformis;*
- *Nicotiana rustica* ist ein amphidiploider Bastard aus
  - *Nicotiana paniculata* und
  - *Nicotiana undulata.*

Allo-oktoploide Pflanzen aus dieser Kreuzung haben die Genomformel AABBCCDD.

Das Vitalitätsoptimum ist nicht nur bei auto-, sondern auch bei allopolyploiden Formen mit der oktoploiden Valenz im allgemeinen weit überschritten. Aus diesem Grunde existieren nur wenige allopolyploide Formen mit noch höheren Valenzen, wobei es sich offenbar um Gattungen handelt, die eine gewisse Toleranz gegenüber der Erhöhung der Genomstufe aufweisen. In den Gattungen *Solanum, Nicotiana, Triticum, Avena* und *Festuca* sind **allo-dekaploide,** in den Gattungen *Chrysanthemum, Solanum, Bromus, Festuca* und *Avena* **allo-dodekaploide Formen** hergestellt worden. Von besonderem Interesse ist eine dodekaploide Pflanze, die nach Kreuzung der oktoploiden Species *Hibiscus diversifolius* mit der tetraploiden Species *Hibiscus radiatus* entstanden ist. Sie besaß 216 Chromosomen und hatte die Genomformel AABBCCDDEEFF, bestand also aus 6 verschiedenen Genomen. Die höchsten auf diesem Wege bisher erreichten Valenzen liegen bei 14 und 16n in der Gattung *Bromus.*

Allopolyploide Pflanzen hoher Genomstufen sind in cytologischer Beziehung häufig nicht stabil. Sie neigen dazu, ihre Chromosomenzahl herabzusetzen und sich auf einem niedrigeren Niveau zu stabilisieren. Hierbei werden vollständige Genome eliminiert, so daß wieder genomatisch balancierte Zustände erreicht werden. Die cytologischen Mechanismen dieser Regulierungsvorgänge sind noch nicht bekannt. Ein ähnliches Verhalten ist für Autopolyploide hoher Genomstufen nachgewiesen.

Allotriploide Pflanzen sind durch Bastardierung diploider mit tetraploiden Arten in großer Anzahl hergestellt worden. Sie spielen eine wichtige Rolle für die Beurteilung evolutionistischer Vorgänge (S. 294). Einige Kulturpflanzen sind allotriploid, zum Beispiel bestimmte *Ananas-Sorten* sowie die *Kulturbananen* der indisch-malaiischen Region. Sie sind steril und werden ausschließlich vegetativ vermehrt.

Allopentaploide Pflanzen entstehen als Bastarde nach Kreuzung tetra-× hexaploider oder okto-×diploider Arten. In Verbindung mit unreduzierten Gameten können sie auch aus Artkreuzungen zwischen Formen anderer Valenzen zustande kommen. Sie sind steril. Im Westen Nordamerikas sind in der Berührungszone der oktoploiden Species *Fragaria chiloensis* und der diploiden Species

Fragaria vesca spontan pentaploide Bastarde entstanden. Sie haben sich in den letzten Jahrzehnten zu zwei Klonen vermehrt, die feste Bestandteile der dortigen Flora sind.

Allopolyploide aus Gattungsbastarden

Wir haben bisher allopolyploide Formen behandelt, die aus Artbastardierungen hervorgegangen sind. Sehr selten gelingen *Gattungskreuzungen,* die infolge der geringen Homologie der Genome zu sterilen Bastarden führen. Werden sie auf die tetraploide Valenz angehoben, so sind amphidiploide Bastarde mit weitgehend diploidem cytologischem und genetischem Verhalten zu erwarten. Für die Durchführung derartiger Versuche haben sich bestimmte *Cruciferen* und *Gramineen* als geeignet erwiesen. Der von KARPECHENKO in der Mitte der zwanziger Jahre hergestellte *„Raphanobrassica"* ist insofern von historischer Bedeutung, als er einer der ersten amphidiploiden Gattungsbastarde war, die auf experimentellem Wege entstanden sind. Er ist auf die Befruchtung unreduzierter Gameten des Bastards *Raphanus sativus × Brassica oleracea* zurückzuführen.

Von erheblicher praktischer Bedeutung sind die amphidiploiden *Weizen-Roggen-Bastarde.* Sie werden als *Triticales* bezeichnet und stellen eine synthetische Gattung dar. Da alle Roggenarten diploid sind, hängt die Valenz der Triticales von der Genomstufe des Weizenpartners ab. Zur Zeit sind hexa-, okto- und dekaploide Formen dieser neuen Gattung vorhanden. Aus der Kreuzung verschiedener *Aegilops-* und *Triticum-Arten* ist die synthetische Gattung *Aegilotricum* mit Formen der unterschiedlichsten genomatischen Konstitution hervorgegangen. Das Ziel der Synthese von *Agrotricum-Formen* besteht darin, die Qualitätseigenschaften des *Weizens* mit der Anspruchslosigkeit und Vitalität der *Quecke* zu vereinigen.

Allopolyploidie durch somatische Hybridisierung

Wir sind bisher von der Vorstellung ausgegangen, daß amphidiploide Bastarde in Verbindung mit normalen Kreuzungen unter Verwendung von Gameten auf *sexuellem* Weg entstehen. Dies ist nicht unbedingt notwendig. Bei Anwendung der modernen Methoden der **Protoplastenfusion** können sie prinzipiell auch auf *parasexuellem* Wege ohne Verwendung von Keimzellen hergestellt werden. Voraussetzung hierfür ist, daß man isolierte Protoplasten *somatischer Zellen* verschiedener Arten nicht nur zur Fusion bringt, sondern daß sich die Fusionsprodukte über *Embryoide* zu normalen Pflanzen weiterentwickeln. Während die Fusion von Protoplasten taxonomisch unterschiedlichster Herkünfte relativ leicht gelingt, entstehen nur aus ganz wenigen Fusionsprodukten vollwertige Pflanzen. Es ist zu erwarten, daß diese methodischen Schwierigkeiten innerhalb gewisser Grenzen überwunden werden können. Das Verfahren wird als **somatische Hybridisierung** bezeichnet.

Wenn wir nicht nur die Protoplasten, sondern auch die Kerne somatischer Zellen (etwa von Blattzellen) verschiedener diploider Arten zur Fusion bringen, so muß der neu entstandene Kern *allotetraploid* sein. Fusionsprodukte aus Protoplasten diploider und tetraploider Arten sind *allohexaploid*. Falls ihre Weiterentwicklung gelingt, entstehen auf diese Weise allopolyploide Formen ohne die sonst notwendigen Methoden der Polyploidisierung.

Die ersten Erfolge dieser noch sehr jungen Arbeitsrichtung führten zu „*Tomoffeln*", d. h. zu Allopolyploiden aus *Tomaten* und *dihaploiden Kartoffeln*. Der „*Arabidobrassica*" entstand aus isolierten Protoplasten von *Arabidopsis thaliana* und *Brassica campestris*. Ähnliche Formen sind aus verschiedenen *Nicotiana-Arten* sowie nach Fusion von *Nicotiana-* und *Atropa-Protoplasten* entstanden.

Fusionierte Zellen aus *Datura stramonium* und *Datura innoxia* sind in der Wachstumsgeschwindigkeit den Ausgangszellen überlegen, zeigen also einen gewissen Heterosiseffekt. Nach Regeneration entstand innerhalb von wenigen Monaten eine neue *Datura-Sorte* mit intensiverem Wachstum und höherem Scopolamin-Gehalt.

Der prinzipielle Vorteil dieser Methode besteht darin, daß die zwischen verschiedenen Gattungen, häufig schon zwischen verschiedenen Arten der gleichen Gattung bestehenden Kreuzungsbarrieren umgangen werden können. In vielen Fällen kommen nach der Protoplasten-Fusion zwar Kalli zustande, es unterbleibt jedoch die Bildung von Embryonen oder ihre Weiterentwicklung. Falls allopolyploide Pflanzen entstehen, sind sie häufig cytologisch instabil. Während ihrer Entwicklung werden Chromosomen eliminiert, oder aber es entstehen unerwartet hohe Polyploidiegrade. Cytologische Konstanz und normale Fertilität sind bisher nur in wenigen Fällen beobachtet worden. Das auf diese Weise entstehende Material besteht aus 2 verschiedenen Gruppen:

- Die *echten Hybriden* besitzen die Cytoplasmen und die Chromosomensätze der beiden elterlichen Arten und sind damit allopolyploid.
- Die sogenannten *Cybriden* besitzen zwar die Cytoplasmen der beiden Arten, ihre Chromosomen stammen jedoch nur von einer Art. Sie sind also keine allopolyploiden Formen.

Bei der somatischen Hybridisierung einer Kulturpflanze mit der Wildform befinden sich im allopolyploiden Bastard neben den wenigen erwünschten Eigenschaften der Wildform zahlreiche unerwünschte. Dies kann vermieden werden, wenn man die Protoplasten der Wildform vor der Fusion genetisch inaktiviert, etwa durch Anwendung von Gammastrahlen. Hierdurch werden die Genome fragmentiert. Die Fusionsprodukte enthalten also die beiden vollständigen Genome der Empfängerpflanze, aber nur einen kleinen Teil der Genome der Spenderpflanze. Organismen dieser Kategorie werden als **asymmetrische somatische Bastarde** bezeichnet und sind steril. Allopolyploide Organismen mit dem vollen Genbestand der beiden Arten hingegen sind **symmetrische somatische Bastarde**.

Die Aussichten der faszinierenden Methoden der somatischen Hybridisierung für Wissenschaft und Praxis können noch nicht endgültig beurteilt werden, da noch viele Schwierigkeiten zu überwinden sind.

Die somatische Hybridisierung *tierischer Protoplasten* ist zwar gelungen (Maus−Mensch, Maus−chinesischer Hamster), die Fusionsprodukte waren jedoch nicht in der Lage, sich weiter zu entwickeln. Nach mikrochirurgischer Behandlung von *Schaf*- und *Ziegenembryonen* im 4-8-Zellstadium der Embryonalentwicklung gelang es jedoch, Chimären-Embryonen aus beiden Arten zu erzeugen. Sie wurden in Schaf- oder Ziegenmütter implantiert und von ihnen ausgetragen. Es entstanden „*Schiegen*" bzw. „*geeps*" (goat/sheep). Die Spermatogonien dieser Tiere hatten die Chromosomenausstattung der Ziege (60 XY).

Selbst Fusionsprodukte aus tierischen und pflanzlichen Protoplasten sind hergestellt worden, waren jedoch nicht entwicklungsfähig. Die Fusion somatischer Zellen des Menschen und der Maus wird für die Lokalisation menschlicher Gene verwendet (S. 136).

Außer der Fusion somatischer Zellen gibt es auch die **gameto-somatische Hybridisierung.** Sie besteht in der Fusion somatischer und generativer Zellen. Fusioniert man z. B. Protoplasten diploider Mesophyllzellen der Species A mit Protoplasten haploider Gonen der Species B, so können allotriploide Organismen der Konstitution AAB entstehen.

Fertilität experimentell erzeugter allopolyploider Pflanzen

Die Fertilität experimentell erzeugter allopolyploider Pflanzen ist sehr unterschiedlich. Die Klischeevorstellung

- Verdoppelung der Chromosomenzahl im sterilen Art- oder Gattungsbastard,
- Wiederherstellung der vollen Homologie der Chromosomen,
- ungestörter meiotischer Stadienablauf infolge normaler Homologenpaarung,
- volle Fertilität des amphidiploiden Bastards

gilt nur für eine kleine Gruppe amphidiploider Pflanzen und kann keineswegs verallgemeinert werden. Dies gilt sowohl für die Pollen- als auch die Samenfertilität. Dies wird aus Abb. 6.**24** deutlich, in der die Werte einer großen Anzahl verschiedener, meist allotetraploider Formen summarisch dargestellt sind. Vornehmlich in der Samenfertilität ist eine außerordentlich breite Streuung feststellbar, die zwischen 0 und 100% liegt. Nur etwa 12% aller untersuchten amphidiploiden Bastarde erreichen Werte von 91−100%. Die Konkurrenzfähigkeit dieser Formen kann jedoch erst dann richtig beurteilt werden, wenn wir sie auf die Leistungsfähigkeit der betreffenden Elternarten beziehen. Dies ist für 29 Amphidiploide aus verschiedenen *Solanum-Arten* in Abb. 6.**25** geschehen, wobei die Werte der Allopolyploiden sowohl auf die Vergleichswerte des leistungsschwächeren als auch auf diejenigen des leistungsstärkeren Elters bezogen wurden. Der Kurvenverlauf zeigt, daß nur einige wenige der analysierten Formen mit der leistungsschwächeren Elternart konkurrieren kön-

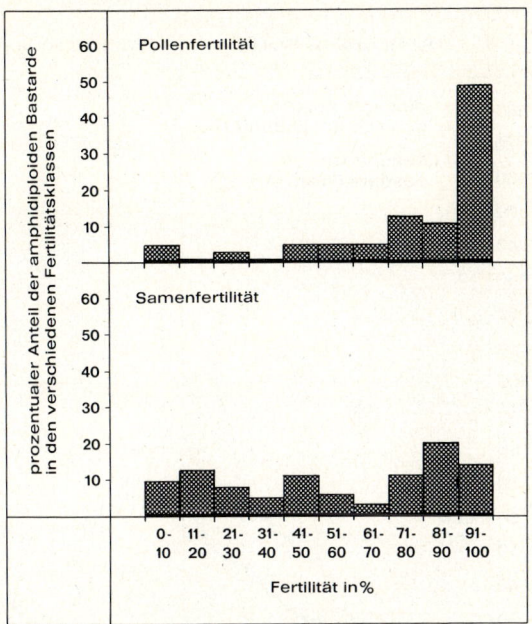

Abb. 6.24 Die Pollenfertilität von 75 und die Samenfertilität von 64 verschiedenen amphidiploiden Bastarden, bezogen auf die Vergleichswerte der diploiden Ausgangsarten

nen, während gegenüber der leistungsstärkeren Stammform nur Werte zwischen 0 und 50% erreicht werden.

Diese Bilanz ist außerordentlich negativ. Sie gilt jedoch vornehmlich für „Roh-Allopolyploide", das heißt für jenen Zustand, der kurz nach der Polyploidisierung erreicht worden ist. Durch scharfe Selektionsmaßnahmen kann man in bestimmten Gattungen Formen mit besserer Fertilität selektieren und auf diese Weise leistungsstärkere Stämme entwickeln. Das Leistungsniveau der Ausgangs-Arten wird jedoch im allgemeinen nicht erreicht.

Aneuploide Formen

Organismen, die in ihrer Chromosomenzahl vom euploiden Zustand abweichen, werden als **Aneuploide** bezeichnet. Das Fehlen oder überzählige Auftreten von *Einzelchromosomen* kann auf jeder Genomstufe zustande kommen, so daß die Aneuploiden eine sehr vielgestaltige Gruppe darstellen. Von besonderer Bedeutung sind die **tri-**

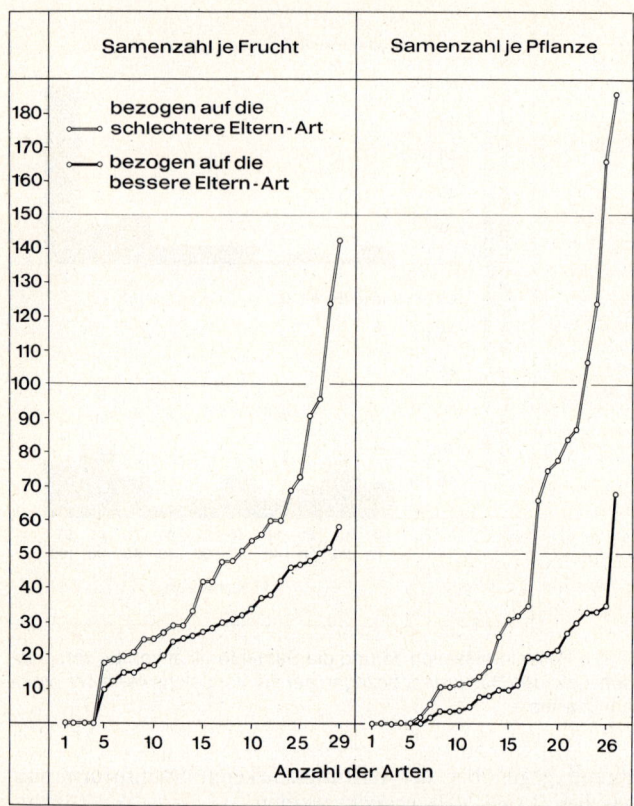

Abb. 6.25   Die Samenproduktion von 29 amphidiploiden Bastarden aus verschiedenen *Solanum-Arten,* bezogen auf die elterlichen Ausgangsarten (nach Befunden von *Westergaard*)

somen Mutanten, die zusätzlich zur diploiden Ausstattung ein überzähliges Chromosom besitzen (2n + 1-Formen). Sie sind interessante Objekte für die genetische Grundlagenforschung, weil von zahlreichen Genen drei statt zwei Allele vorhanden sind. An diesem Material können Probleme der Gendosierung und der Folgen von Störungen des zahlenmäßigen Gleichgewichts großer Gengruppen bearbeitet werden. Trisome entstehen in relativ großen Mengen in den Nachkommenschaften triploider Pflanzen oder nach Kreuzung triploider mit diploiden Individuen. Dies hängt damit zusammen, daß in den Triploiden trotz ihrer stark gestörten Meiosis gelegentlich Gameten der Konstitution n und n + 1 gebildet werden. Aus der Vereinigung dieser Gameten entstehen 2n + 1-Formen. Da jedes Chromosom des Genoms in überzähliger Form auftreten kann, entspricht die Anzahl der theoretisch möglichen Trisomen einer Art ihrer haploiden Chromosomenzahl. Bei einigen Pflanzenarten ist der vollständige Satz trisomer Organismen hergestellt worden, etwa beim *Stechapfel, Löwenmäulchen,* der *Tomate, Gerste,* bei *Pennisetum typhoides* und anderen. In der Regel sind die Trisomen aufgrund spezifischer morphologischer Merkmale sowohl von der diploiden Ausgangsform als auch voneinander unterscheidbar. In ihren Nachkommenschaften treten in hohen Prozentsätzen wiederum Trisome auf.

Der cytologische Mechanismus, der in der Mehrzahl aller Fälle für die Trisomie verantwortlich ist, wird als **Non-disjunction** bezeichnet. Es kann sowohl in der Meiosis als auch der Mitose zustande kommen (Abb. 6.26). Beim **meiotischen Non-disjunction** unterbleibt das Auseinanderweichen der beiden homologen Chromosomen eines Bivalents in der 1. Anaphase. Sie gelangen in den gleichen Tochterkern, während dem zweiten Kern ein Chromosom fehlt. Alle übrigen Bivalente verhalten sich normal. Wir erhalten in der Interkinese folglich die Situation n + 1 und n − 1. Sie wird in der zweiten meiotischen Teilung repliziert und ist auch in den Keimzellen vorhanden, die sich aus den betreffenden Meiocyten entwickeln. Die Gameten der Konstitution n − 1 sind nicht befruchtungsfähig. n + 1-Gameten sind zumindest im weiblichen Geschlecht häufig funktionsfähig. Wird eine solche Eizelle von einem normalen Spermium befruchtet, so entsteht eine Zygote der Konstitution 2n + 1, aus der sich − falls kein Letaleffekt vorliegt − ein trisomer Organismus entwickelt. Beim **mitotischen Non-disjunction** wandern beide Spalthälften eines Chromosoms in den gleichen Tochterkern, während dem zweiten Kern eine Chromatide fehlt. Nach Abschluß der Mitose liegt also auch hier die Situation von n + 1 und n − 1 vor. Kommt die Anomalie in der Keimbahn des Menschen oder in der Initialzelle eines pflanzlichen Sproßvegetationskegels zustande, so wird ein Teil der späteren Meiocyten die Konstitution 2n + 1 besitzen. Es ist also ein Chromosom dreimal vorhanden. Die 3 Homologen können die frühen meiotischen Stadien in Form eines Trivalents oder als Bivalent + Univalent durchlaufen. In beiden Fällen ist die Bildung von n + 1-Gameten möglich, die nach Befruchtung durch eine normale Keimzelle zur trisomen 2n + 1-Zygote führen.

Bei experimentell hergestellten polyploiden Pflanzen ist Aneuploidie außerordentlich häufig. Autotetraploide Organismen bilden infolge von Verteilungsstörungen aus den Quadrivalenten in Anteilen bis zu 50 % − in Einzelfällen sogar in wesentlich höheren Prozentsätzen − Keimzellen der Konstitutionen 2n + 1, 2n − 1 sowie stärker abweichende Gameten. Hieraus entstehen hyper- und hypotetraploide Nachkommen. Wenn die Aneuploidie auf tetraploider Ebene auch bei zahlreichen Arten relativ gut vertragen wird, so ist die Samenproduktion dieser Organismen jedoch gegenüber derjenigen rein tetraploider Pflanzen im allgemeinen herabgesetzt. Diese Situation ist ein wesentlicher Nachteil bei der Verwendung tetraploider Stämme

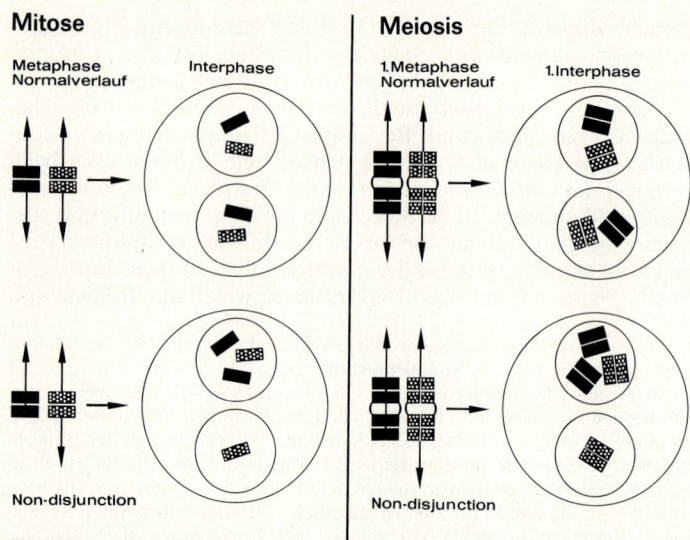

Normale Befruchtung

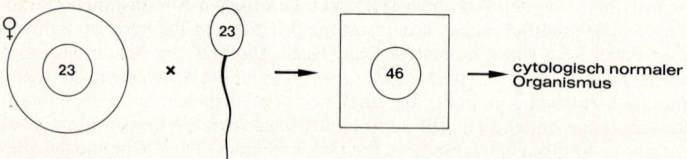

Eizelle in Verbindung mit Non-disjunction entstanden

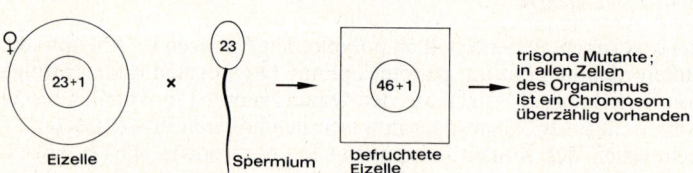

Abb. 6.**26**   Die Entstehung trisomer Mutanten in Verbindung mit einem Non-disjunction in der Mitose und Meiosis

in der Pflanzenzüchtung. In den Nachkommenschaften experimentell erzeugter amphidiploider Bastarde treten als Folge der Univalentenbildung in der Meiosis ebenfalls Aneuploide auf.

In diesem Zusammenhang sei darauf hingewiesen, daß es glungen ist, den Chromosomenbestand euploider Pflanzen um Einzelchromosomem *fremder Arten* zu ergänzen und sogenannte **Additionslinien** herzustellen. Der „Lindström-Stamm" des hexaploiden *Weizens* zum Beispiel ist aus *Triticum* hervorgegangen, das um eine variierende Anzahl von *Roggenchromosomen* erweitert worden ist. Unter **Substitutionslinien** hingegen versteht man Stämme polyploider Formen, bei denen innerhalb der euploiden Sätze Einzelchromosomen durch Chromosomen fremder Arten ersetzt worden sind. Beim *Weizen* liegt dieser Fall dann vor, wenn einige Weizenchromosomen in komplizierten Kreuzungen eliminiert und durch die entsprechende Anzahl von *Roggenchromosomen* ersetzt werden.

Genom-Mutationen beim Menschen

Aus der heterogenen Gruppe der Genom-Mutationen treten beim Menschen Triploidien und Tetraploidien, ferner Trisomien und Monosomien auf. *Triploidien* entstehen in der Mehrzahl aller Fälle in Verbindung mit unreduzierten (= diploiden) Keimzellen, die auf den Ausfall der 1. meiotischen Teilung zurückzuführen sind. Die Vereinigung eines diploiden und eines haploiden Gameten führt zur triploiden Zygote. In seltenen Fällen kann *Dispermie* zustande kommen, also die Befruchtung einer Eizelle durch zwei Spermien. Über die Entstehung *tetraploider* Embryonen liegen nur wenige Befunde vor. Die triploiden und tetraploiden Embryonen werden nicht ausgetragen; es kommt zum Spontanabort. Mehr als die Hälfe aller Spontanaborte weisen chromosomale Anomalien auf, die sich wie folgt auf die verschiedenen Gruppen verteilen:

- 50% Trisomien,
- 25% Monosomien,
- 15% Triploidien,
- 7% Tetraploidien,
- 3% strukturelle Anomalien.

Werden Kinder mit durchgehender oder partieller Polyploidie (Mosaike) ausgetragen, so zeigen sie auffallend geringe Anomalien, sterben jedoch kurz nach der Geburt. Die Häufigkeit numerischer und struktureller Anomalien unter *Neugeborenen* wird mit 2,3% angegeben und liegt damit relativ hoch. Hiervon entfallen

- 0,4% auf Veränderungen der Chromosomenzahl,
- 0,2% auf Veränderungen der Chromosomenstruktur,
- 1,7% auf strukturelle Varianten, für die keine pathologischen Auswirkungen erkennbar sind.

Von weitaus größerer Bedeutung sind spezifische Formen der *Aneuploidie*, vor allem verschiedene **Trisomien**. Sie beruhen in der Mehrzahl aller Fälle auf Non-disjunction in der 1. meiotischen Anaphase, seltener auf mitotischem Non-disjunction in der 2. Anaphase. Als weitere Ursachen sind desynaptische Störungen in frühen Stadien der Meiosis zu nennen, die in Verbindung mit Chiasmata-Ausfall zur Bildung von Univalenten führen. Wenn die beiden Einzelchromosomen des gleichen Bivalents am Ende der 1. meiotischen Teilung in den gleichen Tochterkern gelangen, so entstehen Keimzellen der Konstitution $n + 1$. Aus ihrer Befruchtung durch normale n-Gameten gehen $2n + 1$-Zygoten hervor.

Trisomien können sich sowohl auf die Autosomen als auch auf die Geschlechtschromosomen beziehen. Da die haploide Chromosomenzahl der Species *Homo sapiens* $n = 23$ ist, sind theoretisch 23 verschiedene trisome Mutanten zu erwarten. Bisher sind jedoch nur 9 bekannt; die übrigen 14 sind offenbar letal und führen in den frühesten Stadien der Embryonalentwicklung zum Tod. In Deutschland sind unter 1000 Geburten etwa 5 mit chromosomalen Anomalien. In USA werden alljährlich etwa 10 000 mongoloide Kinder und etwa 5000 Knaben der Konfiguration XXY geboren.

Unter den *autosomalen Trisomien* ist das *Down-Syndrom* besonders eingehend untersucht worden (früher *Mongolismus* genannt). In Deutschland tritt es in einer Häufigkeit von etwa 1 : 600 lebendgeborenen Kindern auf. Cytogenetisch handelt es sich um eine Trisomie des Chromosoms 21, die zu einer breiten Palette von Anomalien führt. Dieses kleinste Autosom unseres Genoms ist bei durchgehender Trisomie in allen somatischen Zellen des Patienten dreimal vorhanden. Es besitzt etwa 1500 Gene, von denen bisher 24 kartiert worden sind. Für die Entstehung der Krankheit ist nur eine bestimmte Region des Chromosoms verantwortlich. Im Hinblick auf die Häufigkeit dieser Anomalie besteht eine deutliche Korrelation zum Alter der Eltern: je älter sie sind, um so größer ist die Gefahr für die Entstehung eines trisomen Kindes (Tab. 6.2). Aus Strukturanalysen des Chromosoms 21 ist geschlossen worden, daß das überzählige Chromosom in der Mehrzahl aller Fälle über die Eizelle in die Zygote gelangt. Nach neueren Untersuchungen stammt es in etwa einem Viertel aller Fälle vom Vater.

Nur bei 95% aller Patienten mit Down-Syndrom liegt die chromosomale Störung als freie Trisomie 21 vor. In weiteren 4% beträgt die Chromosomenzahl nicht 47, sondern 46. In diesen Fällen ist das überzählige Chromosom 21 durch eine *centrische Fusion* auf den Centromer-Bereich eines anderen akrocentrischen Chromosoms transloziert worden. Hier liegt das Phänomen des *Translokations-Down-Syndroms* vor: Das Fusionsprodukt ist nach dem Prinzip einer *Robertsonschen Translokation* entstanden (s. S. 226). Das Translokations-Down-Syndrom

Tabelle 6.2   Die Beziehungen zwischen dem Alter der Mutter und der Häufigkeit des Down-Syndroms (nach *Collmann* u. *Stoller*)

Alter der Mutter	Häufigkeit von Neugeborenen mit Down-Syndrom
10–19 Jahre	1 : 2370
20–24 Jahre	1 : 1600
25–29 Jahre	1 : 1200
30–34 Jahre	1 : 870
35–39 Jahre	1 : 300
40–44 Jahre	1 : 100
45 und älter	1 : 46

kommt also durch eine Verknüpfung von Chromosomen- und Genom-Mutation zustande. Das Chromosom 21 ist dreimal vorhanden; diese Anomalie ist als Trisomie eine *Genom-Mutation*. Das überzählige Chromosom ist jedoch in Verbindung mit einer Robertsonschen Translokation − also einer *Chromosomenmutation* − mit einem anderen Chromosom des Genoms, meist mit 14, fusioniert, deshalb die „normale" Chromosomenzahl von $2n = 46$.

Bei dem restlichen 1% der Patienten mit Down-Syndrom liegt die Anomalie als *Mosaik* vor; es sind beim Träger normale und trisome Zellen nachweisbar. Ursache ist eine *somatische Mutation,* wobei das überzählige Chromosom 21 wiederum frei oder mit einem anderen Chromosom fusioniert auftreten kann. Falls die Anzahl der pathologischen Zellen im Organismus sehr gering ist oder sich die Trisomie auf einzelne Organe beschränkt, sind die Träger des Mosaiks geistig und körperlich normal entwickelt. Sind Zellen der Keimbahn betroffen, so besteht ein stark erhöhtes Risiko für die Geburt von Kindern mit durchgehender Trisomie 21.

Neben dem Down-Syndrom sind noch 2 andere autosomale Trisomien intensiv bearbeitet worden:

− die Trisomie 13 (*Pätau-Syndrom*),
− die Trisomie 18 (*Edwards-Syndrom*).

Die obengenannten Trisomien wurden im Jahre 1960 cytogenetisch erfaßt. Erst zu Beginn der 70er Jahre wurde die exakte Identifizierung der überzähligen Chromosomen trisomer Mutanten auf breiterer Basis durch die Entwicklung der *Bandentechnik* möglich. Interessanterweise kommen die Trisomien nicht für alle Chromosomen unseres Genoms in etwa gleicher Häufigkeit zustande. Untersuchungen an Spontanaborten zeigen vielmehr, daß bestimmte Trisomien besonders häufig auftreten (Trisomie 16), während andere völlig fehlen (Trisomie 1, 17) (Tab. 6.3). Diese Unterschiede sind offenbar nicht auf die Chromosomengröße, also nicht auf die Anzahl der überzählig vorhandenen Gene, sondern auf den spezifischen Genbestand der betreffenden Chromosomen zurückzuführen. Probanden mit autosomalen Trisomien sind i. allg. nicht fortpflanzungsfähig. Bei Frauen mit dem Down-Syndrom sind vereinzelt Schwangerschaften beobachtet worden.

Autosomale Monosomien sind beim Menschen für Chromosomen der Gruppen D und G bekannt. Sie treten in spontanen Aborten in

Tabelle 6.3 Die Häufigkeit verschiedener autosomaler Trisomien bei 350 menschlichen Spontanaborten. Die mit einem Sternchen versehenen Trisomien sind lebensfähig (nach *G. Schwanitz*)

Chromosom	Zahl der Trisomien	Chromosom	Zahl der Trisomien
1	0	12	1
2	12	13*	10
3	2	14*	32
4	4	15	32
5	1	16	104
6	1	17	0
7	14	18*	20
8*	15	19	1
9*	12	20	5
10	10	21*	34
11	1	22	37

sehr geringer Häufigkeit auf und scheinen im allgemeinen letal zu sein. Nur in wenigen Fällen hat der Ausfall des Chromosoms nicht zum Tod des Organismus geführt.

Von besonderer Bedeutung sind **gonosomale Aneuploidien,** Unregelmäßigkeiten also, die sich auf die *Anzahl der Geschlechtschromosomen* beziehen. Sie treten beim Menschen relativ häufig auf und werden im Kapitel 8 behandelt.

Anwendung der Polyploidie in der Pflanzenzüchtung

Seit Beginn der vierziger Jahre werden in der Pflanzenzüchtung Genom-Mutationen verwendet. Hierdurch ist die **Polyploidiezüchtung** als neuer Zweig der modernen Pflanzenzüchtung entstanden. Sie hat bei einigen Kulturpflanzen gute Erfolge erzielt, hat auf breiterer Basis bisher jedoch nicht die ursprünglich in sie gesetzten Erwartungen erfüllt. Auf **autopolyploider Ebene** kann bestenfalls die tetraploide Valenz verwendet werden, und zwar vornehmlich bei Kulturpflanzen, deren *vegetative* Teile genutzt werden. So ist die Grünmassenproduktion bei tetraploiden Stämmen von *Gartenkresse, Spinat, Lupinen,* verschiedenen *Kleearten* und einigen *Futtergräsern* höher als bei diploiden. Eins der überzeugendsten Beispiele für die Brauchbarkeit der Polyploidie in der Pflanzenzüchtung ist die *Zuckerrübe.* Interessanterweise liegt das Leistungsoptimum im Hinblick auf die Zuckerproduktion weder bei der diploiden noch bei der tetraploiden, sondern bei der triploiden Valenz. Rein triploide Bestände können infolge der Sterilität dieser Pflanzen nicht angebaut werden, sie müssen vielmehr laufend neu entstehen. Hierfür sind keine künstli-

chen Kreuzungen notwendig. Man sät vielmehr Gemische aus diploiden und tetraploiden Samen in bestimmten Mengenverhältnissen
aus. Zwischen den Pflanzen der beiden Valenzen kommen spontane
Bastardierungen zustande, die zu triploiden Embryonen führen. Die
Population aus 2n-, 3n- und 4n-Pflanzen wird gemeinsam abgeerntet und bringt je Flächeneinheit eine größere Zuckermenge als diploide oder tetraploide Bestände. Der Zuckerertrag ist um so höher, je
höher der Anteil triploider Rüben im Gemisch ist.

Bei Kulturpflanzen, deren Nutzungswert in der *Samenproduktion* liegt, wirken sich die bei Autotetraploiden weit verbreiteten Ferti-
tilitätsstörungen sowie die hohe Aneuploidenfrequenz nachteilig
aus. In mehr als 20jähriger Arbeit sind tetraploide *Roggensorten*
entwickelt worden, die den diploiden Sorten in der Leistungsfähigkeit ebenbürtig sind. Bei der *Gerste* ist dieses Ziel noch nicht erreicht
worden. Beim *Reis* hat die Polyploidiezüchtung keine Erfolgsaus-
sichten. Wesentlich günstigere Voraussetzungen bestehen hingegen
in der *Zierpflanzenzüchtung,* vornehmlich bei Arten mit vegetativer
Fortpflanzung. Zahlreiche großblütige Varietäten vieler Zierpflanzen sind natürliche oder experimentell hergestellte Polyploide.

Auf **allopolyploider Ebene** ergeben sich vornehmlich im Hinblick
auf die *Herstellung neuer synthetischer Gattungen* für die Pflanzenzüchtung interessante Aspekte. Ein anschauliches Beispiel ist die
Gattung *Triticale,* die aus der Vereinigung von *Weizen-* und *Roggenarten* mit anschließender Polyploidisierung entstanden ist. Die Bestrebungen, die guten Qualitätseigenschaften des *Weizens* mit der
Anspruchslosigkeit der *Quecke* zu vereinigen und damit eine neue
Kulturpflanze für minderwertige Böden zu schaffen, haben bei der
synthetischen Gattung *Agrotricum* bisher noch nicht zu überzeugen-
den Erfolgen geführt. Aus der Kreuzung tetra- und hexaploider *Weizenarten* mit *Hordeum chilense,* einer südamerikanischen Wildger-
ste, sind tetra- und hexaploide Formen der synthetischen Gattung
Tritordeum entstanden.

Die Allopolyploidie ist jedoch nicht nur im Hinblick auf die Synthese neuer Gattungen, sondern auch bei der *Resynthese bereits existierender allopolyploider Arten* von praktischer Bedeutung. Der
Raps ist ein amphidiploider Bastard aus *Kohl* und *Senf.* Einige
künstliche Rapsformen sind dem natürlichen Raps in bestimmten
Eigenschaften überlegen. Dies ist darauf zurückzuführen, daß man
die Vielfalt der Genotypen der beiden diploiden Ausgangsarten in
mannigfaltiger Weise für die Synthese der amphidiploiden Bastarde
heranziehen kann. Auf diese Weise kann man genetische Kombinationen erzielen, die im natürlichen Raps nicht gegeben sind.

Die Wirkungsmechanismen von Mutagenen

Die Konstanz der Wirkung eines Gens bleibt nur solange gewahrt, solange die Nucleotidsequenz seiner DNA konstant bleibt. Änderungen sind gleichbedeutend mit **Gen-** oder **Punktmutationen,** wobei bereits die Veränderung eines einzigen Nucleotidpaars zur Mutation führen kann. Zunächst wollen wir die Mechanismen kennenlernen, die derartige Störungen herbeiführen. Im Prinzip sind hierbei die in Abb. 6.27 dargestellten 4 Möglichkeiten zu unterscheiden:

– *Transitionen.* Ersatz einer Purinbase durch die zweite Purinbase oder einer Pyrimidinbase durch die zweite Pyrimidinbase.

– *Transversionen.* Ersatz einer Purinbase durch eine Pyrimidinbase oder umgekehrt.

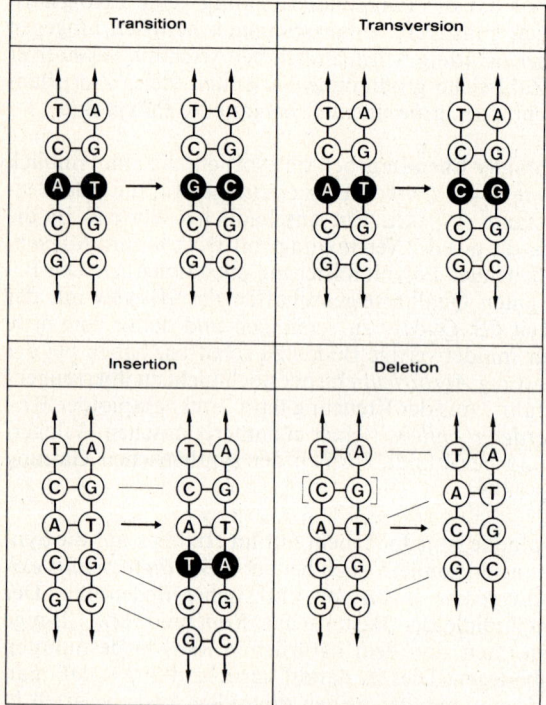

Abb. 6..**27** Möglichkeiten mutativer Änderungen an der DNA-Doppelhelix. In jedem Fall ist jeweils links der Ausgangszustand, rechts der mutierte Zustand angegeben

- *Insertionen.* Addition von Nucleotiden.
- *Deletionen.* Eliminierung von Nucleotiden.

Transitionen lassen sich bei Mikroorganismen mit Hilfe von *Basenanaloga* induzieren. Hierbei handelt es sich um Substanzen, die sich in ihrer chemischen Struktur nur unwesentlich von den natürlichen Purin- und Pyrimidinbasen der DNA unterscheiden, die während der Replikation deshalb an deren Stelle in die neu entstehenden DNA-Stränge eingebaut werden können.

Der Vorgang sei am hochwirksamen Basenanalogon 5-Bromuracil erläutert. Es ist dem Thymin nahe verwandt und unterscheidet sich von ihm nur dadurch, daß die 5ständige Methylgruppe durch ein Bromatom ersetzt ist (Abb. 6.28). Bieten wir einer wachsenden Suspension von Mikroorganismen – etwa des Bakteriums *Salmonella* – Bromuracil an, so kann es die Stelle des Thymins im DNA-Molekül einnehmen. Normalerweise liegt das Bromuracil in seiner Ketoform vor und bleibt nach seinem Einbau in die DNA ohne Folgen für die Funktion des betreffenden Gens. Während der Replikation paart das Bromuracil-Nucleotid mit einem Adenin-Nucleotid; das Bromuracil verhält sich in dieser Beziehung also wie das ursprünglich vorhandene Thymin (Abb. 6.29a, b). Den gleichen Wirkungsmechanismus hat das 2-Aminopurin. Dieses Verhalten ist insofern von Interesse, als an den umrandeten Stellen der in Abb. 6.29b dargestellten Doppelhelix ein echter chemischer Unterschied entstanden ist, der jedoch nicht in Form eines Mutationsvorgangs in Erscheinung tritt. Hierfür ist eine Art Isomerie – die tautomere Umlagerung des Bromuracils von der Keto- in die seltene Enolform – notwendig. In dieser Form paart es nicht mehr mit Adenin, sondern mit Guanin (Abb. 6.29c). Das Guanin-Nucleotid sucht sich bei der nächsten Replikation aber ein Cytosin-Nucleotid als Partner (Abb. 6.29d).

Die Konsequenz dieser Veränderung wird deutlich, wenn wir die schwarz gezeichneten Nukleotidpaare der Abb. 6.29a und d miteinander vergleichen. In der Doppelhelix ist im Bereich eines bestimmten Gens ein *Replikationsfehler* entstanden. Es ist ein spezifisches Adenin-Thymin-Paar letztlich durch ein Guanin-Cytosin-Paar ersetzt worden:

Abb. 6.**28**
Die Strukturen der in der DNA bzw. RNA vorhandenen organischen Basen Thymin und Uracil sowie der Enolform des Basenanalogons Bromuracil

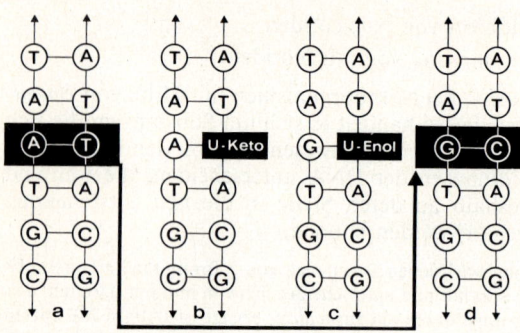

Abb. 6.29 Der Austausch eines Adenin-Thymin-Paars der DNA durch ein Guanin-Cytosin-Paar mit Hilfe des Basenanalogons Bromuracil im Verlauf mehrerer Replikationen

- Die Purinbase Adenin ist durch die Purinbase Guanin,
- die Pyrimidinbase Thymin durch die Pyrimidinbase Cytosin

ausgetauscht worden. Es sind **Transitionen** abgelaufen. Sie sind gleichbedeutend mit einer lokalen Änderung der Nucleotidsequenz innerhalb des Gens und führen zur Mutation. Transitionen sind die häufigsten Formen der Veränderung der DNA-Doppelhelix. Hierbei sind 4 verschiedene Möglichkeiten denkbar:

- AT ⇄ GC
- CG ⇄ TA

Zahlreiche Mutationsvorgänge laufen in dieser Weise ab. Sie sind im Prinzip reversibel. Mit der Wiederherstellung der ursprünglich vorhandenen Nucleotidsequenz erlangt das Gen seine Funktionsfähigkeit zurück: es ist eine **Rückmutation**, eine **Reversion**, abgelaufen. Die experimentelle Induzierung von Rückmutationen ist zwar möglich, sie bereitet jedoch in der Praxis – besonders bei höheren Pflanzen – erhebliche Schwierigkeiten.

Prinzipiell die gleiche Situation, die soeben für die Transitionen abgeleitet wurde, liegt vor, wenn eine Purinbase gegen eine Pyrimidinbase ausgetauscht wird oder wenn der Vorgang in der umgekehrten Weise abläuft. In diesen Fällen spricht man von **Transversionen.** Sie können durch mutagene Chemikalien induziert werden, die in der experimentellen Mutationsforschung nur wenig Verwendung finden. Im Vergleich zu den Transitionen sind sie seltener. Hierbei sind 8 verschiedene Möglichkeiten denkbar:

- AT $\rightleftarrows$ TA
- AT $\rightleftarrows$ CG
- CG $\rightleftarrows$ GC
- TA $\rightleftarrows$ GC

Bestimmte Replikationsfehler führen zu **Deletionen,** zum Verlust von Nucleotiden. Er erstreckt sich häufig nur auf ein einziges oder auf einige wenige Nucleotide. In Ausnahmefällen können jedoch Hunderte oder Tausende von Nucleotiden von der Deletion betroffen sein, so daß ganze Gene verlorengehen. Auch das Hinzufügen von Nucleotiden in Verbindung mit Replikationsfehlern – die Entstehung von **Insertionen** – erstreckt sich häufig auf ein einziges oder auf einige wenige Nucleotide.

Für einige bei Mikroorganismen häufig verwendete Mutagene, die nicht der Gruppe der Basenanaloga angehören, ist der zur Mutation führende biochemische Mechanismus ebenfalls aufgeklärt worden. Die *salpetrige Säure* (HNO_2) greift unmittelbar an der DNA an und desaminiert die Basen Adenin, Guanin und Cytosin. Ihre Aminogruppen werden durch Ketogruppen ersetzt. Dadurch entstehen veränderte Basen, die bei der nächsten Replikation abweichende Paarungsaffinitäten zeigen und zu Replikationsfehlern führen:

- Cytosin wird unter dem Einfluß von HNO_2 in Uracil verwandelt, das nicht mit Guanin, sondern mit Adenin paart. Der Mutationsvorgang besteht also auch hier – wie beim Bromuracil – letztlich in einer Transition, in der Umwandlung eines GC-Paares der DNA-Doppelhelix in ein AT-Paar.
- Adenin wird durch HNO_2 zu Hypoxanthin verwandelt. Diese Base ist nicht in der Lage, mit Thymin zu paaren. Sie paart vielmehr mit Cytosin, so daß auch auf diese Weise eine Störung der Nucleotidsequenz zustande kommt.
- Guanin wird zu Xanthin verwandelt, das weiterhin mit Cytosin paart.

Das *Hydroxylamin* (NH_2OH) setzt am Cytosin in der DNA an und baut es zu einer Base verwandter Struktur um. Sie ist nicht in der Lage, mit Guanin zu paaren, paart vielmehr mit Adenin. Auch in diesem Falle kommt eine gerichtete Transition von GC nach AT zustande.

Bei Prokaryoten werden *Acridin-Farbstoffe* (Acridinorange, Proflavin) als hochwirksame Mutagene eingesetzt. Sie drängen sich zwischen benachbarte Nucleotide der DNA und führen im Zuge der Replikationen entweder zu Deletionen oder zu Insertionen. Sie haben sich auch bei *Drosophila* als mutagen erwiesen.

Von besonderer Bedeutung für den Aufbau umfangreicher Mutantensortimente bei *höheren Pflanzen* – auch bei *Kulturpflanzen* – sind bestimmte alkylierende Substanzen, vornehmlich das *Äthyl-* und *Methylmethansulfonat* (EMS, MMS) sowie das *Äthylenimin*

(EI). Sie verursachen hohe Mutationsraten, schädigen jedoch die M_1-Pflanzen so stark, daß wegen der Ausfälle mit sehr hohen Individuenzahlen gearbeitet werden muß. Ihre mutagene Wirkung besteht darin, daß sie ein bestimmtes Stickstoff-Atom des Guanins alkylieren. Darüber hinaus kann die alkylierte Base völlig aus der Doppelhelix entfernt werden, ein Vorgang, der als *Depurinisierung* bezeichnet wird. Andere Substanzen, etwa das bei *Drosophila* angewandte *Senfgas* oder das Antibiotikum *Mitomycin C*, bringen über 2 Guaninbasen eine Vernetzung der beiden Stränge der Doppelhelix zustande: es entstehen sogenannte *Cross-links.* Dadurch wird die Entwindung der Helix verhindert, und es kommt zur Blockierung von Replikation und Transkription.

Die molekulargenetische Basis der durch *Röntgen-* und *Gammastrahlen* sowie durch *Neutronen* ausgelösten Genmutationen ist noch nicht endgültig geklärt. Sie führen Ionisationen in der Zelle herbei. Wenn eine ionisierende Strahlung auf das DNA-Molekül trifft, so kommt ein sogenannter „Treffer" zustande, der nach der *Treffer-Theorie* als Mutation interpretiert wird.

Die Anzahl der induzierten Mutationen ist der applizierten Strahlendosis proportional; sie steigt mit zunehmender Dosis an. Hieraus wird geschlossen, daß die Ionisation innerhalb des Gens zustande kommen muß, wenn sie zur Mutation führen soll (Target-Theorie). *Röntgenstrahlen* verursachen häufig Einzel-, seltener Doppelstrangbrüche der Doppelhelix, die auf den Verlust von Basen zurückzuführen sind. Wenn *Gammastrahlen* auf H-Atome einwirken, so wird deren Elektron freigesetzt, und es bleibt ein Proton übrig. Das freie Elektron kann entweder unmittelbar an der DNA angreifen, oder es kommen Wechselwirkungen zwischen der DNA und freien Radikalen der Wassermoleküle als Folgeprodukte der Anwesenheit von Elektronen zustande. In beiden Fällen können Gen- oder Chromosomenmutationen entstehen. Neben dieser *direkten* Strahlenwirkung sind auch *indirekte* genetische Effekte beobachtet worden. Bestrahlt man zunächst nur das Kulturmedium mit Röntgenstrahlen und setzt anschließend die Organismen zu, so treten ebenfalls Mutanten auf. In diesen Fällen sind durch die Bestrahlung offenbar im Nährsubstrat chemische Veränderungen induziert worden, die sekundär zum Mutationsvorgang führen. Möglicherweise handelt es sich hierbei um *Peroxide,* die bei der Bestrahlung entstehen.

Unter dem Einfluß von *UV-Strahlen* kommen Pyrimidin-Dimere zustande; es werden 2 benachbarte Pyrimidine (Thymine, Cytosine) zu einem Doppelmolekül verbunden. Dadurch werden die Basen aus ihrer Normallage gebracht und die H-Brücken zwischen den komplementären Basen gelöst. Darüber hinaus kommt es zu einer Bie-

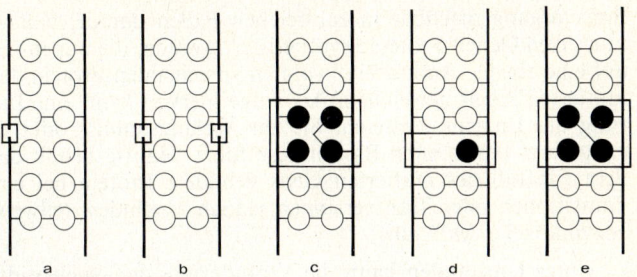

Abb. 6.30 Schädigungsmöglichkeiten an der DNA-Doppelhelix:
a Einzelstrang-Bruch,
b Doppelstrang-Bruch,
c Dimerisierung,
d Depurinisierung,
e Cross-link
(nach *Schumann*)

gung der Doppelhelix, die ihrerseits die korrekte Paarung der angrenzenden Basenpaare verhindert. Als Gesamteffekt kommt eine Unterbrechung von Replikation und Transkription zustande. In Abb. 6.**30** sind verschiedene Schädigungsmöglichkeiten der Doppelhelix dargestellt.

Wir sind bisher von der Vorstellung ausgegangen, daß die als Folge einer Punktmutation aufgetretene Veränderung der Nucleotidsequenz zu einem erkennbaren Effekt am Organismus führt. Dies ist nicht immer der Fall. Es gibt vielmehr Mutationen, durch die ein bestimmtes Triplett in ein synonymes verwandelt wird. Wenn z. B. die Sequenz CUU in CUC umgewandelt wird, so wird in beiden Fällen für Leucin codiert, es wird also das gleiche Protein entstehen. Derartige Vorgänge werden als **„stumme" Nucleotid-Austausche** bezeichnet. Sie sind offenbar weit verbreitet und waren während der Evolution bei den Hämoglobinen in etwa 50%, bei den Histonen sogar in etwa 90% wirksam.

Die Beziehungen zwischen der Veränderung der Nucleotidsequenz der DNA und den Eigenschaften des vom mutierten Gen synthetisierten Enzyms sind erst in wenigen Fällen aufgeklärt worden. Zunächst ist darauf hinzuweisen, daß nicht jede Änderung der Aminosäure-Sequenz eines Enzyms zur Herabsetzung oder gar zur Aufhebung seiner katalytischen Funktionsfähigkeit führt. Es sind Fälle bekannt, daß an vielen Stellen der Polypeptidkette Aminosäuren ausgetauscht worden sind, ohne daß die Funktionsfähigkeit des Enzyms entscheidend beeinträchtigt wurde. Dennoch beruht der Mutationsvorgang offenbar in zahlreichen Fällen darauf, daß von den mutierten Genen Proteine synthetisiert werden, die nur im Hinblick auf eine einzige Aminosäure vom entsprechenden Protein des nicht-mutierten Allels abweichen. Als Folge hiervon kann eine Inaktivierung des Enzyms eintreten, die zur Verlangsamung oder Blockierung einer bestimmten Biosynthese führt. Häufig behält das unter dem Einfluß des mutierten Gens gebildete Protein bei einfachen Transitionen oder Transversionen jedoch zumindest teilweise seine enzymatische Aktivität.

Unter Umständen kann die Veränderung der Nucleotidsequenz der DNA in einer Weise ablaufen, daß ein Codon entsteht, das für die Beendigung der Translation verantwortlich ist. In solchen Fällen werden verkürzte Enzymmoleküle gebildet, die nicht in der Lage sind, katalytische Funktionen zu übernehmen: Man spricht von **Nonsense-Mutationen.** Eine **Missense-Mutation** liegt dann vor, wenn als Folge der Veränderung der Nucleotidsequenz ein verändertes Codon entsteht, das nicht Kettenabbruch, sondern Einbau einer falschen Aminosäure codiert.

Deletionen und Insertionen sorgen in der Regel dafür, daß das betroffene Gen seine Funktionsfähigkeit nicht aufrechterhalten kann. In den betreffenden Mutanten läßt sich im Hinblick auf die mutierten Gene keine enzymatische Aktivität nachweisen. Es kommt entweder zur Unterbrechung der Synthese eines bzw. mehrerer Proteine oder zur Bildung eines stark abweichenden Proteins. Dadurch werden schwere Störungen der biochemischen oder physiologischen Leistungsfähigkeit der betroffenen Organismen verursacht. Sie sind in der Regel mit Letalität verbunden.

Die meisten, wenn nicht alle Mutagene, die *Genmutationen* auslösen, verursachen auch *Chromosomen-Mutationen.* Hierbei handelt es sich um chromosomale oder chromatidale Brüche; anschließend kommen Restitutionsvorgänge zwischen den Bruchflächen zustande, die zu Chromosomen oder Chromatiden abweichender Struktur führen.

Für die Auslösung von *Genom-Mutationen,* speziell von *Polyploidisierungsvorgängen,* ist ein prinzipiell anderer Mechanismus erforderlich. Er besteht darin, die Spindelbildung während eines einzigen mitotischen oder meiotischen Teilungsablaufs zu unterbinden. Dies wird dadurch erreicht, daß sich die applizierten Spindelgifte – etwa das *Colchicin* – mit dem Spindelprotein verbinden. In der *Mitose* haben die hierdurch entstehenden *Restitutionskerne* gegenüber dem Ausgangskern die doppelte Chromosomenzahl. In der *Meiosis* wird der gleiche Effekt dadurch erzielt, daß die Reduktion der Chromosomenzahl im Zuge der Bildung von Restitutionskernen unterbleibt.

Reparaturmechanismen der DNA

Die Häufigkeit spontaner Genmutationen liegt in der Größenordnung von 1 : 1 Million. Sie kann durch die stärksten zur Zeit verfügbaren Mutagene etwa auf das Tausendfache erhöht werden. Aus der geringen Mutationsneigung der Mehrzahl aller Gene darf jedoch nicht geschlossen werden, daß die DNA aufgrund eines hohen Stabilitätsgrads über viele Generationen hinweg unverändert erhalten bleibt. Sie ist vielmehr Veränderungen ausgesetzt, von denen jedoch nur ein kleiner Teil als Mutationsvorgang in Erscheinung tritt. Während der Evolution haben sich *Reparaturmechanismen* herausdifferenziert, die bisher nur für DNA-Moleküle, nicht aber für andere Molekülgruppen lebender Zellen nachgewiesen werden konnten. Sie sorgen dafür, daß der geschädigte DNA-Abschnitt funktionsfähig bleibt; sie müssen also möglichst vor der Replikation wirksam werden. Reparaturmechanismen sind bei den verschiedensten Organismen vom Bakterium bis zum Menschen gefunden worden; besonders eingehend wurden sie bei *E. coli* untersucht. Nachstehend sind einige von ihnen beschrieben.

Photoreaktivierung

Falls die Schädigung der DNA in der Bildung von Pyrimidin-Dimeren besteht (vgl. Abb. 6.30), können die Dimere durch das Enzym Photolyase in Gegenwart von Licht wieder monomerisiert werden. Bei *E. coli* wird dieses Enzym vom Gen *phr*$^+$ produziert; falls es mutiert, kann die Reparatur nicht ablaufen.

Exzisions-Reparatur

Bei diesem komplizierten Mechanismus werden die geschädigten Teile des DNA-Moleküls herausgeschnitten und durch die normalen ersetzt. Dies kann sowohl für ganze Nucleotide als auch für die Basen von Nucleotiden geschehen. Bei *E. coli* sind Gene mit derartiger Funktion bekannt. Nach dem Austausch wird der DNA-Strang durch die Ligase wieder geschlossen. Die *uvr-Gene* von *E. coli* z. B. sorgen dafür, daß die durch UV-Strahlen entstandenen Thymidin-Dimere gegen normale Thymin-Nucleotide ausgetauscht werden. Hierdurch wird ein Überleben des Bakteriums nach UV-Bestrahlung möglich. Unter Mithilfe einer bestimmten DNA-Glykosylase kann ein fälschlich eingebautes Uracil entfernt werden, während die Hypoxanthin-DNA-Glykosylase Hypoxanthin freisetzt, das im Zuge mutativer Vorgänge in der Doppelhelix entstanden ist. Exzisionen gehören zu den wichtigsten bisher bekannten Reparaturmechanismen. Sie treten nicht nur bei Bakterien, sondern auch bei Eukaryoten auf. Es wird angenommen, daß beim *Menschen* an diesen Vorgängen mehrere oder viele Gene beteiligt sind.

Die Hautkrankheit *Xeroderma pigmentosum,* die mit einer hohen Empfindlichkeit der Probanden gegen Sonnenlicht verbunden ist und zu Tumoren führen kann, wird autosomal rezessiv vererbt. Etwa 90% der Betroffenen zeigen Defekte im Exzisions-Reparatursystem. Die durch UV-Strahlen induzierten Thymidin-Dimere können bei ihnen nicht aus der DNA entfernt werden.

Postreplikations-Reparaturen

Diese Vorgänge setzen nach der Replikation ein. Ihre Funktion besteht darin, Dimere unwirksam zu machen, die die Replikation unterbrechen.

SOS-Reparatur

Dieser Mechanismus wird durch hohe UV-Dosen oder durch die Einwirkung bestimmter mutagener Chemikalien ausgelöst. Die Aktivität der für diese Form der Reparatur verantwortlichen Gene wird normalerweise durch einen Repressor unterdrückt. Erst wenn Schäden an der DNA auftreten, wird ein anderes Protein aktiviert, das den Repressor spaltet. Dadurch können die für die Reparatur notwendigen Gene arbeiten und ihre spezifischen Reparatur-Enzyme bilden.

Mechanismen gegen alkylierende Mutagene

Unter dem Einfluß dieser Mutagene (EMS, MMS, EI) werden Alkylgruppen an die DNA angelagert. An der Reparatur sind mehrere Gene beteiligt, darunter das *AlkA-Gen,* das falsche Basen aus der DNA eliminiert. Das *Ada-Gen* übernimmt die angelagerte Methylgruppe und macht das Mutagen dadurch wirkungslos.

Reparatur von Strahlenschäden

Ionisierende Strahlen verursachen Einzel- oder Doppelstrang-Brüche an der DNA. Die Unterbrechungen werden größtenteils wieder verknüpft, in menschlichen Zellen 1 – 2 Std. nach der Bestrahlung. Auch Basenschäden oder geringfügige Basenverluste können nach kurzer Zeit wieder verschwinden. Die verbleibenden Restschäden treten in Form von Mutationen in Erscheinung.

Korrekturen während des Informations-Transfers

Die chemische Reaktionsfolge DNA→DNA→mRNA→Polypeptid bei der Replikation und der Proteinsynthese läuft nicht präzis ab, sie ist vielmehr mit einer hohen Fehlerquote behaftet. Die dadurch bedingten hohen spontanen Mutationsraten müßten zum Tod aller Zellinien führen, wenn keine Korrekturmechanismen existieren würden. Sie sorgen für ein hohes Maß an Wiedergabetreue. Die Vorgänge sind besonders eingehend an *E. coli* untersucht worden, und zwar während der Replikation der DNA. Hierbei sind drei enzymatisch gesteuerte Prozesse zu unterscheiden:

1. Es muß das richtige, d. h. das komplementäre Nucleotid an den entstehenden DNA-Strang angelagert werden. Fehlpaarungen kommen in Quoten von 10^{-1} bis 10^{-2} zustande. Hier setzt die DNA-Polymerase ein und sorgt dafür, daß Paarungsfehler vermieden werden. Dadurch sinkt die Fehlerquote auf 10^{-5} bis 10^{-6}.

2. Etwa noch vorhandene falsche Nucleotide werden von einem zweiten Enzym, der Korrekturlese-Exonuclease, erkannt und eliminiert.

3. Ein drittes Enzym schließlich korrigiert an der fertig synthetisierten DNA diejenigen Fehler, die den anderen beiden Enzymen entgangen sind. Es führt Fehlpaarungs-Reparaturen aus, indem es falsche Nucleotide durch die richtigen ersetzt. Dadurch sinkt die Fehlerquote auf etwa 10^{-10}.

Die ersten beiden Enzyme sorgen also dafür, daß keine Fehlpaarungen zustande kommen, während das dritte Enzym etwaige Fehlpaarungen repariert. Es wird angenommen, daß diese Mechanismen nicht nur bei Pro-, sondern auch bei Eukaryoten wirksam werden. Ihre Exaktheit ist verblüffend, wenn man berücksichtigt, daß die Synthese-Geschwindigkeit bei Eukaryoten $40-50$ Nucleotide pro Sekunde beträgt. Bei Prokaryoten ist sie noch wesentlich höher.

Bei der Synthese der mRNA sind bisher noch keine Korrekturmechanismen bekannt geworden. Weitere Schwierigkeiten treten jedoch bei der Bindung der Aminosäuren an ihre tRNA-Moleküle auf, die unter Mitwirkung der Aminoacyl-tRNA-Synthese erfolgt. Die Erkennung der spezifischen Aminosäure klappt offenbar, während bei der Anlagerung an die tRNA nicht selten Verwechselungen eintreten. Da die Gesamtreaktion störungsfrei verläuft, muß ein Mechanismus angenommen werden, der für die notwendigen Reparaturen sorgt. Er ist im einzelnen noch nicht bekannt.

7 Grundprinzipien der Evolution

Die *stammesgeschichtliche Entwicklung,* die **Evolution** oder **Phylogenie,** begann auf der Erde vor mehr als 4 Milliarden Jahren mit Ar-
chaebakterien-artigen einzelligen Formen. Es wird angenommen,
daß es seit etwa 700 Millionen Jahren Vielzeller gibt. Die Evolution
beruht auf einem Wechselspiel zwischen Mutations-, Rekombina-
tions-, Bastardierungs- und Selektionsvorgängen. Hierbei sind die
Mutationen die eigentlich schöpferischen Prozesse, während die **Selektion** das eliminierende Prinzip ist. Die Selektionsfaktoren wählen
aus der Vielzahl der der Umwelt angebotenen Genotypen jene Formen aus, die den bereits vorhandenen Formen ebenbürtig oder überlegen sind. Schließlich ist für den Ablauf evolutionistischer Ent-
wicklungsvorgänge noch die **Isolation** erforderlich. Die neu entstandenen Formen müssen gegenüber ihren Ausgangsformen isoliert
werden, damit sie in Verbindung mit weiteren Mutationsschritten ihr
phylogenetisches Eigenleben führen können. Die Entstehung der genetischen Variabilität und damit die Grundlage für jede evolutionistische Weiterentwicklung ist ein außerordentlich komplexer Vorgang. Er beschränkt sich nicht

- auf die Entstehung neuer Allele aus bereits vorhandenen Genen,
- auf die unterschiedlichsten Möglichkeiten ihrer Rekombination,
- auf Unterschiede in der Anzahl ihrer Kopien;

es muß vielmehr angenommen werden, daß Gene auch völlig neu
entstanden sind und weiterhin neu entstehen. Dies kann durch Vervielfachung kurzer Nucleotidsequenzen oder durch Duplikations-
vorgänge geschehen. Es hat sich gezeigt, daß zwischen DNA-Menge
und Organisationshöhe keine Korrelation besteht. So haben *Molche*
und *Salamander* mit etwa 10 Milliarden Basenpaaren je Zelle wesentlich mehr DNA als die meisten *Säugetiere.*

Mutationen als Evolutionsfaktoren

Die drei Hauptgruppen mutativer Veränderungen, *Gen-, Chromosomen- und Genom-Mutationen,* sind für den Ablauf phylogenetischer Vorgänge als gleichwerti-

ge Prozesse anzusehen. Alle drei Gruppen können bei günstigen Versuchsobjekten in großer Anzahl experimentell induziert werden. Hierdurch wird es möglich, bestimmte Fragestellungen der Evolutionsforschung gezielt zu bearbeiten, die nicht studiert werden könnten, wenn nur die natürliche Vielfalt unserer Floren und Faunen zur Verfügung stünde. Die drei Gruppen können im gleichen Formenkreis wirksam werden. Zahlreiche polyploide Arten sind zwar primär durch Genom-Mutationen entstanden, sind jedoch sekundär durch Chromosomen- und Genmutationen weiter verändert worden. Die Analyse dieser komplexen Vorgänge ist außerordentlich schwierig und bisher nur in Einzelfällen widerspruchsfrei gelungen.

Als Beispiel sei die Entstehung von *Zea mays* genannt. Sie ist von unmittelbarer praktischer Bedeutung, weil der Mais eine der wichtigsten Kulturpflanzen der Erde ist. Obwohl dieses Problem seit Jahrzehnten bearbeitet wird, ist es noch nicht endgültig gelöst. Die engste Verwandte ist die *Teosinte*. Dieses einhäusige getrenntgeschlechtliche Wildgras ist in Mexiko und Guatemala verbreitet und leicht mit dem Mais kreuzbar; die Bastarde sind fertil. Die großen morphologischen Unterschiede zwischen Mais und Teosinte sind im wesentlichen auf nur 5 Mutationen mit starken Effekten auf die Struktur der erwachsenen Pflanzen zurückzuführen. Heute werden die beiden Formen als Subspecies der gleichen Art aufgefaßt:

- *Teosinte*: *Zea mays* ssp. *mexicana*,
- *Mais*:   *Zea mays* ssp. *parviglumis*.

Es wird angenommen, daß primitive Maisformen innerhalb der letzten 10 000 Jahre durch Selektion aus Teosinte in Mexico entstanden sind. Noch nicht einmal die Frage, ob die Species *Zea mays* mit 2n = 20 Chromosomen eine phylogenetisch diploide oder polyploide Art ist, ist endgültig geklärt.

Evolutionistische Bedeutung von Genmutationen

In der Natur sorgen spontane Mutationsvorgänge laufend für die Entstehung neuer Allele. Die evolutionistische Bedeutung von Genmutationen ist bei Selbstbefruchtern anders zu bewerten als bei Fremdbefruchtern; sie ist außerdem bei Pflanzen mit vegetativer Vermehrung anders zu bewerten als bei Arten, die sich sexuell fortpflanzen. Wir wollen zunächst die Situation bei *Selbstbefruchtern mit sexueller Fortpflanzung* diskutieren.

Mutanten, die für ein rezessives Gen *a* homozygot sind, entstehen nicht sofort, sie spalten vielmehr nach Selbstung heterozygot mutierter *Aa*-Pflanzen heraus. Hat das mutierte Gen einen negativen Selektionswert − eine Situation, die sowohl bei Pflanzen als auch bei Tieren in etwa 99% aller Fälle vorliegt − so wird es schon kurze Zeit nach seiner Entstehung wieder eliminiert. In der Nachkommenschaft der heterozygot mutierten Ausgangspflanze *Aa* treten jedoch wiederum heterozygote Individuen der gleichen Konstitution auf, bei deren Vermehrung homozygote Mutanten herausspalten. Selbst wenn die Mutante nicht lebenstüchtig ist, kann sich das mutierte Gen auf diese Weise einige Generationen lang in der Population halten. Eins der Kennzeichen autogamer Arten besteht jedoch darin, daß der Heterozygotenanteil mit zunehmender Generationsfolge rasch absinkt und daß sich die Population nach etwa 10 Generationen fast ausschließlich wieder aus Homozygoten zusammensetzt. Dies gilt sowohl für die Ausgangsform AA als auch für die Mutante aa, aber nur unter der Voraussetzung, daß die Mutante gegenüber der Stammform konkurrenzfähig ist. Dies ist im allgemeinen nicht der Fall. Das mutierte Gen wird also relativ rasch wieder aus der Population verschwinden und bleibt damit evolutionistisch unwirksam. Nur eine kleine Gruppe vitaler und hochfertiler Mutanten stellt das Material für die evolutionistische Weiterentwicklung dar. Für diese Individuen ist der autogame Status von Vorteil. Sie entstehen als voll konkurrenzfähige Genotypen und vermehren sich infolge ihrer Vitalität rasch, nehmen infolgedessen einen festen Platz in der betreffenden Pflanzengesellschaft ein. Von ihrem Fortpflanzungsdruck hängt es ab, ob sie den verfügbaren Lebensraum gemeinsam mit der Ausgangsform besiedeln oder ob sie ihre Stammform langsam verdrängen.

Bei *Fremdbefruchtern* liegen die Verhältnisse bei gleicher Ausgangssituation anders. Die Gameten des heterozygot mutierten Organismus Aa werden von Keimzellen befruchtet, die mit Sicherheit nicht das gleiche mutierte Gen besitzen. Genetisch entspricht dies der Rückkreuzung eines monohybriden Bastards Aa mit dem dominanten Elter AA. Hierbei kann in der Population zunächst nur der heterozygot mutierte Zustand Aa reproduziert werden, während die homozygot rezessiven Mutanten aa vorerst nicht zu erwarten sind. Selbst wenn sie nach zufälliger Bastardierung zweier Aa-Pflanzen in späteren Generationen entstehen, bleiben sie nicht konstant, weil der homozygot mutierte Zustand durch Fremdbefruchtungen wieder zur heterozygoten Situation führt. Dieses Verhalten kann sich in evolutionistischer Beziehung als vorteilhaft erweisen. Das mutierte Gen kann sich unter diesen Voraussetzungen wesentlich länger in der Population halten als bei autogamen Arten. Hierdurch besteht die Möglichkeit, daß der Selektionswert der Mutante durch den Ablauf weiterer Mutationsvorgänge aufgewertet wird. Durch Fremdbefruchtungen kann das Gen darüber hinaus in ein genotypisches Milieu eingelagert werden, in dem sich sein negativer Selektionswert in abgeschwächter Form oder gar nicht auswirkt. Außerdem ist es möglich, daß Träger des mutierten Gens durch Zufall in eine ökologische Nische gelangen, in der der Konkurrenzkampf weniger hart ist. Die evolutionistische Chance des mutierten Gens ist bei Fremdbefruchtern also größer als bei Selbstbefruchtern.

Dies sei mit einem aufschlußreichen Beispiel belegt. In Afghanistan ist im Rahmen einer Sammelreise von zahlreichen Standorten Saatgut von *Vicia faba*, der

Ackerbohne, zusammengetragen worden. Die Pflanzen wurden in Deutschland aufgezogen und zeigten eine außerordentlich breite genetische Variabilität. Nach Selbstungen traten in den Nachkommenschaften Hunderte von Mutanten auf. Aus diesen Befunden ist auf eine hohe spontane Mutationsrate zu schließen. Sie wird bei der üblichen Aufzucht nur in geringem Maße erkennbar, weil die Ackerbohne ein fakultativer Fremdbefruchter mit Kreuzbestäubungsraten bis zu 45% ist. Zahlreiche mutierte Gene sind in den Populationen deshalb nur im heterozygoten Zustand vertreten und entziehen sich wegen ihrer Rezessivität der Beobachtung. Erst nach Selbstung spalten die Mutanten heraus. Bei einem Selbstbefruchter wäre der Anteil mutierter Gene wesentlich geringer.

Bei *Arten mit vegetativer Fortpflanzung* wirkt sich der negative Selektionswert mutierter Gene häufig nicht nachteilig aus, weil die Samenproduktion für das phylogenetische Überleben der Mutante ohne Bedeutung ist. Bei Organismen dieser Kategorie haben mutierte Gene also bessere Chancen als bei Arten mit sexueller Fortpflanzung.

Entstehung evolutionistisch brauchbarer Merkmale

Nach den heutigen Vorstellungen haben sich die verschiedenen Arten einer Gattung aus einer Ausgangsart entwickelt. Die Vielgestaltigkeit von Merkmalsunterschieden, die sich innerhalb der Gattung findet, ist auf Genmutationen und auf Rekombinationsvorgänge zurückzuführen. Bei der weiteren Differenzierung können Chromosomen- und Genom-Mutationen eine Rolle gespielt haben. Das Entsprechende gilt für höhere systematische Einheiten. Die Frage, auf welchem Weg die Art-, Gattungs- und Familiengrenzen überschritten worden sind, ist noch nicht geklärt.

Ein wesentlicher Vorgang für die phylogenetische Weiterentwicklung besteht in der *Schaffung neuer Merkmale.* Sie können evolutionistisch nur dann wirksam werden, wenn sie das Filter der Selektion durchlaufen haben. Bei der evolutionistischen Beurteilung von Mutationsvorgängen muß also stets der Selektionswert der mutierten Gene mitberücksichtigt werden. Ein neues Merkmal kann sich nicht manifestieren, wenn die betreffende Mutante wegen ihrer geringen Konkurrenzfähigkeit wenige Generationen nach ihrer Entstehung wieder eliminiert wird.

Im Zuge der phylogenetischen Entwicklung müssen wir die Entstehung von zwei verschiedenen Merkmalsgruppen unterscheiden: von **Anpassungs-** und **Organisationsmerkmalen.** Die *Anpassung* an spezifische Umweltbedingungen wird häufig durch kleinere Mutationsschritte erreicht. Als Beispiele bei höheren Pflanzen können auf diesem Sektor genannt werden:

– Die Reduktion der Blattspreiten, die Ausbildung von Dornen anstelle von Blättern oder die Ausbildung einer verdickten Cuticula bei Xerophyten als Anpassung an Trockenheit.

- Die Ausbildung großer chlorophyllreicher Laubblätter bei bodenbedeckenden Urwaldpflanzen als Anpassung an geringe Lichtmengen.
- Die Ausbildung von Träufelspitzen an den Laubblättern der Pflanzen tropischer Regenwälder als Anpassung an hohe Niederschlagsmengen.

Für die Abwandlung von *Organisationsmerkmalen,* die für die systematische Klassifikation bestimmter Kategorien von Bedeutung sind, sind im allgemeinen drastischere Mutationsschritte notwendig. Hierher gehören:

- Die Ausbildung abgewandelter Verzweigungssysteme, die zu einem veränderten Sproßaufbau führen.
- Grundsätzliche Abwandlungen der Blattstruktur, die nicht mit Anpassungsreaktionen in Verbindung stehen.
- Die mutative Entstehung neuer Blütenbaupläne. Derartige Mutationsschritte sind für die Beurteilung evolutionistischer Entwicklungsabläufe von besonderer Bedeutung, weil die taxonomische Gliederung der höheren Pflanzen vornehmlich anhand der Blütenstruktur vorgenommen wird.

Kein Biologe wird daran zweifeln, daß die Vielfalt von Bauplänen verschiedener Organe letztlich auf Mutationsvorgänge zurückzuführen ist. Der Nachweis hierfür ist jedoch außerordentlich schwierig. Das Problem sei am Beispiel der *Blattstruktur* diskutiert (Abb. 7.1).

Zahlreiche *Leguminosen* besitzen gefiederte Blätter mit Nebenblättern (etwa *Lathyrus niger*). Diesem voll ausgebildeten Typus stehen stark reduzierte Organe gegenüber. So setzen sich die Blätter von *Lathyrus aphaca* nur aus den beiden Nebenblättern und einem rankenartigen Fortsatz, der Rhachis, zusammen. Fiedern sind nicht mehr vorhanden. Es besteht kein Zweifel, daß diese beiden Blatttypen Anfangs- und Endglieder einer Reduktionsreihe darstellen. Das voll ausgebildete Blatt ist offenbar der ursprüngliche, das extrem reduzierte Blatt der mutativ abgeleitete Zustand. Zwischen diesen beiden Extremen finden sich bei zahlreichen Leguminosen-Gattungen Intermediärzustände, die dadurch gekennzeichnet sind, daß der Reduktionsprozeß angelaufen ist. Im Bereich des *Oberblattes* gilt dies für die *Erbse,* bei der einige Fiedern in Form von Ranken vorliegen. Sie sind durch eine Reduktion der Fiederspreite zustandegekommen. Die Mittelrippe ist übriggeblieben und hat einen Funktionswechsel zur Ranke erfahren. Im Bereich des *Unterblattes* werden Reduktionserscheinungen bei der *Robinie* erkennbar: ihre Nebenblätter sind zu Dornen reduziert. Diese Reduktionsreihe könnte lückenlos aufgefüllt werden, wenn wir die Vielfalt der Blattypen der artenreichen Familie der Leguminosen berücksichtigen. Es ist jedoch aus methodischen Gründen unmöglich, festzustellen, wieviele Gene an ihrer Realisierung beteiligt waren. Hierfür wären Art- und Gattungskreuzungen erforderlich, die entweder nicht durchführbar sind oder zu sterilen Bastarden führen.

Man kann dennoch Informationen über die genetischen Grundlagen der Veränderung der Blattstruktur erhalten, indem man versucht, den Gang der phylogenetischen Entwicklung mit Hilfe experimentell induzierter Mutationsvorgänge zu kopieren. Dies ist bei der *Erbse* geschehen. Sie ist insofern ein günstiges Objekt für derartige Versuche, als sie innerhalb der Reduktionsreihe eine Mittelstellung

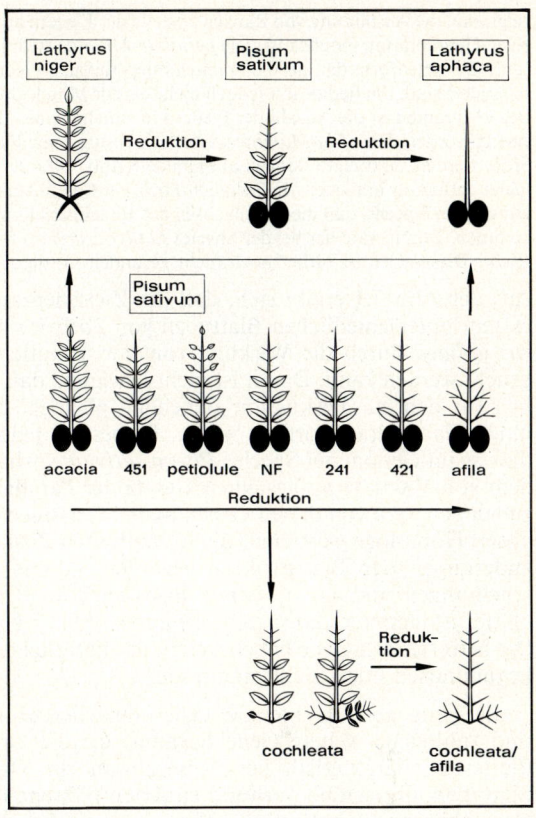

Abb. 7.1

Oben: Drei Blattypen verschiedener *Leguminosen* aus der natürlichen Variabilität der Familie.

Unten: Blätter spontan aufgetretener oder experimentell erzeugter *Erbsenmutanten,* die zum Teil noch über die natürliche Variationsbreite der Familie hinausgehen. Einige der Mutanten sind in den Abb. 7.3–7.5 dargestellt

einnimmt. Es sind infolgedessen Mutationen in Richtung auf den ursprünglichen und den noch stärker abgeleiteten Zustand zu erwarten.

Im unteren Teil der Abb. 7.1 sind ausschließlich Blattypen verschiedener *Erbsen-Mutanten* dargestellt. Die *acacia-Mutante* besitzt anstelle der Ranken Fiedern. Der ihr zugrundeliegende Mutationsvorgang kann als **Atavismus** interpretiert werden, als Rückschlag zu einem phylogenetisch ursprünglichen Zustand. Er zeigt, daß die Ausbildung von Ranken anstelle der Fiedern auf der Basis einer einzigen Genmutation möglich ist. Die *petiolule-Mutante* stellt insofern eine interessante Zwischenform dar, als die Spreiten ihrer apikalen Fiedern zwar extrem verschmälert sind, die Reduktion jedoch nicht bis zur Mittelrippe fortgeschritten ist. Bei 3 Mutanten ist die Anzahl der Fiedern in zunehmendem Maße durch Ranken ersetzt worden. Die *afila-Mutante* schließlich besitzt keine Fiedern mehr; an ihrer Stelle werden verzweigte Ranken ausgebildet (Abb. 7.4 und 7.5). Ausgehend von dieser Situation brauchen wir lediglich noch ein Gen anzunehmen, dessen Wirkung darin besteht, daß die Seitenachsen der Rhachis nicht mehr zur Ausbildung kommen. Damit wäre der bei der Species *Lathyrus aphaca* realisierte Zustand erreicht. Dieses Gen ist bisher noch nicht gefunden worden.

Aus der Abb. 7.1 ergibt sich, daß der Zwischenraum zwischen den extrem unterschiedlichen Blattypen von *Lathyrus niger* und *Lathyrus aphaca* durch die Wirkung von nur 6 mutierten Genen überbrückt werden kann. Damit ist nicht bewiesen, daß diese Gene wirklich für den zur Diskussion stehenden phylogenetischen Entwicklungsablauf verantwortlich waren. Es besteht jedoch kein Zweifel, daß sie im Genom der Species *Pisum sativum* vorhanden sind. Nach dem von VAVILOV aufgestellten **Gesetz der Parallelvariation** ist anzunehmen, daß von diesen Genen in den Genomen anderer Leguminosen Homologe existieren, die im mutierten Zustand analoge Veränderungen der Blattstruktur bewirken. Ähnliche Reduktionserscheinungen sind auf mutativer Basis auch im Bereich der Nebenblätter aufgetreten (*cochleata-Mutanten;* Abb. 7.1 unten; Abb. 7.4). Die betreffenden Gene haben sich in der natürlichen Variabilität der Leguminosen noch nicht manifestiert.

Bei günstigen Objekten der experimentellen Mutationsforschung sind zahlreiche weitere Gene bekannt, die die Grundstruktur des Blattes in charakteristischer Weise abwandeln. Dadurch entstehen Blattypen, die sich bei verwandten Arten während der Evolution als Normalzustand manifestiert haben. Dies gilt bei den *Leguminosen* und *Solanaceen* etwa für

- extrem schmalblättrige Typen,
- doppelt gefiederte oder gefingerte Blätter anstelle von einfach gefiederten bzw. gefingerten,
- ungegliederte Blätter anstelle von Fiederblättern.

Da die betreffenden Mutanten einer genetischen Analyse zugänglich sind, läßt sich nachweisen, daß die Veränderungen auf einfachen Genunterschieden beruhen. Wir können diese Situation folglich auf analoge Veränderungen übertragen, die während der Evolution abgelaufen sind, sich genetisch jedoch nicht prüfen lassen. Die gleiche Situation liegt bei der Veränderung anderer Pflanzenorgane vor.

Von besonderer Bedeutung sind mutativ bedingte *Abänderungen der Grundstruktur der Blüten.* Hierbei handelt es sich um typische

Organisationsmerkmale, die eine wesentlich größere evolutionistische Stabilität zeigen als die Anpassungsmerkmale. Eine der großen Gliederungen der Blütenpflanzen besteht in der Unterteilung in *choripetale* und *sympetale Arten.* Von der *Petunie,* die mit ihren trichterförmigen Blüten zu den Sympetalen gehört, existiert eine choripetale Mutante. Ähnliche Genotypen sind für *Antirrhinum, Rhododendron, Sesamum* und *Streptocarpus* bekannt, zeigen jedoch einen negativen Selektionswert. Auch der entgegengesetzte Effekt – die Bildung verwachsener Blütenkronen bei choripetalen Arten – ist bekannt, etwa bei *Anemone* und *Tagetes.* Beim *Löwenmäulchen,* das jahrzehntelang eines der Hauptobjekte der Mutationsforschung war, sind einige Blütenmutanten bekannt, die für theoretische Überlegungen auf dem Sektor der Evolutionsforschung von großer Bedeutung sind. Innerhalb der Familie der *Scrophulariaceen* ist eine Reduktionsreihe feststellbar, die durch eine fortschreitende Herabsetzung der Gliederzahl im Staubblattkreis gekennzeichnet ist. Einige Glieder dieser Reihe sind im oberen Teil der Abb. 7.2 wiedergege-

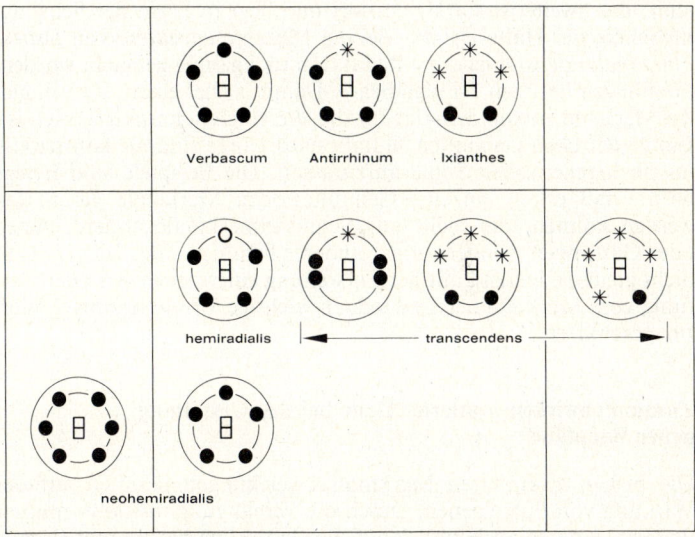

Abb. 7.2   Die Veränderung der Gliederzahl des Staubblattkreises unter dem Einfluß mutierter Gene.

Oben: Während der Evolution ist bei den *Scrophulariaceen* eine Reduktion der Anzahl der Staubblätter von 5 auf 2 erfolgt.

Unten: Mutanten des *Löwenmäulchens (Antirrhinum majus)* mit analogen Veränderungen. Die natürliche Variationsbreite der Familie wird bei der Mutante *neohemiradialis* unter-, bei *transcendens* überschritten

ben. Die Gattung *Antirrhinum* nimmt hierbei eine Mittelstellung ein. Ausgehend von diesem Intermediärzustand sollte es möglich sein, Mutationen zu finden, die entweder den phylogenetisch ursprünglichen Zustand wieder herbeiführen oder zu Merkmalen führen, die über die Familiengrenzen hinausgehen. Diese Genotypen sind als Spontanmutanten aufgetreten *(transcendens* mit 1 – 4, *neohemiradialis* mit 4 – 6 Staubblättern). Sie zählen zu den interessantesten Belegen für die Richtigkeit der Hypothese, daß nicht nur art-, sondern sogar gattungs- und familientrennende Merkmale durch einzelne Mutationsschritte geschaffen werden können.

Analoge Fälle sind vereinzelt auch in anderen Familien aufgetreten. Die *Cruciferenblüte* ist pentamer und besitzt 2 Staubblattkreise mit 4 + 2 Stamina. Dieser Bauplan ist genetisch außerordentlich stabil. Bei der Mutante *hyperandra* der *Levkoje* ist die Gliederzahl in beiden Staubblattkreisen erhöht, wobei eine Variabilität von 7 – 14 Antheren je Blüte in Erscheinung tritt.

Weitere Beispiele ähnlicher Art sind bei *Antirrhinum, Senecio, Phlox* und *Capsella* bekannt. Analoge Fälle sind vereinzelt auch im *Tierreich* gefunden worden. Die *Dipteren* besitzen nur ein Flügelpaar; das zweite ist stark reduziert und liegt in Form der Schwingkölbchen, der Halteren, vor. Bei der Mutante *tetraptera* von *Drosophila melanogaster* ist diese Reduktion rückgängig gemacht worden; die Fliegen besitzen 2 Flügelpaare. Damit ist bei einem Zweiflügler ein Merkmal entstanden, das für die Vierflügler charakteristisch ist. Einige der eben genannten Mutationsvorgänge sind als konstruktiv im phylogenetischen Sinne aufzufassen. Die Beispiele sind Belege dafür, daß durch einzelne Genmutationen Merkmale geschaffen werden können, die nicht nur Schlüsselmerkmale anderer Arten oder Gattungen, sondern sogar anderer Familien sind. Dies ist zwar nicht gleichbedeutend mit der Entstehung einer neuen Art oder Gattung; vom Merkmal her sind jedoch wichtige Voraussetzungen hierfür geschaffen.

Zusammenwirken mutierter Gene bei der Gestaltung neuer Baupläne

Die bisher diskutierten Merkmalsabweichungen beruhen auf der Wirkung von Einzelgenen. Durch die Vereinigung *mehrerer* mutierter Gene können im Hinblick auf die Gestaltung bestimmter Organe wesentlich stärkere Abweichungen erzielt werden. Auch auf diesem Sektor sind wir auf die Erfahrungen der experimentellen Mutationsforschung angewiesen, weil sich normalerweise nicht feststellen läßt, ob bestimmte Merkmalsunterschiede zwischen Vertretern unserer Flora und Fauna auf der Wirkung von Einzelgenen oder auf der kombinierten Wirkung verschiedener Gene beruhen.

Das Zusammenwirken mutierter Gene kann zu unterschiedlichen Ergebnissen führen:

− die Einzeleffekte der Gene können sich addieren;
− als Folge der gemeinsamen Aktion kann ein Effekt entstehen, der weit über die Summierung der Einzelwirkungen hinausgeht.

Die *Erbsenmutante acacia* bildet anstelle der Ranken Fiedern, die *cochleata-Mutante* besitzt abweichende Nebenblätter. Nach Bastardierung der beiden Genotypen sind in der F_2-Generation doppelt rezessive Rekombinanten selektiert worden, die für beide Gene homozygot sind. In ihren Blättern manifestiert sich jede der beiden Genwirkungen. Hierbei tritt der *acacia*-Charakter nicht nur im Bereich des Oberblattes, sondern auch im Bereich der Nebenblätter auf (Abb. 7.3). Die kombinierte Wirkung der beiden Gene bringt einen Blattypus zustande, der bei den Leguminosen nicht vertreten ist. Die Kombination der Gene *afila* und *cochleata* hat den gegenteiligen Effekt. Sie führt zu Blättern, die keine blattartigen Organe mehr darstellen, sondern ausschließlich aus Rhachis und Ranken bestehen (Abb. 7.4). Auch hier liegt eine additive Wirkung der beiden Gene vor.

Eine völlig andere Situation ist gegeben, wenn wir die Gene *acacia* und *afila* vereinigen. Ihr Zusammenwirken führt zu einem völlig neuen Blattypus, der nicht im Sinne eines additiven Effekts interpretiert werden kann. Das Blatt ist extrem gegliedert und besitzt im gut ausgebildeten Zustand etwa 500 kleine Fiedern (Abb. 7.5). Durch die Einlagerung des *cochleata*-Gens in das Genom dieser Rekombinante können die Nebenblätter in analoger Weise verändert werden. Voll entwickelte Laubblätter dieser dreifach rezessiv homozygoten Pflanzen besitzen mehr als 1000 Fiedern. Pflanzen der eben genannten genotypischen Konstitutio-

Abb. 7.**3**   Zwei Blätter der Rekombinante *acacia/cochleata* von *Pisum sativum*. Die Unterschiede in der Blattgestalt sind auf unterschiedliche Expressivitätsstufen des *cochleata-Gens* zurückzuführen

Abb. 7.**4**   Blattmutanten der *Erbse*.
Links: *afila-Mutante* mit Ranken anstelle der Fiedern.
Mitte: *cochleata-Mutante* mit abweichenden Nebenblättern.
Rechts: Blatt der Rekombinante *afila/cochleata*, das nur aus Rhachis und
        Ranken besteht.

Abb. 7.**5**   Blattmutanten der *Erbse*.
Links: *acacia-Mutante* mit Fiedern anstelle der Ranken.
Mitte: *afila-Mutante* mit verzweigten Ranken anstelle der Fiedern.
Rechts: extrem aufgegliedertes Blatt der Rekombinante *acacia/afila*

nen weichen habituell so stark von normalen Erbsen ab, daß ihre Artzugehörigkeit nur noch an den Blüten erkannt werden kann.

Analoge Beispiele sind für *Drosophila* bekannt. Unter dem Einfluß des Gens *podoptera* werden Intermediärorgane zwischen Flügeln und beinartigen Strukturen ausdifferenziert. Dieser Effekt wird durch andere Gene beeinflußt, deren Einzelwirkung sich nicht auf die Flügel erstreckt. Fügt man ein bestimmtes Modifizierungsgen in den *podoptera*-Genotypus ein, so wird die Tendenz zur Vereinigung des vordersten Beinpaares zu einem einzigen Organ erkennbar. Von einer additiven Wirkung der beiden Gene kann hier nicht die Rede sein. Es liegt vielmehr ein kumulativer Effekt vor, durch den ein paariges Organ − die Vorderbeine − in ein unpaariges Organ der Mundregion verwandelt wird. Würden diese Veränderungen an einem funktionsfähigen Organismus zustande kommen, so müßte er taxonomisch einer neuen Klasse zugeordnet werden.

Umgestaltung des ganzen Organismus unter dem Einfluß mutierter Gene

Die bisher diskutierten Mutationsvorgänge führen zu Abweichungen in der Gestalt oder Funktion spezifischer Organe, die als neue Organisations- oder Anpassungsmerkmale in Erscheinung treten und für eine phylogenetische Weiterentwicklung brauchbar sein könnten. Die Artzugehörigkeit der betreffenden Mutanten ist im allgemeinen gut erkennbar, weil die Effekte der mutierten Gene dieser Kategorie relativ schwach sind. Daneben gibt es Gene, die den Organismus in seiner Gesamtheit so stark verändern, daß etwas prinzipiell Neues entsteht. Als Beispiel sei die *corn-grass-Mutante* von *Zea mays* genannt. Ihr auffälligstes Kennzeichen besteht in der außergewöhnlich starken Bestockung: es werden bis zu 100 Halme je Pflanze gebildet. Die Samenproduktion der schmalblättrigen, grasartigen Pflanzen erfolgt nicht in den für den Mais typischen Kolben, sondern in zahlreichen kleinen Ähren, die nur wenige Blüten besitzen. Das Androeceum ist jedoch in seiner Funktion eingeschränkt. Dieser Nachteil wird zu einem gewissen Grade dadurch ausgeglichen, daß sich die Mutante leicht vegetativ vermehren läßt. Ohne Zweifel liegt hier eine Form vor, aus der sich nach Ablauf von nur wenigen weiteren Mutationsschritten eine neue Art entwickeln könnte. In der jetzigen Form ist sie evolutionistisch noch nicht brauchbar.

Dies gilt im Prinzip für die Mehrzahl der bisher bekannten tierischen und pflanzlichen Mutanten dieser Kategorie. Es besteht keine Veranlassung, diese Ergebnisse negativ zu beurteilen. Die experimentelle Evolutionsforschung ist eine so junge Disziplin der Genetik, daß einige Jahrzehnte nicht ausreichen, um empirische Belege für Vorgänge zu schaffen, die sich im Verlauf von Jahrmillionen abgespielt haben. Möglicherweise sind Organismen, die auf niedriger Organisationsstufe stehen, besser für das Studium der Beziehungen zwischen Genmutationen und Evolution geeignet als höhere Pflanzen und Tiere. Bei der Lebermoos-Gattung *Marchantia* hat BUR-GEFF schon vor Jahrzehnten Mutanten erhalten, die für die Diskussion evolutionistischer Fragen von großem Interesse sind.

Einige Mutanten von *Drosophila melanogaster* sind wegen ihrer drastischen Anomalien als Standardbeispiele für die Entstehung von Merkmalssprüngen in die Fachliteratur eingegangen. Dies gilt für folgende Genotypen:

- *bithorax* (das 3. Thorakalsegment der Fliegen ist wie der Mesothorax ausgebildet);
- *tetraptera* (anstelle der Halteren befindet sich am 3. Thorakalsegment ein zweites Flügelpaar);
- *tetraltera* (die beiden Flügel der Fliegen sind durch ein zweites Halterenpaar ersetzt, so daß flügellose Organismen entstehen);
- *hexaptera* (aus dem dorsalen Teil des Prothorax entwickeln sich bein-, flügel- und halterenartige Anhangsgebilde);
- *podoptera* (anstelle der Flügel werden Halteren oder beinartige Organe ausdifferenziert);
- *aristapedia* (unter dem Einfluß des mutierten Gens ist eine Antenne in ein beinartiges Organ umgewandelt);
- *proposcipedia* (anstelle einer Mundextremität wird ein thorakales Bein ausgebildet).

Diese Mutanten werden von GOLDSCHMIDT als *„hopeful monsters"* bezeichnet. Ihr Wert für das Verständnis evolutionistischer Entwicklungsabläufe auf der Basis von Genmutationen ist umstritten. GOLDSCHMIDT räumt den Genen dieser Kategorie eine große Bedeutung für das Evolutionsgeschehen ein, weil sie den Grundbauplan des Organismus in einer charakteristischen Weise umgestalten. Sie sind seiner Meinung nach für die *Makro-Evolution* verantwortlich. Andere Genetiker können sich die Evolution auf der Basis derartig drastischer Mutationsschritte nicht vorstellen. Als Gegenargument führen sie an, daß die Mutanten dieser Gruppe in ihrer Vitalität und Fertilität den Ausgangsformen weit unterlegen sind. Wegen ihres negativen Selektionswerts haben sie im natürlichen Konkurrenzkampf keine Überlebenschancen, können folglich nicht zum Ausgangspunkt neuer Arten werden. Bis jetzt ist die Gesamtzahl der Mutanten dieser Kategorie so gering, daß kein empirisch genügend belegtes Urteil über ihre phylogenetische Bedeutung abgegeben werden kann. In der neueren Literatur werden die betreffenden Gene als *homöotisch* bezeichnet; die oben genannten Abweichungen entstehen durch **homöotische Mutationen.**

Homologe Mutationen

Der Verwandtschaftsgrad zweier Arten einer Gattung kommt im Grad der Übereinstimmung ihrer Merkmale zum Ausdruck. Dies wird nur unter der Annahme verständlich, daß die beiden Arten zahlreiche Gene gemeinsam haben, die für die übereinstimmenden Merkmale verantwortlich sind. Wenn wir von dieser Grundkonzeption ausgehen, so müssen die übereinstimmenden Gene verschiedener Arten mutieren können und müssen zu etwa gleichartigen Abweichungen führen. Dies ist tatsächlich der Fall. Man bezeichnet derartige Vorgänge als **homologe Mutationen.** Das Phänomen ist erstmals von Vavilov erkannt und als **Gesetz der Parallelvariation** bezeichnet worden. Es tritt nicht nur innerhalb der gleichen Gattung, sondern auch innerhalb von Familien auf. Vereinzelt sind sogar Fälle homologer Mutationen bei Arten bekannt, die phylogenetisch nicht näher miteinander verwandt sind. Beispiele für homologe Mutationen sind:

- Das Auftreten gleichartiger Abweichungen der Fellfärbung als Folge einer Serie multipler Allele bei *Kaninchen, Meerschweinchen, Mäusen* und anderen Nagetieren.

- Das Auftreten extrem reduzierter Spreiten bei den Laubblättern verschiedener Mutanten von *Tomate, Baumwolle, Malve, Kastanie, Ricinus.*

- Das Auftreten ungegliederter Blätter anstelle gefiederter Organe bei *unifoliata-Mutanten* verschiedener *Leguminosen* sowie bei einigen *Solanaceen.*

- Das Auftreten von Blut- und Trauervarianten bei verschiedenen *Ziergehölzen.*

Vom Gesetz der Parallelvariation macht man in der Pflanzenzüchtung Gebrauch. Das klassische Beispiel hierfür ist die *Süßlupine.* Aus der Tatsache, daß es bei bestimmten Leguminosen bitterstofffreie Genotypen gibt, schloß Erwin Baur, daß bei der *bitteren Lupine* entsprechende Mutanten existieren müßten. Sie wurden als Spontanmutanten gefunden und zur Süßlupine weiterentwickelt. Damit war eine wertvolle Kulturpflanze entstanden. Später sind in Übereinstimmung mit dieser Gesetzmäßigkeit bitterstofffreie Mutanten des *Steinklees* isoliert worden. Das gleiche gilt für platzfeste Rassen, die bei zahlreichen Leguminosen in der Natur vorhanden sind, während bei *Lupinus luteus* und *angustifolius* alljährlich hohe Samenverluste durch das Platzen der Hülsen eintreten. Durch ausgedehnte Selektionsmaßnahmen wurden bei den letztgenannten Arten platzfeste Mutanten gefunden.

Je weiter zwei Arten in systematischer Beziehung voneinander entfernt sind, um so schwieriger wird der Nachweis homologer Mutationen. Eine gewisse Hilfe hierbei sind breite, sehr spezifische Pleiotropiespektren der betreffenden Gene, weil sich dann ein exakter Vergleich der Mutanten durchführen läßt. Ein anschauliches Beispiel hierfür sind die *muscoides-*Mutanten von *Antirrhinum majus (Scrophulariaceae)* und *Matthiola incana (Cruciferae),* die in ihrem von den Ausgangsformen stark abweichendem Habitus weitgehend übereinstimmen. Eine röntgeninduzierte *Erbsen-Mutante,* die für ein hochpleiotropes Gen homozygot ist, zeigt unter anderem folgende Anomalien:

- Der Staubblattkreis wird in Form eines zweiten Fruchtblattkreises ausgebildet.

- Der Blütenblattkreis wird in Form eines zweiten Kelchblattkreises ausgebildet.

Diese Anomalien stimmen in allen Einzelheiten mit einer Spontanmutante des *Goldlacks* überein. Dieser hohe Grad von Übereinstimmung kann kein Zufall sein; er beruht auf der Wirkung homologer Gene.

Evolutionistische Bedeutung
von Chromosomenmutationen

Chromosomenmutationen haben während der phylogenetischen Entwicklung des Pflanzen- und Tierreichs eine große Rolle gespielt, sind jedoch wesentlich schwieriger nachzuweisen als Genmutationen. Beim Vergleich der Chromosomen verschiedener Arten einer Gattung sind zwischen einander entsprechenden, **homöologen**

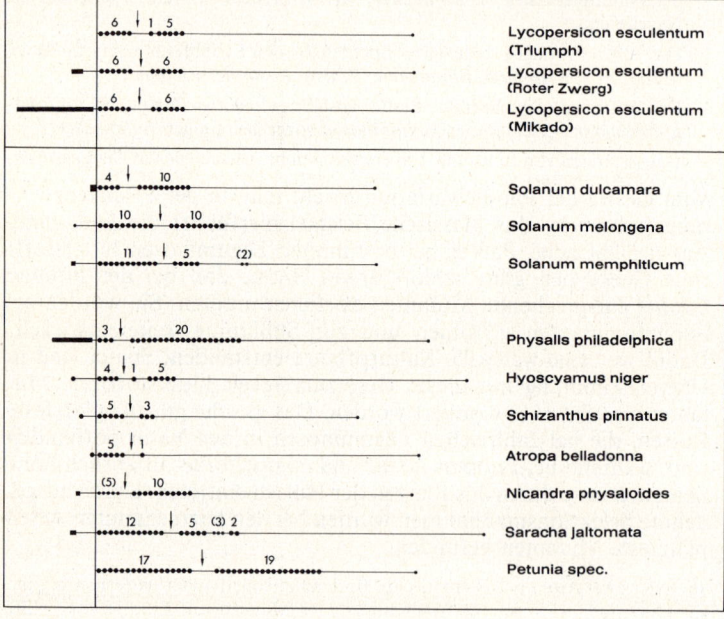

Abb. 7.6 Die Struktur der nucleolenbildenden Chromosomen verschiedener Solanaceen im Pachytän.

Oberer Teil: Drei *Tomatensorten* mit starken Unterschieden in der Struktur des Satelliten.

Mittlerer Teil: Drei Arten der Gattung *Solanum*.

Unterer Teil: Sieben andere Gattungen der Familie der Solanaceen. Alle Chromosomen dieser Arten sind partiell heterochromatisch. Die Anzahl der Strukturelemente des Heterochromatins ist konstant; sie ist über den heterochromatischen Segmenten angegeben. Die Lücke innerhalb dieser Segmente ist das Centromer (Pfeile). Die sekundäre Einschnürung, in der sich der Nucleolus-Organisator befindet, ist durch die senkrechte Linie angegeben

Chromosomen oftmals deutliche Strukturunterschiede feststellbar, die nur in Verbindung mit Chromosomenmutationen zustande gekommen sein können. In vielen Fällen handelt es sich um **Translokationen.** Für die Bearbeitung dieser Fragestellung sind Objekte mit partiell heterochromatischen Chromosomen, sofern sie sich im Pachytän analysieren lassen, besonders geeignet, weil sich unter diesen Voraussetzungen die strukturellen Feinheiten exakt erfassen lassen. Als Beispiel hierfür sind in Abb. 7.6 die nucleolenbildenden Chromosomen verschiedener *Solanum*-Arten miteinander verglichen. Sie sind durch ihre Lagebeziehung zum Nucleolus leicht identifizierbar und zeigen deutliche Strukturunterschiede, die im Verlauf einer relativ kurzen evolutionistischen Periode entstanden sein müssen. Je geringer der Verwandtschaftsgrad taxonomischer Gruppen ist, um so geringer ist der Grad der strukturellen Übereinstimmung zwischen den homöologen Chromosomen. Dies geht aus dem unteren Teil der Abb. 7.6 hervor, in dem die Satellitenchromosomen verschiedener Gattungen der Familie der Solanaceen dargestellt sind.

Bei den übrigen Chromosomen der Genome kann aus gewissen Übereinstimmungen der Feinstruktur nicht zuverlässig auf Homöologie geschlossen werden. Für eine exakte Analyse ist vielmehr das **Pachytän von Artbastarden** notwendig, das bisher nur in wenigen Fällen studiert wurde. Hier läßt sich das Ausmaß jener Prozesse erkennen, die während der evolutionistischen Differenzierung der betreffenden Arten zu Veränderungen der Chromosomenstruktur geführt haben. Als Beispiel sei das Paarungsverhalten der homöologen Chromosomen eines Bastards aus 2 *Wildkartoffelarten* genannt. Sie besitzen partiell heterochromatische Chromosomen. Ihre euchromatischen Regionen sind im Pachytän voll konjugiert. Dies ist ein Beweis dafür, daß während der evolutionistischen Entwicklung der beiden Arten im Bereich der genetisch aktiven euchromatischen Chromosomenabschnitte keine strukturverändernden Prozesse abgelaufen sind. In den genetisch inaktiven heterochromatischen Segmenten hingegen treten Schleifenbildungen auf, die bei verschiedenen Bivalenten der beiden Chromosomensätze von unterschiedlicher Ausdehnung sind (Abb. 7.7, 7.8). Die homöologen Chromosomen der beiden Arten sind also nur *partiell homolog.* Die Schleifen geben die Länge der inhomologen Regionen an. Dieses Verhalten wird nur unter der Annahme verständlich, daß eines der beiden Homöologen während der Evolution verkürzt oder verlängert worden ist. Wie sich die strukturverändernden Prozesse im einzelnen abgespielt haben, läßt sich aus der Analyse des Bastard-Pachytäns nicht rekonstruieren.

Bei den *Nachtkerzen,* den *Oenotheren,* die mit mehr als 80 Arten vornehmlich in Amerika beheimatet sind, waren Chromosomenmutationen der wesentlichste Faktor der evolutionistischen Differenzierung. Alle Arten der Gattung sind diploid und besitzen 2n = 14 Chromosomen. Sie liegen nur bei der Species *Oenothera hookeri* in der Meiosis in Form von 7 Bivalenten vor. Alle übrigen Arten der Gattung haben in der Diakinese und der 1. Metaphase einen oder mehrere Chromosomenringe unterschiedlicher Gliederzahl. Die

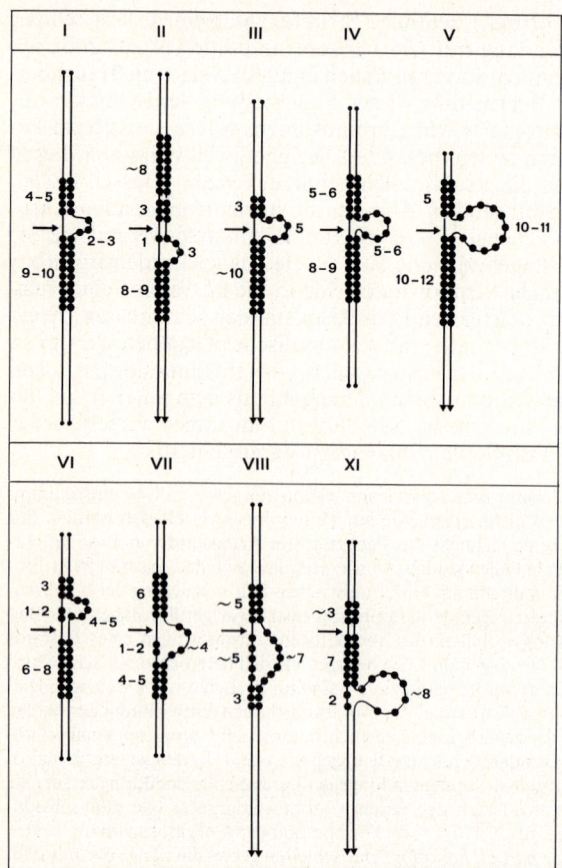

Abb. 7.7 Strukturelle Unterschiede zwischen den homöologen Chromosomen der knollentragenden *Solanum-Arten Solanum stenotomum* und *Solanum ajuscoense*. Sie können anhand der Konjugationsstörungen im Pachytän des Artbastards analysiert werden

Ringbildung ist darauf zurückzuführen, daß die Oenotheren *translokations-heterozygote Organismen* sind. Ihre Genome setzen sich aus translozierten und nichttranslozierten Chromosomen zusammen. Trotz der Translokations-Heterozygotie sind sie voll fertil. Dies wird dadurch erreicht, daß die zufallsmäßige Verteilung der Chromosomen aus den Ringen in der 1. meiotischen Anaphase verhindert wird. Ein genetisch festgelegter Mechanismus sorgt dafür, daß

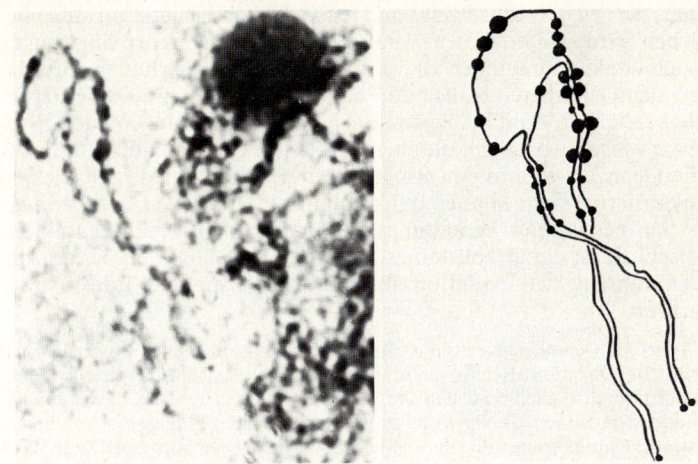

Abb. 7.8 Partiell inhomologes Bivalent im Pachytän des Artbastards *Solanum stenotomum × Solanum ajuscoense* mit Schleifenbildung im heterochromatischen Segment

benachbarte Chromosomen an entgegengesetzte Spindelpole wandern und damit in verschiedene Tochterkerne gelangen. Dies führt zu funktionsfähigen Keimzellen (Abb. 6.11). Durch diesen Mechanismus bleiben bestimmte Gengruppen aus dem väterlichen bzw. mütterlichen Genom zusammen, kombinieren also nicht frei. Dies gilt nur für jene Gene, die auf den zu Ringen vereinigten Chromosomen liegen. Ein System von Letalfaktoren sorgt dafür, daß die theoretisch möglichen *Translokations-Homozygoten* in den Nachkommenschaften der Heterozygoten nicht realisiert werden. Auf diese Weise bleibt die Translokations-Heterozygotie als Artmerkmal erhalten: die Oenotheren sind **konstante Bastarde.**

Dies gilt nicht nur in chromosomaler, sondern auch in genetischer Beziehung. Bei denjenigen *Oenothera-Arten,* bei denen alle 14 Chromosomen zu einem einzigen Ring vereinigt werden *(Oenothera muricata),* bleiben infolge des eben abgeleiteten Mechanismus alle väterlichen und alle mütterlichen Gene zusammen. Sie sind gewissermaßen gekoppelt, wenn wir hier auch von einer **interchromosomalen Koppelung** sprechen müssen. Selbst wenn hochgradige Heterozygotie für zahlreiche Genpaare vorliegt, verhalten sich diese Pflanzen wie monohybride Bastarde. Sie bilden also nur 2 verschiedene Keimzellensorten im gleichen Zahlenverhältnis. Jede der beiden Gametensorten enthält jeweils den gleichen Komplex von Genen, der wie ein Einzelgen von Generation zu Generation weitergegeben wird. Unter diesen Voraussetzungen sind weder Spaltungen noch Umkombinationen zu erwarten. Aus diesen Gründen wird das bei den Oenotheren realisierte Phänomen als **Komplex-Heterozygotie** bezeichnet. Sind bei bestimmten Arten neben Ringen auch Bivalente vorhanden, so gilt die eben abgeleitete Gesetzmäßigkeit nur für die Gene, die sich in den Ringen befinden. Die auf den Bivalenten lokalisierten Gene können frei kombinieren. Für jede *Oenothera*-Art ist ein bestimmter Verkettungsgrad der Chromosomen charakteristisch. Er ist ein artkonstantes Merkmal und hängt von der Anzahl der während der Evolution abgelaufenen reziproken Translokationen ab.

Die bei den Oenotheren realisierte Situation ist ein Ausnahmefall. Normalerweise führt Translokations-Heterozygotie nicht nur bei experimentell hergestellten Individuen, sondern auch bei den in der Natur vorhandenen zu starken Fertilitätseinbußen. Die zu den *Commelinaceen* gehörende Species *Rhoeo discolor* besitzt 2n = 12 Chromosomen, die in der Meiosis zu einem Ring oder einer Kette vereinigt sind. Sie pflanzt sich vegetativ fort. Die *Judenkirsche* − eine Solanacee mit 2n = 24 Chromosomen − ist ebenfalls translokations-heterozygot. Während ihrer Evolution sind 4 reziproke Translokationen abgelaufen. Die translozierten und nichttranslozierten Chromosomen treten im Pachytän zu einer zehnstrahligen Paarungsfigur zusammen. Als Folge der zufälligen Chromosomenverteilung aus den Ketten, der hohen Univalentfrequenz, des Chiasmata-Ausfalls sowie zusätzlicher meiotischer Unregelmäßigkeiten ist die Pollenfertilität auf etwa 15% abgesunken. Auch die Samenproduktion ist gering. Die Species wäre nicht in der Lage, sich in natürlichen Pflanzengesellschaften zu behaupten, wenn sie ausschließlich auf sexuelle Fortpflanzung angewiesen wäre. Sie pflanzt sich jedoch bevorzugt vegetativ durch Rhizome fort.

Evolutionistische Bedeutung von Genom-Mutationen

Genom-Mutationen sind während der Evolution des Pflanzenreichs von außerordentlich großer Bedeutung gewesen. Dies geht schon daraus hervor, daß etwa 50% aller cytologisch untersuchten Arten der höheren Pflanzen Polyploide sind. Im Tierreich ist die Bearbeitung dieses Phänomens wesentlich schwieriger. Da es noch nicht gelungen ist, diploide Tiere mit Hilfe experimenteller Methoden zu polyploidisieren, kann man nicht aus dem Verhalten künstlich hergestellter Polyploider auf analoge Vorgänge während der Evolution der natürlichen Arten schließen. Sie sind auf jeden Fall wesentlich seltener als im Pflanzenreich und treten gelegentlich in Verbindung mit *Parthenogenese* auf, etwa bei *Asseln,* bestimmten *Krebsen, Rüsselkäfern* u. a. Aus den bei manchen Tieren vorliegenden hohen Chromosomenzahlen ist jedoch zu schließen, daß Genom-Mutationen auch im Tierreich evolutionistisch wirksam gewesen sind.

Wegen des negativen Selektionswerts der Mehrzahl experimentell hergestellter autopolyploider Pflanzen ist anzunehmen, daß die Allopolyploidie eine wichtigere evolutionistische Rolle gespielt hat als die Autopolyploidie. Diese Hypothese wird durch Befunde über die Entstehungsweise polyploider Pflanzenarten gestützt. Bis jetzt ist die *experimentelle Resynthese* natürlicher Polyploider aus ihren Stammformen in etwa 60 Fällen gelungen. Als Methode für die Bearbeitung derartiger Probleme wird die *Genom-Analyse* verwendet (s. u.). Für eine *autopolyploide* Art kommt nur eine einzige diploide Stammform in Frage, während an der Entstehung *allopolyploider* Arten *mehrere* Stammformen niederer Valenzen beteiligt waren.

Autopolyploide Rassen und Arten

Von zahlreichen diploiden Arten des Pflanzenreichs sind *polyploide Einzelpflanzen* oder *Rassen* bekannt. Bei *Selbstbefruchtern* entstehen sie unmittelbar aus den diploiden Mutterpflanzen durch spontane Polyploidisierungsvorgänge in den frühesten Stadien der Ontogenese oder durch die Vereinigung unreduzierter Gameten. Bei *Fremdbefruchtern* kann die Polyploidisierung darüber hinaus noch mit Bastardierungsvorgängen verbunden sein. In beiden Fällen liegt definitionsgemäß Autopolyploidie vor, weil das Genom der gleichen Art vervielfacht wird. Diese Vorgänge laufen in großer Häufigkeit ab. Zahlreiche diploide Arten bringen spontan polyploide Einzelpflanzen hervor, die als Mutanten der Selektion angeboten werden. Wegen ihres negativen Selektionswerts haben sie in der Regel evolutionistisch keine Überlebenschancen. Es sind jedoch mehr als 100 Arten bekannt, in denen neben der diploiden Ausgangsform polyploide Rassen unterschiedlicher Valenzen feste Bestandteile bestimmter Pflanzengesellschaften sind. Dieses Phänomen wird als **intraspezifische Polyploidie** bezeichnet. Es handelt sich hierbei um **polyploide Reihen** mit den Valenzen 2n, 3n, 4n, 6n, 8n oder ähnlichen Kombinationen. So ist von der Species *Aster ageratoides* in Japan eine polyploide Reihe mit den Valenzen 2n, 3n, 4n, 5n, 6n, 9n bekannt. Nicht selten sind daneben auch aneuploide Chromosomenzahlen vertreten. Auf diese Weise kann bei der gleichen Art eine außerordentlich hohe Anzahl verschiedener Chromosomenzahlen zustande kommen. So sind von der Liliacee *Allium nutans* bisher mehr als 60 Chromosomenzahlen zwischen 2n = 16 und 108 bekannt.

Die intraspezifische Polyploidie ist im Pflanzenreich so verbreitet, daß man nicht mehr von der früheren Vorstellung ausgehen kann, eine jede Art sei durch eine einzige Chromosomenzahl gekennzeichnet.

Bisher sind nur wenige Beispiele für **autopolyploide Arten** bekannt. Einige japanische *Chrysanthemum-Arten* werden aufgrund ihres cytologischen Verhaltens als autopolyploid angesehen. Sie bilden in der Meiosis Quadrivalente, stimmen in dieser Beziehung also weitgehend mit experimentell hergestellten autotetraploiden Formen überein. Der *Wiesenhornklee (Lotus corniculatus)* hat sich offenbar aus der diploiden Species *Lotus tenuis* oder deren Stammform entwickelt; seine Resynthese ist gelungen. Auch die Polyploiden der *Tradescantia-virginiana-Gruppe* sind autopolyploid; an ihrer Entstehung sind darüber hinaus noch Chromosomenmutationen beteiligt gewesen. Autotetraploidie liegt ferner vor bei den *Allium-Arten odorum, oleraceum* und *ampeloprasum,* während *Allium carinatum* eine autotriploide Art ist, die sich ausschließlich vegetativ fortpflanzt. Die Wildgersten *Hordeum bulbosum* und *H. marinum* ist autotetraploid, *Hordeum brevisubulatum* ist autohexaploid.

Das Problem der Abstammung unserer *Kulturkartoffel Solanum tuberosum* wird seit Jahrzehnten bearbeitet, ohne daß eine endgültige Klärung herbeigeführt werden konnte. Bisher sind etwa 160 knollentragende Solanum-Arten bekannt. Sie sind in Süd- und Mittelamerika, vereinzelt auch in den südlichsten Regionen Nordamerikas beheimatet. Innerhalb der Gruppe ist eine polyploide Reihe mit den Valenzen 2n, 3n, 4n, 5n, 6n feststellbar. Die triploiden und pentaploiden Arten pflanzen sich vegetativ fort. Dies gilt auch für zahlreiche orthoploide Arten dieses Formenkreises. Die Species *Solanum tuberosum* ist tetraploid, ihre partiell heterochromatischen Pachytän-Chromosomen sind identifizierbar. Die Pachytänanalyse zeigt, daß die vier vorhandenen Genome in der Feinstruktur ihrer Chromosomen völlig übereinstimmen. Jeder Chromosomentypus ist viermal vorhanden; im Paarungsvorgang können sich die 4 Homologen gegenseitig vertreten (Abb. 7.**9**). Auf diese Weise kommt neben Bivalenten- auch Quadrivalentenbildung zustande. Diese Befunde sprechen eindeutig für Autotetraploidie. Außerdem sind für bestimmte

---

Abb. 7.**9** Die Pachytängenome verschiedener knollentragender *Solanum-Arten* mit partiell heterochromatischen Chromosomen. Die Lücke innerhalb des heterochromatischen Segments ist das Centromer.

Oben: Das Genom der diploiden Primitivkartoffel *Solanum stenotomum,* einer nahen Verwandten der Kulturkartoffel. Von ihren 12 Chromosomen sind 11 identifiziert worden.

Mitte: Die tetraploide Kulturkartoffel *Solanum tuberosum* besitzt vier strukturell identische Genome, ein Hinweis auf die Autopolyploidie der Species. Sie stimmen weitgehend mit dem Genom von *Solanum stenotomum* überein. In der Zeichnung sind 2 Genome dargestellt.

Unten: Die tetraploide Wildkartoffel *Solanum antipoviczii* setzt sich aus zwei sehr unterschiedlichen Genomen zusammen, von denen eins deutliche Beziehungen zum *tuberosum*-Genom zeigt. Sie ist mit Sicherheit allopolyploiden Ursprungs

Gene tetrasome Erbgänge nachgewiesen worden. Als diploide Stammform ist die kleinknollige Primitivkartoffel *Solanum stenotomum,* die in Bolivien und Peru beheimatet ist, oder eine nahe verwandte, noch nicht bekannte Form anzunehmen. Auch die Wildkartoffel *Solanum polytrichon* ist autotetraploid.

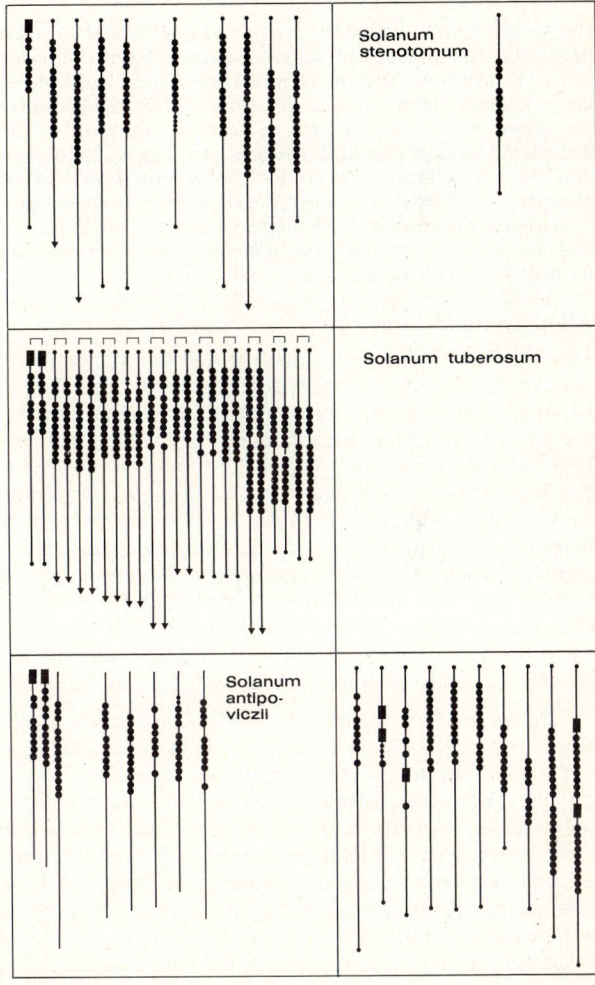

Ein völlig anderes cytologisches Bild ergibt sich für die tetraploide Wildkartoffel *Solanum antipoviczii* und einige verwandte Arten
(Abb. 7.9 unten): Es treten Chromosomen mit völlig abweichender
Struktur auf, die große, ungegliederte heterochromatische Blöcke
besitzen. Sie sind für den näheren Verwandtschaftskreis von *Solanum tuberosum* nicht nachweisbar. Hier liegt ganz offensichtlich
Allotetraploidie vor, wobei im Bastard sehr unterschiedlich struktu-
rierte Genome vereinigt worden sind. Eins der beiden Genome zeigt
deutliche Beziehungen zum *tuberosum*-Genom.

Das *Knäuelgras (Dactylis glomerata)* ist ein klares Beispiel für eine autotetraploide Species. Die Chromosomen stimmen in ihrer Struktur weitgehend mit denjenigen der diploiden Art *Dactylis aschersoniana* überein. In der Meiosis des triploiden Artbastards treten Trivalente auf, ein Beweis für den hohen Homologiegrad
der beiden Arten. Im Gegensatz zu anderen Polyploiden vermehrt sich das
Knäuelgras vorwiegend sexuell. Die Samenfertilität muß also hoch genug sein,
um der Art trotz ihres autotetraploiden Status einen guten Selektionswert zu ga-
rantieren. Das *Wiesen-Lieschgras (Phleum pratense)* ist eine *autohexaploide Art,*
in deren Meiosis neben Bivalenten auch Quadri- und Hexavalente auftreten. Als
Stammform ist die diploide Species *Phleum nodosum* anzunehmen. Die experimentelle Resynthese ist gelungen.

Allopolyploide Arten

Obwohl als sicher anzunehmen ist, daß die Mehrzahl der polyploiden Arten des Pflanzenreichs auf *allopolyploidem* Wege entstanden
ist, konnte der Beweis hierfür erst in einer relativ geringen Anzahl
von Fällen erbracht werden. Dies ist vornehmlich auf die Schwierigkeiten der Art- und Gattungsbastardierungen zurückzuführen, die
die Resynthesen erschweren oder verhindern. Auf diesem Sektor
sind in naher Zukunft durch die sterile Anzucht von Bastard-Em-
bryonen in künstlichen Nährmedien bessere Erfolge zu erwarten. In
einigen Gattungen des Pflanzenreichs sind Artkreuzungen relativ
leicht möglich, zum Beispiel in den Genera *Brassica, Hibiscus,
Gossypium, Fragaria, Nicotiana, Solanum, Triticum, Aegilops, Avena, Agropyron, Oryza.* Bei diesen Gattungen sind die zwischen den
Arten realisierten genomatischen Beziehungen weitgehend geklärt.

Als Methode wird hierbei die **Genom-Analyse** angewendet. Sie
wurde von dem Japaner KIHARA zu Beginn der dreißiger Jahre entwickelt und hat noch heute die gleiche Bedeutung wie in der Frühzeit der Polyploidieforschung. Sie arbeitet nach dem in Abb. 7.10
dargestellten Prinzip. Wir gehen davon aus, daß wir die Entstehungsweise einer allotetraploiden Art unbekannter genomatischer
Zusammensetzung aufklären wollen. Sie möge 40 Chromosomen
besitzen, die die Meiosis in Form von 20 Bivalenten durchlaufen. Da
wir die Herkunft der vier Genome nicht kennen, sind in der Schemazeichnung anstelle der Genomformel vier Fragezeichen eingesetzt.

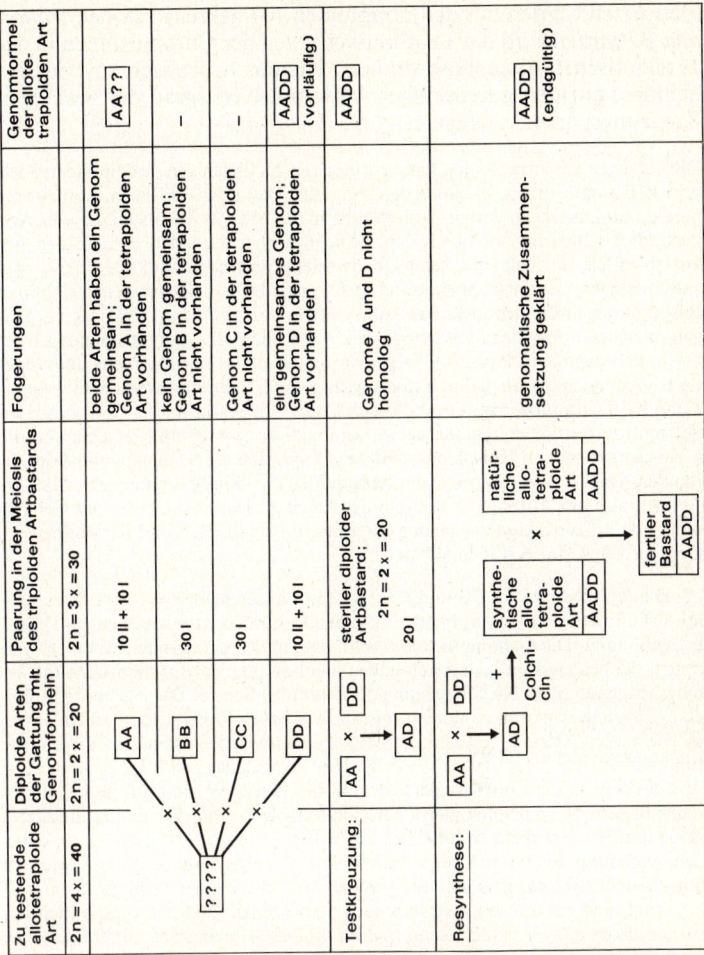

Abb. 7.10 Die Anwendung der Genom-Analyse für die Aufklärung der genomatischen Zusammensetzung einer allotetraploiden Art (Erläuterung im Text)

In der gleichen Gattung sind in unserem Beispiel 4 diploide Arten mit je 20 Chromosomen vorhanden, die aufgrund morphologischer, genetischer, physiologischer und biochemischer Eigenschaften an der Deszendenz der zu testenden tetraploiden Art beteiligt gewesen sein könnten. Sie besitzen die 4 Genome A, B, C, D. Diese 4 diploiden Arten werden mit der tetraploiden Art gekreuzt; in den *triploiden Bastarden* wird das Paarungsverhalten der Chromosomen in der 1. meiotischen Metaphase studiert. Hieraus lassen sich zuverlässige Schlüsse auf den gegenseitigen Verwandtschaftsgrad der jeweiligen Kreuzungspartner ziehen.

Die Gameten des tetraploiden Partners besitzen 20, diejenigen des diploiden Partners 10 Chromosomen, so daß in den triploiden Bastarden 30 Chromosomen vorhanden sind. Nehmen wir an, wir erhalten in der Meiosis des ersten der vier Artbastarde 10 Bivalente + 10 Univalente. Da in der zu testenden tetraploiden Art ausschließlich Bivalente und keine Quadrivalente auftreten, muß sie sich aus zwei verschiedenen Genomgruppen zusammensetzen. Die 10 Bivalente im triploiden Bastard können folglich nicht auf **Autosyndese** – das heißt auf Paarungsvorgängen zwischen homologen Chromosomen – beruhen, die vom tetraploiden Elter her in den triploiden Bastard gegeben worden sind. Sie sind vielmehr **allosyndetisch** entstanden, nämlich durch Konjugation von 10 Chromosomen des tetraploiden mit 10 Chromosomen des diploiden Elters. Die restlichen 10 Chromosomen des tetraploiden Elters finden keine Konjugationspartner und durchlaufen die Meiosis in Form von Univalenten. Hieraus folgt, daß die beiden Genome der diploiden Art AA zwei Genomen des tetraploiden Art homöolog sind. Die diploide Art war also am Aufbau der tetraploiden beteiligt. Damit sind zwei der vier Genome identifiziert; eine der beiden Elternarten ist gefunden und wir können die Genomformel von AA?? annehmen.

Die diploiden Arten BB und CC führen in unserem Beispiel nach Kreuzung mit der allotetraploiden Art in den triploiden Bastarden ausschließlich zur Univalentenbildung. Die Genome B und C sind also in der tetraploiden Art nicht vertreten; die beiden diploiden Arten haben nicht an ihrer phylogenetischen Entstehung teilgenommen. Nach Kreuzung der diploiden Species DD mit der tetraploiden Art erhalten wir im triploiden Bastard wiederum 10 Bivalente + 10 Univalente. Die beiden Arten haben also ebenfalls 2 Genome gemeinsam. Aus diesem Befund können wir jedoch nicht schließen, daß wir den zweiten Elter gefunden haben, denn es besteht die Möglichkeit, daß die Arten AA und DD in genomatischer Beziehung prinzipiell gleich sind, daß das D-Genom nur ein modifiziertes A-Genom ist. Um diese Möglichkeit zu prüfen, ist eine *Testkreuzung* zwischen den beiden *diploiden* Arten notwendig. Führt sie zu *fertilen* diploiden Bastarden mit *Bivalentenbildung* in der Meiosis, so sind die beiden Genome A und D homolog, und wir müssen weiterhin nach dem zweiten Elter der tetraploiden Art suchen. Erhalten wir jedoch einen *sterilen* diploiden Artbastard mit *Univalenten* in der Meiosis, so ist bewiesen, daß die beiden Genome A und D phylogenetisch nicht eng miteinander verwandt sind. Wir können nunmehr mit großer Wahrscheinlichkeit annehmen, den zweiten Elter der tetraploiden Art gefunden zu haben und können als vorläufige Genomformel AADD einsetzen. Endgültige Klarheit wird erst die *Resynthese* der tetraploiden Art aus den beiden diploiden Arten AA und DD bringen. Der sterile diploide Artbastard AD wird mit Hilfe von Colchicin auf das tetraploide Niveau angehoben. Dadurch entsteht die synthetische allotetraploide Form AADD. Sie ist fertil und wird mit der natürlichen allotetraploiden Art gekreuzt. Aus dem Grad der morphologischen Übereinstimmung der beiden tetraploiden Formen, vor allem aber aus dem meiotischen Verhalten der tetraploiden Bastarde und aus ihrer Fertilität, lassen sich zuverlässige Rückschlüsse auf den Grad der genomatischen Übereinstimmung der beiden Formen ziehen. Häufig ist die Abstammung der allotetraploiden Art damit geklärt und die Genomformel AADD kann als bewiesen gelten.

Mit Hilfe dieser Methode ist die genomatische Zusammensetzung zahlreicher polyploider Arten völlig oder teilweise aufgeklärt worden. Die Species *Brassica carinata, juncea* und *napus* sind polyploide Kulturpflanzen. Sie setzen sich aus folgenden diploiden Arten zusammen:

- *Brassica campestris* (2n = 20; Genome AA),
- *Brassica nigra*   (2n = 16; Genome BB),
- *Brassica oleracea*   (2n = 18; Genome CC).

Der *Raps (Brassica napus)* besitzt 38 Chromosomen und hat die Genomformel AACC. Er ist als amphidiploider Bastard aus *Brassica campestris* und *Brassica oleracea,* Rübsen und Kohl, entstanden. Die Resynthese ist im Jahre 1935 gelungen. *Brassica carinata* mit 34 Chromosomen (BBCC) ist aus der Vereinigung der Arten *Brassica nigra* und *oleracea* – dem schwarzen Senf und dem Kohl – mit anschließender Chromosomenverdoppelung hervorgegangen. *Brassica juncea* schließlich ist ein amphidiploider Bastard aus *Brassica nigra* und *campestris.* Er besitzt 36 Chromosomen und hat die Genomformel AABB. Die phylogenetischen Beziehungen zwischen den 3 diploiden Arten und ihren 3 amphidiploiden Bastarden sind mit Hilfe biochemischer Methoden (Dünnschichtchromatographie) unter Verwendung der Blattphenole als Kriterium geprüft worden. Hierbei hat man die auf cytologischem Wege erarbeiteten Abstammungshypothesen bestätigt.

Die Gattung *Gossypium (Baumwolle)* besitzt etwa 30 zumeist diploide Arten mit 26 Chromosomen. Hierbei sind 6 verschiedene Genome zu unterscheiden, von denen einige bei verschiedenen Arten in modifizierter Form vorliegen. Die 3 neuweltlichen tetraploiden Kulturarten *Gossypium hirsutum, barbadense* und *tomentosum* sind amphidiploide Bastarde aus einer amerikanischen und einer asiatischen Wildart. Sie haben die summarische Genomformel AADD.

Innerhalb der Gattung *Nicotiana* sind Artkreuzungen leichter möglich als in vielen anderen Gattungen des Pflanzenreichs. Es sind deshalb nicht nur zahlreiche allopolyploide Formen unterschiedlicher Zusammensetzung experimentell hergestellt worden, sondern es konnte die phylogenetische Entstehung der polyploiden Kulturtabake schon frühzeitig analysiert werden.

- *Nicotiana tabacum* – der virginische Tabak mit 48 Chromosomen – ist ein amphidiploider Bastard aus den diploiden 24chromosomigen Arten *Nicotiana sylvestris* und *tomentosiformis.* Seine Resynthese hat sich als außerordentlich schwierig erwiesen, ist jedoch gelungen.
- *Nicotiana rustica* – der Bauerntabak (2n = 48) – ist ein amphidiploider Bastard aus den diploiden Arten *Nicotiana paniculata* und *undulata.*

Die Aufklärung der Abstammung unserer *hexaploiden Kulturweizen* ist eins der Standardbeispiele für die Anwendung der Genom-Analyse bei der Klärung eines komplizierten phylogenetischen Problems. Die Gattung *Triticum* stellt eine polyploide Reihe mit diploiden, tetra- und hexaploiden Arten dar. Die drei Gruppen unterschiedlicher Valenz werden als

- Einkorn-Gruppe   (2n),
- Emmer-Gruppe   (4n) und
- Dinkel-Gruppe   (6n)

bezeichnet. Sowohl die tetra- als auch die hexaploiden Weizenarten bilden in der Meiosis ausschließlich Bivalente, verhalten sich in cytologischer Beziehung also wie diploide Formen und sind allopolyploiden Ursprungs. Die hexaploiden Weizen der Dinkel-Gruppe gehen auf Bastardierungen zwischen diploiden und tetraploiden Formen unter Chromosomenverdoppelung der triploiden Bastarde zurück. Eins der Kernprobleme der Bearbeitung der Weizenabstammung besteht folglich in der genomatischen Konstitution der *tetraploiden Emmer-Gruppe*. Ist sie *autotetraploid,* so sind an der Entstehung der hexaploiden Weizen nur *zwei* diploide Ausgangsarten beteiligt. Ist sie hingegen *allotetraploid,* so setzen sich die hexaploiden Weizen aus *drei* diploiden Stammarten zusammen. Es hat sich herausgestellt, daß die tetraploiden Weizen Allotetraploide sind. Für die Entstehung der hexaploiden Kulturweizen waren also drei diploide Ausgangsformen notwendig. Sie ist in Abb. 7.**11** abgeleitet.

Zunächst wurde festgestellt, daß alle Arten der *diploiden Einkorn-Gruppe* das gleiche Genom A besitzen, daß die Differenzierung innerhalb dieser Gruppe ausschließlich auf der Basis einer relativ geringen Anzahl von Genmutationen abgelaufen ist. Das A-Genom ist auch in der *tetraploiden Emmer-Gruppe* vertreten, die darüber hinaus noch das Genom B besitzt. Mit Ausnahme von *Triticum timopheevi* besitzen alle tetraploiden Weizenarten übereinstimmend die Konstitution AABB. Mit Hilfe der Genom-Analyse wurde darüber hinaus festgestellt, daß die Formen der Emmer-Gruppe am Aufbau der hexaploiden Weizen beteiligt waren. Ausgehend von dieser Grundkonzeption können wir den 3 Gruppen folglich die Genomformeln

- *AA*   : Einkorn-Gruppe,
- *AABB*   : Emmer-Gruppe,
- *AABBDD* : Dinkel-Gruppe

zuordnen. Hiervon war zunächst nur die Herkunft des A-Genoms aus der Einkorn-Gruppe bekannt. Es mußte also die Herkunft des B- und D-Genoms geklärt werden.

Schon frühzeitig wurden die engen phylogenetischen Beziehungen zwischen den Gattungen *Triticum* und *Aegilops* erkannt. Die artenreiche Gattung *Aegilops* besitzt ebenfalls Formen der Valenzen 2n, 4n und 6n, zeigt in genomatischer Beziehung jedoch eine wesentlich stärkere Aufgliederung als die Gattung *Triticum*. Aus dem Verhalten einiger *Triticum-Aegilops-Bastarde* wurde schon in den drei-

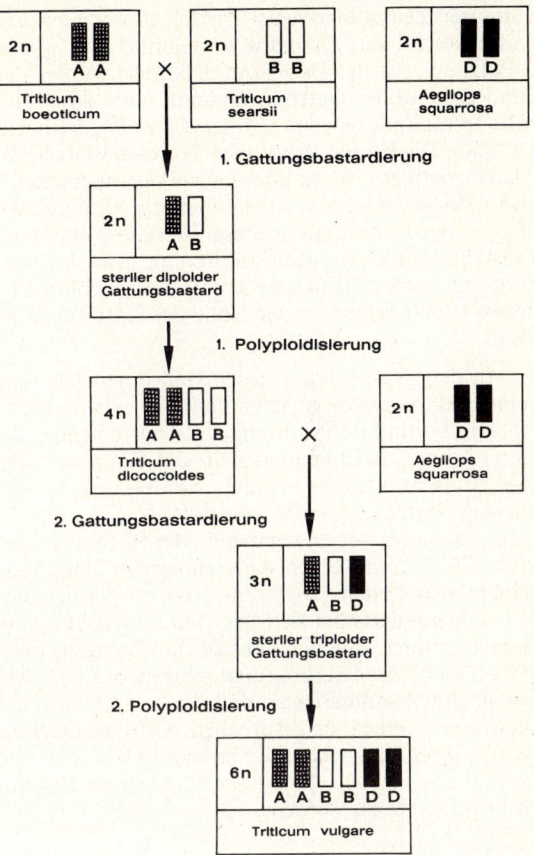

Abb. 7.11 Die phylogenetische Entstehung der hexaploiden *Kulturweizen* aus 3 diploiden Arten

ßiger Jahren geschlossen, daß einige Genome der polyploiden Weizenarten bestimmten *Aegilops*-Genomen homolog sind, daß die Gattung *Aegilops* also am Aufbau der Gattung *Triticum* beteiligt war. Nach Auswertung der Meiosis zahlreicher Bastard-Kombinationen wurde die Arbeitshypothese entwickelt, daß das B-Genom der polyploiden Weizenarten von der diploiden Species *Aegilops speltoides,* das D-Genom von *Aegilops squarrosa* stammt. Diese Hypothese ist im Prinzip durch die Resynthese der hexaploiden Weizen bestätigt worden. Sie galt bis vor wenigen Jahren als bewiesen. Erst in jüngster Zeit sind erneut Zweifel an der Herkunft des B-Genoms aufgetaucht. Zur Zeit wird vornehmlich die Species *Triticum searsii* als Donor für das B-Genom diskutiert. Außer den Genomen A, B und D ist in der Gattung Triticum noch das Genom G vorhanden. Die tetraploide Species *Triticum timopheevi* hat die Genomformel AAGG. Die beiden Gattungen *Triticum* und *Aegilops* sind von einigen Genetikern wegen ihrer engen Verwandtschaft vereinigt worden. So wird *Aegilops squarrosa* auch als *Triticum tauschii* bezeichnet. Unter Berücksichtigung dieser Regelung müßten wir in Abb. 7.**11** anstelle von Gattungsbastardierung also Artbastardierung schreiben. Es wird angenommen, daß die hexaploiden Kulturweizen vor etwa 10 000 Jahren in der Nähe des Kaspischen Meeres entstanden sind.

In den letzten Jahrzehnten sind unter den Augen der Genetiker einige allopolyploide Arten spontan entstanden und als neue Formen in bestimmte Pflanzengesellschaften eingegliedert worden. Ein interessantes Beispiel hierfür ist die Graminee *Spartina townsendii*. Sie ist 1870 erstmals erwähnt worden und in Südengland aus den beiden Arten *Spartina alterniflora* ($2n = 10x = 70$) und *stricta* ($2n = 8x = 56$) hervorgegangen. Der Artbastard besitzt 63, die neue Art 126 Chromosomen. Dies entspricht einer Valenz von 18n, also einem sehr hohen Polyploidiegrad. In den letzten Jahrzehnten des 19. Jahrhunderts hat sich *Spartina townsendii* in Südengland ausgebreitet und hat zu Beginn des 20. Jahrhunderts den Kanal überquert. Wenn sie in ihren Verbreitungsgebieten auf ihre Stammformen trifft, ist sie ihnen so überlegen, daß diese in Kürze verdrängt werden. Sie besitzt also einen ausgesprochen positiven Selektionswert und wird wegen ihrer Vitalität an der holländischen Küste im Zuge der Landgewinnung aus dem Meer angebaut. Sie ist also auf dem Wege, eine Kulturpflanze zu werden.

Ähnliche Vorgänge spielen sich seit einigen Jahrzehnten in Amerika ab. Die *Tragopogon-Arten pratensis, dubius* und *porrifolius* waren in der amerikanischen Flora nicht vertreten; sie sind erst zu Beginn des 20. Jahrhunderts aus Europa eingeschleppt worden. Dort haben sie sich rasch vermehrt. Treten sie am gleichen Standort auf, so entstehen zahlreiche sterile Artbastarde. Im Jahre 1949 wurden erstmals kleine Populationen der amphidiploiden Bastarde

– 4n *Tragopogon dubius/porrifolius* und
– 4n *Tragopogon dubius/pratensis*

beobachtet. Sie sind neue polyploide Arten der nordamerikanischen Flora und haben sich gegenüber ihren diploiden Ausgangsarten als konkurrenzfähig erwiesen.

Beziehungen zwischen der systematischen Stellung pflanzlicher Arten und ihrer Genomstufe

Das Studium der Chromosomen-Atlanten, in denen die Chromosomenzahlen von Tausenden pflanzlicher Arten aufgeführt sind, zeigt merkwürdige Gesetzmäßigkeiten. Manche Gattungen besitzen sehr einförmige niedrige Chromosomenzahlen, in anderen Genera hingegen ist eine Fülle verschiedener Chromosomenzahlen vorhanden. Sie treten teils in Form polyploider Reihen mit den Valenzen 2n, 3n, 4n, 5n, 6n und noch höheren Stufen auf und sind häufig durch aneuploide Zahlen ergänzt. Offenbar ist jede Gattung prinzipiell in der Lage, polyploide Formen hervorzubringen, die Polyploidie ist jedoch nicht in jeder Gattung evolutionistisch wirksam geworden. Sie ist bei den *Gymnospermen* außerordentlich selten. Unter den *Angiospermen* tritt sie in einigen Gattungen der artenreichen Familie der *Leguminosen* sehr selten auf. Bei den *Polygonaceen, Crassulaceen, Rosaceen,* vor allem aber bei den *Gramineen* hingegen ist sie weit verbreitet. Sehr hohe Valenzen existieren bei einigen *Farnen.* Für den in Indien und Australien beheimateten Farn *Ophioglossum reticulatum* sind Stämme mit Chromosomenzahlen zwischen 2n = 870 und etwa 1450 gefunden worden. Dies ist der höchste Wert, der bisher bekannt ist; er entspricht einer Valenz von nahezu 100n. Ihm steht als niedrigster Wert bei höheren Pflanzen die Chromosomenzahl von 2n = 4 bei der Composite *Haplopappus gracilis* gegenüber. Mikrophotos dieser beiden Extreme sind in Abb. 7.**12** wiedergegeben. Die höchste für *Monocotyledonen* bekannte Chromosomenzahl liegt bei 2n = 596 für die Species *Voaniola gerardii* auf Madagaskar. *Poa litorosa,* ein Gras der Auckland-Inseln, hat 2n = 263 – 265 Chromosomen, das sind 38 Genome. *Dicotyledonen* erreichen i. allg. keine so hohen Werte. *Sedum suaveolens* mit etwa 640 Chromosomen ist die höchste bisher bekannte Zahl dieser großen Gruppe. Eine *Kalanchoë-Art* hat etwa 500 Chromosomen, das entspricht einem Polyploidiegrad von 28n. Der für die Seidenraupenzucht verwendete *Maulbeerbaum (Morus nigra)* besitzt 308 Chromosomen in den somatischen Zellen.

Es sei darauf hingewiesen, mit welcher Präzision die Mitose in den Meristemen dieser Organismen ablaufen muß, um eine normale ontogenetische Entwicklung zu gewährleisten. Für die Meiosis ist diese Forderung nicht in allen Fällen zu erheben, da zahlreiche hochpolyploide Arten zur vegetativen Fortpflanzung übergegangen sind. Meiotische Störungen, die zur Bildung funktionsunfähiger Gameten führen, wirken sich auf den Weiterbestand dieser Arten nicht negativ aus.

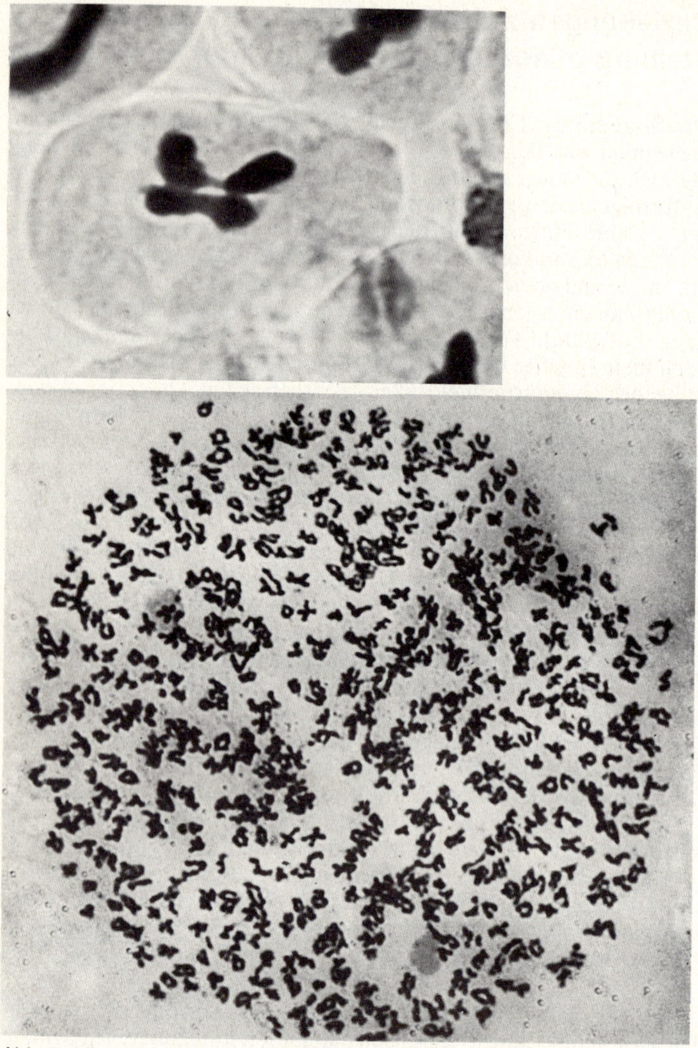

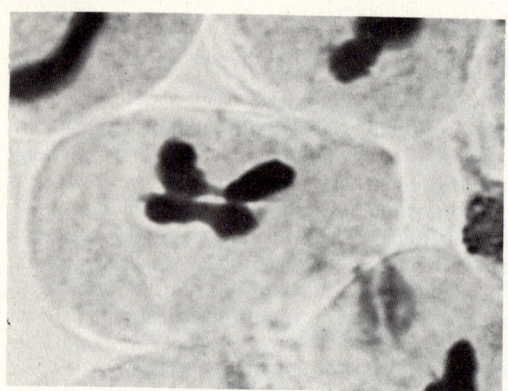

Abb. 7.12
Oben: Pollenmutterzelle von *Haplopappus gracilis* (1. Metaphase) mit 2 Bivalenten, der niedrigsten Chromosomenzahl der Blütenpflanzen (Original von *Konvička*).
Unten: Metaphasenplatte einer Mitose des indischen Farns *Ophioglossum
reticulatum* mit 1260 Chromosomen. Die Species besitzt die höchste
bisher bekannte Chromosomenzahl im Pflanzenreich (Original von
Ninan)

Zur Zeit existieren keine empirisch belegten Vorstellungen, wie diese hohen Polyploidiestufen zustande gekommen sind. Desgleichen wissen wir nicht, auf welchem Wege es diesen Arten gelingt, die physiologischen Nachteile, die mit so hohen Valenzen verbunden sind, auszugleichen. In experimentellen Polyploidisierungsversuchen ist die obere Grenze bei *Autopolyploiden* mit 8n erreicht, vielfach bereits überschritten. Bei den *Allopolyploiden* sind in einigen Gattungen die Valenzen von 10, 12 und 14n erzielt worden. Pflanzen dieser hohen Polyploidiegrade sind jedoch nicht nur steril, sondern sie sind in ihren Entwicklungspotenzen so beeinträchtigt, daß sie nicht in der Lage wären, sich unter natürlichen Konkurrenzbedingungen zu behaupten. Die natürlichen Hochpolyploiden hingegen, die sicherlich durch eine Verknüpfung auto- und allopolyploider Vorgänge entstanden sind, stehen in ihrer Vitalität den Formen niedrigerer Valenzen nicht nach. Die Aufklärung dieser Diskrepanz zwischen den Erfahrungen der experimentellen Polyploidieforschung und dem Verhalten natürlicher Polyploider ist bisher noch nicht in Angriff genommen worden.

Polyploidie und geographische sowie ökologische Verbreitung

Für zahlreiche Gattungen des Pflanzenreichs ist nachgewiesen worden, daß polyploide Arten größere Verbreitungsareale besiedeln als diploide Arten. Dies gilt sowohl in geographischer als auch in ökologischer Beziehung. Man schließt hieraus, daß die Polyploiden robuster sind als die Diploiden. Sie sind in der Lage, sich unterschiedlichen Lebensbedingungen besser anzupassen, haben folglich im Kampf ums Dasein bessere Chancen. Daneben gibt es zahlreiche Belege dafür, daß bestimmte Beziehungen zwischen der **geographischen Breite** bestimmter Standorte und dem Anteil der Polyploiden an der Flora existieren. Dies gilt mit starken Einschränkungen auch für die Beziehungen zwischen dem Polyploidenanteil und der **Höhenlage** der Standorte. Diese Parallelität ist insofern zu erwarten, als die Lebensbedingungen für die Pflanzen in Gebirgsgegenden mit zunehmender Höhe immer ungünstiger werden und in großen Zügen jenen ungünstigen Bedingungen entsprechen, die in den weiter nördlich oder südlich gelegenen Regionen der Erde gegeben sind.

An der nahezu lückenlos erfaßten europäischen Flora wurde nachgewiesen, daß im Hinblick auf den Polyploidenanteil ein Gradient von Süd nach Nord besteht: Mit zunehmender **geographischer Breite** steigt der Anteil der Polyploiden an (Abb. 7.**13**). Außerdem ist er bei den *Monocotyledonen* höher als bei den *Dicotyledonen*. Vor-

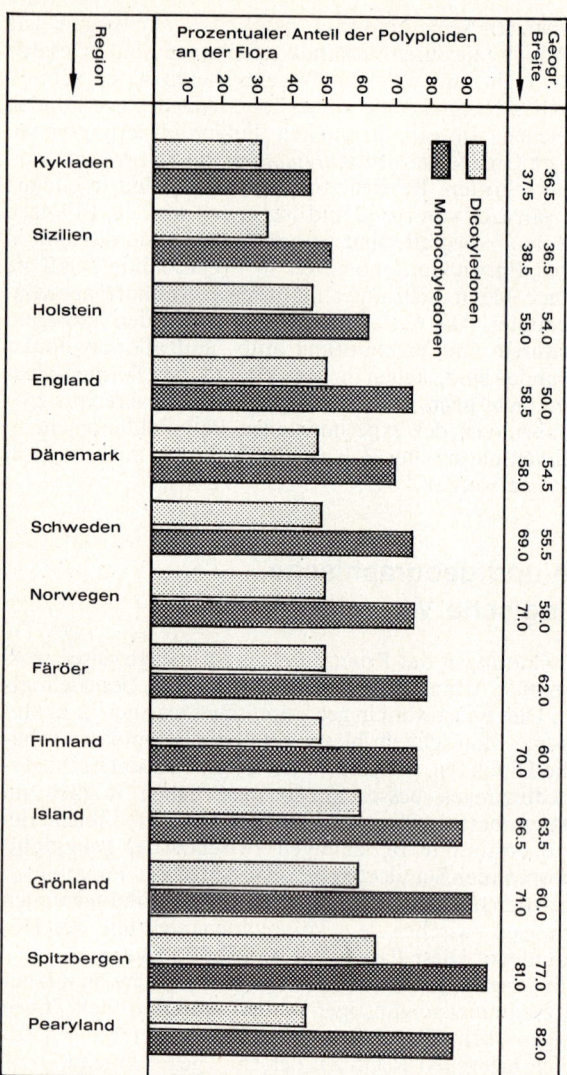

Abb. 7.**13** Die Beziehungen zwischen der geographischen Breite und dem Anteil polyploider Arten in der europäischen Flora

erst gilt diese Beziehung nur für Europa. In den arktischen Regionen Alaskas ist der Polyploidenanteil wesentlich niedriger als der Wert vergleichbarer europäischer Bereiche. Die für die Südhalbkugel der Erde bisher erarbeiteten Befunde stimmen ebenfalls nicht voll mit den europäischen Werten überein. Eine kausale Erklärung für den Gradienten und für die eben genannten Unterschiede läßt sich noch nicht geben.

In der Frühzeit der Erforschung cytogeographischer Fragestellungen ist folgende Faustregel aufgestellt worden:

- je nördlicher das Florengebiet,
- je extremer der Standort,
- je höher die Lage des Areals,
- um so höher der Anteil an Polyploiden.

Sie mag in zahlreichen Einzelfällen stimmen, kann jedoch in dieser einfachen Form nicht verallgemeinert werden. Unter Berücksichtigung neuerer Befunde wird heute die These vertreten:

- je jünger die Flora,
- um so höher ihr Anteil an Polyploiden.

Die Korrelationen zwischen dem Polyploidenanteil und der **Höhenlage des Standorts** treten nicht so deutlich in Erscheinung. Zwar gibt es auch auf diesem Sektor zahlreiche Befunde, aus denen hervorgeht, daß polyploide Arten bestimmter Gattungen bevorzugt in größeren Höhen, diploide Arten hingegen auf niedriger gelegenen Standorten wachsen. Die Anzahl der gegenteiligen Befunde ist jedoch ebenfalls groß. Dies mag teilweise darauf zurückzuführen sein, daß keine allgemeingültige Korrelation zwischen Polyploidie und **Winterhärte** bzw. **Frostresistenz** besteht.

Die Bearbeitung des Phänomens der *intraspezifischen Polyploidie* hat gezeigt, daß polyploide Pflanzen häufig andere Ansprüche an die **ökologischen Bedingungen** ihrer Standorte stellen als die diploiden Pflanzen. Dies mag zum Teil daran liegen, daß auf polyploider Ebene andere Genkombinationen möglich sind als auf diploider Ebene. Je vielfältiger die Genkombinationen innerhalb einer Art sind, um so vielgestaltiger sind die Anpassungsmöglichkeiten verschiedener Rassen dieser Art. Ausgehend von diesen Überlegungen wäre es denkbar, daß polyploide Rassen andere ökologische Anpassungsoptima besitzen als ihre diploiden Ausgangsformen, daß die beiden Gruppen folglich ökologisch unterschiedliche Standorte besiedeln.

Ein anschauliches Beispiel hierfür bezieht sich auf das japanische Lebermoos *Dumortiella hirsuta*, das mit den Chromosomenzahlen von n = 9, 18 und 27 vertreten ist. Die neunchromosomigen Rassen wachsen ausschließlich auf Kalkböden. Die anderen beiden Rassen gedeihen darüber hinaus auch auf anderen Böden. Sie sind in ihren ökologischen Ansprüchen also weniger spezifisch. Diese Plastizität ist in evolutionistischer Beziehung als Vorteil anzusehen.

Von unserer europäischen Flora ist als Beispiel die Orchidee *Orchis maculatus* zu nennen. In Schweden zeigen die Polyploiden dieser Species gegenüber den Diploiden eine größere Toleranz gegen extreme Lebensbedingungen wie Trockenheit, Nässe, Kälte und hohen Salzgehalt des Bodens. Damit sind sie in der Lage, ein wesentlich breiteres Areal zu besiedeln als ihre diploiden Ausgangsformen. Der Polyploidisierungsvorgang war hier also − wie in zahlreichen anderen Fällen − ein entscheidender Vorteil für die Erhaltung der Art. In Einzelfällen können derartige Beziehungen von unmittelbarem Interesse für die Nutzung einer Art sein. Der *Queller (Salicornia europaea)* hat in den deutschen und holländischen Küstengebieten fast den Rang einer Kulturpflanze erreicht. Wegen seiner hohen Salzverträglichkeit spielt er für die Erstbesiedelung von Böden, die dem Meere abgewonnen werden, eine wichtige Rolle. Cytotaxonomische Untersuchungen haben gezeigt, daß es sich hierbei ausschließlich um tetraploide Rassen handelt. Im norddeutschen Binnenland ist der Queller auch mit diploiden Rassen vertreten. Ihre Sämlinge sind jedoch nicht in der Lage, auf den Schlickwattböden der Küstenregionen zu überleben.

Isolation

Eine durch *Genmutationen* entstandene neue Form bleibt Bestandteil der betreffenden Art, solange sie noch mit ihrer Ausgangsform kreuzbar ist. Dies gilt auch unter der Voraussetzung, daß das neu erworbene Merkmal über den Rahmen der artspezifischen Merkmale hinausgeht. In derartigen Fällen ist die Art zwar um ein phylogenetisch brauchbares Merkmal erweitert worden, wir können jedoch noch nicht von der Entstehung einer neuen Art sprechen. Der entscheidende Schritt für die Abtrennung der Mutante von der Stammform besteht in ihrer **Isolation.** Erst dann hat sie die Möglichkeit, ihr evolutionistisches Eigenleben zu führen und sich in Verbindung mit anderen Mutationsschritten immer weiter von der Stammform zu entfernen. Die Trennung kann auf 2 verschiedenen Wegen erfolgen:

− durch eine geographische oder
− durch eine reproduktive Isolation.

Die **geographische Isolation** besteht darin, daß die Mutante durch Zufall in einen Lebensraum gerät, in dem keine Angehörigen der Ausgangsart vertreten sind, so daß Bastardierungen zwangsläufig unterbleiben müssen. In der Regel entstehen auf diese Weise zunächst **Ökotypen** und **geographische Rassen,** die an bestimmte ökologische Verhältnisse angepaßt sind. Ihre Abgrenzung gegenüber der Ausgangsart ist oftmals schwierig und subjektiv, weil noch keine

Kreuzungsbarriere herausdifferenziert worden ist. Im Pflanzen- und Tierreich sind zahlreiche Beispiele dafür bekannt, daß sich geographisch streng voneinander isolierte Rassen in vielen Merkmalen sowohl voneinander als auch von der Ausgangspopulation unterscheiden. Sie besitzen jedoch noch die gleiche Chromosomenstruktur und sind miteinander kreuzbar. Diese Situation wird allgemein im Sinne eines Übergangsstadiums von Subspecies zu Species interpretiert, ist also ein Schritt in Richtung auf die Entstehung einer neuen Art.

Ein anschauliches Beispiel für die zunehmende Differenzierung von Populationen in Verbindung mit geographischer Isolation bezieht sich auf die Möwe *Larus argentatus*. Die Species setzt sich aus einer großen Zahl von Unterarten zusammen, die die Küstengebiete um das nördliche Polarmeer besiedeln. Nach morphologischen Gesichtspunkten gehören sie alle der gleichen Art an. Dies wird dadurch unterstrichen, daß benachbarte Subspecies der Gruppe fertil miteinander kreuzbar sind. Die beiden Endglieder der Kette von Unterarten treffen im Bereich der Ostsee und des Weißen Meeres aufeinander, bilden in den Berührungsregionen jedoch keine Bastarde mehr. Diese Befunde zeigen, daß die geographische Isolation durchaus ein Faktor der Artbildung sein kann. Gleichzeitig demonstrieren sie, wie schwierig es ist, Arten und Unterarten klar gegeneinander abzugrenzen.

Eine **jahreszeitliche Isolation** kann im Prinzip die gleiche Wirkung haben wie die geographische. Sie ist bei Pflanzen, die den gleichen Lebensraum besiedeln, dann gegeben, wenn sich Vertreter der gleichen Art in ihren Blühperioden nicht überschneiden. Dies führt automatisch zu einer unabhängigen Weiterentwicklung und kommt praktisch einer sexuellen Isolierung gleich.

Die Herausdifferenzierung von **reproduktiven Isolationsmechanismen** ist sicherlich wirkungsvoller und zuverlässiger als die geographische oder jahreszeitliche Isolation. Sie werden auf zwei verschiedenen Wegen realisiert:

— Eine sexuelle Barriere verhindert Kreuzungen zwischen der neu entstandenen Form und Vertretern ihrer Ausgangsart. Damit wird der Genaustausch zuverlässig unterbunden; die Mutante ist sofort und endgültig gegenüber der Stammform isoliert.

— Der gleiche Effekt wird evolutionistisch auch dann erreicht, wenn zwar noch Kreuzungen zustande kommen, die Bastarde jedoch steril sind. Auch unter diesen Umständen kommt kein Genfluß zwischen Mutante und Stammform zustande.

Im Pflanzenreich liegen bisher kaum gesicherte Befunde über die genetischen Grundlagen der Entstehung von Isolationsmechanismen vor. Lediglich beim *Stechapfel (Datura stramonium)* ist eine spontan aufgetretene Mutante bekannt, die nicht mit ihrer Ausgangsform kreuzbar ist. Mit ihren eigenen Nachkommen hingegen gibt sie fertile Bastarde. Hier liegt eine physiologische Unverträglichkeit, eine Inkompatibilität vor, deren genphysiologische Ursachen nicht bekannt sind. An *Drosophila* ist gezeigt worden, daß die reproduktive Isolation kein Einzelmerkmal im Sinne eines mendelnden Genunterschieds ist. Für die Realisierung derartiger Barrieren ist vielmehr das Zusammenwirken mehrerer Prozesse notwendig, die erst in ihrer Gesamtheit die Isolierung der neuen Form herbeiführen.

Wesentlich einfacher ist die Situation, wenn *Genom-Mutationen* als artbildende Prozesse wirksam sind. Polyploide Formen sind häufig sofort nach ihrer Entstehung nicht mehr mit ihren diploiden Ausgangsarten kreuzbar. Selbst wenn Bastarde entstehen, sind sie in der Regel steril, so daß der Genfluß unterbleibt. Die Ursachen der Sterilität liegen in der genomatischen Konstitution der Bastarde. So sind bei der Rückkreuzung allopolyploider Formen mit einer der diploiden Ausgangsarten etwa folgende Verhältnisse zu erwarten:

- $AABB \times AA \rightarrow AAB$
- $AABBCC \times AA \rightarrow AABC$

Im ersten Fall entsteht ein triploider Bastard, der ohnehin nicht in der Lage ist, einen geregelten meiotischen Stadienablauf durchzuführen. Im zweiten Fall entsteht ein tetraploider Bastard, der in der Meiosis neben Bivalenten zahlreiche Univalente bildet. In beiden Fällen sind somit keine funktionsfähigen Gameten zu erwarten.

Die eben abgeleiteten Beispiele zeigen, weshalb es so schwierig ist, die Artbildung auf der Basis von Genmutationen zu verstehen. Für diese Vorgänge konnten in der modernen Evolutionsforschung bisher kaum empirische Belege erbracht werden. Die Artbildung auf der Basis von Genom-Mutationen hingegen bereitet weder in der Theorie noch in der experimentellen Praxis ernsthafte Schwierigkeiten.

Artbegriff und Entstehung der Arten

Trotz jahrzehntelanger Forschung bereitet die Definition der Art als biologischer Einheit große Schwierigkeiten. Bisher existiert noch keine Definition, die allen Anforderungen gerecht wird. Übereinstimmung besteht darin, daß morphologische Kriterien hierbei eine geringere Bedeutung haben als biologische. Eins der wesentlichsten Kriterien ist die *reproduktive Isolation,* die selbst dann für die Artabgrenzung entscheidend ist, wenn weitgehende morphologische Übereinstimmung besteht.

Die vornehmlich von zoologischer Seite vertretene Ansicht, daß alles, was sich fertil kreuzen läßt, zur gleichen Art gehört, hat zwar den Vorteil einer klaren Definition, wird jedoch den im Pflanzenreich realisierten Verhältnissen nicht gerecht. Das Vorhandensein von mehr als tausend experimentell hergestellten allopolyploiden Formen, die auf Art- und Gattungskreuzungen zurückgehen, beweist, daß es nicht übermäßig schwierig ist, die Artbarriere zu überwinden. Viele dieser Bastarde sind zwar steril; es gibt daneben jedoch zahlreiche fertile Bastarde aus Vertretern systematischer Gruppen, die mit Recht als „gute" Arten aufzufassen sind.

Bei Berücksichtigung der auf diesem Sektor vorliegenden Befunde und Diskrepanzen erscheint es zweckmäßig, weder die morphologischen noch die hybridologischen Fakten bei der Artabgrenzung zu stark zu betonen. Cytologische, genetische, mutationsgenetische Kriterien, Fragen der Chromosomenstruktur, serologische und andere biochemische Merkmale sollten mitberücksichtigt werden, wenn man die Art als biologische Einheit erfassen will. Auf diese Weise ist eine Abgrenzung zuverlässiger möglich als durch die dogmatische Anwendung bestimmter Einzelkriterien. Die Art ist offenbar ein so kompliziertes biologisches System, daß sie sich nicht widerspruchsfrei definieren läßt. Diese Vorstellung wird nicht nur von vielen Genetikern, sondern auch von namhaften Systematikern vertreten. Als erschwerend kommt hinzu, daß wir noch immer nicht eindeutig wissen, wie Arten entstehen, wenn wir das Zustandekommen allopolyploider Formen in diesem Zusammenhang unberücksichtigt lassen.

Artbildung auf der Basis von Genmutationen

Unsere heutigen Vorstellungen von der Artbildung gehen in wesentlichen Punkten auf die **Abstammungslehre Darwins** zurück. Während LINNÉ um die Mitte des 18. Jahrhunderts die Lehre von der *Konstanz* und damit der *Unveränderlichkeit der Arten* vertrat, hat DARWIN 100 Jahre später die Art als *veränderliche biologische Einheit* erkannt. Für ihn waren die auf der Erde vorhandenen Lebewesen Durchgangsstadien im Zuge einer langen Entwicklung. Sie sind aus ihren Vorfahren früherer erdgeschichtlicher Epochen unter Abwandlung gewisser Merkmale hervorgegangen und entwickeln sich – wiederum unter Merkmalsänderungen – zu neuen Formen weiter. Wenn die Species aber eine veränderliche biologische Einheit ist, dann muß es auf der Erde Arten geben, die den Vorgang der Veränderung – der stufenweisen Weiterentwicklung – gerade durchlaufen: es muß „*werdende Arten*" geben. Dieses Konzept ist unter der Bezeichnung **„Darwinismus"** in die Fachliteratur eingegangen und von zahlreichen Genetikern übernommen worden. Sie haben versucht – und versuchen noch heute –, die Darwinsche Hypothese durch Befunde der modernen Mutations- und Evolutionsforschung empirisch zu belegen. Das auf dieser Basis aufgebaute, erweiterte und modernisierte Konzept wird als **„Neo-Darwinismus"** oder als **„Synthetische Theorie"** bezeichnet.

Man kann die Evolution im Hinblick auf die taxonomischen Grenzen, die überschritten werden müssen, in 3 Hauptabschnitte unterteilen:

- Die *Mikro-Evolution*. Sie spielt sich im *Bereich der Art* ab. Es entstehen genotypische Unterschiede, die zu Ökotypen, Rassen und Subspecies führen. Sie sind teils auf Rekombinationen, teils auf Mutationen zurückzuführen.

- Die *Makro-Evolution*. Sie spielt sich im *Bereich der Gattung* ab; die ihr zugrundeliegenden Prozesse führen zur Entstehung neuer Arten. Da sie häufig durch Kreuzungsbarrieren gegeneinander abgegrenzt sind, kommt kein Genaustausch zustande. Dies ist jedoch keine allgemeingültige Gesetzmäßigkeit.

- Die *Mega-Evolution*. Hierbei handelt es sich um Vorgänge, die für die Entstehung *höherer systematischer Kategorien* verantwortlich sind, etwa für die Bildung neuer Familien oder noch höherer Einheiten.

Beim augenblicklichen Stand der Forschung ist nur die **Mikro-Evolution** einer experimentellen Bearbeitung zugänglich. In der modernen Biologie versucht man, die *Speciation* – die Artbildung – mit Hilfe von zwei Hypothesen zu erklären, die sich gegenseitig ausschließen. Ausgehend von zahlreichen empirisch belegten Befunden über die Bildung neuer Rassen auf der Basis von Genmutationen hat Erwin BAUR als einer der ersten Genetiker die Vorstellung vertreten, daß zwischen Rassen- und Artbildung im Hinblick auf die ihnen zugrundeliegenden Mechanismen keine prinzipiellen Unterschiede bestehen. Man kann diese Hypothese in folgender Weise charakterisieren:

Genmutationen → Sippen → Lokalrassen → Arten.

Ihr wesentlichster Gesichtspunkt besteht darin, daß die Artbildung als *kontinuierlicher Vorgang* aufgefaßt wird. Durch eine Summierung kleiner Mutationsschritte wird die Artgrenze erreicht und auf die gleiche Weise überschritten, wobei Selektions- und Isolationsvorgänge in den Ablauf des Gesamtvorgangs eingebaut werden müssen. Diese Vorstellung entspricht im Prinzip der Darwinschen Auffassung von der „werdenden Art". Ihr liegen empirische Befunde über die Wirkung zahlreicher mutierter Gene zugrunde, die in der Frühzeit der Mutationsforschung vorwiegend am *Löwenmäulchen* sowie an *Drosophila* erhalten wurden. Im Gegensatz hierzu vertreten andere Autoren die Meinung, es seien größere Mutationsschritte notwendig, um die zwischen den Arten und den höheren Kategorien realisierten Unterschiede zu schaffen. Außerdem sei der Mutationsvorgang ein im Prinzip *diskontinuierlicher Prozeß,* der nicht zu einer kontinuierlichen Entwicklung führen könne. Diese Diskrepanz besteht trotz der rapiden Entwicklung der experimentellen Mutationsforschung auch heute noch.

In Übereinstimmung mit Darwins Vorstellungen wird von vielen Genetikern der Standpunkt vertreten, die Evolution in ihrer Gesamtheit gehe letztlich auf Mutationsprozesse zurück. Sie laufen nicht gerichtet im Sinne einer gewissen Zweckmäßigkeit, sondern ungerichtet ab. Auf diese Weise entsteht eine breite genetische Variabilität, aus der die Selektionsfaktoren jene Typen herausfiltern, die sich im Kampf ums Dasein gegenüber den bereits existierenden Genotypen behaupten oder durchsetzen. Ob die Artgrenze hierbei durch die Summierung zahlreicher Genmutationen kontinuierlich oder durch einzelne „Großmutationen" diskontinuierlich überschritten wird, ist bei objektiver Bewertung der existierenden Befunde noch völlig offen. Keine der beiden Hypothesen ist bisher bewiesen worden. Neue Arten sind experimentell weder durch die schrittweise Anhäufung von Genmutationen noch durch die Induzierung einzelner progressiver Mutationen hergestellt worden. Hier liegt für die experimentelle Evolutionsforschung ein weites faszinierendes Arbeitsfeld.

Die Vorstellung, daß Mikro-, Makro- und Mega-Evolution prinzipiell durch die gleichen Mechanismen zustande kommen, wird in zunehmendem Maße angezweifelt. Es ist bei Berücksichtigung der empirischen Befunde außerordentlich schwierig, den Ablauf der Evolution mit Hilfe der neo-darwinistischen Konzeption zu verstehen. Dies wird deutlich, wenn man versucht, die engen Beziehungen zwischen Wirt und Parasit oder zwischen symbiontischen Organismen auf der Basis ungerichteter Mutationsschritte und gerichteter Selektionsvorgänge zu begreifen. Die gleichen Schwierigkeiten ergeben sich für das Verständnis vieler anderer Teilabläufe der Phylogenie. Es sind daher neuere Evolutionstheorien entwickelt worden, von denen einige genannt seien.

– *Saltationismus*
  Für die Entstehung höherer taxonomischer Kategorien werden zusätzliche Mutationsvorgänge angenommen, die zu *Evolutionssprüngen,* zu *Saltationen* führen. Eine empirische Stütze für diese auch als *„epigenetische Theorie"* bezeichnete Hypothese besteht darin, daß in geringer Zahl Makromutationen mit positivem Selektionswert isoliert worden sind. Hierbei handelt es sich um *„harmonische Großmutationen".* Sie schädigen ihren Träger nicht und sind durchaus als progressiv im Sinne einer phylogenetischen Weiterentwicklung anzusehen, wenn sie im Grad der Abweichungen auch nicht den „hopeful monsters" GOLDSCHMIDTS entsprechen.

– *Punktualismus*
  Diese Theorie berücksichtigt vor allem paläontologische Befunde. Es sind lange erdgeschichtliche Perioden bekannt, in denen die vorhandenen Arten weitgehend unverändert geblieben sind. Sie wechselten mit Perioden ab, die innerhalb kurzer Zeitläufe zu starken Veränderungen der Flora und Fauna führten. Es wird also eine *stoßweise Evolution ohne Zwischenstadien* angenommen.

– *Systemtheorie der Evolution*
  Die bisher genannten Theorien gehen von der Vorstellung aus, daß letztlich externe Faktoren für den Ablauf der Evolution verantwortlich sind. Die Vertreter der Systemtheorie beziehen darüber hinaus noch *innere Mechanismen* ein, etwa die innere Selektion, die als Gesamtheit der Selbstregulationsvorgänge des Organismus aufgefaßt wird.

– *Kritische Evolutionstheorie*
  Sie zeigt gewisse Anklänge an die Systemtheorie, gibt den intraorganistischen Faktoren jedoch einen wesentlich höheren Stellenwert als den Außenfaktoren. Die Anhänger dieser Theorie lehnen Darwins Vorstellungen ab.

Zur Zeit existiert noch kein Modell, mit dessen Hilfe das komplexe Geschehen der stammesgeschichtlichen Entwicklung widerspruchsfrei diskutiert werden kann.

Artbildung durch Bastardierung und Polyploidisierung

In den ersten Jahrzehnten des 20. Jahrhunderts ist von einigen Genetikern die These vertreten worden, die Artbildung laufe ausschließlich auf der Basis der Kombination bereits vorhandener Gene ab. Nach dieser Vorstellung ist nicht die Genmutation, sondern die *Bastardierung* der entscheidende Mechanismus der evolutionistischen Weiterentwicklung. Die Überbetonung des Bastardierungsgeschehens bei der Interpretation phylogenetischer Vorgänge wird heute allgemein abgelehnt. Dennoch ist die Bastardierung für die Entstehung neuer Arten von allergrößter Bedeutung gewesen; sie ist es noch heute. Dies gilt allerdings nur unter der Voraussetzung, daß sie zwischen Angehörigen *verschiedener Arten oder Gattungen* zustande kommt und mit einem *Polyploidisierungsvorgang* verknüpft ist. Die zunächst entstehenden Intermediärprodukte – die zumeist sterilen Art- und Gattungsbastarde – sind bei Arten mit sexueller Fortpflanzung phylogenetisch ohne Wert. Werden sie durch ontogenetisch frühzeitig ablaufende Polyploidisierungen oder nach Verschmelzung unreduzierter Gameten jedoch auf eine polyploide Genomstufe angehoben, so entstehen allopolyploide Formen. Sie besitzen unmittelbar nach ihrer Entstehung den Rang neuer Arten. In diesem Zusammenhang ist der Bastardierungsvorgang also ein evolutionistisch schöpferischer Prozeß. Alle Schwierigkeiten, die wir soeben für die Interpretation des Evolutionsgeschehens auf der Basis von Genmutationen abgeleitet haben, gelten nicht für das Prinzip von Artbastardierung + Polyploidisierung. Die Funktionsfähigkeit dieses Evolutionsmechanismus ist vielfach bewiesen worden.

Anwendung molekulargenetischer Methoden in der Evolutionsforschung

Seit einigen Jahren verwendet man molekulargenetische Methoden zur Klärung phylogenetischer Fragen. Man vergleicht DNA-Sequenzen verschiedener Formen miteinander und erhält dadurch Auskunft über den Verwandtschaftsgrad der betreffenden Taxa auf der Ebene der DNA. Diese Methode hat z. B. bei der Klärung des *Stammbaums der Vögel* zu beachtlichen Erfolgen geführt. Das Genom eines Vogels hat etwa 2 Milliarden Nucleotidpaare. Die Doppelhelices der DNA können durch Kochen in wäßriger Lösung „geschmolzen" werden: Die Wasserstoffbrücken zwischen den komplementären Basen brechen, und es entstehen Einzelstränge. Mischt man nun DNA-Einzelstränge zweier verschiedener Arten, so entstehen **Heteroduplices,** also *hybride Doppelstränge*. Die Vereinigung zum Doppelstrang kann natürlich nur in denjenigen DNA-Bereichen erfolgen, die sich aus homologen Sequenzen zusammensetzen. Aus dem Grad derartiger Homologien kann auf den gegenseitigen Verwandtschaftsgrad geschlossen werden.

Auf diese Weise hat man festgestellt, daß die DNA von *Mensch, Schimpanse* und *Gorilla* zu etwa 97% homolog ist. Die Unterschiede beziehen sich vornehmlich auf das X-Chromosom. Die beiden Schimpansen-Arten sind mit dem Menschen näher verwandt als mit den anderen Menschenaffen. Es wird angenommen, daß sich die unmittelbaren Vorfahren von Mensch und Schimpanse vor 6 – 8 Millionen Jahren getrennt und sich seitdem unabhängig voneinander entwickelt haben. Schon mit Hilfe moderner cytologischer Methoden hatte man eine weitgehende Übereinstimmung der chromosomalen Feinstruktur von *Mensch, Schimpanse, Gorilla* und *Orang-Utan* festgestellt. 18 der 23 bzw. 24 Chromosomen der Genome stimmen strukturell völlig überein, wobei der Gorilla einen etwas geringeren Grad von Übereinstimmung mit dem Menschen zeigt als die anderen Primaten. Die Vereinigung der Chromosomen 2p und 2q zum menschlichen Chromosom 2 durch den Ablauf einer *Robertsonschen Translokation* hat zur Chromosomenzahl von 2n = 46 bei der Species *Homo sapiens* geführt, während alle *Menschenaffen* 48 Chromosomen besitzen.

In Sonderfällen ist es sogar möglich, ausgestorbene Tier- und Pflanzenarten für derartige Untersuchungen zu verwenden. Das in Südafrika früher weit verbreitete *Quagga (Equus quagga)* gilt als die

Stammform aller Zebras und ist seit 1883 ausgestorben. Aus kleinen Geweberesten von Museumstieren wurden nicht nur Proteine, sondern auch Teile der DNA isoliert und kloniert. Ein DNA-Stück mit 229 Nucleotidpaaren wurde sequenziert. Es zeigt starke Ähnlichkeit mit entsprechender DNA aus dem Genom des *Bergzebras (Equus zebra)*. Offenbar sind die beiden Arten vor 3 – 4 Millionen Jahren aus gemeinsamen Vorfahren entstanden. Auch DNA aus Blättern einer 17 – 20 Millionen Jahre alten miozänen *Magnolie* ist sequenziert und kloniert worden und kann mit rezentem Genmaterial verglichen werden.

Schließlich kann man mit Hilfe der DNA-Sequenzierung die *Struktur homologer Gene verschiedener Arten* aufklären. Als Beispiel seien die *Globin-Gene der Primaten* genannt, die für die Synthese der Hämoglobin-Proteine verantwortlich sind. Die Struktur aller beteiligten Gene ist bekannt; sie liegen als Cluster auf den Chromosomen 11 und 16 des menschlichen Genoms. Die Größe der Cluster ist bei *Mensch, Gorilla* und *Gibbon* fast gleich. Aufgrund der Strukturanalysen wird angenommen, daß alle Gene für die beiden Globin-Ketten aus einem gemeinsamen Ur-Globin-Gen entstanden sind.

8 Geschlechtsbestimmung

Die geschlechtliche Differenzierung eines Organismus kann entweder durch bestimmte *Umweltfaktoren* bzw. durch *innere Entwicklungsbedingungen* oder durch die Wirkung bestimmter *Gene* erfolgen. Man unterscheidet deshalb zwischen **phänotypischer** und **genotypischer Geschlechtsbestimmung.** Ehe wir näher auf die Mechanismen dieser beiden Phänomene eingehen, seien noch einige Probleme behandelt, die sich auf die Sexualität generell beziehen.

Isogamie, Anisogamie, Oogamie, Gametangiogamie, Somatogamie

Es besteht kein Zweifel, daß die risikoarme *vegetative Fortpflanzung* phylogenetisch älter ist als die risikoreichere *sexuelle Fortpflanzung.* Die Sexualität hat sich im Zuge der Evolution aus asexuellen Vorstufen entwickelt. Sie setzt das Vorhandensein spezifischer Fortpflanzungszellen − der **Gameten** − voraus, die sich zur befruchteten Eizelle, der **Zygote**, vereinigen. Die Verschmelzung der beiden Gametenkerne wird als **Karyogamie** bezeichnet. Sie kommt grundsätzlich nur zwischen Keimzellen zustande, die eine unterschiedliche sexuelle Differenzierung erfahren haben. Am Beginn der Entstehung der Sexualität muß folglich die *Herausdifferenzierung einer sexuellen Bipolarität* gestanden haben, die wir im übertragenen Sinne als *männlich* und *weiblich* bezeichnen können. Diese Differenzierung ist bei den niedersten Organismen − soweit sie überhaupt zur sexuellen Fortpflanzung befähigt sind − bereits vorhanden, wenn sie mit den zur Zeit verfügbaren Methoden auch nicht immer erkennbar wird. Man spricht in derartigen Fällen von *Plus-* und *Minus-Gameten.* Ihre Verschiedenheit geht daraus hervor, daß niemals eine Verschmelzung zwischen 2 Plus- oder zwischen 2 Minus-Gameten zustande kommt; sie erfolgt stets zwischen einem Plus- und einem Minus-Gameten. Mit zunehmender Höherentwicklung ist schon frühzeitig eine zunehmende Differenzierung der beiden Gametensorten eingetreten. Hierbei unterscheidet man im Prinzip drei verschiedene Möglichkeiten:

- **Isogamie:** Die beiden Gametensorten sind morphologisch nicht unterscheidbar. Bei einigen Arten dieser Gruppe lassen sich mit Hilfe chemischer Methoden gewisse Unterschiede nachweisen. Mit der Verfeinerung der Methoden wird dies in zunehmendem Maße möglich sein. Durch den Begriff „Isogamie" wird also nur eine morphologische Situation charakterisiert; in physiologischer Beziehung existiert die Isogamie nicht.

- **Anisogamie:** Es treten morphologische Unterschiede − etwa geringfügige Größendifferenzen −, vor allem aber Unterschiede im Verhalten der beiden Gameten vor der Vereinigung auf. Sie können sich darin äußern, daß eine der beiden Gametensorten bewegungsaktiver ist als die andere, daß sie also für die räumliche Annäherung an den Partner besser geeignet ist. Im Prinzip sind jedoch noch beide Sorten beweglich.

- **Oogamie:** Die beiden Gameten zeigen extreme Differenzierungsunterschiede. Der männliche Gamet ist klein und beweglich. Der weibliche Gamet − die Eizelle − ist groß, reservestoffreich und unbeweglich. Das Seeigel-Ei z.B. ist etwa eine Million Mal größer als das Spermium. Mit dieser Differenzierung sind wesentliche Unterschiede in der Funktion der Keimzellensorten verbunden. Der männliche Gamet sucht die Eizelle aktiv auf. Hierbei orientiert er sich bei vielen Species im Konzentrationsgefälle einer Art „Locksubstanz", die von der Eizelle ausgeschieden wird.

Der beim Übergang von der Isogamie zur Oogamie erreichte Größenunterschied der beiden Gametensorten ist beträchtlich. Bei marinen *Algen* sind für das Größenverhältnis von Plus- und Minus- bzw. männlichen zu weiblichen Gameten folgende Werte ermittelt worden:

- bei Isogamie: 1 : 1
- bei Anisogamie: 1 : 30
- bei Oogamie: 1 : 20000

Bei den *Pilzen* gibt es noch zwei Sonderformen sexueller Fortpflanzung. Man unterscheidet hierbei zwischen:

- Gametangiogamie und
- Somatogamie.

Das Kennzeichen der **Gametangiogamie** besteht darin, daß zunächst eine Paarung zwischen den männlichen und weiblichen *Gametangien* − den *Antheridien* und *Oogonien* − erfolgt. Diese Form der sexuellen Fortpflanzung kommt bei einigen *Phycomyceten* und bei allen *Ascomyceten* vor. Bei diesen Organismen verschmelzen die Geschlechtsorgane zu einem vielzelligen Gebilde. Die sexuell unterschiedlich differenzierten Kerne dieser „Zygote" legen sich paarweise aneinander, verhalten sich im Prinzip also durchaus wie Gameten. Bei den *Ascomyceten* folgt auf die Paarung der ♂ und ♀ Kerne eine ontogenetische Weiterentwicklung. Sie ist dadurch charakterisiert, daß die gepaarten Kerne *konjugierte Teilungen* durchführen; sie teilen sich mitotisch synchron. Auf diese Weise entstehen ascogene Hyphen, die ein *Paarkernmycel*, ein *Synkaryon* oder *Dikaryon*, darstellen. Ihre Zellen sind diploid, ihre Kerne jedoch haploid. Der entscheidende Sexualvorgang − die Karyogamie − findet erst bei der Ascusbildung statt.

Eine noch stärkere Vereinfachung hat die sexuelle Fortpflanzung bei der gro-ßen Pilzgruppe der *Basidiomyceten* erreicht, die keine morphologisch differen-zierten Geschlechtsorgane mehr ausbilden. Hier fusionieren *vegetative Zellen oder Hyphen* miteinander, die sexuell unterschiedlich differenziert sind. Dieser Vorgang wird als **Somatogamie** bezeichnet. Im Anschluß hieran läuft die Ontoge-nese in Form eines Dikaryons weiter. Auch hier erfolgt die Karyogamie erst zu ei-nem wesentlich späteren ontogenetischen Zeitpunkt.

Bei sehr niedrig organisierten Lebewesen treffen im Hinblick auf die Fortpflanzung häufig mehrere Positiva zusammen, die sich vorteil-haft auf die Erhaltung der Art auswirken:

− Den Organismen stehen noch beide Fortpflanzungsweisen − die vegetative und sexuelle − zur Verfügung. Sie können in Abhän-gigkeit von den herrschenden Umweltbedingungen wahlweise zur Anwendung kommen.
− Die Sexualität ist noch an die Iso- oder Anisogamie gebunden; es sind also noch beide Gametensorten beweglich. Damit steigt die Chance, daß sich zwei sexuell unterschiedlich differenzierte Gameten begegnen und daß die Voraussetzungen für ihre Fusion herbeigeführt werden.

Diese Regelung stellt eine nahezu ideale Sicherung der Fortpflan-zung und damit eine Garantie für den Weiterbestand der Art dar.

Mit dem Übergang zur **Oogamie** wird ein Risiko in die Fortpflan-zung hineingetragen, denn es ist nur noch eine der beiden Gameten-sorten beweglich. Bei gleicher Bildungshäufigkeit männlicher und weiblicher Keimzellen würde die für die Fusion notwendige räumli-che Annäherung erschwert. Diesem Risiko wird durch eine Überpro-duktion männlicher Gameten begegnet, ein Prinzip, das sich bereits bei sehr niedrig stehenden Gattungen des Pflanzen- und Tierreichs nachweisen läßt. Es ist mit zunehmender Höherentwicklung so stark ausgeprägt worden, daß oftmals viele Millionen von Spermien zum Einsatz kommen, um eine einzige Eizelle zu befruchten.

Über die molekularbiologischen Vorgänge, die zur Vereinigung von Gameten füh-ren, liegen bisher nur wenige gesicherte Befunde vor. Die Hülle der Säugetier-Eier besitzt offenbar einen Rezeptor für die Spermatozoen. Hierbei handelt es sich um ein kleines Glykoprotein-Molekül, das nicht nur die Bindung der Spermien an die Eizelle vermittelt, sondern auch die Entleerung des Inhalts der Spermatozoen-kappe auslöst. Dieser Vorgang wird als *akrosomale Reaktion* bezeichnet. Erst nach Ablauf dieser Reaktion kommt die Fusionierung des Spermatozoons mit der Ooplasmenmembran zustande. Normalerweise kommt nur ein einziges Sper-mium zur Befruchtung. *Polyspermie* ist jedoch nicht völlig ausgeschlossen; sie führt zu nicht entwicklungsfähigen Zygoten.

In Ausnahmefällen entwickeln sich *unbefruchtete Keimzellen* − fast ausnahmslos *Eizellen* − zu Organismen weiter. Dieser Vorgang wird als **Parthenogenese** bezeichnet. Es ist eine Frage der Definition, ob man diese Form der Fortpflanzung als vegetativ oder sexuell auf-faßt. Stellt man sich auf den Standpunkt, daß jede Fortpflanzung, die mit Hilfe von Gameten erfolgt, im Prinzip mit einem Sexualvor-gang verbunden ist, so ist Parthenogenese eine Sonderform der sexuellen Fortpflanzung. Betrachtet man hingegen die Karyogamie als den entscheidenden Prozeß der Sexualität, so gehört die Parthe-nogenese zu den vegetativen Fortpflanzungsweisen.

Die Theorie der Sexualität geht von der Vorstellung aus, daß je-des geschlechtlich differenzierte Individuum prinzipiell die Möglich-keit besitzt, beide Sexualpotenzen zu entfalten. Bei *männlicher De-termination* werden die vorhandenen weiblichen Potenzen so stark unterdrückt, daß nur die männlichen zur Ausprägung kommen. Bei *weiblicher Determination* ist es umgekehrt. Die prinzipielle Richtig-keit dieser These ist für zahlreiche Organismen belegt worden, indem entweder auf experimentellem Wege oder durch zufällige Ein-wirkung bestimmter Umweltfaktoren innerhalb des gleichen Orga-nismus Umwandlungen von einem Geschlecht ins andere erfolgt sind.

Die Geschlechtsbestimmung kann sowohl in der Haplophase als auch in der Diplophase erfolgen, so daß wir 4 verschiedene Formen zu unterscheiden haben:

- haplo-phänotypische ⎫ Geschlechtsbestimmung
- diplo-phänotypische ⎭

- haplo-genotypische ⎫ Geschlechtsbestimmung
- diplo-genotypische ⎭

Nach CORRENS ist die phänotypische Geschlechtsbestimmung haploider Organismen das phylogenetisch ursprünglichste Ge-schlechtsverhalten; aus ihm haben sich die anderen Formen ent-wickelt.

Phänotypische oder modifikatorische Geschlechtsbestimmung

Wenn sich die männlichen und weiblichen Geschlechtsorgane im gleichen Organismus befinden, so kann der Geschlechtsunterschied nicht auf einem genetischen Prinzip beruhen. Derartige Organismen entwickeln sich in Verbindung mit Mitosen aus Sporen oder Zygo-ten, besitzen in ihren Zellen folglich das gleiche Erbgut. Dies gilt auch für die Geschlechtsorgane. In diesen Fällen entscheiden be-stimmte *Außenfaktoren* oder *innere Entwicklungsbedingungen,* wel-che Zellgruppen männlich und welche weiblich determiniert werden;

es liegt **phänotypische Geschlechtsbestimmung** vor. Sie ist bei den *Thallophyten,* aber auch bei *höheren Pflanzen* sowie bei *wirbellosen Tieren* weit verbreitet. Die betreffenden Organismen − gleichgültig, ob sie haploid oder diploid sind − besitzen die Potenzen zur Ausbildung beider Gruppen von Geschlechtszellen. Obwohl der Organismus also in seiner Gesamtheit genetisch gleichartig ist, differenzieren sich bestimmte Zellkomplexe zu männlichen, andere zu weiblichen Organen aus: er ist ein **Zwitter.**

Die phänotypische Geschlechtsbestimmung kann durch die verschiedensten Faktoren ausgelöst werden. Die Vielgestaltigkeit sei an einigen Beispielen demonstriert. Auf *zoologischem* Sektor sind als auslösende Faktoren zu nennen:

− Der Ernährungszustand. Beim Krebs *Monstrilla,* einem Ruderfüßler, wirkt Unterernährung hemmend auf die Realisierung des weiblichen und fördernd auf die Realisierung des männlichen Geschlechts.

− Spezifische Hormone. Der im Mittelmeer verbreitete *Sternwurm (Bonnellia viridis)* zeichnet sich durch einen so extremen Geschlechtsdimorphismus aus, daß die winzigen männlichen Individuen lange Zeit für Vertreter einer anderen Art gehalten wurden. Die Larven haben noch keine sexuelle Prägung erfahren. Die Zellen des Rüssels erwachsener Weibchen scheiden ein Hormon aus, das die Geschlechtsbestimmung bewirkt. Es hemmt die weiblichen und fördert die männlichen Entwicklungspotenzen der Larve, wobei die Konzentration des Hormons von Bedeutung ist.

− Der ontogenetische Entwicklungszustand. Beim Polychaet *Ophryotrocha puerilis* sind junge Tiere mit 15 − 20 Segmenten männlich geprägt. Haben sie die Möglichkeit, sich weiter zu entwickeln, so wandeln sie sich in Weibchen um. Durch Rückschneiden auf 5 − 10 Segmente lassen sich die Organismen in einem männlichen Dauerzustand halten. Es ist anzunehmen, daß das ontogenetische Alter nur indirekt für die Geschlechtsausprägung verantwortlich ist. Der unmittelbar wirksame Faktor dürfte auch hier ein Hormon sein, das bisher noch nicht gefunden worden ist.

Diese Beispiele lassen in anschaulicher Weise die sexuelle Bipolarität der betreffenden Organismen erkennen. Analoge Beispiele können für *botanische* Objekte angeführt werden. Besonders bei *niederen Pflanzen* ist die Realisierung des Geschlechts noch sehr plastisch und durch Außenfaktoren beeinflußbar. Die haploide, monözische Grünalge *Vaucheria repens* bildet auf dem Algenfaden nebeneinander männliche und weibliche Geschlechtsorgane. Kultiviert man sie bei relativ hohen Temperaturen (25 − 26 °C), so unterbleibt die Ausdifferenzierung der Oogonien; es entstehen rein männliche Fäden. Bei anderen monözischen Algen lassen sich durch Stickstoff- und Phosphormangel rein weibliche Individuen erzeugen. Im Gegensatz hierzu ist der Mechanismus der phänotypischen Geschlechtsbestimmung bei den *zwittrigen Blütenpflanzen* sehr stabil und nur in geringem Maße durch Umweltfaktoren beeinflußbar. Von entscheidender

Bedeutung ist hierbei die *Lage bestimmter Zellgruppen* innerhalb der Vegetationskegel, aus denen die Blüten hervorgehen. Sie zeigen eine strenge Zonierung, die mit der Geschlechtsausprägung verbunden ist. Bei der Blütenbildung – d. h. bei der vollständigen Ausdifferenzierung dieser Vegetationskegel – differenzieren sich die basalen Regionen zum Kelch- und Blütenblattkreis. Aus der nächst höher gelegenen Region entsteht das Androeceum, während sich die Spitzenregion des Kegels zum Gynaeceum ausdifferenziert (Abb. 8.1). Führt man vor der Differenzierung eine wechselseitige Transplantation von Gewebepartien aus der Spitzen- und Basalregion durch, so kommt keine herkunftsgemäße, sondern eine *lagegemäße Differenzierung* der Transplantate zustande. Das aus der Basalzone stammende Gewebe wird in der Spitzenregion für die Ausdifferenzierung der weiblichen Geschlechtsorgane mitverwendet und umgekehrt. Diese lagegemäße Differenzierung sagt nichts über die eigentlichen Ursachen der Festlegung des Geschlechts aus. Sie dürften auch bei den zwittrigen Blütenpflanzen hormoneller Natur sein.

Genetische Kontrolle der phänotypischen Geschlechtsbestimmung

Der Mechanismus der phänotypischen Geschlechtsbestimmung ist bei den zwittrigen Blütenpflanzen so stabil, daß er nur in sehr geringem Maße von Umweltfaktoren beeinflußt werden kann. Diese Stabilität ist an das reibungslose Zusammenwirken einer großen Anzahl von Genen gebunden, die nichts mit der Geschlechtsbestimmung zu tun haben, sondern die Ausdifferenzierung der Vegetationskegel zur Blüte kontrollieren. Sie müssen zum überwiegenden Teil in dominanter Form vorliegen, wenn die Differenzierungsprozesse „normal" verlaufen sollen, d. h., wenn die Entstehung einer voll funktionsfähi-

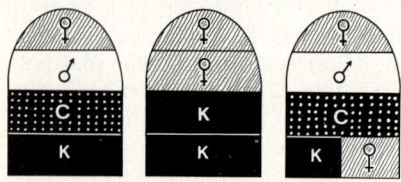

Abb. 8.1   Der Einfluß mutierter Gene auf die Ausdifferenzierung von Vegetationskegeln *(Pisum sativum)*.

Links: Normalform mit Kelch, Krone, Androeceum, Gynaeceum.
Mitte: Eine Mutante mit zwei Kelch- und zwei Fruchtblattkreisen.
Rechts: Eine Mutante, bei der ein Teil des Kelchblattkreises in Form von Fruchtblättern ausdifferenziert wird

gen Blüte gewährleistet sein soll. In normalen Pflanzen lassen sich die Wirkungsbereiche dieser Gene nicht erkennen. Mutiert jedoch ein Gen dieses Kontrollsystems, so entsteht eine Mutante, die einen gestörten Differenzierungsablauf zeigt. Er führt zu Blütenanomalien, die häufig Sterilität zur Folge haben. Je mehr Blütenmutanten wir isolieren, um so mehr Informationen erhalten wir über die Genabhängigkeit des Differenzierungsvorgangs.

Das Prinzip der lagegemäßen Ausdifferenzierung von Zellgruppen im Vegetationskegel kann unter dem Einfluß mutierter Gene durchbrochen werden. So sorgt ein rezessives Gen des *Pisum*-Genoms dafür, daß nicht nur die Spitzenregion des Vegetationskegels, sondern auch die darunter gelegene Zone weiblich determiniert wird: anstelle der Staubblätter entstehen Fruchtblätter. Das pleiotrope Gen hat darüber hinaus zur Folge, daß anstelle der Blütenblätter Kelchblätter entstehen. Die Blüten der Mutante besitzen also zwei Kelch- und zwei Fruchtblattkreise, während Corolle und Androeceum fehlen bzw. in rudimentärer Form angedeutet sind. Das dominante Allel übt im Rahmen des Differenzierungsprozesses eine außerordentlich wichtige Funktion aus: Es ist für die Differenzierung der Funktionsbereiche der Blüte verantwortlich. Im dominanten Zustand sorgt das Gen dafür, daß die vier Funktionsbereiche Kelch, Krone, Androeceum, Gynaeceum ordnungsgemäß realisiert werden. Im rezessiven Zustand hingegen wird dieses Grundprinzip gestört: Es werden nur noch zwei Funktionsbereiche realisiert, nämlich Kelch und Gynaeceum. Die Konsequenzen dieser Genwirkung bestehen letztlich darin, daß der Zwitterzustand der Erbsenblüte in den eingeschlechtlich weiblichen Zustand überführt wird (Abb. 8.1).

Genotypische Geschlechtsbestimmung

Bei *getrenntgeschlechtlichen Arten* wird die Geschlechtsbestimmung auf *genotypischem* Wege geregelt. Die männlichen und weiblichen Organismen unterscheiden sich im Hinblick auf bestimmte Gene, sogenannte **Geschlechtsrealisatoren,** häufig auch im Hinblick auf bestimmte Chromosomen, die **Geschlechtschromosomen** oder **Gonosomen,** voneinander. Sie werden als **X- und Y-Chromosomen** bezeichnet und sind bei den Karyotyp-Analysen identifizierbar. Alle übrigen Chromosomen des Genoms werden als **Autosomen** bezeichnet. Dies bedeutet keinesfalls, daß sie nicht im Zusammenhang mit der Sexualität stehen. Zahlreiche autosomale Gene sind für die Differenzierung der Geschlechtsorgane sowie für die Keimzellenbildung verantwortlich. Im mutierten Zustand führen sie entweder zu starken Einschränkungen der Fertilität oder zur Sterilität.

Im Hinblick auf die Geschlechtsbestimmung unterscheiden sich Haplonten und Diplonten in charakteristischer Weise voneinander:

– Bei der **haplogenotypischen Geschlechtsbestimmung** ist die *Meiosis* der entscheidende Prozeß.

– Bei der **diplogenotypischen Geschlechtsbestimmung** ist die *Zygotenbildung* der entscheidende Prozeß.

Haplogenotypische Geschlechtsbestimmung

Haplonten durchlaufen ihre Ontogenese in der haploiden Kernphase. Im Hinblick auf ihre Geschlechtsrealisatoren können wir also weder von Homo- noch von Heterozygotie sprechen, weil nur eins der beiden Allele vorhanden ist. Dies gilt im übertragenen Sinne auch für jene Haplonten, die Geschlechtschromosomen besitzen, sowie für Organismen mit Generationswechsel, sofern er mit einem Kernphasenwechsel verbunden ist.

Haploide Organismen sind in physiologischer Beziehung entweder männlich oder weiblich differenziert. Bei sehr einfach organisierten Lebewesen ist der Geschlechtsdimorphismus noch nicht ausgeprägt. Man spricht in derartigen Fällen von *Plus-* und *Minus-Individuen,* die den männlichen und weiblichen Individuen höher organisierter Arten entsprechen. Bei der Zygotenbildung werden die Allele, die für die sexuelle Differenzierung verantwortlich sind, vereinigt. Es wird eine Art Zwitterzustand hergestellt, der jedoch auf die Zygote beschränkt bleibt. Da für die weitere Entwicklung der Haplonten aus der Zygote die Meiosis notwendig ist, wird der potentiell zwittrige Zustand der Diplophase, der mit dem heterozygoten Zustand von Geschlechtsrealisatoren identisch ist, sofort wieder zerlegt:

– 50% der aus der Meiosis hervorgehenden haploiden Sporen sind männlich bzw. plus-differenziert;

– 50% sind weiblich bzw. minus-differenziert.

Das Geschlechtsverhältnis männlich : weiblich = 1 : 1 wird durch den reibungslosen Stadienablauf der Meiosis garantiert (Abb. 8.**2**).

Als Beispiel hierfür sei das Sexualverhalten von *Gonium pectorale* gewählt, einer haplontischen isogamen Grünalge, die zu den Volvocales gehört. Sie hat den Vorteil, daß sie sich sowohl vegetativ als auch sexuell fortpflanzen läßt. Auf *vegetativem* Wege erhält man sexuell unterschiedlich differenzierte Klone, die sich morphologisch nicht unterscheiden, die wir folglich als Plus- und Minus-Klone bezeichnen wollen. Bei *sexueller* Fortpflanzung kommt innerhalb des gleichen Klons niemals Konjugation zustande. Es müssen vielmehr Gameten verfügbar sein, die aus sexuell unterschiedlich differenzierten Klonen stammen.

Die Methode, die man für die Klärung der Sexualverhältnisse derartiger Organismen heranzieht, ist die **Tetraden-Analyse.** Voraussetzung hierfür sind Zygoten, die aus der Verschmelzung von Plus- und Minus-Gameten entstanden sind. Die aus der Meiosis hervorgehenden 4 Sporen werden isoliert und auf vegetativem Wege zu vier Klo-

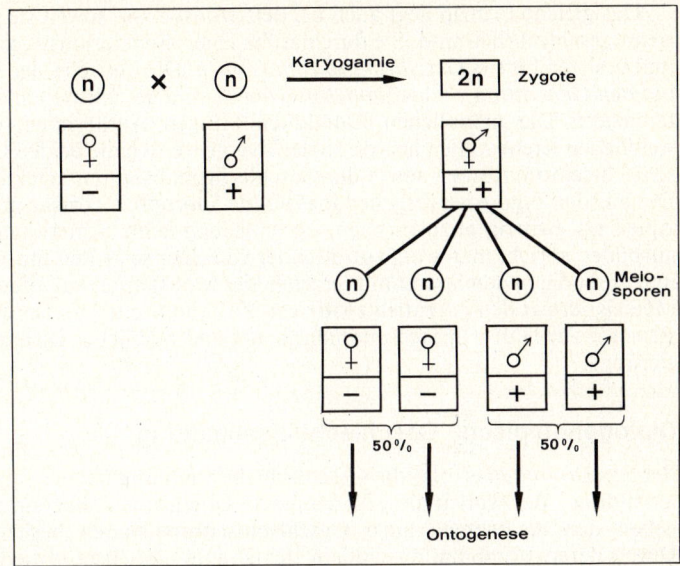

Abb. 8.2   Schema der haplogenotypischen Geschlechtsbestimmung

nen weiterentwickelt. Aus dem Konjugationsverhalten nach Mischung dieser 4 Klone kann man die sexuelle Differenzierung der 4 Meiosporen erkennen. Hierbei zeigt sich, daß zwei der 4 Sporen eine Plus-, die anderen beiden eine Minus-Differenzierung erfahren haben. Diese Situation ist unter der Annahme zu erwarten, daß die Zygoten heterozygot +/− waren und daß dieser Zustand durch die Meiosis in + und − zerlegt worden ist. Das Kreuzungsschema, das sich aus dieser Konstellation ergibt, ist in Abb. 8.3 dargestellt. Mit Hilfe dieser Methode ist seit 1930 das Geschlechtsverhalten einer größeren Anzahl von *Algen* und *Pilzen* aufgeklärt worden.

Abb. 8.3   Die Anwendung der Tetraden-Analyse für die Aufklärung der sexuellen Differenzierung der Meiosporen isogamer Haplonten.
1, 2, 3, 4: Die vier aus isolierten Meiosporen hervorgegangenen Klone sowie ihre sexuelle Differenzierung.
Z: Zygotenbildung nach Konjugation sexuell unterschiedlich differenzierter Gameten.
O: Keine Zygotenbildung

		①	②	③	④
		+	+	−	−
①	+	O	O	Z	Z
②	+	O	O	Z	Z
③	−	Z	Z	O	O
④	−	Z	Z	O	O

Das gleiche Prinzip liegt auch bei den *Moosen* vor, soweit sie getrenntgeschlechtlich sind. Sie durchlaufen einen Generationswechsel und besitzen bereits *Geschlechtschromosomen.* Die Vertreter der *haploiden Generation* − des *Gametophyten* − sind geschlechtlich differenziert: Die männlichen Individuen bringen Antheridien, die weiblichen Archegonien hervor. In der Zygote werden die beiden Geschlechtschromosomen sowie die Geschlechtsrealisatoren vereinigt. Der aus der Zygote hervorgehende *diploide Sporophyt* ist zwar prinzipiell als zwittrig anzusprechen; da er jedoch keine Sexualorgane ausbildet, spricht man wohl zutreffender von einer sexuellen Indifferenz. Erst die in den Sporenmutterzellen der Mooskapsel ablaufende Meiosis zerlegt den potentiell zwittrigen Zustand wieder, und es entstehen je zur Hälfte Sporen mit männlicher und weiblicher Differenzierung.

Diplogenotypische Geschlechtsbestimmung

Bei den *Diplonten* erfolgt die Geschlechtsbestimmung bei der Zygotenbildung. Wir wollen diese Vorgänge an Organismen ableiten, die neben den Autosomen auch **Geschlechtschromosomen** besitzen. Durch deren Kombination wird in der Zygote ein Zustand hergestellt, der entweder zur männlichen oder zur weiblichen Geschlechtsausprägung führt. Hierbei sind zwei verschiedene Gruppierungen möglich. Zunächst müssen wir prinzipiell unterscheiden zwischen dem

− XY - Typus und dem
− XO - Typus.

Im ersteren Fall sind im diploiden Zustand zwei Geschlechtschromosomen vorhanden, das X- und Y-Chromosom. Es ist anzunehmen, daß sie im phylogenetischen Sinne Homologe sind, die sich aus einem Paar von Autosomen entwickelt haben. Ihre Homologie tritt jedoch weder in genetischer noch in morphologischer Beziehung in Erscheinung. Das **X-Chromosom** ist insofern ein „normales" Chromosom, als es zahlreiche Gene enthält und sich in dieser Beziehung nicht von den Autosomen unterscheidet. Für die Mehrzahl dieser Gene gibt es im Y-Chromosom keine Allele. Sie zeigen folglich ein vom normalen Mendelismus abweichendes genetisches Verhalten, das als *geschlechtsgebundene Vererbung* bezeichnet wird (S. 138). Das **Y-Chromosom** kann in genetischer Beziehung nicht als vollwertig bezeichnet werden. Es ist bei den meisten Arten stark heterochromatisch und besitzt offenbar nur wenige Gene. Trotzdem wird es als ein komplexes genetisches System betrachtet, dessen nähere Erforschung erst vor wenigen Jahren begonnen hat. Bei *Drosophila* ist es voll heterochromatisch. Seine Hauptfunktion besteht darin, die Differenzierung der Spermatiden in funktionsfähige Spermien zu kontrollieren. Bisher sind für das Y-Chromosom von *Drosophila melanogaster* 7 Fertilitätsfaktoren bekannt, von denen 5 im langen und 2 im kurzen Arm liegen. Bei *Drosophila hydei* ist in den Kernen der Spermatocyten eine aktive Phase erkennbar, in der am Y-Chromosom lampenbürstenartige Schleifen ausgebildet werden. Lebensnotwendige Gene scheinen jedoch nicht vorhanden zu sein. Als einziger phänotypisch erkennbarer Mendel-Faktor liegt das Gen *bobbed* auf dem Y-Chromosom. Es bewirkt die Ausbildung verkürzter Borsten und hat ein Allel auf dem X-Chromosom.

In den frühen Stadien der ersten meiotischen Teilung kommt bei XY-Individuen eine lockere Paarung zustande, die sich auf kurze, offenbar homologe Segmente beschränkt. In Verbindung mit der Bildung einzelner Chiasmata entstehen XY-Bivalente, aus denen eine geregelte Verteilung der beiden Geschlechtschromosomen in der 1. Anaphase erfolgt.

Bei vielen *Fischen* tritt der Unterschied zwischen dem X- und Y-Chromosom genetisch kaum in Erscheinung. Hier können überzählige Geschlechtschromosomen vorhanden sein, die keine genetischen Funktionen übernehmen. Unter Umständen kann das Y-Chromosom fehlen.

Das Vorhandensein von 2 Geschlechtschromosomen läßt im Zusammenhang mit der Geschlechtsbestimmung zwei verschiedene Möglichkeiten zu:

1. XX → weibliche Determinierung
   XY → männliche Determinierung
2. XX → männliche Determinierung
   XY → weibliche Determinierung.

Im ersten Fall liegt **männliche Heterogametie** vor. X- und Y-Chromosom des Männchens zeigen in der Meiosis insofern das Verhalten homologer Chromosomen, als sie auf verschiedene Tochterkerne verteilt werden. Infolgedessen besitzen 50% aller Spermien das X-Chromosom, die übrigen 50% das Y-Chromosom. Die weiblichen Organismen hingegen bilden ausschließlich Eizellen mit dem X-Chromosom, weil in ihren Oocyten kein Y-Chromosom vorhanden ist. Schon CORRENS hat festgestellt, daß die Kreuzung ♂ × ♀ unter diesen Voraussetzungen der Rückkreuzung eines monohybriden Bastards mit dem rezessiven Elter entspricht. Sie führt theoretisch zu gleichen Häufigkeiten männlicher und weiblicher Nachkommen, eine Gesetzmäßigkeit, die in der Natur bei dieser Organismengruppe im Prinzip Gültigkeit hat (Abb. 8.4). Männliche Heterogametie findet sich beim *Menschen* und bei allen *Säugetieren,* den meisten *Insekten,* im Pflanzenreich bei fast allen *getrenntgeschlechtlichen An-*

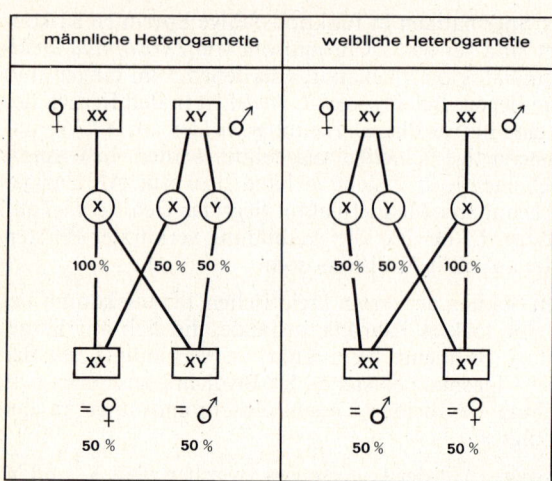

Abb. 8.4 Das Auftreten von männlichen und weiblichen Nachkommen in gleicher Häufigkeit bei der Geschlechtsbestimmung vom Typus XY. Männliche und weibliche Heterogametie führen zum gleichen Ergebnis

giospermen. Die Entscheidung für die Geschlechtsbestimmung liegt bei diesem Modus ausschließlich bei den *Vätern,* weil nur die männlichen Keimzellen in Form von X- oder Y-Gameten vorliegen. Da im weiblichen Geschlecht nur X-Eizellen angeboten werden, kann der mütterliche Partner die Geschlechtsbestimmung nicht beeinflussen.

Die Tatsache, daß der XY-Typus mit männlicher Heterogametie sowohl bei *Drosophila* als auch beim *Menschen* auftritt, bedeutet nicht, daß wir den Mechanismus der Geschlechtsbestimmung bei diesen Organismen gleichsetzen können. Im Hinblick auf die Bedeutung des Y-Chromosoms liegen vielmehr gravierende Unterschiede vor. Untersuchungen an *Drosophila*-Fliegen mit Abweichungen in der Anzahl der Geschlechtschromosomen haben gezeigt, daß hier das Y-Chromosom ohne Belang ist. Entscheidend für die Geschlechtsausprägung ist vielmehr das Zahlenverhältnis zwischen den X-Chromosomen und den Autosomensätzen, das im **Geschlechtsindex** zum Ausdruck kommt. Bei *Drosophila* ergeben sich hierbei folgende Gesetzmäßigkeiten:

– Das normale *weibliche* Geschlecht kommt stets dann zustande, wenn auf jeden Satz von Autosomen ein X-Chromosom kommt. Bei der diploiden Fliege bedeutet dies, daß der weibliche Zustand durch die Kombination

- 2 Autosomensätze + 2 X-Chromosomen gegeben ist.

Der Geschlechtsindex ist 1,0: $\dfrac{2\,X}{2\,A} = 1,0$

- Das normale *männliche* Geschlecht kommt zustande, wenn auf jeden Satz von Autosomen nur ein halbes X-Chromosom kommt. Bei der diploiden Fliege ist diese Situation gegeben bei der Kombination

- 2 Autosomensätze + 1 X-Chromosom.

Der Geschlechtsindex ist hierbei 0,5: $\dfrac{1\,X}{2\,A} = 0,5$

Die Anwesenheit von Y-Chromosomen spielt keine Rolle. Diese Gesetzmäßigkeit gilt nicht nur für die diploiden Fliegen, sie gilt auch für polyploide, wobei wiederum nur das Zahlenverhältnis „Anzahl der X-Chromosomen: Anzahl der Autosomensätze" von Bedeutung ist.

Aus den in Tab. 8.1 zusammengestellten Möglichkeiten unterschiedlicher Geschlechtsindices wird diese Gesetzmäßigkeit klar. Die Tabelle zeigt, daß wir nicht einfach sagen können:

- XX → Weibchen
- XY → Männchen

Tabelle 8.1   Die Geschlechtsbestimmung bei *Drosophila melanogaster*

$$\left(\text{Geschlechtsindex} \;=\; \frac{\text{Anzahl der X-Chromosomen}}{\text{Anzahl der Autosomensätze}}\right)$$

Autosomensätze + X-Chromosomen	Geschlechtsindex	Geschlecht
2A + 3X	1,5	Überweibchen
2A + 2X	1,0	
2A + 2X + 2Y	1,0	normale Weibchen
3A + 3X	1,0	
4A + 4X	1,0	
4A + 3X	0,75	Intersexe
3A + 2X	0,67	
2A + 1X + 1Y	0,5	
2A + 1X	0,5	normale Männchen
2A + 1X + 2Y	0,5	
4A + 2X	0,5	
3A + 1X + 1Y	0,33	Übermännchen

Die Verhältnisse sind wesentlich komplizierter. Wir müssen hierbei von folgender Interpretation ausgehen (GI = Geschlechtsindex):

- GI = 1,0 → normale Weibchen
- GI = 0,5 → normale Männchen
- GI > 1,0 → Überweibchen
- GI < 0,5 → Übermännchen
- GI zwischen 1,0 und 0,5 → Intersexe mit den Attributen beider Geschlechter.

Die bisher abgeleiteten Formen der diplogenotypischen Geschlechtsbestimmung gelten für männliche Heterogametie. Bei den *Vögeln,* vielen *Schmetterlingen* sowie bei einigen *Fischen* liegt **weibliche Heterogametie** vor. Aus dem *Pflanzenreich* kann die *Erdbeere* als Beispiel hierfür genannt werden. Bei dieser Gruppe werden von den weiblichen Individuen zwei für die Geschlechtsbestimmung unterschiedliche Sorten von Eizellen gebildet, während die Spermien ausschließlich das X-Chromosom besitzen. In genetischer Beziehung ist die gleiche Situation wie bei männlicher Heterogametie gegeben, so daß wir auch bei diesem Modus in den Nachkommenschaften männliche und weibliche Individuen in etwa gleicher Häufigkeit zu erwarten haben (Abb. 8.4).

Eine kleine Gruppe von Organismen (*Wanzen,* bestimmte *Nematoden,* einige *Kleinschmetterlinge*) gehört dem **XO-Typus** an. Sie besitzen nur X-Chromosomen, während das Y-Chromosom fehlt. Theoretisch müssen wir auch hier zwei verschiedene Möglichkeiten unterscheiden:

1. XX → weibliche Determinierung
   XO → männliche Determinierung
2. XX → männliche Determinierung
   XO → weibliche Determinierung.

Der erste Fall (männliche Heterogametie) ist bei den *Wanzen* realisiert. Da die Weibchen zwei homologe X-Chromosomen besitzen, erhält jede Eizelle nach Ablauf der Oogenese ein X-Chromosom. Bei den Männchen hingegen ist nur ein einziges Geschlechtschromosom vorhanden. Es gelangt in der ersten Teilung der Spermatogenese in einen der beiden Tochterkerne; der andere besitzt überhaupt kein Geschlechtschromosom. In der zweiten meiotischen Teilung wird diese Situation reproduziert. Vom Männchen werden folglich zwei Sorten von Spermien erzeugt, die auch bei diesem Modus entscheidend für die Geschlechtsbestimmung sind und für gleiche Häufigkeiten der beiden Geschlechter sorgen (Abb. 8.5):

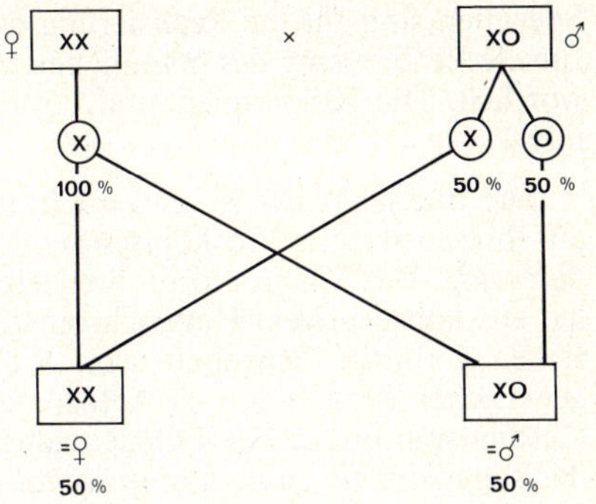

Abb. 8.5 Das Auftreten männlicher und weiblicher Nachkommen in gleicher Häufigkeit beim XO-Typus. Als Beispiel ist die bei den *Wanzen* realisierte männliche Heterogametie gewählt worden

– Spermien mit einem X-Chromosom. Sie führen zur Bildung von XX-Zygoten und damit zu weiblichen Individuen.
– Spermien ohne Geschlechtschromosom. Sie führen zur Bildung von XO-Zygoten, aus denen sich männliche Individuen entwickeln.

Weibliche Heterogametie des XO-Typs ist für einige *Kleinschmetterlinge* bekannt.

Bei allen Organismen mit dem XX/XY- bzw. dem XX/XO-Typus der Geschlechtsbestimmung muß der genetische Ausfall des Y-Chromosoms bzw. des fehlenden X-Chromosoms kompensiert werden. Dies wird bei *Insekten-Männchen* (XY) dadurch erreicht, daß die Transkriptionsintensität der X-chromosomalen Gene verdoppelt wird. Durch diesen Mechanismus wird in den XY-Zellen die gleiche Menge von Genprodukten gebildet wie in den XX-Zellen. Bei den weiblichen Individuen der *Säugetiere* hingegen wird eins der beiden X-Chromosomen inaktiviert (s. *Dosiskompensation*, S. 328).

Geschlechtsbestimmung beim Menschen

Beim *Menschen* liegt genotypische Geschlechtsbestimmung mit männlicher Heterogametie vor (Abb. 3.12). Im Gegensatz zu *Drosophila* ist jedoch das *Y-Chromosom* von ausschlaggebender Bedeutung. Das *männliche* Geschlecht wird nur dann realisiert, wenn in der Zygote ein Y-Chromosom vorhanden ist. Für die normale männliche Geschlechtsausprägung sowie die normale Sexualfunktion ist die Konfiguration von 2 Autosomensätzen + X + Y erforderlich (2A/XY). *Weibliche* Organismen normaler Konstitution entstehen, wenn außer den Autosomensätzen 2 X-Chromosomen vorhanden sind. Da die Frau homogametisch ist, bildet sie nur Eizellen mit dem X-Chromosom. Sie ist folglich nicht in der Lage, das Geschlecht des entstehenden Embryos zu bestimmen. Der Mann hingegen ist heterogametisch und bildet je zur Hälfte X- und Y-Spermien. Seine X-

Spermien sind für die Realisierung des weiblichen, die Y-Spermien für die Realisierung des männlichen Geschlechts des Kindes verantwortlich. Die X-Spermien sind etwa 3% schwerer als die Y-Spermien.

Die menschlichen X- und Y-Chromosomen lassen im Hinblick auf ihre Struktur mikroskopisch keine Homologie erkennen, sie sind *heterolog*. Das Y-Chromosom ist kleiner und besteht zu großen Teilen aus konstitutivem Heterochromatin. Dies dürfte der Grund für seinen geringen Gengehalt sein. Während das X-Chromosom in genetischer Beziehung den Autosomen entspricht, sind für das Y-Chromosom bisher nur 4 Gene nachgewiesen worden. Sie liegen in der sogenannten *„pseudo-autosomalen Region"* am Ende des kurzen Arms. Ein Gen, der *TDF-Faktor,* ist für die Determinierung der Hoden verantwortlich. Er ist offenbar das wesentlichste Gen für die männliche Entwicklung und arbeitet mit zahlreichen autosomalen und X-chromosomalen Genen zusammen. Im Euchromatin des langen Arms liegt ein Gen für eine noch nicht näher bekannte Funktion während der Spermatogenese. Ein weiteres Gen codiert für die H-Y-Histokompatibilitäts-Antigene. In der pseudo-autosomalen Region kommen Chiasmen und Crossing-over-Vorgänge zustande. Trotz der Heterologie bilden X und Y also ein Bivalent, das stabförmige *Sex-Bivalent.* Es ist mikroskopisch gut erkennbar und bleibt bis zur 1. Metaphase erhalten. In der 1. Anaphase wandern die beiden Geschlechtschromosomen an entgegengesetzte Spindelpole, verhalten sich also in dieser Beziehung wie die Homologen der Autosomen. Dies hat zur Folge, daß die Tochterkerne und die späteren Spermien je zur Hälfte das X- und das Y-Chromosom erhalten.

Eine besondere cytogenetische Eigenart vieler Säugetiere besteht darin, daß eins der beiden X-Chromosomen der weiblichen Individuen durch Heterochromatisierung weitgehend, wenn auch nicht vollständig, inaktiviert wird, so daß — wie im männlichen Geschlecht — nur ein einziges genetisch aktives X-Chromosom vorhanden ist. Dieses Phänomen, das zunächst bei *Katzen* und *Mäusen,* später auch beim *Menschen* gefunden wurde, wird als **Dosiskompensation** bezeichnet. Die Inaktivierung erfolgt in einem sehr frühen Stadium der Embryonalentwicklung, und zwar etwa 16 Tage nach der Befruchtung. Sie geht von einem „Inaktivierungszentrum" aus und wird genetisch gesteuert. Im Hinblick auf die Herkunft der beiden X-Chromosomen erfolgt sie zufallsgemäß. Es kann also in verschiedenen Zellen der gleichen Frau teils das väterliche, teils das mütterliche X-Chromosom inaktiviert werden. Dieser Zustand wird durch Mitosen an die Tochterzellen weitergegeben. Auf diese Weise entsteht im weiblichen Körper ein Mosaik im Hinblick auf die Aktivität der X-Chromosomen. Es werden jedoch nicht alle Gene abgeschaltet, einige der aktiv bleibenden zeigen aber gegenüber ihren Allelen auf dem aktiven X-Chromosom eine geringere Ausprägungsstärke. Vor der Oogenese erfolgt die Reaktivierung des zweiten X-Chromosoms in den Oogonien, und nur während der Meiosis sind beide X-Chromosomen aktiv. Das inaktivierte Chromosom tritt in den *Somazellen der Frau* als kleines, stark färbbares Gebilde, als sogenanntes **Barr-Körperchen** in Erscheinung. Es kann leicht erkannt werden und wird im Rahmen von Schnelltests zur Ermittlung der Anzahl der X-Chromosomen herangezogen. Auch die bei aneuploiden Organismen vorhandenen überzähligen X-Chromosomen werden inaktiviert (s. u.). Interessanterweise kommt auch beim *Mann* eine freilich nur kurzzeitige Inaktivierung zustande: Das in den Spermatogonien vorhandene X-Chromosom wird unmittelbar vor Beginn der Meiosis inaktiviert. Diese Regelung gilt offenbar für alle Säugetiere. Beim *Känguruh* wird stets das vom Vater stammende X-Chromosom inaktiviert.

Nicht selten kommen *Unregelmäßigkeiten in der Anzahl der Geschlechtschromosomen* zustande, die ernsthafte Konsequenzen nicht nur für die Ausprägung der sekundären Geschlechtsmerkmale, sondern auch für die sexuelle Funktionsfähigkeit der Betroffenen haben. In der Mehrzahl aller Fälle handelt es sich hierbei um ein- oder mehrfache **Trisomien** im Hinblick auf das X-, seltener auf das Y-Chromosom. Außerdem ist die Konfiguration von XO, also das Fehlen eines Geschlechtschromosoms, bekannt. Beide Phänomene sind *Aneuploidien,* gehören folglich zur Gruppe der *Genom-Mutationen.*

Wird die normale männliche Konstitution von 2A/XY um ein X-Chromosom erweitert, so kommen Anomalien zustande, die sich nicht nur auf die Sexualfunktion, sondern auch auf andere Bereiche des Organismus auswirken können. Diese Aneuploidie wird als **Klinefelter-Syndrom** bezeichnet; sie ist die häufigste numerische Chromosomenanomalie beim Menschen. Zygoten der Konfiguration 2A/XXY haben einen Geschlechtsindex von 1,0, würden bei *Drosophila* also zu einem *weiblichen* Organismus führen. Beim *Menschen* entstehen aus ihnen *Männer,* weil nicht der Geschlechtsindex, sondern Anwesenheit oder Fehlen des Y-Chromosoms für die Geschlechtsbestimmung entscheidend sind. Bei einem Teil dieser Männer treten überdurchschnittliche Körperlänge und Fettleibigkeit auf. In sexueller Beziehung können gewisse Anzeichen von Gynandromorphismus in Erscheinung treten. Der Bartwuchs ist reduziert; mit der verstärkten Brustbildung sowie einer Überbetonung der Hüften werden weibliche Elemente erkennbar. Das zusätzlich vorhandene X-Chromosom kann also eine weibliche Tendenz im primär männlich determinierten Organismus zur Folge haben. In den stark verkleinerten Hoden werden keine funktionsfähigen Spermien gebildet; XXY-Männer sind steril.

Die Konfiguration von XXY tritt in einer Häufigkeit von 1 – 2 Fällen auf 1000 männliche Neugeborene auf. Die Häufigkeit nimmt jedoch mit dem Alter der Mutter zu, so daß eine gewisse Parallele zum Down-Syndrom vorliegt (Trisomie 21; S. 256). Die Anomalie ist in der Mehrzahl aller Fälle auf ein Non-disjunction während der Oogenese der Mutter zurückzuführen. Es muß sich in diesem Spezialfall natürlich auf die Geschlechtschromosomen beziehen: Die beiden X-Chromosomen der Oocyte gelangen nach der 1. meiotischen Teilung in den gleichen Tochterkern und später in die Eizelle. Wird diese Eizelle von einem normalen Y-Spermium befruchtet, so entsteht eine XXY-Zygote. In seltenen Fällen wird das zusätzliche X-Chromosom vom Spermium in die Zygote eingebracht, ist also väterlichen Ursprungs. Mit Hilfe biochemischer Methoden kann die Herkunft des überzähligen Chromosoms bestimmt werden.

In geringer Häufigkeit treten – meist in Form von Mosaikbildungen innerhalb des Körpers – noch stärker abweichende Konfigurationen auf, die sich nicht nur auf das X-, sondern auch auf das Y-Chromosom beziehen können. Beim Menschen sind folgende Konfigurationen bekannt:

- 2A/XXXY
- 2A/XXXXY
- 2A/XXXYY
- 2A/XXYYY.

Falls diese Konfigurationen in Zygoten vorliegen, entwickeln sich Männer, die die gynandromorphen Symptome des Klinefelter-Syndroms infolge der zusätzlichen X-Chromosomen in verstärktem Maße zeigen. Sie sind steril und mit steigender Chromosomenzahl zunehmend geistig und körperlich behindert.

Schließlich gibt es noch Polysomie im Hinblick auf das Y-Chromosom, die zur Konstitution von 2A/XYY führt. Sie tritt etwa in der gleichen Häufigkeit auf wie die Konfiguration XXY und ist auf Störungen der Spermatogenese zurückzuführen. Auch die Konfigurationen 2A/XYYY und 2A/XYYYY sind bekannt.

Einfache oder mehrfache *Trisomien im Hinblick auf das X-Chromosom* führen in all jenen Fällen, in denen kein Y-Chromosom vorhanden ist, zu einer weiblichen Geschlechtsausprägung. Bekannt sind auf diesem Sektor folgende Konfigurationen:

- 2A/XXX,
- 2A/XXXX,
- 2A/XXXXX.

Triplo-X-Frauen der Konstitution 2A/XXX zeigen meist keine auffälligen Anomalien. Die Konfiguration tritt in einer Häufigkeit von 0,8 auf 1000 neugeborene Mädchen auf. Zwei oder drei überzählige

X-Chromosomen hingegen haben Schwachsinn und andere Anomalien zur Folge.

Die überzähligen X-Chromosomen der Klinefelter-Patienten sowie der Triplo-X-Frauen liegen in inaktivierter Form als *Barr-Körperchen* vor.

Alle bisherigen Beispiele bezogen sich auf das Auftreten überzähliger Geschlechtschromosomen. Das *Fehlen* eines Geschlechtschromosoms scheint beim Menschen die Embryonalentwicklung so nachhaltig zu stören, daß in zahlreichen Fällen ein Letaleffekt zustande kommt.

Etwa ein Viertel aller Spontanaborte mit chromosomalen Unregelmäßigkeiten zeigt die Konfiguration von 2A/XO. Es liegt also im Hinblick auf die Geschlechtschromosomen **Monosomie** vor; die Chromosomenzahl dieser Organismen beträgt 2n = 45. Da kein Y-Chromosom vorhanden ist, zeigen sie eine weibliche Geschlechtsausprägung. Sie treten in einer Häufigkeit von etwa 0,4 auf 1000 weibliche Neugeborene auf. Während der Embryonalentwicklung kommt zunächst eine normale Entwicklung der Ovarien zustande; erst im zweiten Drittel setzt eine Zunahme bindegewebigen Stromas ein. Parallel hierzu nimmt die Anzahl der Follikelzellen ab; schließlich verschwindet das Keimepithel ganz. Die Geschlechtsorgane dieser Frauen sind im allgemeinen nicht funktionsfähig; auch die Ausbildung der sekundären Geschlechtsmerkmale unterbleibt weitgehend. Darüber hinaus sind mit dieser Konfiguration Anomalien verbunden, die nicht in den Bereich der sexuellen Differenzierung eingreifen. Hier ist neben dem ausgeprägten Kleinwuchs (Maximalgröße erwachsener Patienten 1,30 – 1,50 m) vor allem die Bildung zweier Flügelhäute in der Halsregion zu nennen. Die mit der XO-Konfiguration verbundenen Anomalien werden als **Ullrich-Turner-Syndrom** bezeichnet. Es tritt bei Spontanaborten sehr häufig auf. Hieraus ist zu schließen, daß die XO-Konfiguration eine starke Beeinträchtigung der Embryonalentwicklung mit sich bringt, die vom heranwachsenden Organismus in vielen Fällen nicht verkraftet wird.

Mit Hilfe der heute verfügbaren Methoden läßt sich zuverlässig feststellen, ob der heranwachsende Embryo Anomalien im Chromosomenbestand besitzt. Man entnimmt der Frau in der 15.–16. Schwangerschaftswoche etwas Fruchtwasser, eine Methode, die als **Amniozentese** bezeichnet wird. Es enthält Zellen des Embryos, die auf künstlichen Nährmedien zu Kulturen heranwachsen. An diesem Material lassen sich nicht nur numerische und strukturelle Anomalien, sondern auch bestimmte genetisch bedingte Stoffwechselstörungen erkennen. Etwa 60 Stoffwechsel- und einige Blutkrankheiten lassen sich auf diese Weise erfassen. Desgleichen kann das Geschlecht des Embryos zuverlässig erkannt werden. Ein Nachteil dieser Methode besteht darin, daß die endgültigen Befunde erst im 5. Schwangerschaftsmonat vorliegen, weil die Kultivierung der Zellen einige Wochen dauert.

Da ein eventueller Abbruch der Schwangerschaft zum frühestmöglichen Zeitpunkt erfolgen sollte, wird an Methoden gearbeitet, die raschere Informationen liefern. Bei der *Chorionzotten-Biopsie* wird der Schwangeren etwas Zellmaterial aus den Chorionzotten entnommen, die ebenfalls embryonale Zellen enthalten. Hier sind die Befunde bereits in der 9.– 10. Schwangerschaftswoche verfügbar. Es ist sogar möglich, Zellen von *Präembryonen* aus dem Uterus herauszuspülen, also im 2 – 8-Zellstadium nach der Befruchtung vor der Implantation in die Uteruswand. Sie werden in Kultur genommen und für die Geschlechtsbestimmung verwendet. Diese Verfahren sind vornehmlich für Familien und Sippen von Bedeutung, in denen geschlechtsgebundene Erbkrankheiten bekannt sind, die bei den Söhnen wirksam werden könnten. Auch Aneuploidien können in diesem frühen Stadium bereits erkannt werden. Mit Hilfe cytogenetischer, biochemischer und gentechnologischer Methoden können gegenwärtig etwa 250 Defekte pränatal erfaßt werden.

9 Extrachromosomale Vererbung

Alle bisher behandelten genetischen Gesetzmäßigkeiten beziehen sich auf das **Genom,** die Summe aller auf den *Chromosomen* liegenden Gene des Chromosomensatzes. Ihm steht als unabhängiges, selbständiges genetisches System das **Plasmon** gegenüber, die Summe aller *außerhalb der Chromosomen* liegenden Gene der Zelle. Das Plasmon kann seinerseits wieder in zumindest 2 Gruppen unterteilt werden:

– *Plastom:* Summe aller in den *Plastiden* liegenden Gene.

– *Chondriom:* Summe aller in den *Mitochondrien* liegenden Gene.

In der Fachliteratur wird der Begriff „Genom" häufig nicht ausschließlich für die chromosomalen Gene verwendet, man spricht vielmehr auch vom *„Plastiden-"* und *„Mitochondrien-Genom".* Der **chromosomalen** oder **kerngesteuerten Vererbung** steht also die **extrachromosomale** oder **außerkaryotische Vererbung** gegenüber. Die Elemente des Plasmons werden nach völlig anderen Gesetzmäßigkeiten von Generation zu Generation weitergegeben als die Elemente des Genoms. Im Rahmen des vorliegenden Buches kann nur ein Einblick in die Gesetzmäßigkeiten dieser Vorgänge gegeben werden.

Nach der allgemein anerkannten **Endosymbionten-Theorie** stammen Chloroplasten und Mitochondrien von prokaryotischen Ahnen ab und sind von phylogenetisch frühen Eukaryoten als Symbionten in die Zellen integriert worden. Als Donatoren für die *Mitochondrien* werden bakterienähnliche Organismen, etwa Vorläufer der *aeroben Purpurbakterien*, angenommen, die vor rund einer Milliarde Jahren von primitiven kernhaltigen Organismen aufgenommen wurden. In deren Zellen haben sie sich endosymbiontisch zu Mitochondrien entwickelt. Diese Hypothese wird durch folgende Gemeinsamkeiten gestützt:

– Das genetische Material liegt bei Bakterien und Mitochondrien in Form ringförmig geschlossener, nackter DNA-Doppelmoleküle vor.

– In beiden Fällen sind Plasmide vorhanden.

– Die von den mitochondrialen Genen synthetisierten Proteine werden unter Mitwirkung bakterientypischer Ribosomen gebildet.

Analog hierzu wird angenommen, daß sich die *Chloroplasten* aus integrierten photosynthetisch aktiven Prokaryoten entwickelt haben. Bei der Sequenzierung von Chloroplasten-Genomen hat man für ganze Gengruppen bemerkenswerte Ähnlichkeiten zur DNA von *Cyanobakterien* festgestellt. Über den Ursprung des *Zellkerns* liegen noch keine fundierten Hypothesen vor. Bisher sind mehr als 1000 Protozoen und einige Pilze bekannt, die keine Mitochondrien besitzen. Dies gilt generell für die Stämme *Archamoeba, Metamonada, Microsporidia* und *Parabasalia*. Es wird angenommen, daß sie bei diesen Organismen ursprünglich vorhanden waren und sekundär wieder verlorengegangen sind.

Lage der cytoplasmatischen Gene innerhalb der Zelle

Die außerhalb des Zellkerns liegenden Gene befinden sich sowohl in den Mitochondrien als auch in den Chloroplasten. Die für die chromosomale Vererbung gebräuchlichen Begriffe „Homozygotie" und „Heterozygotie" haben Analoga für den Bereich der extrachromosomalen Vererbung: man spricht von *„Homoplasmon"* und *„Heteroplasmon"*.

Die Existenz außerkaryotischer Erbanlagen kann nur bewiesen werden, wenn es gelingt, ihre Kontinuität aufzuzeigen. Dies ist mit Hilfe von Mutationen möglich, die zu phänotypisch erkennbaren Veränderungen führen. Trotz dieser methodischen Möglichkeiten hat sich die Lokalisation der cytoplasmatischen Gene als außerordentlich schwierig erwiesen. Für **Plastiden** und **Mitochondrien** ist nicht nur die genetische Kontinuität, sondern auch die Anwesenheit von DNA nachgewiesen worden (s. u.). Bei *Trypanosomen* und einigen anderen Protozoen sind sogenannte **Kinetoplasten** gefunden worden. Sie zeigen in ihrer Struktur und Funktion gewisse Ähnlichkeiten mit den Mitochondrien und besitzen ihre eigene DNA. Das gleiche wird für die **Kinetosomen** angenommen, die bei *Paramaecium* vorhanden sind. Inwieweit die **Centriolen** eigene genetische Komponenten besitzen, ist noch nicht geklärt. Die Mehrzahl der bisher vorliegenden Befunde bezieht sich auf cytoplasmatische Gene in Chloroplasten und Mitochondrien.

Chondriom

Mit Hilfe cytologischer, biochemischer, enzymatischer und autoradiographischer Methoden ist für zahlreiche pflanzliche und tierische Zellen DNA nicht nur im Zellkern, sondern auch in den Mitochondrien nachgewiesen worden. In ihnen läuft die oxidative Phosphorylierung als wesentlichste Quelle für die zelluläre Energie ab. In ihrer Größe entsprechen sie etwa den Bakterien. Ihre Anzahl pro Zelle variiert innerhalb weiter Grenzen; in manchen Zelltypen sind mehrere hundert Mitochondrien vorhanden. Außer der DNA sind mRNA, rRNA und Ribosomen vorhanden. Im Hinblick auf den genetischen Code treten gewisse Abweichungen auf (S. 374).

Der Anteil der **mitochondrialen DNA (mtDNA)** an der Gesamtmenge der in der Zelle vorhandenen DNA liegt zwischen einem und 10% und ist damit sehr gering. Meist handelt es sich um eine ringförmig geschlossene Doppelhelix ohne Histone. Sie ist nicht durch eine Membran vom übrigen Inhalt des Organells abgegrenzt und repliziert semikonservativ. In Ausnahmefällen werden jedoch wesentlich höhere Werte erreicht. So besitzen die Mitochondrien des Schleimpilzes *Physarum polycephalum* eine zentrale DNA-Region von 0,1–0,2 μm Breite und 0,5–1,0 μm Länge. In dieser Zone liegt die DNA in Form von Fäden unterschiedlicher Dicke vor. Bei diesem Objekt befinden sich etwa 30% der gesamten im Plasmodium vorhandenen DNA-Menge in den Mitochondrien. Darüber hinaus enthalten sie noch zahlreiche Ribosomen mit RNA. Es ist kaum daran zu zweifeln, daß die Mitochondrien dieses Schleimpilzes ein autonomes genetisches System außerhalb der Zellkerne darstellen. Die Mitochondrien von *Neurospora crassa* besitzen ein zirkuläres Chromosom mit etwa 64,3 kbp DNA und 42 Genen:

- 13 Gene für verschiedene Proteine,
- 2 rRNA-Gene,
- 25 tRNA-Gene,
- 2 Gene noch unbekannter Funktion.

Bis 1991 waren über 90% seiner Nukleotidsequenz bekannt. Die ringförmigen Doppelhelices in den Mitochondrien der *Hefe* und einiger *höherer Pflanzen* sind 25–30, diejenigen der Mitochondrien *höherer Tiere* etwa 5 μm lang.

Mitochondriale Gene sind für die *cytoplasmatische Pollensterilität zahlreicher Kulturpflanzen* verantwortlich und sind deshalb bei Fremdbefruchtern von züchterischer Bedeutung. Sie haben prinzipiell die gleiche Wirkung wie eine Gruppe von Kern-Genen, die als *ms-Gene* in relativ großer Zahl in den Genomen höherer Pflanzen vorhanden sind und im mutierten Zustand männliche Sterilität verursachen (S. 41). Bei der *Erdnuß* sind mitochondriale Gene gefunden worden, die den Wuchstypus der Pflanzen beeinflussen.

Die mitochondrialen Gene können nicht als Kopien der chromosomalen Gene aufgefaßt werden, sie sind vielmehr autonom. Die DNA der Mitochondrien ist jedoch sowohl in ihrer Struktur als auch in ihrer Funktion hochgradig von den Kern-Genen abhängig. Ihre Vermehrung wird über kerngesteuerte Enzyme geregelt.

Besonders gut ist das genetische System der *Hefen* untersucht. Die Anzahl der Mitochondrien je Zelle variiert in Abhängigkeit von der genotypischen Konstitution der Stämme zwischen 1 und 50. Im Durchschnitt besitzt eine haploide Hefezelle außer ihrem Chromosomensatz etwa 50 ringförmige mitochondriale DNA-Moleküle, die von einer eigenen DNA-Polymerase repliziert werden. Wir können das mitochondriale System folglich als polyploid betrachten. Jeder Ring hat etwa 75 000 Nucleotidpaare. Ein besonderer Vorteil der Hefen besteht darin, daß genetische Defekte an Mitochondrien zwar zu Störungen im Bereich der Atmungskette und der oxidativen Phosphorylierung, aber dennoch nicht zur Letalität führen, weil die Organismen von Atmung auf Gärung umschalten können. Damit ist es möglich, mitochondriale Defekt-Mutanten zu bearbeiten.

Die mitochondriale DNA enthält nur Matrizen für eine geringe Anzahl von Proteinen. Interessanterweise werden von allen Mitochondrien − unabhängig von der taxonomischen Stellung ihres Trägers − offenbar im Prinzip die gleichen Eigenschaften vererbt. Das mitochondriale Genom ist wesentlich kleiner als das bakterielle. Es ist eher mit dem viralen Genom vergleichbar, ist in seiner Größe jedoch sehr variabel. Bei den meisten Tieren sind etwa 15 000 − 20 000 Nucleotidpaare im Mitochondrium vorhanden; bei Pflanzen ist die Anzahl wesentlich höher.

Die *menschliche Mitochondrien-DNA* ist völlig sequenziert worden; sie besteht aus 16 569 Basenpaaren. Über weite Strecken hinweg stimmt die Basenfolge mit derjenigen von *Rinder-Mitochondrien* überein. Die Gene sind außerordentlich dicht gepackt. Die in den eukaryotischen Chromosomen vorhandenen Spacer zwischen den Genen fehlen; offenbar haben fast alle Nucleotide genetische Funktion. An Genen sind vorhanden:

− Gene für 22 tRNA-Moleküle

− Gene für 2 rRNA-Moleküle

− Gene für 13 Proteine.

Außerdem sind noch 8 Sequenzen vorhanden, deren Proteine noch nicht bekannt sind. Die eben genannten Gene besitzen keine Introns. Durch die Transkription entsteht ein RNA-Molekül, das der vollen Länge der mtDNA entspricht. Dieses Primärtranskript wird in Segmente der einzelnen mRNA- und tRNA-Moleküle zerlegt. Bei den meisten mRNA-Molekülen der menschlichen Mitochondrien sind keine Stop-Codons vorhanden. Für das Ende der Translation sorgt vielmehr ein poly(A)-Schwanz, der unmittelbar nach der Spaltung der RNA angehängt wird. Die Myoklonus-Epilepsie ist auf eine Genmutation mitochondrialer DNA zurückzuführen, wobei anstelle eines Adenins ein Guanin vorhanden ist.

In den *Hefe-Mitochondrien* sind die Gene durch lange Sequenzen getrennt, die nur aus Adenin- und Thymin-Nucleotiden bestehen. Ihre DNA ist noch nicht vollständig sequenziert. Es sind Gene für

− 25 tRNA-Moleküle,

− 2 rRNA-Moleküle,

− 6 Membranproteine

und für etwa 10 noch nicht identifizierte Proteine vorhanden. Mindestens 3 dieser Gene enthalten Introns.

Cytoplasmatische Gene der Stechmücke *Culex pipiens,* die in Süd-ost-Asien der Hauptüberträger der Filariose ist, können zur biologischen Kontrolle dieses Schadinsekts herangezogen werden. Verschiedene Populationen der Mücke sind durch eine cytoplasmatische Inkompatibilität, eine Unverträglichkeit, gegeneinander isoliert: Falls Bastardierungen zustande kommen, sterben die Embryonen ab. Dieses Verhalten wird durch mitochondriale Gene kontrolliert. Man kann Populationen der Mücke niederhalten, indem man ihr inkompatible Männchen in großer Zahl zuführt.

Plastom

Das Chloroplasten-Genom zeigt einen gewissen Grad von Autonomie. Fast alle seine Gene sind für spezifische Eigenschaften der Chloroplasten zuständig. Für die Bildung der assimilatorischen Farbstoffe sind jedoch bei jeder höheren Pflanze hunderte von Kern-Genen erforderlich.

Der DNA-Gehalt der Chloroplasten ist wesentlich höher als derjenige der Mitochondrien. Er liegt in der Größenordnung von 10% der Gesamt-DNA-Menge der Zelle, kann beim *Bauerntabak (Nicotiana rustica)* jedoch Werte bis zu 25% erreichen. Standardobjekte für die Bearbeitung des Plastoms sind ein- und vielzellige *Algen,* vornehmlich *Euglena, Chlamydomonas, Acetabularia.* Jeder Chloroplast enthält mehrere ringförmige DNA-Moleküle, die offenbar identisch sind, so daß jedes Gen dieses Systems in mehreren Kopien vorliegt. Bei *Euglena* besteht ein derartiger Ring aus etwa 135 000 Basen; er hat einen Umfang von $40-45$ μm und ein Molekulargewicht von etwa $9 \cdot 10^7$. Bei *Chlamydomonas* und *Acetabularia* ist er größer. Die Chloroplasten-DNA ist nicht an Histone gebunden. Bei *höheren Pflanzen* kann sich das Plastom aus Tausenden von Genen zusammensetzen. Je Chloroplast sind $20-80$ ringförmig geschlossene DNA-Doppelmoleküle von $120-200$ Kilobasen Länge vorhanden. Da die Chloroplastenzahl je Zelle sehr hoch sein kann (beim *Spinat* mehr als 300), werden sehr hohe Werte für die Gesamtzahl der DNA-Moleküle erreicht. Die Zelle ist also im Hinblick auf ihre Chloroplasten-Gene hochgradig polyploid. Für *Chlamydomonas, Spinat* und *Mais* liegen bereits Genkarten vor, wobei beim *Spinat* 21 Gene lokalisiert worden sind. Von 2 Plastiden-Genomen sind die vollständigen Nucleotidsequenzen bestimmt worden:

- *Marchantia polymorpha* hat 121 024 Basenpaare,
- *Nicotiana tabacum* hat 155 844 Basenpaare.

Trotz der geringen phylogenetischen Verwandtschaft der beiden Arten zeigt die Organisation ihrer Chloroplasten-Genome große Ähnlichkeiten. Für *Marchantia* werden etwa 130, für *Nicotiana* etwa 150 Gene angenommen.

Zwischen bestimmten Untereinheiten des Plastiden- und des Mitochondrien-Genoms sind Homologien festgestellt worden.

Besonderheiten der Plasmavererbung

Bei der Besprechung des 1. Mendelschen Gesetzes wurde darauf hingewiesen, daß aus der Gleichartigkeit reziproker Bastarde Rückschlüsse auf die Lage der Gene innerhalb der Zelle gezogen werden können. Wenn reziproke Kreuzungen zu identischen Bastarden führen, müssen die männlichen und weiblichen Gameten für die Vererbung des betreffenden Merkmals gleichwertig sein. Da nur der Zellkern von beiden Gametensorten in die Zygote gegeben wird, müssen die für das Merkmal verantwortlichen Gene im Zellkern liegen.

Für die extrachromosomale Vererbung gilt der Mendelismus nicht; sie ist eine **nichtmendelnde Vererbung.** Da die männlichen Keimzellen nur den Kern in die Zygote einbringen, sind sie nicht in der Lage, cytoplasmatische Gene zu übertragen. Diese Gene können nur aus der *Eizelle*, also vom weiblichen Kreuzungspartner, stammen. Keinesfalls können unter diesen Voraussetzungen reziproke Kreuzungen zum gleichen Ergebnis führen. Wir erhalten vielmehr *reziprok verschiedenartige Bastarde*, wobei der F_1-Bastard im Prinzip dem *mütterlichen Elter* entspricht. Es liegt ein *mütterlicher Erbgang*, eine **Matroklinie** (Metroklinie), vor.

Das Prinzip der Matroklinie sei an einem klassischen Beispiel abgeleitet, das FRITZ VON WETTSTEIN in Verbindung mit Art- und Gattungskreuzungen an *Moosen* erhalten hat. Die beiden Arten *Funaria mediterranea* und *Funaria hygrometrica* zeigen deutliche Unterschiede in der Form und Größe der Mooskapsel. Führt man eine Artkreuzung nach dem Muster

♀ *Funaria mediterranea × Funaria hygrometrica* ♂

durch, so besitzen die F_1-Bastarde die kleineren, schlanken Kapseln des mütterlichen Elters *mediterranea*. Die reziproke Kreuzung mit *Funaria hygrometrica* als Mutter hingegen führt in der F_1 zu den großen, dicken Kapseln der *Funaria hygrometrica* (Abb. 9.1). Noch auffallender sind die reziproken Unterschiede bei bestimmten Gattungskreuzungen, z.B. bei

Funaria hygrometrica × Physcomitrium piriforme.

Auch hier entspricht die Form und Größe der Bastardkapseln stets derjenigen des mütterlichen Kreuzungspartners.

Führt man die Kreuzung mit der *Funaria*-Art als Mutter durch, so besitzt der Gattungsbastard folgende genetische Konstitution:

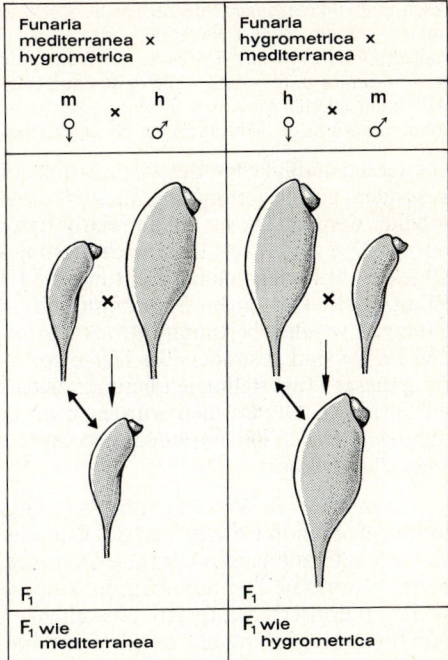

Funaria mediterranea x hygrometrica	Funaria hygrometrica x mediterranea
m ♀ x h ♂	h ♀ x m ♂
F₁	F₁
F₁ wie mediterranea	F₁ wie hygrometrica

Abb. 9.1 Unterschiede in der Form und Größe der Mooskapsel bei reziproken Kreuzungen zwischen *Funaria mediterranea* und *hygrometrica* als Ausdruck eines mütterlichen Erbgangs

- *Funaria-Plasmon,*
- 1 *Funaria-Genom,*
- 1 *Physcomitrium-Genom.*

Dieses System befindet sich in einem gewissen genetischen Gleichgewicht, in dem das *Funaria-Plasmon* seine volle Wirkung entfaltet. Wenn das Plasmon ein selbständiges genetisches System des Organismus ist, so sollte es in aufeinanderfolgenden Generationen die gleiche Konstanz wie das Genom zeigen. Die Frage der Konstanz und der Selbständigkeit des Plasmons läßt sich dadurch prüfen, daß man das eben genannte Gleichgewicht stört, indem man das *Funaria-Genom* durch ein zweites *Physcomitrium-Genom* ersetzt. Methodisch läßt sich dieses Ziel durch fortgesetzte Rückkreuzung des Gattungsbastards mit dem väterlichen Elter – in unserem Beispiel mit *Physcomitrium piriforme* – erreichen. Man erhält auf diese Weise folgendes System:

- *Funaria-Plasmon,*
- 1 *Physcomitrium-Genom* aus der Ausgangskreuzung,
- 1 *Physcomitrium-Genom* aus den Rückkreuzungen.

Nach 15 Rückkreuzungen entsprachen die Mooskapseln in Form und Größe noch immer − wie in der F_1-Generation − denjenigen des *Funaria-Elters*. Die Steigerung des *Physcomitrium*-Einflusses durch die Einführung des zweiten *Physcomitrium-Genoms* in das System blieb also ohne Folgen auf die vom *Funaria-Plasmon* kontrollierten Merkmale. Damit war nicht nur die Stabilität des Plasmons, sondern auch seine Selbständigkeit als genetisches System erwiesen.

Die Gesetzmäßigkeiten der extrachromosomalen Vererbung können besonders gut in Verbindung mit *Art- oder Gattungskreuzungen* erarbeitet werden. Da sie nur in relativ wenigen Fällen gelingen, sind nur wenige Arten als Untersuchungsobjekte geeignet. Bevorzugte Objekte dieser Forschungsrichtung sind im Bereich der höheren Pflanzen die Gattungen *Epilobium* und *Streptocarpus*. Für niedere Pflanzen wurden bestimmte *Moos-Gattungen* bereits erwähnt; bei den *Pilzen* sind besonders die *Hefen* sowie *Neurospora* für die Klärung dieser Fragestellungen herangezogen worden. Untersuchungen an tierischen Organismen wurden u. a. am *Schwammspinner (Lymantria),* ferner bei *Paramaecium* sowie an verschiedenen *Protozoen* durchgeführt.

Ich möchte die Wirkung außerkaryotischer Faktoren und ihr Zusammenwirken mit Elementen des Genoms am Beispiel der südafrikanischen Gesneriaceen-Gattung *Streptocarpus* ableiten. Ihre Arten besitzen normale Zwitterblüten; im Androeceum sind jedoch gewisse Reduktionserscheinungen feststellbar. Von den 5 Gliedern des Staubblattkreises sind nur zwei in Form funktionsfähiger Staubgefäße ausgebildet; die übrigen drei liegen als nicht funktionsfähige Staminodien vor. In der Gattung *Streptocarpus* sind zwei verschiedene Plasmone vorhanden, das *R-* und das *W-Plasmon*. Kreuzt man Vertreter der ersten mit solchen der zweiten Gruppe, so erhält man *reziproke Unterschiede* als Hinweis darauf, daß außerkaryotische genetische Elemente wirksam werden (Tab. 9.1). Sie beziehen sich auf die Geschlechtsausprägung in den Zwitterblüten. F_1-Bastarde mit dem *R-Plasmon* zeigen im Hinblick auf ihre Blütenstruktur gegenüber den elterlichen Arten keine zusätzlichen Anomalien. Bei den reziproken Bastarden mit dem *W-Plasmon* hingegen sind keine Antheren vorhanden; alle 5 Glieder des Staubblattkreises liegen in Form von Staminodien vor. Das Androeceum in seiner Gesamtheit ist also nicht mehr funktionsfähig, während die Funktionsfähigkeit des Gynaeceums keine Einschränkungen erfahren hat. Hieraus ergibt sich eine Verschiebung der geschlechtlichen Potenzen nach der *weiblichen* Seite.

Durch die Rückkreuzung der F_1-Bastarde mit der als väterlichem Partner verwendeten Elternart kann man den Einfluß des Genoms dieser Art verstärken. In der Rückkreuzungsgeneration erhält man wiederum reziproke Unterschiede, die sich auf die Geschlechts-

Tabelle 9.1 Der Einfluß des Plasmons auf das Verhältnis der männlichen und weiblichen Geschlechtsausprägung in der Gattung *Streptocarpus* (nach *Oehlkers*)

Gene-ration	♀ *Strepto-carpus rexii*	× *Strepto-carpus wendlandii* ♂	♀ *Strepto-carpus wendlandii*	× *Strepto-carpus rexii* ♂
F₁	– normale Zwitterblüten wie bei den Elternarten		– keine Antheren, sondern 5 Staminodien = Geschlechtsverschiebung innerhalb der Blüte nach der weiblichen Seite durch Abschwächung des männlichen Geschlechts	

reziproke Unterschiede

←――――――――――――――――――――――――――――――――→

	Rückkreuzung des F₁-Bastards mit dem väterlichen Elter *Streptocarpus wendlandii* ↓	Rückkreuzung des Bastards mit dem väterlichen Elter *Streptocarpus rexii* ↓
R₁	– 50 % normale Zwitterblüten	– 50 % Blüten mit 5 Staminodien (wie bei den F₁-Bastarden)
	– 50 % Blüten mit verkümmerten Samenanlagen im Fruchtknoten	– 50 % Blüten mit weiblichen Organen an den Staminodien oder anstelle der Staminodien

= Geschlechtsverschiebung nach der männlichen Seite, weil die Funktion des Gynaeceums eingeschränkt ist	= weitere Geschlechtsverschiebung nach der weiblichen Seite wegen des Ersatzes männlicher Organe durch weibliche

reziproke Unterschiede

←――――――――――――――――――――――――――――――――→

Ergebnis:
Barstarde mit *rexii*-Plasmon → Verschiebung der sexuellen Potenzen nach der männlichen Seite

Bastarde mit *wendlandii*-Plasmon → Verschiebung der sexuellen Potenzen nach der weiblichen Seite

ausprägung in den Blüten beziehen. Unter dem Einfluß des *R-Plasmons* wird die Funktion des Gynaeceums eingeschränkt, die Blüten sind folglich stärker *männlich* geprägt. Unter dem Einfluß des *W-Plasmons* hingegen tritt die bereits in der F_1 erkennbare Betonung der *weiblichen* Potenzen in verstärktem Maße in Erscheinung. An den Staminodien werden Griffelpapillen oder einzelne Samenanlagen differenziert. Es können sogar anstelle der reduzierten Staubblätter Fruchtblätter gebildet werden, so daß die Blüten nicht mehr zwittrig, sondern rein weiblich sind.

Interessanterweise tritt in beiden Rückkreuzungen neben den reziproken Unterschieden zusätzlich noch eine 1 : 1-Spaltung in Erscheinung, wie sie nach Rückkreuzung eines monohybriden Bastards mit dem rezessiven Elter zu erwarten ist. Dies ist eine Mendel-Spaltung, die nicht auf Elementen des Plasmons beruhen kann. Sie ist vielmehr auf chromosomale Gene zurückzuführen. Sie arbeiten auf dem Sektor der Geschlechtsausprägung mit bestimmten cytoplasmatischen Genen zusammen.

Am *Pantoffeltierchen* ist von SONNEBORN ein anschauliches Beispiel für das Zusammenwirken von Komponenten des Genoms und des Plasmons aufgeklärt worden. Bestimmte *Paramaecium-Stämme* scheiden eine Substanz – das Paramaecin – aus, das für andere Individuen der gleichen Art tödlich ist. Die Stämme selbst sind gegenüber dem Gift resistent. Die Giftausscheidung der „*Killer-Paramaecien*" ist eine genetisch bedingte Eigenschaft. Sie kommt nur dann zustande, wenn ein dominantes Allel der chromosomalen Gene K, S_1 und S_2 vorhanden ist. Diese Gene können jedoch nur unter dem Einfluß der im Cytoplasma befindlichen *Kappa-Partikelchen* wirksam werden, winzigen DNA-haltigen Gebilden von etwa 0,4 µm Länge. Werden die Gene K, S_1 und S_2 im Genom ausgeschaltet, so hört die Selbstreproduktion der Kappa-Partikel im Cytoplasma auf. Dieser Vorgang ist irreversibel. Sind die Partikel verschwunden, so können sie auch dann nicht wieder gebildet werden, wenn man die Gene K, S_1 und S_2 erneut in das System einführt.

Aus diesem Verhalten kann geschlossen werden, daß die in den Kappa-Partikeln gelegenen cytoplasmatischen Gene zwar kernunabhängig sind, sie sind jedoch auf die Zusammenarbeit mit dem Zellkern angewiesen, um ihre Funktion – die Produktion von Paramaecin – entfalten zu können. Sie kommt nur zustande, wenn etwa 250 dieser Partikel in der Zelle vorhanden sind. Mit Hilfe hoher Temperaturen, Röntgenbestrahlung oder durch Behandlung mit Senfgas bzw. Chloromycetin können die Partikel aus dem System entfernt werden. Andererseits können sie aus Suspensionen aufgenommen werden, die man unter Verwendung zerriebener Killer-Paramaecien hergestellt hat. Sofern die betreffenden Individuen die Gene K, S_1 und S_2 besitzen, ist mit der Aufnahme der Kappa-Partikel der Übergang des Tiers zum Killer verbunden. Mutationen im Kappa-Faktor führen zu Unterschieden in der Art und Menge des produzierten Paramaecins. Schließlich kann das gleiche Tier zwei verschiedene Formen von Kappa enthalten, so daß im Hinblick auf diesen Faktor ein *Heteroplasmon* vorliegt. Aus diesen Befunden geht hervor, daß die Kappa-Partikel selbständige, mutable genetische Elemente des Plasmons sind, die ihre Funktionsfähigkeit auch dann behalten, wenn sie aus dem lebenden Organismus herausgelöst und einem anderen Organismus der gleichen Art zugeführt werden.

Plastidenvererbung

Einer der Wiederentdecker der Mendelschen Gesetze, CARL COR-RENS, hat als erster erkannt, daß die Plastiden ein eigenes genetisches System besitzen, das **Plastom**. Einige molekulargenetische Hinweise sind auf S. 337 bereits gegeben worden. Die Gene dieses Systems beziehen sich in ihrer Wirkung häufig auf bestimmte Eigenschaften der Plastiden. Diese Regel gilt jedoch nicht ohne Ausnahme.

Eine Spezialform genetisch bedingter Chlorophylldefekte ist die **Weißbuntheit**, die Ausbildung von *Panaschüren* oder *albomaculata-Formen*. Sie kann auf der Wirkung mutierter Kerngene beruhen; meist ist sie jedoch extrachromosomal bedingt. In diesen Fällen treten in Kreuzungen keine Mendel-Spaltungen, sondern *reziproke Unterschiede* auf. In den weißen oder blaßgelben Zonen der Panaschüren sind zwar in der Regel Plastiden vorhanden, sie haben jedoch die Fähigkeit zur Chlorophyllbildung verloren. Die Zellen der normal ausgefärbten Blattregionen hingegen besitzen voll funktionsfähige Plastiden.

Das genetische Verhalten von Pflanzen dieser Kategorie sei am klassischen Beispiel der von CORRENS bearbeiteten *albomaculata-Stämme* von *Mirabilis jalapa* abgeleitet. Bei den Blütenpflanzen werden die Plastiden in Form der noch nicht ausgefärbten *Proplastiden* fast ausschließlich durch die *Eizelle* übertragen. Hieraus folgt, daß das Phänomen der Plastidenvererbung in der Mehrzahl aller Fälle mit **Matroklinie** verbunden ist. Das Verhalten weißbunter Pflanzen mit

– normal grünen,
– weißbunten (also grün-weiß gescheckten) und
– weißen Sektoren

ist in Abb. 9.2 nach Selbstung und in Kreuzungen mit normalgrünen Pflanzen schematisch dargestellt.

Die unterschiedlichen Sektoren der Panaschüren zeigen nach *Selbstung* folgende Erbgänge:

– In den Blüten der *grünen Sektoren* werden Samen gebildet, aus denen ausschließlich normalgrüne Pflanzen hervorgehen. Aus diesen Regionen werden nur normale Proplastiden weitergegeben, so daß kein Anlaß für einen Chlorophylldefekt besteht.

- Sämlinge, die auf die *weißen* bzw. *gelblichen Sektoren* der Panaschüre zurückgehen, sind chlorophyllfrei, weil in den betreffenden Regionen der Mutterpflanze keine ergrünungsfähigen Plastiden vorhanden sind. Die Sämlinge besitzen ausschließlich funktionsunfähige Plastiden und sterben in frühen Entwicklungsstadien ab.
- Aus den *weißbunten Sektoren* gehen Sämlinge aller 3 Kategorien (grün, weiß, weißbunt) hervor. Diese Vielgestaltigkeit beruht darauf, daß es dem Zufall überlassen bleibt, ob die Eizellen ausschließlich ergrünungsfähige bzw. nicht ergrünungsfähige Proplastiden erhalten oder ob in ihnen eine Mischung aus beiden Sorten zustande kommt. Der Pollenschlauch kann für die Beurteilung dieser Situation unberücksichtigt bleiben, weil er keine Proplastiden in die Zygote einbringt.

Reziproke Kreuzungen führen bei diesem Material zu einer unterschiedlichen Zusammensetzung der F_1-Generation (Abb. 9.2, rechts). Kreuzen wir eine *weißbunte Pflanze* als mütterlichen Partner mit einer normalgrünen väterlichen Pflanze, so setzt sich die F_1 aus grünen, weißen und weißbunten Individuen zusammen. Die Ursache hierfür besteht wiederum darin, daß die Eizellen der Panaschüre zufallsgemäß entweder normale oder nicht ergrünungsfähige Proplastiden oder beide Sorten besitzen. Verwenden wir hingegen die *grüne Pflanze* als mütterlichen Partner, so treten ausschließlich ergrünungsfähige Proplastiden in Funktion. Alle F_1-Bastarde sind folglich normalgrün; die Weißbuntheit des väterlichen Partners wirkt sich nicht auf die Plastidenkonstitution der Zygoten aus.

In Ausnahmefällen – etwa in den Gattungen *Oenothera* und *Epilobium* – gelangen Proplastiden über den *Pollenschlauch* in die Zygote. Unter diesen Voraussetzungen sind keine mütterlichen Erbgänge zu erwarten. Ein kompliziertes Beispiel hierfür sei an *Oenothera* abgeleitet, weil es nicht nur einen Spezialfall der Plastidenvererbung darstellt, sondern darüber hinaus noch das Zusammenwirken von Chloroplasten-Genen mit chromosomalen Genen zeigt. Für das Verständnis dieser Vorgänge ist zu berücksichtigen, daß die Oenotheren *Komplex-Heterozygote* sind. Während ihrer evolutionistischen Entwicklung haben *reziproke Translokationen* eine entscheidende Rolle gespielt (S. 285). Die Translokations-Heterozygotie wird durch einen genetisch festgelegten Verteilungsmechanismus der Chromosomen in der Meiosis von Generation zu Generation weitergegeben, ist also ein konstantes Artmerkmal. Außerdem sind die Oenotheren für zahlreiche Genpaare heterozygot. Diese Gengruppen zeigen nicht die sonst übliche freie Kombination, sie sind vielmehr zu Komplexen unterschiedlicher Größe vereinigt, die gemeinsam weitergegeben werden und sich im genetischen Experiment wie Einzelgene verhalten. Die Pflanzen bilden folglich im Hinblick auf die zu den Komplexen vereinigten Gene nur zwei Sorten von Keimzellen: jede von ihnen enthält einen der beiden Komplexe.

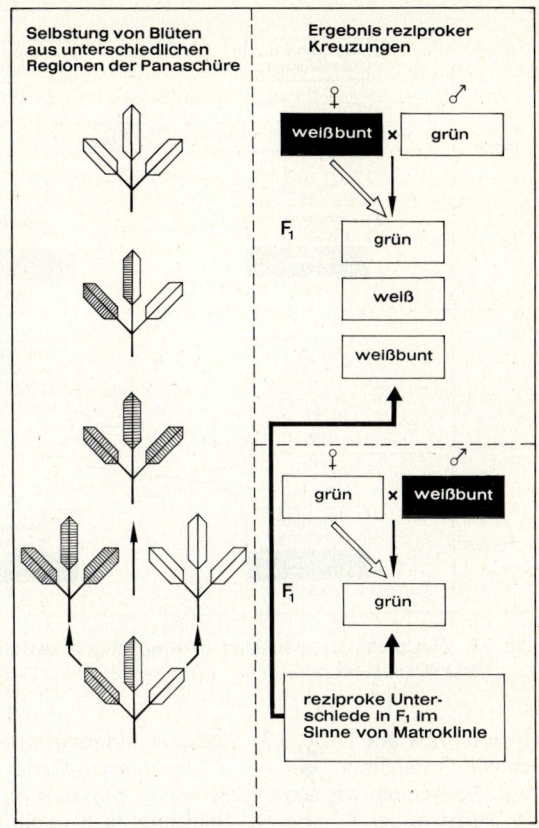

Abb. 9.2 Das Prinzip der Plastidenvererbung bei weißbunten Formen von *Mirabilis jalapa*

Die Species *Oenothera lamarckiana* ist eine Komplex-Heterozygote mit den Komplexen *velans* und *gaudens* mit hoher Chromosomenverkettung in der Meiosis. *Oenothera hookeri* hingegen ist nicht translokations-heterozygot. Ihre 14 Chromosomen liegen in der 1. meiotischen Metaphase in Form von 7 Bivalenten vor und durchlaufen eine normale Meiosis. Die Genome dieser Species werden als *haplo-hookeri* (^{h}*hookeri*) bezeichnet. Kreuzt man die beiden Arten miteinander, so ist aufgrund der Komplex-Heterozygotie der *Oenothera lamarckiana* keine uniforme F_1 zu erwarten, es treten vielmehr zwei verschiedene Gruppen von F_1-Pflanzen im gleichen Zah-

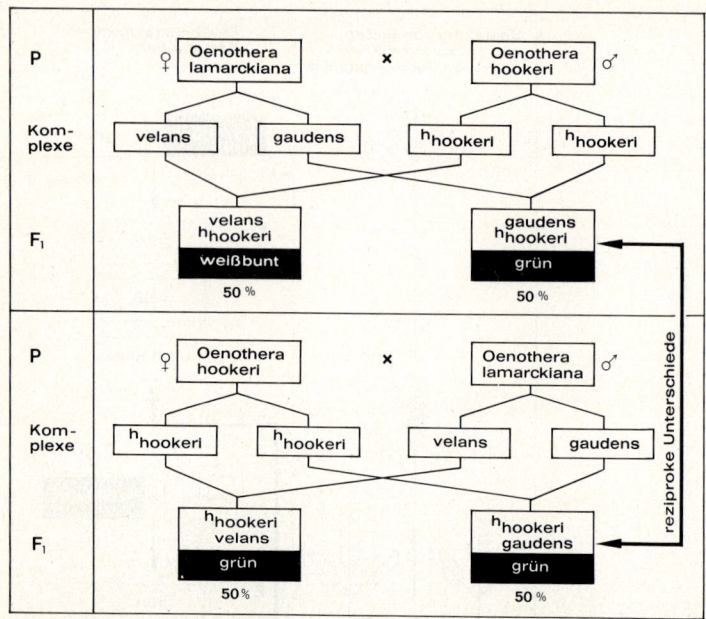

Abb. 9.**3** Reziproke Unterschiede in Kreuzungen zwischen *Oenothera la-marckiana* × *Oenothera hookeri*

lenverhältnis auf (Abb. 9.3). Darüber hinaus sind reziproke Unterschiede feststellbar, die auf Chloroplasten-Gene zurückzuführen sind. Verwenden wir *Oenothera lamarckiana* als *mütterlichen Partner,* so ist in der F_1 eine 1 : 1-Spaltung nach weißbunt und grün zu beobachten:

– Die Komplex-Kombination *„velans/*^h*hookeri"* führt zur Weißbuntheit;
– die Komplex-Kombination *„gaudens/*^h*hookeri„* wirkt sich nicht auf die Funktionsfähigkeit der Plastiden aus.

In der reziproken Kreuzung mit *Oenothera lamarckiana* als *väterlichem Partner* treten ausschließlich normalgrüne Bastarde auf.

Dieses Verhalten ist darauf zurückzuführen, daß zwei verschiedene Plastidensorten vorhanden sind: *Oenothera lamarckiana* besitzt andere Plastiden als *Oenothera hookeri.* Die Weißbuntheit kommt nur dann zustande, wenn *Oenothera lamarckiana* als *Mutter* verwendet wird, wenn also das Cytoplasma und die Mehrzahl der Plastiden der Zygote von dieser Species stammen. Die Besonderheit des zur Diskussion stehenden Materials besteht darin, daß die *lamarckiana-*

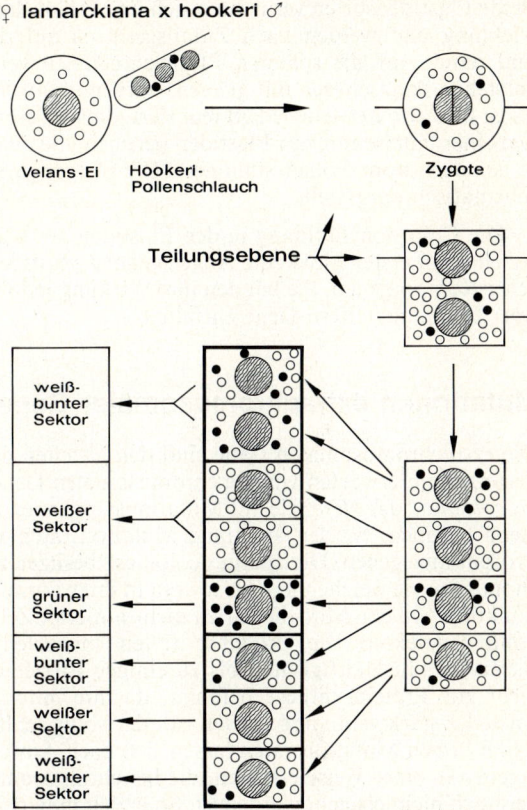

Abb. 9.4 Die Entstehung einer Panaschüre nach Kreuzung von *Oenothera lamarckiana* ♀ ×*Oenothera hookeri* ♂. Die ergrünungsfähigen Plastiden der Komplex-Kombination *velans/*^h*hookeri* stammen in diesem Spezialfall nicht aus der Eizelle, sondern aus dem Pollenschlauch (siehe Text)

Plastiden in den Bastarden der Komplex-Kombination *„velans/* ^h *hookeri" nicht* ergrünen. Die Weißbuntheit dieser Bastarde ist vielmehr auf *hookeri-Plastiden* zurückzuführen, die in geringer Anzahl über den *Pollenschlauch* in die Zygote gelangen. Die Zygote enthält folglich zwei verschiedene Plastidensorten:

– viele *lamarckiana-Plastiden* aus der Eizelle, die in der Bastard-Kombination nicht funktionsfähig sind;
– wenige *hookeri-Plastiden* aus dem Pollenschlauch, die in der Bastard-Kombination funktionsfähig sind.

Beide Plastidensorten vermehren sich im Verlauf der Embryonalentwicklung und werden nach Zufallsgesetzen auf die Tochterzellen und damit auf die späteren Pflanzenregionen verteilt. Hierdurch entstehen Panaschüren mit grünen, weißen und weißbunten Zonen. Es ist hier also der seltene Fall realisiert, daß die ergrünenden Regionen einer Panaschüre auf Plastiden beruhen, die nicht von der Eizelle, sondern vom Pollen stammen. Die Vorgänge sind in Abb. 9.4 schematisch dargestellt.

Die Chlorophyllbildung in den Plastiden der beiden *Oenothera*-Arten ist in erster Linie eine Angelegenheit plastideneigener genetischer Komponenten. Sie können ihre Wirkung jedoch nur in Gegenwart bestimmter Kern-Gene entfalten.

Mutationen extrachromosomaler Gene

Die extrachromosomalen Gene sind den gleichen mutativen Veränderungen unterworfen wie die chromosomalen Gene. Für die *„petites colonies"* der *Hefe*, die auf Mutationsvorgängen **mitochondrialer Gene** beruhen, werden spontane Mutationsraten von etwa einem Prozent angegeben. Die „petites colonies" besitzen zwar noch Mitochondrien, sie weichen jedoch sowohl in ihrer Form als auch in ihrer Funktion von den Mitochondrien nichtmutierter Zellen ab. Auch die atmungsdefekten *rho-Mutanten* treten in vielen Stämmen der *Bäckerhefe* in Häufigkeiten bis zu einigen Prozenten auf. Sie sind nicht zur Proteinsynthese befähigt, da ihre mitochondriale DNA entweder stark verändert worden ist oder völlig fehlt. Diese ohnehin schon hohen Mutationsraten lassen sich nach Anwendung von Mutagenen in einer Weise erhöhen, die bei chromosomalen Genen bisher noch nicht erreicht worden ist. So erzielt man bei der *Hefe* durch die Anwendung von Acriflavin, Euflavin oder Tetrazoliumchlorid „petites colonies" in Häufigkeiten bis zu 100%!

Für **Chloroplasten-Gene** liegen die spontanen Mutationsraten in der Gattung *Oenothera* bei 0,02, in der Gattung *Epilobium* bei 0,08%. Die Mutationen werden am Auftreten gelber oder weißer Sektoren an den betroffenen Pflanzen erkennbar. Schon mit Hilfe hoher Temperaturen läßt sich die spontane Mutationsrate erhöhen. Beim *Weidenröschen (Epilobium)* hat man die Mutationsrate durch Röntgenstrahlen sowie durch Einwirkung von ^{35}S oder ^{32}P erheblich gesteigert. Hierbei werden sowohl chromosomale als auch extrachromosomale Mutationsvorgänge induziert. In den mutierten Sektoren sind morphologisch abweichende Plastiden vorhanden. Ihre Kontinuität wird zwar beibehalten, sie verfügen jedoch nicht mehr über ihre volle genetische Information. Nach Anwendung von Streptomycin sind bei *Chlamydomonas* extrachromosomale Defekte im Photosynthese-Apparat entstanden, die auf mutierte cytoplasmatische Gene zurückzuführen sind. Von *Euglena* sind Mutanten bekannt, die keine Plastiden besitzen.

10 Genetische Kontrolle von Biosynthesen

Wir müssen bei der Beurteilung genetischer Vorgänge zwischen *Gen* und *Merkmal* unterscheiden. Das Gen ist zwar für die Ausprägung eines Merkmals verantwortlich, zwischen der primären Genwirkung und dem Phän liegen jedoch komplizierte Entwicklungsabläufe, deren Analyse bei höheren Organismen mit großen Schwierigkeiten verbunden ist. Sie sind so komplex, daß sie mit den zur Zeit verfügbaren Methoden noch nicht auf breiter Basis erfaßt werden können. Letzten Endes sind alle Glieder zwischen der Struktur des Gens und den Strukturen seines Phäns chemischer Natur, wobei wir unter „Phän" nicht nur morphologisch erkennbare Merkmale, sondern auch biochemische, physiologische, bei höheren Tieren und beim Menschen auch psychologische Kriterien zu verstehen haben. Wir müssen uns also fragen, welche chemischen Vorgänge vom Gen zum Phän führen. Das Wissenschaftsgebiet, das sich mit der Bearbeitung dieser Fragestellungen befaßt, ist die **biochemische Genetik** oder die **Genphysiologie.** Sie arbeitet mit *Mutanten,* die einen genetisch bedingten Defekt − etwa eine Störung im Ablauf eines Stoffwechselvorgangs − aufweisen. Das Ziel genphysiologischer Arbeitsmethoden besteht darin, die chemischen Ursachen des Defekts durch den Vergleich der Mutante mit ihrer Ausgangsform aufzuklären. Damit ist gleichzeitig der Nachweis erbracht, daß ein bestimmtes Gen für die Steuerung eines bestimmten Teilvorgangs einer biochemischen Reaktionskette verantwortlich ist. Je größer die Anzahl biochemischer Mangelmutanten für die betreffende Biosynthese ist, um so größer ist die Chance, die Genabhängigkeit der gesamten Reaktionskette aufzuklären. Bevorzugte Objekte dieser Arbeitsrichtung sind bestimmte *Bakterien (E. coli), Viren (T4)* und *Pilze (Neurospora).* Bei *höheren Pflanzen* ist die Genabhängigkeit der Bildung von Blütenfarbstoffen eingehend studiert worden. Einige *Insekten* − vornehmlich *Ephestia* und *Drosophila* − sind günstige Objekte für die Aufklärung der genetischen Kontrolle von Augenpigmenten. Selbst beim *Menschen* werden die biochemischen Ursachen bestimmter erblicher Stoffwechselkrankheiten in zunehmendem Maße aufgeklärt.

Die Ein-Gen-ein-Polypeptid-Hypothese

Der Nachweis, daß Gene für den Ablauf chemischer Reaktionsketten verantwortlich sind, ist in der Frühzeit der genphysiologischen Forschung von KÜHN an der *Mehlmotte (Ephestia kühniella)* erbracht worden. Die Wildform des Falters besitzt schwarze Augen; eine rotäugige Mutante ist nicht in der Lage, Augenpigmente zu bilden. Der schwarze Farbstoff in den Falteraugen der Mutante wird jedoch produziert, wenn den Raupen bestimmte Organe aus den Raupen der Wildform implantiert werden (etwa Hoden oder Ovarien). Der gleiche Effekt wird erreicht, wenn man aus der Wildform gewonnene Extrakte in die Raupen der Mutante injiziert. Aus diesen Befunden ist zu schließen, daß die Wildform *AA* ein für die Augenfärbung notwendiges genabhängiges Produkt besitzt, das auch dann wirksam wird, wenn das Gen im Organismus nicht vorhanden ist. Entscheidend ist nicht die Anwesenheit des Gens, sondern die Anwesenheit dieser Substanz, denn sie ist sowohl durch Transplantation als auch durch Injektion übertragbar (Abb. 10.1, oben).

Der entscheidende Punkt bei diesem Versuch besteht darin, daß sich in der Mutante das Merkmal „Augenfärbung" geändert hat, ohne daß das hierfür verantwortliche Gen verändert worden ist. Die schwarzäugig gewordene Mutante ist nach wie vor homozygot für das rezessive Gen *a*. Hier liegt der Beweis, daß das dominante Allel *A* nicht unmittelbar für die Realisierung seines Merkmals notwendig ist. Der Versuch beweist darüber hinaus, daß die betreffende Substanz nicht an einen lebenden Zellbestandteil gebunden ist. Würde man sie im Labor künstlich herstellen, so würde sie ihre Funktion in gleicher Weise erfüllen. Ihre chemische Natur wurde aufgeklärt; es handelt sich um das Kynurenin, das unter dem Einfluß des Gens *A* aus einer chemischen Vorstufe – der Aminosäure Tryptophan – entsteht. Die chemische Reaktion „Tryptophan → Kynurenin" kann nur unter Mitwirkung eines Enzyms ablaufen. Die Funktion des Gens *A* besteht darin, dieses Enzym zu produzieren (Abb. 10.1, Mitte). Durch die Mutation des dominanten Gens *A* in sein rezessives Allel *a* fällt die Bildung des Enzyms aus bzw. es wird ein abweichendes Enzym gebildet, das die Funktion von *a* nicht übernehmen kann. In der Mutante *aa* ist zwar die Vorstufe Tryptophan, die unter Mitwirkung anderer Gene gebildet worden ist, vorhanden, sie kann jedoch nicht zu Kynurenin weiterverarbeitet werden, weil das hierfür notwendige Enzym *α* fehlt. Es kommt infolgedessen eine Anreicherung von Tryptophan in den Zellen zustande, und der weitere Ablauf der Biosynthese wird blockiert: Der Mutationsvorgang hat zu einem **genetischen Block** geführt. Der Beweis, daß diese Folgerungen richtig sind, könnte theoretisch auf 3 verschiedenen Wegen erbracht werden:

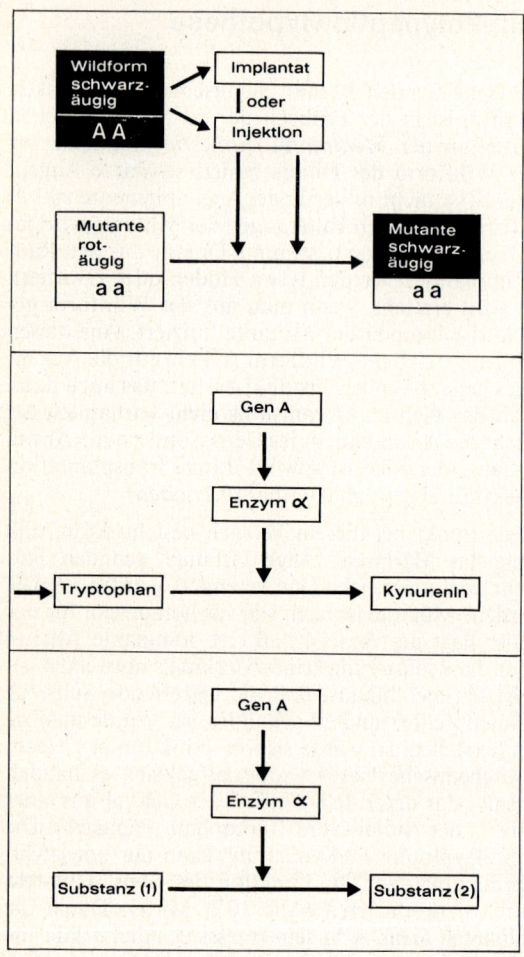

Abb. 10.1 Die Aufklärung der Genabhängigkeit der Synthese des Augenpigments bei *Ephestia* (siehe Text)

1. Wenn man das ausgefallene Kynurenin zusetzt, müßte die Bildung des Augenpigments erfolgen.
2. Wenn man das Enzym α zusetzt, müßte die Biosynthese normal weiterlaufen.
3. Wenn man am rezessiven Gen a einen Rückmutationsvorgang zum dominanten Allel *A* induziert, müßte die Biosynthese normal ablaufen.

Aus methodischen Gründen ist nur der erste Weg beschritten worden. Damit war die Richtigkeit der Arbeitshypothese bewiesen.

Im Anschluß an die grundlegenden Arbeiten von BUTENANDT an *Drosophila* sowie von BEADLE und TATUM an *Neurospora* ist die **„Ein-Gen-ein-Polypeptid"-Hypothese** entwickelt worden. Sie besagt, daß die Wirkung eines jeden Strukturgens in der Bildung eines spezifischen Polypeptids – eines Enzymproteins – besteht. Mehr kann das Gen nicht; seine Wirkungsmöglichkeiten sind damit erschöpft. Das Enzym katalysiert – ausgehend von einer bereits vorhandenen Substanz – die Bildung der nachfolgenden Substanz einer biochemischen Reaktionskette. Dieses Prinzip gilt generell; es ist im unteren Teil der Abb. 10.1 dargestellt.

Beim *Menschen* sind Gene bekannt, die trotz identischer Struktur in verschiedenen Organen unterschiedliche Proteine synthetisieren. Ein Gen dieser Gruppe wird im Rahmen des Fettstoffwechsels in der Leber und im Dünndarm wirksam. Als Folge geringfügiger Abweichungen der vom Gen produzierten mRNA wird in den Dünndarmzellen nur die erste Hälfte der vollen Polypeptid-Kette gebildet, während in der Leber das gesamte Peptid entsteht. Das Calcitonin-Gen produziert in der Schilddrüse Calcitonin, in den Nervenzellen hingegen eine ganz andere Substanz.

Genwirkketten

Biosynthesen sind in der Regel Reaktionsabläufe aus mehreren Einzelreaktionen. Da ein Gen jeweils für die Produktion eines einzigen Enzyms verantwortlich ist, die Gesamtreaktion aber von mehreren Enzymen katalysiert wird, müssen an ihrer Kontrolle mehrere Gene beteiligt sein. Für die Besprechung dieser Vorgänge wollen wir von der soeben abgeleiteten Situation ausgehen. Die aus der Ausgangssubstanz (Abb. 10.2, 1) unter Mitwirkung des Gens *A* und seines Enzyms α gebildete Zwischensubstanz (2) stellt ihrerseits den Ansatzpunkt für ein zweites Gen dar, das über ein zweites Enzym den näch-

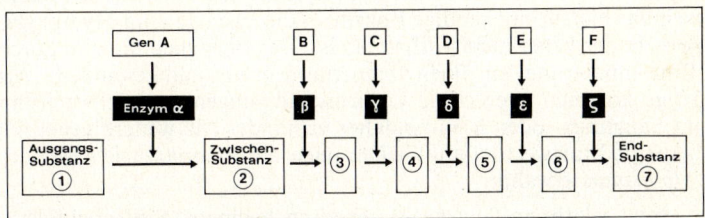

Abb. 10.**2**   Schema einer Genwirkkette

sten Teilschritt der Synthesekette ermöglicht. In dieser Weise geht es weiter. Für den Ablauf des Gesamtvorgangs ist eine ganze Gruppe von Genen notwendig, deren Zahl um so größer ist, je vielgliedriger der Reaktionsablauf ist. Derartige Systeme werden als **Genwirkketten** bezeichnet. Sie stellen *genphysiologische Funktionseinheiten* dar und ermöglichen über ihre Enzyme in Verbindung mit Substanzen aus dem Zellstoffwechsel komplizierte Biosynthesen. Innerhalb einer solchen Genwirkkette ist jedes Gen nur für einen einzigen Teilschritt der Gesamtreaktion verantwortlich und schafft damit die Voraussetzungen für die Wirkung des nächsten Gens des Systems (Abb. 10.2). Fällt ein Gen durch einen Mutationsvorgang aus, so wird der chemische Ablauf der Biosynthese an der betreffenden Stelle blockiert.

Bei *Bakterien* ist bereits eine ganze Gruppe von Genwirkketten aufgeklärt worden. Als Beispiel hierfür ist in Abb. 10.3 die Genabhängigkeit der Synthese der Aminosäure Isoleucin bei *E. coli* dargestellt. Ausgehend von der Aminosäure Threonin sind bis zum Isoleucin 5 chemische Reaktionen notwendig. Sie werden von 5 Enzymen katalysiert, die von den zugehörigen Genen synthetisiert werden. Von den fünf für den Reaktionsablauf notwendigen Genen und Enzymen sind vier bekannt. Die Histidin-Synthese von *E. coli* wird von 10, die Tryptophan-Synthese von 5 Genen gesteuert. Die Gene dieser beiden Wirkketten sind nicht zufallsgemäß über das Bakterienchromosom verteilt, sie liegen vielmehr in der gleichen Chromosomenregion. Ihre Reihenfolge ist jedoch nicht streng mit der Aufeinanderfolge der chemischen Reaktionen der Biosynthesen korreliert. Die clusterartige Anordnung von Genen, die für die Kontrolle der gleichen Biosynthese verantwortlich sind, ist auch in anderen Fällen nachgewiesen worden und scheint weit verbreitet zu sein.

Beim *Menschen* sind zwar noch keine Genwirkketten aufgeklärt worden, es ist jedoch der biochemische Defekt bestimmter Mutanten bekannt. Die *Phenylketonurie,* eine genetisch bedingte Stoffwechselkrankheit, beruht auf der Wirkung eines mutierten rezessiven Gens. Der Defekt besteht darin, daß das bei den Neugeborenen vorhandene Phenylalanin nicht zu Tyrosin abgebaut werden kann, weil das hierfür notwendige Enzym − die Phenylalanin-Hydroxylase − in der Leber nicht vorhanden ist. Das Phenylalanin wird durch Transaminierung zu Phenylbrenztraubensäure umgewandelt. Als Folge kommen irreversible Gehirnschädigungen und Schwachsinn im Säuglings- oder Kleinkindalter zustande. Als weitere genetisch bedingte Stoffwechselkrankheiten seien die *Alkaptonurie* sowie der *Albinismus* erwähnt.

Eine relativ große Anzahl genetisch bedingter Stoffwechselstörungen kann in Verbindung mit der *Amniozentese* schon im heran-

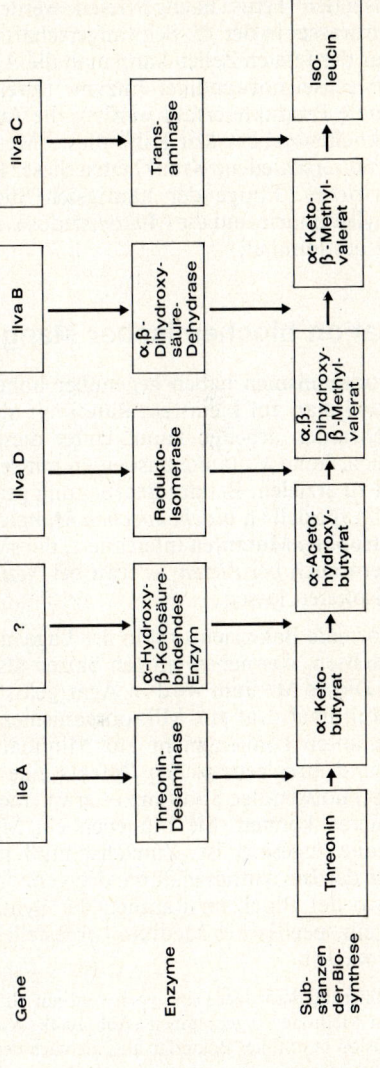

Abb. 10.3 Die Genabhängigkeit der Isoleucin-Synthese beim Bakterium *Escherichia coli*

wachsenden Fetus nachgewiesen werden. Durch Entnahme von Fruchtwasser in der 15. Schwangerschaftswoche und anschließender Kultur der fetalen Zellen kann man die Aktivität bestimmter für den Stoffwechsel notwendiger Enzyme testen. Darüber hinaus können anomale Produkte erfaßt werden, die Auskunft über Stoffwechselkrankheiten geben. Mit Hilfe dieser Methode ist es z. Zt. möglich, etwa 60 verschiedene Krankheiten dieser Kategorie frühzeitig zu diagnostizieren. Einige der häufigsten Stoffwechseldefekte, wie die Phenylketonurie und die Mukoviszidose, sind jedoch noch nicht pränatal bestimmbar.

Isolation biochemischer Mangelmutanten

Mikroorganismen haben gegenüber höheren Organismen den Vorteil, daß man auf kleinstem Raum mit außerordentlich hohen Individuenzahlen arbeiten kann. Unter diesen Voraussetzungen ist es möglich, hohe Mutantenausbeuten mit relativ geringem Arbeitsaufwand zu erzielen. Bei der Bearbeitung genphysiologischer Probleme ist man speziell an *biochemischen Mangelmutanten,* an sogenannten **auxotrophen Mutanten** interessiert, die sich nicht nur bei *Bakterien*, sondern auch bei *Pilzen* – etwa bei *Neurospora* – leicht erzeugen und isolieren lassen.

Normale Bakterien sind in der Lage, auf einem *Minimalmedium* zu wachsen, das neben einigen Salzen als Energiequelle Zucker besitzt. Dieses Medium wird in Agar gelöst und stellt in Petrischalen das Kultursubstrat für Mikroorganismen dar. Biochemische Mangelmutanten können nicht auf Minimalmedien wachsen, weil sie aufgrund ihres genetischen Defekts eine bestimmte, für den Stoffwechsel notwendige Substanz – etwa eine Aminosäure – nicht synthetisieren können. Sie brauchen ein Medium, dem die fehlende Substanz zugesetzt ist. Zunächst muß jedoch festgestellt werden, welche der Biosynthesen durch den genetischen Block ausgefallen ist und wo der Block im Rahmen der Synthesekette liegt. Erst dann kann ein spezifisches Medium hergestellt werden, auf dem die Mutante wächst.

Die Isolierung derartiger Genotypen wird mit Hilfe einer von LEDERBERG eingeführten Methode vorgenommen (Abb. 10.4). Wir gehen als Beispiel von einer Suspension bestrahlter Bakterien aus, die nach der Bestrahlung in einem *Vollmedium* kultiviert wird. Es enthält alle Substanzen, die für das Wachstum der Bakterien notwendig sind. Unter günstigen Kulturbedingungen vermehren sich nicht nur die normalen Zellen, sondern auch die Mutanten. In methodischer Beziehung besteht das Problem nunmehr darin, die geringe Anzahl der in der Suspension vorhandenen Mutanten zu erkennen und sie von der riesigen Anzahl nichtmutierter Individuen abzutrennen. Der Aufwand, der hierbei zu betreiben ist, sei an ei-

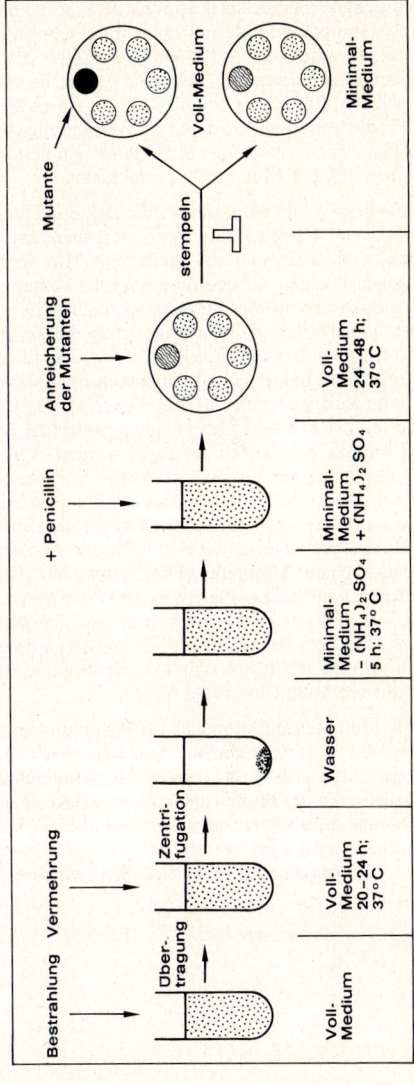

Abb. 10.4 Die Selektion auxotropher Bakterienmutanten (siehe Text)

nem anschaulichen Beispiel demonstriert (SCHLEGEL 1965). Wollten wir eine spezifische Spontanmutante mit einer durchschnittlichen Mutationsrate von 10^{-8} erfassen, so wären hierfür 100 Millionen Zellen bzw. deren Abkömmlinge als Ausgangsmaterial notwendig. Dies erfordert die Verwendung von etwa einer Million Petrischalen, für die wir eine Fläche von einem Hektar brauchen würden. Erhöhen wir die Mutationsrate durch die Anwendung von Mutagenen, so ist die Bilanz zwar günstiger, es ist jedoch noch immer ein beträchtlicher Aufwand notwendig, um einen Teil der Mutanten zu selektieren.

Aus dem Vollmedium werden die Bakterien durch Zentrifugation abgetrennt. Anschließend werden sie in Wasser resuspendiert und auf ein *Minimalmedium* umgesetzt, dem die Stickstoffquelle fehlt. Hier verbrauchen sie ihre Reservestoffe und gehen in einen Ruhezustand über. Es ist nunmehr notwendig, die nichtmutierten Bakterien aus der Suspension zu entfernen, um die Mutanten leichter selektieren zu können. Hierzu bringt man die Zellen in ein Minimalmedium mit $(NH_4)_2SO_4$ als Stickstoffquelle. Bei Anwesenheit von Stickstoff nehmen die nichtmutierten Bakterien ihre Stoffwechseltätigkeit wieder auf, während die Mutanten im Ruhezustand verharren. Durch Zusatz von Penicillin wird der überwiegende Teil der sich teilenden (= nichtmutierten) Bakterien abgetötet; die ruhenden (= mutierten) Zellen hingegen werden vom Penicillin nicht angegriffen. Dann plattet man geringe Mengen dieser Suspension auf einem *Vollmedium* aus, auf dem sowohl die Mutanten als auch die noch am Leben gebliebenen nichtmutierten Bakterien wachsen. Dadurch wird eine Anreicherung der Mutanten erzielt. Mit Hilfe eines Stempels werden nunmehr Abdrucke dieser Platten sowohl auf Voll- als auch auf Minimalmedium gestempelt. Hierbei ist darauf zu achten, daß der Stempel auf beiden Platten in exakt der gleichen Stellung aufgebracht wird. Beim Vergleich des Koloniewachstums auf den Platten sind die mutierten Kolonien nur auf dem Vollmedium, nicht jedoch an der entsprechenden Stelle des Minimalmediums zu finden. Damit ist die Mutante selektiert; sie wird zur Vermehrung auf ein Vollmedium übertragen.

Die Mutante steht nunmehr für genphysiologische Untersuchungen zur Verfügung, die den Zweck verfolgen, den genetisch bedingten Stoffwechselblock zu ermitteln. Man stellt hierzu verschiedene Minimalmedien her, denen man − etwa bei Defekten in der Proteinsynthese − jeweils einzelne Aminosäuren zusetzt. Eine Mutante, die als Folge des genetischen Blocks nicht in der Lage ist, Methionin zu synthetisieren, wird nur auf demjenigen Minimalmedium wachsen, das Methionin enthält. Damit ist ein Gen isoliert worden, das an der Methionin-Synthese beteiligt ist.

11 Proteinsynthese

Die Realisierung eines genetisch kontrollierten Merkmals kommt nicht durch das Gen unmittelbar zustande. Es ist nicht in der Lage, selbst in den Stoffwechsel des Organismus einzugreifen. Dies geschieht vielmehr indirekt, indem das Gen ein spezifisches Enzym produziert. Dieses Enzym ist für die Katalyse eines bestimmten Teilschritts einer Biosynthese notwendig, die zum Phän führt. Da die Enzyme Proteine sind, besteht die Funktion des Gens letztlich in der Synthese seines spezifischen Proteins. Diese Erkenntnis kommt in der *Ein-Gen-ein-Polypeptid-Hypothese* zum Ausdruck, die im vorherigen Kapitel abgeleitet worden ist. Besteht das Enzym aus einer einzigen Polypeptidkette, so ist ein einziges Gen für seine Synthese verantwortlich. Ist es hingegen aus mehreren Ketten zusammengesetzt, so wird jede der Ketten unter der Kontrolle eines Gens synthetisiert. Hierbei ist insofern ein funktioneller Zusammenhang der beteiligten Gene feststellbar, als sie in der Regel benachbarte Abschnitte der DNA-Doppelhelix darstellen und eine genphysiologische Funktionseinheit bilden.

Die Proteine zeigen eine komplizierte Struktur. Hierbei haben wir zu unterscheiden zwischen

- ihrer *Primärstruktur,* die in der Aminosäure-Sequenz zum Ausdruck kommt;
- ihrer *Sekundärstruktur* in Form einer schraubenartigen Alpha-Helix, die durch Wasserstoffbrücken stabilisiert wird;
- ihrer *Tertiärstruktur* in Form einer Kugel;
- ihrer *Quartärstruktur* aus der Verbindung zwischen mehreren Polypeptiden.

Die Proteinsynthese ist im Prinzip geklärt. Sie läuft in zwei Hauptschritten ab:

- der *Transkription* und
- der *Translation.*

Wir haben bereits bei der Besprechung der Genstruktur darauf hingewiesen, daß die Spezifität der Genwirkung – also die Synthese seines Proteins – auf der Nucleotidsequenz seiner DNA beruht. Parallel hierzu hängt die Spezifität eines Enzyms in hohem Maße

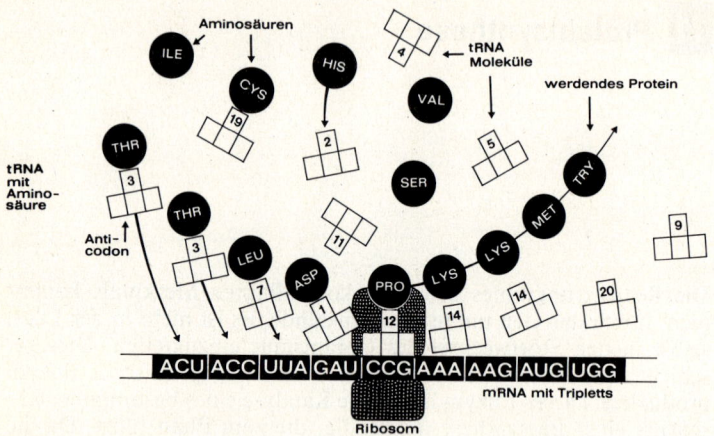

Abb. 11.1 Die Proteinsynthese (Translation). Die mRNA mit ihren Tripletts steht in Verbindung mit einem Ribosom. Die tRNA-Moleküle (1–20) binden ihre spezifische Aminosäure und lagern sie mit Hilfe ihres Anticodons an eine bestimmte Stelle der mRNA an. Benachbarte Aminosäuren werden durch Peptidbindung verknüpft. Dadurch entsteht ein Protein, das in seiner Aminosäuresequenz der Nucleotidsequenz der mRNA kolinear ist

von der Sequenz seiner Bausteine – der Aminosäuren – ab. Es muß deshalb schon aus theoretischen Gründen gefordert werden, daß die Aminosäuresequenz des Proteins ein Analogon der Nucleotidsequenz eines bestimmten DNA-Abschnitts darstellt, daß zwischen diesen beiden polymeren Substanzen eine *Kolinearität* besteht. Das Hauptproblem für das Verständnis der Proteinsynthese bestand folglich darin, den Mechanismus aufzuklären, der von einer gegebenen Nucleotidsequenz der DNA zur analogen Aminosäuresequenz des Polypeptids führt. Es ist in Abb. 11.**1** schematisch dargestellt.

Bei den *Prokaryoten* laufen Transkription und Translation gleichzeitig ab. Bei den *Eukaryoten* hingegen sind sie nicht nur räumlich, sondern auch zeitlich voneinander getrennt, wobei komplizierte chemische Abläufe zwischengeschaltet sind.

Transkription

Die Proteinsynthese findet nicht an der DNA, sondern im Cytoplasma – und zwar an den **Ribosomen** – statt. Die räumliche Trennung des Gens vom Ort der Synthese seines Polypeptids erfordert ein Transportsystem, mit dessen Hilfe die genetische Information an

den Ort der Proteinsynthese gelangt. Der erste Schritt hierzu ist die
Kopierung der Nucleotidsequenz der DNA. Dieser Prozeß wird als
Transkription bezeichnet; er besteht in der Synthese der **Messenger-
Ribonucleinsäure (mRNA)**. Sie ist ein einsträngiges Makromolekül
und besitzt als Zuckerkomponente die *Ribose,* die gegenüber der
Desoxyribose eine zusätzliche OH-Gruppe enthält. An organischen
Basen sind *Guanin, Cytosin, Adenin* sowie *Uracil* vorhanden, das
anstelle des Thymins in die RNA eingebaut wird. Jedes RNA-Mole-
kül besitzt eine definierte Richtung mit je einem freien 5'- und
3'-OH-Ende. Sie kommt durch eine spezifische Verknüpfung der
Ribosen aufeinanderfolgender Nucleotide zustande: Zwischen der
5'-OH-Gruppe des einen und der 3'-OH-Gruppe des benachbarten
Nucleotids wird eine Phosphatbrücke gebildet.

Transkription bei Prokaryoten

Die Transkription läuft bei Pro- und Eukaryoten unterschiedlich ab
und soll zunächst am Beispiel von *E. coli* abgeleitet werden. Längs
der DNA-Doppelhelix werden gleichzeitig zahlreiche mRNA-Moleküle mit einer Geschwindigkeit von 20–50 Polymerisationsschritten
pro Sekunde synthetisiert. Der Mechanismus entspricht im Prinzip
demjenigen, der bei der Replikation der DNA wirksam wird. Unter
Mithilfe eines Enzyms – der **RNA-Polymerase** – wird ein kurzer
Abschnitt der Doppelhelix aufgelockert. Durch die örtliche Denaturierung werden zwar die komplementären Abschnitte beider Einzelstränge frei, es dient jedoch nur einer von ihnen, der **codogene
Strang**, als Matrize für die Synthese der mRNA und damit für die
Translation. Dies bedeutet jedoch nicht, daß nur einer der beiden
Stränge des gesamten DNA-Doppelmoleküls als codogener Strang
fungiert, während der zweite inaktiv bleibt. Es werden vielmehr
Gengruppen auf dem ersten, andere Gruppen auf dem zweiten
Strang transkribiert. Der nicht-codogene Strang kann zwar ebenfalls
transkribiert, aber nicht translatiert werden. Die hierbei entstehende
Nucleinsäure wird als **Anti-Sense-RNA** bezeichnet.

Für die Transkription müssen zwei Voraussetzungen erfüllt sein:

– Die RNA-Polymerase muß in der Lage sein, den codogenen
  Strang zu erkennen.

– Sie muß ferner an bestimmten Nucleotidfolgen den Anfang desjenigen Gens erkennen, das transkribiert werden soll.

Diese *Erkennungsregionen* auf der Doppelhelix vor den Genen werden als **Promotoren** bezeichnet. Bei E. coli bindet sich hier die RNA-
Polymerase in Gegenwart des *Sigma-Faktors* an die DNA, und hier
setzt die Transkription ein. Die Nucleotide werden hierbei in
5'-3'-Richtung an den als Matrize dienenden codogenen Strang der

DNA angelagert und verknüpft. Die Synthese schreitet mit einer Geschwindigkeit von etwa 40 Nucleotiden pro Sekunde fort, wobei anstelle des Thymins Nucleotide mit der Base Uracil eingebaut werden. Bisher sind die Nucleotidsequenzen von mehreren hundert verschiedenen Promotoren von *E. coli* bekannt.

Die *Beendigung der Synthese* wird bei E. coli unter Mitwirkung des *Terminationsfaktors rho* bewerkstelligt. Es handelt sich hierbei um ein spezifisches Protein, das in der Lage ist, Stoppsignale auf der DNA zu erkennen. Es sind dies sehr kurze Sequenzen vorwiegend aus GC-Paaren, auf die ein kurzer Abschnitt folgt, der sich vorwiegend aus AT-Paaren zusammensetzt. Die Längen der mRNA-Moleküle variieren zwischen 1000 und 2000 Nucleotiden; es sind jedoch auch wesentlich längere Moleküle aus mehr als 10 000 Nucleotiden bekannt. Nachdem sich die mRNA von der DNA gelöst hat, werden die Komplementärstränge der DNA durch die Bildung von Wasserstoffbrücken wieder geschlossen, so daß nach Abschluß der RNA-Synthese wieder die intakte Doppelhelix vorhanden ist. Auch die RNA-Polymerase löst sich vom RNA-Molekül. Die mRNA ist bei den *Bakterien* kurzlebig. In einer *E.-coli-*Zelle gibt es zu jedem gegebenen Zeitpunkt nur etwa 1000 mRNA-Moleküle. Schon 1 − 3 Min. nach der Synthese werden sie wieder abgebaut. In *eukaryotischen Zellen* hingegen beträgt ihre Lebensdauer einige Stunden.

Die RNA-Polymerase von *E. coli* ist ein kompliziert zusammengesetztes Enzym. Im Gegensatz zur DNA-Polymerase besteht sie nicht aus einer einzigen Polypeptidkette, sondern aus 5 Untereinheiten. Von besonderer Bedeutung ist der *Sigma-Faktor,* der in der Lage ist, das Startsignal für die mRNA-Synthese auf der DNA zu erkennen. Er ist darüber hinaus für die Genauigkeit der Transkription verantwortlich. Er bindet die RNA-Polymerase an die DNA und löst sich wieder aus dem Komplex, wenn die ersten 10 Nucleotide der entstehenden RNA verknüpft worden sind. Bei einigen Phagen bestehen die RNA-Polymerasen aus einer einzigen Polypeptidkette.

Transkription bei Eukaryoten

Die Transkription eukaryotischer Gene ist wesentlich komplizierter. Die auf S. 56 diskutierte Struktur der **Mosaik-Gene** hat insofern Konsequenzen für die Proteinbiosynthese, als die bei den Prokaryoten realisierte Kolinearität zwischen der Nucleotidsequenz der DNA des Gens und der Aminosäuresequenz seines Polypeptids nur in abgeschwächter Form in Erscheinung tritt, da nur die *Exons* codierende Einheiten sind. Die *Introns* sind nicht an der Proteinsynthese beteiligt. Im Gegensatz zu Prokaryoten sind in eukaryotischen Zellen *3 verschiedene RNA-Polymerasen* vorhanden. Sie bestehen aus mehreren Untereinheiten.

– Die *RNA-Polymerase I.*
  Sie ist für die Synthese der rRNA-Moleküle verantwortlich und befindet sich im Nucleolus.
– Die *RNA-Polymerase II.*
  Sie ist für die Bildung der Vorläufer der mRNA-Moleküle verantwortlich und befindet sich im Karyoplasma.
– Die *RNA-Polymerase III.*
  Sie ist für die Bildung der Vorläufer der tRNA-Moleküle verantwortlich und befindet sich ebenfalls im Karyoplasma.

Die Transkription der eukaryotischen Struktur-Gene verläuft zunächst wie bei den Prokaryoten: Es wird die gesamte DNA des Gens mit Exons und Introns transkribiert. Der Vorgang wird eingeleitet, nachdem sich die RNA-Polymerase II an eine Promotorregion der DNA gebunden hat. Als Erkennungssequenz dient die Folge TATA; 20–30 Nucleotide hinter dieser Sequenz beginnt die Transkription. Als Produkt entsteht zunächst ein *Primärtranskript,* die **Vorläufer-mRNA (Prä-mRNA)**. Sie kann bis zu 20 000 Nucleotide lang sein, wobei 20–50 Nucleotide pro Sekunde gebildet werden. Aus der Prä-mRNA werden noch im Zellkern die *Introns* herausgeschnitten. Dieser als *Spleißen (splicing)* oder *Prozessierung (processing)* bezeichnete Vorgang muß sehr exakt erfolgen und läuft unter Mitwirkung der **Spleißosomen** ab. Dies sind sehr große komplexe Strukturen, deren wichtigste Komponente die *kleinen Riboprotein-Partikel* sind *(snRNP* oder *„Snurps"*). Sie setzen sich aus einem RNA-Molekül von 56–217 Nucleotiden und etwa 10 verschiedenen Proteinen zusammen. Sechs der bisher bekannten snRNP-Strukturen liegen in einer großen Anzahl von Kopien vor, während die restlichen seltener sind. Vier der Snurps sind für die Spleißreaktion notwendig; sie haben während des Prozesses unterschiedliche Funktionen.

Das Zerschneiden der Vorläufer-mRNA erfolgt in Verbindung mit einer *Signalsequenz* aus den Nucleotiden AAUAAA. Etwa 20 Nucleotide hinter dieser Erkennungsregion sitzt der Schnitt. An das freie 3′-Ende wird der sogenannte *poly(A)-Schwanz* angelagert. Er besteht aus 150–200 Adenin-Nucleotiden, die nicht an der Translation beteiligt sind. Am freien 5′-Ende wird kurz nach Beginn der Transkription eine Kappe aus methylierten Nucleotiden angehängt; sie hat die Funktion einer chemischen Schutzkappe. Die Schnittstellen werden unter Mitwirkung von Ligasen wieder geschlossen.

Das Spleißen läuft bereits während der Transkription ab und führt zur **reifen mRNA** mit Kappe und poly(A)-Schwanz. Sie setzt sich nur noch aus Abschnitten zusammen, die den *Exons* entsprechen und für die Translation verwendet werden. Sie verläßt den Zellkern und verbindet sich mit den Ribosomen zur Proteinsynthese

(s. u.). Während die Primärtranskripte im Mittel etwa 6000 Nucleotide enthalten, sind reife mRNA-Moleküle nur noch etwa 1500 Nucleotide lang. Fehlerhafte Prozessierungen können zu starken Schädigungen führen. Dies gilt für bestimmte menschliche Erbkrankheiten, etwa für einige β-Thalassämien. Als Folge von Fehlern beim
Herausschneiden der Introns ist die Bildung funktionsfähiger reifer
mRNA-Moleküle nicht möglich.

Es sei darauf hingewiesen, daß nicht nur die mRNA, sondern in vielen Zelltypen
auch die tRNA und die rRNA eine Prozessierung erfahren. Darüber hinaus ist
beim Protisten *Tetrahymena thermophila* nachgewiesen worden, daß sich die
RNA selbst spleißen kann. Sie ist auch in der Lage, den Zusammenbau anderer
RNA-Moleküle zu katalysieren, hat somit enzymatische Eigenschaften. Derartige
Enzyme werden als *Ribozyme* bezeichnet.

Translation

Der Gesamtvorgang der Proteinsynthese kann durch folgendes
Schema charakterisiert werden, das als „*zentrales Dogma*" bezeichnet wird:

DNA $\xrightarrow{\text{Transkription}}$ mRNA $\xrightarrow{\text{Translation}}$ Polypeptid

Wir haben bisher den ersten Schritt dieses Vorgangs behandelt und
sind auf dem Weg vom Gen zum Merkmal ein beträchtliches Stück
vorangekommen. Durch die Transkription ist die in der DNA festge-
legte genetische Information in eine Transportform überführt worden. Diese Information ist nunmehr an die Nucleotidsequenz der
mRNA gebunden. Nach dem Ablösen von der DNA wandert die
mRNA bei den Eukaryoten durch die Poren der Kernmembran ins
Cytoplasma und nimmt Verbindung mit den Ribosomen auf (deshalb die Bezeichnung „messenger" = Bote). Bei den Prokaryoten
wird bereits die noch wachsende mRNA von Ribosomen besetzt.
Damit sind die Voraussetzungen für den zweiten Abschnitt des Ge-
samtprozesses, die *Translation,* geschaffen.

Ribosomen

Ehe wir den Ablauf der weiteren Vorgänge behandeln, wollen wir
uns zunächst mit den **Ribosomen** beschäftigen. Es handelt sich hierbei um sehr kleine Zellorganellen mit einem Durchmesser von etwa
20 nm, die aus Proteinen und RNA, der **ribosomalen RNA (rRNA)**,
bestehen. Sie stellt mit 75–80% den Hauptanteil der Ribonucleinsäuren der Zelle dar. 5–10% sind mRNA, der Rest ist tRNA. In den

Ribosomen von *E. coli* ist das RNA/Protein-Verhältnis etwa 2:1, bei vielen anderen Organismen etwa 1:1. Sie setzen sich aus 2 Untereinheiten zusammen, die entsprechend ihrer Sedimentationsgeschwindigkeit bei den *Prokaryoten* als 30S- und 50S-, bei den *Eukaryoten* als 40S- und 60S-Untereinheiten bezeichnet werden. Sie können bei Prokaryoten zu 70S-, bei Eukaryoten zu 80S-Einheiten assoziiert werden. Das funktionsfähige Ribosom wird erst in Gegenwart der mRNA aus seinen Untereinheiten zusammengebaut. Besonders eingehend sind die Ribosomen von *E. coli* untersucht worden. Ihre Anzahl ist von der Wachstumsrate abhängig. Sie liegt normalerweise bei 20000–30000, das entspricht etwa einem Viertel des lebenden Zellinhalts. In rasch wachsenden Zellen können bis zu 100000 Ribosomen vorhanden sein. Unter diesen Verhältnissen liegt der Anteil der ribosomalen Proteine bei etwa 30% der Gesamtmenge der in der Zelle synthetisierten Proteine.

Der experimentelle Zusammenbau der 30S- und 50S-Einheiten aus ihren RNA- und Proteinkomponenten ist bereits gelungen. Die kleinere Untereinheit besitzt ein einziges RNA-Molekül mit 1542 Nucleotiden und 21 verschiedene Proteine. Ihr Molekulargewicht liegt bei 900000; hiervon entfallen etwa zwei Drittel auf das RNA-Molekül. Die größere Untereinheit hat 2 verschiedene RNA-Moleküle von 2904 und 120 Nucleotiden Länge sowie 32 verschiedene Proteine. Ihr Molekulargewicht beträgt 1,6 Millionen, wobei wiederum zwei Drittel auf die rRNA entfallen. Zwischen den beiden Untereinheiten liegt eine Furche, in der sich während der Translation die mRNA sowie die notwendigen Enzyme befinden.

In *eukaryotischen Zellen* ist die Anzahl der Ribosomen wesentlich höher. In Kulturen von *Säugetierzellen* können Werte bis zu 5 Millionen erreicht werden. Die große Untereinheit besteht hier aus 3 rRNA-Molekülen mit 4500, 160 und 120 Nucleotiden. Die kleine Untereinheit hat nur ein rRNA-Molekül mit 180 Nucleotiden. Auch die Anzahl der Proteine ist höher (40 bzw. 30 in den beiden Untereinheiten).

Die Funktion der rRNA ist noch nicht völlig geklärt. Während der Biosynthese der Ribosomen hat sie die Aufgabe eines Gerüsts, an das die ribosomalen Proteine in spezifischer Weise angelagert werden. Darüber hinaus spielt sie offenbar bei der Anlagerung des mRNA-Moleküls an das Ribosom eine Rolle. Die Synthese des Massenprodukts rRNA wird bei verschiedenen Organismengruppen in unterschiedlicher Weise geregelt. Dies gilt vornehmlich für die Anzahl der Gene, die hierfür verantwortlich sind. Bei *E. coli* sind 7 Gene für rRNAs bekannt. Bei *Eukaryoten* sind es Hunderte oder Tausende, wobei zwischen verschiedenen Arten große Unterschiede bestehen. Für den *Menschen* werden mehr als 2000, für die Küchenzwiebel etwa 13000 angegeben. Ihre DNA wird als **rDNA** bezeichnet.

Die Synthese der rRNA läuft unter Mitwirkung des Enzyms RNA-Polymerase I im Nucleolus ab. Die hieran beteiligten Gene sind teils auf verschiedene Chromosomen des Genoms verteilt, teils liegen sie in Form zahlreicher Kopien im Bereich des *Nucleolus-Organisators* in dichter Folge hintereinander. Bei bestimmten Arten kann ihre Anzahl in spezifischen Stadien der Ontogenese stark ansteigen, ein Phänomen, das als **Genamplifikation** bezeichnet wird. Besonders extreme Verhältnisse sind für den *Krallenfrosch Xenopus* bekannt. Während der frühen meiotischen Stadien kommt innerhalb von 3 Wochen ein Anstieg der Anzahl dieser Gene von 820 auf mehr als 1 Million zustande; parallel hierzu nimmt die Anzahl der Nucleolen je Zelle rapid zu. Diese breite genetische Basis ermöglicht es der Zelle, innerhalb kurzer Zeitspannen große Mengen von rRNA herzustellen. So ist eine *Säugetierzelle* in der Lage, pro Sekunde 10−100 Ribosomen bereitzustellen.

Die für die Bildung der 55 Komponenten der Ribosomen von *E. coli* notwendigen Gene sind größtenteils bereits isoliert, identifiziert und lokalisiert worden. Sie sind über das ganze Chromosom verteilt; einige liegen als Cluster vor. Die Gene für die rRNA-Moleküle sind zu Operons vereinigt. Sie bestehen aus 3 Abschnitten:

− einem nichttranskribierten Spacer,
− einem transkribierten Spacer,
− dem eigentlichen Struktur-Gen, das zumindest in einigen Fällen ein Intron besitzt.

Ihre Regulation erfolgt auf der Ebene der Translation über Translations-Repressoren.

Ablauf der Translation

Für die Proteinsynthese werden Funktionseinheiten aus einem mRNA-Molekül und mehreren Ribosomen gebildet, die als **Polysomen** bezeichnet werden. Die Ribosomenzahl eines solchen Komplexes hängt von der Länge des mRNA-Moleküls ab; sie variiert bei *E. coli* i. a. zwischen 10 und 20, kann in Sonderfällen aber bis zu 40 ansteigen. Bei der Synthese des Hämoglobin-Moleküls wird ein Polysom aus 4−6 Ribosomen wirksam. Die mittleren Abstände benachbarter Ribosomen betragen etwa 90 Nucleotide. Ein Polysomen-Komplex aus einem mRNA-Molekül mittlerer Größe und 12−20 Ribosomen synthetisiert ein Polypeptid aus 300−500 Aminosäuren mit einem Molekulargewicht von 30000−50000.

Die *Proteine* sind Makromoleküle, die aus 20 verschiedenen Aminosäuren zusammengesetzt sind; einige ihrer Formeln sind in Abb. 11.2 wiedergegeben. Die Verknüpfung einzelner Aminosäuren zu Di- und Polypeptiden erfolgt in der Weise, daß Bindungen zwischen NH_2- und COOH-Gruppen verschiedener Moleküle unter Wasseraustritt zustande kommen. Die Proteinsynthese findet an den

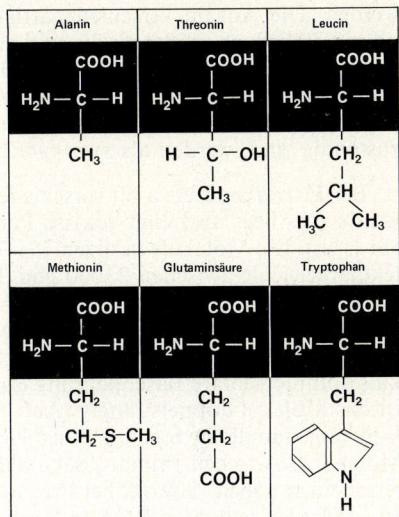

Abb. 11.**2** Die Struktur einiger der für die Proteinsynthese verwendeten Aminosäuren

Ribosomen statt, wobei die Nucleotidsequenz der mRNA in eine analoge Aminosäuresequenz des zu bildenden Polypeptids übersetzt werden muß; deshalb der Begriff *„Translation"* für diesen komplizierten Vorgang. Hierbei ergeben sich zwei Teilprobleme:

– Die Aminosäure-Moleküle sind nicht in der Lage, Verbindung mit der mRNA aufzunehmen und diejenigen Stellen am Makromolekül aktiv aufzusuchen, die für die Bildung des kolinearen Protein-Moleküls notwendig sind. Sie verbinden sich zunächst mit spezifischen Adapter-Molekülen, die ihre Anlagerung an die wachsende Polypeptidkette bewerkstelligen.

– Es muß ein Code existieren, der die Übersetzung der Nucleotidsequenz der mRNA in die Aminosäuresequenz des Proteins ermöglicht.

Als Adapter-Moleküle fungieren die relativ kleinen, beweglichen **Transfer-Ribonucleinsäuren (tRNAs).** Sie binden die vorher aktivierten Aminosäuren und bringen sie an bestimmte Stellen des mRNA-Moleküls. Hierbei besteht insofern ein hohes Maß an Spezifität, als für jede Aminosäure eine bestimmte tRNA spezifischer Zusammensetzung zuständig ist. Die Bindung der Aminosäure an „ihre" tRNA erfolgt unter Mitwirkung eines spezifischen Enzyms. Bei verschiedenen Aminosäuren werden verschiedene Enzyme dieser Gruppe wirksam, die als *Aminoacyl-tRNA-Synthetasen* bezeichnet werden. Die Anzahl verschiedenartiger tRNA-Moleküle im Cytoplasma ist jedoch größer als 20, und die gleiche Aminosäure wird in fast allen Fällen von verschiedenen tRNA-Molekülen erkannt und gebunden. Ausnahmen hiervon machen nur Methionin und Tryptophan. Transfer-Ribonucleinsäuren, die für die gleiche Aminosäure zuständig sind, werden als *synonym* bezeichnet.

Bei *E. coli* sind etwa 60 verschiedene tRNA-Gruppen gefunden worden; es liegt also eine gewisse Parallele zum genetischen Code vor (s. u.). Die Moleküle besitzen 75 – 90 Nucleotide und haben Molekulargewichte zwischen 23 000 und 30 000. In ihrer Form sind sie nicht mit den DNA- und mRNA-Molekülen vergleichbar. Das tRNA-Molekül ist zwar einsträngig, besitzt jedoch eine charakteristische Kleeblattstruktur, die über bestimmte Abschnitte des Moleküls komplementäre Basenpaarung ermöglicht. In diesen Bereichen ist das Molekül doppelsträngig (Abb. 11.**3**). Darüber hinaus ist eine L-förmige räumliche Struktur feststellbar, so daß wir bei den tRNA-Molekülen zwischen Primär-, Sekundär- und Tertiärstruktur zu unterscheiden haben. Sowohl bei Pro- als auch bei Eukaryoten liegen 10 – 15% der zellulären RNA in Form von tRNA vor. Sie ist – wie die mRNA – kurzlebig.

Auch in chemischer Beziehung unterscheidet sich die tRNA wesentlich von den anderen beiden Nucleinsäuren, weil außer den Basen Guanin, Cytosin, Adenin und Uracil noch eine Gruppe *„seltener" Basen* am Aufbau der Moleküle beteiligt ist. Hierbei handelt es sich um etwa 50 verschiedene modifizierte Basen, von denen bereits 40 in ihrer chemischen Struktur aufgeklärt worden sind (Uridine, Inosine, Guanosine u. a.). Sie unterscheiden sich von den „normalen" organischen Basen im wesentlichen durch den Besitz einer oder mehrerer Methylgruppen. Ihre Funktion ist im einzelnen noch nicht geklärt; sicher ist jedoch, daß sie keine komplementären Paarungen eingehen können. Das Inosin ist häufig die dritte Base im *Anticodon,* desjenigen Bestandteils der tRNA, mit dem die Nucleotidsequenz der mRNA abgelesen wird (s. u.).

Bis jetzt sind die Nucleotidsequenzen von mehr als 600 tRNA-Molekülen aus *Bakterien, Pflanzen* und *Säugetieren* bekannt. Die Befunde zeigen eine Reihe übereinstimmender Primär- und gemeinsamer Sekundärstrukturen. So besitzen alle tRNA-Moleküle die gleiche Endsequenz von A-C-C, während das 4. Nucleotid variiert. Diese 4 Nucleotide treten stets ungepaart auf (Abb. 11.**3**). Sie sind diejenige Stelle des Moleküls, an die die *Aminosäure* angelagert wird. Hierbei wird eine energiereiche Esterbindung zwischen der Aminosäure und einer der Hydroxylgruppen des terminalen Adenosinrests der tRNA gebildet. Die hierfür notwendige Energie wird

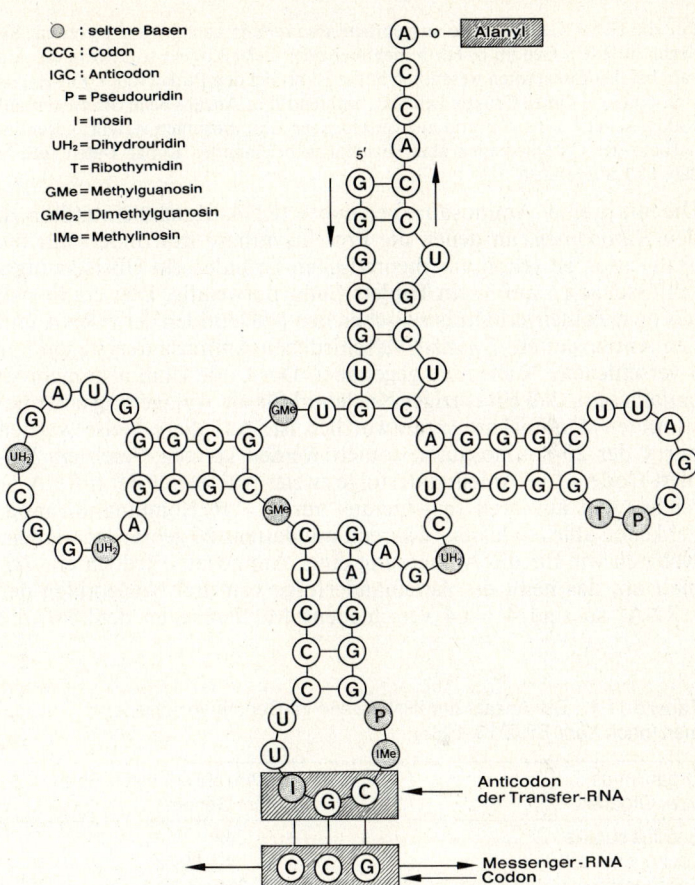

Abb. 11.**3** Die Struktur der alaninspezifischen tRNA aus *Escherichia coli* mit der gesamten Nucleotidsequenz (nach *Watson*)

durch die Hydrolyse von ATP gewonnen. Die Bindung kommt durch Vermittlung der bereits erwähnten Aminoacyl-tRNA-Synthetasen zustande. Die ungepaarten Regionen des tRNA-Moleküls sind als Schleifen ausgebildet und haben offenbar spezifische Funktionen, die noch nicht bekannt sind. In China ist die Alanin-tRNA der *Hefe* aus ihren Grundbausteinen synthetisiert worden und erwies sich als funktionsfähig. Die in Japan synthetisierte Formyl-Methionin-tRNA von *E. coli* hingegen war nicht voll funktionsfähig.

Für die tRNA-Gene ist eine ausgeprägte *Redundanz* nachgewiesen worden. Sie liegen in jedem Genom in Form mehrerer oder vieler Kopien vor, wobei die Anzahl bei den Eukaryoten wesentlich höher ist als bei den Prokaryoten. Für *E. coli* sind 60 Gene dieser Gruppe bekannt, während ihre Anzahl beim *Menschen* auf 1300 geschätzt wird. Sie sind auf verschiedene Chromosomen verteilt, liegen innerhalb der Chromosomen aber clusterartig beieinander. Einige Daten sind in Tab. 11.1 aufgeführt.

Die mit je einer Aminosäure beladenen tRNA-Moleküle wandern zu den *Ribosomen,* an denen die Proteinsynthese stattfindet. Für die Translation ist schon aus theoretischen Gründen ein Übersetzungsschlüssel von 1 auf 3, ein **Triplett-Code,** notwendig. Dies ergibt sich aus dem Zahlenverhältnis zwischen den Nucleotiden der mRNA und den Aminosäuren. Zwanzig verschiedenen Aminosäuren stehen nur 4 verschiedene Nucleotide gegenüber. Der Code kann also nicht so einfach sein, daß ein einziges Nucleotid für die Anlagerung einer bestimmten Aminosäure verantwortlich ist. Auf diese Weise würden nur 4 der 20 Aminosäuren codiert werden können. Auch ein Duplett-Code – die Aufeinanderfolge zweier Nucleotide der mRNA – reicht nicht aus, weil sich hieraus nur $4^2 = 16$ Kombinationsmöglichkeiten ableiten lassen, während mindestens 20 gebraucht werden. Nehmen wir für die Anlagerung einer Aminosäure jedoch ein *Triplett* an, das heißt die Aufeinanderfolge von drei Nucleotiden der mRNA, so sind $4^3 = 64$ verschiedene Möglichkeiten denkbar, die

Tabelle 11.1   Die Anzahl der tRNA-Gene im Genom verschiedener Organismen (nach *Kahl:* BIUZ 13, 1983)

Organismus bzw. Organell	Anzahl der tRNA-Gene im Genom
Bacillus subtilis	42
Escherichia coli	40–60
Saccharomyces cerevisiae	360
Physarum polycephalum	1050
Neurospora crassa	2640
Euglena gracilis	740
Tetrahymena pyriformis	800–1400
Caenorhabditis elegans (Nematode)	300
Drosophila melanogaster	600–900
Xenopus laevis	6500–7800
Rattus norvegicus	6500
Homo sapiens	1310
Mitochondrien (Hefe, Xenopus, Hela-Zellen des Menschen)	12–15
Choroplasten (Euglena)	20

für die 20 Aminosäuren mehr als ausreichen. Diese Arbeitshypothese ist inzwischen vielfach bewiesen worden: Von seiten der mRNA werden im Zuge der Translation **Tripletts** oder **Codons** als Funktionseinheiten wirksam. Hierbei können verschiedene Codons für die gleiche Aminosäure kodieren; sie werden als *synonym* bezeichnet. Desgleichen können verschiedene tRNA-Moleküle für die Anbindung der gleichen Aminosäure zuständig sein. Diese *Iso-Akzeptor-tRNAs* besitzen synonyme Codons.

Die Codons müssen von den mit Aminosäuren beladenen tRNA-Molekülen „erkannt" werden. Dies geschieht mit Hilfe des **Anticodons,** eines Tripletts der tRNA. Es liegt im kleeblattförmigen Molekül derjenigen Stelle gegenüber, an die die Aminosäure gebunden ist (Abb. 11.**3**). Das Anticodon geht im Bereich des Ribosoms eine Basenpaarung mit einem Codon der mRNA ein, wobei Codon und Anticodon antiparallel verlaufen. Das Prinzip der komplementären Paarung ist hierbei insofern gelockert, als konsequente Paarung nur zwischen den letzten beiden Nucleotiden des Anticodons und den ersten beiden Nucleotiden des Codons zustande kommt. Bei der Paarung des dritten Nucleotids des Codons wird eine gewisse Toleranz in der Wahl des Partners wirksam *(„Wobble-Hypothese").*

Die Synthese des Proteins am Ribosom wird als **Translation** bezeichnet: Die Nucleotidsequenz der mRNA wird in eine kolineare Aminosäuresequenz des entstehenden Proteins übersetzt und erfolgt stets vom 5'- zum 3'-Ende des RNA-Moleküls. Sie läuft in 3 Stufen ab:

– Initiation,
– Elongation,
– Termination.

Für die Einleitung der Prozesse, die **Initiation,** sind 3 spezifische Proteinmoleküle, die sogenannten *Initiationsfaktoren,* ferner 1 Molekül Guanosintriphosphat als Energiequelle und das mRNA-Molekül erforderlich. Dieser *Initiationskomplex* lagert sich an die kleine Untereinheit des Ribosoms an. Die Proteinsynthese beginnt an einem Initiationspunkt der mRNA, der durch ein spezifisches Initiator-Codon gegeben ist. Bei den *Bakterien* fungiert gewöhnlich die Sequenz AUG als Start-Codon. Am Anfang des Proteins steht ein modifiziertes Methionin, das N-Formyl-Methionin, das von „seiner" tRNA an die kleine Untereinheit transportiert wird. Bei der Bindung des tRNA-Moleküls an die Untereinheit löst sich einer der 3 Initiationsfaktoren aus dem Komplex. Erst jetzt kommt die Bindung zwischen den beiden Untereinheiten zum vollständigen Ribosom zustande, wobei die übrigen beiden Initiationsfaktoren sowie das Guanosintriphosphat abfallen. Bei den *Eukaryoten* beginnt die

Proteinsynthese im Gegensatz zu den Prokaryoten mit einem nicht-formylierten Methionin-Molekül.

Damit ist der Initiationsprozeß abgeschlossen, und es folgt die **Elongation,** die Verlängerung des sich bildenden Polypeptids. Etwa 5% der löslichen Proteine einer Bakterienzelle bestehen aus *Elongationsfaktoren.* Für das Verständnis dieser Vorgänge müssen wir am Ribosom 2 verschiedene Reaktionsorte, 2 Bindungsstellen für die tRNA-Moleküle unterscheiden:

– die *Aminoacyl-Position* (A-Position, Aminosäure- oder Erkennungsort),
– die *Peptidyl-Position* (P-Position, Peptid- oder Bindungsort).

Die erste Aminosäure des sich bildenden Proteins befindet sich an der P-Position des Ribosoms. Das zweite Triplett der mRNA sitzt an der A-Position; hier erfolgt also die Anlagerung der zweiten Aminosäure, die durch eine Peptidbindung mit der ersten verknüpft wird. Durch eine Art Drehung der 30 S-Einheit des Ribosoms wird die mit den beiden Aminosäuren beladene tRNA von der A- zur P-Position verlagert, und die mRNA wird um ein Triplett weitergezogen. Dieses dritte Triplett lagert sich an die freigewordene A-Position an und ist die Erkennungsregion für die dritte Aminosäure des Proteins. In dieser Weise wächst die Polypeptidkette. Das Ribosom gleitet an der mRNA entlang und lagert kontinuierlich weitere Aminosäuren an, die mit Hilfe von Peptidbindungen zu immer größeren Einheiten verknüpft werden. Da die Sequenz der Aminosäuren von der mRNA determiniert wird, entsteht ein spezifisches Polypeptid, dessen Aminosäuresequenz der Triplettsequenz der mRNA kolinear ist. Für die Kettenverlängerung sind 2 spezifische Proteine, die bereits genannten *Elongationsfaktoren,* notwendig, die sich kurzzeitig an das Ribosom binden. Als Energielieferanten fungieren wiederum 2 Moleküle Guanosintriphosphat.

Für die Beendigung der Proteinsynthese, die **Termination,** sind *Stop-Codons* erforderlich; hierbei handelt es sich um die Tripletts UAG, UAA oder UGA. Außerdem werden wieder 2 Proteine, die *Terminationsfaktoren,* wirksam. Das fertige Protein, das sich bereits während des Syntheseablaufs in seine endgültige Form dreidimensional faltet, wird unter Mitwirkung der Peptidyltransferase vom Ribosom gelöst, das anschließend wieder in seine beiden Untereinheiten zerfällt. Für die Synthese einer Polypeptidkette mittlerer Größe (300–400 Aminosäuren, Molekulargewicht etwa 40000) sind also 900–1200 Nucleotidpaare der DNA notwendig; die Synthesezeit beträgt 20–60 Sekunden. Bei *E. coli* können Transkription und Translation elektronenmikroskopisch sichtbar gemacht werden.

Bei den *Mosaik-Genen der Eukaryoten* kann die Kolinearität zwischen der Nucleotidsequenz des Gens und der Aminosäuresequenz seines Polypeptids nur in abgeschwächter Form in Erscheinung treten, weil für die Translation nur eine prozessierte mRNA verwendet wird. Sie setzt sich nur aus den Exons sowie aus Start- und Stoppsignal zusammen. Die Translation verläuft in der gleichen Weise wie bei den Prokaryoten. Es wird angenommen, daß nur ein kleiner Teil der Nucleotidpaare eukaryotischer Genome transkribiert und translatiert wird. Er liegt in der Größenordnung von 1 – 3 %, nach anderen Autoren von maximal 10 %. Der weitaus größte Teil der vorhandenen DNA ist durch unspezifische Histone blockiert.

Genetischer Code

Die Entschlüsselung des genetischen Codes begann in den frühen sechziger Jahren und war gegen Ende des Jahrzehnts abgeschlossen. Damit war der molekulare Mechanismus der Vererbung im Prinzip bekannt. Untersuchungen an *E. coli* sowie an *zellfreien Systemen* unter Verwendung synthetischer Polyribonucleotide haben gezeigt, daß von den 64 möglichen Tripletts insgesamt 61 zur Codierung der Aminosäuren herangezogen werden. Sie sind in Tab. 11.2 zusammengestellt. Aus ihr läßt sich für jedes der 64 möglichen Tripletts ablesen, welche Aminosäure es codiert. Mit Ausnahme von Methio-

Tabelle 11.2   Die zur Codierung der Aminosäuren möglichen 64 Tripletts

erste RNA-Nucleotidbase	zweite Base				dritte Base
	U	C	A	G	
Uracil (U)	PHE	SER	TYR	CYS	U
	PHE	SER	TYR	CYS	C
	LEU	SER	Stop	Stop	A
	LEU	SER	Stop	TRY	G
Cytosin (C)	LEU	PRO	HIS	ARG	U
	LEU	PRO	HIS	ARG	C
	LEU	PRO	GLN	ARG	A
	LEU	PRO	GLN	ARG	G
Adenin (A)	ILE	THR	ASN	SER	U
	ILE	THR	ASN	SER	C
	ILE	THR	LYS	ARG	A
	Start/MET	THR	LYS	ARG	G
Guanin (G)	VAL	ALA	ASP	GLY	U
	VAL	ALA	ASP	GLY	C
	VAL	ALA	GLU	GLY	A
	VAL	ALA	GLU	GLY	G

nin und Tryptophan sind jeweils mehrere Tripletts für die Codierung der gleichen Aminosäure zuständig. Beim Vergleich derartiger Tripletts fällt auf, daß sie jeweils in den ersten beiden Basen übereinstimmen, während die dritte variiert. Hieraus folgt, daß für die Bestimmung der Aminosäure nur die ersten beiden Basen notwendig sind. Besonders groß ist die Vielfalt bei Leucin, Serin und Arginin, für deren Codierung jeweils 6 Tripletts unterschiedlicher Basensequenz herangezogen werden können:

- Leucin: UUA – UUG – CUU – CUC – CUA – CUG
- Serin: UCU–UCC   – UCA – UCG – AGU – AGC
- Arginin: CGU – CGC – CGA – CGG – AGA – AGG

Man bezeichnet diesen Code als „entartet“ oder „degeneriert“. Die Tripletts AUG und GUG sind für die Initiierung der Proteinsynthese verantwortlich; darüber hinaus codieren sie für die Aminosäuren Methionin bzw. Valin. Drei der 64 möglichen Tripletts sind nicht an der Proteinsynthese beteiligt (UAA, UAG, UGA). Diese „nonsense-Tripletts“ sind nicht in der Lage, für Aminosäuren zu codieren. Jedes von ihnen führt zur Beendigung des Prozesses; sie werden deshalb als Terminator- oder Stop-Codons bezeichnet.

Bis vor wenigen Jahren galt der genetische Code als universell: Jedes der 61 Tripletts ist bei jedem Organismus für die Codierung der gleichen Aminosäure zuständig; die restlichen drei sind Stop-Codons. Gegen Ende der 70er Jahre sind jedoch – zunächst bei Mitochondrien – Abweichungen bekannt geworden. Bei verschiedenen Pilzen (Saccharomyces, Neurospora), bei Drosophila und verschiedenen Säugetieren codiert die Sequenz UGA der mitochondrialen mRNA für die Aminosäure Tryptophan. Die Sequenz UAA codiert bei Drosophila und bei Säugern für Methionin. Die Tripletts AGA und AGG andererseits, die normalerweise für Arginin zuständig sind, fungieren in den Mitochondrien von Säugern als Stop-Codons.

Inzwischen sind weitere Abweichungen erfaßt worden, die sich nicht nur auf mitochondriale, sondern auch auf Kern-Gene beziehen. Im Makronucleus einiger Ciliaten (Paramaecium, Tetrahymena u.a.) codieren UAA und UAG für Glutamin, während sie im Mikronucleus Stop-Codons sind. Bei Mycoplasma capricolum, einem primitiven Bakterium, codiert UGA – wie bei den oben genannten mitochondrialen Genen – für Tryptophan.

Die eben genannten Abweichungen sind jedoch nicht allgemeingültig. So wird bei manchen höheren Pflanzen die Sequenz UGA nicht nur im Zellkern und in den Chloroplasten, sondern auch in den Mitochondrien als Stop-Codon gelesen.

Schließlich ist noch die Frage zu klären, wie die Ablesung der Nucleotide der mRNA im Hinblick auf ihre Reihenfolge abläuft. Theoretisch sind hierbei die in Abb. 11.4 dargestellten drei Möglichkeiten gegeben:

a) Zwischen benachbarten Tripletts liegen Nucleotide, die nichts mit der Proteinsynthese zu tun haben.

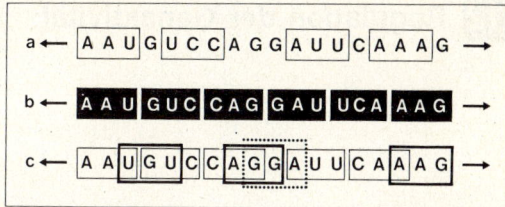

Abb. 11.4   Theoretische Möglichkeiten für die Ablesung der Nucleotide der
mRNA im Rahmen eines Triplett-Codes.
a Code mit „Kommata",
b nicht überlappender, kommafreier Code,
c überlappender Code

b) Alle Nucleotide treten im Rahmen von Tripletts in Funktion, wobei sich benachbarte Codons nicht überlappen.

c) Aufeinanderfolgende Tripletts überlappen sich teilweise.

Untersuchungen an Mikroorganismen und zellfreien Systemen haben gezeigt,
daß ein *nicht überlappender, „kommafreier"* Code vorliegt (Fall **b** der
Abb. 11.4). Das bedeutet, daß jedes Nucleotid jeweils nur einem einzigen Triplett
angehören und nicht in zwei oder drei aufeinanderfolgenden Codons wirksam
werden kann. Eine Ausnahme hiervon machen einige *Viren,* bei denen eine *Gen-
Überlappung* festgestellt wurde, z. B. das *Hepatitis-B-Virus* mit seinen 4 Genen.
Hier wird die gleiche DNA-Region doppelt genutzt.

Die soeben abgeleiteten Gesetzmäßigkeiten sind an Prokaryoten erarbeitet worden. Vieles hiervon ist am molekulargenetisch gut cha-
rakterisierten Eukaryoten *Saccharomyces cerevisiae* − der *Hefe* −
inzwischen bestätigt worden.

12 Regulation der Genaktivität

Höhere Organismen besitzen in jeder ihrer Zellen Zehntausende von Genen, die für verschiedene Funktionen verantwortlich sind und zu verschiedenen Zeitpunkten der Ontogenese über ihre Enzyme in den Stoffwechsel eingreifen. Gene für die Kontrolle der Meiosis können nicht in Keimpflanzen wirksam werden; Gene, die das Mengenverhältnis von Chlorophyll a : b kontrollieren, können ihre Wirkung nicht im Wurzelsystem entfalten. Die DNA-Menge einer menschlichen Zelle reicht für die Synthese einiger Millionen von Proteinen aus. Wenn alle Gene während aller Stadien der Ontogenese gleichzeitig aktiv wären, würde der gesamte Zellstoffwechsel zusammenbrechen. Eine geregelte Entwicklung, eine Differenzierung von Zelltypen und Organen, kann nur stattfinden, wenn die in allen Zellen gleichartig vorhandene genetische Information in einer streng geordneten Weise Verwendung findet. Es kann in bestimmten Entwicklungsphasen des Organismus stets nur ein kleiner Teil aller Gene aktiv sein, während die Mehrzahl in inaktiver Form vorliegt. Dies gilt nicht nur für Eukaryoten, sondern auch für Prokaryoten. Auch die etwa 4000 Gene des Genoms von *E. coli* sind nicht gleichzeitig aktiv. Die Zelle muß folglich ein Steuerungssystem besitzen, das für die Aktivierung bzw. Inaktivierung der Gene sorgt.

Aus methodischen Gründen ist das Problem der Regulierung der Genaktivität bevorzugt an Mikroorganismen, vornehmlich am Bakterium *E. coli*, bearbeitet worden. Die hierbei gewonnenen Einsichten sind am Pilz *Aspergillus nidulans* bestätigt worden. Bei Eukaryoten werden sehr vielfältige Regulationsmechanismen wirksam, die im vorliegenden Buch nicht behandelt werden können.

Regulationsvorgänge bei Prokaryoten

Wir haben bisher stets vom Gen allgemein gesprochen und haben hierunter ein Element des Genoms verstanden, das für die Realisierung eines Merkmals im weitesten Sinne dieses Begriffs verantwortlich ist. Wenn wir die Regulation der Genaktivität diskutieren wol-

len, können wir den Genbegriff nicht mehr in dieser allgemeingültigen Breite verwenden. Wir müssen vielmehr zwischen verschiedenen
Gruppen von Genen unterscheiden, die während der ontogenetischen Entwicklung des Organismus prinzipiell unterschiedliche
Funktionen haben. Diese Unterschiede beziehen sich nicht auf die
Ausprägung verschiedener Merkmale, sondern auf die Genfunktion
an sich. Das von JACOB u. MONOD zu Beginn der 60er Jahre entwickelte Modell erklärt zelluläre Regulationsvorgänge auf der *Ebene
der Transkription* (Abb. 12.1). Hierbei unterscheidet man zwischen
Struktur- und *Regulator-Genen*. Die **Struktur-Gene** sind für die Synthese spezifischer Polypeptide verantwortlich, die die vielfältigen
Biosynthesen in der Zelle als Enzyme katalysieren. Ihr Wirkungsmechanismus ist bei der Besprechung von Transkription und Translation abgeleitet worden (S. 360 ff). Bei den *Bakterien* und *Viren* liegen
die für eine Biosynthese notwendigen Struktur-Gene als Cluster zusammen, das als **Operon** bezeichnet wird. Es stellt eine Transkrip-
tionseinheit dar: Alle Gene des Operons werden gemeinsam transkribiert und anschließend translatiert. Bei *Salmonella* sind z. B. 9
Nachbargene für die Synthese der Aminosäure Histidin verantwortlich. Ähnliche Verhältnisse liegen bei den Gengruppen vor, die die
Threonin- und Isoleucin-Synthese dieses Bakteriums steuern. Zum
Operon gehören noch zwei Komponenten mit regulatorischer Funktion, der **Operator** und der **Promotor**. Der *Promotor* ist derjenige
DNA-Abschnitt, der von der RNA-Polymerase als spezifische Binde-
und Startstelle für die Transkription der Struktur-Gene erkannt wird
und am Anfang des Operons sitzt. Neben ihm liegt der Operator.

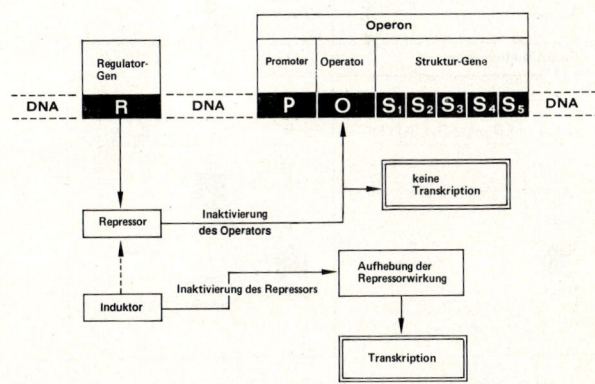

Abb. 12.1 Die Regulation der Genaktivität nach dem Jacob-Monodschen
Modell

Die Aktivität der Operons wird von den **Regulator-Genen** kontrolliert. In räumlicher Beziehung gehören sie nicht zu den Operons, für deren Regulation sie verantwortlich sind. Sie erzeugen bestimmte Proteine, sogenannte **Repressoren,** die bei der Regulation der Genaktivität eine Schlüsselstellung einnehmen. Sie lagern sich an den Operator an und verhindern dadurch die Anheftung der RNA-Polymerase an den Promotor. Dadurch wird die Transkription der Struktur-Gene blockiert, und das Operon kann nicht arbeiten. Die Inaktivierung kann dadurch aufgehoben werden, daß der Repressor seinerseits inaktiviert wird. Verantwortlich hierfür sind **Induktor-Moleküle.** Dies sind Proteine, die die sterische Konfiguration des Repressors verändern. Als Folge hiervon paßt er nicht mehr auf den Operator und löst sich von ihm ab (Abb. 12.2). Dadurch wird die Hemmung des Operators aufgehoben: Das Operon kann aktiv werden und seine Proteine synthetisieren. Die Regulator-Gene sind also in der Lage, den Wirkungsmechanismus der Struktur-Gene in Gang zu setzen oder zu blockieren.

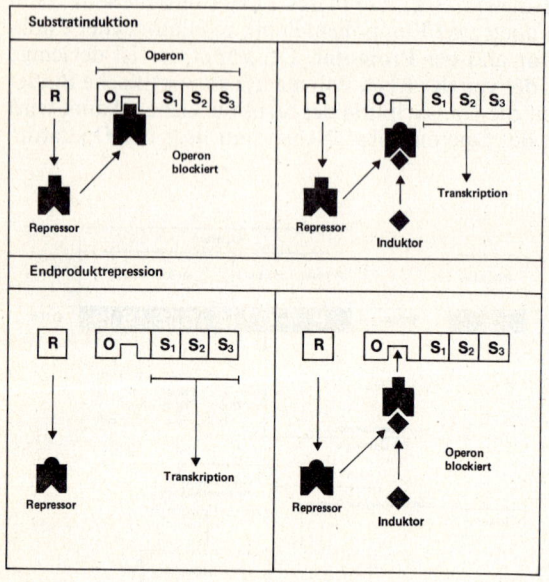

Abb. 12.2   Das Prinzip der Substratinduktion und der Endproduktrepression bei der Regulation der Genaktivität (Erläuterung im Text) (nach *Buselmaier, W.:* Biologie für Mediziner. Springer, Berlin 1976)

Die Regulation der Genaktivität kann auf zwei prinzipiell verschiedenen Wegen erfolgen:

- Es können diejenigen Gene *aktiviert* werden, die zum Abbau bestimmter Substrate notwendig sind. In diesen Fällen spricht man
  von *Substratinduktion*. Sie läuft nach dem eben beschriebenen
  Prinzip ab und ist im oberen Teil der Abb. 12.2 schematisch dargestellt.

- Es können Gene *inaktiviert* werden, wenn eine bestimmte Menge
  der mit ihrer Hilfe synthetisierten Endprodukte vorhanden ist. In
  diesen Fällen liegt *Endproduktrepression* vor. Auch hier sind Repressoren vorhanden, die jedoch zunächst inaktiv bleiben, so
  daß die Operons arbeiten können. Im Gegensatz zur Substratinduktion sorgt der Induktor nicht für die Inaktivierung des Repressors, sondern für seine Aktivierung. Der aktivierte Repressor
  paßt auf den Operator und blockiert das Operon; die Transkription unterbleibt (Abb. 12.2, unterer Teil).

Das übereinstimmende Charakteristikum der Substratinduktion
und der Endproduktrepression besteht darin, daß die Wirkung des
aktiven Repressors negativ ist. Sie sorgt in beiden Fällen dafür, daß
das Operon nicht arbeiten kann. Man bezeichnet diese Form der Regulation deshalb als *negative Kontrolle*. Darüber hinaus gibt es auch
eine *positive Kontrolle*, die unter Mitwirkung der zyklischen AMP
abläuft.

Die Regulation der Genaktivität kann bei den Prokaryoten auf zwei verschiedenen Ebenen angreifen:

- auf der Ebene der Transkription,
- auf der Ebene der Translation.

Das soeben abgeleitete und in Abb. 12.2 dargestellte Regulationssystem greift auf
der Ebene der *Transkription* an: es ermöglicht oder unterbindet sie. Dieser komplizierte Mechanismus ist eingehend am *Lactose-Operon* des Bakteriums *E. coli*
bearbeitet worden und soll an diesem Beispiel abgeleitet werden. Es besteht aus
3 benachbarten Struktur-Genen, die für die Verarbeitung des Zuckers Lactose
verantwortlich sind. Sie stellen eine genetische Einheit dar und werden gemeinsam transkribiert. Sie bilden folgende Enzyme:

- *β*-Galactosidase,
- Galactosid-Permease,
- Thiogalactosid-Transacetylase.

Diese Proteine gehören zu den sogenannten „adaptiven" Enzymen des Bakteriums, die nicht permanent vorhanden sind, sondern erst unter spezifischen physiologischen Bedingungen in der Zelle gebildet werden. Wenn dem Bakterium *Glucose* als Energiequelle geboten wird, sind von den erstgenannten beiden Enzymen
nur einige Einzelmoleküle in der Zelle vorhanden. Sie werden für die Verarbeitung der Glucose nicht gebraucht. Bietet man dem Bakterium jedoch *Lactose* an-

stelle der Glucose, so werden die beiden Enzyme in solchen Mengen synthetisiert, daß 1000- bis 10000fach höhere Werte gegenüber den Kontrollwerten erreicht werden. Sie sind unter diesen Bedingungen für den Stoffwechsel notwendig. β-Galactosidase spaltet die Lactose in Galactose und Glucose, während die Galactosid-Permease für die Aufnahme von Galactosiden verantwortlich ist. Die Funktion des dritten Enzyms ist noch nicht bekannt. Hier wird ein Steuerungsmechanismus erkennbar, der über das Substrat eines vom Operon codierten Enzyms läuft. Man bezeichnet diesen Vorgang deshalb als *Substrat-Induktion:*

- Bei *Anwesenheit* von Lactose verbindet sich der Induktor mit dem lac-Repressor und verhindert dessen Anlagerung an den Operator. Dadurch kommt eine Wechselwirkung zwischen Promotor und RNA-Polymerase zustande, die zur Einleitung der Transkription führt: das lac-Operon ist hochaktiv.
- Bei *Abwesenheit* von Lactose hingegen unterbleibt die Anheftung der RNA-Polymerase an den Promotor, weil der lac-Repressor am Operator sitzt: das lac-Operon kann nicht transkribiert werden, es ist inaktiv.

Daß die Steuerung über den Operator läuft, geht aus dem Verhalten von *Mutanten* hervor, die die 3 Enzyme in *beiden* Medien bilden, bei denen also die soeben abgeleitete Substratabhängigkeit nicht in Erscheinung tritt. In diesen Mutanten liegen die Enzyme nicht mehr im adaptiven, sondern im „konstitutiven" Zustand vor: Sie sind auch dann vorhanden, wenn sie nicht benötigt werden. Der Regulationsmechanismus für die Synthese dieser Enzyme ist als Folge der Mutationen ausgefallen. Der Operator und die drei sich anschließenden Struktur-Gene stellen gemeinsam das Lactose-Operon dar. Der steuernde Effekt des Operons ist insofern spezifisch, als er sich nur auf die Struktur-Gene auswirkt, die zum Operon gehören.

Lokalisationsstudien haben gezeigt, daß das Regulator-Gen des Lactose-Operons in der Nähe des Operons – und zwar auf der dem Operator zugewandten Seite – liegt. Auch die chemische Natur des Repressors ist bekannt. Es handelt sich um ein Protein, das aus 4 gleichen Untereinheiten zusammengesetzt ist und ein Molekulargewicht von etwa 150000 besitzt. Als Induktor fungiert das β-Galactosid. Operator und Promotor sind beim Lactose-Operon kleine benachbarte DNA-Abschnitte von zusammen etwa 100 Nucleotiden, die am Anfang des Operons liegen. Das JACOB-MONODsche Modell gilt nicht nur für *E. coli*, sondern ganz allgemein für *Bakterien* und *Viren*.

Bei *E. coli* sind bisher mehr als 100 Operons identifiziert worden. Es ist anzunehmen, daß viele von ihnen nach dem Prinzip des Lactose-Operons reguliert werden. Darüber hinaus gibt es offenbar noch andere Regulationsmechanismen, die noch wenig bekannt sind. So gibt es Proteine, die die An- bzw. Abschaltung von Genen auf der *Ebene der Translation* vornehmen. Diese Form der Regulation tritt bei *E. coli* nach Infektion durch Bakteriophagen auf, die zu bestimmten Veränderungen des Stoffwechsels führt. Die Regulation kann schließlich auch von einer spezifischen RNA, der **micRNA,** vorgenommen werden. Sie wird nach der Transkription wirksam und lagert sich an die mRNA des betreffenden Gens an. Dadurch wird die Translation verhindert; das Gen kann sein Enzym nicht produzieren. Die micRNA von *E. coli* ist 174 Nucleotide lang.

Eine spezifische Form der Genregulation liegt beim *Lambda-Phagen* sowie bei einigen anderen Viren vor. Er gehört zu den temperenten Phagen und hat 2 verschiedene Vermehrungszyklen. Im *lysischen Zyklus* entstehen nach der Infektion von E. coli etwa 100 neue Phagen, die zur Lyse des Bakteriums führen. Im *lysogenen Zyklus* unterbleibt die Vermehrung. Der Phage ist vielmehr in der Lage, seine Gene abzuschalten und sein Genom in das Bakterien-Chromosom einzubauen. Die virale DNA wird in diesem *Prophagen-Stadium* bei allen Teilungen der Wirtszelle mitvermehrt und an die Tochter-Individuen weitergegeben. In diesem Zustand sind die Wirtsbakterien lysogen. Durch bestimmte Chemikalien, aber auch durch UV-Strahlen können die viralen Gene aktiviert werden und führen zur Lyse des Bakteriums.

Im lysogenen Prophagen-Stadium ist nur ein einziges Gen des Phagen aktiv, das *cI-Gen*. Es codiert für ein Protein, das eine Doppelfunktion hat. Als Repressor schaltet es alle anderen Gene ab, stimuliert aber gleichzeitig sein eigenes Gen. Es reguliert also die Genexpression nicht nur negativ, sondern auch positiv. Im lytischen Vermehrungszyklus wird ein regulatorisches Protein aus 66 Aminosäuren wirksam, das das Repressor-Gen *cI* abschaltet.

Regulationsvorgänge bei Eukaryoten

Nach der Publizierung des an Bakterien erarbeiteten JACOB-MONODschen Modells der Genregulation war man zunächst der Meinung, man könne dieses Modell auf breiter Basis auf die Eukaryoten übertragen. Dies scheint jedoch nicht der Fall zu sein. Die Eukaryoten-Zelle ist wesentlich komplizierter organisiert als die Prokaryoten-Zelle. Dies gilt nicht nur im Hinblick auf ihre innere Organisation, wobei die Kompartimentierung von erheblicher Bedeutung sein dürfte, sondern es gilt darüber hinaus auch für verschiedene Differenzierungsformen von Zellen in Organen unterschiedlicher Funktion. Sie besitzen gegenüber der Prokaryoten-Zelle die 1000−10000fache DNA-Menge und erfordern offenbar auch andere Regulationsmechanismen. Für Zellen unterschiedlicher Funktion sind unterschiedliche Muster von aktiven und inaktiven Genen anzunehmen. Die bei den Prokaryoten weit verbreiteten Operons sind schon in den Genomen *niedriger Eukaryoten* offenbar nicht oder nur in sehr geringem Maße vorhanden. Für die *Hefe* ist ein Operon bekannt, das die Gene für den Abbau der Galactose enthält. Bei den *Pilzen* liegen Gene verwandter Funktion i. a. nicht als Cluster beieinander, sie sind vielmehr über das ganze Genom verstreut. Einige Ausnahmen hiervon sind bei *Neurospora* bekannt. Wegen der hohen Genzahl muß jedoch angenommen werden, daß nicht jedes Gen einzeln gesteuert werden kann, sondern daß auch hier ganze Gengruppen gleichzeitig an- oder abgeschaltet werden. Insgesamt liegen über diese Vorgänge jedoch erst wenige Befunde vor.

In der Eukaryoten-Zelle könnten Regulationsvorgänge an verschiedenen Stellen ansetzen, etwa am Chromatin, an der Kernmembran, während des Transports der mRNA ins Cytoplasma oder an den Ribosomen. Aus gewissen Befunden ist zu schließen, daß es bei den Eukaryoten eine Regulation auf der Ebene der *Transkription* gibt. Hierbei scheinen die Nicht-Histonproteine der Chromosomen eine wesentliche Rolle zu spielen.

Bestimmte Gengruppen des Genoms steuern die Embryonalentwicklung und sind damit für die Realisierung der späteren Baupläne der Organismen verantwortlich. Sie werden als **homöotische Gene** bezeichnet und wurden zuerst bei *Drosophila,* später auch bei *Käfern, Ringelwürmern, Fröschen,* aber auch bei *Mäusen* und beim *Menschen* gefunden. Unter ihrem Einfluß kommt eine räumliche Unterteilung des ganz jungen Embryos in spezifische Bereiche zustande, aus denen später bestimmte Gewebe und Organe hervorgehen. Ihre regulatorische Funktion ist an ein DNA-Segment gebunden, das in übereinstimmender Nucleotidsequenz in diesen Kontroll-Genen vorhanden ist und als **Homöobox** bezeichnet wird. Bisher sind etwa ein Dutzend dieser Gene bekannt, die für die ordnungsgemäße räumliche Organisation des Embryos verantwortlich sind. Andere homöotische Gene werden in späteren ontogenetischen Stadien wirksam und sorgen dafür, daß die Grundgliederung des Organismus ordnungsgemäß realisiert wird. Mutationen in solchen Genen führen zu schweren Störungen im Entwicklungsablauf (S. 382). Einige dieser Gene sind isoliert, kloniert und sequenziert worden. Sie sind auffallend groß und haben eine komplizierte Struktur mit vielen Introns. So hat das *Antennapedia-Gen* dieser Gruppe etwa 100 000 Nucleotidpaare. Die homöotischen Gene liegen als Cluster beieinander. Für Wirbeltiere wurden bisher 4 derartige Cluster auf 4 verschiedenen Chromosomen gefunden. Schließlich gibt es noch **Chrono-Gene,** die für den *Zeitpunkt bestimmter Entwicklungsabläufe* während der Ontogenese verantwortlich sind. Sie sind für den Fadenwurm *Caenorhabditis elegans* bekannt.

Bei *höheren Eukaryoten,* speziell bei *Vertebraten,* sind bestimmte *Hormone* an der Regulation der Enzymsynthese beteiligt. Sie greifen über Induktions- oder Repressionsprozesse in den Regulationsmechanismus ein, so daß auf diesem Sektor eine gewisse Parallele zur Situation bei Prokaryoten vorliegt. So können Hormone als Induktor-Moleküle aufgefaßt werden. *Steroidhormone* z. B. (Progesteron, Östrogen u. a.) werden im Cytoplasma an bestimmte Rezeptor-Proteine gebunden, gelangen anschließend in den Zellkern und setzen dort die Synthese spezifischer mRNA-Moleküle in Gang, greifen also auf der Ebene der Transkription an.

Die frühere Vorstellung, im Zuge der Zelldifferenzierung gehe Genmaterial verloren, hat sich nicht bestätigt. Es wurde vielmehr nachgewiesen, daß die DNA-Menge in Zellen unterschiedlicher Differenzierungsformen gleich ist. In bestimmten pflanzlichen und tierischen Geweben ist die Differenzierung regelmäßig mit *Polyploidisie-rung* verbunden, so daß die DNA-Menge sogar zunimmt.

Die *polytänen Riesenchromosomen der Dipteren* sind nicht nur ideale Objekte für Genlokalisationsstudien und für die Analyse von Chromosomenmutationen, sie werden auch für die Bearbeitung der Genaktivierung auf chromosomaler Ebene herangezogen. Ihr Charakteristikum besteht darin, daß bestimmte *Banden* in bestimmten ontogenetischen Entwicklungsstadien einen Formwechsel erfahren, der mikroskopisch analysiert werden kann: es entstehen die soge-nannten **Puffs** (Abb. 3.11). Besonders große Puffs werden als **Balbiani-Ringe** bezeichnet (Abb. 12.3). Es handelt sich hierbei um mehr oder weniger diffuse Aufblähungen bestimmter Banden. Im Elektronenmikroskop wird eine Entfaltung der Chromatinfäden in den stark kondensierten Regionen der betreffenden Banden erkennbar, die zur Ausstülpung der DNA-Doppelhelices führt. Sie ist offenbar die Voraussetzung für den Ablauf der Transkription. Nach Einbau radioaktiv markierten Uridins wurde in den gepufften Regionen eine lebhafte RNA-Synthese nachgewiesen. Aus verschiedenen Puffs hat man mRNA-Moleküle unterschiedlicher Basensequenzen isoliert. Hieraus ist zu schließen, daß die Banden Genorte sind und daß die

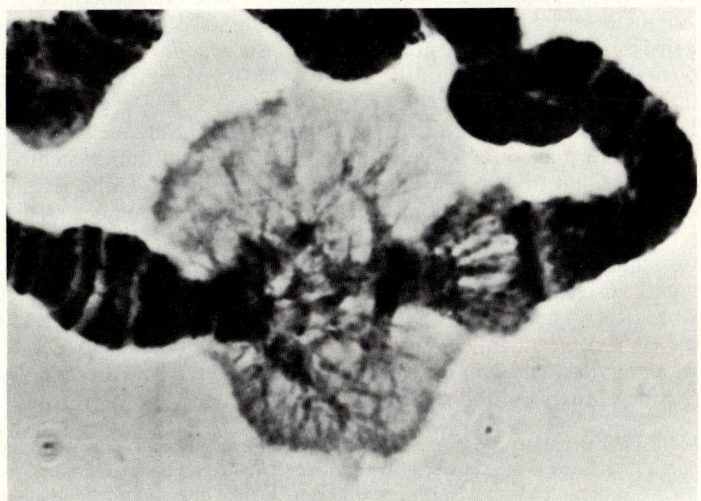

Abb. 12.**3**   Großer Balbiani-Ring eines Speicheldrüsenchromosoms der Chironomide *Acricotopus lucidus*. Die kleinere aufgelockerte Region rechts des Balbiani-Rings ist ein Puff. 3000fache Vergrößerung (Original von *Mechelke*)

Puff-Bildung mit der Aktivierung der in den betreffenden Banden liegenden Gene verbunden ist. Auch in den *Interbanden* ist mRNA nachgewiesen worden, so daß auch für diese Regionen Transkriptionsvorgänge anzunehmen sind.

Nicht alle Banden besitzen die Fähigkeit zur Puff-Bildung. So sind von den rund 2000 Banden der Species *Chironomus tentans* nur etwa 15% in der Lage zu puffen. Bei *Drosophila melanogaster* ist die Puff-Bildung auf 83 autosomale und 21 X-chromosomale Banden beschränkt.

Die Beziehungen zwischen der Puff-Bildung und dem Ablauf spezifischer Differenzierungsvorgänge wurden von BEERMANN und ME-CHELKE zu Beginn der fünfziger Jahre erkannt. Die Puffs entstehen in bestimmten Abschnitten der Ontogenese, werden kontinuierlich größer und verschwinden schließlich wieder. Wenn sie mit der Aktivierung der in den betreffenden Chromosomenregionen liegenden Gene in Verbindung stehen, so muß man aus theoretischen Gründen fordern, daß innerhalb des gleichen Gewebes in verschiedenen ontogenetischen Entwicklungsstadien unterschiedliche *Puff-Muster* auftreten. Außerdem müssen die Muster verschiedener Gewebe unterschiedlich sein. Dies ist tatsächlich der Fall. Die Puff-Muster der Dipteren verändern sich mit fortschreitender Metamorphose, wobei besonders während der Larven- und Vorpuppenentwicklung drastische Veränderungen zu beobachten sind. Sie sind Anzeichen für den Ablauf bestimmter Differenzierungsvorgänge, die an die Anwesenheit bestimmter Enzyme gebunden sind. Sie werden von denjenigen Genen synthetisiert, die im Bereich der Puffs aktiviert worden sind und die den Differenzierungsvorgang kontrollieren. Der Vorteil der Dipteren als Objekte für die Erforschung dieses Phänomens besteht darin, daß man die Aktivitätsmuster ganzer Gengruppen sichtbar machen kann, indem man die Puffs im Hinblick auf ihre Anzahl und Größe sowie auf den ontogenetischen Zeitpunkt und den Ort ihrer Entstehung mikroskopisch analysiert. Hierbei wird an den betreffenden Chromosomenregionen zunächst eine Ansammlung nichtbasischer Proteine erkennbar. Erst etwas später ist die Synthese von mRNA nachweisbar. Die beiden Vorgänge sind im Hinblick auf die Genaktivierung nicht korreliert, denn die Bildung der soeben erwähnten Proteine kommt auch dann zustande, wenn die mRNA-Synthese durch Actinomycin unterbunden wird.

Mit Hilfe bestimmter Hormone lassen sich Puffs experimentell induzieren und damit spezifische Gene aktivieren. Dies gilt vornehmlich für Steroidhormone, etwa für das *Ecdyson*, mit dem bei den Dipteren Veränderungen von Puff-Mustern erzielt werden können. Unter dem Einfluß dieses Hormons werden einige Puffs innerhalb von 15–20 min, andere erst nach mehreren Stunden gebildet, während noch andere kleiner werden oder ganz verschwinden. Das Wirkungsprinzip des Ecdysons ist noch nicht endgültig geklärt. Möglicherweise greift es über Veränderungen des Mengenverhältnisses der Kalium- und Natriumionen im Karyoplasma in die Kontrolle der Genaktivität ein. Ähnliche Effekte sind unter dem Einfluß des *Juvenilhormons* zu beobachten. Steroidhormone induzieren nicht nur bei Dipteren, sondern auch bei *Säugetieren* die Synthese spezifischer Enzyme:

– Glucocorticoide induzieren die Bildung des Enzyms Tryptophandioxygenase in der *Rattenleber*;
– Progesteron induziert die Bildung von Uteroglobin im Uterus des *Kaninchens*.

Aus den auf diesem Gebiet vorliegenden Befunden kann geschlossen werden, daß Hormone offenbar generell an der Kontrolle der Genaktivität beteiligt sind.

Eine ähnliche Situation liegt bei den *Lampenbürsten-Chromosomen* der Oocyten bestimmter *Wirbeltiere* vor, ist dort jedoch noch nicht so eingehend analysiert worden (Einzelheiten S. 82). Die langen schleifenartigen Ausstülpungen der Hauptachse dieser Riesenchromosomen bestehen aus funktionsfähiger DNA, an der die mRNA-Moleküle synthetisiert werden. Diese Chromosomenbereiche sind also genetisch aktiv, und auch hier bleibt die charakteristische Schleifenstruktur und damit die Aktivität bestimmter DNA-Abschnitte auf spezifische Stadien der Ontogenese beschränkt.

13 Gentechnologie; Manipulation des Erbguts

Mit Hilfe der Methoden der Molekulargenetik ist es möglich, gezielte Eingriffe in das Erbgut geeigneter Organismen vorzunehmen und damit Teile genetischer Systeme zu manipulieren. Dieses Teilgebiet der Genetik ist in rascher Weiterentwicklung begriffen und kann im Rahmen des vorliegenden Buches nur kurz behandelt werden.

Die Übertragung von Genen wird bei Prokaryoten schon seit Jahrzehnten durchgeführt. Die *Transformation* von DNA ist erstmals von AVERY u. Mitarb. im Jahre 1944, die *Transduktion* von ZINDER u. LEDERBERG um die Mitte der fünfziger Jahre vorgenommen worden. Etwa um die gleiche Zeit wurden mit Hilfe von Plasmiden *Konjugationsvorgänge* bei Bakterien zuwege gebracht. Zu Beginn der siebziger Jahre wurden von KHORANA erstmals Gene synthetisch hergestellt. Auch die Fusion eukaryotischer Protoplasten und damit das Phänomen der *somatischen Hybridisierung* ist gelungen. Die soeben erwähnten Vorgänge gehören zwar noch nicht zum engeren Problemkreis der Gentechnologie, sie sind jedoch wesentliche Voraussetzungen für die Durchführung derartiger Arbeiten.

Seit etwa 15 Jahren werden eukaryotische Gene in prokaryotische Genome transferiert. Auch die Sequenzierung ist in vielen Fällen gelungen; sie ist die Voraussetzung für die Synthese von Genen. Die Möglichkeiten der Gentechnologie sind nicht nur von größtem Interesse für die Grundlagenforschung, sie werden auch in medizinischer und landwirtschaftlicher Beziehung zunehmende Bedeutung erlangen. Selbst für die Bearbeitung bestimmter Umweltprobleme können sie herangezogen werden. So besitzen viele Stämme des Bakteriums *Pseudomonas putida* ein Plasmid, mit dessen Hilfe der Abbau der im Erdöl vorhandenen höheren Kohlenwasserstoffe möglich ist. Durch Vereinigung spezifischer Plasmide dieser Kategorie ist ein „Super-Bakterium" hergestellt worden, das die Kohlenwasserstoffe des Rohöls besser ausnutzen kann als die Ausgangsstämme, die jeweils nur eins dieser Plasmide besitzen. Das „verbesserte" Bakterium wächst deshalb auf Rohöl wesentlich besser und könnte u. U. zur Bekämpfung der Ölpest eingesetzt werden.

Aus der Fülle der Möglichkeiten, die sich auf dem Sektor der Manipulation des Erbguts ergeben, möchte ich einige Beispiele herausgreifen.

Isolierung von Genen und ihre Klonierung

Voraussetzung für den Transfer eines Gens in ein fremdes Genom ist seine *Identifizierung* und *Isolierung* aus dem Genom der Spenderzelle sowie seine Vervielfachung, die *Klonierung.* Der erste Schritt hierzu ist die Zerlegung der DNA des Genoms in Fragmente unterschiedlicher Länge. Hierzu werden **Restriktions-Endonucleasen** verwendet. Diese um die Mitte der 70er Jahre entdeckten Enzyme werden aus Bakterien gewonnen. Sie haben dort die Funktion, fremde DNA abzuwehren, etwa die DNA eingedrungener Viren. Sie sind in der Lage, die Doppelhelix zu öffnen, wobei ihr besonderes Charakteristikum darin besteht, spezifische Nucleotidsequenzen als Schnittstellen zu erkennen. Mehr als 200 dieser Enzyme sind bereits bekannt. Jedes von ihnen zerschneidet die DNA an einer bestimmten Stelle. Die Anzahl der DNA-Fragmente, die nach Einwirkung einer bestimmten Endonuclease entsteht, ist folglich abhängig von der Häufigkeit, in der die betreffende Erkennungssequenz auf der Doppelhelix vorhanden ist. Die Länge der herausgeschnittenen Fragmente variiert zwischen einigen hundert und einigen tausend Nucleotidpaaren. Das Öffnen der Doppelhelix erfolgt meist in der Weise, daß überstehende Einzelstrang-Enden, sogenannte *kohäsive Enden,* entstehen (Abb. 13.1). So ist die Erkennungsregion für die Endonuclease *Eco RI* z. B.:

- 5′......G↓AATT C......3′
- 3′......C TTAA↑G......5′

Die Endonuclease *Sma I* wird immer dann wirksam, wenn sie auf die Sequenz CCCGGG trifft. Die eigene DNA des Bakteriums ist vor den Angriffen seiner Restriktionsenzyme geschützt.

Die Herkunft der DNA, also auch ihre Artzugehörigkeit, spielt hierbei keine Rolle; entscheidend ist ausschließlich die Nucleotidsequenz bestimmter DNA-Abschnitte.

Mit Hilfe der Restriktions-Endonucleasen kann das menschliche Genom in etwa eine Million Bruchstücke mit Längen von 5000 bis 20000 Nucleotidpaaren zerlegt werden. Die Fragmente werden elektrophoretisch nach ihren Molekulargewichten getrennt und in **Plasmide** als Vektor-Moleküle eingebaut (Einzelheiten s. nächstes Kapitel). Hierdurch entstehen viele genetisch unterschiedliche *Hybrid-Plasmide,* die in *E. coli* eingeschleust und dort kloniert werden. Einige dieser Klone enthalten das gewünschte menschliche Gen. Auf diese Weise entstehen sogenannte **Gen-** oder **Klon-Bibliotheken** mit unterschiedlichen menschlichen Gengruppen im Bakterien-Genom. Bis 1990 sind bereits mehr als 950 menschliche Gene kloniert worden. Für die Herstellung von Gen-Bibliotheken können auch *tempe-*

rente Phagen verwendet werden, etwa der *Lambda-Phage.* Sie schleusen die fremden DNA-Fragmente in *E. coli* ein.

Für die *Selektion des Gens* aus Zigtausenden von Klonen der Bibliothek wird eine **Gen-Sonde** verwendet, ein Stück einsträngiger DNA, die in ihrer Nucleotidsequenz dem gesuchten Gen entspricht. Für ihre Herstellung verwendet man die mRNA des betreffenden Gens. Sie wird aus denjenigen Zellen des Körpers isoliert, in denen das Gen aktiv ist, in denen seine mRNA folglich in relativ großen Mengen vorhanden ist. Durch den Einsatz der *reversen Transkriptase* wird sie in einsträngige DNA, die **copy-DNA (cDNA)**, umgeschrieben und radioaktiv markiert. Mit Hilfe der Sonde kann das Fragment mit dem gesuchten Gen nach dem Prinzip der komplementären Basenpaarung herausgefischt werden. Voraussetzung ist, daß die DNA der Probe der Gen-Bibliothek einsträngig ist. Dies wird durch Erhitzen der Doppelhelices oder durch NaOH-Behandlung erreicht. Die Sonde wird nur mit dem gesuchten Gen hybridisieren. Die Basenpaarung kann autoradiographisch nachgewiesen werden.

Die Gen-Bibliotheken mit dem geklonten Material können nicht nur für die Identifizierung, sondern auch für die Lokalisierung und Sequenzierung von DNA-Abschnitten verwendet werden. Seit 1985 ist es möglich, die DNA nicht nur in vivo, also durch lebende Organismen, sondern auch in vitro zu vermehren. Man verwendet hierzu die **Polymerase-Kettenreaktion (PCR)**. Mit ihrer Hilfe kann man von beliebigen DNA-Proben innerhalb weniger Stunden eine hohe Anzahl identischer Kopien herstellen. Sie geht von kleinsten DNA-Mengen aus, die etwa aus Zellen der Mundhöhle, einzelner Haare oder aus Spermien gewonnen werden können. Das PCR-System setzt sich aus 4 Komponenten zusammen:

− der DNA-Matrize, die amplifiziert werden soll
− Nucleotiden als neuen Bausteinen
− der DNA-Polymerase
− und einem Primer.

Die Doppelhelices werden durch Erhitzen auf 90 °C in ihre Einzelstränge zerlegt, die durch rasches Abkühlen erhalten bleiben. Gibt man DNA-Polymerase und geeignete Primer − kurze DNA-Abschnitte − hinzu, so entstehen neue doppelsträngige DNA-Moleküle. Sie fungieren nach Hitze-Denaturierung und Abkühlung erneut als Matrizen. Auf diese Weise kommt die Kettenreaktion zustande. Sie ist so effektiv, daß einige wenige Ausgangsmoleküle in 20−30 PCR-Zyklen zu Millionen identischer DNA-Moleküle amplifiziert werden.

Die Polymerase-Kettenreaktion wird u. a. für die Herstellung **„genetischer Fingerabdrücke"** verwendet, die für die Identifizierung von Straftätern oder für Vaterschaftsnachweise herangezogen werden können. Es wird angenommen, daß von den 3 Milliarden Nucleotidpaaren unseres Genoms etwa 99% bei allen Menschen identisch sind. Bei den restlichen Nucleotiden treten jedoch in Abständen von 50 – 100 Basenpaaren zwischen verschiedenen Personen individuelle Unterschiede auf, die sich vornehmlich auf nicht-codierende repetitive Sequenzen beziehen. Wenn man die DNA verschiedener Personen mit Restriktionsenzymen schneidet, so können auf Grund dieser strukturellen Unterschiede im Bereich der Schnittstellen zwischen homologen DNA-Fragmenten Abweichungen auftreten. Diese Unterschiede werden als **Restriktions-Fragment-Längen-Polymorphismen (RFLPs)** bezeichnet. Jeder Mensch hat also sein spezifisches RFLP-Muster. Die individuellen Unterschiede können durch bestimmte Sonden erkannt und mit Hilfe des PCR-Systems vervielfacht werden. Hierfür reichen kleinste DNA-Mengen aus. Auf diese Weise ist es möglich, einen Menschen zuverlässig zu identifizieren. Nur bei eineiigen Zwillingen liegt volle Übereinstimmung vor. Auch DNA-Fragmente aus verstorbenen Organismen oder aus ausgestorbenen Arten können mit dieser Methode amplifiziert werden und stehen für Sequenzanalysen zur Verfügung. So ist es z. B. gelungen, DNA aus einer 2400 Jahre alten ägyptischen Mumie zu klonieren und ein Fragment von 3400 Basen zu sequenzieren.

Die RFLPs verursachen keine phänotypischen Effekte. Sie werden vererbt, können folglich – nachdem sie kloniert worden sind – wie morphologische Merkmale für Lokalisationsstudien verwendet werden. Dies gilt auch für Gene, deren Proteine nicht bekannt sind, wie dies bei zahlreichen menschlichen Erbkrankheiten der Fall ist. Man sucht nach RFLP-Markern, die stets gemeinsam mit der Krankheit auftreten, die also mit dem Krankheits-Gen eng gekoppelt sind.

Fremdbefruchter zeigen in ihren RFLPs eine extreme Variabilität, während die Anzahl der Polymorphismen bei Selbstbefruchtern wesentlich geringer ist. Bei einigen Arten, etwa beim *Mais*, der *Tomate*, bei *Drosophila* sowie beim *Menschen* sind bereits große Banken verschiedener RFLPs vorhanden.

Einlagerung eukaryotischer Gene in prokaryotische Systeme

Seit etwa 15 Jahren wird an der Entwicklung von Verfahren gearbeitet, die es ermöglichen, spezifische Gene aus den Genomen eukaryotischer Organismen mit Hilfe geeigneter Vehikel in prokaryotische

Organismen einzuschleusen und sie anschließend zu vermehren. Auf diese Weise kann die rasche Vermehrungsrate der Mikroorganismen für die Synthese bestimmter Genprodukte höherer Organismen genutzt werden. Die Verknüpfung definierter DNA-Abschnitte unterschiedlicher Herkunft wird als **in-vitro-Neukombination** von DNA bezeichnet. Unter **Gen-Klonierung** wird die Vermehrung eukaryotischer Gene durch Prokaryoten verstanden. Zwei Voraussetzungen haben wesentlich zur Realisierung der soeben genannten Möglichkeiten beigetragen:

– Der Einsatz von *Plasmiden*, jener kleinen, ringförmigen DNA-Elemente, die außerhalb des Hauptchromosoms in der Bakterienzelle liegen (S. 71). Sie sind u. a. Träger von Resistenzgenen gegen Antibiotika, die sie auf andere Bakterien übertragen können und die als genetische Marker fungieren.

– Die Entdeckung der bereits besprochenen *Restriktions-Enzyme* und die Aufklärung ihrer Wirkungsweise.

In-vitro-Neukombination von DNA und Gen-Klonierung werden bereits industriell betrieben, wenn die Anzahl der herstellbaren Substanzen auch noch gering ist. Als Wirtsorganismus für die eukaryotischen Gene wurde zunächst *E. coli* verwendet. Seit einigen Jahren werden auch andere Bakterien, in steigendem Maße auch *Hefen* hierfür herangezogen. Der schwierige Prozeß des Gentransfers vom Eu- zum Prokaryoten läuft nach folgendem Prinzip ab (Abb. 13.**1**, 13.**2**).

Die DNA des Eukaryoten-Chromosoms wird zunächst rein dargestellt; dann wird das DNA-Doppelmolekül mit Hilfe von **Restrik-**

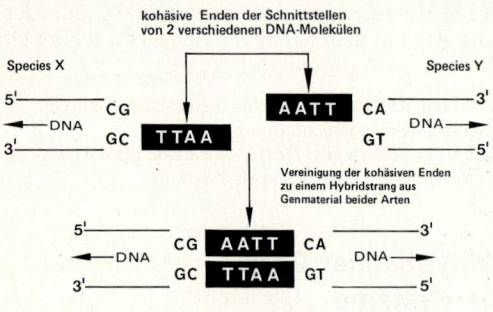

Abb. 13.**1** Prinzip der Entstehung eines DNA-Hybridstrangs aus den Doppelhelices zweier verschiedener Arten nach Einwirkung einer Restriktions-Endonuclease (Erläuterung im Text) (nach *Cohen, S.:* Sci. American 1975)

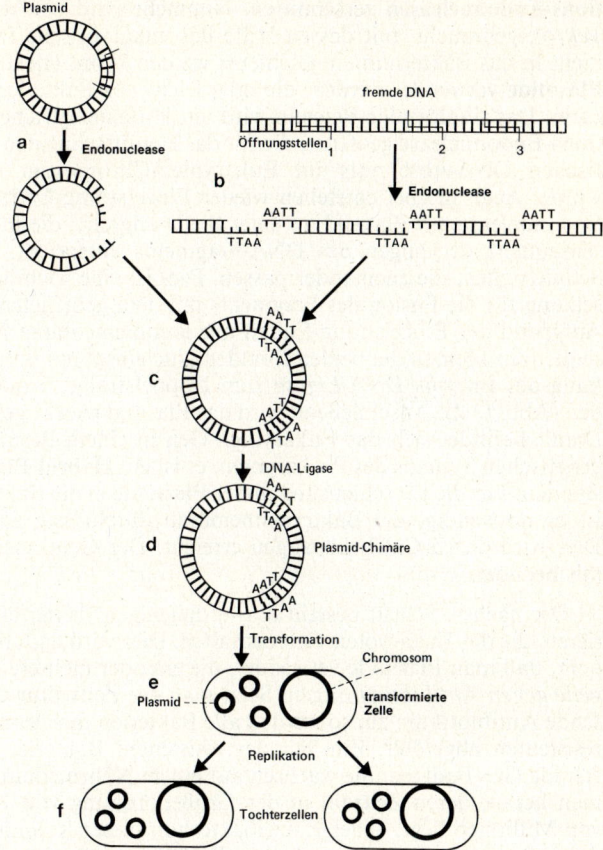

Abb. 13.2 Der Einbau fremder DNA in das Bakterium *E. coli* mit Hilfe des Plasmids pSC 101 (nach *Cohen, S. N.:* Sci. American 233, 1975).

a Das Plasmid wird durch die Endonuclease Eco RI an einer Stelle geöffnet, die die Wirkung der Gene für Tetracyclin-Resistenz und für die Replikation nicht beeinträchtigt.

b Die von der Endonuclease erkannte Nucleotidsequenz ist auch in der fremden DNA vorhanden, die in der gleichen Weise geöffnet wird.

c Fragmente der fremden DNA werden an die DNA des geöffneten Plasmids angelagert.

d Das neu zusammengesetzte DNA-Molekül des Plasmids wird mit Hilfe der DNA-Ligase geschlossen.

e Das Hybrid-Plasmid wird durch Transformation in das Bakterium aufgenommen.

f Die fremde DNA wird gemeinsam mit der Plasmid-DNA im Bakterium repliziert.

tions-Endonucleasen zerschnitten. Nunmehr wird ein Vehikel, ein *Vektor*, gebraucht, mit dessen Hilfe das eukaryotische DNA-Fragment in das Bakterium eingeschleust werden kann. Hierfür können **Plasmide** verwendet werden, die man leicht aus Bakterien isolieren kann. Das ringförmige Plasmid wird mit Hilfe der gleichen Restriktions-Endonuclease geöffnet, die für das Herausschneiden des spezifischen DNA-Abschnitts im Eukaryoten-Chromosom verwendet wurde. Auch hierbei entstehen wieder Einzelstrang-Enden. Da die Endonuclease am Plasmid an einer Stelle angreift, die in ihrer Basensequenz derjenigen des DNA-Fragments entspricht, entstehen Schnittstellen, die zueinander passen. Dies ist eine wichtige Voraussetzung für die Fusion des Fragments mit dem geöffneten Plasmid. Aufgrund der Einzelstrang-Enden mit komplementären Nucleotidsequenzen können die beiden fremden Nucleinsäuren unter Mitwirkung des Enzyms *DNA-Ligase* zum Doppelstrang verbunden werden (Abb. 13.**2**). Anschließend wird das Plasmid wieder geschlossen. Damit befindet sich das Eukaryoten-Gen in einem Bestandteil des genetischen Systems des Prokaryoten, es ist ein **Hybrid-Plasmid** entstanden. Für die Einschleusung dieser Plasmide in die Bakterienzelle ist es notwendig, die Bakterienmembran durchlässig zu machen. Dies wird durch $CaCl_2$-Lösungen erreicht. Der Gentransfer ist damit beendet.

Der nächste Schritt besteht darin, diejenigen Bakterien zu selektieren, die das Eukaryoten-Gen enthalten. Dies wird dadurch ermöglicht, daß man Plasmide verwendet, die ein oder mehrere *Resistenzgene gegen Antibiotika* tragen. Setzt man der Zellkultur das betreffende Antibiotikum zu, so werden alle Bakterien mit Ausnahme der resistenten abgetötet. Ein Teil der resistenten Bakterien wird das fremde Gen besitzen. Sie wachsen auf einem Nährmedium zu Kolonien heran, deren Zellzahl in der Größenordnung von Hunderten von Millionen liegt. Jedes Einzelbakterium dieser Kolonien enthält das Eukaryoten-Gen, das auf diese Weise kloniert wird. Die Zellen sind *transformiert*.

Mit Hilfe der soeben abgeleiteten Methode sind DNA-Fragmente von *Fröschen, Säugetieren*, aber auch von *pflanzlichen Organismen* in *Bakterien* eingeschleust worden. Wesentlich schwieriger ist es, ein ganz bestimmtes Gen eines ganz bestimmten Genoms im Bakterium arbeiten zu lassen. Hierbei sind zwei Schwierigkeiten zu überwinden. Zunächst ist es aus methodischen Gründen sehr schwierig, ein spezifisches Gen aus der Gesamtzahl von Zigtausenden von Genen des Genoms zu isolieren. Zum zweiten arbeiten fremde Gene im Bakterien-Genom häufig nicht, weil Bakterien andere Regulationsmechanismen haben als Eukaryoten. Diese Schwierigkeiten werden dadurch überwunden, daß man verschiedene Plasmide so zusammenbaut, daß das eukaryotische Gen exprimiert werden kann. Entscheidend hierbei ist die *Lage des fremden Gens* innerhalb des Plasmids: Es muß direkt hinter dem Promotor eines Plasmid-Gens liegen. Nur unter dieser Voraussetzung ist die Bakterienzelle in der Lage, die Information des fremden Gens − gemeinsam mit derjenigen seiner eigenen Gene − abzulesen und das Produkt des Fremd-Gens zu bilden.

Beim *Insulin-Gen* ist diese Methode erstmals mit Erfolg zur Anwendung gekommen; menschliches Insulin wird seit 1978 in industriellem Maße von *E. coli* hergestellt. Hierbei ist u. a. ein indirekter Weg beschritten worden. Die aus der Bauchspeicheldrüse isolierte mRNA des Gens wird mit Hilfe der reversen Transkriptase in cDNA rückübersetzt, an die nach Einsatz eines zweiten Enzyms der komplementäre DNA-Strang angelagert wird. Damit entsteht ein Stück Doppelhelix, das biochemisch dem relevanten Teil des Insulin-Gens entspricht. Es wird mit der Erkennungs- und Schnittstelle einer bestimmten Endonuclease versehen und auf dem oben beschriebenen Weg in *E. coli* transferiert. Der zweite Weg besteht in der direkten Synthese des relevanten Teils des Gens. Das Insulin-Molekül besteht aus 2 Untereinheiten, und es ist gelungen, die genetische Information für die beiden Bestandteile synthetisch herzustellen und in *E. coli* zu klonieren.

Auf ähnliche Weise, wenn auch noch in sehr geringer Ausbeute, wird *Interferon* hergestellt, ein Protein, das die Vermehrung von Viren blockiert. Seine bakterielle Synthese ist deshalb so wichtig, weil die spezifische Wirkung des menschlichen Interferons nicht durch ein tierisches Interferon ersetzt werden kann. Auch *Ratten-Albumin* sowie *Ratten-* und *Mäuse-Insulin* werden von *E. coli* produziert. Darüber hinaus sind folgende Produkte der Gentechnologie zu nennen:

− Menschliches Somatostatin (1977).
− Das menschliche Wachstumshormon Somatotropin (1979). Es wird normalerweise in der Hypophyse gebildet; sein Fehlen bewirkt Zwergwuchs.
− Das Core-Antigen des Hepatitis-B-Virus (1979).
− Leukocyten-, Fibroblasten- und Immun-Interferon (seit 1980).
− Das VP1-Protein des Maul- und Klauenseuche-Virus (1982).
− Urokinase, Serumalbumin und Affen-Insulin (1982).
− Menschliches Interleukin (seit 1989).
− Ein Impfstoff gegen Hepatitis B (seit 1991).

Es ist bereits gelungen, in das gleiche Bakterium mehrere Fremd-Gene einzulagern und deren Produkte synthetisieren zu lassen.

Für die Gentechnik werden neben Bakterien in zunehmendem Maße *Hefen* herangezogen. Als Eukaryoten sind sie viel komplexer als Bakterien, sind folglich in der Lage, auch komplexere menschliche

Stoffwechselprodukte herzustellen. In der pharmazeutischen Industrie werden transformierte Hefen bereits routinemäßig eingesetzt.

Nicht nur Bakterien und Hefen, sondern auch *Zellkulturen von Säugetieren* werden als Empfänger menschlicher Gene verwendet. So ist das X-chromosomale Gen für den Gerinnungsfaktor VIII geklont und in Nierenzellen von *Hamstern* transferiert worden. Die Hamsterzellen produzieren das für die Behandlung von Blutern notwendige Genprodukt wesentlich billiger. Bisher wurde es aus dem Blutplasma gesunder Menschen gewonnen. Eine Synthese in Bakterien oder Hefen ist nicht möglich.

Viele Erbkrankheiten beruhen darauf, daß die Patienten ein bestimmtes Protein nicht bilden können. Wenn es gelänge, derartige Proteine von Bakterien herstellen zu lassen, könnten sie den Patienten zugeführt werden. Dadurch könnte die negative Wirkung der mutierten Gene kompensiert werden. Wie notwendig diese Bestrebungen sind, geht aus der Tatsache hervor, daß von den etwa 4000 bekannten menschlichen Erbkrankheiten keine einzige wirklich heilbar ist; bei einigen sind gewisse Behandlungsmöglichkeiten gegeben. Die Heilung könnte nur dann erfolgen, wenn es gelänge, das mutierte Gen zu reparieren oder es durch das nichtmutierte Allel zu ersetzen. Beides ist noch nicht möglich. Diese Arbeitsrichtung wird als **Gentherapie** bezeichnet; sie steht erst am Anfang. Man versucht, das intakte Gen in das Genom des Patienten einzuschleusen und es im Körper arbeiten zu lassen. Dieser Vorgang ist eine **Gen-Addition.** Sie wird an Zellen vorgenommen, die dem Patienten entnommen wurden und die anschließend reimplantiert werden müssen. Da von Zigtausenden von Zellen nur eine einzige das Gen aufnimmt, ist dieser Weg sehr aufwendig. Erfolgversprechender scheint der Einsatz bestimmter Viren als Vehikel zu sein, etwa von *Retroviren.*

Zur Zeit sind die Methoden der Gentechnologie vornehmlich für die Bearbeitung von Problemen der Grundlagenforschung von Interesse. Es ist jedoch zu erwarten, daß in naher Zukunft auch praxisbezogene Anwendungsgebiete erschlossen werden, etwa die Herstellung von Impfstoffen, Hormonen (etwa bestimmter Antikörper und Antigene), Virostatika und ähnlichen Substanzen. Es sei darauf hingewiesen, daß die Anwendungsmöglichkeiten der Gentechnologie weit über den üblichen Rahmen der genetischen Forschung hinausgehen. Dies gilt in besonderem Maße für den humangenetischen Bereich.

Der Gentransfer wird zwar vorwiegend mit Hilfe von Plasmiden durchgeführt, er kann jedoch auch auf dem Weg der *Transduktion* mit Phagen vorgenommen werden (S. 64). Häufig wird hierzu der *Lambda-Phage* verwendet. Auf diesem Weg können jedoch nur kleine DNA-Mengen transferiert werden. Wesentlich effektiver sind die **Cosmide.** Sie vereinigen die Vorteile von Plasmiden und Phagen und enthalten außer der Plasmid-DNA noch Phagen-Nucleotide. Der Phage baut die **cosDNA** in sein Genom ein und transferiert sie bei der Infektion in die Wirtszelle. Hierdurch wird eine wesentlich höhere Transfer-Rate erreicht als beim Einsatz der konventionellen Plasmide.

Es sei darauf hingewiesen, daß nicht nur die Einlagerung eines Fremd-Gens, also die Zunahme genetischen Materials, von Bedeutung sein kann, sondern auch der Verlust. Das an sich harmlose Bakterium *Pseudomonas syringae* scheidet eine Substanz aus, die bei niedrigen Temperaturen die Eisbildung auf den Blättern der Wirtspflanzen beschleunigt und damit Letalwirkungen erzielt. Dieses Gen wurde in den USA aus dem Genom herausgeschnitten. Damit ergibt sich die Möglichkeit des frostsicheren Anbaus bestimmter Kulturpflanzen.

Plasmide sind nicht nur bei Bakterien, sondern auch bei verschiedenen *pflanzlichen und tierischen Eukaryoten* gefunden worden. Einige stellen insofern einen neuen Typus dar, als sie nicht ringförmig geschlossen, sondern linear sind. Bei den *Pilzen* sind sie Bestandteil der Mitochondrien. Da einige Pilze wegen der Produktion von Antibiotika neben Bakterien in der Biotechnologie Verwendung finden, besteht die Möglichkeit, über ihre Plasmide fremde Gene zu klonieren. Damit werden sie der Genmanipulation zugänglich, und man kann versuchen, die Produktion bestimmter Genprodukte auf direktem Weg und nicht auf dem Umweg über Bakterien zu steigern.

Beim Schimmelpilz *Podospora anserina* ist es unter Verwendung mitochondrialer Plasmide gelungen, ein Klonierungssystem aufzubauen. Das Plasmid sitzt in linearer Form in der mitochondrialen DNA (mtDNA) und wird als Intron interpretiert. Es hat 2539 Basenpaare und ist an seinen Enden palindromartig gestaltet. Die *Podospora-Plasmide* werden erst erkennbar, wenn der Pilz altert. Im Zuge der Degeneration einiger Mitochondrien zerfällt deren DNA; das Plasmid wird freigesetzt und schließt sich ringförmig. Es kann in *E.-coli-Plasmide* eingebaut werden; dadurch entstehen **Zwitter-Plasmide.** Nach ihrer Aufnahme werden die Podospora-Plasmide im Bakterium vermehrt und exprimiert. Die Zwitter-Plasmide können jedoch nicht nur ins Bakterium, sondern auch in den Pilz eingebracht werden und kommen auch dort zur Replikation und Exprimierung. Derartige Systeme werden als **Pendelvektoren** bezeichnet. Sie können wahlweise zum Transport zusätzlicher Gene zwischen Bakterien und Eukaryoten eingesetzt werden, während bakterielle Plasmide in eukaryotischen Zellen nicht funktionieren. Die gleichen Ergebnisse wurden auch bei anderen industriell genutzten Pilzen erhalten (*Cephalosporium, Claviceps, Penicillium*).

Transgene Pflanzen

Wir haben bisher den Gentransfer vom Eu- zum Prokaryoten besprochen. In Spezialfällen ist der umgekehrte Weg nicht weniger wichtig. Auch der Transfer aus eukaryotischen Spendern in eukaryotische Empfänger anderer Arten wird in zunehmendem Maße betrieben. Hierdurch entstehen **transgene Organismen,** die außer ihrer eigenen Genausstattung noch Fremdgene tragen und sie an ihre Nachkommen weitergeben. Sie werden gewöhnlich zufallsgemäß in die Genome eingebaut. Man verwendet hierfür im allgemeinen Zellkulturen, die man genetisch manipulieren kann. Im Pflanzenreich sind hierfür nur Arten geeignet, bei denen die Regeneration fertiler Pflanzen aus Einzelzellen möglich ist. Dies ist bei Monocotyledonen wesentlich schwieriger als bei Dicotyledonen, ist jedoch vor wenigen Jahren gelungen. Fertile transgene Stämme sind beim *Reis* seit 1988, beim *Mais* seit 1990 und beim *Weizen* seit 1992 verfügbar. Diese drei Getreidearten produzieren fast die Hälfte der für die Ernährung der Weltbevölkerung notwendigen Grundstoffe. Ihre Verbesserung mit Hilfe gentechnologischer Methoden ist daher von großem Interesse. Auch vom Futtergras *Festuca arundinacea* − dem Rohrschwingel − sind transgene Pflanzen hergestellt worden.

Von großer praktischer Bedeutung sind die Bestrebungen, höheren Pflanzen, etwa *Getreide-Arten,* die Möglichkeit zur Fixierung von Luftstickstoff zu geben. Gene hierfür sind nur in den Genomen bestimmter *Bodenbakterien* vorhanden; sie werden als *nif-Gene* bezeichnet. Ihr Einbau in die pflanzliche DNA ist vereinzelt gelungen, sie arbeiten jedoch nicht in diesem fremden System. Darüber hinaus versucht man, die *nif*-Gene in Bakterien einzulagern, die im Bereich der Getreidewurzeln gedeihen, aber selbst keine *nif*-Gene besitzen. Hierdurch könnte eine Anreicherung des Bodens mit Stickstoffverbindungen zustande kommen, die sich günstig auf das Pflanzenwachstum auswirkt. Trotz intensiver Bemühungen stecken diese Arbeitsrichtungen noch in den Anfängen.

Der Gentransfer vom Pro- zum Eukaryoten erfolgt in der Natur auch ohne Mithilfe des Menschen, wobei das Bodenbakterium *Agrobacterium tumefaciens* als Spender fungiert. Es besitzt außer seinem Chromosom das große *Ti-Plasmid* mit mehr als 150 Kilobasen DNA, das in das Genom von Wirtspflanzen eingelagert werden kann. Gene dieses Plasmids werden in den Zellen der Wirtspflanze transkribiert und lösen die Bildung von Tumoren, meist von Wurzelhals-Gallen aus. Ein Segment von Ti, die **T-DNA** (Tumor-DNA), wird in den Kern der infizierten Pflanzenzelle eingelagert. Die Fremd-Gene sind nicht nur für das Tumorwachstum verantwortlich, sondern sie veranlassen die Wirtspflanze, abnorme Aminosäuren, die *Opine*, zu produzieren, die von normalen Pflanzen nicht gebildet werden. Sie sind für die Pflanze nutzlos, verhelfen aber dem Bakterium und dem Ti-Plasmid zu rascher Vermehrung. Das Bakterium ist also ein natürlicher Vektor; die soeben beschriebenen Vorgänge können als Genmanipulation in vivo aufgefaßt werden.

Das Ti-Plasmid kann als Vektor für die Einschleusung nützlicher Gene in die Genome von Kulturpflanzen verwendet werden. Voraussetzung hierfür ist die Eliminierung oder Inaktivierung der Tumor-Gene. Bis vor wenigen Jahren war der Transfer nur bei Dicotyledonen möglich, er ist jetzt auch bei Monocotyledonen gelungen. Damit ergeben sich Möglichkeiten der genetischen Manipulation von *Getreide-Arten.* Ziel dieser Arbeitsrichtung ist die Produktion transgener Stämme mit Resistenz- oder Toleranz-Genen gegen virale, bakterielle, pflanzliche oder tierische Schädlinge. Auch Gene für Toleranz gegen Trockenheit, ungünstige Temperaturen, Schwermetalle und erhöhten Salzgehalt im Boden könnten auf diese Weise in Kulturpflanzen eingebracht werden. Dies gilt auch für Gene für Herbizid-Resistenz, die bei verschiedenen Bakterien gefunden worden sind. Sie sind bereits in *Kartoffeln, Tomaten, Weizen, Petunien* und *Tabak* transferiert worden. Ein Gen aus dem Genom von *Bacillus thuringiensis* hat zu insektenresistenten *Baumwollpflanzen* geführt; es wurde über ein Plasmid von *Agrobacterium tumefaciens* transferiert. Inzwischen wird die Erzeugung transgener Pflanzen weltweit betrieben; sie ist zu einer ergänzenden Methode der Pflanzenzüchtung geworden. Bis 1992 waren bei etwa 40 verschiedenen Nutzpflanzen transgene Stämme verfügbar.

Der Transfer ist nicht unbedingt an einen Vektor gebunden, er kann auch direkt erfolgen. Durch *Mikro-Injektionen* können die Fremd-Gene in die Pflanzenzellen eingebracht werden. Bei der sogenannten *biolistischen Methode* werden die Empfängerzellen mit winzigen Metallpartikeln beschossen, die mit der DNA der Spender-Gene beschickt sind. Nicht nur normale, sondern auch mutierte Gene können transferiert werden und führen zu transgenen Pflanzen.

Der *Gentransfer zwischen verschiedenen Eukaryoten* ist wesentlich schwieriger als derjenige zwischen Eu- und Prokaryoten. Dies mag daran liegen, daß sich die Eukaryoten-DNA innerhalb der Chromosomen befindet, die darüber hinaus noch durch die Kernmembran gegen das Cytoplasma abgegrenzt sind. Gene aus verschiedenen *Leguminosen, Getreide-Arten, Kartoffeln* und *Arabidopsis* sind in *Tabak-Genome* transferiert worden. Eins der Ziele der modernen Pflanzenzüchtung ist die Übertragung bereits bekannter Resistenz-Gene von Wild- oder Nutzpflanzen auf andere Kulturpflanzen, um den Einsatz von Pestiziden herabzusetzen. Die *Kuhbohne (Vigna unguiculata)* besitzt ein Resistenz-Gen gegen bestimmte Insektenlarven, das in England isoliert worden ist. Es wird z.Z. versucht, dieses Gen in das Genom der *Süßkartoffel* (*Ipomoea batatas*) zu transferieren. Sie besitzt keine derartigen Resistenz-Gene und hat alljährlich hohe Ernteausfälle. Mit konventionellen Zuchtmethoden ist dieses Ziel nicht zu erreichen. Ein ähnliches Gen ist bei der *Sojabohne* vorhanden.

Diese Arbeitsrichtung steht erst am Anfang und hat große Schwierigkeiten zu überwinden. Z.Z. sind nur wenige isolierte und klonierte Resistenz-Gene verfügbar. Ihre Übertragung auf Nutzpflanzen ist noch nicht auf breiter Basis gelungen. Außerdem ist nicht geklärt, ob diese Gene in den Wirtspflanzen exprimiert werden. Darüber hinaus ist damit zu rechnen, daß ihre Wirkung in den transgenen Stämmen nicht auf die Schädlinge beschränkt bleibt. Schließlich ist die skeptische Haltung weiter Bevölkerungskreise gegenüber gentechnologischen Maßnahmen ein nicht zu unterschätzender Faktor. In Deutschland ist im Jahre 1990 der erste Feldversuch mit transgenen Pflanzen durchgeführt worden, und zwar mit *Petunien,* die 2 Mais-Gene besitzen. Hierbei sollte festgestellt werden, ob und wie sich die Fremd-Gene in Abhängigkeit von bestimmten Umweltbedingungen exprimieren.

Transgene Tiere und die Manipulation der Genome von Säugetieren

In Analogie zur Produktion transgener Pflanzen kann man Fremd-Gene auch in Laboratoriums- oder Nutztiere einschleusen und erhält auf diese Weise **transgene Tiere.** Die Gene stammen teils von pro-, teils von eukaryotischen Spendern, wobei für den Transfer sehr unterschiedliche Methoden zur Anwendung kommen.

Mit Hilfe der *Mikro-Injektion* sind etwa eine Milliarde Kopien eines bestimmten Gens des *Simian-Virus 40* (SV40) in *Frosch-Oocyten* eingebracht worden (das SV40 ist ein Tumorvirus aus der Affenniere). Das Gen arbeitet im Frosch-Genom. Hieraus ist zu schließen, daß die RNA-Polymerase der Frosch-Oocyten in der Lage ist, die Start- und Stoppsignale der fremden DNA zu erkennen. Es war sogar möglich, ein pflanzliches Gen in einer tierischen Zelle zur Funktion zu bringen. Nachdem das Gen für die Tyrosin-tRNA aus der *Bäckerhefe* in *Frosch-Oocyten* eingebracht worden war, wurde die Bildung seiner mRNA nachgewiesen.

Eine andere Methode besteht darin, die DNA eines Säugetier-Gens mit derjenigen eines Virus zu hybridisieren und die Empfängerzelle mit dem hybridisierten Virus zu infizieren. Dieser Transfer ist zwischen dem *Kaninchen* als Spender und *Affen* als Empfänger gelungen, wobei das *beta-Globin-Gen* des Kaninchens übertragen wurde und in den Affenzellen voll wirksam war. Als Vehikel wurde die DNA des Affen-Virus SV40 verwendet.

Man kann Eizellen der *Maus* in vitro befruchten und zahlreiche Kopien eines klonierten Fremd-Gens in den männlichen Vorkern injizieren. Sie werden ungerichtet in eins der Chromosomen eingelagert und bei jeder Zellteilung repliziert. Derartige Experimente sind nicht nur für die Grundlagenforschung von Interesse. Sie können vielmehr von praktischer Bedeutung werden, wenn es etwa gelänge, bestimmte Resistenz-Gene in die Genome von Nutztieren einzuschleusen. Die Schwierigkeit hierbei besteht in der Aktivierung der fremden Gene, in ihrer Exprimierung, die bis vor wenigen Jahren nur bei *Drosophila* gelungen war. Inzwischen ist auch in der *Maus* ein Fremd-Gen aktiviert worden, das sein Protein im „richtigen", von der Natur vorgesehenen Organ produziert.

Im Jahre 1988 ist in den USA ein *transgener Mäuse-Stamm* patentiert worden, der ein menschliches Onkogen besitzt. Es wurde zusammen mit geeigneten Promotoren in Mäuse-Zygoten transferiert. Diese *„Harvard-Mäuse"* sind hochgradig anfällig für Brustkrebs und sind für die menschliche Krebsforschung von erheblicher Bedeutung. Eine ähnliche Situation liegt bei einem mutierten Gen vor, das eine Form der Alzheimer-Krankheit auslöst. Es wurde 1989 in das Mäuse-Genom transferiert. An diesem transgenen Stamm werden die Ursachen der Krankheit studiert. Auch die Gene für die Thymidin-Kinase und das beta-Globin des menschlichen Genoms sind in Mäuse-Zygoten eingelagert worden. In erwachsenen Mäusen, die sich aus derartigen Zygoten entwickeln, werden die betreffenden Genprodukte gefunden. Die transferierten Gene sind also in der Lage, ihre Funktion im fremden Genom aufzunehmen. Sie konnten lokalisiert werden und sitzen im Chromosom 1 des Mäuse-Genoms.

Beispiele für *transgene Nutztiere* sind:

- *Schweine*, die ein fremdes Wachstumshormon produzieren. Es regt den Stoffwechsel an. Durch bessere Futterverwertung und rascheres Wachstum kommen die Tiere 7 Wochen früher auf den Markt. Auch transgene *Karpfen* mit Wachstumsgenen von *Forellen* wachsen schneller als normale Tiere.
- Transgene *Kühe*, *Schafe* und *Ziegen* sind bereits für praktische Zwecke verfügbar.

Die bisher behandelten Beispiele beziehen sich auf den Transfer von Einzelgenen. In einer speziellen Forschungsrichtung arbeitet man auf der Ebene *ganzer Genome.* In der befruchteten Eizelle eines Säugetiers sind vor der Karyogamie zunächst 2 haploide Vorkerne vorhanden. Diese Normalsituation kann in der Weise verändert werden, daß man einen der beiden Kerne mit Hilfe eines Mikromanipulators entfernt und den zweiten durch chemische Behandlung polyploidisiert. Man erhält auf diese Weise diploide „Zygoten", die in die Embryonalentwicklung eintreten. Sie entwickeln sich in der Gebärmutter von Ammentieren zu vollwertigen Embryonen. Der Begriff „Zygote" ist in diesem Fall nur im Hinblick auf die diploide Valenz der Zelle gültig, nicht jedoch in genetischer Beziehung, weil keine Vereinigung mütterlicher und väterlicher Gene stattgefunden hat. Der Zweck dieser gezielten Maßnahme besteht darin, rasch Homozygotie zu erreichen, die normalerweise erst nach vielen Inzucht-Generationen nur annäherungsweise realisierbar ist.

Ein weiteres Ziel der genetischen Manipulation von Säugetieren besteht darin, besonders wertvolle Zuchttiere zu *klonieren.* Als Ausgangsmaterial verwendet man Eizellen normaler Tiere, deren haploider Kern entfernt und durch einen diploiden *embryonalen* oder *somatischen Kern* des Zuchttiers ersetzt wird. Auf diese Weise könnten diploide Zellen entstehen, die die Funktion von Zygoten übernehmen, obwohl sie in genetischer Beziehung keine Zygoten sind. Sie könnten in Normaltiere implantiert werden, die die Embryonen austragen. Da diese Form der Fortpflanzung rein vegetativ wäre, müßten Nachkommen entstehen, die dem Spendertier gleichen: das Zuchttier ist geklont worden. Die Prozedur wäre wesentlich einfacher, wenn somatische Zellen unmittelbar zur Entwicklung angeregt werden könnten. Da dies noch nicht möglich ist, muß der Umweg über die entkernten Eizellen eingeschlagen werden. Bei Nichtsäugern sind diese Versuche schon vor längerer Zeit gelungen. Die Methode ist nunmehr auch bei *Mäusen* und *Schafen* mit Erfolg angewandt worden, wobei Zellkerne aus ganz jungen Embryonen (8 – 16-Zell-Stadium) in entkernte Eizellen eingebracht wurden.

Anschließend seien noch einige Methoden erwähnt, die nicht im eigentlichen Sinne als genetische Manipulationen bezeichnet werden können.

- *Die Produktion eineiiger Mehrlinge.*
  Es ist möglich, ganz junge Embryonen, die das späte Morula- oder das frühe Blastula-Stadium der Furchung durchlaufen, mit Mikroskalpellen in mehrere Zellgruppen zu teilen. Sie werden in Empfängertiere implantiert und entwickeln sich dort normal weiter. Auch diese Methode ist eine Klonierung und führt zu erbgleichen Tieren. Sie wird bei *Pferden, Rindern, Schafen* und *Schweinen* angewendet.
- *Die in-vitro-Fertilisation.*
  Man kultiviert Oocyten in vitro bis zur Reifung und befruchtet die Eizellen. Die Zygoten werden anschließend reimplantiert. Diese Methode hat bei *Schafen,* nicht aber bei *Rindern* und *Schweinen* zum Erfolg geführt.
- *Der Embryo-Transfer.*
  Hierunter versteht man die Implantation junger Embryonen wertvoller Zuchttiere in weniger wertvolle „Leihmütter", die sie austragen. Durch Verwendung synthetischer Sexualhormone kann die Anzahl der Embryonen in den Muttertieren erhöht werden. Man kann sie ausspülen und transplantieren, oder man arbeitet mit künstlichen Befruchtungen im Reagenzglas. Diese Methode hat bei *Rindern* bereits wirtschaftliche Bedeutung. Die in-vitro-Fertilisation sowie der anschließende Embryo-Transfer sind zwar bei *Maus, Ratte, Kaninchen, Hund, Schwein, Schaf, Rind*, auch bei *Affen* und *Menschen* gelungen, bereiten jedoch in der Praxis noch immer Schwierigkeiten.
- *Die Bestimmung des Geschlechts.* Die Trennung von X- und Y-Spermien ist zwar im Prinzip möglich, die verfügbaren Methoden sind jedoch in der Praxis noch nicht anwendbar. Es ist aber möglich, das Geschlecht der ganz jungen Embryonen noch vor der Implantation zu erkennen. Hierfür sind Chromosomen-

analysen erforderlich, die für eine praktische Nutzung noch zu aufwendig sind.

Von großer Bedeutung könnte die *Kryokonservierung* werden. Man hat ganz junge Embryonen von *Ziegen, Schafen, Rindern* und *Pferden* langsam auf −30 bis −40 °C abgekühlt und sie anschließend in flüssigem Stickstoff bei −196 °C aufbewahrt. Unter diesen Bedingungen sind sie nach den gegenwärtigen Vorstellungen unbegrenzt haltbar. Werden sie langsam wieder aufgetaut, so kehren sie ins aktive Leben zurück. Bei *Rindern* liegen die Überlebensraten nach Anwendung dieser Methode bei etwa 90%, die Trächtigkeitsraten noch immer bei 50−55%. Auf diese Weise können sogenannte *Embryonen-Banken* eingerichtet werden, die auch für aussterbende Tierarten von großer Bedeutung sind.

Mit Hilfe der Methoden genetischer Manipulation ist es möglich, die Frage zu klären, ob die *Zelldifferenzierung* während der Ontogenese mit dem Verlust oder der Inaktivierung von Genmaterial verbunden ist. Man hat die Gene eines *Frosch-Eies* durch UV-Bestrahlung zerstört und hat einen Kern aus dem Darm der *Kaulquappe* in die Eizelle transplantiert. Aus dem auf diese Weise manipulierten Ei entstand ein normaler Frosch. Hieraus ist zu schließen, daß im Kern der ausdifferenzierten Darmzelle noch alle für die Ontogenese notwendigen Gene vorhanden waren. Dieses Experiment ist noch aus einem anderen Grund von Interesse. Der haploide Kern der Eizelle wurde durch einen diploiden somatischen Kern ersetzt. Im Gegensatz zum vorher abgeleiteten Versuch war dieser Kern in der Lage, in die Embryonalentwicklung einzutreten. Ausgangspunkt der Ontogenese war also nicht die übliche Zygote, sondern ein somatischer Kern mit den Entwicklungspotenzen der Zygote. Bei *höheren Pflanzen* sind analoge Vorgänge seit langem bekannt. So entstehen die Embryonen bei bestimmten Arten aus Somazellen der Samenanlage (Adventivembryonie), bei anderen Arten entstehen sie aus diploiden Zellen des Nucellus (nucellare Embryonie).

Weiterführende Literatur

Alberts, B., D. Bray, J. Lewis, M. Raff, K. Roberts, J. D. Watson: Molekularbiologie der Zelle. Verlag Chemie, Weinheim 1986

Ashburner, M., F. Novitski: The Genetics and Biology of Drosophila, vol. 1 a, 1 b, 1 c. Academic Press, London 1976

Auerbach, C.: Mutation Research. Chapman and Hall, London 1976

Autrum, H., U. Wolf: Humanbiologie. Springer, Berlin 1983

Birge, E. A.: Bakterien- und Phagengenetik. Springer, Berlin 1984

Bond, D. J., A. C. Chandley: Aneuploidy. Oxford Univ. Press, Oxford 1983

Bonner, J. T.: Evolution and Development. Springer, Berlin 1982

Brandsch, H.: Genetische Grundlagen der Tierzüchtung. Fischer, Stuttgart 1983

Brandt, P.: Evolution der eukaryotischen Zelle. Thieme, Stuttgart 1991

Bresch, C., R. Hausmann: Klassische und molekulare Genetik. Springer, Berlin 1972

Brewbaker, J. L.: Angewandte Genetik. Fischer, Stuttgart 1967

Broertjes, C., A. M. van Harten: Application of Mutation Breeding Methods in the Improvement of Vegetatively Propagated Crops. Elsevier, Amsterdam 1978

Burck, K. B., E. T. Liu, J. W. Larrick: Oncogenes. Springer, Berlin 1988

Callan, H. G.: Lampbrush Chromosomes. Springer, Berlin 1986

Campbell, B. G.: Entwicklung zum Menschen. Fischer, Stuttgart 1979

Carroll, R. L.: Paläontologie und Evolution der Wirbeltiere. Thieme, Stuttgart 1992

Catcheside, D. G.: The Genetics of Recombination. Arnold, London 1977

Chaleff, R. S.: Genetics of Higher Plants. Applications of Cell Culture. Cambridge Univ. Press, Cambridge 1981

Clarke, C. A.: Humangenetik und Medizin. Teubner, Stuttgart 1980

Czihak, G., H. Langer, H. Ziegler: Biologie. Springer, Berlin 1989

Darlington, C. D.: Chromosome Botany and the Origins of Cultivated Plants. Allen and Unwin, London 1973

De Duve, C.: Die Zelle. Spektrum Wissenschaft, Heidelberg 1989

De Jong, G.: Population Genetics and Evolution. Springer, Berlin 1988

Dobzhansky, T., E. Boesiger, D. Sperlich: Beiträge zur Evolutionstheorie. Fischer, Jena 1980

Dobszansky, T., F. Ayala, G. L. Stebbins, J. W. Valentine: Evolution. Freeman, San Francisco 1977

Drake, J. W., R. E. Koch: Mutagenesis. Dowden, Hutchinson and Ross, Stroudsburg/Penn. 1976

Dyban, A. P., V. S. Baranov: Cytogenetics of Mammalian Embryonic Development. Clarendon Press, Oxford 1987

Earle, E. D., Y. Demarly: Variability in Plants Regenerated from Tissue Culture. Praeger Sci., New York 1982

Eberle, P., E. Reuter: Kompendium und Wörterbuch der Humangenetik. Fischer, Stuttgart 1984

Eckstein, F., D. M. J. Lilley: Nucleic Acids and Molecular Biology, Vol. 2. Springer, Berlin 1988

Edwards, J. H.: Human Genetics. Chapman and Hall, London 1978

Esser, K., R. Kuenen: Genetik der Pilze. Springer, Berlin 1967

Evans, H. J., D. C. Lloyd: Mutagen-Induced Chromosome Damage in Man. Edinburgh Univ. Press, Edinburgh 1978

Evans, H. J., W. M. Brown, A. S. McLean: Human Radiation Cytogenetics. North-Holland, Amsterdam 1967

Falconer, D. S.: Einführung in die quantitative Genetik. Ulmer, Stuttgart 1984

Feustel, R.: Abstammungsgeschichte des Menschen. Fischer, Stuttgart 1992

Fincham, J. R. S.: Genetics. Wright, Bristol 1983

Fischer, H. E.: Heterosis. Fischer, Jena 1978

Franke, W.: Nutzpflanzenkunde. Thieme, Stuttgart 1992

Frankel, R.: Heterosis. Springer, New York 1983

Freye, H.-A.: Humangenetik. Fischer, Stuttgart 1990

Friedberg, E. C.: DNA-Repair. Freeman, Oxford 1985

Gassen, H. G., A. Martin, S. Bertram: Gentechnik. Fischer, Stuttgart 1991

Gebhardt, E.: Chemische Mutagenese. Fischer, Stuttgart 1977

Gleba, Y. Y., K. M. Sytnik: Protoplast Fusion. Springer, Berlin 1984

Göltenboth, F.: Chromosomenpraktikum. Thieme, Stuttgart 1978

Gottschalk, W.: Die Bedeutung der Genmutationen für die Evolution der Pflanzen. Fischer, Stuttgart 1971

Gottschalk, W.: Die Bedeutung der Polyploidie für die Evolution der Pflanzen. Fischer, Stuttgart 1976

Gottschalk, W., H. P. Müller: Seed Proteins: Biochemistry. Genetics, Nutritive Value. Nijhoff Junk, Den Haag 1983

Gottschalk, W., G. Wolff: Induced Mutations in Plant Breeding. Springer, Berlin 1983

Gould, S. J.: Ontogeny and Phylogeny. Harvard Univ. Press, Cambridge 1977

Grant, V.: Artbildung bei Pflanzen. Parey, Berlin 1976

Grassé, P. P.: Evolution of Living Organisms. Academic Press, New York 1977

Green, M. C.: Genetic Variants and Strains of the Laboratory Mouse. Fischer, Stuttgart 1981

de Grouchy, J., C. Turleau: Clinical Atlas of Human Chromosomes. Wiley, New York 1984

Grun, P.: Cytoplasmic Genetics and Evolution. Columbia Univ. Press, New York 1976

Günther, E.: Lehrbuch der Genetik. Fischer, Stuttgart 1991

Gustafson, J. P., R. Appels: Chromosome Structure and Function. Plenum, New York 1988

Hagemann, R.: Gentechnologische Arbeitsmethoden. Fischer, Stuttgart 1990

Hagemann, R.: Allgemeine Genetik. Fischer, Stuttgart 1991

Hanson, E. D.: Understanding Evolution. Oxford Univ. Press, Oxford 1981

Hardesty, B., G. Kramer: Structure, Function, and Genetics of Ribosomes. Springer, Berlin 1986

Hartl, D. L.: Principles of Population Genetics. Freeman, Oxford 1989

Heberer, G.: Menschliche Abstammungslehre. Fischer, Stuttgart 1965

Hennig, W.: Phylogenetische Systematik. Parey, Berlin 1982

Herrendörfer, G., L. Schüler: Populationsgenetische Grundlagen der gerichteten Selektion. Fischer, Stuttgart 1987

Hess, D.: Biochemische Genetik. Springer, Berlin 1968

Hook, E. B., I. H. Porter: Population and Biological Aspects of Human Mutation. Academic Press, New York 1981

Hsu, T. C.: Human and Mammalian Cytogenetics. Springer, New York 1979

Hu, H., H. Yang: Haploids of Higher Plants in vitro. Springer, Berlin 1986

Hunt, T., S. Prentis, J. Tooze: DNA makes RNA makes Protein. Elsevier, Amsterdam 1983

Ilan, J.: Translational Regulation of Gene Expression. Plenum, New York 1987

Johansson, I.: Meilensteine der Genetik. Springer, Berlin 1979

John, B.: Population Cytogenetics. Arnold, London 1976

Joysey, K. A., A. E. Friday: Problems of Phylogenetic Reconstruction. Academic Press, London 1982

Kahn, P., T. Graf: Oncogenes and Growth Control. Springer, Berlin 1988

Kämpfe, L.: Evolution und Stammesgeschichte der Organismen. Fischer, Stuttgart 1992

Karlin, S., E. Nevo: Population Genetics and Ecology. Academic Press, New York 1976

Kasha, K. J.: Haploids in Higher Plants. Advances and Potential. Univ. Guelph 1974

Kaudewitz, F.: Genetik. Ulmer, Stuttgart 1992

Kaul, M. L. H.: Male Sterility in Higher Plants. Springer, Berlin 1988

Kleinig, H., P. Sitte: Zellbiologie. Fischer, Stuttgart 1992

Klingmüller, W.: Genmanipulation und Gentherapie. Springer, Berlin 1976

Klingmüller, W.: Genforschung im Widerstreit. Wissensch. Verlagsges., Stuttgart 1980

Knippers, R., P. Philippsen, K. P. Schäfer, E. Fanning: Molekulare Genetik. Thieme, Stuttgart 1990

Korochkin, L. I.: Gene Interactions in Development. Springer, Berlin 1981

Kuckuck, H.: Gartenbauliche Pflanzenzüchtung, 2. Aufl. Parey, Berlin 1979

Lange, P., K. Wöhrmann: Genetisches Grundpraktikum. Fischer, Stuttgart 1979

Laskowski, W.: Biologische Strahlenschäden und ihre Reparatur. De Gruyter, Berlin 1981

Leaver, C. J.: Genome Organization and Expression in Plants. Plenum Press, New York 1979

Leibenguth, F.: Züchtungsgenetik. Thieme, Stuttgart 1982

Lenz, W.: Medizinische Genetik, 6. Aufl. Thieme, Stuttgart 1983

Levitan, M.: Textbook of Human Genetics. Oxford Univ. Press, Oxford 1988

Lewin, B.: Gene. Verlag Chemie, Weinheim 1988

Lewis, H.: Polyploidy. Plenum Press, New York 1980

Lewontin, R. C.: The Genetic Basis of Evolutionary Change. Columbia Univ. Press, New York 1974

Libbert, E.: Allgemeine Biologie. Fischer, Stuttgart 1991

Linder, A., W. Berchtold: Elementare statistische Methoden. Birkhäuser, Basel 1979

Lindl, T., J. Bauer: Zell- und Gewebekultur. Fischer, Stuttgart 1989

Linnert, G.: Cytogenetisches Praktikum. Fischer, Stuttgart 1977

Linnert, G.: Lehrbuch der allgemeinen Cytogenetik. Parey, Berlin 1991

Lorenz, R.: Grundbegriffe der Biometrie. Fischer, Stuttgart 1992

Lovtrup, S.: Epigenetics. Wiley, London 1974

Maniatis, T., E. F. Fritsch, J. Sambrook: Molecular Cloning. A Laboratory Manual. Cold Spring Harbour Lab. 1982

Mather, K., J. L. Jinks: Introduction to Biometrical Genetics. Chapman and Hall, London 1977

Mayo, O.: The Theory of Plant Breeding. Oxford Univ. Press, Oxford 1987

Mayr, E.: Artbegriff und Evolution. Parey, Hamburg 1967

Mayr, E.: Evolution und die Vielfalt des Lebens. Springer, Berlin 1979

McDermott, A.: Zytogenetik des Menschen und anderer Tiere. Fischer, Stuttgart 1977

McKusick, V. A.: The Anatomy of the Human Genome. J. Hered. 71 (1980) 370

Moav, R.: Agricultural Genetics. Wiley, New York 1973

Monod, J.: Zufall und Notwendigkeit. Piper, München 1971

Murken, J.: Pränatale Diagnostik und Therapie. Enke, Stuttgart 1987

Murken, J., E. Dietrich-Reichart: Down-Syndrom. Schulz, Starnberg 1990

Nagl, W.: Zellkern und Zellzyklen. Ulmer, Stuttgart 1976

Nagl, W.: Chromosomen. Organisation, Funktion und Evolution des Chromatins, 2. Aufl. Parey, Berlin 1980

Nagl, W., V. Hemleben, F. Ehrendorfer: Genome and Chromatin: Organization, Evolution, Function. Springer, Wien 1979

Nultsch, W.: Allgemeine Botanik. Thieme, Stuttgart 1991

Old, R. W., S. B. Primrose: Gentechnologie. Thieme, Stuttgart 1992

Oliver, S. G., J. M. Ward: Wörterbuch der Gentechnik. Fischer, Stuttgart 1988

Pettersson, R. F., L. Kääriäinen, H. Söderlund, N. Oker-Blom: Expression of Eukaryotic Viral and Cellular Genes. Academic Press, London 1981

Pfanzagl, J.: Allgemeine Methodenlehre der Statistik, Bd. II. De Gruyter, Berlin 1968

Polak, J. M., J. McGee: In situ Hybridization. Principles and Practice. Oxford Univ. Press, Oxford 1990

Reinert, J.: Chloroplasts. Springer, Berlin 1980

Rickwood, D., B. D. Hames: Gel Electrophoresis of Nucleic Acids. IRL Press, Oxford 1982

Rieger, R., A. Michaelis, M. M. Green: Glossary of Genetics and Cytogenetics. Springer, Berlin 1991

Rothwell, N. V.: Understanding Genetics. Oxford Univ. Press, New York 1988

Russell, P. J.: Genetik. Springer, Berlin 1983

Sachs, L.: Angewandte Statistik, 5. Aufl. Springer, Berlin 1978

Sala, F., B. Parisi, R. Cella, O. Ciferri: Plant Cell Cultures: Results and Perspectives. Elsevier, Amsterdam 1980

Sapp, J.: Beyond the Gene. Cytoplasmic Inheritance and the Struggle for Authority in Genetics. Oxford Univ. Press, Oxford 1987

Sass, H.-M.: Genomanalyse und Gentherapie. Springer, Berlin 1991

Schach, S., Th. Schäfer: Regressions- und Varianzanalyse. Springer, Berlin 1978

von Schilcher, F.: Vererbung des Verhaltens. Thieme, Stuttgart 1988

Schinzel, A.: Catalogue of Unbalanced Chromosome Aberrations in Man. De Gruyter, Berlin 1984

Schlegel, H. G.: Allgemeine Mikrobiologie. Thieme, Stuttgart 1992

Schöne-Seifert, B., L. Krüger: Humangenetik. Fischer, Stuttgart 1992

Schwanitz, F.: Die Evolution der Kulturpflanzen. BLV-Verlagsges., München 1967

Schwanitz, G.: Die Normvarianten menschlicher Chromosomen. Straube, Erlangen 1976

Schulz-Schaeffer, J.: Cytogenetics. Springer, New York 1980

Schwemmler, W.: Mechanismen der Zellevolution. De Gruyter, Berlin 1979

Sengbusch, P. v.: Molekular- und Zellbiologie. Springer, Berlin 1979

de Serres, F. J., M. D. Shelby: Comparative Chemical Mutagenesis. Plenum Press, New York 1981

Seuánez, H. N.: The Phylogeny of Human Chromosomes. Springer, Berlin 1979

Sharma, A. K., A. Sharma: Chromosome Techniques, 3rd ed. Butterworth, London 1980

Sheridan, W. F.: Maize for Biological Research. Plant Biol. Ass., Grand Forks 1982

Siewing, R.: Evolution. Fischer, Stuttgart 1987

Simmonds, N. W.: Evolution of Crop Plants. Longman, London 1979

Simmonds, N. W.: Prinicples of Crop Improvement. Longman, London 1979

Singer, S.: Human Genetics. Freeman, Oxford 1985

Smith, J. M.: Evolutionsgenetik. Thieme, Stuttgart 1992

Sowers, A. E.: Cell Fusion. Plenum, New York 1989

Spencer, J. F. T., D. M. Spencer, A. R. W. Smith: Yeast Genetics. Springer, Berlin 1983

Sperlich, D.: Populationsgenetik. Fischer, Stuttgart 1992

Stanley, S. M.: Macroevolution – Pattern and Process. Freeman, San Francisco 1979

Stebbins, G. L.: Variation and Evolution in Plants. Columbia Univ. Press, New York 1967

Stebbins, G. L.: Chromosomal Evolution in Higher Plants. Arnold, London 1971

Stebbins, G. L.: Evolutionsprozesse. Fischer, Stuttgart 1980

Strickberger, M. W.: Genetik. Hanser, München 1988

Sumner, A. T.: Chromosome Banding. Unwin Hyman, London 1990

Suzuki, D. T., J. F. Griffiths, R. C. Lewontin, J. Miller: An Introduction to Genetic Analysis. Freeman, Oxford 1986

Sybenga, J.: Meiotic Configurations. Springer, Berlin 1975

Therman, E.: Human Chromosomes. Structure. Behavior. Effects. Springer, Berlin 1986

Therman, E., M. Susman: Human Chromosomes. Structure, Behavior, and Effects. Springer, Heidelberg 1992

Timischl, W.: Biomathematik. Springer, Berlin 1988

Tsuchiaya, T., P. K. Gupta: Chromosome Engineering in Plants. Elsevier, Amsterdam 1991

Verma, R. S., A. Babu: Human Chromosomes. Manual of Basic Techniques. Pergamon Press, New York 1989

Vogel, F.: Humangenetik in der Welt von heute. Springer, Berlin 1989

Walker, J.M., W. Gaastra: Techniques in Molecular Biology. Croom Helm, London 1983

Wallace, B.: Die genetische Bürde. Fischer, Stuttgart 1974

Watson, J.D.: Molecular Biology of the Gene, 3rd ed. Benjamin, Menlo Park 1976

Watson, J.D., J. Tooze: The DNA Story. Freeman, Oxford 1981

Watson, J.D., J. Tooze, D. Kurtz: Recombinant DNA. Freeman, Oxford 1983

Weber, E.: Grundriß der biologischen Statistik. Fischer, Stuttgart 1986

Weber, E.: Mathematische Grundlagen der Genetik. VEB Fischer, Jena 1967

Weide, H., J. Paca, W.A. Knorre: Biotechnologie. Fischer, Stuttgart 1991

Williams, G.C.: Sex and Evolution. Princeton Univ. Press, Princeton 1975

Williams, J.G., R.K. Patient: Gentechnologie. Thieme, Stuttgart 1991

Winnacker, E.-L.: Gene und Klone. Verlag Chemie, Weinheim 1984

Woods, R.A.: Biochemical Genetics, 2nd ed. Chapman and Hall, London 1980

Wricke, G.: Populationsgenetik. De Gruyter, Berlin 1972

Würgler, F.E., U. Graf: Drosophila-Genetik. Springer, Berlin 1983

Zimmermann, W.: Die Phylogenie der Pflanzen. Fischer, Stuttgart 1959

Sachverzeichnis

Halbfette Zahlenkombinationen verweisen auf Abbildungen, Zahlenkombinationen mit einem vorangestellten * auf Tabellen